Nuevo
DICCIONARIO TÉCNICO Y DE INGENIERÍA
Español-Inglés e Inglés-Español

A MODERN
SPANISH-ENGLISH AND
ENGLISH-SPANISH
TECHNICAL AND ENGINEERING
DICTIONARY

Nuevo

DICCIONARIO TÉCNICO Y DE INGENIERÍA

Español-Inglés e Inglés-Español

Comprendiendo todos los vocablos que se emplean en la Ingeniería y técnica civil, mecánica y eléctrica, así como gran número sobre Aviación, Radioelectricidad, Arquitectura, Ferrocarriles, Automóviles, Construcción naval, Marina, Química, Física, Matemáticas, Geología, Minería, Metalurgia, Geografía, Agrimensura, Comercio, Agricultura, Maquinaria textil, Máquinas herramientas, etc., etc.

Aplicable a todos los países de lengua española tanto de Europa como de Centro y Sud América

por

R. L. GUINLE

INGENIERO CIVIL DIPLOMADO,
MIEMBRO DEL INSTITUTO DE LINGÜISTAS DE LONDRES,
ANTIGUO INGENIERO DE LAS CASAS VICKERS LTD. (LONDRES) Y BRITISH WESTINGHOUSE ELECTRIC AND MANUFACTURING CO. (TALLERES DE MANCHESTER),
INGENIERO CONSULTOR

A Modern
Spanish-English & English-Spanish
TECHNICAL & ENGINEERING DICTIONARY

Containing all the words used in Civil, Mechanical and Electrical Engineering ; also many on Aviation, Wireless, Architecture, Railways, Automobiles, Shipbuilding, Marine, Chemistry, Physics, Mathematics, Geology, Mining, Metallurgy, Geography, Surveying, Commerce, Agriculture, Textile Machinery, Machine-tools, etc., etc.

Suitable for Spain and all the Spanish-speaking Countries of Central America and South America

by

R. L. GUINLE, G.C.E., F.I.L.

CONSULTING ENGINEER

FORMER ENGINEER WITH MESSRS. VICKERS LTD. (LONDON), AND THE BRITISH WESTINGHOUSE ELECTRIC AND MANUFACTURING CO. (MANCHESTER)

TRIGÉSIMA QUINTA REIMPRESIÓN
MÉXICO, 2000

COMPAÑÍA EDITORIAL CONTINENTAL

Para establecer comunicación con nosotros puede hacerlo por:

correo:
Renacimiento 180, Col. San Juan Tlihuaca, Azcapotzalco, 02400, México, D.F.

fax pedidos:
(015) 561 4063 • 561 5231

e-mail:
info@patriacultural.com.mx

home page:
http://www.patriacultural.com.mx

Título original de la obra:
A MODERN SPANISH-ENGLISH AND ENGLISH-SPANISH TECHNICAL DICTIONARY
Publicado por:
© Routledge and Kegan Paul Ltd.
London, England

Diccionario técnico y de ingeniería español-inglés e inglés-español

bajo el sello de Compañía Editorial Continental
Renacimiento 180, Colonia San Juan Tlihuaca,
Delegación Azcapotzalco, C.P. 02400, México, D.F.

Miembro de la Cámara Nacional de la Industria Editorial
Registro núm. 43

ISBN 968-26-1037-0

Impreso en México
Printed in Mexico

Primera edición: 1969
Trigésima cuarta reimpresión: 1999
Trigésima quinta reimpresión: 2000

ALPHABETICAL LIST OF ABBREVIATIONS

adj.	adjective.
adv.	adverb.
aer.	aeronautics.
ag.	agriculture.
ap.	apparatus.
arch.	architecture.
art.	artillery.
ast.	astronomy.
aut.	automobiles.
av.	aviation.
boil.	boilers.
bot.	botany.
carp.	carpentry.
c.e.	civil engineering.
chem. . . .	chemistry.
com.	commercial.
draw. . . .	drawing.
ed.	educational.
e.g.	*exempli gratia :* for example.
el.	electrical engineering, electricity.
eng.	engineering, engines.
exp.	explosives.
f.	feminine.
fin.	financial.
found. . . .	foundry.
f.pl.	feminine plural.
geog.	geography.
geol.	geology.
geom. . . .	geometry.
hyd.	hydraulics.
i.e.	*id est :* that is.
ind.	industry.
inst.	instruments.
jur.	jurisprudence.
liq.	liquids.
loco.	locomotives.
m.	masculine.
mach. . . .	machine, machinery.
mag.	magnetism.
mar.	marine.
mas.	masonry.
mat.	mathematics.
meas. . . .	measuring.
mec.	mechanical engineering, mechanics.
med.	medicine.
met.	metal, metallurgy.
meteor. . . .	meteorology.
mfg.	manufacturing.
mil.	military.
min.	mineralogy, mining.
mot.	motoring.
m.pl.	masculine plural.
n.	noun.
naut.	nautical.
nav.	naval.
opt.	optics.
paint. . . .	painting.
phot.	photography.
phys.	physics.
pol.	political.
prep.	preposition.
q.v.	*quod vide :* which see.
rly.	railways.
S.A.	South-Americanism.
sc.	science.
shpbdg. . . .	shipbuilding.
st.	steam.
st. eng. . . .	steam engineering.
surv.	surveying.
techn. . . .	technology.
text.	textiles.
tel.	telegraphy, telephony.
top.	topography.
tr.	transports.
tram. . . .	tramways.
trav.	travelling.
turb.	turbines.
wir.	wireless.
zool.	zoology.

INDICE ALFABETICO DE LAS ABREVIATURAS

adj.	adjetivo.
adv.	adverbio.
aer.	aeronáutica.
agric	agricultura.
agrim. . . .	agrimensura.
alb.	albañilería.
ap.	aparatos.
arm.	armería.
arq.	arquitectura.
art.	artillería.
ast.	astronomía.
ant.	automovilismo.
av.	aviación.
bot.	botánica.
cald.	calderería.
carp.	carpintería.
cienc. . . .	ciencias.
com.	comercio.
const. . . .	construcción.
dib.	dibujo.
ed.	educación.
el.	electricidad, electrotécnica.
exp.	explosivos.
f.c.	ferrocarriles.
fin.	finanzas.
fis.	física.
geog.	geografía.
geol.	geología.
geom. . . .	geometría.
gram. . . .	gramática.
herr.	herramientas.
hid.	hidráulica.
i.c.	ingeniería civil.
ind.	industrias.
ing.	ingeniería.
inst.	instrumentos.
jur.	jurisprudencia.
liq.	líquidos.
loc.	locomotoras.
mag.	magnetismo.
maq.	maquinaria, máquinas.
maq. herr. . .	máquina herramienta.
mar.	marina.
mat.	matemáticas.
mec.	mecánica.
med.	medicina.
met.	metal, metalurgia.
meteor. . . .	meteorología.
mil.	militar.
min.	minas, mineralogía, minería.
mot.	motores.
naut.	náutica.
nav.	naval.
opt.	óptica.
pint.	pintura.
pol.	política.
prep.	preposición.
quim.. . . .	química.
q.v.	*quod vide :* véase.
s.	sustantivo.
S.A.	sudamericanismo.
tecn.	tecnología.
tel.	telecomunicación.
text.	textiles.
top.	topografía.
tr.	transportes.
tranv. . . .	tranvías.
t.s.h.	telegrafía (o telefonía) sin hilos.
turb.	turbinas.
v.	verbo.
vap.	vapor.
v.g.	verbigracia : por ejemplo.
zool.	zoología.

PREFACE

The importance of a technical Spanish-English dictionary will not be apparent at first, specially to those who have never been to the major countries of Spanish-America, that is to say: to Argentina, Chile, Mexico, Colombia or Peru. We can here say, without fear of contradiction, that the Spanish language is the most important foreign tongue for the British exporter of the thousand and one articles classified under the heading of technical or scientific products, the reason being that these countries, mainly the Argentine, have a standard of life comparable with that of the most developed European countries while possessing practically no facilities for the manufacture of engineering products. Therefore they must buy everything of a technical nature abroad.

There are some 20 different Spanish-speaking countries in the World, of which 19 are on or close to the American Continent. Industrial development in several, principally in Argentina, Chile and Colombia, has progressed by leaps and bounds, especially in the last 30 years. Their aggregate population is over 100 millions inhabitants. Their purchasing power and standard of living is much higher than in many European countries. The amount of British capital invested is very large, giving employment to many thousands of Officials, Engineers and specialised workers of every kind. That is why we maintain that Spanish is the most important foreign language for British manufacturers, engineers and exporters.

The ability to write and speak perfect Spanish is absolutely essential to any chance of success, whether in the engineering field or in commerce of any kind.

From time to time technical Spanish-English dictionaries have been published in this country, but all have been the work of non-technical and non-professional people. The present dictionary has been written by a Professional Graduated Engineer with a perfect command of both languages and a technical experience extending well over 20 years as Consulting and Inspecting Engineer for various South American Governments and private customers, advising on and inspecting all kinds of mechanical and electrical machinery and appliances, bridges, railway material, boilers, engines, turbines, etc.

The main advantage to be derived will be of course that the book is free from the technical or scientific mistakes which were only too numerous in other dictionaries. We might here mention as an instance the erroneous renderings of various English expressions mainly related to electrotechnics; an example is the expression "voltage regulation (inherent)" of a machine or transformer. Most preceding dictionaries give this as "regulación del voltaje", which is of course wrong to those well acquainted with electrical engineering. Voltage regulation is a change that a machine makes of "its own accord" when the outside load varies. That is to say that voltage regulation in this case *alone*, is really a fall of potential occurring as soon as the machine is loaded, and this fall must be kept as low as possible by the maker, *before the machine leaves the works* and not subsequently by hand at customer's wish. Therefore, the exact meaning in Spanish in this case is " caída de tensión (o de voltaje) " ; the voltage regulation made by means of a rheostat, however, is rightly called " regulación de voltaje ". We have made the difference, an important one, in accordance with well-informed Spanish textbooks.

Another matter erroneously interpreted in dictionaries made by non-professionals, is the question connected with stress and strain of materials following Hooke's law in applied mechanics and constructional engineering. We have rendered these, all correctly in accordance with the most advanced textbooks, both in English and Spanish and with the Author's experience.

The dictionary contains all the words used in the three major divisions of engineering, as well as many on derived sciences like aviation and wireless. It is modern in every respect ; obsolete words have been carefully avoided, terms of the sailing-vessel era will not be found as a rule. But a few have been included as technical curiosities. On the other hand, everything connected with electricity, the steam turbine and the Diesel engine both for land and marine use, has been included.

The majority of terms found in this work have been taken from the numerous tenders, specifications, catalogues and reports of all sorts that the Author has had to translate in his dealings with private customers and Governments of South America. They are, therefore, a faithful reproduction of the real expressions used in business between English-speaking countries and those of the Spanish language.

Many technical Reviews published in the large Spanish-speaking cities of Buenos Aires, Madrid, Barcelona, Mexico, Santiago de Chile, Bogotá, etc., have been consulted and, besides, about 1,000 catalogues belonging to some 400 different British manufacturing firms.

We do not forget that the main activities and wealth of all Spanish-speaking countries, excluding Spain, are connected with agriculture and other products of the soil, and we have therefore included words related to these.

The correct gender for every Spanish substantive is given in the English-Spanish part and all words are correctly accentuated in accordance with the latest edition of the Spanish Academy's dictionary, the supreme authority on the subject. It will thus be found, for instance, that " dínamo " is feminine although terminating in *o*, whereas many words finishing in *a* (which normally should be feminine) are masculine, such as : axioma, diagrama, problema, teorema, etc.

Words exactly similar in both languages have been omitted as a rule in order not to make the book too bulky.

The dictionary is the work of one man alone, but as the Spanish saying goes :

" cuatro ojos ven mejor que dos ",

it was thought convenient to have it revised by another experienced person, and the

Author is very much indebted to Señor Don José Fernández y Arellano, Professor of Engineering in the Facultad de Ciencias of Madrid University, who has kindly consented to do this and has besides suggested a good many additions which greatly enhance the value of the dictionary. That the result will be of assistance to all those firms and individuals who are engaged or hope to be engaged in business or cultural relations with the numerous countries where Spanish is the language spoken, is the sincere wish of the Author,

R. L. GUINLE.

LONDON, W.

ADVERTENCIA AL LECTOR

El presente diccionario es la obra de un Ingenièro diplomado que por muchos años ha estado en relaciones técnicas y comerciales con España y varios países de Hispano-América en calidad de Ingeniero Consultor e Inspector. El diccionario comprende todos los términos usuales de la técnica moderna ; con él podrán todos los Ingenieros y técnicos de habla española, leer con facilidad y comprender cualquier revista u obra de índole técnica o científica en idioma inglés así como toda clase de propuestas, ofertas, catálogos y proyectos que en dicho idioma pudiesen venir del extranjero. Además, todos los técnicos de habla inglesa, tanto Británicos como Norte Americanos, que residan o se encuentren empleados en cualquier país hispano, tendrán la posibilidad con este libro de poder traducir al inglés, con la corrección debida, cualquier llamado a " licitación ", pedido de informes u otros escritos que se presentasen en idioma castellano.

El diccionario comprende además muchos vocablos relacionados con las últimas maravillas de la invención humana, es decir : aviación y radioelectricidad, así como cierta cantidad de palabras o frases del arte militar y naval y naturalmente todas las demás de la construcción metálica tanto móvil como estática. Es absolutamente moderno bajo todos los puntos de vista, en él se encontrará muy especialmente todo lo relacionado con la electrotécnica y sus derivadas ; las turbinas y el motor de explosión y también el motor Diesel, que sin duda alguna es la fuerza motriz ideal del porvenir. Si bien se encontrarán algunos términos de la era de la navegación a vela, éstos han sido incluídos únicamente como curiosidad técnica, si se nos permite la expresión.

No olvidamos, sin embargo, que la fuente mayor de la riqueza y bienestar de los Españoles e Hispano-Americanos, proviene de las materias primas que se extraen del suelo, tanto vegetales como minerales o animales y por lo tanto hemos incluído un buen número de palabras relacionadas a dichas actividades.

Debemos advertir, al pasar, que contrariamente a lo que sucede en otros diccionarios, la presente obra está enteramente exenta de todo error técnico, como acontecía hasta ahora, por no ser los que los escribían, personas de instrucción técnica y científica, mientras que el Autor en este caso, como ya se ha dicho, es Ingeniero diplomado con extensa práctica industrial a la par que la mayoría de las expresiones y palabras que se hallan en el diccionario provienen de los innumerables documentos : propuestas, catálogos e informes de todo género que tuvo que traducir del inglés al castellano y viceversa, en sus relaciones con varios Gobiernos, Empresas y Clientes de Sud América ; son pues, el fiel reflejo del modo de hablar y corresponder entre la gente de habla inglesa y las del verbo hispano. Además, consultó el Autor, numerosas revistas técnicas de las grandes ciudades

Españolas e Hispano-Americanas, como ser: Madrid, Barcelona, Buenos Aires, Santiago de Chile, Bogotá, México, Lima, etc., así como muchos libros modernos de ingeniería en inglés y en español.

Por si eso no fuese suficiente, para obtener el grado de perfección deseado, se consiguió la colaboración del Profesor de Ingeniería en la Facultad de Ciencias de la Universidad de Madrid, Don José Fernández y Arellano, quien con suma amabilidad y diligencia admirable, corrigió el manuscrito y sugirió de paso, buen número de palabras suplementarias que tendrán sin duda alguna como efecto de aumentar considerablemente el valor del libro como obra de gran utilidad, por lo cual el Autor le queda sumamente agradecido.

Si la presente obra llegare a ser útil y provechosa a todos los Ingenieros, técnicos y demás personas que se interesan por las ciencias exactas y sus aplicaciones, tanto del mundo inglés como de los de habla española, se habrán colmado los deseos del Autor,

R. L. GUINLE.

LONDRES, W.

Nuevo

DICCIONARIO TÉCNICO Y DE INGENIERÍA

Español-Inglés e Inglés-Español

A MODERN
SPANISH-ENGLISH AND
ENGLISH-SPANISH
TECHNICAL AND ENGINEERING
DICTIONARY

PART I. SPANISH-ENGLISH

(Español-Inglés)

A

a barlovento, weather side (naut.).
a bocajarro, point blank.
a caballo, on horseback.
a campo traviesa, across country.
a contracorriente (hid.), against the flow.
a contrafibra, against the grain.
a (o a la) **derecha,** to the right.
a fiado, on credit.
a flor de *adj.*, flush with.
a flor de agua, awash.
a flote, afloat.
a granel, in bulk.
a la altura de (naut.), abreast, off.
a la altura de Montevideo, off Montevideo.
a la cabeza de (en calidad), foremost.
a la deriva (naut.), adrift.
a la velocidad de, at the rate of.
a la vista (com.), on demand, at sight.
a la vuelta !, please turn over !
a lo más, at the outside.
a mano, manual.
a media asta *adj.*, half-mast.
a medio llenar, half-full.
a pique (escarpado), steep, precipitous, wall-sided.
a pie, on foot.
a plomo *adj.*, plumb.
a popa (naut.), aft.
a primera vista, at sight.
a proa, afore, fore.
a quema ropa, point blank.
a ras de *adv.*, flush, flush with, level with.
a ras del suelo, level with the ground.
a soga (alb.), stretcher-laid.
a sotavento (naut.), leeward.
a toda velocidad, at full speed, top-speed.
a todo vapor, full steam, full steam ahead !
a trasmano, out of the way, remote.
a través de los campos, across the fields.
a vapor, steam-driven.
ábaco (arq., mat.), abacus.
abajo, below, down, under.
abajo (por las escaleras), downstairs.
abaleadora (agric.), winnowing machine.
abalear *v.*, to winnow.
abanderar (naut.) *v.*, to register (a ship).
abandono de un privilegio de invención (o de una patente), forfeiture of a patent claim.
abanico compuesto (geol.), anticlinorium.
abaratar *v.*, to cheapen.
abarquillarse (chapa, bajo efecto de una carga), to buckle.
abarrotar, to jam.
abastecedor, victualler.
abastecer *v.*, to supply, to provide.
abastecimiento (en general), supply.
abastecimiento (víveres), victualling.
abastecimiento de agua, water-supply.
abastecimiento de gas, gas supply.
abatanar *v.*, to full.
abatir (casas, etc.) *v.*, to break up, to demolish.
abedul, birch (bot.).
abeja, bee (zool.).
aberración, aberration.
aberración esférica, spherical aberration.
abertura, aperture, opening.
abeto (bot.), deal, fir, spruce pine.
abeto blanco, white spruce.
abeto rojo, spruce.
abierto, open.
abismal (clavo), shingling nail.
abismo, abyss.
ablandar *v.*, to soften.
ablandar el freno, to loosen the brake.
abocinador de tubos, tube expander.
abocinar (ensanchar) *v.*, to neck out.
abogado, lawyer, barrister.
abonado, subscriber.
abonado al teléfono, telephone subscriber.
abonar (agric.) *v.*, to fertilise, to manure.
abonar (pagar) *v.*, to pay.
abono (quim.), manure.
abono (tr.), season-ticket.
abono químico, fertiliser.
abordaje (choque), collision.
abordar (accidente, naut.) *v.*, to foul.
abordar (atracar) *v.*, to accost.
abordarse (naut.), to collide, to fall foul of.
abordonado, flanged.
abovedado, arched, vaulted.
abovedar *v.*, to vault (arch.).
aboyar *v.*, to buoy.
abozar, to stopper (naut.).
abra (geog.), haven, inlet.
abrasador *adj.*, parching, scorching.
abrasión (de ríos), washing.
abrazadera, clip.
abrazadera de puesta a tierra (el.), earth-clip.
abrelatas, tin-opener.
abrevadero, drinking-trough.
abridor de ventilador (text.), exhaust-opener.
abridora de desperdicios (text.), roving-waste opener.
abridora neumática (text.), exhaust-opener.
abridora-preparadora de erizos (text.), porcupine opener.
abrigar *v.*, to shelter.
abrigo, shelter.
abrir *v.*, to open, to turn on.
abrir concurso, to call for tenders.
abrir el circuito (el.), to break the circuit.
abrir forzando, to force open.
abrir una galería (i.c., min.), to drive a gallery.
abrochador de tubos, tube-expander.
abscisa, abscissa.
absoluto, absolute.
absorbente (pint.), dope.
absorbente *s.*, absorbe[illegible]
absorbente *s.* (quim.), absorbent material.

absorber *v.*, to absorb.
absorber (aliarse una firma con otra), to merge.
absorber (o consumir) calor, to absorb heat.
absorción, absorption.
absorción de calor, heat absorption.
abultado, bulky.
abundante, abundant.
acabado (pint.), finish.
acabado lustroso (pint.), bright finish.
acabar *v.*, to end, to finish.
acabarse, to run out.
academia, academy.
académico, academician.
acallar (ruidos) *v.*, to deaden.
acampanado, bell-shaped.
acampar *v.*, to camp.
acantilado (geog.), bold-coast.
acarrear *v.*, to cart.
acarreo, carriage, haulage, hauling, transport.
acarreo (de capas, geol.), thrust (of bed, geol.).
acarreo (gasto), portage.
acarreo de desmonte (i.c.), earthworks.
acarreo (o transporte) de mercancías, goods conveyance.
accesibilidad, accessibility.
accesible, accessible.
acceso, access, approach.
acceso a las partes móviles, accessibility of moving parts.
accesorio, appliance, fittings.
accesorios, fittings.
accesorios de latón, brass-fittings.
accesorios para calderas, boiler fittings.
accesorios para garaje, garage equipment.
accesorios para electricidad, electrical fittings.
accidentado (país), hilly, uneven.
accidente, accident.
accidente mortal, fatal accident.
accidentes y riesgos marítimos, accidents and dangers of the sea.
acción (fin.), share (fin.).
acción (movimiento), action, effect.
acción alejada, action at a distance.
acción al portador, transferable share.
acción centrífuga (mec.), centrifugal effect.
acción frenadora (o retardadora), braking effect.
acción hipotecaria, debenture share (fin.).
acción preferida, preference share.
acción retardada (el.), time-lag action.
accionado, driven.
accionado por motor, engine-driven.
accionamiento, drive.
accionamiento eléctrico, electric drive.
accionar *v.*, to drive (eng.).
accionista, holder, shareholder, stockholder (fin.).
aceitar *v.*, to lubricate, to oil.
aceite, oil.
aceite aislante, insulating oil.
aceite aislante para transformadores, transformer oil.
aceite de almendra, almond oil.
aceite de anilina, aniline oil.
aceite de cacahuete, arachis oil.
aceite de cedro, cedarwood oil.
aceite de hígado de bacalao, cod-liver oil.
aceite de linaza, linseed oil.
aceite de maní, peanut oil.
aceite de oliva, olive oil.
aceite de palma, palm oil.
aceite de parafina, paraffin oil.
aceite de pescado, fish oil.
aceite de pie de vaca, neat's foot oil.
aceite de ricino, castor oil.
aceite de templar (met.), hardening oil.
aceite esquistoso, shale oil.
aceite lubricante, lubricating oil.
aceite resinoso, resin oil.
aceite secativo (pint.), dryer.
aceite usado (maq.), dirty oil.
aceite vegetal, seed oil, vegetable oil.
aceitera, oil-can.
aceitoso, oily.
aceituna, olive.
acelerador, accelerator.
aceleración, acceleration.
aceleración angular, angular acceleration.
aceleración de la gravedad acceleration due to gravity.
aceleración de rotación, circular acceleration.
aceleración de 70 centímetros por segundo por segundo, acceleration of 1·5 miles per hour per second.
aceleración del émbolo, acceleration of piston.
aceleración del tren, train acceleration.
aceleración del vehículo, acceleration of vehicle.
aceleración por grados, gradual acceleration.
aceleración rectilínea, linear acceleration.
aceleración tangencial, tangential acceleration.
aceleración terrestre, gravity acceleration.
acelerar *v.*, to accelerate.
acelerar desde la velocidad nula hasta la máxima, to accelerate from zero to maximum speed.
acelerómetro, accelerometer.
acelerómetro integrador, recording accelerometer.
acentuarse (la pendiente), to steepen.
aceña, water-mill.
acepilladora, planer, planing-machine.
acepilladora de agujas (de rieles), points planing-machine.
acepilladora de foso, pit-planer.
acepilladora de retroceso rápido, quick-return planing-machine.
acepilladora de un solo montante, open-side planing-machine.
acepilladora para bordes de chapas, plane-edge planing-machine.
acepilladora para trabajos pesados, heavy-duty planing-machine.
acepilladora rápida, high-speed planing-machine.
acepilladura, planing.
acepillar, to plane.
acepillar basto, to rough plane.
aceptar *v.*, to accept.
aceptación (com.), acceptance.
acequia, channel, drain.
acera, footway, side-walk.
acercar *v.*, to approach.
acercarse, to draw near, to near.
acercarse a la costa (naut.), to near land.
acería, steel-works.
acería de solera abierta, open-hearth plant.
acero, steel.
acero abrillantado, silver steel.
acero ácido (o Bessemer), Bessemer steel.
acero afinado, refined steel.
acero agrio, perished steel.
acero al boro, boron steel.
acero al carbón de leña, charcoal steel.
acero al manganeso, manganese steel.
acero al níquel, nickel-steel.
acero al silicio, silicon steel.
acero al temple superficial, casehardening steel.
acero al tungsteno, tungsten steel.
acero básico, basic steel.

acero batido, wrought steel.
acero Bessemer ácido, acid steel.
acero carbonatado, carbon steel.
acero colado, cast steel.
acero de aleación, alloy steel.
acero de alta retentividad, magnet steel.
acero de cementación, blister steel.
acero de crisol, crucible steel.
acero de gran elasticidad, high-tensile steel.
acero de horno eléctrico, electric steel.
acero de la solera abierta, Siemens-Martin steel.
acero dulce, mild steel.
acero estirado, drawn steel.
acero estirado en frío, cold-drawn steel.
acero extra duro, diamond steel.
acero finísimo, charcoal steel.
acero fundido, ingot steel.
acero inoxidable, stainless steel.
acero laminado, rolled steel.
acero Martín, Martin steel.
acero moldeado, steel casting.
acero para herramientas, tool steel.
acero para resortes, spring steel.
acero para trabajos rápidos, high-speed steel.
acero para válvulas, valve steel.
acero pudelado, puddled steel.
acero pulido, bright steel.
acero Siemens-Martín, open-hearth steel.
acero soldado, shear steel, welded steel.
acero templado, hardened steel.
acero vanádico, vanadium steel.

acetato alumínico, acetate of alumine.
acetato celulósico, cellulose acetate.
acetato crómico, chromium acetate.
acetato de aluminio, aluminium acetate.
acetato de calcio, calcium acetate.
acetato de cobre, copper acetate.
acetato de hierro, iron acetate.
acetato de plomo, lead acetate.
acetato metílico, methyl acetate.
acetato potásico, potassium acetate.
acetato sódico, sodium acetate.

acetileno, acetylene.

acetona, acetone.

aciberado *s.*, fine-crushing.

aciberar *v.*, to grind very fine.

acicular *adj.*, needle-shaped.

aciculita (min.), needle-ore.

acidez final en gramos por metro cúbico (quim.), total acidity in grains per cubic foot.

acidificar *v.*, to acidify.

ácido, acid.
ácido acético, acetic acid.
ácido arsénico, arsenic acid, arsenic bloom.
ácido arsenioso, white arsenic.
ácido azótico, nitric acid.
ácido benzóico, benzoic acid.
ácido bórico, boracic (or boric) acid, sassolin.
ácido bromhídrico, hydrobromic acid.
ácido carbónico, carbonic acid, carbonic acid gas.
ácido cianhídrico, hydrocianic acid.
ácido cinámico, cinnamic acid.
ácido cítrico, citric acid.
ácido clorhídrico, hydrochloric acid.
ácido cresílico, cresylic acid.
ácido esteárico, stearic acid.
ácido fénico, carbolic acid, phenol.
ácido fluorhídrico, hydrofluoric acid.
ácido fórmico, formice acid.
ácido fosfórico, phosphoric acid.
ácido gálico, gallic acid.
ácido graso, fatty acid.
ácido láctico, lactic acid.
ácido muriático, hydrochloric acid, spirits of salt.
ácido nítrico, nitric acid.
ácido oxálico, oxalic acid.
ácido para relleno de acumuladores, accumulator acid.
ácido para relleno de baterías, storage battery acid.
ácido pícrico, picric acid.
ácido pirogálico, pyrogallic acid.
ácido prúsico, hydrocianic acid.
ácido sulfúrico, sulphuric acid, vitriol.
ácido sulfúrico humeante, pyro-sulphuric acid.
ácido sulfuroso, sulphurous acid.
ácido tartárico, tartaric acid.
ácido vanádico, vanadic acid.

acidulado, acidulous.

acídulo *adj.*, slightly acid.

acodado *adj.*, cranked.

acodadura (de tubos), bend.

acodar en escuadra, to bend through 90°.

acolchado, wadding.
acolchado *adj.*, padded.

acolchar *v.*, to pad, to wad.

aconsejar, to advise.

acopiar *v.*, to store.

acopio, storage, stock.
acopio de agua, storage of water.

acoplado (el.), switching.
acoplado (mec.), geared to.
acoplado en estrella (el.), Y-connected.

acoplamiento (el.), connection, coupling.
acoplamiento (mec.), coupling, drive, driving.
acoplamiento abordonado (mec., tecn.), flanged-coupling.
acoplamiento automático (maq.), automatic coupling.
acoplamiento de inducción (t.s.h.), inductive coupling.
acoplamiento de juego (mec.), flexible coupling.
acoplamiento directo (maq.), direct driving.
acoplamiento elástico, flexible coupling.
acoplamiento en cascada (o en cadena) (el.), cascade coupling (or connection).
acoplamiento en delta (o en triángulo) (el.), mesh-coupling.
acoplamiento en doble triángulo (el.), delta-delta coupling.
acoplamiento en estrella, star (or Y) connection.
acoplamiento en paralelo, parallel coupling.
acoplamiento en puente (el.), bridge connection (el.).
acoplamiento en serie (o en tensión) de las pilas (o acumuladores), series connection of cells.
acoplamiento en serie-paralelo, series-parallel coupling.
acoplamiento en triángulo, delta (or triangle) connection.
acoplamiento en triángulo y estrella, delta-star coupling.
acoplamiento mixto (el.), series-parallel coupling.
acoplamiento tándem (el.), cascade coupling.
acoplamiento unitario (maq.), separate driving.

acoplar *v.*, to connect, to couple.
acoplar en cantidad (el.), to connect in parallel.
acoplar en series paralelas, to connect in series-parallel.
acoplar en tensión, to connect in series.
acoplar los alternadores en paralelo, to connect the alternators in parallel.

acoplar los elementos en cantidad, **to connect the cells in parallel.**
acorazado *adj.*, iron-clad.
acorazado (nave), battleship.
acorazado de acero *adj.*, **steel-armoured.**
acordado (sonido), tuned.
acordar *v.*, to tune (sound).
acorde, tune, tuning.
acortar *v.*, to shorten.
acotación, reading (surv.).
acotación de profundidad, **depth reading.**
acotar *v.*, to dimension.
acotillo, sledge hammer.
acrecencia, accretion.
acrecentar (la marea) *v.*, **to flow in.**
acreedor, creditor.
acreedor hipotecario, mortgagee.
acrobacia aérea, acrobatics, stunt.
acromático, achromatic.
acromatismo, achromatism.
actínico, actinic.
actinismo, actinism.
actinografía, actinography.
actinógrafo, actinograph.
actinoide, actinoid.
actinometría, actinometry.
actinómetro, actinometer.
activo *adj.*, live.
activo (com.), assets.
actuación, performance.
actuación del aeroplano, aeroplane performance.
actuado mecánicamente, mechanically-operated.
actuante *adj.*, operating.
actuar *v.*, to act.
la fuerza actúa, the force acts.
actuar (mover, máq.) *v.*, **to operate, to drive.**
acuarela, water-colour.
acuario (ast.), water-bearer.
acuario (zool.), aquarium.
acuartelar (mil.) *v.*, to quarter.
acuatizar (av.) *v.*, to land on water.
acueducto, aqueduct.
acuerdo, understanding, accord.
acuífero *adj.*, water-bearing.
acumulación de barro, mud accumulation.
acumulación de electricidad, storage of electricity.
acumulador, accumulator, cell.
acumulador al cloro, chloride accumulator.
acumulador de alta tensión, high-tension accumulator.
acumulador de baja tensión, low-tension accumulator.
acumulador de hierro al níquel, iron-nickel accumulator.
acumulador de plomo, lead accumulator.
acumulador de reserva, spare accumulator.
acumulador eléctrico, electric accumulator.
acumulador en jalea, jelly accumulator.
acumulador fijo, stationary accumulator.
acumulad[illegible]ra tracción, traction accumulator.
acumulador portátil, portable accumulator.
acumulador seco, dry accumulator.
acumulador suplementario (durante la carga), milking-cell (el.)
acumular *v.*, to accumulate, to store.
acuñador (de moneda), minter.
acuñadora, minting press, coining machine.
acuñar moneda, to coin, to mint.
acuoso, aqueous, watery.
acústica, acoustics.
acutángulo *adj.*, acute-angled.
achaflanadora, beading machine.
achaflanar *v.*, to bead.
achatado, flat, *adj.*
achatar, to flatten.
achicador (naut.), ladle.
achicar una mina, to bail out the water from a mine.
adamantino *adj.*, adamantean.
adaptar, to fit.
adaptar una lente a un aparato fotográfico, **to** fit a lens on a camera.
adaptarse, to fit into (or in).
adaptarse (corresponder), to tally with.
adelantado (reloj), fast.
adelantador de fases (el.), phase advancer.
adelantar *v.*, to advance.
adelantar (marchando) *v.*, to step.
adelantar (reloj) *v.*, to put forward.
adelantar el encendido (mot.), **to advance the** magneto.
adelante *adv.*, forward.
adelanto de la excéntrica, lead of the eccentric.
adelgazar (tecn.) *v.*, to pare, to thin down.
ademar (min.) *v.*, to stay.
ademe, pit-prop.
adentro, inside.
adherencia (o adhesión), adhesion.
adherente (o adhesivo), adhesive.
adherirse, to cling to.
adhesión, adhesion, attachment.
adiabáticamente, adiabatically.
adiabático, adiabatic.
adiestramiento, training (teaching).
adiestrar *v.*, to train.
adjudicación (de una propuesta), acceptance (of tender).
adjudicar *v.*, to adjudicate, to adjudge.
adjudicar las obras a un contratista, **to adjudicate** the work to a contractor.
adjunto *adj.*, enclosed herewith.
administración, headquarters (com.).
administración (edificio), office buildings.
administrador, director (of company).
administrador gerente, managing director.
admisible *adj.*, permissible.
admisión, admission, inlet.
admisión axial (turb.), axial admission.
admisión del vapor, admission of steam.
admisión parcial, partial admission.
admisión plena, full admission.
admisión radial (turb.), radial admission.
admisión tangencial, tangential admission.
admitancia, admittance.
admitir *v.*, to admit.
admitir el vapor (mot., turb.), **to put the steam** on.
adobar (construir de adobe) *v.*, to pug.
adobar (ind., cuero), to dress.
adoquinado *s.*, stone pavement.
adoquín, paving-stone.
adoquinar *v.*, to pave.
adornar *v.*, to decorate, to ornament.
adorno, ornamentation.
adquisición, purchase.
aduana, customs.
aduana (edificio), custom-house.
adujar (naut.) *v.*, to coil a cable.
advertencia, observation, remark.
adyacente *adj.*, bordering, contiguous.
adyacentes, side by side.
aereación, aeration.
aerear *v.*, to aerate.
aéreo, aerial (*adj*).

aerodinámica, aerodynamics.
aerodinámica experimental, experimental aerodynamics.
aerodinámico *adj.*, streamlined.
aeródromo, aerodrome.
aerolito (geol.), air-stone, meteoric stone.
aerometría, aerometry.
aerómetro, aerometer, air meter.
aeronauta, aeronaut, flyer.
aeronáutica, aeronautics.
aeronáutico *adj.*, aeronautical.
aeroplano, aeroplane, aircraft.
aeroplano ambiaterrizador, amphibian.
aeroplano civil, civil aircraft.
aeroplane de alas descaladas, staggered aircraft.
aeroplano de hélice propulsora, pusher-plane, pusher aeroplane.
aeroplano de transportes, commercial aircraft.
aeroplano naval, naval aircraft.
aeroplano terrestre, land-plane.
aeropuerto, airport.
aerostática, aerostatics.
afamado, famous, well-known.
afianzar *v.*, to consolidate, to hold down.
aficionado, amateur.
aficionado de radio, wireless fan.
afilado, sharp, sharp-edged, keen.
afilador de cuchillos, knife-grinder.
afiladora de brocas salomónicas, twist-drill grinding machine.
afiladora de cuchillas de cepillar, plane-iron grinder.
afiladora de herramientas, tool grinding-machine.
afilar (aguzar) *v.*, to edge, to sharpen, to whet.
afilar (dar punta) *v.*, to taper.
afiliado, subsidiary.
afinación (met.), fining, refining.
afinación eléctrica de los metales, electrolytic metal-refining.
afinado, refined.
afinar (met.) *v.*, to refine.
afinar (quim.) *v.*, to fine (chem.).
afinidad, affinity.
afirmado, pavement, paving.
afirmado de madera, block paving, wood paving.
afirmar (asegurar) *v.*, to steady, to make firm.
afloja (aflojá ! (S.A.)) !, let go !
aflojador, release.
aflojar, to loosen, to slacken, to unbend.
aflojar los frenos, to release the brakes.
aflojar un tornillo, to loosen a screw.
aflojar una tuerca, to slacken a nut.
aflojarse, to become loose.
afloramiento (min.), outcrop.
afloramiento del mineral, mineral outcrop.
las capas afloran paralelamente a las líneas de nivel (geol.), beds outcrop parallel to the contour lines.
aflorar (min.) *v.*, to outcrop.
afluencia máxima (tr.), peak traffic.
afluente (geog.), tributary, affluent.
aforar (naut.) *v.*, to gauge (a ship).
aforar el caudal de una corriente de agua, to measure the water flowing in a stream.
aforar el gasto de un vertedero (hid.), to measure flow of water over a weir.
aforestado, forested.
aforo, gauging, measuring.
aforo en vertedero de muesca (hid.), notch-gauging.
aforrar un cable (naut.), to keckle a cable.
aforro, keckling.
afortunado, successful.
afrecho, bran.
afretar (naut.) *v.*, to hog.
áfrita (geol.), aphrite.
afuera, out, outward.
agalla de roble (bot.), oak-gall.
agarra-bolsas para correspondencia (f.c.), mail-bag catcher.
agarradera, haft, lug.
agarradera (para alambre), wire clamp.
agarrado (sujetado, maq.), clamped to.
agarrar (S.A.) *v.*, to seize, to take.
agavilladora (agric.), binder.
agavillar *v.*, to bind sheaves.
agencia, agency.
agencia marítima, shipping agency.
agencia periodística, news-agency.
agente, agent.
agente de patentes, patent agent.
agente de seguridad (o policía), policeman.
agente marítimo, shipping agent.
agible, feasible.
agiotista, stock-jobber (fin.).
agitado, unsettled.
agitador (maq.), beater.
aglutinarse, to cake together.
agotado *adj.*, exhausted, run-down.
agotado (edición) *adj.*, out of print.
agotado (vacío), exhausted.
agotamiento (hid.), drainage.
agotar (desgastar) *v.*, to wear out.
agotar (vaciar) *v.*, to exhaust.
agrandar (achatando) *v.*, to flatten out.
agrandador *adj.*, magnifier.
agregar *v.*, to add to.
agrícola *adj.*, agricultural.
agricultor, farmer.
agricultura, agriculture.
agricultura eléctrica, electroculture.
agrimensor, surveyor (land).
agrimensura, land-measuring, land surveying, surveying.
agronomía, agronomy.
agrónomo, agronomist.
agrupar *v.*, to group.
agrupar transfromadores (el.), to bank transformers.
agua, water.
agua (techo), pane (of roof).
agua abajo, downstream, downstream water.
agua acidulada, acidulous (or acidulated) water.
agua amoniacal, ammonia water, gas liquor.
agua arriba, upstream water.
agua bajo presión, pressure water.
agua caliente, hot water.
agua cargada de impurezas, water containing impurities.
agua de cal, lime water.
agua de circulación, circulating water.
agua de condensación (mot.), condensate.
agua de hidratación (geol.), water of hydration.
agua de lluvia, rain water.
agua de manantial, spring water.
agua de mar, sea water.
agua de percolación (geol.), exuding water.
agua de pozo, well water.
agua de río (o fluvial), river water.
agua destilada, distilled water.
agua dulce, soft (or fresh) water.
agua fría, cold water.
agua fuerte (pint.), mordant.
agua gaseosa, aerated water.

agua higroscópica, hygroscopic water.
agua llovediza, rain water.
agua mineral, mineral water.
agua muerta (mar.), slack-water.
agua oxigenada, hydrogen peroxide.
agua para alimentación (cald.), feed water.
agua refrigerante, cooling water.
agua salobre, hard water.
agua tranquila, still water.
agua viva, running water.
el agua de manantial suele contener minerales disueltos, spring waters hold sometimes minerals in solution.
aguacero, shower.
aguada (naut.), watering.
aguadero, watering-place (to water).
aguaje, rising tide.
aguar *v.*, to mix with water.
aguardiente, brandy.
aguarrás, turpentine spirit.
aguas abajo (en un río), below (on a river).
aguas arriba, up the river, upstream.
aguas corrientes, waterworks.
aguas de descarga (hid.), tail water.
aguas madres, mother-liquor (chem.).
aguas servidas, sewage.
aguazo (pint.), distemper paint.
agudeza (filo), sharpness, keenness.
agudo, acute, sharp.
aguilón (de grúa), jib (of crane).
aguja (arq.), spire.
aguja (de coser), needle.
aguja (f.c.), switch-point (rly.).
aguja (inst.), pointer.
aguja de coser, sewing needle.
aguja de descarrilamiento (para apartar vagones, (f.c.), catch-point, runaway-switch.
aguja de enhebrar, threading needle.
aguja de gancho, hook needle.
aguja de integración (inst.), integrating needle.
aguja selectriz (maq. text.), driver needle, selecting needle.
aguja de inclinación (mag.), dipping needle.
aguja magnética, magnetic needle.
aguja móvil (f.c.), slide-rail (rly.).
agujas (f.c.), switch (rly.).
agujas de maniobra, shunting-switch.
agujas enclavadas, interlocked switch.
agujerear *v.*, to bore, to drill, to hole, to pierce.
agujero, hole.
agujero cónico, taper hole.
agujero de hombre, manhole.
agujero de inspección de caldera, manhole of a boiler.
agujero de sondeo, bore-hole.
agujero para remache, rivet hole.
aguzadera, whetstone.
aguzado, sharp-edged, keen.
aguzar, to sharpen, to whet.
ahondar *v.*, to deepen.
ahorquillado, forked.
ahorrar *v.*, to economise, to save.
ahorros, savings (fin.).
ahovilladora (text.), balling machine.
ahuecado, hollow.
ahuecado por el uso, worn hollow.
ahuecamiento (min.), kirving.
ahumar *v.*, to smoke, to throw off smoke.
aire, air.
aire comprimido, compressed air.
aire de mar, sea-air.
aire denso, close air.
aire inflamable, explosive air.
aire libre, ambient air, open air.
aire puro, pure air.
aire viciado (o mefítico), foul air.
aislado *adj.*, insulated.
aislado al papel, paper-insulated.
aislador *adj. & s.*, insulator.
aislador concatenado, catenary insulator.
aislador de campana, petticoat insulator.
aislador de porcelana, porcelain insulator.
aislador de tornillo, pin insulator.
aislador de vidrio, glass insulator.
aislador para línea de transmisión, line insulator.
aislamiento, insulation.
aislamiento al aceite (el.), oil insulation.
aislamiento de caucho, rubber insulation.
aislamiento de corcho, cork insulation.
aislamiento de mica, mica insulation.
aislamiento de vidrio, glass insulation.
aislamiento defectuoso, faulty insulation.
aislante *adj.*, isolating, non-conductor.
aislar *v.*, to insulate.
aislar con cinta (el.), to tape.
ajustable, adjustable.
ajustado defectuoso (mec.), bad fit.
ajustador, adjuster.
ajustador (mec.), fitter.
ajustar *v.*, to adjust, to fit.
ajustar (poner exacto), to make true.
ajustar el grado de admisión (mot.), to adjust the cut-off.
ajustar el precio, to fix the price.
ajuste (cuentas), settlement.
ajuste (ing., mec..), adjustment, fitting.
ajuste *s.*, fit.
ajuste de la cabeza de biela, adjustment of big-end (of engines).
ajuste de la coincidencia de válvulas (aut.), adjustment of valve timing.
ajuste de la tensión de la correa del ventilador (aut., maq.), adjustment of fan belt.
ajuste de precisión, fine adjustment.
ajuste de rotación libre, running fit.
ajuste exacto, exact fit.
ajuste forzado, force fit.
ajuste holgado, loose fit.
al abrigo de robos, burglar-proof.
al abrigo del polvo, dust-proof.
al aire libre, outdoor.
al alcance de, within reach.
al alcance de la voz, within hearing.
al contado, cash, ready-money.
al contrario, counter (*adv.*).
al extremo Norte, northernmost.
al garete (naut.), adrift.
al nivel de, flush, flush with, on a level with.
al norte, northerly, northern.
al oeste, westerly, westward.
al pasar pedido de piezas de recambio, sírvase mencionar el número de la pieza, when ordering spares, please quote part number.
al por mayor, wholesale.
al precio de (com.), at the rate of (price).
al revés, counter (*adv.*).
al riesgo del destinatario, at owner's risks.
al sud (o sur), southward.
al través *adv.*, across.
al través (del buque), midships.
al través de, through (*prep.*).
ala (av.), plane, wing.
ala (const.), bay, aisle.
ala (de hierro perfilado), flange, web.

ala (parte movediza), flap.
ala de perfil fuselado (av.), streamlined wing.
ala inferior (av.), lower plane.
ala lateral (const.), side-wing.
ala superior, top plane.
las alas de una vigueta, the flange of a joist.
alabastro, alabaster.
álabe (turb.), blade.
álabe director, guide vane.
alabeado, warped.
alabear, to warp.
alabear madera, to warp wood.
alado, winged.
alambique, still (distilling).
alambique al vacío, vacuum still.
alambique para esencias, essential oil still.
alambrado, wire fence, fencing.
alambrar *v.*, to wire, to wire round.
alambre, metallic wire, wire.
alambre aislado con algodón, cotton-covered wire.
alambre aislado con caucho, rubber-insulated wire.
alambre conductor para tracción eléctrica, trolley wire.
alambre de acero, steel wire.
alambre de aluminio, aluminium wire.
alambre de arrastre (av.), drag-wire.
alambre de atirantado, stay-wire.
alambre de bronce, bronze wire.
alambre de bronce fosforoso, phosphor-bronze wire.
alambre de cobre, copper wire.
alambre de hierro, iron wire.
alambre de pararrayos, lightning conductor.
alambre de platino, platinum wire.
alambre de púas, barbed-wire.
alambre encerado, wax-covered wire.
alambre estirado, drawn wire.
alambre estirado en frío, cold-drawn wire.
alambre frenador, locking wire.
alambre fuselado, streamlined wire.
alambre galvanizado, galvanised wire.
alambre galvanizado para línea telegráfica, galvanised iron telegraph wire.
alambre para soldar, welding-wire.
alambre piloto (el.), pilot wire.
alambre recubierto de seda, silk-covered wire.
alambre retorcido, stranded wire.
alambre sin aislar, bare wire.
alambre suspendido, suspension wire.
alambre tensor, span-wire.
alambrera, metallic net.
álamo, aspen, poplar.
álamo blanco, silver-poplar.
alargado, elongated.
alargador, stretcher (*adj.*).
alargador *s.*, length piece.
alargamiento, elongation, extension, stretching.
alargamiento (av.), aspect ratio.
el alargamiento no deberá bajar de 25%, elongation not less than 25%.
alargar *v.*, to elongate, to extend, to lengthen, to stretch.
alarma, alarm.
alarma automática contra incendios, automatic fire-signal.
alarma contra ladrones, burglar alarm.
alazor (bot.), safflower.
alba (del día), dawn, daybreak.
albanega (naut.), trawl.
albañal, drain, drain channel.
albañil, bricklayer, mason.
albañilería, masonry.
albardilla (const.), skewback, top course.
albayalde, white lead.
alberca, mill-pond.
alberca de deposición (hid.), screening chamber.
álbum de perfiles (met.), section book.
albúmina, albumen.
albura (bot.), sapwood.
álcali, alkali.
álcali volátil, liquor ammonia.
alcalinidad, alkalinity.
alcalino, alkaline.
alcance (arm.), range (of firearms).
alcance (distancia), reach.
alcanfor, camphor.
alcantarilla, culvert.
alcantarilla abovedada, arched culvert.
alcanzar (arm.) *v.*, to reach.
alcayata, rail-spike, spike nail.
alcoba (arq.), alcove.
alcohol, alcohol, spirit.
alcohol de patatas, fusel oil.
alcohol de terebentina, alcohol of turpentine.
alcohol desnaturalizado, methylated spirit.
alcohol etílico, alcohol ethyl.
alcohol metílico, alcohol methyl.
alcohol piroleñoso, alcohol wood.
alcoholar *v.*, to extract alcohol.
alcoholato, alcoholate.
alcohólico, alcoholic.
alcoholímetro, alcoholmeter.
alcornoque, cork-tree.
alcubilla, mill-pond, reservoir.
aldaba, knocker (of door).
aldea, village.
aldeano, peasant.
aldehído, aldehyde.
aleación, alloy.
aleación (de soldar), flux.
aleación antiácida, acid-proof alloy.
aleación de cobre, copper alloy.
aleación férrica, iron alloy.
aleación ferrosa, ferro-alloy.
alear *v.*, to alloy.
alefriz (mar.), rabbet.
alejado *adj.*, away, distant, remote.
alejamiento, distance, remoteness.
alejamiento entre ciudades, distance between towns.
alejar *v.*, to remove.
alejarse (mar.), to steam away.
alero (arq.), eaves, gable.
alero de desagüe, water-table.
alerón, aileron.
alerón compensador, balancing flap (av.).
aleta (de refuerzo), rib.
aleta (mot.), fin.
aleta (parte movible), flap, small wing.
aleta equilibradora (av.), balancing flap (av.).
alfalfa, lucern.
alfalfar, lucern-field.
alfarda de madera (const.), ceiling joist (wood).
alfarería, pottery.
alfarero, potter.
alfarjar (const.), to wainscot.
alfarje, wainscotting.
alfeiza (y alféizar), splay (arch.).
alfeizado, splayed.
alférez, lieutenant (nav.).
alfiler, pin.
alfombra, carpet.
alfor (min.), crude gypsum.

algarrobo (bot.), carob.
álgebra, algebra.
algebraico (o algébrico), algebraic.
algodón, cotton.
algodón en rama, cotton-wool, raw cotton.
algodonero, cotton-tree.
alguacil (jur.), bailiff.
alicates, nippers, tweezers.
alicates (cortantes), pliers, plyers.
alicates cortantes, cutting plyers.
alícuota, aliquot.
alidada, index-bar (inst.).
alijador (naut.), lighter.
alijador de draga, mud-lighter.
alimentación, food, feeding.
alimentación (cald.), feed, watering.
alimentación (de fuego), charging, stoking (of fire).
alimentación (el.), feed, feeding, supply.
alimentación anódica (t.s.h.), anode supply.
alimentación con carbón pulverizado (cald.), pulverised-coal firing.
alimentado al petróleo (cald.), oil-fired.
alimentado por efecto del peso, gravity-fed.
alimentado por la red (el., t.s.h.), mains-operated.
alimentar (el.) *v.*, to feed, to supply.
alimentar (mec.), to fire, to stoke.
alimento, food.
alimento lácteo, milk-food.
alineación, alignment.
alineación de los cojinetes, alignment of bearings.
alineado, in line.
alineamiento de la dirección (min.), line of strike.
alinear, to align, to line, to range.
alinear las columnas (arq.), to line up the columns.
alisado, smooth.
alisadora (text.), backwasher.
alisadora para pisos, floor grinder.
alisadora portátil para rieles, portable rail-grinder.
alisar (carp.) *v.*, to trim.
alisar (tecn.), to plane, to smooth.
alisar (con cepillo) un tablón, to smooth a plank with a plane.
aliso (bot.), alder.
aliviar, to unburden, to relieve.
aliviar una válvula (cald.), to balance a valve (boilers).
aljibe, rain tank.
alma (de escalera), newel.
alma de celosía, lattice-web.
alma de un cable, core of a cable.
alma de un riel, web of a rail.
alma estriada (arm.), rifled bore.
almacén, warehouse.
almacén fiscal, bonded warehouse.
almacenaje, storage, warehousing.
almacenaje de petróleo, oil-storage.
almacenar *v.*, to store, to warehouse, to stock.
almáciga, seed plat.
almadana, tup (metal breaker).
almagre, red iron oxide, red ochre.
almártaga, litharge.
almazara, oil-mill.
almendra, almond.
almendro, almond-tree.
almidón, starch.
almiranta, flagship.
almirantazgo, admiralty.
almirante, admiral.
almoflate (ind.), dressing knife.
almohadón, cushion.
almoneda, auction.
alojamiento, lodging.
alojamiento (naut.), accommodation.
alotropía, allotropy.
alotrópico, allotropic.
alpiste, canary seed.
alquifol (min.), lead-glance.
alquilar *v.*, to hire, to let.
alquilar (casas), to rent.
alquiler, letting (of houses).
alquiler (paga), rent.
alquitrán, tar, coal-tar.
alquitrán de destilación, gas tar.
aliquitrán mineral, coal-tar.
alquitrán vegetal, wood tar.
alquitranado, tarred.
alquitranadora (i.c.), tarring machine.
alquitranaje, tarring.
alquitranar *v.*, to tar.
alquitranar (buques) *v.*, to pay, to tar.
alrededor, about, around, round about.
alta frecuencia (el.), high-frequency.
alta mar, open sea.
alta presión, high pressure.
alta tensión (el.), high pressure, high voltage.
altar (de fogón), bridge, furnace bridge, fire bridge.
altavoz (t.s.h.), loudspeaker
altavoz dinámico, moving-coil loudspeaker.
alteración de la presión, change of pressure (mec.).
alteración del estado de un cuerpo (fis.), change of state of a body.
alterar *v.*, to alter.
alternación, alternation.
alternado, alternating.
alternador, alternator, alternating-current generator.
alternador bifásico, two-phase generator.
alternador de hierro giratorio, inductor alternator.
alternador de inducido móvil, revolving-armature alternator.
alternador de inductor giratorio, revolving-field alternator.
alternador de polos lisos, cylindrical-rotor alternator.
alternador monofásico, single-phase generator.
alternador polifásico, multiphase alternator.
alternador trifásico, three-phase generator.
un alternador trifásico tetrapolar, de 12.000 KV, 1.500 v.p.m., 50 períodos, 6000 voltios, acoplado a una turbina hidráulica, a three-phase 12,000 KW. 1,500 R.P.M., 50 cycle four-pole 6,000 Volts hydraulic-turbine-driven alternator.
alternador volante, flywheel-generator.
alternar *v.*, to altern, to shift.
alterno, alternating.
alternomotor, alternating-current motor.
altibajos, uneven ground.
altimetría, altimetry.
altímetro, altimeter, height-recorder.
altiplano (geog.), plateau.
altitud : véase altura.
alto, high.
alto (señal de parada), stop.
alto de popa *adj.* (naut.), high-sterned.
alto horno (met.), blast-furnace.
altura, height, altitude.
altura (agrim.), elevation.
altura (del sonido), pitch (of sound).
altura de aspiración (de bomba), head (height of a pump).

altura de caída (hid.), head (height of fall, hyd.).
altura de puntas (maq. herr.), height of centres (mach. tool).
altura de suspensión, height of a suspension.
altura del barómetro, reading of the barometer.
altura del salto (hid.), height of fall.
altura de caída (hid.), head.
altura del sonido, intensity (or pitch) of sound.
altura dinámica (hid.), velocity-head.
altura piezométrica (hid.), head, velocity-head.
la torre tiene 61 m. de altura, the pylon is 200 ft. high.
alud, avalanche.
alumbrado, illumination, lighting.
alumbrado a gas, gas lighting.
alumbrado al vapor de neo, neon lighting.
alumbrado de automóvil, motor-car lighting.
alumbrado de mina, mine lighting.
alumbrado de socorro, stand-by lighting.
alumbrado de trenes, train lighting.
alumbrado eléctrico, electric lighting.
alumbrado municipal, street lighting.
alumbrado por lámparas de arco, arc lighting.
alumbrado reflejado, indirect lighting.
alumbrar, to light, to illuminate.
alumbre, alum.
alumbre de roca, roche-alum.
alumbrera, alum-mine.
alumbroso, aluminiferous.
alúmina, alumina.
aluminio, aluminium.
aluminita, alumite.
alumno, pupil.
alumno de la escuela naval, naval cadet.
aluvial, alluvial.
aluvión, alluvial deposit, aluvion, alluvium, silt.
aluvión aurífero, auriferous alluvial.
aluvión glacial, glacial alluvium.
aluvión pampeano, pampean formation.
álveo, water-bed.
alza (art.), elevation sight.
alza (barómetro), rise.
alza lateral (dib.), side elevation (drawing).
alzado (dib.) *s.*, elevation.
alzado frontal, front elevation.
alzado transversal, cross-sectional elevation.
alzador de correa, belt lifter.
alzamiento, hoisting, raising, lifting.
alzar *v.*, to hoist, to lift, to raise.
alzar (aumentar la corriente o el voltaje), to step up.
alzar las escobillas (el.), to lift the brushes.
alzarse, to stand, to rise.
allanado, smooth.
allanado (terreno), level, levelled.
allanamiento (de terreno), levelling.
allanar (alb.) *v.*, to dress.
allanar (carp. & mec.), to smooth, to plane.
allanar (top.), to level.
allanar (o aplanar) el terreno, to level the ground.
allende, beyond.
amaestramiento, training.
amaestrar *v.*, to train.
el viento amaina, the wind slackens.
amainar *v.*, to relax, to slacken.
amalgamación, amalgamation.
amalgamación comercial, commercial merger.
amalgamado, amalgamated.
amalgamar (com.) *v.*, to merge (two firms).
amalgamar (quim.) *v.*, to amalgamate.
amargo, bitter.
amarillento, yellowish.
amarillo, yellow.
amarradero, dock berth.
amarradura (naut.), mooring.
amarrar (aer., naut.) *v.*, to moor.
amarrar (atar), to make fast, to secure.
amarre (de puente), back-stay (of bridge).
amasado del caucho, rubber-kneading.
amasadora mecánica, kneading machine.
amasar, to knead.
amatista, amethyst.
ámbar, amber.
ambiente, ambient.
ambiente *s.*, medium.
amenazar ruina (const.), to totter.
América del Sud, South America.
ametrallador, machine-gunner.
ametralladora, machine-gun.
amianto, asbestos.
amigdalina (quim.), amygdalene.
amila, amyl.
amilina (quim.), amylene.
aminorar, to lessen.
amolado *s.*, grinding.
amolado húmedo (o bajo agua), wet grinding.
amolado en seco, dry grinding.
amolado (o afilado) mecánico, machine grinding.
amoladora, grinding-machine.
amoladora (rueda de amolar), emery wheel (or disc).
amoladora de asientos de válvulas, valve refacer.
amoladora de cardas (text.), card-grinding machine.
amoladora de cuchillos, knife-grinding machine.
amoladora de planear, surface grinding-machine.
amolar *v.*, to grind, to whet.
amolar cuchillas, to grind cutters.
para amolar aluminio, es preciso usar muela blanda o semiblanda con velocidades que llegan a 3.050 m. por minuto, for grinding aluminium a soft or medium soft wheel should be used at speeds up to 10,000 feet per second.
amoldar, to mould.
amoníaco, ammonia.
amonita (y amonites) (geol.), ammonite.
amontonar el fuego (en un fogón), to bank the fire.
amorfo, amorphous.
amortiguación, damping.
amortiguador, dashpot.
amortiguador al aceite, oil dashpot.
amortiguador de barquinazos, shock-absorber.
amortiguador de chispas (el.), spark-damper.
amortiguador de choques (aut.), bumper.
amortiguador de líquido, liquid dashpot.
amortiguador de vibraciones torsionales (aut.), torsional vibration damper.
amortiguar *v.*, to damp.
amortiguar (ruidos) *v.*, to deaden, to soften.
amortiguar los barquinazos (tr.), to absorb the shocks.
amortizar *v.*, to write off (capital).
amovible (de un empleo), removable (from office).
amperímetro, ammeter.
amperímetro de cuadro móvil, moving-coil ammeter.
amperímetro de hilo caliente, hot-wire ammeter.
amperímetro de la excitación, field ammeter.
amperímetro electromagnético, electromagnetic ammeter.
amperímetro para corriente alterna, alternating-current ammeter.
amperímetro para corriente continua, continuous current ammeter.

amperímetro registrador, recording ammeter.
amperímetro térmico, hot-wire ammeter.
amperio, ampere.
amperio hora, ampere-hour.
amperio-vuelta, ampere-turn.
amperios-vueltas de entrehierro, air-gap ampere-turns.
amperios-vueltas en el inducido, armature ampere-turns.
amperios-vueltas intermedios por polo, interpole ampere-turns per pole.
amperios-vueltas para impeler el flujo por el polo, ampere-turns to drive flux through the pole.
amperios-vueltas por fase, ampere-turns per phase.
amplificación, amplification.
amplificación de doble media onda (t.s.h.), push-pull amplification.
amplificador, amplifier.
amplificador fonográfico, gramophone pick-up.
amplitud, amplitude.
amplitud de la armónica (fis.), harmonic amplitude.
ampolla (de vidrio), bulb.
ampolla (met.), blister.
ampolla de Crooke, Crooke's tube.
amueblar *v.*, to furnish (house).
amurallado, walled.
amurallar *v.*, to brick up, to wall bound.
analático *adj.*, anallatic.
análisis, analysis.
análisis calitativo, qualitative analysis.
análisis cantitativo, quantitative analysis.
análisis de gases, gas analysis.
análisis de los gases de escape (aut., mot.), analysis of burnt gases.
análisis del carbón, analysis of coal.
análisis del humo (cald., ing., met.), analysis of flue gases.
análisis espectral, spectrum (or spectral) analysis.
análisis radiográfico, X-ray analysis.
análisis volumétrico, volumetric analysis.
analítico, analytical.
analizar *v.*, to analyse.
analizar agua, to analyse water.
analizar mineral, to analyse an ore.
análogo, analogous.
anaquel, shelf.
anaquel de secar (ind.), drying rack.
ancla, anchor.
ancla de manga cónica (av.), drogue.
ancladero (naut.), anchorage, anchoring-ground.
ancladura (const.), iron brace.
anclaje (sitio, naut.), mooring, anchoring-ground.
anclar (naut.) *v.*, to anchor, to drop the anchor.
áncora (mec.), anchor.
ancho, broad, wide.
ancho de vía (f.c.), gauge (rails).
anchura, breadth, width.
anchura total, overall width.
andamiada, scaffolding.
andamiada de carenaje (naut.), gridiron (ship-repairing).
andamiada de postes de madera, wooden-poles scaffolding.
andamiada tubular, tube scaffolding.
andamio (arq., const.), scaffold.
andanada (art.), volley, broadside.
andar *v.*, to go, to step, to walk.
andar (maq.), to run (of machinery).
andarivel (mar.), pass-rope.
andén, platform (rly.).
andén de partida, departure platform.
andén entre vías, island platform.
andesita (min.), andesite.
andino, andean.
anegado, water-logged.
anemómetro, anemometer, wind-gauge.
anexar (enviar junto) *v.*, to enclose (in letter).
anexo (const.), outbuilding.
anexo (en una carta), enclosure (in letter).
anfíbol, hornblende, amphibole.
angarillas, hand-barrow.
angostar, to contract, to narrow.
angosto, narrow.
anguila (naut.), bilge-way.
ángulo, angle.
ángulo agudo, acute angle.
ángulo ascensional (av.), angle of climb.
ángulo cenital, zenithal angle.
ángulo de asiento (i.c.), angle of repose (of earths, etc.).
ángulo de atraso (el., fis.), angle of lag.
ángulo de avance (el., fis.), angle of lead.
ángulo de calado (excéntrica), angle of keying (eccentric).
ángulo de cizallamiento, angle of shear strain.
ángulo de cruce, angle of crossing.
ángulo de depresión natural (agrim., ast.), dip of horizon.
ángulo de descalado (de alas, av.), angle of stagger.
ángulo de destajo (maq. herr.), angle of clearance (mach. tools).
ángulo de desviación (opt.), angle of divergence.
ángulo de extracción (min.), angle of draw.
ángulo de flexión (mec.), angle of deflexion.
ángulo de incidencia (entre la cuerda y el plano de rotación de una hélice aérea), angle of blade.
ángulo de inclinación, angle of dip.
ángulo de la visual (agrim.), angle of sight.
ángulo de mayor alcance (art), angle of elevation for greatest range.
ángulo de planeado (av.), angle of gliding.
ángulo de recodo (carretera o línea), angle of bend (in road).
ángulo de salida (turb.), angle of efflux.
ángulo de torsión, angle of torsion, torsion angle.
ángulo de trabajo (mec.), angle of action.
ángulo de visión, visual angle.
ángulo direccional (de filones o vetas, min.), angle of strike.
ángulo obtuso, obtuse angle.
ángulo recto, right (or straight) angle.
ángulo visual (inst.), field of view.
ángulos alternos, alternate angles.
anhidrido, anhydride.
anhidrido acético, acetic anhydride.
anhidrido carbónico, carbon dioxide.
anhidrita, anhydrite.
anhidro, anhydrous.
anilina, aniline.
anilla (o anillo), ring.
anilla arrestachispas (de aislador, el.), insulator arcing-ring.
anillo colector (el.), collector ring.
anillo de engrase, lubrication-ring.
anillo de frotamiento (el.), slip-ring.
anillo de lubricación, oil-ring.
anillo de parada, check ring.
anillo de rodadura (cojinetes), ball race (bearings).
animal de un año, yearling.
anión, anion.
anochecer *s.*, nightfall.

ánodo, anode.
anomalía, abnormality.
anormal, abnormal.
anotación de Bow (mec.), Bow's notation.
anotar *v.*, to note, to write down.
anotar el consumo, to read a meter.
antecámara, antechamber, lobby.
antena (t.s.h.), aerial.
antena colgante (av.), trailing aerial.
antena de cuadro, frame aerial.
antena de emisión, transmitting aerial.
antena de interior, indoor aerial.
antena directriz, direction finder aerial.
antena dirigida, directional aerial.
antena emisora, sending aerial.
antena en forma de paraguas, umbrella-type aerial.
antena en L, L-type aerial.
antena fortuita, emergency aerial.
antena giratoria, directional aerial.
antena receptora, receiving aerial.
anteojos, binocular glasses.
antepecho (const.), parapet.
antepecho de puente, bridge railing.
antepuerto, outport, outer port, tide dock.
anterior *adj.*, anterior, former.
antes *prep.*, before.
anti desvanecimiento (t.s.h.), anti-fading.
anti ruidos (t.s.h.), anti-microphonic.
antiácido (quim.), antacid, acid-proof.
antiarrastre de líquidos *adj.* (vap.), anti-priming.
anticlinal (geol.), anticline.
anticonmociones eléctricas, shock-proof.
anticuado, obsolete.
antidebilitación (t.s.h.), anti-fading.
antideslizante, non-skid.
antidetonante (aut., quim.), anti-knock.
antifriccional, anti-friction.
antihigroscópico, non-hygroscopic.
antiprofesional, non-professional, unprofessional.
antipútrido, antiseptic.
antirresbaladizo, non-slip, non-skid.
antisárnico (zool.), sheep dip.
antiself *adj.* (el.), anti-inductive.
antorcha, torch.
antorcha eléctrica, electric torch.
antracita, anthracite.
anual, yearly.
anuario de la marina mercante mundial, Lloyd's Register of Shipping.
anuario naval, navy-list.
anublar *v.*, to overcast, to cloud.
anular *adj.*, annular.
anular *v.*, to annul, to cancel.
anular la carga bruscamente (ing.), to throw off the load suddenly.
anular un pedido (com.), to cancel an order.
anunciar *v.*, to advertise.
anunciar (manifestar), to state.
anuncio (en periódico), advertisement.
anuncio (fijo), sign (advertising).
anuncio luminoso, electric signboa o.
antimonio, antimony.
anzuelo, hook (fishing).
añadir *v.*, to add to.
añadir ácido al electrólito, to add acid to the electrolyte.
añil, indigo.
año, year.
año-luz (ast., fis.), light-year.
año sidéreo, sideral year.
apacentar *v.*, to feed (cattle).
apacible *adj.*, calm, equal, even.
apaciguar (ruidos) *v.*, to deaden noises.
apaga-arcos (el.) *adj.*, non-arcing.
apagachispas, spark quencher.
apagachispas magnético, magnetic blow-out.
apagado (sin corriente, el.), off, switched off.
apagador, extinguisher.
apagamiento, extinction, quenching.
apagar *v.*, to extinguish, to put out, to quench.
apagar (el.), to switch off.
apagar cal, to slake lime.
apague la luz al salir del cuarto (o habitación) **!,** switch off the light on leaving the room.
apainelado (arq.), half-elliptical.
apalancar *v.*, to raise with a lever.
aparador, sideboard.
aparato, apparatus, device, gear.
aparato (t.s.h.), set (receiver).
aparato de alzamiento, lifting-device.
aparato de alzar y bajar, raising and lowering gear.
aparato de desenganche por exceso de velocidad, overspeed-tripping device.
aparato de disparar eléctricamente (av.), electric release gear.
aparato de gobierno (naut.), steering-gear.
aparatos de higiene, sanitary appliances.
aparato de puesta en cortocircuito, short-circuiting device.
aparato de suspensión, suspension device.
aparato de tracción (f.c.), drawgear.
aparato de transmisión, transmission-gear.
aparato eléctrico de alarma, electric-alarm.
aparato equilibrador, balancing apparatus.
aparato fotográfico plegadizo, folding-camera.
aparato fumívoro, smoke-consumer.
aparato para ensayar petróleo, oil-testing apparatus.
aparato para secar, drying apparatus.
aparato para sondar, sounding apparatus.
aparato registrador, registering instrument.
aparatos de control (el.), electric switchgear.
aparatos para producción de gas, gas manufacturing plant.
aparejador, master-builder.
aparejar (alb.) *v.*, to bond (bricks).
aparejar (aparcar) *v.*, to tally.
aparejar (naut.) *v.*, to rig.
aparejar un buque, to rig out a ship.
aparejo (alb.), bond.
aparejo (de alzar), tackle.
aparejo (naut.), rig, rigging.
aparejo (pint.), fill.
aparejos (de electricidad), switching.
aparejos conectadores al aire libre (el.), outdoor switchgear.
aparejo de aterrizado (av.), alighting gear.
aparejo de calibrar (o de comprobar), gauging apparatus.
aparejos de conexión blindados, metal-clad switchgear.
aparejos de conexión eléctrica, electric switchgear.
aparejo de izar, lifting tackle.
aparta-obstáculos (f.c.), rail-guard.
apartadero (f.c.), shunting line, siding.
apartado *adv.*, distant, out of the way, remote.
apartado (de correo), postal box.
apartamiento (f.c.), shunting.
apartamiento de las bolas (mot.), governor deflection (in engines).
apartamiento de los árboles (mec.), distance between shafts.
apartar *v.*, to put on one side, to separate.
apartar (f.c.), to shunt.

apelación (jur.), appeal.
apeadero (f.c., tranv., etc.), halt.
apearse del tren, to alight from the train.
apeo (agrim.), survey, surveying.
aperiodicidad, aperiodicity.
aperiódico, aperiodic, dead-beat.
apertura con puesta a tierra previa (el.), earthed-before-opening.
ápice, apex, summit.
apiladora mecánica, stacking machine.
apilar *v.*, to heap up, to stack.
apilar madera, to stack wood.
apisonador (o apisonadora), roller.
apisonadora a vapor, steam roller.
apisonadora de calzadas, road roller.
apisonamiento, ramming.
apisonar, to ram, to roll.
aplanar el balasto, to level the ballast.
aplicar *v.*, to apply.
aplicar (leyes), to put into operation (laws, etc.).
aplicar (o ejercer) una fuerza, to apply a force.
aplomar *v.*, to plumb.
apógeo *adj.*, apogean.
apogeo *s.*, apogee.
aposento, room (in house).
apostadero de combustible (nav.), fuelling-station.
apostadero hidroaéreo, seaplane station.
apostadero naval, naval station.
apoyar *v.*, to support.
apoyar (reclinar), to lean on.
apoyar (reforzar), to back, to reinforce.
apoyo, support.
apoyo (como de puente), bearing (of bridge).
apoyo (i.c.), retaining.
apoyo de herramienta, tool-rest.
apoyo de manos, hand rest.
apreciar *v.*, to estimate, to value.
aprecio, estimate.
aprender *v.*, to learn.
aprender de memoria, to get by heart.
aprendiz, apprentice.
apresto para correas, belt dressing.
apresurar, to hasten, to expedite.
apretado, tight.
apretar *v.*, to tighten.
apretar las velas (naut.), to take in the sails.
apretar los frenos, to apply the brake.
apretar un tornillo, to screw down.
aprietacadena, chain-tightener.
aprobar *v.*, to approve.
apropiado, fit, fitting.
aprovisionamiento de carbón, coaling.
aprovisionamiento de combustible, fuelling.
aproximación, approximation.
aproximativo, approximate.
aptitud *s.*, aptitude, fitness.
aptitud de vuelo (de una aeronave), airworthiness.
apto *adj.*, fit, competent, qualified, fitted.
apto al trabajo (dicho de un hombre), able to work.
apuntador (art.), pointer (of gun).
apuntalado, propped up.
apuntalado *s.*, strutting, propping up.
apuntalamiento (const.), shoring, propping up.
apuntalar *v.*, to brace, to prop, to stay, to strut.
apuntalar (por debajo), to underpin.
apuntalar un poste, to stay a pole.
apuntar (arm.) *v.*, to point, to take ain
apuntar (comprobar) *v.*, to tally.
apurar (el fuego) *v.*, to kindle.
apurar el tiro (cald.), to force the draught.
aquí, here.
aquilaria, agalloch.
aquilatado, sterling.
arado, plough.
arado de asiento, sulky plough.
arado de desarraigar, grubber plough.
arado de desmontar, skim coulter plough.
arado de discos, disc plough.
arado de reja, gang plough.
arado de surcar calzadas, road-scarifier.
arado de zanjear, ditch plough.
arado desterronador, stubble plough.
arado pocero, beak plough.
arado surcador, scarifier plough.
aragonita nacarada (geol.), aphrite.
arancel, duty (customs).
arandela, washer.
arandela de cierre, lock washer.
arandela de fibra, fibre washer.
arandela de plomo, lead washer.
arandela de presión, spring washer.
araña (de luz), chandelier, pendant.
araña eléctrica, electrolier.
araña (zool.), spider.
arar, to plough.
arbitraje, arbitration, umpirage.
árbitro, referee, arbitrator.
árbol (bot.), tree.
árbol (ing., mec.), axle-tree, shaft.
árbol de contramarcha, countershaft.
árbol de extremidad ranurada, spline-shaft.
árbol de hélice (naut.), propeller shaft.
árbol de levas, cam-shaft.
árbol de motor a gas, gas-engine shaft.
árbol de transmisión en el aire, overhead transmission shaft.
árbol de turbina, turbine spindle (or shaft).
árbol fileteado, guide-screw (mach.).
árbol fósil, dendrite, dendrolite.
árbol frutal (bot.), fruit-tree.
árbol horizontal (transmisión), horizontal shaft, lying shaft.
árbol hueco, hollow shaft.
árbol motor, driving shaft.
árbol portahélice, propeller shaft.
árbol portahélice vertical, upright (or vertical) shaft.
arboladura (naut.), masting.
arbolar (naut.) *v.*, to mast.
árboles de transmisión, shafting.
arbotante (carp.), spur.
arbotante (const.), flying buttress.
arbusto, shrub.
arca, chest, coffer.
arcada (arq.), archway.
arce (bot.), maple.
arce común (o campestre), common maple.
arce de azúcar, sugar maple.
arce plateado, silver maple.
arcén, edge, border, brim.
arcilla, clay.
arcilla de abatanar, fuller's earth.
arcilla de atascar, botting (used in foundry).
arcilla de ladrillo, brick-clay.
arcilla esquistosa, schistous clay, shale.
arcilla grasa, rich clay.
arcilla margosa, marly clay.
arcilla para alfarería, potter's clay.
arcilla refractoria, fireclay.
arcilloso, argillaceous.
arco (el., geom.), arc.
arco (i.c., arq.), arch.
arco apainel (arq.), three-centred arch.

arco bombeado, scheme arch.
arco circular, annular arch.
arco de carena, drop arch.
arco de celosía, trussed arch.
arco de círculo (geom.), arc of a circle.
arco de descarga (arq.), safety arch.
arco de medio punto, semicircular arch.
arco de oscilación (mec.), arc of swinging.
arco de refuerzo (const.), tie arch.
arco de talón, peak arch.
arco de sillares, ashlar arch.
arco de triple rótula (i.c.), three-pinned arch.
arco del hogar (cald.), arch of a furnace.
arco eléctrico, electric arc.
arco en esviraje, skew arch.
arco geminado, twin arch.
arco inclinado, rampant arch.
arco iris (meteor.), rainbow.
arco ojival, gothic arch.
arco ojival en lanza, lancet arch.
arco ojival punteado, ogee arch.
arco peraltado, stilted arch.
arco sonoro (el., t.s.h.), singing arc.
arco trilobulado, trefoil arch.
arco voltáico (el.), voltaic arc.
arco voltáico sonoro, singing arc.
arcosa (geol.), arkose.
archipiélago, archipelago.
archivero (jur.), recorder (judiciary).
archivero de tarjetas (mueble), card-system filing cabinet.
archivo, registry.
área (medida, o sea 100 metros cuadrados), are (= 0·099 rood).
área (perfil), section.
área (superficie), acreage, surface.
área de presión, pressure area.
área transversal de un cilindro, cross-sectional area of a cylinder.
arena, sand.
arena aurífera, gold sands.
arena cuarzosa, quartz sand.
arena de cantera, pit sand.
arena de mar, sea sand.
arena de moldear (met.), facing sand, moulding sand.
arena fresca, virgin sand.
arena movediza, quick sand.
arena verdusca (geol.), greensand.
arenal, sands, sandy beach.
arenero a vapor (f.c.), steam sand-blower.
arenilla, river sand.
arenisco (y arenoso), arenaceous.
areómetro, areometer, hydrometer.
areómetro Baumé, Baumé's hydrometer.
arfada (naut.), pitching (ship's).
arfar (naut.) *v.*, to pitch.
argallera, gouge.
argallera de ahuecar (carp.), spoon gouge.
argamasa, mortar (const.).
argamasa hidráulica (const.), cement-mortar.
argamasar, to make mortar.
argentífero, argentiferous.
la Argentina (geog.), the Argentine Republic.
argentino (met.), silvery.
Argentino (nacionalidad), Argentine.
argo (quim.), argon.
argolla, hoop, ring.
argolla de perno, eye of a bolt.
argüe (mec.), capstan, windlass.
árido *adj.*, barren, dry.
ariete hidráulico, hydraulic ram.
arista (arq.), groin, rib.
arista de presión (de maq. de probar), knife-blade.
aritmética, arithmetic.
arma, arm, weapon.
arma blanca, side-arm.
armada *s.*, navy, sea forces.
armado (i.c.) *adj.*, trussed.
armado de hierro *adj.*, ironclad, iron-clad.
armador (naut.), shipholder, shipowner.
armadura (coraza), armour.
armadura (el.), armature (not rotating).
armadura (techo), frame, truss.
armadura a la Belga, Belgian truss.
armadura de pendolón, king-post truss.
armadura mansarda, mansard-roof truss.
armamento, armament.
armamento (naut.), fitting-out.
armar *v.*, to arm.
armar (maq.) *v.*, to erect.
armar (naut.) *v.*, to fit out.
armar un buque, to put a ship in commission.
armario, cabinet, cupboard.
armario de herramientas, tool cabinet.
armario para libros, bookcase.
armas de fuego, firearms.
armas menores, small arms.
armazón, chassis, frame.
armazón (const.), framework.
armazón de acero, steelwork (const.).
armazón del motor, engine-frame.
armazón dividido, split frame.
armella, hook ring.
armería, armoury.
armero, gunsmith.
armónica, harmonic (mat.).
armónicas esféricas (fis.), spherical harmonics.
arnés, harness.
aro, hoop, ring, staple.
aro de barril, cask hoop, rim.
aro de refuerzo interior (loc.), crinoline band (loco.).
aro de volante, flywheel rim.
arpillera, packing cloth, sacking.
arpón, spike nail.
arqueado, arched. hogbacked.
arqueado (corvo), cambered.
arqueador (naut.), nautical surveyor.
arquear (encorvar) *v.*, to camber.
arquear (naut.) *v.*, to gauge, to survey (a ship).
arqueo (flexión), camber.
arqueo de un buque, measurement of ship's tonnage.
arqueología, archeology.
arquitecto, architect.
arquitectónico, architectural.
arquitectura, architecture.
arquitrabe, architrave.
arquivolta, archivolt.
arrabal, suburb.
arrancador (ing.), starter.
arrancador a pedal, kick starter, pedal-starter.
arrancador automático, automatic starter, self-starter.
arrancador de aire comprimido (mec.), pressure starter.
arrancador de conexión inmediata (el.), direct-to-line starter.
arrancador de líquido (el.), liquid starter.
arrancador de palanca y volante dentado (mot.), barring-gear.
arrancador de resistencia de varias tomas sobre rotor (el.), multi-step rotor starter.

arrancador eléctrico, electric starter.
arrancador en estrella y triángulo (el.), **star-delta starter.**
arrancador forma tambor, drum starter.
arrancador monofásico, single-phase starter.
arrancador neumático (mot. Diesel), pneumatic starter.
arrancador trifásico, three-phase starter.
arrancar *v.*, to wrench, to wrest.
arrancar (poner en movimiento) *v.*, to put in motion, to start.
arrancar en carga fuerte, to start against heavy torque.
arranque (ing.), starting.
arranque a mano, hand-starting.
arranque automático, automatic starting.
arranque bajo carga, starting under load.
arranque de un motor, starting of an engine.
arranque en frío (mot.), cold-starting.
arranque en frío con cualquier carga, starting against all loads.
arranque en frío sin calentamiento previo, starting from cold without preheating.
arrastrar *v.*, to draw, to haul, to pull.
arrastrar en pendiente leve (f.c.), to haul up a slight grade.
arrastre, haulage, hauling, pull, traction.
arrastre (av.), drag (or airplane).
arrastre de extracción (min.), main haulage.
arrastre de vuelta (min.), tail haulage.
arrastre indebido de agua (cald.), priming (in boilers).
arrecife, reef.
arredondear *v.*, to round.
arreglar (en orden) *v.*, to arrange, to trim.
arreglar (por convenio) *v.*, to settle.
arreglar por orden alfabético, to index.
arreglo (com.), settlement.
arreglo (disposición), layout, arrangement.
arrendable, rentable.
arrendador, renter.
arrendamiento, leasehold, tenancy.
arrendar, to lease.
arrendatario, tenant, lessee.
arresta-chispas, spark-catcher.
arriar, to lower, to strike (naut.).
arriba *adv.*, above, up, upstairs.
arribar (naut.), to make port.
arriendo, lease, letting (house).
arriesgado, perilous, risky.
arriesgar *v.*, to risk.
arriostramiento (const.), anchorage.
arriostramiento extremo, end-anchorage.
arriostrar (reforzar) *v.*, to brace, to stay, to strut.
arriostrar (retener), to anchor.
arroba, quarter (weight).
arrojar *v.*, to throw.
arrollado (el.), wound.
arrollado con barras, bar-wound.
arrollamiento (el.), winding.
arrollamiento amortiguador, damper winding.
arrollamiento de arranque, starting winding.
arrollamiento de barras, bar winding.
arrollamiento del estator, stator winding.
arrollamiento del inducido, armature winding.
arrollamiento del rotor, rotor winding.
arrollamiento en anillo, ring winding.
arrollamiento en tambor, drum winding.
arrollamiento imbricado, lap winding.
arrollamiento inductor, field-coils, field-winding.
arrollamiento ondulado, wave winding.
arrollamiento primario, primary winding.

arrollar *v.*, to coil, to wind.
arrollar alambres (e hilos), to coil wires.
arromar *v.*, to blunt (edge).
arroyo, bourn, brook, stream.
arroyuelo, streamlet, rivulet.
arrufadura (o arrufo), sheer (ship's lines).
arruinado, decayed.
arrumador (naut.), trimmer.
arrumaje, trim (of cargo, naut.), stowage.
arrumar, to trim, to stow.
arrumbamiento (min.), strike (line of).
arsenal, arsenal, dockyard, naval yard.
arseniato, arseniate.
arsénico, arsenic.
arsenioso, arsenious.
arsenito, arsenite.
arseniuro, arseniuret.
arte (habilidad), craft.
arte de gobernar, statesmanship.
arte (o ciencia) de la venta, salesmanship.
artefacto, appliance, manufacture.
artesa, trough.
artesa corta (alb.), boss (for masonry).
artesa de amasar (o de panadero), kneading-trough.
artesa de lavado (min.), buddling trough.
artesa para mortero, mortar trough.
artesano, tradesman.
artesonado, troughing.
artesonado de acero, steel troughing.
ártico, arctic.
articulación, hinge, joint.
articulación Cardán, cardan joint.
articulación de charnela, gimbal joint.
articulación de estribo (arq., i.c.), abutment hinge.
articulación universal (o esférica) (tecn.), socket and ball joint.
articulado, articulated, jointed.
artículo (en una lista), item.
artículo (objeto), article.
artífice (obrero), craftsman.
artificial, artificial, made up.
artificio (ap.), contrivance.
artillería, artillery, gunnery, ordnance.
artillería gruesa, heavy ordnance.
artillería montada, flying-artillery.
artillería naval, naval ordnance.
artillería pesada, heavy ordnance.
artillero, gunner.
arveja (S.A.), pea (ag.)
asa, haft, lug.
asamblea (com.), meeting.
asar, to roast.
ascendente *adj.*, ascending, uphill.
ascender *v.*, to climb, to rise.
ascender (a mayor rango), to promote, to raise.
ascender a (cantidad), to amount.
ascender en un aeroplano, to climb in an airplane.
ascensión (aer.), ascent, climb, rising.
ascenso (a mayor grado o empleo), promotion.
ascensor (de personas), lift, passenger lift.
ascensor (mercancías), hoist.
ascensor con acercamiento microelemental, lift with micrometric drive.
ascensor de botes, canal-lift.
ascensor de coches automóviles, car-lift.
ascensor de engranaje doble helicoide, herring-bone gear lift.
ascensor de impulso directo, gearless traction lift.
ascensor de mineros, slow man-lift.

ascensor de municiones, ammunition lift.
ascensor de tornillo sin fin, worm and spur gear lift.
ascensor de vagones, truck lift.
ascensor hidráulico, hydraulic lift.
asear *v.*, to clean.
asegurado, insured.
asegurar (afianzar) *v.*, to secure, to steady.
asegurar (contra riesgos) *v.*, to insure.
asegurarse que no hay grietas en los tubos de aspiración, examine induction pipes for cracks.
asegurarse si la válvula unidireccional ha vuelto a su sitio (loc.), to ascertain that the clack-valve has returned to its seat.
asegúrese que el depósito de gasolina está lleno, ascertain that petrol tank has been filled.
asentadera (piedra de amolar), oil stone.
asentador de carriles, platelayer.
asentar *v.*, to sit, to settle.
asentar los rieles (o carriles), to lay the rails.
asentar una vía ferroviaria, to lay a railway line.
asentarse (const.), to settle.
aserradero, sawmill.
aserrado, sawing.
aserrador, sawyer.
aserradora portátil para rieles, portable rail-sawing machine.
aserrar *v.*, to saw.
aserrar en frío, to saw cold.
aserrín, sawdust.
asesor de averías, average adjuster.
asesorar averías (naut.), to adjust an average.
asfaltado *s.*, asphalt paving, asphalting.
asfaltadora mecánica, asphalting machine.
asfaltar, to lay in asphalt.
asfáltico, asphaltic.
asfalto, asphalt.
asiento (alb.), settling (of masonry).
asiento (base de máquina), foundation (mach.).
asiento (geol.), sediment.
asiento (maq. herr.), bearer.
asiento (silla), seat.
asiento basculante (o de volquete), falling-back seat.
asiento de camino (i.c.), road-bed.
asiento de la mampostería, settling of masonry.
asiento de la vía (f.c.), lying of the rails.
asiento de motor, engine bearer, motor bearer.
asiento de rieles (f.c.), platelaying.
asiento escurridizo (tr.), sliding seat.
asiento de piedra, stone-bedding.
asiento posterior plegadizo (aut.), dickey-seat.
asignatura (ed.), subject.
asilo, workhouse.
asimetría, asymmetry.
asimétrico, asymmetrical, unsymmetrical.
asíntota, asymptote.
asir *v.*, to hold, to take hold of.
asociación, association.
asociado (com.), partner.
asociarse a, to enter into partnership with.
asoleado, sunny.
asolear *v.*, to expose to the sun, to sun.
aspa, vane (of windmill).
aspeador (text.), reeler.
aspear *v.*, to reel.
áspero, rough, rugged.
aspiración, suction.
aspiración del polvo (en talleres), dust collection.
la aspiración del polvo en los talleres es ventajosa para la salud de los obreros, dust-collection in workshops is beneficial to workmen's health.
aspirador de polvo, dust-aspirator, vacuum cleaner.
aspirador de tensión (el.), return-current booster.
aspirador de tiro (cald.), draught-fan.
aspirante de marina, midshipman.
aspirar *v.*, to aspirate, to exhaust, to suck.
asta (de bandera), staff.
asta (o astil) (mango), shank.
asta de pararrayos, lightning-rod.
astaticidad, astaticity.
astático, astatic.
astil (de balanza), balance beam.
astil (mango), handle, helve, helver.
astilla, chip, splint, splinter.
astillar *v.*, to chip, to splinter.
astillero, building-yard, shipyard, yard.
astillero de construcción, dockyard.
astronomía, astronomy.
astronómico, astronomical.
astrónomo, astronomer.
asunto (tema), matter, subject.
atadora (agric.), binder.
atadura (cierre), fastening.
atadura (unión), attachment, tie.
ataguía (i.c.), sheet-piling.
atalaya (mil.), alarm-post, watch-tower.
ataluzado *adj.*, sloped.
ataluzar, to slope.
ataque, attack.
ataque aéreo (mil.), air raid.
atar, to bind, to tie.
atar con alambre, to wire.
atascadera (min.), tamping-iron.
atascado *adj.*, clogged up, stopped up.
atascadura, tamping.
atascador (fund.), ram.
atascar *v.*, to choke, to tamp.
atascarse, to jam.
aterrizaje (av.), landing (aircraft).
aterrizaje forzoso, emergency landing, forced landing.
aterrizar (av.) *v.*, to land.
atesar (poner tieso) *v.*, to tighten.
atesar (reforzar) *v.*, to stiffen, to consolidate.
atesar una correa, to tighten a belt.
atestiguar, to witness.
atiesar *v.*, See atesar.
atíncar, borax.
atiplado (sonido), high-pitched, higher (sound).
atirantado del bastidor (aut.), chassis-bracing.
atirantamiento, stay, support.
atirantar (arq., mec.) *v.*, to anchor, to stay.
atirantar (unir), to tie.
atirantar con viento, to stay (with guys).
atizar *v.*, to stoke (fire).
atmósfera, atmosphere.
atmosférico, atmospheric.
atómico, atomic.
átomo, atome.
atornillado, screwed.
atornilladora con motor, power screwing-machine.
atornilladora mecánica, screwing-machine.
atornillar, to screw, to screw down.
atracadero (naut.), dock berth.
atracar *v.*, to berth.
atracción, attraction.
atracción electrostática, electrostatic attraction.
atracción molecular, molecular attraction.
atraer *v.*, to attract.
atrás, behind.
atrasado (el., mec.) *adj.*, lagging.
atrasado (reloj), slow (of watch).

atrasar *v.*, to delay.
atrasar (el., fis., mec.) *v.*, to lag.
atrasar (reloj) *v.*, to put back (watch).
la corriente atrasa con relación al voltaje (el.), the current lags on the voltage.
atraso, delay.
atraso (el., fis., mec.), lag.
atropellar (aut., f.c.), to run over (accidentally).
atutía, tutty.
aula, lecture room.
aumentar *v.*, to increase, to rise.
aumentar el precio, to raise the price.
aumentar en razón directa (mat.), to increase directly.
aumentar la consistencia, to give body (to liquids).
aumentar la mano de obra, to take in people (workmen).
aumentar la tensión hasta 110 V., to boost the voltage to 110 V.
aumento, increase.
aumento (de sueldo), rise (salary).
aumento (opt.), magnifying power.
aumento 100 veces, magnifying power 100 (opt.).
aumento de la excitación (el.), increase of field.
aumento de la sección (de tubos, etc.), increase of section.
aumento de peso, increase of weight.
aumento de una lente, power of a lens.
aumento del trabajo (mot.), increase of load.
auricular (tel.), earphone, receiver.
auricular de casco, headphone, head receiver.
auricular telefónico, telephone receiver.
aurífero (y aurígero), auriferous.
aurora boreal, northern lights.
ausencia, absence.
ausencia de olor, gases deletéreos, humo etc., no smell, fumes, smoke, etc.
ausencia del gasto del cuidado, elimination of attendance costs.
auténtico, authentic.
auto (jur.), edict, ordinance.
auto-transformador, auto-transformer.
autobús, motor-bus.
autoclausurante *adj.*, self-closing.
autocopista *s.*, duplicating machine.
autodina (t.s.h.), autodyne valve.
autódromo, motor-racing track.
autoencendido (mot.), pre-ignition.
autoexcitable *adj.*, self-exciting.
autoexcitación, self-excitation.
autogenerar (empezar las dínamos a generar de sí mismas), to build up.
autógeno, autogenous.
autogiro (av.), autogyro.
autoinflamación, spontaneous combustion.
automáticamente, automatically.
automático, automatic, automatical, self-acting.
automotor, self-propelling.
automóvil, automobile, motor-car.
automóvil blindado (mil.), armoured car.
automóvil de paseo, tourer (aut.).
automóvil de plaza, taxicab.
automóvil de reparto, commercial car.
automóvil de todo andar, roadster.
automóvil eléctrico, electric-car, electric automobile.
automovilismo, motoring.
automovilista, motorist.
automotriz (f.c.) *s.*, motor-car (on rails).
automotriz : (feminine of automotor, q.v.).
automotriz Diesel-eléctrica, Diesel-electric car.
autopista, motor-road.
autoridad, authority, rule.
autorización, authorisation.
autorregulador *adj.*, self-regulating.
autovolcante *adj.*, self-tipping.
auxiliar, auxiliary.
aval, guarantee, surety.
avaluación, valuation.
avaluar *v.*, to estimate, to rate, to value.
avalúo, estimate.
avance (el., fis., mec.), lead (between phases).
avance (maq. herr.), feed (mach. tools).
avance a mano (maq. herr.), hand feed.
avance automático (maq. herr.), automatic feed.
avance de cremallera, rack feed.
avance de la admisión (loc., mot.), outside lap (st. eng.).
avance de la herramienta, feed of tool.
avance de peso propio (maq.), gravity feed.
avance del encendido (aut., av.), ignition-advance.
avance del escape (loc., mot.), exhaust lead, inside lap.
avanzar (el., fis., mec.) *v.*, to lead.
avanzar (maq. herr.) *v.*, to feed.
avanzar la pieza (maq. herr.), to feed the work.
avellanado (tecn.), countersunk.
avellanador (herr.), countersinker, rose bit.
avellanadora (herr.), bottoming drill, rose drill.
avellanadora mecánica, countersinking machine.
avellanar (tecn.) *v.*, to countersink.
avellano (bot.), hazel.
avena, oat.
avenamiento (i.c.), drainage, draining.
avenida (calle), avenue.
avenida (hid.), high-water (on river), flood.
aventador de cilindros (agric.), scourer.
aventadora (agric.), winnowing machine.
aventadora de torbellino (agric.), cyclone-machine.
avería (daño), damage.
avería (maq.), failure, trouble.
avería (mar.), average (naut.).
avería del motor, engine failure.
avería repentina, breakdown.
averiable, perishable, liable to failure (or trouble).
averiado *adj.*, damaged, injured, out of order.
averiar *v.*, to damage.
averiarse (mercancías), to perish (general produce).
averías comunes (mar.), general average (naut.).
averiguación (de precios), inquiry.
averiguar *v.*, to inquire.
aves de corral, poultry.
aviación, aviation, flying.
aviación comercial, civil aviation.
aviación de combate, air force.
aviación militar, flying corps.
aviador, airman, flyer.
avío (naut.), rig.
avión (av.), aeroplane, airplane.
avión de bombardeo, bomber.
avión de caza (mil.), interceptor (fighting airplane).
avión enteramente metálico, all-metal aeroplane.
avión militar, service aircraft.
avión monoplaza de combate, single-seater fighter.
avíos de pesca, fishing-tackle.
avisar, to advise, to notify.
avisar (por señas), to give a signal.
aviso, advertisement, advice, information, notice.
aviso (nav.), advice-boat, despatch-boat.
aviso de expedición, advice of despatch.

avistar *v.*, to sight.
avituallador, provision-dealer.
avituallar *v.*, to victual.
avivador (tecn.), filister plane.
avolcanado, volcanic.
axioma, axiom.
ayuda, help, assistance.
ayudante *s.*, assistant.
ayudar *v.*, to assist, to help.
ayuntamiento, town-hall.
ayustadera (naut.), marling-spike.
ayustar *v.*, to splice (ropes or cables).
ayuste (carp.), scarf.
  ayuste (de cable), splice.
  ayuste de cables, cable-joint.
azabache, jet (min.).
azada, hoe, spade.
azadón, mattock.
azadonar, to hoe, to dig with the hoe.
azafrán, saffron.
azarbe, draining ditch.
azarcón (quim.), red oxide of lead, minium.
azimut, azimuth.
azoato, nitrate.
ázoe, nitrogen.
azogue, mercury, quicksilver.
azotea, roof.
azuacho (bot.), clustian pine.
azúcar, sugar.
  azucar cande, sugar-candy.
  azúcar de caña, cane sugar.
  azúcar de lustre, refined sugar.
  azúcar de remolacha, beet sugar.
  azúcar rosado, caramel.
azucarar, to sugar, to sweeten.
azucarero, sugar-refiner.
azuche (i.c.), pile-shoe.
azuela, adze.
azuframiento, sulphuration.
azufrar *v.*, to sulphurate.
azufre, sulphur.
  azufre en barras, bar sulphur.
  azufre vivo, native sulphur.
azufroso, sulphureous.
azul, blue.
  azul de cobalto, ash-blue.
  azul de París, french blue.
  azul de Prusia, prussian blue.
  azul ultramarino, ultramarine.
azulejo, glazed tile.
azulita, lapis-lazuli.
azurita molida, mineral-blue.

B

babor, larboard, port.
bacía de colada (fund.), pouring basin.
bachiller, bachelor (ed.).
badajo, clapper.
badana, sheep leather.
badil, rake (for hearths).
bagazo, thrash (residue).
bahía, bay (geog.).
baja, drop, fall.
  baja de la temperatura, fall of temperature.
  baja de presión, drop of pressure, pressure fall.
  baja en los precios, fall in prices.
  baja frecuencia (el.), low-frequency.
  baja presión, low pressure.
  baja tensión (el.), low pressure, low tension.
bajada, descent, incline, depression.
bajamar, low-water (naut.).
bajar *v.*, to descend, to drop, to fall, to let down, to lower.
  bajar (de un vehículo), to alight.
  bajar (el terreno), to subside.
  bajar el fuego (cald.), to draw the fire (boilers).
bajarse del tren, to alight from the train.
bajeza de ley (min.), baseness (of minerals).
bajío (en el terreno), depression, sinking.
  bajío (mar.), shoal, shallows.
  un bajío del terreno, a depression in the ground.
bajo *adj.*, base, low, short.
  bajo *prep.*, under.
  bajo (o en) carga (el.), under load.
bala, bullet.
  bala incendiaria, incendiary bullet.
balanceado (com.), balanced (account).
balancear *v.*, to swing.
  balancear (com.), to balance.
balanceo, swinging.
  balanceo (naut.), rolling (of ship).
balancín (mot.), rocking lever.
  balancín compensador (loc.), equalising beam (of locomotive).
  balancín de estribor (naut.), port-tackle.
  balancín de reloj, balance-wheel.
  balancín (o cojín) transversal, swing bolster.
balandro, sloop.
balanza, balance, scale (weighing).
  balanza de Coulomb, Coulomb's balance, torsion balance.
  balanza de cuadrante, beam balance.
  balanza de ensayador, assay balance.
  balanza de laboratorio, philosophical balance.
  balanza de platos, scales.
  balanza de precisión, chemical balance, philosophical balance.
  balanza eléctrica, electric balance.
  balanza electrodinamómetro, current balance (el.).
balastado (de caminos) *s.*, road metal.
balastaje, ballasting (stones).
balastar, to ballast.
balasto, ballast (stones).
balaustre, baluster.
balazo, shot (of firearms).
balboa, the monetary unit of Panama.
baldada, pailful.
baldaquín, canopy.
balde, bucket, pail.
baldío *adj.*, waste.
baldosa, flag, tile.
  baldosa de yeso y bodoque, chaff slab.
  baldosa holandesa, clinker (tile).

baldosín, flagstone.
balística, ballistics.
baliza, sea-mark.
baliza de aeronavegación, airway beacon.
balizaje, beaconage.
balneario, watering-place, spa.
balsa, ferry-boat, raft
balsear *v.*, to ferry.
balustrada, balustrade.
ballena, whale.
ballenero, whaler.
ballesta (hoja de resorte), feather (of spring)
ballesta (resorte), laminated spring.
ballesta de muelle, leaf of a spring.
ballesta elíptica, elliptic spring.
bancada (maq.), bed (of machinery).
bancada de doble deslizadera triangular, double-vee bed.
bancada de torno, lathe-bed.
banco (de arena), bank (sand).
banco (de trabajo y asiento), bench.
banco (fin.), bank.
banco de arena, sand-bank.
banco de coral, coral-reef.
banco de estirar (met.), draw-bench, drawing-bench.
banco de hielo flotante, iceberg.
banco de pruebas, testing bench.
banco de taller, work-bench.
banco rocoso, shelf (rocky), shoal.
banda, stripe, zone.
banda (text.), sliver.
banda de hierro, ribbon-iron.
banda de refuerzo (loc.), clothing-band (of locomotive).
bandaje macizo, solid tyre (automobile).
bandeja de acumulador, accumulator tray.
bandera, flag.
bandera (de popa), ensign.
bandera de cuarentena, yellow flag.
bandera de la marina de guerra Británica, white ensign.
bandera de la marina mercantil Británica, red ensign.
bandera de partida (mar.), blue Peter.
bandera de señales, signal-flag.
baño, bath.
baño ácido desincrustante (met.), pickling-bath.
baño electrolítico, electrolytic bath, electrolyte.
baño galvanoplástico, galvanoplastic bath.
baño metálico (met.), metal bath.
baños de mar, sea-bathing.
bao (mar.), beam (ship's).
bao maestro, midship beam.
bao mayor, main beam.
baquetón (arm.), clearing rod.
baranda, rail, railing.
barandilla, handrail.
barato *adj.*, cheap.
barba de ballena, whalebone.
barbechado, fallow.
barbechar (agric.), to fallow.
barbecho, fallow-land.
barbotar (brotar), to gush.
barco, boat, vessel.
barco ballenero, whale-boat.
barda (carp.), shingle (board).
bario, barium.
barita (quim.), baryte.
barloa (naut.), mooring rope.
barlovento *s.*, windward.
a barlovento *adj.*, windward.
barniz, varnish, japan.
barniz aislante, insulating varnish.
barniz al óleo, oil varnish.
barniz copal, copal varnish.
barniz de aparejo, priming varnish.
barniz de muñeca, cabinet varnish.
barniz nitrocelulósico, nitrocellulose varnish.
barniz para carrocería, body varnish.
barniz secante, drying varnish.
barnizado *s.*, varnishing.
barnizador, lacquerer, varnisher.
barnizar *v.*, to varnish.
barnizar con laca, to lacquer.
barométrico, barometric.
barómetro, barometer, weather-glass.
barómetro altimétrico, height-barometer.
barómetro aneroide, aneroid.
barquero, bargeman, waterman.
barquilla (aer.), basket, nacelle.
barquín (o barquinera), bellows.
barquinazo, jolt, shock.
barra, bar, lever.
barra (geog.), sand-bank.
barra colectora (el.), bus-bar.
barra cuadrada (met.), square bar, square iron.
barra chata, flat bar.
barra de anclaje (const.), tie bar.
barra de colector (el.), commutator-bar.
barra de enganche (o de tracción) (f.c., tranv.), coupling-bar.
barra de guía, guide bar.
barras de paralelizado (o de sincronizar), paralleling busbars.
barra de parrilla (cald.), firebar, grate-bar.
barra de timón, tiller (naut.).
barra de tracción (f.c.), draw-bar.
barra de tracción guíada (f.c.), guide-rod.
barra de unión de agujas, point-rod (railways).
barra imanada, bar magnet.
barra ómnibus (el.), omnibus-bar, busbar.
barra ómnibus de alta tensión, high-tension busbar.
barra ómnibus de baja tensión, low-tension busbar.
barra porta-barrena (maq. herr.), boring-bar.
barra sujeta-alfombrillas, stair rod.
barraca, barrack.
barranca, ravine.
barrancoso, broken, uneven (ground).
barredora de nieve, snow-plough.
barrena (o barreno), drill (tool).
barrena adelantada, advance-cutter.
barrena cuadricular (o de cruz) (min.), jumper.
barrena de gusano, worm-auger.
barrena hueca, hollow drill.
barrenar *v.*, to bore, to drill.
barrenar un túnel (i.c.), to bore a tunnel.
barrendera mecánica, sweeper.
barrendero, scavenger, sweeper.
barrenita, gimlet.
barreno-cuchillo, tag knife.
barreno de cateo, earth-borer.
barreno de exploración (geol., min.), trial boring.
barreno de roca, rock drill.
barreño lavaoro, abacus major.
barrer *v.*, to sweep.
barrera, rail (const.).
barril, barrel, cask.
barril de alquitrán, tar barrel.
barrilla (quim.), kali.
barrio, district, quarter (in a town).
barro, mud.

basa (asiento), base.
la basa de una estatua, the base of a statue.
basáltico, basaltic.
basalto, basalt.
basanita (min.), lydian stohe, flinty slate.
báscula, weighing machine.
báscula automática, automatic-weigher, weigh-bridge.
báscula para vagonetas de volquete, truck and hopper weigher.
bascula vagones, wagon tipper.
basculador (aut.), rocker.
basculador de vagones, wagon tipper.
bascular *v.*, to tip over.
base (de cálculos), basis.
base (mat.), radix.
base (quim.), base.
base aérea naval, naval air base.
base de hormigón, concrete bed.
base de operación (agrim.), datum-level.
base de operaciones (mil.), base-line.
base de operaciones (reducción, agrim.), base-line.
base de operaciones para un deslinde triangular, base-line for a triangulation survey.
la base de un triángulo, the base of a triangle.
base de una sal (quim.), base of a salt.
base trigonométrica (agrim.), base-line.
básico, basic.
bastante, enough, sufficient.
bastar *v.*, to suffice.
bastidor, frame, underframe.
bastidor bajo presión (en excavaciones, i.c.), pneumatic sash.
bastidor de aterrizaje (av.), undercarriage.
bastidor de boga (f.c.), bogie frame.
bastidor de locomotora, locomotive framing.
bastidor de ventana, window-frame.
bastidor de ventana corrediza, window-sash.
basto *adj.*, coarse, gross, raw.
bastrén (carp.), spoke-shave.
basuras, refuse.
basurero, dust bin.
batalla (distancia entre ejes), wheelbase.
batalla (mil.), action, battle.
batalla de la boga, bogie wheelbase.
batalla de ruedas acopladas, coupled wheelbase.
batalla total de la locomotora, total engine wheel-base.
batán (text.), lap machine, scutcheon, scutcher.
batanadura, fullago.
batanar *v.*, to full.
batea (separador de mineral), pan.
batea de concentrar (min.), slime concentrator.
batería (art., el.), battery.
batería (de teatro), stage-lights.
batería agotada (o descargada) (el.), battery run-down.
batería anódica (t.s.h.), B-battery, plate battery.
batería antiaérea, anti-aircraft battery.
batería auxiliar, auxiliary battery.
batería compensadora (el.), buffer battery.
batería costanera (art.), coast battery.
batería de acumuladores, secondary battery, storage battery.
batería de acumuladores de 24 V., 12 elementos y 350 amperios-horas, battery of 24 volts, 12 cells, 350 amp.-hr.
batería de caldeo (t.s.h.), heating battery.
batería de electrólito alcalino, alkaline battery.
batería de línea (tel.), line battery.
batería de llamada (tel.), calling battery.
batería de pilas, primary battery.
batería de pilas secas, dry battery.
batería de placa (t.s.h.), B-battery.
batería de reserva, stand-by battery.
batería del encendido (mot.), ignition battery.
batería elevadora de tensión, boosting battery.
batería escénica (conjunto de luces de la escena de teatro), stage lighting.
batería para alumbrado de trenes, train-lighting battery.
batería para arranque de automóviles, motor-starting battery.
batería para electromóvil, vehicle battery.
batería secreta (art.), masked battery.
batería volante (art.), field battery.
batidera, beater.
batido (met.) *adj.*, hammered, wrought.
batidora de manteca, butter-churn.
batidura de oro, gold beating.
batiente (de puerta), fold (of door).
batihoja, silver- (or gold-) -beater.
batimiento (el.), beat.
batista (text.), cambric.
batir (con martillo) *v.*, to hammer.
baúl, trunk (travelling).
bauprés (naut.), bowsprit.
bauxita, bauxite.
beca, scholarship.
bencina, benzine.
beneficiar (min.) *v.*, to mine.
beneficio, gain, profit.
beneficio neto, clear (or net) profit.
benjuí, benzoin, gum benzoin.
berbiquí, brace, wimble.
berbiquí de mano, hand brace.
berbiquí de pecho, belly brace, breast-drill.
bergantín, brig.
berilio, beryllium.
berilo, beryl.
berlinga (av., naut.), spar.
berma, berm.
bermellón, vermilion.
betún, bitumen.
betún (para calzado), boot-polish.
batey, sugar-plant.
biblioteca por subscripción, circulating library.
bicarbonato, bicarbonate.
bicarbonato de soda, sodium bicarbonate.
bicicleta, bicycle, cycle.
bicicleta para niños, toy bicycle.
biatómico *adj.*, diatomic.
bicloruro, dichloride.
bicolor, bicolour.
bicromático *adj.*, bichromatic, bichromic.
bicromato, bichromate.
bicromato de potasa, potassium bichromate.
bicromato de sosa, bichromate of soda.
bicromato sódico (o de soda), bichromate of soda, sodium bichromate.
bichero, boat hook.
bidón, can, tin.
biela (maq., mot.), connecting rod.
biela de acoplamiento (loc.), coupling-rod, parallel-rod.
biela del distribuidor (loc., mot.), valve spindle.
bielas de perfil doble T ahorquilladas, mecanizadas por doquier a fin de reducir los desequilibrios de peso, connecting-rods of H section forked-type machined all over to reduce weight variations.
bielas del freno (aut.), brake-linkages.
bieldo (o bielgo) (agric.), fork.
bien hecho (construído o fabricado o manufacturado), well-made.

bienes públicos, common wealth.
bienes raíces, landed property, real estate.
bienestar, well-being.
bifásico *adj.*, quarter-phase, two-phase.
bifurcación, branch.
bifurcación de dos carreteras (o calles), fork of the roads.
bifurcación doble sin cruce (f.c.), flying-junction.
bifurcado *adj.*, branching.
bifurcar, to branch.
bigornia, double bick anvil.
billete, ticket.
billete de banco, note, banknote.
billete de entrada, admission ticket.
billete de ida y vuelta, return ticket.
billete gratuito, pass-ticket.
billón, billion.
bimensual, fortnightly.
bimetalismo, bimetallism.
binador (agric.), hoe.
binario, binary.
binomio (mat.), binomial.
biombo, screen.
biótita, biotite.
biótita esquistosa, biotite schist.
bióxido, dioxide.
bióxido de carbono, carbonic acid gas, carbon dioxide.
biplano, biplane.
biplaza *adj.*, two-seater.
bipolar, two-pole.
birimbao, water-spout.
bisagra en T, T hinge.
bisectriz, bisector.
bisel, bevel, chamfer.
bisel (filo), basil, edge of tool.
biselado, bevelled, bevelling.
biseladora, bevelling (or scarfing) machine.
biseladora de chapas, plate edge-planing machine.
biselar, to bevel, to chamfer.
bismuto, bismuth.
bisólita (min.), byssolite.
bitácora (naut.), binnacle.
bitartrato crudo potásico, argol.
blanco, white.
blanco (para tiro), target.
blanco calizo, white-lime.
blanco de cinc, zinc-white.
blanco de Meudon, French chalk.
blanco lechoso *adj.*, milk-white.
blando, soft.
blanqueado (alb.), whitewashing.
blanqueamiento, whitening.
blanquear (alb.) *v.*, to whitewash, to whiten.
blanquear (met.) *v.*, to blanch.
blanquear (quim., text.) *v.*, to bleach.
blanqueo, bleaching, whitewashing.
blenda (min.), mock lead.
blindado, armoured, metal-lined.
blindaje (nav.), armour.
blocao, blockhouse.
bloque, block.
bloque de madera, wood block.
bloque seccional (f.c.), sectional block.
bloqueado *adj.*, blocked, chock-a-block.
bloquear (f.c.) *v.*, to block.
bobina, spool.
bobina (el.), coil, winding.
bobina astática (el.), astatic coil.
bobina de campo (el.), field coil, field winding.
bobina de encendido (aut., mot.), ignition-coil.
bobina de inducido, armature coil.
bobina de máxima, overload release coil.
bobina de reacción, impedance coil.
bobina de reactancia, reactance coil.
bobina de Ruhmkorff, sparking coil.
bobina de self, choking-coil, choke, choke-coil.
bobina de prueba, exploration-coil.
bobina de sintonización (t.s.h.), tuning inductance.
bobina de self en aceite, oil-immersed reactor.
bobina inductriz, exciting coil.
bobina de sintonizar la antena (t.s.h.), aerial tuning inductance.
bobina para ondas cortas, short-wave coil.
bobina limitadora de self (o por reactancia), reactance reactor, reactance current limiter.
bobina secundaria, secondary winding.
bobina sintonizadora, tuning coil.
bobinado *adj.*, wound.
bobinado *s.*, winding.
bobinado de barras *adj.*, bar-wound.
bobinado (o arrollado) mecánico, machine-winding.
bobinadora, coil-winder.
bobinadora de chatos (text.), cheesing machine.
bobinar un inducido, to wind an armature.
bobinas sintonizadas (t.s.h.), coupled coils.
boca, mouth.
boca (de arma de fuego), muzzle.
boca de agua, hydrant, water-plug.
boca de esclusa, sluiceway.
boca de fosa (min.), pit head.
boca de incendios, fire hydrant.
boca de pozo de ventilación (min.), bank of a drawing shaft.
bocacaz, notch (in a weir).
bocado (para caballos), bit.
bocardeado (machacado) *s.*, stamp-milling.
bocarte, stamping machine (crusher).
bocarte australiano, Australian stamp.
bocarte de mineral, ore crusher.
bocel (arq.), torus.
bocel (carp., tecn.), rounding plane.
boceto, rough-cast, sketch.
bocina de peligro (o de aviso) (naut.), horn signal.
bocoy, hogshead.
bochorno (meteor.), sultry weather.
bodega, wine-cellar.
bodega (naut.), hold (ship's).
boga, bogie.
boga de dos ejes, four-wheeled bogie.
boga de juego lateral, bogie with side play.
boga de locomotora, locomotive bogie.
boga de tres ejes, six-wheeled bogie.
boga motriz, motor bogie.
boga portadora, trailing bogie.
bogotano *adj.*, from Bogotá (Colombia).
boj, boxwood, box oak.
bola, ball.
bola del regulador (mot.), governor ball.
boletería (S.A.), ticket-office.
boletín de entrega (com.), delivery-note.
boleto (S.A.), ticket.
bolín (de triturador), ball.
bolívar, the monetary unit of Venezuela.
bolómetro, bolometer.
bolsa (de commercio), exchange.
bolsa (o bolso) (hueco), pocket.
bolsa (saco), bag, sack.
bolsa de cereales, corn-exchange.
bolsa de valores, stock-exchange.
bolsa del trabajo, labour-exchange.
bolsa para correspondencia, mail-bag.

bomba (exp.), bomb.
bomba (maq.), pump.
bomba aceleradora (aut.), accelerating-pump.
bomba agotadora al mercurio, mercury pump.
bomba alimentadora de caldera, boiler-feed pump.
bomba aspirante, suction pump.
bomba centrífuga, centrifugal pump.
bomba contra incendios, fire-engine.
bomba contra incendios automóvil, motor fire-engine.
bomba de achique (naut.), bilge pump.
bomba de agotamiento al mercurio (fis.), mercury pump.
bomba de agotar cloacas, sewage pump.
bomba de aire, air-pump.
bomba de alimentación, feed pump.
bomba de circulación del agua jabonosa (maq. herr.), suds pump.
bomba de chorro forzado, jet pump.
bomba de desagüe, exhaust pump.
bomba de efecto único, simplex pump.
bomba de sondar de 113.500 litros de agua por hora, a una altura de 76 m. ; borehole pump to raise 25.000 gallons of water per hour against a head of 250 ft.
bomba de vacío (mot. y turb.), air-pump.
bomba de vacío en seco, vacuum dry pump.
bomba del aceite, oil-pump.
bomba del pantoque (naut.), bilge pump.
bomba doble, duplex-pump.
bomba elevadora centrífuga (para gravas, min.), centrifugal pump.
bomba fumígena (exp.), smoke-bomb.
bomba giratoria, rotary pump.
bomba hidráulica, hydraulic pump.
bomba impelente, forcing pump.
bomba multicelular, two-stage pump.
bomba para residuos, sludge pump.
bomba respiratoria para buzo, diving air-pump.
bombardear *v.*, to shell (mil.).
bombeado (forma), arched.
bombeo en (o de) **profundidad,** deep well pumping.
bombero, fireman.
bombilla (lámpara), bulb.
bombilla eléctrica, electric bulb.
bombilla de vidrio, glass bulb.
bonanza (min.), rich strike.
Bonaerense (geog.), from Buenos Aires (Argentina).
bonetero (bot.), spindle tree.
bono, bond (fin.).
bono postal, money-order.
boquete, aperture, opening.
borato manganésico, manganese borate.
bórax, borax, sodium borate.
borde (orilla), border, edge, rim.
borde (ribera), shore, bank (of river).
borde de entrada (av.), leading edge.
borde de escape (av.), trailing edge.
borde del agua, water-side.
bordeado, flanged.
bordear *v.*, to edge.
bordillo (de acera), curb, curb-stone, kerb.
bordo (naut.), board.
a bordo, aboard.
bordón (de rueda f.c.), flange.
boreal *adj.*, boreal, northern.
bórico, boracic, boric.
borne (el.), terminal.
borne a la tierra, earth terminal.
borne aislado, insulated terminal.
borne atornillado, screw-terminal.
borne de acumulador, accumulator terminal.
borne de batería, battery terminal.
borne de cobre, copper terminal.
borne de latón, brass terminal.
borne negativo, negative terminal.
borne positivo, positive terminal.
borneadero (naut.), berth, dock-berth.
boro, boron.
borra, lees, dregs.
borra (relleno), wad.
borra de algodón, cotton waste.
borra de lana, flock-wool.
borrador, rough copy.
borrar *v.*, to erase, to rub out.
borrasca, storm.
borrascoso, stormy.
bosque, forest, wood.
bosquejado, rough-drawn.
bosquejar *v.*, to outline, to sketch.
bosquejo, outline, rough model, sketch.
botacartuchos, cartridge-ejector.
botador, nail-puller.
botadura (naut.), launching (ship's).
botadura por la banda, launching broadside on.
botalón, boom (naut.).
botánica, botany.
botánico *adj.*, botanical.
botánico *s.*, botanist.
botante (naut.), outrigger.
botapernos hidráulico, hydraulic bolt-forcer.
botar (un buque), to launch.
botarel (o botarete) (arq., i.c.), abutment, buttress.
botas de vadear, waders.
bote (naut.), boat.
bote antisubmarino, Q-boat.
bote de cabotaje, coaster.
bote de carrera, racing-craft.
bote de pesca con red de flotadores, trawler (fishing).
bote de recreo, pleasure-boat.
bote de remar, row-boat.
bote deslizante, skimming boat.
bote pesquero (o de pescador), fishing-boat.
bote salvavidas, life-boat.
bote salvavidas insumergible, unsinkable lifeboat.
botella, bottle.
botella de Leiden, Leyden jar.
botequín, jolly-boat.
boticario, apothecary, chemist.
botiquín, medicine-chest.
botón (abrochador), button.
botón (de puerta), handle, knob.
botón (maq.), stud.
botón de contacto, push-button.
botón de llamada, call-button.
botón de manivela, crankpin.
bóveda, vault.
bóveda cilíndrica anular, annular barrel vault.
bóveda con nervaduras, ribbed vault.
bóveda de aristas, groined vault.
bóveda de cadeneta, chain-line.
bóveda de caracol, helical vault.
bóveda de casetones, cellular vault.
bóveda de copete, crown vault.
bóveda de descarga, back arch, discharging arch.
bóveda del fogón (cald.), brick-arch (boilers).
bóveda en cañón, barrel vault.
bóveda en estrella, lierne vault.
bóveda ojival, gothic vault.
boya, buoy.
boya de mástil, staff buoy.

boya de sirena, whistling buoy.
boya indicadora de naufragio, wreck buoy.
boya luminosa, light buoy.
boya salvavidas, life-buoy.
boya sonora, bell buoy.
boyero, ox-driver.
boza, stopper (naut.).
bozal, muzzle.
bramante, string, twine.
bramil (tecn.), marking gauge.
brasa, live coal.
braza, fathom.
brazo (de empuje, maq.), push rod.
brazo (obrero), hand, workman.
brazo de interruptor, switch-lever.
brazo de manivela, crank arm.
brazo de mar, channel (sea).
brazo de palanca (mec.), arm of a couple, lever arm.
brazo de toma de agua (f.c.), water crane (rlys.).
brazo de volante, arm of flywheel.
brazo giratorio, swivelling arm.
brazo graduable, adjustable arm.
brazo para lámpara, lamp bracket.
brazo plegadizo, articulated arm.
brazo sobresaliente, overhanging arm.
brazo suspensor (de freno, f.c.), hanger (of brake).
brea, coal-tar pitch.
brea de carbón, coal pitch.
brecha, gap.
brecha volcánica, volcanic breccia.
brida (de tubo), flange.
brida (para caballos), bridle.
brida en escuadra (o angular), angle-fishplate.
brillante *adj.*, bright, shining.
brillante (despide luz), radiant, radiating.
brillantez, brightness.
brillar, to glow, to shine.
brillo, brilliancy.
brillo (de luz), luminosity.
briquetas (o briquetas prensadas), patent fuel.
brisa, breeze.
Británico, British.
brizna, blade (of plants).
broca, bit, drill.
broca de aristas paralelas, straight fluted drill.
broca de centrar, centre drill.
broca de estriar, fluted drill.
broca de marcar (met.), countersinking bit.
broca salomónica, twist drill.
brocal (de pozo), brink, rim (of well).
brocha, brush, paintbrush.
brocha (fund.), dabber.
broche, clasp, fastener.
broche relámpago, zip fastener.
broma (en maderas), teredo.
bromato, bromate.
bromo, bromine.
bromuro, bromide.
bromuro de cinc, bromide of zinc.
bromuro de potasio, potassium bromide.
bromuro de yodo, bromide of iodine.
bromuro mercúrico, bromide of mercury.
bronce, bronze.
bronce de aluminio, aluminium-gold.
bronce de campanas, bell metal.
bronce de cañón, gunmetal.
bronce fosforado, phosphor-bronze.
bronce silíceo, silicon-bronze.
brotador de carburador (aut.), carburettor jet.
brotar, to issue, to spirt, to stream.
brújula, compass (naut.).
brújula de artesa, trough compass.
brújula de minero, mine-dial.
brújula de relevos (de ruta), bearing compass.
brújula de senos, sine galvanometer.
brújula de tangentes, tangent galvanometer.
brújula magnética, magnetic compass.
brújula marítima, mariner's compass.
brújula niveladora, levelling-compass.
brújula radiogonométrica, radio-compass.
brújula repetidora, repeating compass.
bruma, haze, mist.
brumoso, foggy, misty.
bruñido *s.*, buffing, burnishing.
bruñidor giratorio, buff.
bruñidora mecánica, buffing machine.
bruñir *v.*, to burnish.
bruto *adj.*, gross, raw, rough, unwrought.
buceado (naut.), diving.
bucear *v.*, to dive.
buen acabado (pint.), good finish.
buen conductor *adj.*, good conducting.
buen tiempo, fair weather.
buena puesta a tierra (el.), good earth.
bueno, good, fine (weather).
buey (zool.), ox.
bufete, cabinet (furniture).
bugalla (bot.), oak-gall.
buhardilla, attic, loft.
bujía (de alumbrar), candle.
bujía de encendido, sparking plug.
bujía decimal (fís.), decimal candle, international candle-power.
bujía luminosa (med.), candle-power.
bulón (S.A.), bolt (engineering).
bulto (volumen), bulk.
bullir *v.*, to boil.
buque, ship, vessel.
buque a vapor, steam-boat, steamship.
buque abastecedor (nav.), depot-ship.
buque almirante, flagship.
buque avituallador (nav.), mother-ship, victualling-ship.
buque ballenero, whale-ship.
buque carbonero, collier.
buque cisterna, tanker ship, tanker.
buque correo, mail-boat.
buque de alta mar, ocean-going ship.
buque de cabotaje, coaster.
buque de carga, cargo-boat.
buque de cruz, square-rigged ship.
buque de 4 hélices, quadruple-screw ship.
buque de dos cubiertas, two-decker.
buque de guerra, warship.
buque de la Marina Real, His Majesty's Ship.
buque de pasajeros, liner, passenger-boat.
buque de ruedas, paddle-boat.
buque de torres, turret battleship.
buque de tres palos, three-master.
buque de vela, sail-boat.
buque-escuela, training-ship.
buque faro, lightship.
buque hospital, hospital-ship.
buque mercantil, merchantman, merchant ship.
buque proveedor (nav.), supply-ship.
buque taller, repair-ship.
buque petrolero, oil-tanker, tanker.
buques, shipping.
burbuja, bubble.
burbuja de aire, air-bubble.
buril, metal chisel.
buril desincrustador (cald.), scaling hammer.

buril forma diamante, chipping chisel.
buril neumático, pneumatic hammer.
burilar *v.*, to chip, to chip off.
buscafallas (el.), fault-finder.
buscapolos, pole-finder.
buscar *v.*, to seek, to look for.
buscar el defecto en un receptor (t.s.h.), to look for a fault in a receiver.
búsqueda, investigation, research.
búsqueda de criaderos minerales, localisation of mineral fields.
búsqueda magnética de criaderos (o yacimientos) (min.), magnetic location of mineral fields.
buterola (herr.), die, riveting-set.
buzamiento, dip (mining).
buzar *v.*, to dip.
buzo, diver (naut.).
buzón, letter-box.

C

cabalgar *v.*, to ride (on horseback).
caballería (mil.), cavalry.
caballete, trestle.
caballete (const.), ridge (of roof).
caballete de extracción (min.), head-stock.
caballete portacojinete, bearing-bracket.
caballito de alimentación (cald.), donkey-engine.
caballo, horse.
caballo de fuerza, horse-power.
caballo de silla, saddle-horse.
caballo hora, horse-power hour.
caballo vapor, horse-power.
cabaña, hut, shed.
cabaña rústica, log cabin.
cabeceo de un río (sinuosidades), bights of a river.
caber *v.*, to contain.
cabeza, head.
cabeza (de biela), big-end.
cabeza (de engranaje), addendum.
cabeza (de martillo), face (of hammer).
cabeza de clavo, nail-head.
cabeza de remache achatado, flat river head.
cabeza de tornillo, screw-head.
cabeza del timón, rudder-post.
cabezal (maq.), head, head-stock.
cabezal de torno, lathe head.
cabezal divisorio (maq.), dividing-head.
cabida, capacity, content.
cabida (hueco de buque o vagón), carrying capacity.
cabida (tr.), carrying capacity.
cabilla de unión, staybolt.
cabio, lintel.
cable (de puente), string (of bridge).
cable (el.), cable.
cable acorazado, armoured cable.
cable aéreo, overhead cable.
cable aislado con papel, paper covered cable.
cable armado, armoured cable.
cable armado de cinta de acero, steel-tape-covered cable.
cable-carril, ropeway, ropeway conveyor.
cable carril aéreo para el transporte de tolvas de coque en fábricas de gas, overhead runway carrying coke skips for gasworks.
cable-carril de vaivén, jig-back conveyor.
cable de acero trenzado, steel rope.
cable de alambre, wire rope.
cable de algodón para transmisión, cotton driving-rope.
cable de alma única, single core cable.
cable de almas múltiples, multiple core cable.
cable de alzar (o de izar), lifting cable.
cable de amarre, anchor-wire.
cable de arrastre (min.), mining cable.
cable de extracción (min.), winding rope.
cable de halar, stream-cable.
cable de la corredera (naut.), log-line.
cable de remolque, tow-rope.
cable de retén (i.c.), anchoring-cable, guy.
cable de sirgar (o de sirga), hauling cable, towing-rope.
cable de sostén (o portador), bearer cable.
cable de tracción, pulling cable.
cable para alumbrado, lighting cable.
cable para fuerza eléctrica, power cable.
cable para luz eléctrica, electric light cable.
cable impregnado, impregnated cable.
cable para teléfonos, telephone cable.
cable para tensión elevada (el.), high tension cable.
cable protegido, armoured cable.
cable protegido con acero, steel-armoured cable.
cable recubierto de caucho vulcanizado, vulcanised rubber cable.
cable recubierto de plomo, lead-covered cable.
cable resguardado por cinta de acero, steel-tape-armoured cable.
cable retorcido, stranded wire.
cable subterráneo, underground cable.
cable telegráfico, telegraphic cable.
cable telegráfico submarino, submarine cable.
cable tractor, hauling cable, towing rope.
cable trenzado, stranded cable.
cabo (cuerda), rope.
cabo (extremidad), end, tip.
cabo (geog.), cape, headland.
cabotaje, coasting (naut.).
cabrestante, capstan.
cabrestante de vapor, steam capstan.
cabria, hoist, sheer legs, winch.
cabria de mano, hand winch.
cabria de vapor, steam winch.
cabrio (const.), common rafter.
cabrio de tenaza, valley rafter.
cacahual, cocoa-plantation.
cacao (árbol), cocoa-tree.
cacao (semilla), cocoa.
cacerola para cola, glue pot.
cada máquina con su motor, individual drive.
cadena, chain.
cadena antedeslizante, non-skid chain.
cadena de acción del freno, brake-chain.
cadena de afianzar, safety chain.

cadena de agrimensor, Gunther's chain, surveyor's chain.
cadena de arrastre (f.c.), coupling chain.
cadena de cangilones, bucket chain.
cadena de despuntaje (text.), backing-off chain.
cadena de grúa, hoisting chain.
cadena de medición (o de agrimensor), surveyor's chain.
cadena de montañas (geog.), range of mountains.
cadena de retén (i.c.), anchorage chain.
cadena de rodillos, roller chain, sprocket chain.
cadena de tracción (f.c., min.), coupling chain.
cadena de Vaucanson, ladder-chain.
cadena del emparrillado (cald.), grate chain.
cadena dentada, chain-cutter.
cadena para erizo, sprocket chain.
cadena sin fin, endless chain.
cadenear (agrim) *v.*, to chain (measuring).
cadeneo (agrim.), chain surveying.
cadeneta (geom.), catenary curve.
cadmio, cadmium.
caer *v.*, to drop, to fall.
caer en ruinas, to decay.
caerse (av.), to crash.
café, coffee.
cafeina, caffeine.
cafetal, coffee-plantation.
cafeto, coffee-tree.
caída, drop, fall, falling.
caída (av.), crash.
caída de agua, waterfall.
caída de potencial (el.), fall of potential, potential drop.
caída de presión, pressure drop, loss of pressure (mec.).
caída de tensión (en líneas el.), ohmic drop, voltage drop.
caída de tensión (en maq. el.), voltage regulation.
caída de tensión de impedancia, impedance drop.
caída de tensión de línea, line-drop.
caída de tensión inductiva, inductive drop of potential.
caída de un puente, failure of a bridge.
caída del aeroplano, fall of the aeroplane.
caída óhmica, ohmic drop.
caída por la cola (av.), tail-dive.
caja (de coche), body.
caja (de madera o eléctrica), box.
caja (lugar en donde se paga), cash.
caja (recipiente), case, box.
caja (tranv.), body.
caja angular de empalme (el.), angle box.
caja de abonado (el.), distributing box, service box.
caja de agua (loc.), water-tank.
caja de ahorros, savings bank.
caja de ayuste (el.), splice box.
caja de bornes (el.), terminal-box.
caja de cambio de marcha (maq.), change-gear box.
caja de cementación (met.), casehardening pan.
caja de clavos, nail-box.
caja de compás de bolsillo, pocket compass.
caja de derivación (el.), branch box.
caja de distribución (el.), service box, distributing box.
caja de distribución (mot.), steam-chest.
caja de distribución para debajo de acera (el.), flush box.
caja de empalme (el.), cable box, junction-box.
caja de empaquetadura (mec.), stuffing-box.
caja de engranajes, gear case.
caja de engrase, axle box.
caja de engrase (loc.), pedestal box.
caja de entrada (el.), service box.
caja de escalera, well (of stairs).
caja de fuego (cald.), firebox.
caja de fusibles, fuse box.
caja de herramientas, tool-chest.
caja de humo, smoke box.
caja de interrupción (el.), switch box.
caja de la bomba (hid.), pump barrel.
caja de lanzadera (text.), shuttle box.
caja de medición de la resistencia de eclisas (f.c., el.), bond-measuring set.
caja de moldeo (met.), mould-box.
casa de reloj, watch-barrel.
caja de resistencias (mediciones el.), shunt box (measuring).
caja de velocidades, gearbox.
caja de velocidades de toma constante (aut.), constant-mesh gearbox.
caja de velocidades de toma deslizante, sliding-mesh gearbox.
caja de velocidades epicicloidea, epicyclic gearbox.
caja del fogón (cald.), firebox.
caja distribuidora de arena (loc., tranv.), sand valve.
caja fuerte, safe.
caja fuerte de hierro, iron chest, iron safe.
caja medidora de frecuencias auditivas (t.s.h.), audio-frequency measuring-set.
caja portaacumulador, accumulator box.
cajas de engrase provistas de rodilios de alineación automática (loc.), axle boxes fitted with self-aligning roller bearings.
cajear (entallar) *v.*, to adze.
cajero (cobrador), cashier.
cajero (que hace cajas), case-maker.
cajón, box, case.
cajón (de mueble), drawer.
cajón de embalaje, packing case (or box).
cajón de fundación, caisson.
cal, lime.
cal agria, hard lime.
cal apagada, slaked lime.
cal grasa, fat lime.
cal viva, caustic lime, quick lime.
calado (fijación), fixing.
calado (labor), fret-cutting, fretwork.
calado (naut.), draught, trim.
calado a fondo *adj.*, chock-a-block.
calafatear *v.*, to caulk.
calafatear juntas, to caulk seams.
calamina, calamine.
calamón, button-headed nail.
calandrado del caucho, rubber-rolling.
calandrar (papel) *v.*, to calender.
calandria (maq.), calender.
calandria (text.), mangle.
calar (colocar) *v.*, to fix.
calar (del buque) *v.*, to draw.
calar (medir, naut.) *v.*, to gauge (a ship).
calar 5 metros (naut.), to draw 16 ft.
calar con cuña, to wedge.
calar las escobillas (el.), to adjust the brushes.
calar una rueda en un eje, to fix a wheel on an axle.
calcado *s.*, tracing.
calcador, tracer.
calcar *v.*, to trace.

calce (cuña), underpinning, wedge.
calce (de rueda), tyre.
calcedonia, chalcedony.
calcedonia verde, bloodstone.
calcetería, hosiery.
calcinación (met.), roasting.
calcinar (met.), to roast.
calcio, calcium.
calcopirita, chalcopyrite, yellow copper ore.
calculador, reckoner.
calcular *v.*, to reckon, to calculate, to work out.
calcular diagramáticamente, to determine (or work) graphically.
calcular errado, to miscalculate.
calcular la tara, to tare.
calculista, designer.
cálculo, calculation, calculus, reckoning.
cálculo de la viguería (i.c.), girder design.
cálculo del colector (el.), commutator design.
cálculo diagramático de los esfuerzos, graphic determination of stresses.
cálculo diferencial, differential calculus, fluxions.
cálculo erróneo (o errado), miscalculation.
cálculo integral, integral calculus.
cálculo prudente, conservative estimate.
calda (o caldeo), heating.
caldas, hot springs.
caldeo al gas, gas-firing.
caldera, boiler, generator (steam).
caldera (min.), sump.
caldera acuotubular, water-tube boiler.
caldera alimentada a petróleo, oil-fired boiler.
caldera alimentada al gas, gas-fired boiler.
caldera auxiliar, spare boiler.
caldera Belleville, Belleville boiler.
caldera con camisa de vapor, steam-jacketed boiler.
caldera con tubos de paso, fire-tube boiler.
caldera de babor (mar.), port boiler.
caldera de caja de fuego doble, double-combustion boiler.
caldera de calefacción central, household boiler.
caldera de dos cuerpos (o de casco doble), double shell boiler.
caldera de estribor (mar.), starboard boiler.
caldera de fogón en cada extremidad, double-ended boiler.
caldera de fogón interior, Cornish boiler.
caldera de gases perdidos (met.), elephant boiler.
caldera de hervidor y casco superpuesto, sinónimo de caldera de gases perdidos, q.v.
caldera de hogar interior, internal flue boiler.
caldera de hogar único (u ordinaria), single-ended boiler.
caldera de locomotora, locomotive boiler.
caldera de reserva, stand-by boiler.
caldera de retorno de llamas, return-flue boiler.
caldera de tubos, tubular boiler.
caldera de vapor, steam boiler.
caldera doméstica, household boiler.
caldera en secciones, sectional boiler.
caldera Escocesa, Scotch boiler.
caldera fija, land-boiler.
caldera fija (o terrestre), land-type boiler.
caldera fija tipo locomotora, fixed loco-type boiler.
caldera locomóvil, portable loco-type boiler.
caldera multitubular, multitubular boiler.
caldera para buques, marine boiler.
caldera para faenas agrícolas, portable loco-type boiler.
caldera para lavadero, wash-house boiler.
caldera preliminar, donkey boiler.
la caldera puede consumir cualquier clase de combustible mineral, the boiler deals with all kinds of mineral fuel.
calderero, boiler-maker, coppersmith.
calderero (obrero), brazier.
caldero, copper (boiling), kettle.
caldero de colada (met.), ladle.
caldero de volquete (fund.), tipping ladle.
calefacción, heating.
calefacción al vapor, steam heating.
calefacción con vapor de escape, heating by exhaust steam.
calefacción eléctrica, electric heating.
calefacción por aire caliente, air heating.
calendario, calendar.
calenta-baños, bath-warmer.
calentado al blanco (met.), white-hot.
calentado previamente, preheated.
calentador *adj.*, warming.
calentador *s.*, heater, heating apparatus.
calentador a gas, gas heater.
calentador anular, ring-burner.
calentador del agua de alimentación (cald.), feed water heater.
calentador para remaches, rivet-heater.
calentador preliminar (cald.), feed-heater.
calentador preliminar del aire, air preheater.
calentamiento (accidental), heating, overheating.
calentamiento de los cojinetes, heating of the bearings.
calentar *v.*, to heat, to warm.
calentar hasta la incandescencia, to make incandescent.
calentar los coches (f.c.), to warm the coaches.
calentar una habitación, to warm a room.
calera, lime-pit.
calibración, calibration.
calibrado *adj.*, gauged, gauged to.
calibrado *s.*, calibration, calibrating.
calibrado del fotómetro con lámpara patrón, photometer-calibrating by means of a standard lamp.
calibrado liso, smooth-bored.
calibrador (de tubos), cylindrical gauge.
calibrador (inst.), calipers.
calibrador Birmingham, Birmingham wire-gauge.
calibrador de alambres, wire-gauge.
calibrar *v.*, to calibrate, to gauge.
calibrar el espesor, to gauge thickness.
calibrar un cañon, to measure the bore of a gun.
calibre (arm.), bore.
calibre (de tubo o caño), diameter of tube.
calibre (inst.), calipers.
calibre (medida), gauge.
calibre de centrar, centring gauge.
calibre de entrevía (o de trocha (S.A.)), railway gauge.
calibre de espesor, thickness-gauge, caliper gauge
calibre de estirar (met.), draw-plate.
calibre de filetear (tecn.), screw-plate.
calibre para chapas, sheet-gauge.
calibre patrón (tecn.), standard gauge.
calibre para tornillos, screw-gauge.
calicata, surveying (mining).
caliche (S.A.), saltpetre.
calidad, quality.
calidad superior, best quality.
cálido, hot, calid.
calientabaños, bath-heater, bath-warmer.
calientapiés, foot warmer.

caliente, hot, warm.
calitativo, qualitative.
caliza, limestone.
calma, calm.
calma chicha, lull (at sea).
calma en los negocios, slackness in trade.
calmar (un movimiento), to steady.
calmarse (viento), to abate.
calmazo, lull, dead calm (naut.).
calmo *adj.*, calm, even.
calomelanos, calomel.
calor, heat.
calor aprovechable, useful heat.
calor de combinación (quim.), heat of combustion.
calor de escape, waste-heat.
calor de fusión, melting heat.
calor de los gases, heat of gases.
calor del rojo, red heat.
calor desprendido (o despedido), heat given off.
calor específico, specific heat.
calor irradiante, radiant heat.
calor latente, latent heat.
calor latente del vapor, latent heat of steam.
caloría, caloric.
caloría grande, great calorie.
caloría pequeña, small calorie.
calórico, thermic.
calorífero, heater.
calorífero a vapor, steam heater.
calorífero eléctrico, electric heater.
calorífico, calorific.
calorímetro, calorimeter.
caluroso, warm (weather).
calzada, roadway.
calzar (con cuña), to wedge.
calzar una rueda, to scotch a wheel.
calzo (o calce), wedge.
calle, street.
callejuela, alley.
cama, bed.
camada (alb.), layer, course (masonry).
cámara, chamber.
cámara bajo presión (i.c.), air lock.
cámara congeladora, freezing chamber.
cámera de admisión (turb.), admission chamber.
cámara de aire, air chamber.
cámara de aspiración (de bomba), suction-chamber (pump).
cámara de comercio, Chamber of Commerce.
cámara de compresión (de bombas), air-vessel.
cámara de escape (mot.), exhaust chamber.
cámara de estancación (hid.), forebay.
cámara de explosión (mot.), combustion chamber.
cámara de las calderas, boiler-room.
cámara de los fuegos (naut.), stoke-hole, stoke-room.
cámara de mando, control-room.
cámara de mapas (naut.), chart-house.
cámara de máquinas (naut.), stokehold, engine-room.
cámara de plomo (quim.), lead chamber.
cámara fotográfica, camera.
cámara involuta (turb. hid.), scroll casing.
cámara oscura, dark room (opt.).
cámara para secar, drying chamber.
camarote, berth, bunker, cabin.
camarote de lujo, state-room.
cambiador de posición de las escobillas (el.), brush-rocker.
cambiar *v.*, to change, to exchange.
cambiar (de lugar), to shift.
cambiar de sentido (movimiento), to reverse, to invert.
cambiar el sentido de rotación del motor, to reverse the engine.
cambiar las horas del servicio, to alter the hours of working.
cambio, change.
cambio (de lugar), shift.
cambio (de dinero), exchange.
cambio de dirección (com.), change of management.
cambio de sentido (ing.), reversal.
cambio de velocidad, variable speed gear, speed-reduction gear.
cambio de velocidad (aut., mot.), change of gear, gear-changing, selector.
cambio de velocidad por balancín (aut.), rocking lever selector.
cambio de velocidad por engranaje, reduction gear.
cambio de velocidad por engranajes (maq.), change-gear.
cambio de velocidad sin desembragar el motor, speed change without declutching from prime mover.
cambios de velocidad, speed variations.
cambista, money-changer.
camilla, hand-barrow, stretcher.
caminar *v.*, to walk.
caminero, roadman.
camino, road.
camino adoquinado, paved road.
camino alquitranado, tarred road.
camino atravesado, cross-road.
camino carretero, cart road.
camino de sirga, tow-path, towing path.
camino macadamizado, macadam road.
camino real, highway, high road.
camino reforzado con metal, metal-road.
camino transversal, by-road.
caminos de hierro, railway.
caminos de hierro de vía ancha, broad gauge railway.
caminos de hierro de vía estrecha, narrow gauge railway.
caminos de hierro de vía normal, standard gauge railway.
camión, lorry.
camión automóvil, motor lorry.
camión de mudanzas, pantechnicon.
camión de reparto, delivery-van.
camisa (mot.), jacket, liner (of cylinder).
camisa calorífica (o de vapor), steam jacket.
camisa de agua, water jacket.
camisa de vapor, steam-jacket.
camisa refrigerante (mot.), cooling jacket.
campamento, camp (mil.).
campamento volante, flying-camp.
campana, bell.
campana (de aislador, el.), petticoat (of insulator).
campana de buzo, diving-bell.
campanario, belfry, steeple, spire.
campanilla, hand-bell.
campanilla de alarma, alarm bell.
campanilla eléctrica, electric bell.
campaña, flat country, fields.
campeche, logwood.
campeón, champion.
campeonato, championship.

campo (el.), field.
campo (geog.), field, land.
campo (sitio), country.
campo de aterrizaje (av.), landing ground.
campo de batalla, field (of battle).
campo de carreras, race course.
campo de deportes, play-ground, sports-field.
campo de golf, golf links.
campo de hielo, ice-field.
campo de maniobras (mil.), drill-ground.
campo de pastoreo, grass-land.
campo eléctrico, electric field.
campo excitador aislado (el.), insulated field.
campo giratorio (mag.), rotary field.
campo magnético, magnetic field.
campo magnético de la tierra, earth's magnetic field.
campo pastoril, meadow-land, pasturage.
campo raso, open country.
campo saturado (mag.), saturated field.
canal, canal, channel.
canal colector (i.c.), tail-drain.
canal de evacuación (hid.), tail-race.
canal de llegada (hid.), head-water.
canal de mareas, tide-way.
canal de traída (hid.), forebay, race.
canal (o río) navegable, water-way, ship-canal.
canaleta, channel.
canaleta de colada directa (fund.), plump-gate.
canaleta de evacuar cenizas, ash-shoot.
canaleta de toma de agua en velocidad (f.c.), feed-trough.
canaleta de toma en marcha (loc.), water-trough.
canalización (el.), main., mains.
canalización aérea, overhead mains.
canalización compensadora (el.), equalising mains.
canalización con corriente, live mains.
canalización de agua, water main.
canalización de agua para incendios, fire-mains.
canalización de aire, air-duct.
canalización de alumbrado, lightning mains.
canalización de fuerza (el.), power mains.
canalización de fuerza hidráulica, hydraulic mains.
canalización eléctrica, electric mains.
canalización en circuito cerrado (el.), ring-mains.
canalización subterránea, underground mains.
canalizar *v.*, to canalise.
canalón, gutter, sink.
canalón (teja), pantile.
canalón de desagüe, soil pipe.
canasta, basket.
cáncamo (naut.), ring-bolt.
cancela, railing.
cancelar órdenes, to cancel orders.
cancha de tennis, tennis-court.
candado, padlock.
candelero (const. nav.), stanchion.
candente *adj.*, red hot.
canilla, tap (to draw liquids).
canilla (o carrete) (maq. text.), cop, pirn.
canilla de algodón, cotton-spool.
canilla de apresto, rove bobbin.
canoa, canoe.
canoa de doble remo, sculling-boat.
canoa plegadiza, collapsible boat.
cansancio, fatigue.
cantera, quarry.
cantera de piedra, stone pit.
cantería, quarrying.
cantero (obrero), quarryman, stonecutter, stonemason.
cantidad, quantity, amount.
cantidad (fis.), quantum.
cantidad constante, constant (mat.).
cantidad de carbón quemado por kilo de vapor producido, coal burnt per lb. of steam generated.
cantidad de descarga (de pila o de acumulador), capacity of a cell.
cantidad llovida, rainfall.
cantidad necesaria, amount required.
cantil, cliff.
cantitativo, quantitative
canto (borde), edge, rim.
canto labrado (alb.), dressed ashlar.
canto sin labrar, rough ashlar.
cantonera (met.), angle-bar.
cantonera de refuerzo, stiffening angle.
canuto inyector (cald.), injection pipe.
canuto inyector (mot.), spray-nozzle.
caña, cane, reed.
caña de azúcar, sugar cane.
caña de pescar, fishing-rod.
caña del timón, rudder-killer.
caña dulce, sugar cane.
cañada, dale, vale.
cáñamo, hemp.
cáñamo de Manila, abaca.
cañería, conduit, piping.
cañería de aguas corrientes, water conduit (or pipe).
cañería de gas, gas mains, gas conduit.
cañería derivada, branch-pipe.
caño, duct, pipe, tube.
caño de agua, water duct.
caño de descarga, discharge pipe.
caño de descarga de lluvia, rain pipe.
caño de evacuación (del condensador), tail pipe (of condenser).
caño de hormigón, concrete pipe.
caño de reboso, overflow pipe, waste-pipe.
cañón (arq.), shaft (of column).
cañón (art.), cannon, gun.
cañón antiaéreo, anti-aircraft gun.
cañón de alarma minutero (mar.), minute-gun.
cañón de alma lisa, smooth-bore gun.
cañón de carga por la culata, breech-loading gun.
cañón de escopeta, gun-barrel.
cañón de marina, naval gun.
cañón de tiro rápido, quick-firing gun.
cañón rayado, rifled gun.
cañonazo, gun-shot.
cañoncito de desembarco, pom-pom (gun).
cañoneo, firing, gun fire.
cañonera (o cañonero), gun-boat.
cañones superpuestos, superfiring guns.
caoba, mahogany.
caolin, china clay, kaolin.
caos (geol.), chaos.
capa, coat, layer.
capa (geol.), bed, fold, stratum.
capa aislante, insulating layer.
capa anticlínica (geol.), anticlinal stratum.
capa antioxidante, anti-rust coating.
capa de alquitrán, tar covering.
capa de hormigón, concrete layer.
capa ionizada de la estratósfera, ionised layer of the upper atmosphere.
capa petrolífera, oil-sheet.
capa solevada (geol.), upraised bed.
capa terrestre, litosphere.
capacidad (cualidad), ability.
capacidad (de producción), output.
capacidad (fuerza), power output.

capacidad de acumulador, accumulator capacity.
capacidad de transporte (de vehículo, etc.), carrying capacity.
capacidad de una máquina, output of a machine.
capacidad efectiva (maq., mot.), actual output.
capacidad eléctrica, electric capacity.
capacidad electroestática, permittance.
capacidad en vatios horas de una batería, watt-hour content of a battery.
capacidad específica, specific capacity, permittivity.
capacidad evaporatoria (cald.), evaporating capacity.
capacidad garantizada, guaranteed output.
capacidad normal, normal output.
capacidad real (maq.), effective output.
capacitancia de aislador, insulator capacitance.
caparrosa (quim.), copperas, blue vitriol.
capataz, foreman.
capaz, capable, able, skilled.
capaz (competente), efficient.
capaz de efectuar 160 kilómetros por hora, capable of a speed of 100 miles per hour.
capaz de funcionar (maq.), able to work (or run).
capaz de machacar (o triturar) 18 toneladas de mineral por bocarte y hora, able to crush 18 tons of ore per stamp per 24 hours.
obreros capaces de ejecutar reparaciones, workmen able to carry out repairs.
caperuza (arq.), coping stone.
capilaridad, capillarity.
capilla, chapel.
capital (dinero), capital.
capital desembolsado (o suscripto), paid-up capital.
capitán, captain.
capitán (naut.), master, skipper.
capitán de buque mercante, shipmaster.
capitán de fragata, commander (nav.).
capitel, capital (architecture).
capó, bonnet (of motor-car).
capó (o capote, en general), hood.
cápsula, capsule.
cápsula fulminante, detonator.
captador de roldana, trolley collector.
captar (el.) *v.*, to collect.
captar (hid.) *v.*, to tap (a spring of water).
capullo (de seda), cocoon.
cara, face.
cara de la lumbrera (mot.), port-face.
cara de martillo, hammer face.
carácter (de imprenta), type (printing).
característica (curva), characteristic.
característica a plena carga, full-load characteristic.
característica en vacío, no-load characteristic.
característica fotométrica, photometric quantity.
las características de arranque de un motor sicrónico de polos salientes son semejantes a las del motor normal de jaula de ardilla, es decir que al cabo de un instante, automáticamente el motor se sincroniza con la red, starting characteristics of a salient pole synchronous motor correspond with those of a standard squirrel cage induction motor, the machine finally pulling into step and running in synchronism with the supply.
caraqueño *adj.*, from Caracas (Venezuela).
carbón, coal.
carbón bituminoso, bituminous coal.
carbón clasificado (o cribado), screened coal.
carbón de abedul, birch charcoal.
carbón de leña, charcoal.
carbón de llama corta, hard coal.
carbón doméstico, house coal.
carbón en polvo, dust coal.
carbón fino (pulverizado), culm.
carbón menudo, slack (coals).
carbón muy calórico, steam coal.
carbón no aglutinante, non-caking coal.
carbón nuevo, green coal.
carbón para gas, gas coal.
carbón pizarroso, slate-coal.
carbón semigraso, cherry coal.
carbón sin ceniza, ash-free coal.
carbonato, carbonate.
carbonato crudo de soda, black ash.
carbonato de bario, barium carbonate.
carbonato de cal, calcium carbonate, carbonate of lime.
carbonato de magnesio, magnesium carbonate.
carbonato de manganeso, manganese spar.
carbonato de plomo, lead-spar.
carbonato de potasio, potassium carbonate.
carbonato de soda, sodium carbonate, natron.
carbonera (deposito de carbón), coal bunker.
carbónico, carbonic.
carbonífero, carboniferous, carbonaceous.
carbonilla, coal-dust, pea coal.
carbonizar, to carbonise.
carbono, carbon.
carburación, carburation.
carburador, carburettor.
carburador de arranque propio, self-starter carburettor.
carburador de chorros, multiple-jet carburettor.
carburador de sección constante, constant-choke carburettor.
carburo, carbide.
carburo de calcio, calcium carbide.
carda, card (text.).
carda de afino (o de fino), finishing card.
carda para telar Jacquard, Jacquard card.
cardadora (maq. text.), carding-frame.
cardenillo, verdigris.
cardo, thistle, weed.
carena (casco de buque), bottom (ship's).
carenar, to careen.
carenote, bilge keel.
carestía, scarcity.
carga, charging, loading.
carga (cargazón), lading, cargo.
carga (del fuego), stoking (of fire).
carga (el.), charge, charging.
carga (el. estática), charge, influence.
carga (mec.), load, stress.
carga (mercancías), freight, goods.
carga a mano (cald.), hand-stoking.
carga admisible (i.c.), safe load.
carga admisible sobre cojinetes (mec.), permissible load on bearings.
carga al metro cuadrado, load per square yard.
carga alar (av.), wing load.
carga automática (cald.), automatic-stoking.
carga constante (el., mec.), fixed load.
carga de agua, head water.
carga de aplastamiento (mec.), crippling load.
carga de flexión, bending load.
carga de lámparas encendidas (el.), lighting load.
carga de prueba, test-load.
carga de ruptura (i.c., const.), breaking load, yield point.
carga de seguridad, working stress.
carga descentrada (o excéntrica), excentric load.

carga en functionamiento (al ensayar), running load.
carga en movimiento, live load, moving load.
carga fija (i.c.), fixed load, dead load.
carga fija (mec.), constant load.
carga inmóvil (mec.), dead load.
carga interespacial (t.s.h.), space charge.
carga límite (mec.), breaking stress, yield point.
carga máxima, maximum load.
carga mecánica (cald.), mechanical stoking.
carga media (el., mec.), average load.
carga peligrosa, dangerous load.
carga plena, full load.
carga práctica, working load.
carga práctica de seguridad (i.c.), safe working stress.
carga propia (i.c.), dead load.
carga propia (o estática) (mec.), dead load.
la carga propia de un puente, the dead load on a bridge.
carga repartida igualmente (i.c.), uniformly distributed load.
carga rodante (i.c.), rolling load.
carga sobre cimientos en toneladas por metro cuadrado, foundation load in tons per sq. ft.
carga tensil, tensile load.
carga útil, useful load.
la carga de ruptura no podrá ser inferior al 50% de la resistencia límite a la tracción, yield point shall be not less than 50 per cent of the ultimate tensile strength.
cargado *adj.*, laded, loaded.
cargado (el., mec.), under load.
cargado por debajo (cald.), underfeed.
cargador (cald.), stoker (apparatus).
cargador (el.), charger.
cargador (naut.), shipper.
cargada automático, automatic stoker.
cargador de cadena sin fin (cald.), chain-grate stoker.
cargador de gotera (o por goteo) (t.s.h.), trickle charger.
cargador de rocío (cald.), sprinkler stoker.
cargador mecánico (cald.), mechanical stoker.
cargador mecánico por debajo, underfeed stoker.
cargadora (text.), hopper feeder.
cargadora de abrir balas (text.), hopper bale breaker.
cargamento (naut.), cargo, shipload, shipment.
cargar (el., mil.) *v.*, to charge.
cargar (horno) *v.*, to feed the fire, to stoke.
cargar a mano, to stoke by hand.
cargar automáticamente, to stoke automatically.
cargar carbón (mar.), to bunker.
cargar una hornalla, to fire a boiler.
cargazón, cargo, lading.
cargo (función), office.
cargo de confianza, responsible position.
carne, meat.
carne concentrada, extract of meat.
carne de carnero, mutton.
carne de vaca, beef.
carnero, sheep (male), wether.
caro, dear, highly-priced.
carpintería, carpentry, joinery.
carpintero, carpenter, joiner.
carpintero de a bordo, ship's carpenter.
carpintero de buques, ship-carpenter.
carpintero de ribera, shipwright.
carraca, ratchet-drill.
carrera (alb.), course, layer.
carrera (concurso), race, racing.
carrera (de pared), wall-plate.
carrera (de piso), floor girder.
carrera (del émbolo), stroke (piston).
carrera (profesión), career.
carrera de aspiración, suction stroke.
carrera de automóviles, motor-racing.
carrera de escape (mot.), exhaust-stroke.
carrera de la compresión (mot.), compression-stroke.
carrera de regreso (maq. herr.), return stroke.
carrera de resistencia, endurance race.
carrera de trabajo (maq.), working motion.
carrera del émbolo, piston stroke.
carrera del encendido: Véase carrera motriz, debajo.
carrera del soplón (mot. Diesel), scavenging stroke.
carrera descendente (mot.), down stroke.
carrera en vacío (o de vuelta) (maq., mot., etc.), idle stroke.
carrera motriz (o del encendido) (mot.), ignition stroke, working stroke.
carrera pasiva (maq., mot.), idle stroke.
carreta, wagon.
carrete, coil, spool.
carrete de electroimán, magnet spool.
carrete de inducción, induction coil.
carrete de inductancia, inductance coil.
carrete excitador, exciting coil.
carrete extintor de chispas, blow-out coil.
carrete inductor (el.), field-magnet.
carretera, road.
carretera empedrada, paved road.
carretera macadamizada y alquitranada, macadamised and tarred road.
carretero (fabricante de coches), coachsmith.
carretero (obrero), wheelwright.
carretlla, wheelbarrow.
carretón, hand-truck, small cart, trolley, truck.
carretón de mano, hand cart.
carretón para barro, mud-cart.
carril, rail.
carril conductor, contact-rail.
carril de zapata ancha, flat-bottomed rail.
carril dentado, cogged (or toothed) rail.
carro, cart.
carro blindado (mil.), tank.
carro de regar, water-cart.
carro porta herramienta (torno), tool-box.
carro soporte (maq. herr.), saddle.
carrocería (aut.), body, coachwork.
carrocero, body-builder.
carrocero (obrero), coachsmith.
carromato, road wagon.
carta, letter.
carta (geog.), card, map.
carta constitucional, charter.
carta de mar (naut.), registry.
cartabón, set-square.
cartel, poster, handbill.
cartela (arq., i.c.), fishplate, gusset plate.
cárter, crankcase.
cartera de herramientas, tool-bag.
cartografía, chartography, mapping.
cartógrafo, map-maker.
cartón, cardboard.
cartón de amianto, asbestos-board.
cartón doble, mill-board.
cartón prensado parafinado, presspahn.
cartucho, cartridge.
cartucho en blanco, blank cartridge.
cartulina, card.

casa, house.
casa de acumuladores, accumulator house.
casa de habitación, dwelling house.
casa de huéspedes, boarding-house.
casa de la Moneda, Mint.
casa de las calderas, boiler-house.
casa de las turbinas, turbine-house.
casa de transportes, carriers.
casa flotante, house-boat.
casa matriz, head-office.
casa renombrada, well-known firm.
casca, tan (bark).
cascada, cascade, fall of water, waterfall.
cascajal (o cascajar), gravel pit.
cascajo (alb.), chip, shingle.
cascajo (const., i.c.), ballast.
cascajo (restos), debris.
cáscara, husk, shell.
casco (naut.), hull, shell (ship's).
casco (sombrero), helmet.
casco de corcho, pith-helmet.
casco respiratorio, smoke-helmet.
cascotes, rubble.
caseína, casein.
casero *adj.*, domestic.
caserío, small village.
casilla, box.
casilla de correo (S.A.), postal box.
casilla de las compuertas (hid.), valve house.
casilla de maniobras (f.c.), signal-box.
casilla de teléfono, telephone-box.
caso, case, event.
casquillo, bush, socket, thimble.
casquillo (el.), cap.
casquillo de bayoneta, bayonet cap.
casquillo de guía (maq.), guide bush.
casquillo roscado (el.), screw-cap.
castaño (bot.), chestnut tree.
castellano, the Spanish language.
castillo, castle.
castillo de proa, forecastle, fore-deck.
castina negra, black flux.
cataclástico (geol.), catalastic.
catalejo de campaña (mil.), field telescope.
catálisis, catalysis.
catálogo, catalogue.
catálogo gratis, catalogue free.
catálogos a quien los pida, catalogues on request.
catarata, cataract, waterfall.
cataviento, dog-vane.
cateador, prospector (min.).
catear (min.) *v.*, to break the ground, to prospect.
catecú, cutch.
cátedra, chair, lecture chair.
catedrático, professor.
categoría, category.
catenaria, catenary curve.
catenario *adj.*, catenary.
cateo (min.), prospecting.
cateto (geom.), cathetus.
cato (farm.), cutch.
catódico, cathodic.
cátodo, cathode.
caucho, india-rubber, rubber.
caucho artificial, synthetic rubber.
caucho en hojas, sheet rubber.
caucho endurecido, hard rubber.
caucho vulcanizado, vulcanised rubber.
caudal (hid.), delivery, discharge, flow.
caudal de avenida (hid.), flood water flow.
caudal de 250 litros por minuto, delivery of 50 gallons each minute.
caudal medio, mean flow (of water).
caudal sobre un vertedero (hid.), discharge over a weir.
el caudal de una bomba por minuto, the delivery of a pump per minute.
cavadura, dig, digging, sinking (of wells).
cavadura por congelación (geol., min.), freezing-process.
cavar *v.*, to dig, to sink (a well).
caveto (arq.), cavetto, hollow moulding.
cavidad, cavity.
cavitación, cavitation.
caz (hid.), head-race.
caz de descarga (hid.), tail race.
caz de tablones, flume.
caz de traída, head race.
cazador de submarinos, submarine-chaser.
cazaescota (naut.), outrigger.
cazatorpederos, torpedo-boat destroyer.
cazo (o cazoleta), pan.
cebada, barley.
cebadura (de bomba, etc.), priming (of pumps, etc.).
cebar (una bomba o mot.), to prime.
cebo (exp.), blasting-cap, detonator.
cebo con límite de tiempo (exp.), time-fuse.
cebo de volumen (exp.), quantity fuse.
cedazo (ind.), bolting-mill.
ceder (corvarse) *v.*, to swag.
ceder (emitir) *v.*, to give off, to emit.
ceder (romperse) *v.*, to give way, to yield.
cedro, cedar.
cédula personal, identity card.
cefeo (ast.), cepheus.
céfiro, zephyr.
cegar una vía de agua (naut.), to fother a leak.
celda (fis.), cell.
celebrar un convenio, to draw up an agreement.
celeridad, quickness, velocity.
celosía, lattice.
célula, cell, cellule.
célula de selenio, selenium cell.
célula fotoeléctrica, photo-electric cell.
celular, cellular.
celuloide, celluloid.
celulosa, cellulose.
cementación (met.), casehardening, cementation.
cementar *v.*, to cement.
cemento, cement.
cemento de fraguado lento, slow-setting cement.
cemento de fraguado rápido, quick-setting cement.
cemento escorioso, slag cement.
cemento hidráulico, water-cement.
cenagal, quagmire.
cenagoso, muddy, miry.
cenicero, ash-pan.
cenit, zenith.
cenital, zenith *adj.*, zenithal.
ceniza, ash.
censo, census.
centella, lightning, thunderbolt.
centellar *v.*, to scintillate, to sparkle.
centelleo, scintillation.
centenal, rye-field.
centeno, rye.
centésimo, centesimal.
centiárea (1 metro cuadrado), centiare (1·196 sq. yd.).
centígrado, centigrade.
centigramo, centigram.
centímetro, centimeter.
centinela (mil.), sentry, watch.

centrado (de la pieza a trabajar), centring.
central (de fuerza), power-house, power station (or plant).
central a vapor, steam power-house.
central de energía eléctrica, electric power plant.
central de fuerza, generating station, power plant, power station.
central de fuerza a vapor, steam power plant.
central eléctrica, electric power house (or station).
central hidroeléctrica, hydro-electric power-house.
central para tracción eléctrica, traction station.
central particular (tel.), private exchange.
central telefónica, exchange (telephone).
centrar *v.*, to centre.
centrar la pieza a trabajar, to centre the work.
centrar una pieza entre puntas (torno), to centre a piece on a lathe.
céntrico, centric.
centrífugo, centrifugal.
centrípeto, centripetal.
centro, centre.
centro de carena, centre of buoyancy (or displacement).
centro de empuje (hid.), centre of buoyancy (hyd.).
centro de gravedad, centre of gravity, centroid.
centro de gravedad del giroscopio, gyro centre.
centro de presión, centre of pressure.
centro de simetría, centre of symmetry.
centro de un círculo (geom.), centre of circle.
ceñir, to gird, to surround.
ceñir el viento (naut.), to haul the wind.
ceolita (min.), zeolite.
ceolítico, zeolitic.
ceolitiforme, zeolitiform.
cepilladora de duelas, stave-planer.
cepilladora-taladro, boring and shaping machine.
cepilladura, planing.
cepillar (tecn.) *v.*, to plane.
cepillo (de limpiar), brush.
cepillo (herr.), plane (tool).
cepillo (la cuchilla), plane knife.
cepillo de alisar, smoothing-plane.
cepillo de boceles (carp.), modelling plane.
cepillo de hilar (madera), long plane.
cepillo de ingletear, mitreing plane.
cepillo de moldear toros, ogee plane.
cepillo de moldurar, moulding plane.
cepillo hundidor (text.), dabber.
cepillo para rayos, spoke-shave.
cepillo rotatorio (cald.), rotary cleaning brush.
cepo (de ancla), stock (of anchor).
cera, wax.
cera de lustrar, polishing wax.
cera de parafina, paraffin wax.
cera de pulir, polish.
cerca *adv.*, by, near, close to.
cerca *s.*, enclosure, fence, hedge.
cerca de Madrid, near Madrid.
cercado *adj.*, fenced-off.
cercado *s.*, enclosure, railing.
cercanía, nearness, proximity.
cercar, to enclose, to rail in, to fence.
cercenar (tecn.), to clip, to cut off.
cerco (aro), hoop, rim.
cerco de barril, barrel hoop.
cercha (armazón, const.), truss.
cercha (nervadura, arq.), rib.
cercha a la Inglesa, English truss.
cercha de celosía, lattice frame (or truss).
cercha de doble pendolón, queen-post truss.
cereales, cereals, corn, grain.
cereza (bot.), cherry.
cerilla, match.
cerio, cerium.
cernada, lye-ash.
cernedero de harina, bolting-mill.
cerner, to sift.
cero, zero.
cero absoluto, absolute zero.
cerrado, closed, enclosed.
cerrador *adj.*, locking.
cerrador *s.*, closure, fastener.
cerradura, fastening, lock.
cerradura de seguridad, safety lock.
cerrajería, fitting-shop, locksmith shop.
cerrajero, locksmith.
cerrar *v.*, to close, to shut, to shut off.
cerrar (interrumpir), to turn off.
cerrar (puertas, ventanas), to fasten, to lock.
cerrar con clavos, to nail up (or down).
cerrar el circuito (el.), to close the circuit.
cerrar y abrir un circuito, to make and break a circuit.
cerril, mountainous, uneven.
cerro, rocky hill.
certificado *adj.*, registered.
certificado *s.*, certificate, testimonial.
certificado de ensayo (o de prueba), test-certificate.
certificado de nacionalidad (de buque), sea-letter.
certificado de navegabilidad aérea, certificate of airworthiness.
certificado de origen, certificate of production.
certificar *v.*, to certify.
certificar (carta), to register.
cerusita, cerussite.
cervecería, brewery.
cervecero, brewer.
cerveza, beer.
cesar el trabajo (en talleres), to shut-down (works).
cesio, caesium.
cesión (mec.), yield.
césped, grass, turf.
ciaje (naut.), backing, backward running.
cianamida cálcica, lime nitrogen.
cianita (min.), cyanite.
cianógeno, cyanogen.
cianurar *v.*, to cyanide.
cianuro, cyanide.
cianuro de cobre, copper cyanide.
cianuro de hierro, ferro-cyanide.
cianuro de oro, gold cyanide.
cianuro de plata, silver cyanide.
cianuro potásico, potassium cyanide.
cianuro sódico, sodium cyanide.
ciar (retroceder, naut.), to back astern.
cíclico *adj.*, cyclic, cyclical.
ciclismo, cycling.
ciclo (ast.), cycle.
ciclo de Carnot (mec.), Carnot cycle.
cicloide, cycloid.
ciclón, cyclone.
cielo, sky.
cielo (de fogón de cald), crown, roof (of furnaces).
cielo de hornalla, furnace roof.
cielo de la caja de fuego, firebox crown.
cielo despejado, clear sky.
cielo raso (const.), ceiling.
cielo raso enlatado (o enlistonado), lathed ceiling.
cielo raso enyesado, plastered ceiling.
cien (ciento), hundred.
ciencia, science.
ciencia de la economía, economics.

ciencia mecánica, mechanical arts.
ciencia náutica, naval science.
ciencias abstractas, theoretical (or pure) sciences.
ciencias matemáticas, mathematical arts.
cieno, mud, silt.
científicamente, scientifically.
científico, scientific.
cierre *s.*, closure, fastener, locking.
cierre de la culata (art.), closing of the breech.
cierre de la torre de vigía (submarino), closing of the conning tower.
cierre de medio ladrillo (alb.), queen closer (masonry).
cierre de tres cuartos de ladrillo, king closer.
cierre de ventana, window fastening.
cifra, cipher, figure, number.
cifra abstracta, abstract number.
cifra unitaria, unit figure.
cigüeñal (ing.), crankshaft.
cigüeñal de cuatro (cinco, seis, etc.) manijas, four (five, six, etc.) -throw crankshaft.
cigüeñal de tres soportes equilibrados, three-bearing balanced crankshaft.
cigüeñal triple, three-throw crankshaft.
cilindrada, volume of cylinder.
cilindrado (trabajo en torno), straight turning.
cilindrar (en el torno) *v.*, to turn off (with lathe).
cilíndrico, cylindrical.
cilindro, cylinder.
cilindro (de cald.), shell (of boiler).
cilindro (de herr.), barrel (of tool).
cilindro antisonoro (aut.), exhaust-pot.
cilindro con camisa (vap.), jacketed cylinder.
cilindro de aire comprimido, air cylinder.
cilindro de canaletas (met.), grooved roll.
cilindro de desbastar (met.), blooming roll.
cilindro de fricción, friction wheel.
cilindro de gas (recipiente), gas container.
cilindro de laminar, roll.
cilindro de movimiento alterno (en laminaderos), reversing roll.
cilindro de terminar (met.), finishing roll.
cilindro del contravástago (loc.), tail-rod casing.
cilindro del distribuidor Lentz, poppet-valve cylinder (of locomotive).
cilindro del flotador (carburador), float-chamber.
cilindro del vástago de tope (f.c.), buffer shell.
cilindro descargador (text.), doffing roller.
cilindro impresor, printing roller.
cilindro para tochos (met.), blooming roll, cogging roll.
cilindro para vigas (met.), girder roll.
cilindro silencioso (aut.), exhaust-pot.
cima (ápice), apex.
cima (const.), cope, coping.
cima (geog.), peak, ridge, summit, top.
cima del criadero (min.), ore-apex.
cimacio (arq.), ogee, cyma.
cimar (árboles), to clip.
cimbra (const.), centering, centre scaffolding.
cimientos (arq., i.c.), foundation.
cimientos de hormigón, concrete foundation.
cimientos de un edificio, foundation of a building.
cinabrio, cinnabar.
cinc, zinc.
cinc sin refinar, spelter.
cincel, chisel.
cincel biselado, firmer chisel.
cincel de calafatear, caulking tool.
cincel de punto (alb.), dog's tooth.
cincel dentado, dented chisel.
cincífero, zinciferous.
cincografía, zincography.
cincoso, zinky.
cine (o cinematógrafo), cinema, cinematograph.
cine hablado, talking pictures.
cinemática, kinematics.
cinemático *adj.*, kinematic, kinematical.
cinética, kinetics.
cinético *adj.*, kinetic.
cinta, ribbon, tape.
cinta (de atar), band, tie.
cinta adhesiva, adhesive tape.
cinta aislante, insulating tape.
cinta alquitranada, tarred tape.
cinta de agrimensor, tape measure.
cinta de amianto, asbestos tape.
cinta de caucho, rubber tape.
cinta de medir, tape measure.
cinta de medir de vuelta automática, spring-rule.
cinta de medir semi-rígida, semi-rigid riband rule.
cinta de mica, mica tape.
cinta de papel, paper tape.
cinta de sierra, saw-band.
cinta impregnada de barniz, varnish-treated tape.
cinta métrica de acero, steel tape (measuring).
cinta para correa, belt lace.
cintura salvavidas, life-belt, safety-belt.
ciprés, cypress.
circo (geol.), cirque.
circón, zircon.
circonio, zirconium.
circuito, circuit.
circuito de caldeo (t.s.h.), heating circuit (wireless).
circuito de regreso (el.), return circuit.
circuito derivado, branch circuit, shunt circuit.
circuito magnético, magnetic circuit.
circuito negativo, return circuit.
circuito oscilatorio (el.), oscillatory circuit.
circuito polifásico desequilibrado, unbalanced polyphase circuit.
circuito transpositor (tel.), phantom circuit.
integran el circuito una amplificadora de pantalla protegida alta frecuencia, una detectriz y una péntodo (t.s.h.), the circuit consists of a screened-grid high-frequency amplifier, a detector and a pentode.
circuitos compensados (el.), balanced load.
circuitos desequilibrados, unbalanced load.
circuitos paralelos, parallel circuits.
circuitos sintonizados (t.s.h.), tuned circuits.
circulación (de vehículos), traffic.
circulación de fría y caliente (agua, en casas), hot and cold water.
circulación del agua por termosifón, thermo-syphon water circulation.
circulación impelente (cald., vap.), forced circulation.
circulación por vía única (f.c.), single-line working.
circulador del agua, water-circulator.
círculo, circle.
círculo ártico, arctic circle.
círculo de alineación (agrim.), transit.
círculo declinatorio (mag.), declination circle.
circundante, ambient, surrounding.
circunferencia, circumference.
circunferencia de ahuecamiento (de engranajes), dedendum circle.
circunferencia primitiva (engranajes), pitch-circle (gears).
circunferencial, circumferential.
circunnavegar, circumnavigate.

ciruela (bot.), plum.
ciruelo, plum-tree.
cirujano, surgeon.
cisma (desgarro), rent, tear.
cisco, coal-dust.
cisterna, water tank, cistern.
citación (jur.), summons.
citar (jur.) *v.*, to summon.
ciudad, city, town.
ciudad comercial, market town.
ciudad marítima, sea-town.
ciudad portuaria, port-town.
ciudadano, citizen.
cizalla, shears, shearing-machine.
cizalla de corte brusco, crocodile shears.
cizalla de cuchillas ensambladas, gang shears.
cizalla de guillotina, guillotine shearing-machine.
cizalla de mandíbulas, alligator shears.
cizalla de mano, hand shears.
cizalla de palanca, hand-lever shears.
cizalla para escuadras, angle-iron shearing-machine.
cizalla para tochos (met.), bloom shears.
cizalla para viguetas, joist shearing-machine.
cizalladora para barras, bar-shearing machine.
cizalladora para varillas, rod-shears.
cizallamiento, shear.
cizallar *v.*, to shear.
claraboya, skylight.
claraboya (naut.), bull's eye.
claridad, clearness.
clarificación, clarification.
clarificación del agua, water purification.
clarificador de aceite, dirty oil filter.
clarificar *v.*, to clarify, to clear.
clarificar (azúcar) *v.*, to defecate.
clarín de señal (o para niebla), horn signal (rlys.)
claro, clear.
clase, class, range.
clase (de buque), rate (of ship).
clasificado bajo . . . (ing)., rated at . . .
clasificar *v.*, to range.
clasificar (correspondencia), to file.
clástico (geol.), clastic.
cláusula, clause, term.
clavado *adj.*, nailed.
clavar, to drive a nail, to nail.
clave (arq.), crown, keystone.
clave (código), code, key.
clave (el., tel.), plug.
clave (explicación), key (explanatory).
clave telegráfica, telegraphic code.
clavero, nail-maker.
clavetear, to nail.
clavija (de colgar), peg.
clavija (el.), plug, key.
clavija de comunicación (tel.), key-plug, listening key.
clavija de conexión, jack (telephone).
clavija de escucha, listening-plug.
clavija de llamada, calling plug, telephone jack.
clavija de pruebas, testing plug.
clavija de puente de medidas (el.), bridge key (measuring).
clavija de respuesta (tel.), operator's jack.
clavija del encendido (mot.), ignition plug.
clavija para correas, belt-bolt.
clavillo, pin.
clavo, nail.
clavo de gancho, hook nail.
clavo de herradura, hob-nail.
clavo de pizarrero, slating nail.
clavo de tinglar, clinker nail.
clavo doble, trunk nail.
clavo grande, spike.
clavo romano, framing nail.
clavo tablero, plank nail.
clavo trabal (carp.), keyed bolt.
cliente, customer.
clima, climate, clime.
clima sano, healthy climate.
clinómetro, gradient indicator.
clíper (naut.), clipper.
cloaca, drain, gully, sewer.
cloaca ovoide, egg oval sewer.
cloque, grapnel.
clorato, chlorate.
clorato de potasa, potassium chlorate.
clorhídrico, hydrochloric.
cloro, chlorine.
clorófila (bot.), chlorophyll.
cloroformo, chloroform.
cloruro, chloride.
cloruro amónico, ammonium chloride, sal-ammoniac.
cloruro de bario, chloride of barium.
cloruro de cal, chloride of lime.
cloruro de calcio, calcium chloride, muriate of lime.
cloruro de cinc, zinc chloride.
cloruro de etileno, Dutch liquid.
cloruro de étilo, ethyl chloride.
cloruro de níquel, chloride of nickel.
cloruro de plata, chloride of silver, horn-silver.
cloruro de potasio, potassium chloride.
cloruro de sodio, sodium chloride, common salt.
cloruro magnésico, magnesium chloride.
cloruro mercúrico, mercuric chloride.
club de remo, rowing club.
club de yates, yacht-club.
coagulado, coagulated.
coagular, to coagulate.
cobalto, cobalt.
cobalto arseniatado, arseniate of cobalt.
cobertizo, shed.
cobertizo de (o para) aeroplanos, aeroplane shed, aviation hangar.
cobertizo para botes, boat-house.
cobertizo para coches (f.c.), car-shed.
cobrador (de tranv. u ómnibus), conductor.
cobrar, to cash, to collect.
cobrar (gastos), to charge.
cobre, copper.
cobre blanco, white-copper.
cobre carbonatado azul, azurite.
cobre dorado, gilt-brass.
cobre en hojas, sheet-copper.
cobre en tiras, copper strip.
cobre manganesífero, manganese copper.
cobre piritoso, yellow copper.
cobre rojo, red copper.
cobreado *s.*, copper-plating.
cobrería, copper fittings.
coca (en cables e hilos), kink.
cocción, baking.
cocer, to bake.
cocer el carbón en vasija cerrada, to coke.
cociente, quotient.
cocina, kitchen, cooker.
cocina a la electricidad, electric cooking.
cocina de gas, gas cooker.
cocinar, to cook.
cocinera (S.A.), cooker.
cocinería (a bordo), galley.

cocinilla de gas, gas cooker, gas ring.
coco (bot.), coconut.
cocodrilo (parada automática, f.c.), automatic-stop (on rlys.).
cocotero (bot.), coconut-tree.
coche, car, coach.
coche (f.c.), carriage.
coche a vapor, steam-car.
coche automotor sobre rieles (f.c.), rail motor-car.
coche automóvil, motor-car.
coche camas (f.c.), sleeping-car.
coche correo (f.c.), mail-van.
coche de bogas (f.c., tranv.), bogie-car.
coche de carreras (aut.), racer.
coche de ferrocarril, railway carriage.
coche de remolque (tranv.), trailer.
coche de tranvía, tramcar.
coche de turismo (aut.), tourer.
coche descubierto, open-car.
coche eléctrico, electric automobile.
coche ferroviario, railway car, railway carriage.
coche para funicular, incline car.
coche-restorán (f.c.), buffet-car, dining-car.
cochera (tranv.), tramway depot.
cochevira, hog's fat, pig's fat.
codal (arq., const.), straining beam.
codaste (naut.), stern-post.
código, code.
código de circulación, traffic regulations.
código de comercio, mercantile law.
código de señales, signal-code.
código militar, military law.
código telegráfico Morse, Morse code.
codo (ángulo), bend, elbow.
codo (de hierro), knee.
codo compensador (tubos), expansion bend.
coeficiente, coefficient, factor.
coeficiente de alargamiento, coefficient of elongation.
coeficiente de amortiguación (el., mec.), damping factor.
coeficiente de amplificación (t.s.h.), amplification factor.
coeficiente de carga (i.c.), factor of safety.
coeficiente de conducción mutua (el.), mutual conductance.
coeficiente de contracción (hid.), coefficient of contraction.
coeficiente de dilatación (fis.), coefficient of expansion.
coeficiente de dilatación lineal, coefficient of linear expansion.
coeficiente de dureza (o de Brinell) (met.), hardness number.
coeficiente de elasticidad, modulus of elasticity.
coeficiente de elasticidad a la tracción, Young's modulus.
coeficiente de frotamiento (mec.), friction coefficient.
coeficiente de gasto (de un liq. o fluído), coefficient of discharge.
coeficiente friccional (mec.), coefficient of friction.
coerción (mag.), coercion.
coercitivo, coercive.
cofa (naut.), top (of mast).
cofre, locker.
cohesión, cohesion.
cohesor (t.s.h.), coherer.
cohete, rocket.
cohete portaamarra (naut.), rocket-apparatus.
cojín, pad.
cojín (tranv.), bolster.
cojinete (ing., mec.), bearing.
cojinete con anillos de engrase, oil-ring bearing.
cojinete de bolas, ball-bearing.
cojinete de bronce fosforoso, phosphor-bronze bearing.
cojinete de riel (f.c.), chair (for rail).
cojinete de rótulas, self-aligning bearing.
cojinete esférico, ball socket.
los cojinetes movedizos de un puente, the bearings of a bridge.
cola (de pegar), glue.
cola (fin), tail.
cola de pescado, isinglass.
cola de huesos, bone size.
cola de milano (tecn.), dovetail (joint).
cola para correas, belt-cement.
colada (ind.), pouring.
colada (met.), cast, casting.
colada centrífuga, centrifugal casting.
colada en arena, sand casting.
colada en molde, teeming.
colado de un golpe (met.), cast-in-one.
colador (quim.), percolator, strainer.
colados en una sola pieza (met.), cast integral with.
cilindros y cárter colados en una sola pieza, cylinder cast integral with crankcase.
colapez, fish-glue.
colar (filtrar) *v.*, to filter, to strain.
colar (hacer correr, met.) *v.*, to run.
colar (líquidos que gotean) *v.*, to exude.
colar (vaciar, met.) *v.*, to cast.
colar (verter) *v.*, to pour.
colar en basto (met.) *v.*, to rough cast.
colar en molde (fund.) *v.*, to matrix.
colchoneta, pad.
colector (de dínamo), commutator.
colector (toma de corriente), collector.
colector de aceite, oil trap.
colector de arco (el., tranv. y f.c.), bow (current collector).
colector de barro, mud trap.
colector de corriente (el.), current-collector.
colector de sedimentos (cald.), mud drum, mud-collector.
colector de tubos (aut., mot.), manifold.
colector de tubos (cald.), header (of boiler).
colector posterior (cald.), back-header.
colector que gira bien redondo (el.), true commutator.
colegio, college.
coleo (movimiento, av.), yaw (of airplane).
colesterol (quim.), lanolin.
colgado *adj.*, slung, suspended.
colgante, hanging.
colimación, collimation.
colimador, collimator.
colina, hill.
colisión, collision, smash.
colmena, bee-hive.
colocación (arreglo), arrangement, laying, ranging.
colocación (empleo), berth, job, post.
colocación (provisión de), fitting, fixing.
colocado (situado), situated, placed.
colocar (dinero) *v.*, to invest (fin.).
colocar (en orden) *v.*, to arrange, to fix, to set, to lay.
colocar el puntero (en ap. de medición), to set the pointer.
colocar la cerradura a una puerta, to fix the lock to a door.
colocar metódicamente, to range.
coloide *adj.*, colloidal.
coloide *s.*, colloid.

colonía, colony, settlement.
colonización, settlement.
colonizar *v.*, to colonise, to settle.
colono, colonist, settler.
color, colour.
color (pint.), stain, dye.
color cargado, deep colour.
color claro, light colour.
color estable, fast colour.
color oscuro, dark colour.
colorado *adj.*, coloured.
colorado (S.A.), red.
colorear (dib.) *v.*, to ink in.
colores espectrales (fis.), prismatic colours.
colores primitivos, primary colours.
colores secos, dry colours.
colores vivos, rich colours.
colorido, colouring.
colorímetro, colorimeter.
colorímetro (fis.), chromometer.
colorir *v.*, to colour.
columna, column, stanchion.
columna de hierro, iron pole.
columna de hierro fundido, cast-iron column.
columna de mármol, marble column.
columna de oscilaciones hidráulicas, surge-tank.
columna del volante (aut.), steering-column.
collar (de sujeción), clamp.
collar de excéntrica (mec.), eccentric strap.
collar graduable, adjustable bush.
collar ranurado, keyed bush.
coma, comma.
comandante, commander.
comandita (com.), joint-stock (company).
comarca, land, region, territory.
comarca accidentada, uneven country.
comarca desconocida (o inexplorada), unknown lands.
comarca elevada, highland.
comba (arqueadura), bend, camber.
comba (de polea), crown.
comba (madera acodada), knee.
la comba de una carretera, the camber of a road.
combado *adj.*, arched, cambered, hogbacked.
combamiento : See comba.
combar, to arch, to camber.
combar la llanta de una polea recta, to crown a flat pulley.
combate, action, fight.
combés, waist (ship's).
combinación endotérmica (quim.), endothermic combination.
combinación exotérmica, exothermic combination.
combinador (el.), controller.
combinador principal, master-controller.
combinar *v.*, to combine.
combinar (el., mec.), to compound.
combustible *s.*, fuel.
combustible betunoso, bituminous fuel.
combustible de potencia calorífica débil, low-grade fuel.
combustible flúido, liquid fuel.
combustible gaseoso, gaseous fuel.
combustible pulverizado, atomised fuel.
combustión activa, rapid combustion.
combustión en el cilindro (mot.), internal combustion.
combustión entera, complete combustion.
combustión espontánea, spontaneous combustion.
combustión fumívora, smokeless combustion.
combustión incompleta, incomplete combustion.
comedor, dining-room.
comenzar *v.*, to commence, to begin.
comercial, trading.
comercializar *v.*, to market.
comercialmente, in a businesslike way.
comerciante, merchant, trader.
comerciar *v.*, to deal in, to trade in.
comercio, commerce, trade, trading.
comercio interior, home trade.
comercio marítimo, sea-trade.
comienzo, beginning, setting-in.
comisaría, police-station.
comisario (nav.), paymaster.
comisión, commission (fee).
comisión (junta), commission, committee.
comisionista, buying-agent.
comodidad, comfort.
cómodo, comfortable.
comodoro, commodore.
compañía, company.
compañía afiliada, subsidiary company.
compañía anónima, limited liability company.
compañía de luz y fuerza, power and light company.
compañía de seguros, insurance company.
compañía tenedora, holding company.
comparación, comparison.
comparador (tecn.), jig, jig-plate.
comparar *v.*, to compare.
compás, compass.
compás de dibujo, drawing compass.
compás de cremallera, rack compass.
compás de gruesos de cremallera (med.), back-calipers.
compás de puntas secas (dib.), dividing compass.
compás de resorte (o de puntas), dividers, spring bow.
compás deslizante (dib.), beam compass.
compendio, abstract, synopsis.
compensación (com.), set-off.
compensado (equilibrado) *adj.*, balanced.
compensado *s.*, balancing.
compensador de tensión (el.), balancing booster.
compensador para sistema trifilar, three-wire balancer.
compensar (el.) *v.*, to balance.
compensar (equilibrar) *v.*, to equalize, to counter-balance.
compensar el juego (de cojinete), to take up the play (of a bearing).
competencia (pericia), competence.
competencia (rivalidad), competition.
competir *v.*, to compete.
complejo (o complexo), complex.
completo, full.
completo (entero), whole.
componente (mat.), component.
componente desvatiada (el.), wattless component.
componente horizontal (mec.), horizontal component.
componer (arreglar) *v.*, to repair.
componer (formar en uno) *v.*, to compose, to resolve.
componer fuerzas (mec.), to resolve (or compose) forces.
composición (ed.), test-paper (educational).
composición (mezcla), compound.
composición (quim.), composition, constitution.
composición de fuerzas (mec.), resolution of forces.
composición química del hierro, chemical constitution of the iron.

compra, purchase.
comprador, buyer.
comprar *v.*, to buy, to purchase.
compresión, compression.
compresión en el cárter (aut.), crankcase compression.
compresión según la dirección del eje, axial compression.
compresor, compressor.
compresor (aut., av.), supercharger.
compresor de aire, air compressor.
compresor de aire para frenos (tr.), brakes-compressor.
compresor impulsado por el eje (f.c., tranv.), axle-driven compressor.
compresor sistema Cozette (aut.), Cozette supercharger.
comprimible, compressible.
el agua es a penas comprimible, water is but slightly compressible.
comprimir *v.*, to compress.
comprobado *adj.*, calibrated, gauged to.
comprobar (lectura de inst.) *v.*, to read off (instrument).
comprobar (verificar) *v.*, to check, to verify.
comprobar una indicación (inst.), to check a lecture.
comprometer *v.*, to endanger, to imperil.
comprometer la seguridad de los cimientos, to imperil the safety of a foundation.
compuerta, gate, sluice.
compuerta actuada mecánicamente (hid.), mechanically-operated sluice.
compuerta de desagüe (o de agotamiento), drainage gate.
compuerta de descarga (hid.), tail-gate, waste-gate.
compuerta de marea, flood-gate, tide-gate.
compuerta de mareas (mar.), ebb and flow gate.
compuerta flotante (dársena), caisson.
compuerta flotante (i.c.), floating dam.
compuerta hidráulica, sluice valve.
compuesto *adj.*, built-up, made-up.
compuesto (mezcla) *s.*, compound mixture.
compuesto aislante, isolating compound.
compuesto azótico (o nítrico), nitrogen compound.
compuesto protector (pint.), proofing.
compundar (maq.) *v.*, to compound.
computar *v.*, to reckon.
común, common, usual, customary.
comunicación, communication.
comunicación (tel.), call.
comunicación inalámbrica, radio communication.
comunicación telefónica emborronada, jammed telephone talk.
comunicaciones públicas, public transport.
con corriente (el.), live (carrying current).
con éxito, successful.
con relación a x, with respect to x.
cóncavo, concave.
concejal, counsellor.
concejo (municipal), council.
concesión, concession, lease.
concesión de tierras aluviales, alluvial claim.
concesión minera, mining lease.
concesionario, licensee, lease-holder.
concluir *v.*, to end, to terminate, to expire.
concrecionarse (met.), to clinker.
concurso (oposición), competition.
concha (zool.), shell.
concha de moldeo (fund.), chill-mould.
conchilla (S.A.), shell-sand.
condensación, condensation.
condensado *adj.*, condensed.
condensador (el., mec.), condenser.
condensador (opt.), condensing lens.
condensador centrífugo (mec.), centrifugal condenser.
condensador con dieléctrico de mica, mica condenser.
condensador con dieléctrico de papel, paper condenser.
condensador de aire (el.), air condenser.
condensador de antena (t.s.h.), aerial capacity.
condensador de contacto (mec.), surface condenser.
condensador de chorro, jet condenser.
condensador de desprendimientos (met.), labyrinth.
condensador de inyección (vap.), jet condenser.
condensador de mezcla (mec.), mixing condenser.
condensador de variación lineal (el.), square-law condenser.
condensador doble de mando único (t.s.h.), gang condenser.
condensador fijo (el.), fixed condenser.
condensador electrolítico, electrolytic condenser.
condensador para ondas cortas, short-wave condenser.
condensador sincrónico, rotary condenser.
condensador sintonizador (t.s.h.), tuning condenser.
condensador variable, variable condenser.
condensar *v.*, to condense, to thicken.
condensar vapor, to condense steam.
condición, condition, state.
condiciones (cualidades), requirements.
condiciones de la marcha (o funcionamiento), operating conditions.
condiciones de pago, terms of payment.
conducción, conduction.
conducción (guía), control-gear.
conducción (transporte), carriage, conveyance.
conducción a izquierda (aut.), left-drive.
conducción del calor, conduction of heat.
conducción del calor por convexión, conduction of heat by convection.
conducción eléctrica, conduction of electricity.
conducción térmica (fis., ing.), heat conduction.
conducir (llevar) *v.*, to conduct.
conducir electricidad, to conduct electricity.
conducir (transportar), to convey, to carry.
conducir (vehículo), to drive.
conductancia (el.), conductance.
conductividad, conductivity.
conductividad térmica, thermal conductivity.
conducto, duct, pipe, piping, tube.
conducto de agua, water duct (or pipe).
conducto de aire, air pipe.
conducto de aire caliente, hot-air pipe.
conducto de aire bajo presión, compressed air mains.
conducto de desagüe, drainage conduit.
conducto de vapor, steam pipe.
conductor *adj.*, conducting.
conductor (de aut.) *s.*, motor-driver, motorist.
conductor (el.), conductor, cable, wire.
conductor catenario, catenary conductor.
conductor de alimentación, feeder, feeder cable.
conductor de aluminio, aluminium conductor.
conductor de cobre, copper conductor.
conductor de correa (maq.), belt-guide.
conductor de hierro, iron conductor.

conductor de retorno, return-wire.
conductor del calor *adj.*, heat-conductor, heat-conducting.
conductor eléctrico, conductor, electric wire.
conductor en carga, live conductor.
conductor inactivo (o inerte) (el., tel.), dead line, dead conductor (or wire).
conductor neutro, neutral wire.
conectado *s.*, switching.
conectado por detrás, back-connected.
conectador, connector.
conectar (el.) *v.*, to connect, to switch on.
conectar en paralelo, to connect in parallel.
conectar en serie, to connect in series.
conejera, rabbit-warren.
conejo, rabbit.
conexión, connection, switching.
conexión de arranque, starting-connection.
conexión en estrella y triángulo, star-delta connection.
conexión incorrecta, wrong connection.
conexión por delante, front connection.
conexión por detrás, back connection.
conexiones (el.), wiring.
conexiones de prueba, testing connections.
conexiones traspuestas (el., tel.), inverted connection.
confeccionado *adj.*, ready-made.
conferencia, lecture.
conferenciante, lecturer.
confianza, reliability, trust.
configuración *s.*, form, lie.
la configuración del terreno, the lie of the land.
confín, boundary, limit, term, border.
conforme a la descripción, according to specification.
confundir *v.*, to mistake.
congelación, congealing, freezing.
congelador *adj.* & *s.*, freezer.
congelar *v.*, to freeze.
conglomeración primitiva (o antigua) (geol.), ancient formation.
cónico, conical, taper, tapered.
conífero (bot.), conifer.
coniforme, cone-shaped, coniform.
confirmar *v.*, to confirm.
conmensurable, commensurable.
conmoción eléctrica, electric shock.
conmutación (corrientes, el.), commutation.
conmutación (de posiciones, el.), change-over.
conmutación por medio de interpolos, interpole commutation.
conmutación sin chispas, sparkless commutation.
conmutador (el.), change-over switch, double-throw switch.
conmutador bipolar, double-pole double-throw switch.
conmutador de antena (t.s.h.), aerial change-over switch.
conmutador de arranque, starting switch.
conmutador de dos direcciones, two-way switch.
conmutador de ondas (t.s.h.), wave-changing switch.
conmutador de puesta a tierra, earth switch.
conmutador de tres direcciones, three-way switch.
conmutador del número de polos, pole-changing switch.
conmutar (el.) *v.*, to switch, to change over.
conmutar (corrientes) *v.*, to convert.
conmutar corriente alterna en continua, to convert an alternating current into a continuous one.
conmutatriz (el.), converter, rotary converter.
conmutatriz de fases, phase converter.
conmutatriz de polos de conmutación, commutating-pole converter.
conmutatriz de refuerzo, boosting converter.
conmutatriz de seis hilos, six-wire converter.
conmutatriz de tensión elevada, high-voltage converter.
conmutatriz monofásica, single-phase converter.
conmutatriz para alimentación anódica (t.s.h.), anode-converter.
conmutatriz sincrónica, synchronous converter.
conmutatriz trifásica hexafilar, three-phase six wire converter.
cono (geom.), cone.
cono adventivo (o parasitario) (geol.), lateral cone.
cono de desmoronamiento (geol.), talus.
cono de despuntaje (text.), backing-off cone.
cono de inyección (mot.), delivery nozzle.
cono de pulverización (del combustible, mot.), fuel chicane.
cono de velocidades (mec.), speed-cone.
conocido *adj.*, well-known.
conocimiento (com.), bill of lading.
conseguir, to attain, to get.
consejo, advice.
consejo (corporación), board, council.
consejo de Administración, board of Directors.
consejo de la Armada, Navy-board.
consejos acerca del cuidado de las herramientas, hints on care of tools.
consejos periciales, authoritative advice, expert advice.
conserva, preserve.
conservación (en estado), maintenance, upkeep.
conservación de la energía, conservation of energy.
conservación de las carreteras (o caminos), maintenance of roads.
conservación refrigerada, cold-storage.
conservar *v.*, to preserve.
conservar en buen estado, to keep in repair.
conserve su izquierda !, Keep to the left !
consignar, to consign.
consignatario (destinatario), consignee.
consola, bracket.
consola (ménsula), cantilever.
consola gancho, hook-bracket.
consola mural, wall bracket.
consolidación, stiffening.
consolidar *v.*, to consolidate, to stiffen.
consolidar la deuda, to fund the debt.
consolidar una pared, to shore up a wall.
consorcio (com.), trust.
constancia, steadiness.
constancia de un regulador (mot.), stability of a governor.
constante *adj.*, constant, non-oscillatory, steady.
constante del dieléctrico, dielectric constant.
constante del galvanómetro, galvanometer constant.
constitución (de la materia), structure.
construcción (acto de construir), construction, erection
construcción (edificio), building, structure.
construcción de bóvedas, vaulting.
construcción de caminos, roadmaking.
construcción de galerías (min.), gallery building.
construcción naval, shipbuilding.
construcción provisional, temporary construction
construcción sobre tierra, superstructure.
construccional *adj.*, structural.

constructor, builder.
constructor de botes, boat-builder.
constructor de buques, shipbuilder.
constructor naval, naval architect.
construir, to build, to construct, to make.
construir un edificio, to erect a building.
consulta, advice.
consultorio médico, surgery.
consumidor, consumer, user.
consumir *v.*, to consume.
consumir inútilmente, to waste.
consumo, consumption, demand, load.
consumo de combustible, fuel consumption.
consumo de energía, power consumption.
consumo de fuerza, energy consumption.
consumo máximo, maximum demand.
consunción (med.), consumption.
contabilidad, accounts, book-keeping.
contacto, contact.
contacto a la masa (o por la masa) (el.), contact to frame, fault to frame.
contacto eléctrico, electric contact.
contacto falso, no-contact.
contacto tembleque (o de temblador), ticker (wireless).
contado (o al contado), cash.
contador (ap.), counter, meter.
contador (empleado), accountant.
contador de cantidad (el.), ampere-hour meter.
contador de electricidad, electric meter.
contador de energía (el.), watt-hour meter.
contador de vueltas, revolution counter.
contador electroquímico de cantidad (el.), electro-chemical ampere-hour meter.
contaduría, counting-house.
contar, to count, to compute, to calculate.
contar con, to depend on (or upon).
contención (apoyo), retaining.
contener (caber), to hold, to contain.
contener (retener), to retain.
contener (disuelto, to hold in solution.
contenido, contents.
contenido (de buque), burden (ship's).
contestación, answer, reply.
en contestación a su estimada, in answer to your favour.
contestar *v.*, to answer, to reply.
contiguo, adjoining.
continente (geog.), continent, mainland.
continualmente, continuously.
continuar *v.*, to continue.
continuidad, continuity.
continuo, continuous, steady, uninterrupted.
contornear (tecn.), to shape.
contorno, contour, outline.
contra aviones *adj.*, anti-aircraft.
contra la corriente, upstream.
contra-remachador, dolly.
contraalmirante, rear-admiral.
contrabalancear, to counterbalance.
contrabóveda, inverted vault.
contrabranque, apron (ship's).
contracanal, auxiliary canal.
contracarril (f.c.), check-rail, guard-rail, side-rail.
contracción, contraction, shrinkage.
contracción del chorro, contraction of flow.
contraciclón, anticyclone.
contracorriente (el.), back-current.
contracorriente (hid.), counter-flow.
contráctil, contractile.
contrachabeta, gib.
contradeslizadera (maq., mot.), back-plate.
contraer (o contraerse) *v.*, to contract, to shrink.
contraestampa (met.), dolly.
contrafuerte (arq., i.c.), buttress, abutment.
contrafuerte (geog.), spur.
contragolpe, back-kick.
contramaestre, overlooker, overseer.
contramarcha *s.*, countershaft drive.
contrapar (carp., const.), rafter, counter rafter.
contrapedal, back pedal.
contrapesar *v.*, to counterweigh, to balance, to counterbalance.
contrapesar una válvula (vap. o aire), to balance a valve.
contrapeso, balance-weight, counterweight.
contrapeso de ascensor, lift counterweight.
contrapeso de rueda motriz (loc.), driving wheel balance weight.
contrapeso equilibrador, balancing weight.
contrapresión, back-pressure.
contrapresión media, mean back-pressure.
contrapunta (de torno), back-centre (of lathe).
contrariar *v.*, to check, to oppose.
contrario, contrary.
contrario (viento, naut.), foul.
contrarremachar, to clench a rivet.
contrarrestar, to counteract, to counterbalance.
contrarroda (naut.), stemson.
contrastar, to assay (rich metals).
contrastar (mec., ing.) *v.*, to calibrate, to gauge.
contrata, contract.
contrata de arriendo, lease.
contratar, to contract, to stipulate.
contratar (empleado), to engage.
contratar un empréstito, to raise a loan.
contratiempo, mishap.
contratista, contractor.
contratista de ferrocarril, railway contractor.
contratistas del Ministerio de la Marina, o de la Guerra; contractors to Admiralty, to War Office.
contrato, contract, pact.
contrato de arrendamiento, agreement of lease.
contratorpedero, destroyer, torpedo-boat destroyer.
contratuerca, back-nut, lock-nut, locking nut.
contravapor, back-steam.
contravástago (loc., mot.), tail-rod.
contribución (impuesto), tax.
control (inspección), supervision.
control (mando), governing.
conveniencia, suitability, suitableness.
conveniente, convenient, handy, suitable.
convenio, agreement, convention.
convenio aéreo internacional, international air Convention.
convenio por escrito, written agreement.
convergente, convergent.
convergir, to converge.
conversión, conversion.
convertidor (met.), converter.
convertidor guarnecido interiormente, lined converter.
convertir *v.*, to convert.
convertir fuerza mecánica en energia eléctrica, to convert mechanical energy into electric power.
convertir fundición en acero, to convert pig iron into steel.
convexidad, convexity.
convexión, convection.
convexo, convex.
convoy (f.c.), train.
cooperar, to co-operate.
cooperario, co-operator.

coordenada (mat.), co-ordinate.
coordenada cartesiana, cartesian co-ordinate.
coordenada polar, polar co-ordinate.
coordenadas monopolares, monopolar co-ordinates.
coordenadas triaxiales, three-dimensional co-ordinates.
coordenar *v.*, to co-ordinate.
copa, cup, goblet.
copela (met.), cupel, test.
copelación, cupellation.
copelar, to test (by cupellation).
copete de presa (hid.), dam crest.
el copete de la presa se halla a 56 m. encima del álveo, the dam crest is 185 feet above the river bed.
copia, copy.
copia en limpio, fair copy.
copiador, copy-book.
copiar *v.*, to copy, to write out.
copo, flake.
copo de nieve, snow-flake.
coque, coke.
coque de fábrica de gas, gas coke.
coquización, coking.
corbeta, sloop of war.
corchete (perno), hook bolt.
corchete macho y hembra, hook and eye.
corcho, cork.
corcho fosilizado, rock-cork.
cordaje (naut.), rope, tackling.
cordel, cord.
cordelería, rope yard, ropewalk.
cordelero, ropemaker.
cordero (zool.), lamb.
cordillera, chain of mountains.
cordillera avolcanada, volcanic range.
la cordillera de los Andes, the Andes.
cordita, cordite.
cordón, cord, strand.
cordón (alb.), barge course.
cordón flexible, flexible cord.
corindón, corundum.
cornalina (min.), cornelian.
corneta (aut.), hooter.
corneta acústica, ear trumpet.
cornisa (arq.), cornice, moulding.
cornisa cimbrada, arched cornice.
cornisa corrida, continuous cornice.
cornisa lineal, string cornice.
corona, crown.
corona (naut.), pendant.
corona de cepillar (cald.), rotary cleaning brush.
corona de refuerzo, stiffening ring.
corona de retén (mec.), stop-collar.
corona del domo (loc.), dome ring.
corona portaescobillas, brush-holder ring (dynamos).
coronado de nieve, snow-capped.
coronamiento (remate), crown (of a building).
corral (S.A.), cattle fold.
corralón (S.A.), yard.
corralón de madera (S.A.), timber yard.
corralón de materiales (S.A.), stock-yard.
correa, belt, strap.
correa (const.), purlin.
correa abierta, open belt.
correa cruzada, crossed belt.
correa de retroceso (maq.), return belt.
correa de transmisión, driving belt.
correa fluctuante (accidentalmente), floating belt.
correa sin fin, endless belt.
correa solapada (o doble), two-ply belt.
correa trapezoidal, V-belt.
la correa patina, the belt slips.
correaje de cuero, leather belting.
correcto *adj.*, right, correct.
corrector altimétrico (de carburador, av.), altitude-compensator.
corredera (loc.), link, link motion.
corredera (naut.), log.
corredera de la expansión (loc.), expansion link.
corredera en V (maq.), vee slide.
corredera transversal (maq. herr.), cross slide.
corredor (com.), broker.
corredor (pasillo), corridor, gallery.
corredor comercial, commercial traveller.
corredor de bolsa, stockbroker.
corredor de disponibilidades, money-broker.
corredor de seguros, insurance-broker.
corredor de ventas, factor.
corredor marítimo, ship-broker.
corregir *v.*, to correct, to amend.
correntada, swiftness of current (of a river).
correo, mail, post, post-office.
correo aéreo, air mail.
correo certificado, registered post.
correoso *adj.*, easily bent.
correr *v.*, to race, to run.
correr a (velocidad de un buque), to sail, to steam.
correr a 10 nudos por hora (naut.), to sail 10 knots.
correr una carrera, to race.
corresponder (adaptarse) *v.*, to tally with.
corretaje, factorage, brokerage.
corrida (carrera), race.
corrida (trayecto), run.
corriente (de aire violento), blast.
corriente (el.), current.
corriente (hid.), flow, stream, current.
corriente al arranque (el.), starting-current.
corriente alterna, alternating current.
corriente anenérgica, idle current.
corriente anódica, anode current.
corriente atrasada, lagging current.
corriente avanzada, leading current.
corriente constante (hid., etc.), steady flow.
corriente continua, continuous (or direct) current.
corriente de agua (chorro), flow of water.
corriente de agua (río), water-course.
corriente de aire, flow of air, draught.
corriente de alta frecuencia, high-frequency current.
corriente de escape (o de fuga), leakage current.
corriente de poca intensidad, light current.
corriente de recarga (el.), charging current.
corriente de tensión elevada, high-pressure current.
corriente débil (el.), light current, small current.
corriente derivada (el.), branch current, shunt current.
corriente desvatiada, wattless current.
corriente eléctrica, electric current.
corriente inducida, induced current.
corriente intensa (el.), heavy current.
corriente modulada (tel., t.s.h.), modulated current.
corriente momentánea (el.), transient current.
corriente polarizadora, polarising current.
corriente producida en el rotor, rotor current.
corriente pulsatoria, pulsating current.
corriente radiotelefónica modulada, radiotelephonic modulated current.
corriente senoidal, sine current.
corriente submarina, undercurrent (at sea).

corriente vatiada, active current.
la corriente retrasa con relación a la tensión, the current lags on the voltage.
corrientes de Foucault (el.), eddy-currents.
corroer *v.*, to erode.
corroerse *v.*, to corrode.
corroído, corroded.
corrosión, corrosion, erosion.
corrosión electrolítica, electrolytic corrosion.
corrugación, corrugation.
cortacircuito, disconnecting switch, cut-out.
cortado (el., sin corriente), off, switched off.
cortado (mec.), cut.
cortado (o tallado) a máquina, machine-cut.
cortador, cutter.
cortadora al oxígeno, oxygen cutting-machine.
cortadora de chapas, nibbling machine.
cortadora de espigas (carp.), tenoning machine.
cortadura, cut, cutting.
cortafrío (alb.), hammerhead chisel.
cortafrio (met.), cold chisel.
cortaplumas, penknife.
cortar *v.*, to cut, to chop.
cortar (interrumpir) *v.*, to interrupt, to shut off, to switch off.
cortar el gas (aut., mot.), to throttle down.
cortar el vapor (ing.), to shut off steam.
cortar en cola de milano, to dovetail.
cortar espigas (carp.), to tenon.
cortar la corriente (el.), to make dead, to shut off the power.
cortar listones (carp.), to cut veneers.
cortar menudito, to chop fine.
cortar muescas, to notch.
cortatubos, pipe cutter.
cortatubos de cadena, chain pipe-wrench.
cortavidrio, glass-cutter.
cortazurrón (agric.), chaff-cutter.
corte, cut, cutting.
corte (dib.), section.
corte acetilénico submergido, acetylene-cutting under water.
corte el encendido al dejar el motor solo ! (anuncio), switch off the ignition when leaving the engine unattended !
corte oxiacetilénico, oxy-acetylene cutting.
corte por arco eléctrico, electric arc cutting.
corte transversal (dib.), cross-section.
corteza, bark.
cortina, curtain.
cortina de humo, smoke-screen.
cortina metálica, shutter.
corto *adj.*, short.
cortocircuito (el.), short-circuit.
corvo *adj.*, curve, curved, crooked.
cosecante, cosecant.
cosecha, crop, harvest.
coseno, cosine.
coser, to sew.
cósmico, cosmic.
cosmografía, cosmography.
cosmología, cosmology.
costa, coast, shore, strand.
costa a pico, bold-coast.
costa del mar, sea-coast.
costado, side.
costado (de un buque), beam-end (ship's).
coste (o costo), cost, expense.
coste de fabricación, manufacturing costs.
coste de la mano de obra, labour expenses.
costear (naut.), to coast.
costero *adj.*, coastal.
costilla (av., naut.), rib.
costo de fabricación, production costs.
costoso, costly, expensive.
costra, crust.
costumbre, custom, habit.
costura, seam.
cota (agrim.), height, height above datum, counter-line, elevation.
cota de 305 m. sobre el nivel del mar, 1,000 ft. elevation above sea level.
cota de un punto topográfico, height of a point on a plan.
cotangente, cotangent.
cotejar, to compare.
cotidiano, quotidian, daily.
cotización, quotation, rate.
cotizar *v.*, to quote.
coy (mar.), hammock.
crecer *v.*, to grow, to rise.
creciente (hid.), rise, rising, swell.
crédito, credit.
cremallera, rack.
cremallera de tornillo sin fin, worm-rack.
cremallera en escalera, ladder-rack.
cremallera sistema Abt, Abt rack.
cremallera triple de dientes alternados, Abt triple rack.
creosota, creosote.
creosotar, to creosote.
crepúsculo, dusk, twilight.
cresta (geog.), ridge.
cresta poco elevada, low-lying ridge.
la cresta de una curva (mat., fis.), the crest of a curve.
creta, chalk.
criadero (min.), deposit, vein (of ore).
criadero de grava aluvial, alluvial drift.
criadero de mineral, ore body.
criadero de plomo, lead-deposit.
criador (zool.), breeder.
criar *v.*, to breed, to rear (fowls).
criar ganado, to raise livestock.
criba, cribble, sieve.
criba de cenizas, ash-sifter.
criba de finos (min.), dolly.
criba mecánica (ind.), bolting mill.
criba para carbón, coal-screen.
cribadura, sifting, screening.
cribadura del carbón, coal screening.
cribar *v.*, to sift.
cribón (min.), grizzly.
cric, jack, screw-jack.
crinolina (loc.), crinoline band.
cripto (quim.), krypton.
crisol, crucible.
crisol de laboratorio, laboratory crucible.
crisol forrado de oro, gold-lined crucible.
crisólito (min.), peridot.
cristal, crystal.
cristal cuárzico, quartz crystal.
cristal de reloj, watch-glass.
cristal de roca, flint-glass, rock-crystal.
cristal lenticular, lens (geol.).
cristal para instrumentos de óptica, optical glass.
cristalería, glassware.
cristalino, crystalline.
cristalización, crystallisation.
cristalización irregular de los minerales, paragenesis of minerals.
cristalizador, crystalliser.
cristalizar *v.*, to crystallise.
cristalografía, crystallography.

cromado *adj.*, chromium-plated.
cromato, chromate.
cromato de bario, ultramarine yellow.
cromato de cinc, zinc chromate.
cromato de plomo, lead chromate.
crómico, chromic.
cromo, chrome, chromium.
cronometrador, time-keeper.
cronómetro, chronometer, stop-watch.
cronómetro contador, hack-watch.
croquis, sketch.
croquis lineal, outline drawing, sketch.
cruce, crossing.
crucero (arq.), cross vault.
crucero (nav.), cruiser.
crucero automóvil de carreras, racing cruiser.
crucero de batalla, battle-cruiser.
cruceta (loc., mot.), crosshead.
cruceta del vástago (mot.), piston rod cross-head.
cruciforme, cruciform.
crudo, green, raw, unripe.
crudo (text.), unbleached.
cruzar *v.*, to cross.
cruzar con balsa, to ferry over.
cruzar delante de (naut.), to sail about.
cruzar un río con la carretera, to carry the road over the river.
cuaderna (naut.), frame (ship's).
cuaderna maestra, main frame.
cuadra (S.A.), block (of houses).
cuadrado *adj.* & *s.*, square.
cuadral, angle brace.
cuadrangular, quadrangular.
cuadrángulo, quadrangle.
cuadrante, quadrant.
cuadrante (inst.), dial, scale.
cuadrante de fotómetro, photometer-scale.
cuadrar, to square.
cuadrático, quadratic.
cuadratura, quadrature.
cuadricular, to draw squares.
cuádriga (arq.), quadriga.
cuadrilátero, quadrilateral.
cuadrilla (obreros), gang.
cuadrimotor *adj.* (av.), quadrimotor.
cuadrinomio (mat.), quadrinomial.
cuadriplicar *v*, to quadruplicate.
cuadro, square.
cuadro (zócalo), frame.
cuadro (de inst.), board.
cuadro anunciador, indicator-board.
cuadro de alimentación, feeder switchboard.
cuadro de alta tensión, high-tension switchboard.
cuadro de baja tensión, low-tension switchboard.
cuadro de base del fogón (loc.), foundation ring.
cuadro de bloqueo (f.c.), block indicator.
cuadro de calibración, calibration table.
cuadro de carga (el.), charging board.
cuadro de control (de motores, el.), switchboard.
cuadro de control de dínamos, dynamo switch-board.
cuadro de control telefónico, telephone switch-board.
cuadro de derivación, distributing board.
cuadro de distribución (el.), switchboard.
cuadro de distribución de central, power-plant switchboard.
cuadro de distribución de polaridad doble, double-polarity switchboard.
cuadro de distribución de polaridad única, single-polarity switchboard.
cuadro de distribución de subcentral, substation switchboard.
cuadro de distribución para marina, marine switchboard.
cuadro de distribución para tracción, traction switchboard.
cuadro de tránsito (tel.), transfer board.
cuadro del alumbrado, lighting switchboard.
cuadro del emparrillado (cald.), bar-frame.
cuadro indicador, annunciator-board.
cuádruple, fourfold, quadruple.
cuajado, coagulated, curdled.
cuajar, to coagulate, to curdle.
cualidad (pericia), qualification.
cuanto (mat.), quantum.
cuarcífero (o cuarzífero), quartziferous.
cuarcita, quartzite.
cuartel (mil.), barracks.
cuartel (naut.), hatch.
cuartel general, headquarters (mil.).
cuarto (de guardia, nav.), watch (on warships).
cuarto (habitación), room.
cuarto (parte), quarter.
cuarto (rumbo de la aguja mag.), point (of compass).
cuarto creciente (ast.), first quarter (of moon).
cuarto de baño, bath-room.
cuarto de circunferencia, quart.
cuarto de enfermos, sick-room.
cuarto de habitación, living-room.
cuarto de herramientas, tool room.
cuarto de interruptores (el.), switch room.
cuarto de oficiales (nav.), ward-room.
cuarto menguante (ast.), last quarter (of moon).
cuarto pequeño, closet.
cuarzo, quartz.
cuarzo aurífero, gold-quartz.
cuarzo esponjoso, float-stone.
cuarzo lechoso, milk-quartz.
cuarzoso, quartzous, quartzy.
cuaternario (geol.), anthropozoic, quaternary.
cuba, tub, vat.
cuba de enfriamiento, cooling vat.
cuba de filtrado, filtering-vat.
cuba de mezclar, mixing vat.
cuba de recolección (met.), collecting-vat.
cuba de tintorero, dyeing vat.
cubeta del carburador (aut., av.), carburettor float-chamber.
cubicación, measurement of solids or hollows.
cubicar *v.*, to cube, to raise to the cube.
cubicar madera, to measure wood.
cubicar un buque, to measure a ship's hold.
cúbico, cubical.
cubierta, casing, cover.
cubierta (de buque), deck.
cubierta (de techo), roofing.
cubierta (protectora de maq.), housing.
cubierta acorazada (o blindada) (nav.), armoured deck.
cubierta antideslizante, non-skid cover (aut.).
cubierta de aterrizaje (av. nav.), landing-deck.
cubierta de dos aguas (const.), pent roof.
cubierta de filón (min.), hanging wall.
cubierta de paseo (naut.), promenade deck.
cubierta de protección (maq.), safety guard.
cubierta del combés (nav.), main deck.
cubierta principal, lower deck.
cubierta rasa, flush deck.
cubierta superior, upper deck.
cubierto *adj.*, covered.
cubierto (naut.), decked.

cubierto (tiempo), dull.
cubierto de grafito, graphited.
cubierto de hiedra, ivy-mantled.
cubilote (met.), cupola, furnace, kiln.
cubilote de carga (met.), skip (to charge, met.).
cubilote oscilante (o de volquete), jigging furnace.
cubo (de rueda), hub, nave (wheel).
cubo (para agua), bucket, pail.
cubo (sólido), cube.
cubo de hélice aérea, airscrew hub.
cubo de rueda, wheel-centre.
cubrejunta, butt-strap, junction-plate.
cubrejunta de rieles (f.c.), flitch plate.
cubrerrueda (loc.), splasher.
cubrir *v.*, to cover.
cubrir con asfalto, to lay in asphalt.
cubrir con bóveda, to vault.
cubrir con cinta, to tape.
cubrir con listones, to lath.
cubrir el fuego (en fogón), to bank up the fire.
cuchara, spoon.
cuchara de colar (met.), ladle.
cuchara de espumación propia (met.), self-skimming ladle.
cuchara de grifos (de grúa), grab.
cucharada, spoonful.
cucharón, scoop, ladle.
cucharón de plomero, plumber's ladle.
cuchilla (maq.), cutter, knife.
cuchilla de arado, coulter of a plough.
cuchilla de cepillar, plane-iron, planing tool.
cuchilla de moldurar (carp.), moulding knife, moulding cutter.
cuchilla de taladrar, boring cutter.
cuchilla de tornear diamantada, diamond turning-tool.
cuchilla giratoria. cutting disc.
cuchilla planeta, draw knife.
cuchillas circulares (met.), circular shears.
cuchillería, cutlery.
cuchillero, cutler.
cuchillo, knife.
cuchillo de ranurar, notching knife.
cuello, neck.
cuello (argolla), collar.
cuello de cisne, goose-neck.
cuenca (geog.), catchment basin.
cuenca aluvial, alluvial basin.
cuenca de un río, river-basin, watershed.
cuenca de vertiente, catchment area.
cuenca eólica (geol.), aeolian bassin.
cuenco (hid.), lock chamber.
cuenta, account, reckoning.
cuenta corriente, current account.
cuenta de caja, cash account.
cuenta pendiente,. outstanding account.
cuentagotas (farm., quim.), dropping tube.
cuentahilos, thread-counter, yarn-tester.
cuentapasos, pedometer.
cuerda (de atar), cord, rope.
cuerda (geom.), chord.
cuerda de amianto, asbestos rope.
cuerda de cáñamo, hemp rope.
cuerda de la señal de alarma (f.c.), communication-cord.
cuerda de plomada, plumb-line.
cuerda de tripas, catgut.
cuerda sin fin, endless rope.
cuerno polar (el.), pole-tip.
cuero, hide, leather.
cuero adobado, dressed leather.
cuero charolado, patent-leather.
cuero de cerdo (o cuero fuerte), hog skin.
cuero de vaca, cowhide.
cuero para juntas, mechanical leather.
cuero para juntas hidráulicas, hydraulic leather.
cuero verde, raw hide.
cuerpo, body.
cuerpo acumulando fuerza viva (mec.), momentum-gathering body.
cuerpo de bomberos, fire-brigade.
cuerpo de tornillo, screw-shank.
cuerpo del clavo, nail-shank.
cuerpo del émbolo, piston body.
cuerpo en caída libre (fis.), falling body.
cuerpo fuselado (av.), streamlined body.
cuerpo nadador (o flotante), floating body.
cuerpo posterior de un edificio (arq.), back-wing.
cuerpo sólido (geom.), solid body.
cuesta, acclivity, gradient.
cuesta empinada, heavy gradient.
cuestión, question, query.
cuestión discutible, moot point.
cuestionario, questionnaire.
cueva, cave.
cueva mineralizada, mine pocket.
cuévano, hamper.
cuidado (de maq. u obras), attendance.
el cuidado constante del engrase es imprescindible, regular attention to lubrication is absolutely essential.
cuidador (de servicio), attendant.
culata (arm.), breech.
culata (extremidad), butt.
culata (maq. el.), yoke (of electrical machinery).
culata (mot.), cylinder-head.
culatazo, kick, recoil (of arms).
culombímetro, coulombmeter.
culombio, coulomb.
cultivador, grower, planter.
cultivar *v.*, to grow, to raise plants.
cultivar trigo, to grow wheat.
cultivo de la tierra, farming, husbandry.
cumbre (geog.), peak, ridge, summit, top.
cumbre de la línea (f.c.), summit of the line.
cumbrera (const.), ridge (of roof).
cumplió con las pruebas de recepción, passed the acceptance tests.
cumplir *v.*, to comply with.
cumplir con los deseos del cliente, to comply with Customer's requirements.
cuna (maq.), bearer.
cuna de botadura (naut.), launching cradle.
cuna de motor (av.), engine-bearer.
cuneiforme, wedge-shaped.
cuña (de acuñar), die, stamp.
cuña (de alzar), wedge.
cuña (mec.), quoin.
cuota, quota.
cúpula, cupola roof, dome, domical vault.
cúpula de celosía, net-work dome.
cúpula ojival, pointed dome.
cúpula rebajada, diminished dome.
cúpula truncada, truncated dome.
cureña, gun-carriage.
curso (ed.), course.
curso (precio), price, rate.
curso elevado (com.), high rate.
cursor (inst.), slide.
curtidera, tan-pit.
curtidor, tanner.
curtidura, tanning.
curtir *v.*, to tan.

curva, curve.
curva adiabática, adiabatic curve.
curva cerrada (o pronunciada), sharp curve.
curva de deceleración, retardation curve.
curva de enlace (dib.), easement curve, transition curve.
curva de funcionamiento, performance curve.
curva de la amplitud (mat., fis.), amplitude curve.
curva de la tensión (el.), voltage curve.
curva de la velocidad, speed curve.
curva de Mordey (el.), V curve.
curva de nivel (agrim.), level line, contour line.
curva de transición, rounding-off curve.
curva del consumo (o de la utilización), load curve.
curva del escape (ing.), exhaust curve.
curva del recorrido del émbolo, piston displacement curve.
curva entrópica (mot. y turb.), entropy diagram.
curva entrópica del calor total, total heat entropy diagram.
curva histerética (el., fis.), hysteresis loop.
curva isotérmica, isothermal curve.
curva mínima permisible (i.c.), limit of curvature.
curva piezométrica (hid.), hydraulic gradient.
curvadora para chapas de caldera, boiler shell plate bender.
curvadura, bending.
curvas de enlace (formas transparentes para trazar curvas), French curves.
curvas del 2° grado (geom.), conical sections.
curvatura, curvature.
curvatura de un desvío (f.c.), curve of a switch (rlys).
curvilíneo, curvilinear.
cúspide (arq.), crown.
cúspide (geog.), mountain-top, vertex.
custodia (de maq. u obras), attendance.
custodiar *v.*, to watch.
custodio (de maq.), attendant.
cúter (naut.), cutter (boat).
cutis, skin.

CH

chabeta, cotter, key (tecn.).
chabeta y contrachabeta, gib and cotter.
chacarero (S.A.), farmer.
chacra (S.A.), farm.
chaflán bead, bevel.
chaflanar (mec.) *v.*, to bead, to chamfer.
chalupa, shallop, ship's boat, long boat.
changador (S.A.), porter (carrier).
changote (met.), bloom.
chapa, plate, sheet.
chapa de acero, steel-plate, sheet steel.
chapa de caldera, boiler-plate, shell-plate.
chapa de cinc galvanizada, galvanised sheet.
chapa de clasificación (maq., mot., etc.), rating-plate.
chapa de cobre, copper plate.
chapa de domo (cald.), dome plate.
chapa de envoltura (cald., loc.), clothing plate.
chapa de fogón, firebox plate.
chapa de guarda (maq.), shield.
chapa de hierro, sheet-iron.
chapa de hierro galvanizada, galvanised iron sheet.
chapa de hierro ondulada, corrugated iron.
chapa de identidad (ap., maq., etc.), name-plate.
chapa de identidad (aut.), number plate.
chapa de profesional, name-plate.
chapa delgada, thin plate.
chapa doblada, bent plate.
chapa-hilera (met.), draw-plate.
chapa laminada, rolled plate.
chapa ondulada, corrugated sheet-iron.
chapa para puente, bridge plate.
chapa perforada, punched plate.
chapa protectora (maq.), guard-plate.
chapa rebordeada, flanged plate.
chaparrón, shower (of rain).
chapeado, veneer, veneering.
chapear, to veneer.
chapitel (arq.), cap (of column).
charca (o charco), pool.
charnela, hinge.
charneladas ambas extremidades (i.c., mec.), both ends hinged.
charol japonés, japan varnish.
chata (f.c.), truck.
chato *adj.*, flat, flat-bottomed.
chedita (exp.), cheddite.
chicana (cald.), baffle.
chico *adj.*, little, small.
chicote (S.A.), whip.
chimenea, chimney, funnel.
chimenea caediza, hinged funnel.
chimenea de columna, chimney-stack.
chimenea de hormigón armado, ferro-concrete chimney.
chimenea de ladrillos, brick chimney.
chinche (dib.), drawing pin.
chispa, spark.
chispa amortiguada (el., t.s.h.), quenched-spark.
chispa de descarga (el.), spark discharge.
chispa de extra corriente de apertura (el.), spark at break.
chispa de extra corriente de contacto (el.), spark at make.
chispa del encendido (mot.), ignition spark.
chispa sonora (el.), musical spark.
chispear, to spark.
chispeo, sparking.
chispeo excesivo, sparking badly.
chispero (el.), spark-gap.
chispero en serie, multiple spark-gap.
chispero giratorio, rotary spark-gap.
chisporroteo debajo de las escobillas (el.), brush-sparking.
chisporroteo del colector, sparking at the commutator.
chisporroteo periférico (maq. el.), flash-over (on commutator of dynamos).
chocar, to collide, to impinge.
chocolatería, chocolate-works.

chofeta eléctrica, dish warmer.
choque (mec.), impact, shock.
choque (tr.), collision.
chorrera, spout.
chorro, flow, jet.
chorro constante (o regular), even flow, steady flow.
toberas que arrojan un chorro de aire constante, nozzles delivering an even flow of air.
chorro de aire, air blast.
chorro de arena, sand blast.
chorro de vapor, steam-jet.
chorro de vapor por la tobera, flow of steam through nozzle.
chorro radial (hid.), radial flow.
chumacera (de remo), rowlock.
chupar, to imbibe, to suck.

D

dactilografía, typewriting.
dado (arq.), dado.
dado de acuñar (met.), die-block.
dalle (agric.), scythe.
dama (fund.), dam-plate, dam stone.
dama (i.c.), earth-rammer.
damajuana, demijohn.
dañar *v.*, to damage, to injure.
daño, damage, harm.
daños y perjuicios (jur.), damages
dañoso *adj.*, harmful, injurious, noxious.
dar *v.*, to give, to deal.
dar aire, to ventilate.
dar cuerda, to wind (clock or the like).
dar en el blanco, to hit the mark.
dar fiado, to give credit (com.).
dar forma, to form, to shape.
dar fuerza, to energize.
dar la alarma, to alarm.
dar la carga preliminar (a un acumulador, el.), to form the plates of an accumulator.
dar la última mano (pint.), to finish (last coat of paint).
dar la vuelta al mundo, to sail round the world.
dar lustre (o brillo) (text.), to mercerise.
dar órdenes, to instruct.
dar presión (cald.), to get up steam.
dar una mano (pint.), to coat (with paint).
dar una mano preparatoria, to coat with priming.
dar velocidad, to bring up to speed.
dar vueltas, to revolve, to rotate, to turn round.
darse a la vela (mar.), to put to sea, to sail.
dársena, tidal basin, wet-dock.
dársena de armamento (o de apresto), fitting-out dock (or basin).
dársena de flote, wet-dock.
dato, datum.
datos, particulars.
d.d.p., abbreviation of: diferencia de potencial, q.v.
de acero (o hierro, o plata, u oro, etc.), steel (iron, silver, gold, etc.) (made of).
de acción directa (mot.), direct-acting.
de acción eficaz, efficient in action (eng.).
de acción retardada, time-limit.
de acuerdo con los deseos del cliente, to customer's specifications.
de acuerdo con un plan predeterminado, according to schedule.
de ajuste propio, self-adjusting.
de alineación propia, self-aligning.
de alta calidad, high-graded.
de alta mar, sea-going.
de alta tensión, high-voltage.
de antes de la guerra, pre-war.
de arranque propio, self-starting.
de arranque rápido, quick to start.
de arriba abajo, up and down.
de baja calidad, low-grade.
de baja velocidad, slow-speed.
de brazo *adj.*, manual.
de buen rendimiento, efficient.
de buena ley, sterling.
de canto, cantwise.
de carga repartida desigualmente, unequally-loaded.
de carril único, monorail.
de centraje propio, self-centring.
de cilindros invertidos, inverted cylinders (*adj.*).
de cilindros opuestos (mot.), opposite-cylinders (*adj.*).
de clase única, single-class.
de construcción extranjera, foreign-built, foreign manufacture.
de cuatro pasos (o pases, v.g.: laminaderos de cuatro operaciones), four-high.
de cuatro ruedas, four-wheeled.
de cuatro tiempos, four-cycle, four-stroke.
de doble efecto, double-acting, double-ended.
de doble hoja (puerta), two-leaved.
de dos cabezales (maq. herr.), double-ended, double-stocked.
de dos caras, double-faced, two-faced.
de dos chapas, two-ply.
de dos filos, double-biting, double-edged.
de dos hélices, twin-screw.
de dos mástiles, two-masted.
de dos tiempos, two-cycle, two-stroke.
de efecto (maq.), acting.
de efecto único, single-acting.
de emergencia (o de reserva), stand-by.
de engranaje, geared.
de engrase automático, self-oiling.
de escape libre, non-condensing.
de esta manera se evitan demasiadas válvulas, this arrangement dispenses with too many valves.
de estación (oportuno), seasonable.
de expansión triple, triple expansion.
de fabricación Inglesa, British made.
de fundición (hecho de), cast-iron.
de gatillo interior (arm.), hammerless (firearms).
de gozne, hinged.
de gradería, in stages, staggered.
de grado en grado, gradually.
de gran alcance (arm.), long range.

de gran potencia, high-powered.
de gran tamaño, large size.
de gran velocidad, high-speed.
de grano semifino, medium-grained.
de impulso hidráulico, hydraulically-driven.
de interrupción brusca, quick-break.
de la tierra (naut.), offshore.
de lana, woollen (*adj.*).
de lectura directa, direct-reading.
de lejos, at a distance.
de madera, wooden.
de manejo sencillísimo, perfectly simple to operate.
de mano, manual.
de mar *adj.*, marine, seafaring (*adj.*).
de (o de la) marea, tidal (*adj.*).
de modo que, in such a way.
de motor (impulsado), motor-driven.
de ocasión, second-hand.
de onda universal (t.s.h.), all-wave.
de oro macizo, solid gold.
de pie, endwise.
de poco calado (naut.), shallow-draft.
de popa a proa, fore and aft (naut.).
de precio módico, low-priced.
de pronto *adj.*, short-notice.
de quita y pon, detachable.
de remachadura simple, single-riveted.
de (o por) resistencia (el.), rheostatic.
de resorte *adj.*, spring-loaded.
de responsabilidad limitada (com.), limited liability.
de segunda clase, second-class.
de seis ruedas acopladas, six-wheeled coupled
de seis ruedas motrices, six-wheel-drive.
de (o en) superficie, above-ground.
de tal modo, in such a way.
de talle burdo (o basto), rough-cut.
de tamaño pequeño, small-size.
de tamaño regular, medium size.
de tingladillo (naut.), clinker-built (boat).
de tiro rápido, quick-firing.
de título bajo (en calidad), low-grade.
de través *adv.*, across.
de tres cilindros, three-cylinder.
de tres cubiertas (naut.), three-decker (*adj.*).
de tres palos *adj.*, three-masted.
de un extremo al otro, through (*adv.*).
de valor, valuable.
de válvula, valved.
de vapor, steam-driven.
de variación lineal (mat., fis.), following a square law.
de varios cilindros, multicylinder.
de varios grados (en intensidad), multi-stage.
de velocidad moderada, low-speed.
de volqueo propio, self-tipping.
de x pisos, floored (*adj.*).
un edificio de 10 pisos, a ten-floored building.
debajo *adv.*, below, under, underneath.
debe (com.), debit, debit side.
débil, faint, weak.
debilitación de la intensidad de recepción (t.s.h.), fading (wireless).
debilitar, to weaken.
debilitar (quim.), to neutralise.
débito (com.), debt.
decaedro, decahedral.
decaer, to decay, to decline.
decaestéreo (o sea 10 estéreos), decastere = 353,16 pies cúbicos.
decágono, decagon.
decagramo, decagram.
decalitro, decalitre = 2·20 gallons.
decano (ed.), dean (of a faculty).
deceleración, retardation.
deceleración de un buque, retardation of a ship.
decidir *v.*, to determine, to decide.
decígramo, decigram.
decímetro, decimetre.
declaración, account, exposition.
declaración (de aduana), entry (customs).
declaración de fuego, outbreak of fire.
declararse (incendio), to break out.
declararse en huelga, to strike (work).
declararse una vía de agua (naut.), to spring a leak.
declímetro (i.c.), clinometer.
declinación, declination.
declinatorio (ast., min.), dip-compass.
declive, declivity, gradient.
declive en tanto por ciento, percentage of gradient.
declividad límite (f.c., i.c.), limiting gradient.
decorar *v.*, to decorate.
decrecer *v.*, to wane.
decrecer (la marea), to flow out.
decremento, decrement.
decremento logarítmico, logarithmic decrement.
decretar *v.*, to decree.
decreto, act, decree.
dedal, thimble.
dedicarse especialmente, to specialise.
dedo contactual (contralor, el.,) contact-finger.
defecador, sugar defecator.
defecar (quim.) *v.*, to defecate.
defecto, defect, fault, vice.
defecto (met.), flaw.
defecto en el aislamiento (el.), failure of the insulation.
defectuoso, defective, faulty, unsound.
defensa contra aviones, anti-aircraft protection.
deficiente, deficient.
definido, definite.
deflector de chapa (loc.), deflector plate.
deflexión del cable, cable sag.
deformación, deformation, strain.
deformación pasagera (mec.), resilience, strain.
deformación permanente (mec.), permanent set.
deformación torsional, torsional strain.
deformación unitaria, unit strain.
dejar al garete (naut.), to turn adrift.
dejar apagar (fuego en cald), to rake out (the fires).
dejar atrás (adelantar), to outpace.
dejar caer, to drop.
dejar correr la escoria (met.), to slag out.
dejar lugar entre, to space.
dejarse pasar (naut.), to drop astern.
del aire *adj.*, aerial.
del este, easterly.
del norte, northerly, septentrional.
del oeste, west, westerly, western.
del otro lado, over (*adv.*).
del otro lado del río, across the river.
del sud *adj.*, south. southerly, southern.
delantal, apron.
delante, before, in front of.
delantera, fore, front, fore end.
delgado, thin.
delicuescencia, deliquescence.
delineación, design, sketch.
delineamiento, delineation.
delinear, to delineate, to design, to outline.

delta (hid.), delta.
delta libre de mareas, tideless deltaic outlet of a river.
el delta del Paraná (Argentina), the Paraná delta.
demanda, demand.
demanda (consumo), load.
demanda (jur.), prosecution, summons.
demanda (o carga) máxima (ing.), maximum load, peak, peak-load.
demandante (jur.), complainant, plaintiff.
demandar (jur.) *v.*, to sue.
demarcación (agrim.), ranging-out.
demoledor de buques, ship-breaker.
demoler, to demolish, to break up.
demolición, breaking up
demora, delay, protraction.
demora (naut.), demurrage.
demostración, demonstration.
demostrar *v.*, to demonstrate.
dendrita (min.), dendrite, dendrolite.
dendrografía, dendrography.
dendrómetro, dendrometer.
denominador, denominator.
denotar *v.*, to signify.
densidad, density.
densidad de carga (el.), carrying capacity (of a conductor, el.).
densidad de corriente eléctrica, electric density, current-carrying capacity.
densidad de corriente de un hilo (el.), carrying capacity of a wire.
densidad de flujo (mag.), magnetic induction.
densidad de luz, specific light.
densidad del vapor, density of steam.
densímetro, densimeter, gravimeter, hydrometer.
denso, compact, dense, thick.
dentado, indented, toothed.
dentar *v.*, to indent.
dentro, within.
dentro del término de la ciudad, within the limits of the city.
departamento (arq.), flat, apartments.
departamento (sección), department, division.
departamento de cargas (f.c.), goods department.
departamento independiente (arq.), self-contained flat.
departamento meteorológico, weather-bureau.
depender de *v.*, to depend on (or upon).
depender del capital extranjero, to depend on foreign capital.
dependiente (com.), clerk.
deporte, sport.
deposición de materia brillante, bright deposit.
deposición eléctrica, electro-deposition.
deposición eléctrica de metales, electrolysis of metal.
depositar *v.*, to deposit.
depositar en el banco, to bank (fin.).
depósito (de mercancías), warehouse.
depósito (estanque), tank.
depósito (S.A.), depot, store.
depósito de aduana afianzado, bonded-warehouse.
depósito de agua, reservoir, water-tank.
depósito de aire comprimido, pressure tank.
depósito de carbón, coal-yard.
depósito de coches de tranvía, tramway depot.
depósito de combustible, fuel depot.
depósito de gasolina, petrol tank.
depósito de incrustaciones (cald.), deposit of scales.
depósito de locomotoras, locomotive shed.
depósito de madera, wood (or timber) yard.
depósito de materiales, stock-yard.
depósito de polvo (en aspiradores), dust-collector.
depósito de reserva (hid.), forebay.
depósito de vapor (cald.), steam-collector.
depósito de vapor vivo, steam-accumulator.
depósito térmico, heat accumulator.
depósitos lacustres (geol.), lacustrine deposits.
depreciación, depreciation.
depresión (aer.), air-pocket.
depresión (del horizonte), dip.
depuración, purification.
depurador de aire, air filter.
depurar *v.*, to purify.
derecho, right.
derecho (leyes), law.
derecho arancelario, custom-duty.
derecho civil, civil law.
derecho común, common law.
derecho de aduana, duty.
derecho de sisa, excise duty.
derecho internacional, international law, law of nations.
derecho marítimo, maritime law.
derechos de autor (o de inventor), copyright, royalty.
derechos de exploración (min.), prospecting rights.
derechos de explotación (min.), ownership of minerals.
derechos de mineraje, royalty.
derechos de remolque, towage (rate).
derechos de salvamento, salvage.
derechos portuarios, port-dues.
deriva (av., naut.), drift.
derivación, derivation.
derivación (el.), shunt, shunting, tapping.
derivación del galvanómetro, galvanometer shunt.
el bobinado lleva derivaciones de voltajes 500, 550 y 600, tappings provided on the winding for 500/550/600 volts.
derivación (ing., mot.), by-pass.
derivación (tel.), extension.
derivación de un cable (el.), branching of a cable.
derivada (mat.), derivative.
derivado *adj.*, derivated.
derivado *s.*, derivate, derivative.
derivado de la leche, milk product.
derivado sobre una resistencia (el.), shunting by a resistance.
derivar *v.*, to derivate.
derivar (el.) *v.*, to branch off, to shunt, to tap off.
derramar *v.*, to leak, to flow over.
derrame (o derramamiento), flowage.
derrame del desagüe, fall of a drain (or sewer).
derretimiento, deliquation, fusing, fusion, melting.
derretir *v.*, to fuse, to liquefy, to melt.
derretirse, to deliquate.
derretirse (hielo), to thaw.
derribado (echado abajo), blown down.
derribado (trabajo en minas), working.
derribado con mina, blasting.
derribada con mina en minas mofetudas de carbón, blasting in fiery coal-mines.
derribado por la tempestad, blown down by the storm.
derribar *v.*, to demolish, to pull down.
derribar (por el viento), to blow down.
derribo en escalones (min.), stope.
derrubiado por la corriente (hid.), carried away by the current.
derrubio (min.), undercut.

derrumbarse (const.), to collapse, to fail.
derrumbe, collapse.
desacoplar *v.*, to uncouple.
desafilado, dull (not sharp).
desaflojarse, to become loose.
desafloje, running-down, decrease of tension.
desafloje de un resorte, running-down of a spring.
desagregado por la lluvia y el hielo (geol.), worn-down by rain and frost.
desaguadero, drain channel, drainage.
desaguar *v.*, to drain.
desaguar (min.) *v.*, to dewater (a mine).
desaguar una mina, to bail out the water from a mine, to dewater a mine.
desagüe, water-drainage.
desahuciar (o desechar) *v.*, to scrap.
desalineado, out of line.
desamarrar, to unmoor.
desamoldado de lingotes, ingot-stripping.
desamoldar (met.) *v.*, to strip the ingot.
desaparejado, odd.
desaparejar *v.*, to dismantle.
desapercibido, unnoticed.
desaplomado *adj.*, out of plumb.
desaprecio, depreciation.
desapretar un tornillo, to loosen a screw.
desarbolado *adj.*, dismasted.
desarbolar *v.*, to dismast.
desarmar (desunir) *v.*, to dismantle, to take to pieces.
desarmar (los remos) *v.*, to unship (the oars).
desarraigar *v.*, to dig up, to root out, to uproot.
desarreglado (que no funciona), out of order, out of repair.
desarreglarse (maq.), to fail, to get out of order.
imposible de desarreglarse, not liable to get out of order.
desarreglo, breakdown.
desarrollar *v.*, to develop, to evolve.
el motor desarrolla 25 HP. bajo (o a) 2500 v.p.m., the engine develops 25 HP at 2,500 r.p.m.
desarrollar (promover) *v.*, to promote.
desarrollo, development.
desarrollo de la exponencial (mat.), exponential series.
desatar, to unbind.
desbarbar (met.) *v.*, to fettle.
desbarbar una pieza de fundición, to dress a casting.
desbarbar con cepillo (carp.), to plane rough.
desbarbar con martillo, to hammer rough.
desbarbar piedras, to dress stone.
desbastado *adj.*, rough-hewn.
desbastado *s.*, roughing.
desbastador, roughing tool.
desbastadora, trimmer.
desbastar *v.*, to hew, to trim.
desbastar (met.), to cog.
desbastar (tecn.), to rough plane.
desbastar con muela, to rough grind.
desbetunar *v.*, to debituminize.
desbordar (hid.), to overflow.
desbordar (mil.), to outflank.
desbrozar (agric.) *v.*, to grub.
desbrozo, grubbing.
descabezar con sierra, to saw off.
descabezar un remache, to knock off a rivet.
descalado (de alas, av.), stagger.
descalado de las escobillas (el.), brush-shifting.
descalado de 1/4 de período (el.), in phase quadrature.
descalar las escobillas (el.), to shift the brushes.
descanso, rest.
descanso (arq.), landing.
descarbonizar *v.*, to decarbonise.
cilindros descarbonizados de un automóvil, decarbonised cylinders of a car.
descarga, discharge.
descarga (apoyo), retaining.
descarga (arm.), fire, volley.
descarga atmosférica, lightning-discharge.
descarga de chispas, spark discharge.
descarga eléctrica, electric discharge.
descarga rápida, rapid discharge.
descargador, docker.
descargador de carbón, whipper.
descargar *v.*, to discharge, to unload.
descargar (arm.) *v.*, to fire, to shoot.
descargar (emitir) *v.*, to emit, to discharge.
descargar ondas, to emit waves.
descargar vapor, to let off steam.
descargarse (acumuladores, etc.), to run down.
descascarador de guisantes, pea-sheller.
descascar (o descascarar) *v.*, to decorticate, to hull, to husk, to shell.
descarrilado, off the rails.
descarrilamiento, derailment.
descarrilar *v.*, to derail, to jump the metals.
descelerado (o desmultiplicado) (movimiento), geared down.
descendente *adj.*, downhill, descending.
descender *v.*, to descend, to fall.
descenso, descent, fall, lowering.
descenso de la carretera por efecto de las lluvias continuas, depression of the road under the effect of persistent rains.
descenso del barómetro, fall of the barometer.
descenso en la temperatura, drop in temperature.
descentrar *v.*, to throw out of centre.
desciframiento, deciphering.
descifrar *v.*, to decipher.
desclavar *v.*, to pull out a nail, to unnail.
descoloramiento, decoloration.
descomponer *v.*, to decompose.
descomponerse (ap., maq.), to get out of order.
descomposición, decomposition.
decomposición espectral (fis.), spectrum analysis.
descompostura (ap., maq.), breakdown.
desconectar, to disconnect, to switch off.
desconocida (mat.), unknown.
desconocido *adj.*, unknown.
descontar *v.*, to deduct, to discount.
descontar una letra de cambio, to negotiate a bill of exchange.
descortezadora, peeling machine.
descortezar *v.*, to decorticate, to husk, to peel, to shell.
descripción, description, specification.
descripción de patente, patent specification.
descubierto, open, unprotected.
descubridor, discoverer.
descubrimiento, discovery.
descubrir *v.*, to discover.
descubrir nuevas tierras, to open up (country).
descuento, deduction, discount.
desde lejos, at a distance.
desecación, drying.
desecación (i.c.), drainage, water-drainage.
desecar *v.*, to drain, to dry.
desecativo *adj.*, dryer.
desechar *v.*, to discard.
desechar una mina, to abandon a mine.
desecho (met.), scrap.
desecho de hierro, wrought-iron scrap.
desecho de pescado, fish offal.

desembalado, unpacked.
desembalar, to unpack.
desembarazar *v.*, to free.
desembarcadero, landing-stage, wharf.
desembarcar, to land, to unload, to unship.
desembarco, landing, unshipment.
desembocadura (geog.), mouth (of river).
desembolsar *v.*, to disburse.
desembolso, disbursement, expenditure.
desembragado, disengaging, out of gear.
desembragador de correa, belt-shifter.
desembragar *v.*, to throw out of gear.
desembrague, declutching, stop-motion.
desempaquetar, to unpack.
desempedrado, unpaved.
desempernar *v.*, to unbolt.
desenganchar (f.c.) *v.*, to uncouple.
desenganchar vagones, to uncouple wagons.
desenganchar y formar (f.c.), to marshal.
desengranar *v.*, to throw out of gear.
desengrasar *v.*, to degrease.
desenhornar (o deshornar) *v.*, to take out of the oven.
desenlazar *v.*, to unlace.
desenredar *v.*, to disentangle.
desenrollar *v.*, to uncoil.
desenterrar *v.*, to unearth.
desequilibrado (ing.), unbalanced.
desfasamiento (el., fis.), phase angle.
desfaseado (el., fis.), out of step.
desfiladero, clough, gorge.
desfosforado (y desfosforación) *s.*, dephosphorising.
desfrenar *v.*, to loosen the brake.
desgangar (met.) *v.*, to dress (ore).
desgangar mineral, to dress ore.
desgarrado, torn.
desgarradura, tear, rent.
desgarrar, to rend, to tear.
desgarro, rent, tear.
desgastado, worn-out.
desgastado por el mar, sea-worn.
desgastar, to wear, to waste.
desgastarse, to wear down (or out).
desgaste, wear.
desgaste de las rocas, weathering (geol.).
desgaste del cojinete, wear of bearing.
desgaste electrolítico, electrolytic corrosion.
desgaste mínimo (mec.), reduced wear.
desgoznar *v.*, to unhinge.
desgracia, accident.
deshelarse, to thaw.
desherbar *v.*, to weed.
deshidratar *v.*, to anhydrate, to dehydrate.
deshielo, thaw.
deshilachadora de trapos (para fabricar papel), rag-grinder.
deshollinador, chimney-sweeper.
deshollinar *v.*, to sweep (chimneys).
desierto *s.*, desert, wilderness.
designar *v.*, to term.
designar (para cargo), to appoint.
desigual, unequal.
desigual (de superficie), broken, uneven.
desigualdad, unequality.
desigualmente, unequally.
desimanación, demagnetisation.
desimanar *v.*, to demagnetise.
desincronizarse (el.), to drop out of step.
desincrustador (cald.), scaling apparatus.
desincrustante (cald.), boiler composition, scale solvent.
desincrustar (cald.), to scale.
desincrustar por ácido (met.), to pickle.
desinfección, disinfection.
desinfectante, disinfectant.
desinfectar *v.*, to disinfect.
desintegrador *adj. & s.*, disintegrator.
deslastrado, unballasted.
deslastrar *v.*, to unballast.
desleir *v.*, to thin, to dilute.
deslindar *v.*, to survey (land).
deslindar desde el aire, to survey aerially.
deslinde, land-surveying, survey.
deslinde aéreo (o desde avión), aero-survey, air survey.
deslingotar (met.) *v.*, to strip the ingot.
deslingotera (herr.), stripper.
deslizadera (maq.), guide, slide.
deslizadera triangular (o en V), V guide.
deslizaderas tensoras, sliding-rails.
deslizamiento, sliding, slip, slipping.
deslizamiento (el.), slip (of induction motors).
deslizante *adj.*, sliding, slipping.
deslizarse, to slide, to slip.
deslumbramiento, glare.
deslustrar (text.), to steam.
desmantelado, disabled.
desmastelar (naut.) *v.*, to unmast.
desmenuzar *v.*, to chip, to mill.
desmoldar (met.) *v.*, to strip.
desmontable, made in sections.
desmontadora (i.c.), navy excavator.
desmontaje, dismantling.
desmontar (maq.) *v.*, to dismantle, to take to pieces.
desmontar (montes) *v.*, to clear land, to fell wood.
desmonte (corte en ladera), cutting, side benching.
desmonte (de montes, i.c.), earthwork, felling.
desmonte ferroviario, railway cutting.
desmoronamiento, landfall, landslide, landslip, slide.
desmoronamiento de rocas, rock fall.
desmoronarse *v.*, to slide (earth).
desmotar (o desgranar) el algodón, to gin cotton.
desnatadora, milk-skimmer, cream-separator.
desnivel, unevenness.
desnivelado *adj.*, out of level, unlevelled.
desnudación (geol.), denudation.
desnudar (o desollar) *v.*, to strip.
desocupado (sin trabajo), idle, unemployed.
desodorante, deodorant.
desollar la capa aislante (el.), to strip off the insulation.
desoxidar, to deoxidate.
despacio *adv.*, little by little, slowly.
despacho (oficina), office.
despacho de billetes, booking-office.
desparramado, scattered.
desparramar *v.*, to scatter, to spread.
desparramar el carbón sobre la parrilla (cald.), to spread the coal on the grate.
desparramarse *v.*, to spread out.
despedir (de un empleo) *v.*, to discharge, to dismiss, to give notice.
despedir (emitir) *v.*, to emit, to discharge.
despedir (o ceder) calor, to give off heat.
la locomotora despide chispas, the locomotive emits sparks.
despegar (av.) *v.*, to take off.
despegar (descolar) *v.*, to unglue.
despegue (av.), take-off.
despejado, clear.
despejar la incógnita (mat.), to solve for x.
despejar los escombros (const.), clearing-away the debris.
despejarse (cielo o tiempo), to clear.
despensa, pantry.

despensero (naut.), ship's steward.
despeñadero, crag, precipice.
despeñadizo *adj.*, precipitous, steep.
despeño (geol.), chine.
desperdiciar *v.*, to waste.
desperdiciar corriente (el.), to waste current.
desperdicio, waste, wastefulness.
desperdicios, waste-products.
desperdicios (ind.), refuse.
despertador, alarm-clock.
despilfarro, waste.
despilfarro de dinero, waste of money.
despilfarro de fuerza, energy waste.
desplazamiento (naut.), displacement.
desplegar *v.*, to expand, to spread, to stretch.
desplegar las alas (av.), to stretch the wings.
desplegar las velas (naut.), to unfurl the sails.
desplomarse (av.) *v.*, to collapse, to crash, to fall.
desplomarse (hundirse), to subside.
desplome, collapse, subsidence.
despoblado *adj.*, uninhabited.
despojo, wreck.
despojo (geol.), denudation.
desproporción, disproportion.
desproporcionado, out of proportion.
desprovisto de lluvia, rainless.
hay regiones en el Norte de la Argentina que se quedan desprovistas de lluvia durante seis meses y más, some tracts in Northern Argentina remain rainless for 6 months or more.
después *adv.*, after.
despuntar (perder la puntería, arm., nav.), to foul the range.
despuntar el hilo (text.), to back-off.
destajar (cortar), to chop off.
destemple (pint.), distemper.
destilación, distillation.
destilación fraccionada (o fraccional) (petróleo), cracking, fractional distillation.
destilador, distiller.
destilar *v.*, to distil.
destilería, distillery.
destinación, destination.
a destinación de (naut.), bound for.
destino (empleo), berth, employment.
destitución, dismissal, removal (from office).
destituir *v.*, to dismiss, to remove.
destornillado, unscrewed.
destornillador, screw-driver.
destornillar *v.*, to screw out, to loosen a screw, to unscrew.
destreza, skill.
destrina, dextrine.
destrucción de basuras, disposal of refuse.
destructor (buque, nav.), destroyer, torpedo-bóat destroyer.
destructor (que rompe), breaker.
destructor de submarinos, submarine-chaser.
destruír *v.*, to destroy.
destruír (por fuego), to burn down.
desunido *adj.*, loose.
desuso, obsolescence.
desvarar, to get afloat.
desvatiado (el.), wattless.
desventaja, disadvantage.
desventajoso, disadvantageous.
desviación (de inst.), deflection.
desviación (f.c.), shunting.
desviación (mec.), flexion, flexure.
desviación de la aguja de un galvanómetro, deflection of a galvanometer.

S.T.D.

desviación de un sondaje (min.), deflection of a borehole.
desviación del chorro, deflection of the jet.
desviación hacia abajo (av.), downwash.
desviadero (f.c.), siding, shunting line.
desviadero de descargar carbón (en fábricas), coaling track.
desviado *adj.*, deflected.
desviador (de humo o gas), baffle.
desviar (desviarse) *v.*, to deflect.
desviar (apartar, f.c.) *v.*, to shunt, to run over a switch.
desviar (línea de f.c.) *v.*, to branch off.
desviarse (los filones, min.), to heave.
desviarse de la vertical, to run out of the vertical.
desvío (apartamiento), diversion, deflection.
desvío (f.c.), switch.
desvío a izquierda, left-hand switch.
desvío con agujas de resorte, spring-point switch.
desvío del curso (de un río), diversion of a river.
desvío doble, double switch.
desvío hacia la derecha, right-hand switch.
desvío independiente, outlying switch.
desvío lateral (f.c.), siding.
desvío para tranvías, tramway switch.
detalle, detail.
detalles (ing.), particulars, specification.
detector a galena, crystal-detector.
detector (o revelador) de fugas (el.), fault-indicator.
detener (o detenerse) *v.*, to pull up, to stop.
detener a un tren, to stop a train.
detenido por el mal tiempo, weather-bound.
detenido por viento contrario, wind-bound
determinado, definite, determinate.
detonación, detonation.
detonador, blasting-cap, detonator, fuse.
detonar, to detonate.
detrás *adv.*, after, behind, rear.
detrito, detritus.
deuda, debt.
deuda flotante, floating-debt.
deudas pasivas, liabilities.
deudor, debtor.
deudor hipotecario, mortgager.
deudor moroso, bad debt.
devanadera, reel.
devanado (maq. text.), beaming.
devanadora (maq. text.), bobbin-winder, reeling frame.
devanadora de rollos (text.), roll winder.
devanadora-dobladora, doubler and winder.
devanar *v.*, to uncoil, to unwind.
devanar (text.) *v.*, to reel.
devanar (un cable o cuerda), to pay out, to wind off.
dextrina, British-gum, starch-gum.
día, day.
día de pago (a), pay-day, settling-day.
día hábil, working-day.
día sidéreo, sideral day.
diablo (carretón), trolley, truck.
diáfano, diaphanous.
diafragma, diaphragm.
diagonal *adj. & s.*, diagonal.
diagonalmente, diagonally.
diagrama, diagram, graphic, graph.
diagrama de aceleración, acceleration diagram.
diagrama de calibración, calibration graph.
diagrama de distribución (mec.), distribution diagram.

C

diagrama de entropía constante (fis.), constant entropy diagram.
diagrama de la carga (ing.), load diagram.
diagrama de la potencia, power diagram.
diagrama de presiones, pressure diagram.
diagrama de Rankine (mec.), Rankine cycle.
diagrama del bobinado (el.), winding diagram.
diagrama del círculo (el.), circle diagram.
diagrama del indicator (vap.), indicator chart, indicator diagram.
diagrama del movimiento de trenes, train graphic.
diagrama vectorial, vector diagram.
diálaga (min.), diallage.
diamagnético, diamagnetic, non-magnetic.
diamante, diamond.
diamante basto, rough diamond.
diamante tallado, cut diamond.
diamantino *adj.*, adamantean.
diametral, diametral.
diametralmente, diametrically.
diametralmente opuestos, diametrically opposite.
diamétrico, diametrical.
diámetro, diameter.
diámetro de la tierra, earth's diameter.
diámetro de tubo, diameter of tube.
diámetro del agujero, diameter of hole.
diámetro del remache (o roblón), rivet diameter.
diámetro interno (o interior) (de un cilindro), bore, cylinder bore.
diámetro interno del cilindro: 133 mm. 3, cylinder bore: 5·25 ins.
diapasón, tuning fork.
diario *adj.*, daily.
diario (periódico), daily paper, journal, newspaper.
diario de bordo (naut.), ship's log-book.
diastrófico (geol.), diastrophic.
diatérmano *adj.*, diathermanous.
dibujado, drawn.
dibujante, designer, draughtsman.
dibujar *v.*, to draw.
dibujo, design, drawing.
dibujo a pulso, freehand drawing.
dibujo de ejecución, blue-print, working-drawing.
dibujo de las conexiones (el.), wiring diagram.
dibujo mecánico (o de máquinas), machine drawing.
dicroita (min.), dichroite.
dicroscopio, dichroscope.
diedro *adj.*, dihedral.
dieléctrico, dielectric.
diente, prong, tooth.
diente (de engranaje), cog, tooth, spur.
diestro, skilful, skilled.
diferencia, difference.
diferencia de potencial, potential difference.
diferencia entre temperaturas (ing.), range of temperature.
diferencial (aut.), differential.
diferencial (engranajes), differential gear.
diferencial (mat.), differential coefficient.
diferencial de y con relación a x, differential coefficient of y with respect to x.
diferenciar (mat.) *v.*, to differentiate.
diferenciarse, to differ.
diferente, different, dissimilar.
diferir, to postpone.
difícil, difficult.
difícil de maniobrar, unhandy.
dificultad, difficulty.
difracción (fis.), diffraction.
difracción de los rayos luminosos, diffraction of luminous rays.
difundir, to diffuse.
difusión, diffusion.
difuso, diffused.
difusor, diffusor.
difusor (de carburador, mot.), choke-tube.
digno de confianza, reliable, dependable.
dilatación, dilatation, expansion.
dilatación de los rieles por efecto del calor, dilatation of the rails under the heat.
dilatación del aire, expansion of air.
dilatación del vapor, steam expansion.
dilatación volumétrica, cubical expansion.
dilatar (o dilatarse) *v.*, to dilate, to expand.
diluir *v.*, to dilute.
dimensión, dimension, size.
dimensiones extremas, overall dimensions.
dina, dyne.
dinámica, dynamics.
dinámica del aeroplano, dynamics of aircraft.
dinámica del globo, geodynamics.
dinámico, dynamic, dynamical.
dinamita, dynamite.
dínamo, dynamo.
dínamo abierta, open type dynamo.
dínamo bipolar, two-pole dynamo.
dínamo cerrada, protected type dynamo.
dínamo compensadora, balancer, buffer dynamo.
dínamo compound, compound dynamo.
dínamo de alta tensión, high-tension dynamo.
dínamo de carga (de acumuladores), charging dynamo.
dínamo de excitación, exciter.
dínamo de excitación corta, short-shunt dynamo.
dínamo de excitación independiente, separately excited dynamo.
dínamo de excitación larga, long-shunt dynamo.
dínamo de excitación mixta, compound dynamo.
dínamo de intensidad constante, constant current dynamo.
dínamo de polos auxiliares, interpole dynamo.
dínamo de tensión constante, constant potential dynamo.
dínamo de volante, flywheel dynamo.
dínamo equilibradora, balancer dynamo.
dínamo elevadora, boosting dynamo.
dínamo en serie, series dynamo.
dínamo excitadora, exciter.
dínamo-freno (de medidas), brake dynamo.
dínamo hipercompundada, overcompounded dynamo.
dínamo impulsada por molino de viento, windmill dynamo.
dínamo multipolar, multipole dynamo.
dínamo para alumbrado, lighting dynamo.
dínamo para alumbrado de trenes, train-lighting dynamo.
dínamo para buques, ship's dynamo.
dínamo para electrogalvanización, electroplating dynamo.
dínamo shunt, shunt dynamo.
dínamo tetrapolar, four-pole dynamo.
dínamo trifilar, three-wire dynamo.
dinamómetro, dynamometer.
dinamómetro de contrapeso, rope brake dynamometer.
dinamómetro de engranajes epicicloideos, epicyclic-train dynamometer.
dinamómetro de paletas, fan brake dynamometer.
dinamómetro de torsión, torsion dynamometer.
dinamómetro dinámico, dynamo dynamometer.
dinamómetro eléctrico, electrodynamometer.

dinamómetro friccional, absorption dynamometer.
dinamómetro hidráulico, hydraulic dynamometer.
dinamómetro para ensayos de motores, motor-testing dynamometer.
dinamómetro por corrientes de Foucault, eddy-current brake dynamometer.
dinero, money.
dintel, lintel.
dintel de puerta (o ventana), transcm.
díodo (t.s.h.), diode valve.
dioptra, dioptre, sight-vane.
diorita, diorite, greenstone.
diorita cuarzisada (o cuarzosa), quartz diorite.
diorita esquistosa, greenstone slate.
diplomarse (ed.), to graduate.
dique, dock.
dique (regulador), dam, dike.
dique de carena, graving dock.
dique de flotación, wet dock.
dique de tierra, earth dam.
dique flotante, floating dock.
dique seco, dry dock.
dirección, direction.
dirección (cargo de director), management, supervision.
dirección de un criadero (min.), bearing of a vein.
dirección de una fuerza (mec.), sense of a force.
Dirección de vialidad, roads department.
dirección del afloramiento (min.), line of outcrop.
dirección del buzamiento (geol., min.), line of dip.
dirección del tiro (art), fire-control.
directamente acoplado, direct-coupled.
directo, direct, in a straight line.
director *adj.*, director.
director (de casa o firma), manager.
director (ed.), principal.
director de fábrica, works manager.
director de usina (S.A.), works manager.
director suplente, joint manager.
dirigente *adj.*, director, main.
dirigir *v.*, to conduct, to manage, to superintend.
dirigir (en dirección), to direct.
dirigir un buque, to navigate a ship.
dirigir una casa, to manage a firm.
dirigirse al dueño !, apply to the owner.
disciplinar (mil.), to drill, to train.
discípulo, pupil, scholar.
disco, disc.
disco de choque (f.c.), buffer head.
disco de esmerilar, emery wheel.
disco de excéntrica (mot.), eccentric sheave.
disco de gamusa de pulir, buff-wheel.
disco de parada (f.c.), disc signal.
disco graduado diferencial (mec.), division plate.
disco para pulir, polishing buff.
discordante (sonido), out of tune.
discurso, speech.
discutir, to discuss.
disforme, shapeless.
disimetría, asymmetry.
dislocación de una veta (min.), slide (of a vein, min.).
dislocarse (los filones, min.), to heave, to slide.
disminución, decrease, lessening.
disminución de peso, decrease of weight.
disminución de presión, fall of pressure.
disminución de velocidad, drop of speed.
disminución del potencial hidráulico por recodos y vueltas, etc., loss of head due to bends, elbows, etc.
disminuir, to decrease, to lessen.
disminuir la velocidad, to slacken speed, to slow down.
disociación (quim.), dissociation.
disociar *v.*, to dissociate.
disolución (quim.), solution.
disolución neutra (o débil) (quim.), neutralised solution.
disolución saturada, saturated solution.
disolvente (o disolutivo), dissolvent, solvent.
disolver *v.*, to dissolve.
disparador (arm.), trigger.
disparador (de rueda), ratchet.
disparar (arm.) *v.*, to discharge, to shoot.
disparar (soltar) *v.*, to trip.
dispararse (maq.) *v.*, to race.
disparidad, unevenness, disparity.
disparo de un motor, racing of a motor.
disparo de voltaje nulo (el.), no-volt release.
dispendioso, costly, expensive.
dispersión de chispas, discharge of sparks.
dispersión de la luz (fis.), dispersion of light.
dispersión magnética, magnetic leakage.
disperso *adj.*, deviated, scattered, stray.
disponible, available.
disponible entre bornes (el.), available at the terminals.
110 V. disponibles entre bornes, 110 V. available at the terminals.
disposición (colocación), layout.
disposición de los aparatos de control (el.), switchgear layout.
disposición de nuevos talleres, layout of new works.
dispositivo, contrivance, device, gearing.
dispositivo de alzar escobillas (el.), brush-lifting device.
dispositivo de alzar escobillas y cortocircuitar el rotor, brush-lifting and short-circuiting device.
dispositivo de centrar exacto (tecn.), radial truing device.
dispositivo de mando, control mechanism.
dispositivo de seguridad, safety device.
dispositivo de sujeción, holding-down device.
dispositivo inductor de arco (el.), arcing device.
disrupción de un arco (el.), breaking of an arc.
disruptor de chispas, spark-gap.
disruptor de chispas amortiguadas, quenched-spark gap.
disruptor múltiple, multiple spark-gap.
distancia, distance, remoteness.
distancia angular de fase (el.), phase angle.
distancia cenital, zenith-distance.
distancia disruptiva (el.), spark-gap.
distancia entre cuernos (el.), horn-gap.
distancia entre planos (av.), gap (airplane).
distancia entre polos (el.), pole pitch.
distancia entre puntas (torno), distance between centres.
distancia entre remaches, pitch of rivets.
distancia focal (opt.), focal length.
distancia interpolar (el.), pole pitch.
distancia recorrida, length of route.
distante, distant, remote.
distena (min.), cyanite.
distender una válvula (vap.), to relieve a valve.
distinto, distinct.
dístomo (min.), dystome.
distribución, distribution.
distribución (el.), distribution, supply.
distribución (loc., mot.), valve-gear, valve motion.
distribución (postal), delivery.
distribución a alta tensión (el.), high-pressure supply.

distribución a baja tensión (el.), low-pressure supply.
distribución actuada por excéntrica, eccentrically-driven valve motion.
distribución de camisa giratoria doble (aut., mot.), double-sleeve valve-gear.
distribución de marcha adelante (loc.), fore gear.
distribución de marcha atrás (loc.), back gear.
distribución elíptica, elliptical valve-gear.
distribución sistema Gooch, Gooch's valve-motion.
distribución trifilar (el.), three-wire system.
distribuidor, distributor.
distribuidor (mot.), slide-valve, valve-gear.
distribuidor compensado, balanced slide-valve.
distribuidor de émbolo (loc., mot.), piston valve.
distribuidor de levas, cam gear.
distribuidor de obturadores sistema Lentz, Lentz poppet valve-gear.
distribuidor en D, D slide-valve.
distribuidor sistema Caprotti, Caprotti valve-gear.
distribuidor sistema Trick, Trick slide-valve.
distribuidora automática, automatic vending machine.
distribuir *v.*, to distribute, to share.
distribuir electricidad, to distribute electricity.
distrito, district.
distrito minero, mining centre.
distrito telefónico, telephone exchange area.
disturbios magnéticos atmosféricos, atmospheric interference (wireless).
disyunción (el.), breaking.
disyuntor (el.), breaker, circuit-breaker, cut-out.
disyuntor automático, automatic cut-out.
disyuntor de máxima, overload circuit-breaker.
disyuntor de mínima, no-volt circuit-breaker.
disyuntor del campo (el.), field circuit-breaker.
disyuntor en aceite, oil circuit-breaker.
el disyuntor funciona bajo una sobrecarga de 50%, circuit-breaker opens at ½ overload.
divergencia, divergence.
divergir *v.*, to diverge.
dividendo, dividend.
dividido, split.
dividir *v.*, to divide, to part, to share.
dividir en dos partes iguales, to bisect.
divisa, badge.
división, division.
división (const.), partition.
divisional, divisionary.
dobladura, doubling.
doblar (aumentar) *v.*, to double.
doblar (plegar) *v.*, to bend, to fold.
doble, double, twin.
doble cremallera de dientes alternados (f.c.), Abt rack.
doble desvío en sentido opuesto (f.c.), scissors (rly. crossing).
doble escuadra (dib.), T-square.
doble helicoidal, herring-bone (gears).
doblegarse (bajo carga), to buckle, to sag.
el alma (de una viga) es propensa a doblegarse, the web is liable to buckling.
docto, learned, scholar.
Doctor en Ciencias, Doctor of Science.
doladera, adze.
domar (zool.) *v.*, to tame, to break.
dominante *adj.*, commanding, prevailing.
el dominio de los mares, the command of the seas.
domo, dome.
domo del vapor (cald.), steam dome.
dorado *adj.*, gold-plated.
dorador, gilder.
doradura, gold-plating.
dorar *v.*, to gild.
dormitorio, bedroom.
dos veces, twice.
dosel, canopy.
dosificar *v.*, to dosify, to gauge (chem.).
dosis (quim.), measure, dose.
dotación (de buque), complement, crew (ship's).
dovela (const.), voussoir, wedge.
draga, dredge, dredger.
draga aspirante de arena, sand-pump dredger.
draga de aluviones, alluvial-dredge.
draga de cangilones, bucket dredger.
draga de cucharas, scoop dredger.
draga de mandíbulas, grab dredger.
draga de minas (nav.), mine-sweeper.
draga de tolvas, hopper dredger.
draga de tornillo sin fin, screw dredger.
draga fluvial, river dredger.
draga marina, sea-going dredger.
draga para aluviones auríferos, gold dredger.
dragado *s.*, dredging.
dragar *v.*, to dredge.
drusa (min.), druse.
dúctil, ductile.
ductilidad, ductility.
ducha, shower-bath.
dudar *v.*, to query.
dudoso, doubtful, uncertain.
duela, cask stave.
dueño, master, owner, proprietor.
dueño de herrería, ironmaster.
dulce, sweet.
duna, dune.
dunas, downs.
duplicado, duplicate.
duplicar, to duplicate, to double.
durable, durable, lasting.
duración, durability, life.
duración (aut., av.), endurance.
duración aumentada, increased life.
duración de la admisión (mot.), period of admission.
duración de la expansión, period of expansion.
duración del arranque, starting-time.
duradero, durable, lasting.
durar *v.*, to last.
durazno, peach (fruit).
durazno (árbol), peach-tree.
dureza, hardness, toughness.
dureza delagua, hardness of water.
dureza del material, hardness of material.
durmiente (S.A.), sleeper, railway-sleeper.
durmiente creosotado, creosoted sleeper.
durmiente de acero, steel sleeper.
durmiente de madera, wooden sleeper.
duro, hard, tough.

E

ebanista, cabinet-maker, joiner.
ebanista naval, ship-joiner.
ébano, ebony.
ebonita, ebonite, vulcanite.
ebullición, boiling.
eclímetro, clinometer.
eclipse de sol, solar eclipse.
eclíptica, ecliptic.
eclisa (f.c.), fishplate, rail-joint.
eclisado (ing.) *s.*, bonding, fishing.
eclisado de carriles, rail-bonding.
eclisar eléctricamente los rieles (o carriles), to bond the rails.
eclisar rieles, to fish the rails.
eco, echo.
economía, economy, saving.
economía (de dinero), thrift.
economía de combustible, fuel saving.
económico, economical.
economista, economist.
economizador, economiser.
economizador (o ahorrativo) de mano de obra, labour-saving.
economizar, to save, to economise.
economizar carbón, to save coal.
economizar mano de obra, to save labour.
ecuación, equation.
ecuación de la elipse, equation of ellipse.
ecuación de los tres momentos, three moment equation.
ecuación de una curva, equation of a curve.
ecuación del enésimo grado, equation of the *n*th degree.
ecuación del primer grado, simple equation.
ecuación del segundo grado, quadratic equation.
ecuación dimensional, dimensional formula.
ecuación linear, equation of a straight line.
ecuador, equator.
Ecuador (país), Ecuador.
ecuador terrestre, earth's equator.
ecuatorial *adj.*, equatorial.
ecuatorial (ast.) *s.*, equatorial.
Ecuatoriano *adj.* & *s.*, from Ecuador (South America).
echado a tierra, blown down.
echar *v.*, to cast, to throw.
echar abajo, to demolish.
echar la corredera (naut.), to heave the log.
echar los cimientos (const), to lay the foundation.
echarse a perder, to decay.
echazón (naut.), jetsam, jetson, jettison.
edificación, art of building, housing.
edificar *v.*, to build, to erect, to raise (houses).
edificar sobre estacas, to build on piles.
edificio, building, structure.
edificios contiguos, adjoining buildings.
editor, publisher.
eductor (ing.), exhaust fan, exhauster.
eductor de aire viciado, air exhauster.
edulcorar *v.*, to sugar, to sweeten.
efectivo, actual, effective, virtual.
efecto, effect.
efecto de aceleración, acceleration pressure.
efecto de Kelvin (el.), skin-effect.
efecto de la inercia, inertia effect.
efecto del regulador (mot.), function of a governor.
efecto retardado (el., mec.), delayed acting, time-lag action.
efecto útil (producción), output, yield.
efecto útil de la hélice (av., naut.), propeller output.
efectuar *v.*, to accomplish.
efectuar el servicio entre A y B, to run between A & B.
efemérides navales, nautical almanac.
eficacia, efficacy, efficiency.
eficaz, efficacious, virtual.
eficazmente, effectively, efficaciously.
eflorescencia, efflorescence.
efluvio, effluvium.
efluvio eléctrico, electric aigret.
efusión, efflux.
eje (de rueda), axle, spindle.
eje (dib.), axis.
eje arqueado, arched axle.
eje central (dib.), centre-line.
eje de apoyo, pivot.
eje de convulsión (geol.), line of upheaval.
eje de hélice (av.), propeller shaft.
eje de inercia, axis of inertia.
eje de la eclíptica (ast.), axis of the ecliptic.
eje de la tierra, axis of the earth.
eje de la vía (f.c.), centre-line of the track.
eje de levas (mec.), camshaft.
eje de locomotora, locomotive axle.
eje de menor resistencia (geol., min.), line of least resistance.
eje de movimiento (mec.), centre of motion.
eje de poleas, line of shafting.
eje de rotación, axis of rotation. centre of gyration.
eje de simetría, axis of symmetry.
eje de un túnel, centre-line of a tunnel.
eje del árbol (ing.), axis of spindle.
eje del regulador (mot.), governor spindle.
eje director (geom.), directrix.
eje director de una parábola, directrix of a parabola.
eje hueco, hollow axle (or shaft).
eje mediano (maq.), centre-line.
eje motor (aut.), live axle.
eje motor (f.c.), driving axle.
eje motor hueco (f.c. & tranv.), quill-drive shaft.
eje neutro (geom.), zero line.
eje neutro (mec.), neutral axis.
eje óptico (agrim.), line of collimation.
eje oscilante, rocking shaft.
eje pasivo, dead axle.
eje portahélice (mar.), screw shaft.
eje portaherramienta, arbor spindle.
eje posterior, rear axle.
eje principal (geom.), major axis.
eje principal de la elipse, major axis of the ellipse.
ejes todos con frenos (tr.), braking on all axles.
ejecutable, workable.

ejes de coordenadas, axis of co-ordinates.
ejemplo, example, instance.
ejercer *v.*, to practise, to exercise.
ejercer un oficio, to exercise a profession.
ejercicio, exercise.
ejercicio (de profesión), practice.
ejercitar (mil.) *v.*, to train.
ejército, army, the services.
elaborar (met.), to work (metals).
elasticidad, elasticity.
elástico *adj.*, elastic.
elección, election, choice.
eléctricamente, electrically.
electricidad, electricity.
electricidad atómica, atomic electricity.
electricidad de las nubes, atmospheric electricity.
electricidad dinámica, dynamic electricity.
electricidad estática, static electricity.
electricidad friccional, frictional electricity.
electricista, electrician.
eléctrico, electric, electrical.
electrificación, electrification.
electrificación de ferrocarriles, railway electrification.
electrifieación de talleres, industrial electrification.
electrificar *v.*, to electrify.
electrificar una línea ferroviaria, to electrify a railway line.
electrizar *v.*, to electrify (by influence).
electrocución, electrocution.
electrochapeado *s.*, electroplating.
electrodeposición : See preceding word.
electrodepositar, to electroplate.
electrodinámica, electrodynamics.
electrodinámico *adj.*, electrodynamic.
electrodo, electrode.
electrodo de carbón para lámpara de arco, arc lamp carbon.
electrodo de carbono, carbon electrode.
electrodo de cinc, zinc electrode.
electrodo de cobre, copper electrode.
electrodo de grafito, graphite electrode.
electrodo de grafito (lámpara de arco), carbon rod.
electrodo para electrogalvanización, electroplating electrode.
electrodo para lámpara de arco, arc-lamp electrode.
electrodo para masaje (med.), massage electrode.
electrodo para soldar, welding electrode.
electrodo recubierto de calomelanos, calomel electrode.
electroestática *s.*, electrostatics.
electroestático *adj.*, electrostatic.
electrofísica, electro-physics.
electrogalvanización, electroplating.
electrogalvanizar (electrólisis) *v.*, to plate.
electrógeno *adj.*, generating.
electroimán, electromagnet.
electroimán aspirador, plunger magnet.
electroimán de alzar, lifting magnet.
electroimán de succión, plunger magnet.
electrólisis, electrolysis.
electrólito, electrolyte.
electrolizador, electrolyser.
electrolizar *v.*, to electrolyse.
electromagnético, electromagnetic.
electromagnetismo, electromagnetism.
electromecánico *adj.*, electromechanical.
electrometalurgia, electrometallurgy.
electrómetro, electrometer.
electrómetro capilar (o de cabello), capillary electrometer.
electrómetro de disco, disc electrometer.
electrómetro de sectores, quadrant electrometer.
electrómetro de torsión, torsion electrometer.
electrómetro senoidal, sine electrometer.
electromotor (electromotriz f.) *adj.*, electromotive.
electromóvil, electric-car, electric automobile.
electromóvil de acumuladores, accumulator car.
electrón, electron.
electroneumático, electropneumatic.
electrónico, electronic.
electroplateado, electroplating.
electroquímica, electrochemistry.
electroquímico *adj.*, electrochemical.
electroscopio, electroscope.
electroscopio de aguja indicadora, needle electroscope.
electroscopio de hojas de oro (o de apartamiento), gold-leaf electroscope.
electrotecnia (y electrotécnica), electrical engineering, electrotechnics, electrotechnology.
electrotermia, electrothermy.
electrotipía, electrotyping.
elegir *v.*, to choose, to elect.
elemental, elementary.
elemento, element.
elemento (acumulador, el.), cell.
elemento (quim.), chemical element.
elemento de batería (el.), battery cell.
elemento electronegativo, electronegative element.
elemento electropositivo, electropositive element.
elemento testigo (para carga de acumuladores), pilot cell.
elevación, elevation, raise.
elevación (altura), height.
elevación (de temperatura), rise.
elevación (dib.), upright projection.
elevación a potencia (mat.), involution.
elevación del factor de potencia (el.), power-factor improvement.
elevación del potencial (el.), rise of potential.
elevación del techo (arq.), rise of roof.
elevación sobre el nivel del mar, height above sea level.
elevado *adj.*, high, elevated.
un edificio elevado, a high building.
elevador, elevator.
elevador de agua, hydraulic ram.
elevador de cenizas, ash-hoist.
elevador de cereales, grain elevator.
elevador de tensión (el.), booster.
elevador de tensión invertible, reversible booster.
elevador de tornillo sin fin (o helicoideo), helical elevator, screw elevator.
elevar *v.*, to raise, to rise.
elevar a potencia (mat.), to raise to a power.
elevar al cuadrado, to square (mat.).
elevar el nivel estancado (hid.), to raise the storage level.
elevar la tensión (el.), to boost, to step up.
elevar la tensión de 500 a 30.000 V., to step up from 500 to 30,000 V.
elevar la tensión de una corriente (el., por medio de conmutatriz), to convert low tension current into high tension.
elevarse (aer.), to rise.
elipse, ellipse, ellipsis.
elipsoide, ellipsoid.
elíptico, elliptic, elliptical, ellipsoidal.

emanación, emanation, efflux.
emanaciones volcánicas, volcanic vapours.
embajada, embassy.
embalador, packer.
embalaje, packing, baling.
embalaje facturado al costo, packing charged at cost price.
embalaje gratis, packing free.
embalar *v.*, to pack.
embalsar (hid.) *v.*, to dam, to dam back.
embalse, pond, reservoir.
embarazoso, cumbersome.
embarcación, boat, craft, vessel.
embarcaciones fluviales, river-craft.
embarcaciones menores, small craft.
embarcadero, quay, wharf.
embarcadero de mercancías (f.c.), freight-yard.
embarcar *v.*, to embark, to take aboard, to put aboard.
embarcar (mercancías), to ship.
embarcarse *v.*, to go aboard.
embargar (jur.), to distrain.
embarque, shipment.
embeber *v.*, to imbibe.
embecadura, spandrel.
embocadura, entrance, mouth.
émbolo, piston.
émbolo de bomba, pump piston.
émbolo de dos caras, box piston.
émbolo de motor Diesel, Diesel engine piston.
émbolo del indicador (mec.), indicator-piston.
émbolo hueco, hollow piston.
émbolo macizo, ram, solid piston.
emborronarse *v.*, to jam, to get obliterated.
embotado, blunt, dull, obtuse.
embotar *v.*, to blunt.
embotelladora mecánica, bottling machine.
embotellar, to bottle.
embragar (ing.) *v.*, to clutch, to crank.
embragar un motor, to crank an engine.
embrague, clutch.
embrague cónico, cone clutch.
embrague de disco, single plate clutch.
embrague de discos múltiples, multiple plate clutch.
embrague de fricción de cono interno, internal cone friction clutch.
embrague friccional, friction clutch.
embrague de garras, dog-tooth clutch.
embrague de mandíbulas, jaw clutch.
embrague de rueda de trinquete y linguete, roller and gravity-pawl clutch.
embrague hidráulico de volante (aut.), fluid-flywheel transmission.
embrear *v.*, to pitch (to cover with), to pay with tar.
embridado (sujetado), clamped to.
embudo, funnel.
embutidora (met.), stamping machine.
embutir (tecn.) *v.*, to flange, to press.
emergencia, emergency.
emigración, migration.
emisión, emission.
emisión (de capital), issue (of shares).
emisión electrónica, electron emission.
emisiones obliteradas (t.s.h.), jammed broadcasts.
emisor (t.s.h.), sender, transmitter.
emisor de chispas amortiguadas, quenched-spark transmitter.
emisora, broadcasting station.
emisora de gran alcance, long-distance station.
emisora de onda corta, short-wave broadcaster.
emisora de onda extra corta, ultra-short wave broadcaster.
emitir *v.*, to emit, to issue, to send out.
emitir ondas, to emit waves.
emoliente (quim.), emollient, mollifier.
empalizadar *v.*, to fence.
empalizado *s.*, railing.
empalmar (carp.) *v.*, to fit, to scarf.
empalmar (f.c.) *v.*, to connect.
empalmar dentado (carp.), to joggle.
empalme (carp.), scarf.
empalme (de cables), splice.
empalme (f.c.), junction.
empalme amilanado, dovetailed scarf.
empalme de espiga, jointing tenon.
empalme dentado (carp.), saw-tooth scarf.
empalme en cola de milano, dovetail joint.
empalme en T, T union.
empalme oblicuo (carp.), skew scarf.
empapelar *v.*, to paper.
empaquetadora (maq.), baling machine.
empaquetadora de cerillas (o fósforos), match-packing machine.
empaquetadura, packing.
empaquetadura (guarnición), packing (mechanical).
empaquetadura chata (maq.), flat packing.
empaquetadura de amianto, asbestos-packing.
empaquetadura de caucho, rubber-packing.
empaquetadura de émbolo (mot.), junk-ring.
empaquetadura de laberinto, labyrinth piston.
empaquetadura de redondelas de cuero, leather packing.
empaquetadura elástica, elastic packing.
empaquetadura en anillo (mot.), ring packing
empaquetadura estanca, water-tight packing.
empaquetadura para uniones de tubos , joint packing.
emparedado (i.c.), walling.
emparedado de túnel, tunnel lining.
emparrillado (cald.), grate.
emparrillado de cadena sin fin, chain-grate stoker.
emparrillado inclinado (o al sesgo), slope grate.
emparvadora mecánica (agric.), stacking machine.
emparvar (agric.) *v.*, to stack.
empastar (cubrir) *v.*, to paste.
empedrado, pavement.
empedrar *v.*, to pave.
empernado, bolted.
empernar *v.*, to bolt, to tighten a bolt.
empezar *v.*, to begin, to commence.
empezar a funcionar (maq.), to start.
empinado *adj.*, precipitous, steepy.
empinadura (de una cuesta), sharpness, steepness.
empinar (o empinarse) *v.*, to steepen.
empino (arq.), crown (of an arch).
empírico, empirical.
empizarrar *v.*, to roof with slates.
empleado, employee.
emplear (usar) *v.*, to consume, to deal with.
empleo (posición), berth, employ, employment, job.
empleo (uso), use.
emplomado, leaden.
emplomado (y emplomadura) *s.*, plumbing.
emplomar *v.*, to lead, to cover with lead.
emplomar (poner a plomo), to plumb.
empotrado al aire (const.), semi-fixed (as a beam).
empotrado en caliente, shrunk-on fit.
empotrar *v.*, to embed, to fit into, to fix on one end.
emprender *v.*, to undertake, to embark in.
empresa, concern, undertaking.
empresa constructora de ferrocarriles, railway-construction firm.
empresa de acarreo, haulage contractor.

empresa de construcción naval, shipbuilding concern.
empresa de servicios públicos, public utility company.
empresa industrial (o fabril), industrial undertaking.
empresa minera, mining undertaking.
empresa naviera, navigation company.
emprêstito, loan.
empujar *v.*, to push, to thrust.
empujar a fondo, to push home.
empuje (av.), lift (airplane's).
empuje (de una bomba, hid.), delivery.
empuje (fuerza), pressure, push, thrust.
empuje contra una presa (hid.), pressure against a dam.
empuje de la tierra (const., i.c.), earth pressure, thrust of earth.
empuje de punta (ing.), end thrust.
empuje incompensado, unbalanced thrust.
en *prep.*, in, within.
en acuerdo de fases (el.), in step.
en alto, overhead.
en blanco, blank.
en bruto, in the raw state, unmachined.
en buen estado, in good condition, in repair, trim.
en cama (enfermo), laid up (ill).
en cantidad (el.), in parallel.
en circuito, in circuit.
en cola de milano, dovetailed.
en cruz, crosswise.
en desorden, in disorder, in bad trim (cargo).
en desplome, out of plumb.
en el aire, overhead.
en el extranjero, abroad.
en el fondo de la mina (o del mar), at the bottom of the mine (or the sea).
en el mar, at sea.
en el mismo plano, coplanar.
en el poder (pol.), in office.
en el vacío, in vacuo.
en la masa, embedded.
en equilibrio, in equilibrium, stable.
en estado (de navegabilidad), seaworthy.
en estrella (el.), Y-connected.
en existencia (com.), in stock.
en fases concordantes (el.), in phase.
en fases discordantes (el.), out of phase.
en forma de cinta, band-shaped.
en forma de onda, wave-shaped.
en forma de tabla, tabular (of shape).
en funcionamiento, in service, working.
en hojas, laminated.
en horizontal (f.c., i.c.), on the level.
en la cima de la montaña, at the top of the hill.
en la práctica, in practice.
en las cercanías de, in sight of, in the neighbourhood of.
en lata, tinned (in a tin).
en línea recta, right, in a straight line.
en mal estado, in bad trim.
en marcha, running, working.
en movimiento, moving, in motion, working.
en oposición (el., fis., mat.), 180° out of phase.
en orden, in good trim.
en orden de marcha, in working order.
en paralelo (el.), in parallel.
en partes, sectional.
en plena estación, at the height of the season.
en plena mar, out at sea.
en pleno día, in broad daylight.
en polvo, powdered.
en popa, aft (naut.).
en posición (agrim.), in station.
en proporción, proportional.
en rama (agric.), crude, raw, in a raw state.
en razón de, in the ratio of.
en regla, in order.
en saledizo (arq., ing.), overhanging.
en secciones, sectional.
en seguridad, secure.
en serie (el.), in series.
en servicio, in use, working, in work.
en su lugar, in situ.
en suspenso, in abeyance.
en tierra, on shore.
en toma (engranajes) *adj.*, in mesh, geared.
en vacío (el., mec.), idle, no-load.
en vías de construcción, in stage of construction.
enangostar *v.*, to narrow.
enarbolado *s.*, hoisting.
enarbolar la bandera, to hoist the flag.
enarcar *v.*, to hoop (barrels).
enarenado (hid., mar.), silting.
enarenado (recubrimiento a propósito), sanding.
enarenado de los rieles para evitar el resbalamiento de las ruedas (f.c., tranv.), sanding over to avoid slipping wheels.
enarenar *v.*, to silt up.
enarenar (recubrir de arena) *v.*, to sand over.
encachar *v.*, to line with concrete.
encadenar *v.*, to chain.
encajado *adj.*, driven into, fitted into.
encajado a martillazos (tecn.), drive fit.
encajado con prensa, pressed-on fit.
encajar *v.*, to drive into, to thrust into, to embed, to fit into.
encajar en caliente, to shrink on.
encajarse *v.*, to fit into.
encaje (text.), lace.
encallado, aground, ashore, stranded.
encallar (naut.) *v.*, to run aground, to strand.
encañar (liq.) *v.*, to drain, to exhaust.
encañizado, water-drainage.
encapar de rojo (o verde, etc.) (pint.), to apply a layer of red (or green, etc.).
encargado (de servicio), attendant.
encargado de las calderas, boiler attendant.
encargado del cuadro de distribución, switchboard attendant.
encargado-ensayador, tester.
encauchado, rubber-sheathed.
encauzar *v.*, to bank up (river).
encebarse (las dínamos empezar a generar corriente), to build up.
encenagar *v.*, to silt.
encendedor, lighter.
encendedor eléctrico para fumadores, electric cigar-lighter.
encender *v.*, to ignite, to light.
encender el fuego, to light the fire.
encender la luz, to switch on the light.
encender una hornalla, to fire a boiler.
encenderse, to ignite.
encendible, capable of being lit.
encendido (cald.) *s.*, firing.
encendido (mot.), ignition.
encendido adelantado, advanced ignition.
encendido de vibraciones multiples, multiple-vibrator ignition.
encendido eléctrico (art., min.), electric-firing.
encendido errado (mot.), misfiring.
encendido por batería de acumuladores, battery-ignition.

encendido por batería eléctrica (aut., mot.), battery-ignition.
encendido por bobina, coil-ignition.
encendido por bobina de alta tensión, coil-ignition.
encendido por compresión, compression-ignition.
encendido por magneto, magneto-ignition.
encendido por tubo (o manguito) incandescente, hot-bulb ignition.
encendido prematuro, back-firing, pre-ignition.
encendimiento (cald.), firing.
encendimiento (mot.), ignition.
encendimiento por alta tensión, high-tension ignition.
encerrar, to lock up, to shut in.
encerrojado *adj.*, blocked, chock-a-block.
encespedar *v.*, to sod, to turf.
enciclopedia, encyclopædia.
encima *adv.*, above, on, up.
encimar *v.*, to overhang.
encina, oak.
encircuitar *v.*, to insert, to insert in circuit.
enclavado (metido), blocked, chock-a-block.
enclavador *adj.*, locking.
enclavamiento *s.*, locking, locking device.
enclavamiento (tel.), block.
enclavar *v.*, to embed, to fit into.
enclavar (clavar) *v.*, to nail.
enclavar (trabar) *v.*, to interlock.
enclavijar *v.*, to interlock.
encoger (o encogerse) *v.*, to contract, to shrink.
encogimiento, shrinkage.
encolar *v.*, to glue.
encomienda, parcel.
encontrar el centro de gravedad, to determine a centre of gravity.
encontrar petróleo, to strike oil.
encontrarse (ocurrir) *v.*, to be met with, to occur.
el petróleo suele encontrarse en capas de conglomerados en la tierra, petroleum might occur in the earth in strata of conglomerate.
encorvado, bent, curved.
encorvar *v.*, to bend, to curve.
encorvar una plancha, to bend a plate.
encrucijada (de caminos), cross-ways.
encuadernador, bookbinder.
encuadernar *v.*, to bind.
encuadrar *v.*, to frame.
enchabetar *v.*, to key on.
enchabetar una polea en un árbol, to key a pulley on a shaft.
enchapar *v.*, to plate.
enchapar de plata, to silver.
enchapinado (const.), built upon vaults.
enchapinar *v.*, to build on vaults.
enchufar (el.), to plug in.
enchufar (mec.), to fit tubes together.
enchufe (el.), wall-plug, plug, to telescope.
enchufe de recarga, charging-plug.
enchufe en T, T union.
enderezamiento, alignment, straightening.
enderezamiento de las ruedas delanteras (aut.), alignment of front wheels.
enderezar, to straighten, to unbend.
enderezar la barra (naut.), to right the helm.
endomorfo (quim.), perimorph.
endorso, indorsement.
endosar (o endorsar) *v.*, to back, to endorse (or indorse).
endósmosis, endosmose.
endósmosis eléctrica, electric endosmose.
endotérmico *adj.*, endothermic.
endulzamiento del agua, water softening.
endulzar *v.*, to sugar, to sweeten.
endulzar agua, to soften water.
endurecedor de cemento, cement hardener.
endurecer (o endurecerse) *v.*, to harden, to stiffen.
endurecerse (aglutinarse) *v.*, to cake.
endurecimiento, hardening.
enebro (bot.), juniper.
energía, energy.
energía aparente (o ilusoria), apparent watts.
energía cinética (o potencial), kinetic energy, potential energy, vis viva.
energía del movimiento molecular (fis.), molecular energy.
energía disponible, available energy.
energía hidráulica, energy of water.
energía potencial, potential energy.
energía producida (el.), generated units.
energía reactiva (o aparente), apparent watts, reactive energy.
energía vatimétrica, wattage.
enfardar *v.*, to pack.
enfermedad, disease, illness, sickness.
enfermería, infirmary, sick-berth (nav.).
enfermo *adj.*, ill, sick.
enfilar, to align.
enfocar (fot.) *v.*, to focuss.
enfrentado *adj.*, frontal.
enfrente *adv.*, before, in front, opposite.
enfriado por agua, water-cooling.
enfriado por aire, air-cooled.
enfriador (ap.), cooler.
enfriador de aceite, oil-cooler.
enfriador del aire, air-cooler.
enfriador serpentín, serpentine cooler.
enfriamiento, cooling.
enfriamiento de los cilindros, cooling of the cylinders.
enfriamiento de los cojinetes, cooling of bearings.
enfriamiento del inducido (el.), armature cooling.
enfriamiento del inducido por aletas, armature-cooling by fan.
enfriamiento por agua, water cooling.
enfriamiento por aire, air cooling.
enfriamiento por termosifón, thermo-syphon cooling.
enfriamiento por ventilador, fan-cooling.
enfriar *v.*, to cool, to cool down.
enganchador (f.c.), shunter.
enganchar *v.*, to hook.
engarrotarse, to jam (get blocked).
los frenos se engarrotaron, the brakes jammed.
engomadora mecánica (maq. text.), sizing machine.
engomar *v.*, to gum.
engordar (zool.) *v.*, to fatten.
engranado (o engranados), geared, in mesh.
engranado a (o con), geared to.
engranaje, gear, toothed-wheel.
engranaje cónico, bevel gear, bevel wheel.
engranaje de cambio de velocidad, speed-change gear.
engranaje de papel comprimido, paper gear.
engranaje de tornillo sin fin, worm and wheel.
engranaje de transmisión, driving-gear.
engranaje del árbol de levas, cam-shaft gear.
engranaje del eje de levas (mot.), cam-shaft gear.
engranaje doble helicoidal, double-helical gear, herring-bone gear.
engranaje epicicloidal, epicyclic gear.
engranaje helicoidal cónico, spiral-bevel gear.
engranaje helicoidal sin fin, worm gear.

engranaje helicoide, helical gear.
engranaje intermediario, runner.
engranaje inversor, change-over gear.
engranaje lateral, side-gearing.
engranaje moldeado, moulded gear.
engranaje recto, spur gear (or wheel).
engranaje reductor, reduction gear.
engranaje satélite, planetary gear.
engranaje silencioso, paper gear.
engranaje y cremallera, rack and pinion gear.
engranajes, gearing.
engranajes de dientes colados, cast-tooth gearing.
engranar (tecn.) *v.*, to engage, to gear, to put (or throw) into gear.
engranar con (o en) cremallera, to gear into a rack.
engranarse *v.*, to work into.
engrasador, lubricator.
engrasador automático, automatic lubricator.
engrasador de aguja, needle lubricator.
engrasador de goteo visible, sight-feed lubricator.
engrasador de anillas, ring oiler, riñg lubricator.
engrasador de gotera, drop lubricator.
engrasar *v.*, to grease, to lubricate, to oil.
engrasar (o untar) el yute, to batch jute.
engrase, greasing, lubrication.
engrase bajo presión, forced lubrication.
engrase en todos los cojinetes, lubrication to all bearings.
engrase por anillos, ring lubrication.
engrase por mecha, wick lubrication.
engrudar, to paste.
engrudo, paste.
enhebrar *v.*, to thread (needles).
enhornadora (met.), charging machine.
enhornadora de zamarras (fund.), slab-charging machine.
enhornar *v.*, to put in a furnace or oven or kiln.
enhornar ladrillos, to put bricks in a kiln.
enjaezar *v.*, to harness (horse).
enjalbegado, plastering, whitewashing.
enjalbegador, plasterer.
enjalbegar *v.*, to plaster, to whitewash.
enjuagar *v.*, to rinse.
enjugador automático (aut.), wiper.
enjugar, to wipe (to dry).
enhacinadora (agric.), sheafer.
enjulio (o enjullo) (text.), beam.
enjulladora (text.), beaming machine.
enjullo de pecho, breast-beam.
enjunque (naut.), heavy ballast.
enjuta, spandrel.
enlace (entre dos curvas, dib., i.c.), casement curve.
enladrillado *adj.*, bricked.
enladrillado *s.*, brickwork.
enladrillado de caldera, boiler brickwork.
enladrillar *v.*, to brick up.
enlajado, flag-paving.
enlatar (const.) *v.*, to lath.
enlazar (f.c.) *v.*, to connect.
enlazar (sujetar), to lace, to bind.
enlistonado (const.), lathwork.
enlistonar (const.) *v.*, to lath.
enlucido (alb.), coating, float coat, plastering.
enlucir (alb.) *v.*, to plaster.
enlucir (papel) *v.*, to calender.
enmaderado (y entablonado) *s.*, planking.
enmangar (tecn.) *v.*, to key on.
enmasillar *v.*, to putty.
enmohecerse *v.*, to grow (to get or to become) rusty.
ennegrecer *v.*, to blacken.
ennegrecimiento, blackening.
enrarecer *v.*, to rarefy.
enrarecido, rarefied.
enrasado (alb.) *adj.*, smooth.
enrasar *v.*, to smooth (walls).
enrase (alb.), levelling-course.
enredado, entangled.
enredarse en el ancla (naut.), to foul the anchor.
enrejado, grillage, lattice, trellis.
enriquecer (met., min.) *v.*, to concentrate.
enrojecido al fuego, red hot.
enrollar *v.*, to coil, to wind, to wind up (or round).
enrollar alambres (e hilos), to coil wires.
enrollar una cuerda sobre un tambor, to wind a rope round a drum.
ensaculador (maq.), sack-filler.
ensamblado (de varias piezas), built-up, jointed.
ensambladura (carp., const.), connection, joint, scarfing.
ensambladura biselada, bevel joint.
ensambladura de bayoneta, bayonet joint.
ensambladura de cremallera (carp.), tabling joint.
ensambladura de espiga, tenon joint.
ensambladura de inglete, mitred joint.
ensambladura machihembrada (carp.), dowel joint, grooved and tongued joint.
ensambladura por las puntas, butt joint.
ensamblar *v.*, to join, to scarf (carp.).
ensamblar (maq.), to build up.
ensamblar (tecn.), to assemble, to fit together.
ensanchado *s.*, widening.
ensanchar *v.*, to expand, to extend, to widen.
ensanche, extension, widening.
ensayado *adj.*, tried, tested.
ensayado al doble de la tensión de marcha más 10.000 voltios, tested to twice the working voltage plus 10,000 volts.
ensayadora de hilaza (text.), yarn-testing machine.
ensayadora multiplicada (met.), multiple-lever testing machine.
ensayar *v.*, to experiment, to test, to try.
ensayar a la flexión (o al cizallamiento, etc.), to test for bending (for shear, etc.).
ensayo, experiment, trial.
ensayo (ing.), test, testing.
ensayo a alta tensión, high-tension testing.
ensayo al choque (met.), test by shock.
ensayo bajo presión (ing., loc., naut., etc.), steam-trial.
ensayo bajo sobretensión (el.), surging test.
ensayo comercial, commercial test.
ensayo con indicador, indicator test.
ensayo crítico (prueba a fondo), breaking-down test.
ensayo de alargamiento (mec.), elongation test.
ensayo de evaporación, evaporation test.
ensayo de flexión (mec.), bending test.
ensayo de los conductores (el., tel.), line test.
ensayo de máquinas, testing of machines.
ensayo de maza caediza (mec.), drop-test.
ensayo de pliegue (ing.), bend test.
ensayo de punzonado (met.), drift test.
ensayo de rotura (mec.), breakdown test.
ensayo de tracción (met.), tensile test.
ensayo de velocidad, speed trial.
ensayo del agua, testing of water.
ensayo del arranque, starting test.
ensayo del combustible, testing of fuel.
ensayo del oro, gold assay.
ensayo en laboratorio, laboratory test.
ensayo en marcha (f.c., tranv.), running test.
ensayo estático (av.), sand test.
ensayo límite (mec.), breaking test.

ensayo por choque (met.), impact-test.
ensayo por martillco (met.), hammering test.
ensayo según norma, normal test.
ensenada, cove, creek.
enseñanza, teaching, training.
enseñar *v.*, to teach, to train.
enseñar aviación, to teach flying.
enseres, outfit, rig.
ensilar *v.*, to store in a silo.
ensillar *v.*, to saddle (horse).
ensuciar *v.*, to dirty, to foul.
entablado (o entablonado), boarding.
entablar (alfarjar) *v.*, to wainscot.
entablar demanda, to sue (at law).
entallado de limas, file-cutting.
entallado eléctrico de limas, file-cutting by electricity.
entalladora de vigas, girder-notching machine.
entalladura, kerf, notch, score.
entallar *v.*, to adze, to notch.
entallar las traviesas (f.c.), to adze sleepers.
entapizar *v.*, to upholster.
entarimado, flooring.
entenallas, hand-vice.
enteramente de acero, all-steel.
entero, entire, whole.
entero (mat.) *s.*, integer.
entibación (de pozo o túnel), lining, timbering.
entibación de cabios, rafter timbering.
entibación superior (i.c.), top timbering.
entibadura (i.c.), sheeting, timbering.
entibadura cuadricular (min.), square sets.
entibar (const., min.) *v.*, to prop, to stay.
entrada, entrance, entry.
entrada (el., t.s.h.), lead-in.
entrada prohibida !, no admittance.
entramado (const.), frame, truss.
entramado (de fundamentos, const.), raft.
entramado de metal ensanchado para pisos (o techumbres), expanded metal flooring (and roofing).
entramado de puente, framework of a bridge.
entramado de techo, roof truss.
entrante *adj.*, incoming.
entrar *v.*, to enter.
entrar de arribada (naut.), to put in distress.
entrar en acción (válvulas, etc.), to blow off.
la válvula de seguridad entra en acción a 19 kos. por cm², the safety valve blows-off at 265 lbs. per sq. in.
entrar en agujas (f.c.), to clear the points.
entre, between.
entre aguas, under water.
entrega, delivery.
entregar *v.*, to deliver.
entrehierro (el.), air-gap, gap.
entrelazar *v.*, to entwine, to interlink, to twist together.
entreplanos (av.), gap.
entrepuente (naut.), orlop-deck.
entrerriel compensador (de dilatación, f.c.), expansion-gap.
entresuelo (arq.), mezzanine floor.
entretenido (el., fis.), undamped.
entrevía (f.c.), gauge, railway gauge.
entropía, entropy.
entubado de un pozo, casing of a well.
entupir *v.*, to choke or obstruct (tubes).
envarillado *s.*, rodding.
envarillado del freno, brake-rigging.
envasado *adj.*, canned.
envasador, funnel.
envasadora mecánica, canning machine.
envasar *v.*, to can.
envase (acto de), canning.
envase (recipiente), can.
envergadura (av.), span.
enviar *v.*, to forward, to send.
enviar por correo, to mail, to post.
envirolar, to ring.
envoltura, casing.
envoltura de turbina, turbine casing.
envoltura del diferencial (aut.), banjo.
envoltura del domo (loc.), dome casing.
envolver *v.*, to wrap.
enyerbar *v.*, to sod.
enyesar *v.*, to plaster.
eoceno (geol.), eocene.
eólico (geol.), æolian.
eolítico (geol.), eolithic.
eosina (quím.), eosin.
epacta (ast.), epact.
epáctico (geol.), epactic.
epiciclo, epicycle.
epicicloide, epicycloid.
epidemia, epidemy.
epigeno (geol.), epigene, subaerial.
época, epoch.
época glacial, ice age, boulder age.
épocas geológicas, geological ages.
equiángulo, equiangular.
equidistancia, equidistance.
equidistante, equidistant, halfway.
equilátero, equilateral.
equilibrado *s.*, balancing.
equilibrado de las partes giratorias (maq.), balancing of revolving masses.
equilibrado de los pares (mec.), balancing of couples.
equilibrado del motor, engine balancing.
equilibrado eléctrico, electric balancing.
equilibrado por resorte *adj.*, spring-balanced.
equilibrador elevador de tensión (o equilibradora reforzadora) (el.), balancer-booster.
equilibrar *v.*, to balance, to equilibrate.
equilibrar el rotor de un motor sincrónico, to balance the rotor of a synchronous motor.
equilibrar un cigüeñal, to balance a crankshaft.
equilibrar un puente de medidas (el., tel.), to balance a bridge.
equilibrio, balancing, equilibrium.
equilibrio dinámico, dynamic balancing.
equilibrio estático, static balancing.
equilibrio indiferente (mec.), neutral equilibrium.
equipaje, luggage.
equipar *v.*, to equip, to furnish with.
equipo, equipment.
equipo (de obreros), shift, gang, working-party
equipo de salvamento, rescue party.
equipo de socorro (f.c.), breakdown gang.
equitativo, equitable, just.
equivalencia, equivalence.
equivalente, equivalent.
equivalente mecánico del calor, mechanical equivalent of heat.
equivocación, error, mistake.
equivocar *v.*, to mistake.
equivocarse *v.*, to make a mistake.
erario, exchequer, public funds, Treasury.
erbio, erbium.
erecto *adj.*, upright.
ergio, erg.
erizo (mec.), sprocket-wheel.
erizo (text.), porcupine roller.

erosión subaérea, subaerial erosion.
errar *v.*, to miss.
errar el encendido (mot.), to misfire.
erróneo, erroneous, mistaken, wrong.
error, fault, mistake, error.
error de evitar a todo trance, error to avoid at all costs.
error de imprenta, misprint.
error esférico (opt.), spherical excess.
error inferior a 1 por cien milésima, error less than 1/100,000th.
error paralático, parallax error.
error promedio inferior a 0mm, 91 por kilómetro (agrim.), mean error not exceeding ·035 in.
escafandra, diving apparatus.
escala (de inst.), dial.
escala (de medida), measuring-rule.
escala (naut.), port of call.
escala (progresión), scale.
escala de 100 (fis.), centigrade scale.
escala de cuerdas, rope-ladder.
escala de chimenea (mar.), funnel ladder.
escala de inspección de chimenea (ing.), chimney-ladder.
escala de longitudes, scale of lengths.
escala de medidas, measuring scale.
escala de 80, Reaumur's scale.
escala de proyección (inst.), mirror scale.
escala de Réaumur (fis.), Réaumur's scale.
escala de reducción, reduction scale.
escala de salvatage (arq.), fire-ladder.
escala de toldilla (naut.), companion ladder.
escala forma tambor, drum dial.
escala giratoria iluminada, illuminated dial.
escaladar *v.*, to climb, to scale.
escalado (dib.), scaling-down.
escálamo, thole, thowl.
escalar (reducir) *v.*, to scale down.
escalar (subir) *v.*, to ascend, to climb.
escaleno, scalene.
escalera, staircase, stairs.
escalera apainelada, hanging-steps.
escalera cilíndrica, circular stairs.
escalera de auxilio, fire-escape.
escalera de caracol, spiral stairs.
escalera de garfios, hook-ladder,
escalera de manos, ladder, steps.
escalera móvil (o movediza), escalator.
escalera voladiza, overhanging stairs.
escalfador, chaffing pan.
escalinata, perron.
escalón, step, spoke.
escalonado *adj.*, stepped.
escalonado (i.c.) *s.*, earthwork.
escalonado (min.), *s.*, stope.
escalonado hacia atrás (las alas de un aeroplano), sweepback.
escalplo, currier's knife.
escalloso, scaly.
escamondar *v.*, to prune.
escandallo, sounding-lead.
escandio (quim.), scandium.
escantillón (alb.), template.
escantillón (tecn.), scantling-pattern.
escapando (o evacuando) al aire libre, exhausting into the atmosphere.
escapar (o escaparse), to escape.
escaparate, window (of shop).
escape, escape, outlet.
escape (de gases), exhaust.
escape (de rueda), ratchet.
escape a tierra (el.), earth leak, fault to earth.
escape de áncora (relojería), anchor escapement.
escape del gas usado, outlet of burnt gases.
escape en el vacío, exhaust in vacuum.
escape libre (mot.), escape into the atmosphere.
escarcha, rime, white frost.
escardar *v.*, to weed.
escardillo (agric.), weeding fork, weeder.
escariado cónico *adj.*, taper-bored.
escariador, broach, reamer, taper bit.
escariador cónico, tapered reamer, taper bore
escariador de ensanche, cylinder drill.
escariador expansivo, collapsible reamer.
escariador extensible, extension-bit.
escariador graduable, adjustable reamer.
escariadora, broaching machine.
escariadora (de extremidad), end cutter.
escariar *v.*, to broach, to ream.
escarpa (declive), bank, slope, steepness.
escarpado, abrupt, sloped, sloping, steep.
escarpia, spike nail.
escasamente poblado, thinly populated.
escasez, shortage.
escasez de agua, drought, shortage of water.
escaso, scant, scarce.
escayola, stucco, plaster of Paris.
escenario, stage (theatre).
esciografía, sciagraphy.
esciógrafo, sciagraph.
esclusa, lock, sluice.
esclusa de corredera (i.c.), sash gate.
esclusa de descarga (hid.), tail lock.
esclusero, lock-keeper.
escoba, broom.
escobén (naut.), hawse-hole.
escobén de remolque, towing-hole.
escobilla, brush.
escobilla de carbono, carbon brush.
escobilla de cobre, copper brush.
escobilla de contacto, contact brush.
escobilla de láminas, laminated brush.
escobilla de repuesto, spare brush.
escobilla de tela de cobre, copper-gauze brush.
escobilla fija, fixed brush.
escobilla móvil, movable brush.
escoda, claw hammer.
escofina, rasp, rasp file.
escofina dulce, smooth-cut rasp.
escoger *v.*, to choose, to pick.
escolar, scholar, student.
escollera, jetty, sea-wall.
escolloso, shelvy.
escombro (o escombros) (const., min.), debris, rubbish.
escopeta, gun (hand one).
escopeta de caza, sporting gun, rifle.
escopeta de dos tiros, double-barrelled gun.
escopeta rayada, rifle.
escopleado *s.*, mortising.
escopleador, mortise-chisel.
escoplear *v.*, to chisel, to dress, to mortise.
escoplo de ebanista, paring chisel.
escoplo dentado (carp.), dented chisel.
escoplo neumático, pneumatic chisel.
escoria, clinker, slag.
escoria básica, basic clinker.
escoria lanosa, slag wool.
escoria que nada, fusible dross.
escotadura, recess.
escotilla, hatchway.
escotillón, trap, trap-door.
escribano, notary public.
escribiente *adj.*, writer, writing.

escribir *v.*, to write.
escritor, writer.
escritorio, bureau, office.
escritura (jur.), deed.
escuadra (dib.), square.
escuadra (met.), angle-iron, section.
escuadra (nav.), fleet, squadron.
escuadra abordonada, bulb-angle.
escuadra de agrimensor, cross-staff.
escuadra de apoyo (maq.), angle-plate.
escuadra de carpintero, back-square.
escuadra de enrasar (met.), angle sleeker.
escuadra de línea (nav.), battle squadron.
escuadra de reborde (dib.), try-square.
escuadrar *v.*, to quarter, to square.
escuadrar madera, to square timber.
escuadrar un sillar (alb.), to square an ashlar.
escuadrilla, squadron.
escuadrilla de aeroplanos, air squadron.
escuchar *v.*, to listen.
escuchar radiotelefónicamente, to listen in (wireless).
escudo (de bote), escutcheon.
escudo (de protección), shield.
escudriñado, scanning.
escuela, school.
escuela agronómica (o de agricultura), agricultural school.
escuela de artes y oficios, industrial school.
escuela de aviación, flying-school.
escuela de comercio, commercial school.
escuela de Derecho, law school.
escuela de minas (o de minería), mining school, school of mines.
escuela de peritos mineros, miners' school.
escuela de sanidad naval, naval medical school.
escuela industrial, technical school.
escuela naval, naval college.
escuela primaria, elementary school.
escuela secundaria, grammar school.
esculpir *v.*, to carve.
escurrirse *v.*, to skid.
esencia, essence, essential oil.
esfera (de reloj), quadrant-plate.
esfera (geom.), sphere.
esfericidad, sphericity.
esférico *adj.*, spheric, spherical.
esferoidal, spheroidic
esferoide, spheroid.
esferómetro, spherometer.
esforzar *v.*, to force, to strain.
esforzarse *v.*, to endeavour.
esfuerzo (fatiga), effort, strain.
esfuerzo (mec.), load, stress.
esfuerzo cortante (mec.), shear, shearing stress.
esfuerzo de atracción eléctrica, electrical stress.
esfuerzo de tracción (mec.), tensile stress.
esfuerzo de tracción (f.c.), tractive effort.
esfuerzo de tracción de 30.000 kos. promedio, mean tractive effort of 65,000 lbs.
esfuerzo de tracción medio (f.c.), mean tractive effort.
esfuerzo del émbolo (mot.), piston load.
esfuerzo flexional (o de flexión o de combado), bending stress.
esfuerzo máximo de tracción de una locomotora, maximum tractive effort of a locomotive.
esfumado, dim.
esfumar *v.*, to dim.
eslabón, link (of chain).
eslabonar *v.*, to interlink.
eslinga, sling, span.
eslora, length (of a ship).
eslora total, length B.P. (or between perpendiculars).
esmaltado, enamelled.
esmaltador, enameller.
esmaltadura, enamelling.
esmaltar *v.*, to enamel.
esmalte, enamel.
esmeralda, emerald.
esmeril, emery.
espaciar *v.*, to space.
espacio, room, space.
espacio entre centros, distance between centres.
espacio muerto (mot.), clearance (in cylinders of engines).
espacioso, extensive, spacious, wide.
espada, sword.
espalda, back, shoulder.
espalda ciega (min.), false footwall.
espalda de filón (min.), footwall.
a espaldas de, at the back of.
espaldera (bot.), fruit-wall, espalier.
España, Spain.
Español, Spaniard, spanish.
esparcer, to diffuse, to scatter.
esparcido, scattered, sparse.
esparcimiento polar (el.), pole-shoe.
espato (min.), spar.
espato calcáreo, blue-john.
espátula, spattle.
especial, special.
especialista, specialist.
especificación, specification.
especificación normalizada, standard specification.
especificar *v.*, to detail, to specify.
específico *adj.*, specific.
específico (farm) *s.*, patent medicine.
espectral, spectral.
espectro (fis.), prismatic colours, spectrum.
espectro magnético, magnetic spectrum.
especular *v.*, to speculate.
especulativo, speculative.
espejismo, fata morgana, mirage.
espejo, looking glass, mirror.
espejo llano, plane mirror.
espejo parabólico, parabolic mirror.
espeque, handspike.
espermaceti, whale oil.
espesar *v.*, to give body, to thicken.
espeso, thick.
espesor, thickness.
espesor de un filón (min.), thickness of a vein.
espesor de una chapa (o plancha), thickness of a plate.
espesura (liq.), density, thickness.
espiche, tap (stopper).
espiga (agric.), ear (of corn), spike.
espiga (carp.), tenon.
espiga (de inst. cortante), shank.
espiga de encorvar (met.), bending-block.
espiga de rayo (de rueda), spoke-tenon.
espigadora (agric.), gleaner.
espina, thorn.
espinela (min.). spinel.
espino (bot.), hawthorn.
espinoso, thorny.
espira, helix, spire.
espiral *adj.*, spiral.
espíritu (quim.), spirit.
espíritu de madera, wood naphtha.
espíritu de sales descompuesto, killed spirit.

espita, tap.
espitar, to tap (to pierce).
espoleta de seguridad (exp.), safety-fuse.
espolín (text.), cop, pirn.
espolín de algodón, cotton-spool.
espolinera, pirn-winder.
espolón (de buque), ram.
espolón (i.c.), ice-breaker.
espolvorear *v.*, to powder, to sprinkle with powder.
esponja, sponge.
esponja de platino, platinum sponge.
esponjoso, spongious, spongy.
espontáneo, spontaneous.
espuela, spur (horses).
espuma, foam, froth, scum.
espuma de hierro (geol.), iron froth.
espumadera, skimmer.
espumoso, foamy, frothy.
esqueleto (const.), framework.
esquema, diagram, sketch.
esquema de las conexiones (el.), diagram of connections.
esquema de una máquina, drawing of a machine.
esquemático, diagrammatic.
esquife (arq.), cylindrical vault.
esquife (naut.), skiff.
esquiladora mecánica, shearing machine (for sheep).
esquilar *v.*, to clip, to shear (sheep.)
esquina, corner.
esquinal (apoyo), gusset.
esquinal de refuerzo (cald., const.), gusset-stay.
esquisto, schist.
esquisto arcilloso, clay slate.
esquistosidad (geol.), foliation.
esquistoso, schistic, schistose.
estabilidad, stability.
estabilizador, stabiliser.
estabilizador de cola (av.), tailplane.
estable, stable, steady.
establecer (fundar), to establish, to plant, to settle.
establecerse *v.*, to set up (in business).
establecimiento (población), settlement.
establo, stable, stall (cattle).
estaca, pale, stake.
estación, station.
estación (meteor.), season.
estación carbonera, coaling-station.
estación de aeroplanos, airport.
estación de bombeo de cloacas, sewage pumping-station.
estación de carga (f.c.), goods-station.
estación de empalme (f.c.), exchange-station, junction-station.
estación de recarga (el.), charging-station.
estación ferroviaria, railway station.
estación marítima (f.c.), marine station.
estación radiotelegráfica, radiotelegraphic station.
estación telefónica, telephone station.
estación terminal (f.c.), terminal station.
estacionamiento (aut.), parking.
estacionar (aut.) *v.*, to park.
estacionario, stationary.
estacha (naut.), towing line.
estada (o estadía), stay (residence).
estadio, stadium.
estadio (medida), furlong.
estadista, statesman.
estadística, statistics.
estado, state.
estado (de cuentas), statement.
estado mayor (mil, nav.), staff.
estado natural (o virgen) (min.), native state.

estalactita, stalactite.
estalactita silícica, siliceous sinter.
estallar *v.*, to burst, to explode, to snap.
estallido, burst, snap.
estallido de un neumático (aut.), bursting of a tyre.
estampa (met.), boss, snap hammer.
estampa de redondear (herr.), rounding tool.
estampado *s.*, stamping.
estampadora (text.), goffering machine.
estampar (met.) *v.*, to swage.
estampilla (S.A.), stamp (duty).
estampillado (documentos), stamped.
estanato (quim.) *s.*, stannate.
estancado, stagnant.
estancar, to dam back.
estancia (S.A.), large farm.
estanciero (S.A.), country squire.
estanco *adj.*, tight, watertight.
estanco al gas, gas-tight.
estánico *adj.*, stannic.
estanque, tank, water-tank.
estanque alimentado por peso propio, gravity-feed tank.
estanque de alimentación (cald.), feed tank.
estanque de inundación (sanidad), flushing chamber.
estanque de deposición, settling tank.
estanqueidad, tightness (to liquids).
estante, shelf.
estante para secar, drying rack.
estañado, tinned.
estañado del hierro, galvanising of iron.
estañador (o estañero), tinman, tinner.
estañadura, tinning.
estañífero, tinny.
estaño, tin.
estaño aluvial, stream-tin.
estaño para soldar, soldering tin.
estaquilla, cleat, peg.
estar bajo presión (cald.), to have steam up.
estar de guardia (mil., nav.), to keep watch.
estar en el poder (pol.), to be in office.
estar fondeado (naut.), to ride (at anchor).
estar situado, to be placed, to stand.
estar ubicado, to lie, to be situated.
estática, statics.
estática gráfica, graphical statics.
estático *adj.*, static.
estático (opuesto a dinámico, el., mec.), static, stationary.
estator, stator.
estator de toberas (turb.), nozzle-ring.
estatua, statue.
estatuto, by-law, statute.
estay (naut.), stay.
este *s.*, east.
esté alerta ! (anuncio de t.s.h.), stand-by !
estearina, glycerine tristearate, stearine, tristearine.
estela (naut.), head-way, wake (ship's).
estenografía, shorthand.
estenógrafo, shorthand-writer.
estenógrafo mecanógrafo, shorthand-typist.
estera, mat.
estéreo (medida), stere.
estereografía, stereography.
estereográfico, stereographic.
estereometría, stereometry.
estereótipo, stereotype.
estéril, sterile, barren.
esterilización eléctrica, electric sterilisation.
estética, æsthetics.

estiaje, low-water (on river).
estibador, dock labourer, stevedore.
estibar (naut.) *v.*, to stow.
estiércol, dung, manure.
estilo, style.
estilógrafo, fountain pen.
estima (cálculo de ruta del buque), reckoning.
estimación prudente, conservative estimate.
estimar (precio) *v.*, to rate, to value.
estío, summer.
estirable, capable of being drawn.
estirado (met.) *adj.*, drawn, wiredrawn.
estirado *s.*, drawing.
estirado (tieso) *adj.*, tight, stiff.
estirado de alambre *s.*, wiredrawing.
estirado de tubos, tube-drawing.
estirado en frío (met.), cold-drawing, cold-drawn (*adj.*).
estirado macizo (met.) *adj.*, solid-drawn.
estirado natural (met.), weldless.
estirador *adj.*, stretcher.
estirar (met.) *v.*, to draw, to stretch metal, to wiredraw.
estopa, stuffing.
estrada de enhornar (fund.), charging platform.
estrago, havoc, ravage.
estrangulación (aut., mot.), throttling.
estrangulación del vapor (mot.), wiredrawing (in steam engines).
estrangulador (aut., mot.), choke, throttle.
estrangular (aut., mot.) *v.*, to throttle.
estratificación torrencial (geol.), current-bedding.
estratificado, stratified.
estratigrafía, stratigraphy.
estrato, stratum.
estrato anticlínico (geol.), anticlinal stratum.
estrato (o lecho) sedimentario, sedimentary stratum.
estrato superior, superstratum.
estrechamiento, contraction, narrowing.
estrechar, to narrow.
estrecho *adj.*, narrow, tight.
estrecho (geog.) *s.*, channel, firth, sound, straits.
estregadera, scrubber.
estregar *v.*, to scour, to scrub.
estrella, star.
estrella de primera (segunda, etc.) importancia (ast.), star of the first (second, etc.) magnitude.
estrella polar, pole-star.
estrellado (ast.), starry.
estrellado (forma estrella), star-shaped.
estría (arq.), channel, fluting.
estría glacial (geol.), glacial striae.
estriador, reamer bit.
estriadora de armas, rifling machine.
estriadora de cilindros, roll fluting machine.
estriadura, fluting.
estriar (arq.) *v.*, to chamfer.
estribación sobre arco (const., i.c.), abutment to an arch.
estribar (const.) *v.*, to abut (on).
estribo (const.), abutment, buttress.
estribo (de montar), stirrup.
estribo (de puente), pier.
estribo (de vehículo), footboard, step.
estribo ciego (arq.), blind abutment, secret abutment.
estribo cortado (i.c.), reduced abutment.
estribo entrante (i.c.), re-entering abutment.
estribo hueco, hollow abutment.
estribo macizo, close abutment.
estribo perdido, dead abutment.
estribor, starboard.
estricnina, strychnine.
estroboscópico, stroboscopic.
estroboscopio, stroboscope.
estronciana, strontia.
estroncio, strontium.
estructura, construction, structure.
estuario, estuary.
estuco, gauge stuff, plaster of Paris, stucco.
estuche, case, sheath.
estudiante, learner, student.
estudiar *v.*, to study.
estudio, study.
estufa, heater, radiator, stove.
estufa al alcohol, spirit stove.
estufa de baño, bath warmer.
estufa de gas, gas radiator, gas stove.
estufa de secar machos de fundición, core-drying stove.
estufa eléctrica, electric radiator.
estufa hermética (para antracita), anthracite stove.
estufa para baños, bath-warmer.
estufa para secar, drying stove.
esviaje, inclination of a wall.
éter, ether.
éter de petróleo, petroleum ether.
éter fórmico, ethyl formate.
éter metílico, methyl ether.
etileno, ethylene, olefiant gas.
étilo, ethyl.
etiqueta, label.
etites (min.), ætites.
eucaliptus, eucalyptus.
eudiómetro, eudiometer, absorption tube.
evacuación (fís.), exhaust, exhausting.
evacuador de cenizas, ash-ejector.
evacuar (para formar vacío) *v.*, to exhaust.
evacuar el vapor, to exhaust steam.
evaporación, evaporation.
evaporador *s.*, evaporating pan.
evaporar, to evaporate.
evaporatorio *adj.*, evaporating, evaporative.
evidente, evident.
evidentemente, evidently.
evitado (naut.), swinging (ship's).
evitar *v.*, to avoid.
evitar (naut.), to swing (change position, naut.).
evolución, evolution.
evolución (geom.), involution.
evolvente (geom.), involute.
exactamente, accurately, exactly.
exactitud, accuracy, exactitude.
exactitud rigurosa, absolute accuracy.
exacto, accurate, exact, true.
examen, examination, view.
examen (geol.), survey.
examen de admisión (ed.), entrance (or pass) examination.
examinador, examiner.
examinador del rodaje (f.c.), carriage-viewer.
examinar *v.*, to examine, to survey.
examinar con rayos X, to X-ray.
excavación, excavation.
excavación de pozo, shaft (or well) sinking.
excavación subterránea (const.), underworking.
excavador (o excavadora), excavator.
excavadora (i.c., min.), excavator, navvy excavator.
excavadora a vapor, steam excavator, steam shovel.
excavadora de cable de arrastre, dragline excavator.

excavadora de laderas, shallow dredger.
excavadora de pala dentada, scoop shovel.
excavadora mecánica, power excavator.
excavar *v.*, to excavate.
excedente de aire, excess of air.
exceder *v.*, to exceed.
exceder en número, to outnumber.
excéntrica (mec.), eccentric.
excéntrica (text.), tappet.
excéntrica de ciaje (mar.), backward (or backing) eccentric.
excéntrica de contramarcha (o de contravapor) (mec.), back-eccentric.
excéntrica de marcha adelante, forward eccentric.
excéntrica de retroceso, backing eccentric.
excéntrica graduable (o regulable), adjustable eccentric.
excentrícamente, eccentrically.
excentricidad, eccentricity.
excéntrico *adj.*, eccentric.
excesivo, excessive, extreme.
exceso, excess, surplus.
exceso de habitantes, overcrowding.
exceso de velocidad, overspeed.
excitación derivada, shunt field.
excitación independiente (el.), separate excitation.
excitación insuficiente, under-excitation.
excitación serie, series field.
excitado separadamente (o independientemente) separately-excited.
excitador (fís.), exciter.
excitar (el.) *v.*, to energize, to excite.
excitatriz (el.), exciter.
excitatriz de reserva, spare exciter.
excitatriz en punta de árbol, direct-driven exciter.
excitatriz independiente, separately-driven exciter.
excursión, excursion, trip.
excusado *s.*, lavatory, water closet.
exhausto, exhausted.
exije lugar reducido, occupies little space.
existencia (acopio), stock.
éxito, success.
exotérmico, exothermic.
expansión, expansion.
expansión adiabática, adiabatic expansion.
expansión isotérmica, isothermal expansion.
expectativa propicia, good prospects.
expedición, expedition.
expedidor, carriers, forwarder, forwarding agent, sender.
expedir, to forward, to send.
experiencia (práctica), experience.
experiencia (prueba), experiment.
experimentado *adj.*, experienced.
experimentar, to experience, to experiment, to try.
experimento, experiment, trial.
experto, experienced, expert.
explanación, levelling.
explicación, explanation.
explicar, to explain.
exploración, exploration.
explorador, explorer.
explorador (navío), scout (naval).
explorar *v.*, to break the ground, to explore.
exploratorio (carrete de revelar fugas, el., mag.), exploration-coil.
explosión, explosion.
explosión (en cilindros de mot.), combustion.
explosión de caldera, boiler explosion, failure of a boiler.
explosión de gas, gas explosion.
explosión interna (mot.), internal combustion.
explosivo, explosive.
explosivo violento, high-explosive.
explotación aérea (av.), aircraft operation.
explotación ascendente (min.), working from below.
explotación de cantera, quarrying.
explotación de mina de oro, gold-mining.
explotación económica, economical working.
explotación minera, mine-working.
explotador (y explosivo) *adj.*, explosive.
explotar (estallar) *v.*, to explode.
explotar (min.) *v.*, to work (mines).
explotar comercialmente, to make merchantable.
explotar una mina de oro (o plata, hierro, etc.), to mine gold (silver, iron, etc.).
exponente (mat.), index.
exponer (redactar) *v.*, to word.
exportador, exporter.
exportación, export, foreign trade.
exportar *v.*, to export.
exposición, exhibition, show.
exposición de Artes y Oficios, industrial exhibition.
exposición translúcida, phantom show.
exprimir, to express.
extender (desplegar) *v.*, to spread.
extender (llegara) *v.*, to reach.
extender con martillo, to hammer out.
extender un hilo desde . . . (el.), to lead a wire from. . . .
extensible, tensile.
extensímetro (mec.), extensometer.
extensión, extension, extent.
extenso *adj.*, extensive.
extensor de telas, cloth expander.
exterior *adj.*, outside, outward.
externo, external, outer, outward.
extinción, extinction.
extinguir (fuego) *v.*, to quench.
extintor, extinguisher.
extintor automático de incendios, sprinkler.
extintor de incendios, fire-extinguisher.
extintor magnético de chispas, magnetic blowout.
extintor químico de incendios, chemical fire-extinguisher.
extracción, extraction.
extracción de mineral, ore raising, ore mining.
extracción de piedras, quarrying.
extracción de raíz (mat.), evolution.
extracción eléctrica (min.), electric winding.
extractar (gram.) *v.*, to abstract.
extractar (quim.) *v.*, to extract.
extracto (gram.), abstract.
extracto (quim.), extract.
extracto de palo colorante, dyewood extract.
extracto tánico, tannin extract.
extractor de humedad, hydro-extractor.
extractor de oro, gold-digger.
extractor del aceite, oil extractor.
extractor magnético, magnetic separator.
extradós (de arco o bóveda), back, extrados.
extraer, to extract.
extraer (min.), to hoist, to mine.
extraer aspirando, to suck, to exhaust.
extraer de una cantera, to quarry.
extraer el mineral desde el fondo, to hoist the ore from deep level.
extranjero *adj.*, foreign.
extranjero *s.*, foreigner.

extravasación (geol.), extrusion.
extravasarse (geol.) *v.*, to extrude.
extraviarse, to lose one's way.
extremidad, butt-end, end.
extremidad achaflanada, bevel end.
extremidad cónica, tapered end.
extremidad superior, top end.
extremo *adj.*, overall, ultimate, utmost.
extrínseco, extrinsic.
exudar (hid.), to exude.

F

f.a.b., f.o.b.
fábrica (armazón), fabric, frame.
fábrica (talleres), factory, works.
fábrica de acero, steel-works.
fábrica de alambre, wire works.
fábrica de cemento, cement mill.
fábrica de clavos, nail-works.
fábrica de electricidad, electricity works.
fábrica de gas, gas-works.
fábrica de hierro, ironworks.
fábrica de ladrillos, brick-works.
fábrica de locomotoras, locomotive works.
fábrica de motores, engine works.
fábrica de papel, paper-mill.
fábrica de sillas, chair factory.
fábrica de vagones (f.c.), carriage-works, wagon works.
fabricación, construction, make, making.
fabricación de cajas, box-making.
fabricación de calderas, boiler-making.
fabricación de ladrillos, brickmaking.
fabricación en serie, mass production.
fabricado *adj.*, made.
fabricado en Inglaterra, made in England.
fabricados de cualquier tamaño a partir de 1/2 HP, made in all sizes from 1/2 H.P. upwards.
fabricante, maker, manufacturer.
fabricante de accumuladores, accumulator manufacturer.
fabricante de agujas, needle-maker.
fabricante de cables, cable-maker.
fabricante de cadenas, chain-maker.
fabricante de fósforos, match-maker.
fabricante de herramientas, toolmaker.
fabricante de molinos, millwright.
fabricante de velas (naut.), sailmaker.
fabricantes prácticos, actual manufacturers.
fabricar *v.*, to make, to manufacture.
fabril *adj.*, manufacturing.
fácil, easy.
fácil de instalar, easily installed.
facilidad, ease.
fácilmente, easily.
factible, feasible, workable.
factor amplificador variable (t.s.h.), variable-mu.
factor de amplitud de una onda (fis.), wave amplitude factor.
factor de arrastre (av.), drag coefficient.
factor de consumo (o de carga), load factor.
el factor de consumo (o de carga) es igual al cociente de la potencia mediana por el factor de punta, the load factor is the ratio of the average power to the peak power.
factor de forma (fis., mat.), form factor.
factor de ordenada máximum (mat.), amplitude factor.
factor de potencia (el.), power-factor.
factor de seguridad, coefficient of safety.
factoría, mill.
factura (cuenta), bill, invoice.
factura (estilo), workmanship.
facturar *v.*, to invoice.
facultad, faculty, power.
facultad absorbente (fis., quim.), absorption power (or capacity).
facultad (o capacidad) de sobrecarga, overload capacity.
fachada, façade, front, frontage.
faena, task, work.
faenas agrícolas, agricultural work.
faja (atadura), band, tie.
faja (región), zone.
faja acorazada (nav.), armour-belt.
faja de lijar (tecn.), abrasive band.
fajina, fascine.
falca (naut.), waist-board.
falsa banda (naut.), list (inclination).
falsa bóveda, blind arch.
falsa cubierta (naut.), lower deck.
falsa escuadra, bevel rule, bevel protractor.
falsa quilla, sliding-keel.
falsear las agujas (f.c.), to jump the points (rly.).
falso, erroneous, false, untrue, wrong.
falso arco (arq.), blind arch.
falso piso (arq.), dead floor.
falta (ausencia), lack, deficiency, shortage.
falta (defecto), fault, defect.
falta (privación), deficiency, shortage.
falta de entrega, non-delivery.
falta de éxito (en general), failure.
falta de medios de transporte, lack of transport facilities.
falta de obreros, shortage of labour.
falta de pago, non-payment.
falta de precisión, want of accuracy.
faltar (acabarse) *v.*, to run short.
falto *adj.*, deficient, wanting.
falto de personal, short-handed.
falúa, barge.
falla (geol.), fault, leap, break.
falla (min.), slide.
falla en el aislamiento (el.), insulation-fault, break on the insulation.
falla invertida (geol.), reversed fault.
falla normal (c corriente o regular) (geol., min.), gravity-fault, normal fault.
fallar (const.) *v.*, to fail.
fallar (jur.) *v.*, to judge, to pass sentence.
fallo (jur.), judgment.
el armazón falló (const.), the structure failed.
fama, fame, name, reputation.
fama de académico, academic distinction.

familiarizarse a fondo con una máquina (o país), to make oneself thoroughly conversant with a machine (country, etc.).
fanal, beacon.
fanega, bushel.
fango, mud, slime.
faradio, farad.
faradización, faradisation.
fardo, bale, bundle, pack, package.
farmacéutico *adj.*, pharmaceutic.
farmacéutico *s.*, chemist, pharmacist.
farmacia, pharmacy.
faro, lighthouse.
faro de automóvil, automobile reflector.
faro de destellos, flash-light.
farol, lamp, lantern.
farol de cola (f.c.), tail-light.
farol de parada (aut.), stop-light.
farol delantero, headlamp.
fase, phase.
fases compensadas (el.), balanced phases.
fases desequilibradas (el.), unbalanced phases.
fases equilibradas (el.), balanced phases.
fasómetro, phasemeter.
fatiga (corporal), fatigue, strain.
fatiga (mec.), stress.
fatiga de compresión, compression stress.
fatiga de flexión, bending stress.
favorable, fair, favourable.
faz, face, surface.
faz (min.), face, wall.
faz (o cara) alisada (ing.), smooth (or ground) surface.
faz de laboreo (o de derrumbe) (min.), face under attack.
fecundizar (agric.), to manure.
fecha, date.
fechar *v.*, to date.
fechar y numerar, to date and number.
feldespato, feldspar.
feldespato potásico, potash feldspar.
felpa (text.), plush.
felpudo, doormat.
F.E.M. (o fem), E.M.F. (electromotive force).
F.E.M. contactual, applied E.M.F.
F.E.M. inducida, induced E.M.F.
fenómeno, phenomenon.
fenómeno piezoeléctrico, piezo-electric phenomenon.
fenómeno químico-físico, chemico-physical phenomenon.
fenómenos eléctricos, electrical phenomena.
feraz, feracious, fertile, rich.
feria (exposición), fair.
férreo, ferreous, ferruginous.
ferretería, ironmongery.
ferretero (S.A.), ironmonger.
ferro-cromo, ferro-chromium.
ferro-silicio, ferro-silicon.
ferro-vanadio, ferro-vanadium.
ferrocarril, railway.
ferrocarril aéreo, overhead railway.
ferrocarril de adhesión, adhesion railway.
ferrocarril de cremallera, rack railway.
ferrocarril de doble vía, double-line railway.
ferrocarril de entrevía estrecha, light railway, narrow gauge railway.
ferrocarril de trocha ancha (S.A.), broad gauge railway.
ferrocarril de trocha angosta (S.A.), narrow gauge railway.
ferrocarril de trocha normal (S.A.), standard gauge railway.
ferrocarril de vía única, single-line railway.
ferrocarril del Oeste, Western Railway.
ferrocarril estratégico, military railway.
ferrocarril metropolitano (o urbano), city railway.
ferrocarril subterráneo, underground railway.
ferrocarril suspendido, overhead railway.
ferrocianuro, ferrocyanide.
ferrocianuro potásico, yellow prussiate of potash.
ferrocianuro sódico, sodium ferrocyanide, yellow prussiate of soda.
ferrotitanio, ferrotitanium.
ferroviario *s.*, railwayman.
ferrugíneo (o ferruginoso), ferrous.
fértil, fertile, rich.
fertilidad, fertility.
feudo franco, freehold.
fiador (tecn.), catch.
fiador de resorte, spring catch.
fianza (com.), guarantee, security.
fiar (retener) *v.*, to trip.
fiarse *v.*, to rely.
fibra, fibre, grain.
fibra de la madera, grain of the wood.
de fibra compacta, fine-grained.
fidedigno, bona fide.
fideicomisario, trustee.
fiebre, fever.
fiebre amarilla, yellow fever.
fiel (de balanza), axis.
fieltro, felt.
fieltro de techar, roofing felt.
fierro (S.A.), iron.
figura (forma), fashion, form.
fijación, fixing.
fijación de carteles, billposting.
fijación del ázoe atmosférico, nitrogen fixation.
fijado (fot.), fixing.
fijador de carteles, billposter.
fijar *v.*, to affix, to fasten, to fix, to set.
fijar carteles, to post (bills).
fijar un precio, to set a price.
fijo, fixed, set, ready.
fila, rank, row.
fila de transformadores (el.), bank of transformers.
filas de generatrices proveen la corriente de tension, baja y la tensión de las rejillas (t.s.h.), banks of generators supply the low tension current and grid bias voltages.
filamento, filament.
filamento de carbono, carbon filament.
filamento estirado, drawn filament.
filamento grafitado, metallic filament.
filamento metálico, metallic filament.
filamento recubierto con pulverizador, squirted filament.
filástica, rope-yarn.
filete (arq.), band.
filete (tecn.), thread, worm.
filete cuadrangular, square thread.
filete de tornillo, screw-thread, screw-worm.
filete de tubo de gas, gas-thread.
filete inglés, English standard thread, Whitworth thread.
filete (o rosca) internacional, international screw thread.
filete métrico internacional, metrical screw-thread.
filete milimétrico, metric thread.
filete Sellers (o Americano), Sellers thread.
filete semicircular, round thread.
filete triangular, angular thread.

fileteado *adj.*, threaded.
fileteado (con espetón), chasing.
fileteado *s.*, thread-cutting.
filetear *v.*, to thread.
filetero, chasing tool.
filigrana (de papel), water-mark.
filo (agudeza), keenness, sharpness.
filo (reborde de inst. cortante), basil, edge, cutting edge.
filo agudísimo, keen edge.
filón (min.), lode, vein.
filón desviado (o dislocado), heaved lode.
filón estéril, barren lode.
filón metalífero, vein of metal.
filones auríferos en estratos silurianos metamórficos, auriferous veins in metamorphic Silurian strata.
filoncillo (min.), veinlet.
filosofía, philosophy.
filósofo, philosopher.
filoxera, mildew.
filtrado del aire, air-straining.
filtrar *v.*, to filter.
filtro, filter, philter, strainer.
filtro de aceite, oil filter.
filtro de aire, air strainer.
filtro de guijo, pebble filter.
filtro de zona (t.s.h.), band-pass filter.
filtro de agua de alimentación (cald.), feed-water filter.
filtro-separador de aceite, oil-separator.
fin (extremidad), end, limit, termination.
fin (objeto), aim, purpose, scope.
fin de carrera (mot.), end of stroke.
fin de recorrido (mot.) : Véase fin de carrera.
fin del mes, end of the month.
finca, landed property.
fineza (quim.), fineness.
finiquitar *v.*, to settle (accounts).
finiquito, settlement.
fino (cualidad), fine.
fino (delgado), thin.
firma, signature.
firma bien conceptuada, accredited firm.
firmante, signatory, signor.
firmar *v.*, to sign.
firme *adj.*, firm, stiff.
firmeza, steadiness.
fiscal (dirigente), controller.
fiscalización (S.A.), control, supervision.
fiscalización inexperimentada, unskilled supervision.
fiscalizador, controller, inspector, supervisor.
fiscalizador de accidentes (cald.), boiler inspector.
fisco, exchequer, revenue.
física, physics.
física de la electricidad, electro-physics.
física del globo, geophysics.
físico *adj.*, physical.
físico *s.*, physicist.
fisiología, physiology.
flamante *adj.*, spick and span.
flanqueo (mil.), outflanking.
flecha, arrow.
flecha (de arco o bóveda), camber, rise (of vault).
flecha (flexión), deflection, sag.
flecha de una viga (i.c.), deflection of a girder.
flecha del cable, cable sag.
fleje, hoop (or strip) iron.
fleje de cobre, copper strip.
fletador, charterer (ship's), freighter.
fletamento, charter, freighting.
fletar *v.*, to charter, to freight.
fletar a tanto alzado (naut.), to charter for a lump sum.
flete (gasto), carriage, freight.
flexibilidad, flexibility, suppleness.
flexible, flexible, supple.
flexímetro (y flexómetro), deflectometer.
flexión (bajo carga), bend, bending, deflection, flexion, flexure.
la flexión de una viga cargada, the deflection of a loaded beam.
flojedad, slackness.
flojo, loose, slack.
flor (bot.), flower.
florescencia, efflorescence.
flotabilidad, buoyancy, floatability.
flotación (de buquevarado), floating.
flotador, float.
flotador esférico (aut.), ball float.
flotante *adj.*, afloat, floating, water-borne.
flotar *v.*, to float, to swim.
fluctuación, fluctuation.
fluctuar *v.*, to fluctuate.
fluidez, fluidity.
flúido, fluid.
fluír *v.*, to flow, to flush.
flujo (mag.), field, flux.
flujo (marea), flow.
flujo alterno, alternating flux.
flujo de conmutación, commutating flux.
flujo de vapor, flow of steam.
flujo del campo : Véaseflujo magnético.
flujo disperso, stray field.
flujo magnético, magnetic flux.
flujómetro (mag.), fluxmeter.
flúor, fluorine.
fluorescencia, fluorescence.
fluorhídrico, hydrofluoric.
fluorita, fluor, fluorspar.
fluoroscopio, fluoroscope.
fluoruro de calcio, fluor, fluorspar, blue-john.
foca (zool.), seal.
focímetro, focimeter.
foco, focus.
fogón, furnace.
fogón al gas, gas-fired furnace.
fogón de llamas invertidas, down-draught furnace.
fogonazo del encendido (aut., mot.), back-firing.
fogonero, fireman, stoker.
folleto, pamphlet.
fomentar *v.*, to foster.
fondeadero (mar.), anchoring-ground.
fondear *v.*, to drop the anchor.
fondo, bottom.
fondo (cald.), end-plate.
fondo (dinero), fund.
fondo (mar.), ground.
fondo (perspectiva), background.
fondo de amortización, sinking-fund.
fondo de caldera, bōiler-end.
fondo de laboreo (min.), mine face.
fondo doble, false bottom.
fondo posterior (cald.), back plate.
fondo secreto (u oculto), false bottom.
con fondo, bottomed.
fondos (capital), funds, stock.
fondos inactivos, idle capital.
fonética, phonetics.
fonógrafo, gramophone, phonograph.
fonolita (min.), clink-stone.
forja, forge.
forja catalana, bloomery fire.

forjado, forged, wrought.
forjado en masa, forged solid.
forjar *v.*, to forge.
forjar en frío (o en caliente), to forge cold (or hot).
forma, form, shape.
forma (herr.), forming tool.
forma (horma), former.
forma de bobinar, winding former.
formación, formation, forming.
formación (constitución) de la vena (filón o veta), lode formation.
formación plúmbica (min.), lead measures.
formado *adj.*, formed, shaped.
formado con prensa, pressed to shape.
formalidad, formality, punctuality.
formalina, formalin.
formalmente, formally.
formar *v.*, to form, to shape.
formón de ahuecar, carving chisel.
formón de ayuste (carp.), scarfing chisel.
formón de chaflanar, bevelling chisel.
fórmula, formula.
fórmula clásica (fis., mat., quim., etc.), standard formula.
fórmula empírica (o derivada de la práctica), empirical formula.
fórmula molecular, molecular formula.
formulario, handbook.
forrado *adj.*, covered, lined.
forrado de metal, metal-lined.
forraje, fodder, forage.
forrar *v.*, to line.
forro, lining.
forro (ing.), facing.
forro de cilindro (mot.), cylinder liner.
forro de cuero del embrague (aut.), leather clutch lining.
forro de embrague, clutch lining.
fortificar *v.*, to fortify, to strengthen.
forzado, forced.
forzado (metido por fuerza), driven into.
forzar, to force, to strain.
forzar el vapor (mec.), to put on steam.
forzar las velas (naut.), to stretch a sail.
forzar una señal (f.c.), to run past the signal.
fosfato, phosphate.
fosfato cálcico, calcium phosphate.
fosfato de cal, phosphate of lime.
fosfato sodiamónico, ammonium-sodium phosphate.
fosfato sódico, sodium phosphate.
fosfórico, phosphoric.
fósforo (cerilla), match.
fósforo (metaloide), phosphorus.
fósforo blanco, yellow phosphorus.
fosforoso, phosphorous.
fosfuro, phosphuret.
fósil, fossil.
fosilizarse, to fossilise.
foso, fosse, pit.
foso de inspección de locomotoras, locomotive-pit.
foso de montar ejes (f.c., tranv.), axle-pit.
foso de volante, fly-wheel pit.
fotocopia, blue print.
fotoelectricidad, photoelectricity.
fotoeléctrico, photoelectric.
fotografía, photography.
fotógrafo, photographer.
fotometrar, to photometer.
fotometría, photometry.
fotométrico, photometric.
fotómetro, photometer.
fotómetro de destellos, flicker photometer.
fotómetro de pantalla de absorción, absorbing screen photometer.
fotómetro integrador, integrating photometer.
fotoquímica, photochemistry.
fotoquímico *adj.*, photochemical.
fracción, fraction.
fracción astronómica, sexagesimal fraction.
fracción impropia, improper fraction.
fracción propia, proper fraction.
fraccionario, fractional.
fractura, breaking, fracture.
fragata, frigate.
frágil, fragile.
fragua, forge.
fragua baja, bloomery.
fragua de calentar remaches, rivet forge.
fragua de templar, tempering-forge.
fragua portátil, portable forge.
fraguado (alb.), setting (masonry).
fraguado del mortero, setting of the mortar.
fraguar (alb.) *v.*, to set.
fraguar (met.) *v.*, to forge.
fraguas, ironworks.
franco (o libre) de porte, post-free.
franja intermedia (t.s.h.), band-pass.
franja undosa (t.s.h.), wave-band.
franqueado, stamped (letters).
frasco, flask.
frasco de lavar (quim.), wash-bottle.
frecuencia, frequency.
frecuencia auditiva, audio-frequency.
frecuencia de batimiento, beat-frequency.
frecuencia radioeléctrica, radio-frequency.
frecuencímetro, frequency-meter.
fregar *v.*, to scour.
frenado, braking.
frenado a fondo, brakes full on.
frenado eléctrico, electric braking.
frenado regenerador (el., f.c.), dynamic braking, regenerative braking.
frenado regenerador de los motores de corriente continua para efectuar parada rápida, dynamic braking of D.C. motors for the purpose of effecting a quick stop.
frenar *v.*, to brake, to put on the brake, to apply the brakes.
frenar poco a poco, to apply the brakes gradually.
freno, brake.
freno acodillado interior, internal-toggle brake.
freno al vacío, vacuum brake.
freno auxiliar hidráulico, hydraulic servo-brake.
freno de acción interna, internal expanding brake.
freno de accionamiento mecánico, mechanical brake.
freno de auxilio (o de socorro), emergency brake.
freno de cinta, band brake.
freno de contrapedal, back-pedalling brake.
freno de correa, belt brake.
freno de electroimán (maq., tranv.), electro-magnetic brake.
freno de mano, hand brake.
freno de palanca y cinta, strap and lever brake.
freno de pie, pedal-brake.
freno de Prony (pruebas), Prony brake.
freno de seguridad, emergency brake.
freno de seguridad de ascensor, lift brake.
freno de tornillo, screw brake.
freno dinamométrico, dynamometer brake.
freno eléctrico, electrical brake.
freno electroneumático, electro-pneumatic brake.

freno en las cuatro ruedas, four-wheel brake.
freno hidráulico, water brake.
freno hidráulico de paletas (para medidas), hydraulic dynamometer.
freno magnético, magnetic brake.
freno mecánico, power-operated brake.
freno neumático, air-brake.
freno neumático sistema Westinghouse, Westinghouse brake.
freno para jaula de pozo (min.), cage brake.
freno rápido, quick-acting brake.
freno retardador por corrientes de Foucault (contadores el.), eddy current brake.
freno sobre embrague, clutch brake.
frente, front.
frente (de terreno), frontage.
frente de derribo (min.), working face.
frente de hogar, furnace front-plate.
frente oblicua, bevel face.
de frente, abreast.
fresa (bot.), strawberry.
fresa (herr.), miller, milling-cutter.
fresa cónica, rimer.
fresa de ampalmar (carp.), jointing cutter.
fresa de moletear, knurling wheel.
fresa de ranurar (carp.), groover cutter.
fresa espiral, spiral milling cutter.
fresa helicoide, helicoidal cutter, worm hob.
fresa matriz, hob.
fresa para trazar helicoides, fluting cutter.
fresa perfiladora, profile cutter.
fresado *adj.*, milled.
fresado *s.*, milling, milling-work.
fresador-cepillo combinado, plano-milling machine.
fresadora, milling machine.
fresadora copiadora, copy milling machine.
fresadora de columna, pillar milling machine.
fresadora de dos cabezales, double-headed milling machine.
fresadora de engranajes, gear-grinder, generating-gear cutter.
fresadora de engranajes helicoidales, worm-gear cutting machine.
fresadora de perfilar, profiling machine.
fresadora de roscas, thread-milling machine.
fresadora horizontal, horizontal milling machine.
fresadora múltiple, gang-milling machine.
fresadora para árboles ranurados, spline-shaft grinding machine.
fresadora para cremalleras, rack-cutting machine.
fresadora para muescas, keyway grinding machine.
fresadora para roscas (o filetes), thread-milling machine.
fresadora para ruedas serpentinas, worm-wheel generating machine.
fresadora para trabajos generales, universal milling machine.
fresadora paralela, Lincoln-type milling machine.
fresadora taladro, milling and boring machine.
fresar *v.*, to mill.
fresco, cool, fresh.
fresno (bot.), ash.
fricción, friction.
fricción de rodamiento (mec.), rolling friction.
frigorífico *adj.*, refrigerant, refrigerating.
frigorífico *s.*, meat-packing works.
frío, cold.
frío helado, icy-cold.
frontera, boundary, confine, frontier.
fronterizo *adj.*, bordering on.
frontispicio, forefront.
frotación, friction.
frotar *v.*, to rub.
fructosa (quim.), fruit sugar.
fruta, fruit.
fruticultura, fruit-farming.
frutilla (bot.), strawberry.
fruto (agric.), grain.
fuego, fire.
fuego (art.), firing.
fuelle, bellows, blower.
fuelle de cúpula (met.), cupola fan.
fuelle de paso (f.c.), gangway-bellows.
fuente, fountain, spring.
fuente de agua mineral, mineral spring.
fuera *adv.*, off, out, without.
fuera de alcance, out of reach.
fuera de aplomo, out of plumb.
fuera de bordo, outboard.
fuera de circuito (el.), off position.
es imposible abrir las puertas a no ser que el aislador esté " fuera de circuito ", doors cannot be opened unless the isolator is in the off position.
fuera de estación, unseasonable.
fuera de fase (el.), out of step.
fuera de la vista, out of sight.
fuera del país, abroad.
fuerte, able-bodied, strong.
fuerte (mil.), fort.
fuertemente, strongly.
fuerza, force, strength.
fuerza antagonista (de pruebas), brake load.
fuerza antagonista al avance del buque, ship resistance.
fuerza ascensional (aer.), lifting-power.
fuerza centrípeta, centripetal force.
fuerza coercitiva, coercive force.
fuerza contraelectromotriz, counter-electromotive force.
fuerza cortante (o de cizallamiento), shearing force.
fuerza portante de un electroimán, lifting power of an electromagnet.
fuerza de inercia del émbolo, inertia force on piston.
fuerza de la marea, tidal power.
fuerza de tracción (mec.), tensile force.
fuerza de tracción al gancho (f.c.), draw-bar pull.
fuerza de un motor, output of a motor.
fuerza de vapor, steam power.
fuerza del frenado, braking effort.
fuerza del viento, wind pressure.
fuerza efectiva (mec.), actual power.
fuerza eficaz, effective power.
fuerza eléctrica, electrical power.
fuerza electromotriz, electromotive force.
fuerza electromotriz contactual, impressed electromotive force.
fuerza electromotriz de polarización, electromotive force of polarisation.
fuerza giratoria, turning force.
fuerza hidráulica, water (or hydraulic) power.
fuerza hidráulica estancada, banked-up power.
fuerza hidroeléctrica, hydro-electric power.
fuerza interior, internal force.
fuerza magnetomotriz, magnetomotive force.
fuerza mecánica, mechanical energy, mechanical power.
fuerza motriz, driving force, motive power.
fuerza motriz para cine, cinema power.
fuerza multiplicada (mec.), multiplying power.
fuerza para frenar, braking force.

fuerza propulsora, propelling power.
fuerza tangencial, tangential force.
fuerza útil, useful power.
fuerza viva (mec.), momentum, vis viva.
fuerza viva del buque, ship momentum.
fuerza y luz, power and light.
fuerzas aéreas (mil., nav.), air force.
fuga, escape, leak, leakage.
fuga a tierra (el.), earth leak, fault to earth.
fuga de gas, escape of gas.
fuga de la junta, joint leakage.
fuga magnética, field-leakage.
fulminato, fulminate.
fumadero, smoking-room.
fumigación, fumigation.
fumigar *v.*, to fumigate.
fumívoro *adj.*, smokeless, smoke-consuming.
función (cargo), office.
función (mat.), function.
función (servicio), performance.
función algébrica, algebraic function.
función exponencial, exponential function.
función periódica, periodic function.
función senoidal, sine-function.
funciona bajo extensa serie de velocidades, working over a considerable speed range.
funciona ya con corriente alterna o bien continua, operates both on A.C. or D.C.
funcionamiento, working, running.
funcionamiento (conducta de una maq. o ap.), performance.
funcionamiento económico, economical working (or running).
funcionamiento eficaz, efficient working.
funcionamiento en paralelo (el.), parallel-working.
funcionamiento en vacío (ing.), idle running.
funcionamiento garantizado, guaranteed performance.
funcionamiento intermitente, intermittent working.
funcionamiento irregular, abnormal working.
funcionamiento mediano (av., maq.), average performance.
funcionamiento normal, normal working.
funcionamiento por la red alterna (t.s.h.), alternating-mains operation.
funcionamiento seguro, safe working.
funcionando con poca carga, running light.
funcionar *v.*, to run, to work.
funcionario, official, officer, civil servant.
funda, hold-all.
fundación, foundation.
fundación de una compañía nueva, launching of a new company.
fundación para turbina, foundation for a turbine.
fundación sobre enrejado, grillage foundation.
fundación sobre pilares, pile foundation.
fundador, founder (originator).
fundamento (o fundamentos) (const.), foundation.
fundar *v.*, to establish, to found.
fundar una compañía, to float a company.
fundible, fusible.
fundición (producto de la colada, met.), casting.
fundición (taller), foundry.
fundición burda, rough-casting.
fundición de cañones, gun foundry.
fundición gris, grey iron.
fundición truchada, mottled casting.
fundido, molten.
fundidor (met.), founder.
fundidor de hierro, ironfounder.
fundidor de mineral, smelter.
fundidora mecánica de caracteres, typecasting machine.
fundir *v.*, to melt.
fundir mineral, to smelt.
fundirse (fusible, el.) *v.*, to blow, to fuse.
funicular de cable, rope (or cable) railway.
furgón (f.c.), van.
furgón de equipajes, luggage-van.
furgón guardafrenos, brake-van.
furgón postal, mail van.
fuselado *adj.*, streamlined.
fuselaje (av.), fuselage.
fusibilidad, fusibility.
fusible *adj.*, fusible.
fusible (el.) *s.*, fuse.
fusible de cartucho, cartridge fuse.
fusible de seguridad, safety fuse.
fusible para alumbrado, lighting fuse.
fusible para fuerza, power fuse.
fusible principal, main fuse.
fusible tapón, plug fuse.
fusiforme, fusiform.
fusil, gun.
fusión (de intereses), amalgamation.
fusión (derretimiento), fusing, fusion, melting melting down.
fusión de un cable (el.), fusing of a wire.
fuste (arq.), fust, shaft.
fuste (de chimenea), chimney shaft.
fuste de columna, shaft of a column.
fuste de chimenea, stack, shaft.

G

gabarra, lighter (boat).
gabarra carbonera, coal-lighter.
gabinete, cabinet.
gabinete de lectura, news-room.
gadolinio, gadolinium.
gafas (const.), lifting tongs.
galena (t.s.h.), crystal (detector).
galena falsa (min.), zinc-blende.
galenobismutita, galenobismutite.
galería, gallery.
galería (min.), drivage, drive.
galería al nivel de tierra (min.), level-shaft.
galería anegada, water-logged level.
galería atravesada (min.), cross-cutting.
galería cortada (o ciega) (min.), blind-level, blind gallery.
galería de agotamiento (min.), draining adit.
galería de avanzada (o preliminar) (i.c.), heading.

galería de bajada (o de descenso), descending gallery.
galería de cateo (min.), prospecting-level.
galería de desagüe, draining gallery, water-adit.
galería de exploración (min.), exploration level.
galería de extracción (min.), adit, draw, hauling gallery.
galería de fondo (min.), deep level.
galería de prueba del filón, winze.
galería de subida, ascending gallery.
galería lateral (min.), winze.
gálibo (naut.), mould.
gálibo de carga (f.c.), loading-gauge.
galón (medida), gallon.
galpón (S.A.), shed.
galpón de botes (S.A.), boat house.
galpón de coches (f.c., tranv.), (S.A.), car-shed, depot.
galpón de locomotoras (S.A.), locomotive shed.
galvánico, galvanic.
galvanismo, galvanism.
galvanización, galvanising.
galvanizado *adj.*, galvanised.
galvanizar *v.*, to galvanise.
galvanómetro, galvanometer.
galvanómetro aperiódico, dead-beat galvanometer.
galvanómetro astático, astatic galvanometer.
galvanómetro balístico, ballistic galvanometer.
galvanómetro de aguja, needle galvanometer.
galvanómetro de bobina móvil, moving-coil galvanometer.
galvanómetro registrador, recording galvanometer.
galvanoplastia, galvanoplastics.
galvanoscopic, galvanoscope.
allardete (naut.), streamer.
galleta (maza), cake.
galletas (carbón), lump coal.
gallinero, hen-coop.
gamella de lavar oro, abacus major.
gamuza, polishing buff, wash-leather.
ganadería, cattle-breeding.
ganado (zool.), cattle.
ganado en pie, livestock.
ganado menor, sheep (flock).
ganancia, earnings, profit, return.
ganar *v.*, to earn, to gain.
ganar terreno al mar, to reclaim land from the sea.
gancho, hook.
gancho de tracción (f.c.), draw-hook.
ganga (min.), dross, gangue, vein-matter.
ganga estéril, tailings.
ganga fusible, self-fluxing gangue.
garabato, hook.
garaje, garage, depot.
garantía, guarantee, warranty.
garantía de aptitud (ing.), warranty of fitness.
garantía de rendimiento de dinamo, dynamo guarantee.
con garantía de un año, guaranteed for one year.
garantizado, guaranteed.
garantizado con privilegio, patented.
garantizar *v.*, to guarantee, to warrant.
garfio, gaff, hook.
garfio en S, S-hook.
garganta, throat.
garganta (ranura), groove.
gárgola (arq.), gargoyle.
gárgola (de desagüe), gutter spout.
garita (ing.), cab.
garita (mil.), sentry-box.
garita de la vigía (naut.), look-out house.
garlopa, jack-plane, jointer.
garlopa ladera (carp., tecn.), side plane.
garra (de alzar), dolly bar.
garrucha, gin block.
gas, coal gas, gas.
gas combustible, fuel gas.
gas de alumbrado, town's gas.
gas de desecho, waste gas.
gas de escape de alto horno (met.), blast-furnace gas.
gas de gasógeno aspirante, suction gas.
gas de la combustión, flue gas.
gas hidráulico, water gas.
gas inerte, indifferent gas.
gas perdido de altos hornos, blast-furnace gas.
gas pobre, producer gas.
gasa, gauze.
gaseoso, gaseous.
gasificación, gasification.
gasificar *v.*, to gasify.
gasificar el carbón, to convert the coal into gas.
gasógeno, gas-producer (or generator).
gasógeno de acetileno, acetylene generator.
gasolina, gas-oil, petrol, spirit.
gasolina vaporizada, petrol vapour.
gasolinera (naut.), motor launch.
gasómetro, gas-holder, gasometer.
gastar *v.*, to spend.
gastar (usar) *v.*, to consume, to deal with.
gasto (consumo), consumption.
gasto (dinero), charge, cost.
gasto de aceite, oil consumption.
gasto de aceite bajo la potencia de régimen: 11 gr. por caballo hora, oil consumption at rated power 0·025 lb. per H.P. hour.
gasto de agua, water consumption.
gasto de calor, heat consumption.
gasto de carbón de 1k500 por caballo hora al gancho de tracción, coal consumption of 3 lbs. per drawbar horse-power-hour.
gasto suplementario, extra charge.
el gasto de conservación se reduce al mínimo, maintenance costs are reduced to a minimum.
gastos de compostura, cost of repairs.
gastos de explotación, operating expenses.
gastos de instalación, capital cost.
gastos de mantenimiento, cost of upkeep, maintenance cost.
gastos de viaje, travelling expenses.
gastos extras, additional charges.
gastos generales, overhead charges.
gastos menudos, petty expenses.
gastos operativos, running expenses.
gatillo (arm.), trigger.
gato (de levantar), jack.
gato alzacarriles (f.c.), railway jack.
gato de corredera, traversing jack.
gato de cremallera, rack and pinion jack.
gato de locomotora, locomotive jack.
gato de tornillo, screw jack.
gato hidráulico, hydraulic jack.
gaviete, davit.
gavilla (agric.), sheaf.
gavión, gabion.
gelatina, gelatine, animal jelly.
gema, gem.
gemelos *adj.*, twin.
gemelos (opt.), binoculars.
gemelos de campaña (mil.), field-glasses.
gemelos prismáticos, prism binoculars.

generación del vapor en la caldera, steam formation in boiler.
generador (o generante) (*adj.*, gas, el., vap., etc.), generating, producing.
generador (el.), generator.
generador de agua dulce, water softener.
generador de gas pobre, water-gas plant.
generador de ondas de audiofrecuencia (t.s.h.), audio-frequency oscillator.
generador electrolítico de hidrógeno, electrolytic hydrogen producer.
generalísimo, Commander-in-Chief.
generar *v.*, to generate, to deliver.
generar vapor, to raise steam.
generativo *adj.*, See generador (*adj.*).
generatriz (el.), generator.
generatriz asincrónica, induction generator.
generatriz para turbina hidráulica, water-wheel type generator.
géneros en balas, bale-goods.
gente, people, persons.
genuino, genuine.
geocéntrico, geocentric.
geodesia, geodesy.
geodésico, geodesic, geodesical.
geodesta, geometer, surveyor.
geognosia, geognosy.
geografía, geography.
geógrafo, geographer.
geología, geology.
geológico, geological.
geólogo, geologer, geologist.
geómetra, geometer, surveyor.
geometral, geometric, geometrical.
geometría, geometry.
geometría analítica, analytical geometry.
geometría descriptiva, projective geometry.
geometría en el espacio, solid (or space) geometry.
geometría plana, plane geometry.
geométrico, geometric, geometrical.
gerente, manager.
Gilbertio (unidad de campo mag.), Gilbert.
gimnasio, gymnasium.
girar *v.*, to revolve, to rotate, to turn, to turn round.
girar (com.), to draw.
girar oscilándose (mec.), to run untrue.
girar redondo, to run true.
giratorio, revolving, rotating.
giro (vuelta), revolution, turn.
giro postal, postal order.
girómetro, gyrometer.
giroscópico, gyroscopic.
giroscopio, gyroscope.
glacial, icy.
glicerina, glycerin, glycerol.
glicerofosfato, glycerophosphate.
globo (aer.), balloon.
globo (geom.), globe, sphere.
globo cautivo, kite-balloon.
globo de lámpara, lamp-globe.
globo dirigible, airship.
globo-sonda, sounding-balloon.
glóbulo, globule.
globuloso, globular.
glorieta, alcove, bower.
glucina, glucin, glycin.
glucinio (quim.), glucinium.
glucómetro, sugar-tester.
glucosa, glucose, glycose.
glutinoso, glutinous.
gneis anfibólico, amphibolic gneiss.
gobernador, governor (political).
gobernar, to govern.
gobernar (naut.), to steer.
gobierno, government.
gobierno (arte de gobernar), statesmanship.
gobierno (de una compañía o casa), control.
gola (arq.), ogee.
goleta, schooner.
golfo (geog.), gulf.
golpe, blow, knock, percussion.
golpear *v.*, to hit, to knock, to strike.
golpete (mec.), tappet rod.
gollete (de botella), neck.
goma, gum, india rubber.
goma antilicuable (contra aceite), oil-resisting rubber.
goma arábiga, gum arabic.
goma copal, anime.
goma de borrar, eraser.
goma laca, shellac.
góndola, gondole.
goniómetro, goniometer.
goniómetro de espejo, optical-square.
gorrón (tecn.), journal, king-pin, trunnion.
gorrón de gancho, swivel pin.
gota, drop, drip.
gotear *v.*, to leak, to drip, to trickle.
goteo, drip, leak, leakage.
gotera, gutter.
gotera de techo, roof-gutter.
gotera oscilante (met.), rocking trough.
gotero (quim.), pipette.
gozne, hinge.
grabación sobre cinc, zincography.
grabado (figura), illustration.
grabado (obra grabada), engraving.
grabador, engraver.
grabador en hueco (met.), die-sinker.
grabar *v.*, to engrave.
grada, grade, step.
grada de construcción, shipbuilding way.
grada de halaje, slipway.
grado (clasificación), grade, step.
grado (geom.), degree.
grado (mil., nav.), rank.
grado de admisión (mec.), cut-off.
grado de admisión adelantado, early cut-off.
grado de admisión de 75%, 75% cut-off.
grado de admisión retrasádo, late cut-off.
grado de amplificación (t.s.h.), stage of amplification.
grado de aspiración (de bomba), stage of a pump.
grado de precisión, degree of accuracy.
grado de recalentamiento (cald.), degree of superheat.
grado de temple (met.), temper.
grado de velocidad, rate of speed.
graduable, adjustable.
graduación, adjustment.
graduación de las bielas del freno (aut.), adjustment of brake-linkages.
graduación del coque, coke grading.
graduación para sintonizar (t.s.h.), tuning adjustment.
graduador de grano de café, coffee-grader.
gradualmente, gradually.
graduar, to gauge, to graduate.
graduar el carbón, to size coals.
gráfico *s.*, diagram.
grafilado *adj.*, knurled.
grafiladora, knurling wheel.
grafitar, to graphitise.
grafito, graphite, plumbago.

grafómetro, graphometer, semicircle.
gramática, grammar.
gramil (carp.), joiner's gauge, training point.
gramil (tecn.), scriber.
gramo, gramme, gram.
grampa de correa, belt fastener.
gran (grande), big, great, large.
Gran Bretaña, Great Britain.
gran velocidad, high-speed.
granate (min.), garnet.
granate herroso, iron-garnet.
grandes almacenes, stores.
grandes existencias siempre disponibles, large stocks always at hand.
granero, barn, granary.
granete, centre-punch.
granito, granite.
granito veteado, gneiss.
granizar *v.*, to hail.
granizo, hail.
grano, corn, grain.
grano de café, coffee-bean.
grano oleaginoso, oil-seed.
granulación, granulation.
de granulación fina, fine-grained.
de granulación gruesa, coarse-grained.
granuladora, granulating crusher.
granular *adj.*, granulated.
granular *v.*, to granulate.
granuloso, granulated.
grapa, sling.
grasa, fat, grease.
grasa animal, animal fat.
grasa consistente, thick fat.
grasoso, fatty.
gratis, free, gratis.
grava, gravel, coarse sand.
grava conglomerada (geol.), cemented gravel.
grava provechosa (min.) pay-dirt.
gravedad, gravity.
greda, plastic clay.
gredoso, cretaceous.
gremio, guild.
grés, stoneware.
grés hullera (min.), carboniferous sandstone.
grey (zool.), flock (of sheep).
grieta, fissure, rift.
grieta (geol.), chine.
grifo, cock (tap).
grifo contra incendios, fire-cock.
grifo de admisión del aire, air inlet cock.
grifo de alimentación (cald.), feed-cock.
grifo de desagüe, mud cock.
grifo de gas, gas cock.
grifo de mar, sea cock.
grifo de paso cuádruple, four-way cock.
grifo de purga (cald.), blow-off cock, drain cock.
grifo del indicador (cald.), gauge-cock.
grisú, fire-damp.
grosella (bot.), gooseberry.
grosularita (geol.), gooseberry-stone.
grúa, crane, hoist.
grúa a mano, hand crane.
grúa a vapor, steam crane (or winch).
grúa camión, lorry crane.
grúa con imán de alzar, magnet crane.
grúa contrapesada, balanced crane.
grúa de consola, cantilever crane.
grúa de desmontar, grabbing crane.
grúa de enhornar (fund.), foundry crane.
grúa de mandíbulas, grabbing-hoist.
grúa de monorriel, mono-rail crane.
grúa de pescante, jib crane.
grúa de portada, portal crane.
grúa de pórtico, gantry crane.
grúa de todo uso, runabout crane.
grúa de torre, tower crane.
grúa eléctrica, electric crane.
grúa equilibrada, balanced crane.
grúa gigante, Goliath crane.
grúa giratoria, slewing crane.
grúa hidráulica, hydraulic crane.
grúa locomotriz, locomotive-crane.
grúa móvil, travelling crane.
grúa mural, wall crane.
grúa pontón, floating crane.
grúa sobre orugas, caterpillar crane.
gruesa *s.*, gross.
a la gruesa, by the gross.
grueso, large, thick.
grupo, group.
grupo (maq.), set.
grupo compensador (el.), balancer set.
grupo conmutatriz y motor, motor-converter.
grupo convertidor (el.), converter.
grupo convertidor para cine, cinema converting-plant.
grupo de bombeo, pumping set.
grupo (o batería) de calderas, battery of boilers.
grupo electrógeno, generating set.
grupo electrógeno para alumbrado directamente acoplado, direct-coupled lighting set.
grupo motogenerador, motor-generator set.
grupo turboelectrógeno, turbo-electric set.
gruta, grot, grotto.
guadaña, scythe.
guarapo, cane juice.
guarda (o guardián), warder, keeper.
guarda (f.c.), guard.
guarda (protección), shield.
guarda virutas (maq.), chip-guard.
guardaagujas (f.c.), pointsman.
guardabarro, mudguard.
guardacabos (ing.), thimble.
guardacabos (mar.), bull's eye.
guardacosta, coastguard.
guardacostas (nave), coastguard vessel.
guardacuerpos, balustrade.
guardafrenos (f.c.), brakeman.
guardafuego, chimney fender, fire-shield.
guardamalleta (const.), barge-board.
guardamira (arm.), rifle cap.
guardamuebles, repository.
guardapolvo, overalls.
guardar *v.*, to keep.
guardar (conservar) *v.*, to retain.
guardar (proteger) *v.*, to shield.
guardavías (f.c.), signalman.
guardia, guard, watch.
guarecer *v.*, to shelter.
guarismo, numeral.
guarnecer (forrar) *v.*, to line.
guarnecer (la punta) *v.*, to tip.
guarnecido de hierro, iron-bound.
guarnecido de metal antifricción, babbit-bushed.
guarnecimiento de metal antifricción, babbiting.
guarnición (forro), facing, lining.
guarnición (maq., mot.), gasket, packing.
guarnición (mil.), garrison.
guarnición de algodón, cotton packing.
guarnición de cartón, cardboard gasket.
guarnición de caucho, rubber packing.
guarnición de cobre rojo, red gasket.

guarnición de cuerda, cord packing.
guarnición de cuero para bombas, pump leather.
guarnición de extremidad, end gasket.
guarnición de tela armada de amianto, asbestos-lined gasket.
guarnición espiralóidea, labyrinth packing.
guarnición estanca, water-tight packing.
guarnición impermeable, air-tight packing.
guarnición metaloplástica, metallic packing, soft metal gasket.
guarniciones (pertrechos), fittings.
gubernamental, governmental.
gubia (carp.), carpenter's chisel.
gubia (de cantero), gouge.
gubia de estriar (carp.), fluting gouge.
guerra, war.
en guerra con (o contra), at war with.
guía, guide.
guía (de bicicleta), handle-bar.
guía (ing.), guide rod, motion.
guía (libro indicador), directory.
guía (maq.), slide.
guía de válvula, valve-guide.
guía del correo, post-office directory.
guía en línea recta (mec.), parallel motion.
guía telefónica, telephone directory.
guiador (aut.), pilot.
guiador de embrague, clutch-pilot.
guiar *v.*, to conduct, to guide.
guiar un automóvil, to drive a motor-car.
guija (o guijo), gravel.
guijarro, pebble.
guillame, rabbet-plane, filister plane.
guillotina, guillotine.
guinche (S.A.), crane, winch.
guinche a vapor, steam-winch.
guinda (bot.), cherry.
guindaleza, hawser.
guindamaina (naut.), salute (between ships).
guindo (bot.), cherry-tree.
guisante (agric.), pea.
guitarra (de torno), quadrant plate.
gusano, worm.
gutapercha, gutta-percha.

H

haber (com.), credit side.
hábil *adj.*, able, capable, expert, skilled, skilful.
habilidad, ability, skill.
habilidad (destreza), craftmanship, skill, workmanship.
habilidad de marinero, seamanship.
habitación, room.
habitación (casa), dwelling.
hablar *v.*, to speak, to talk.
hacedero, feasible.
hacendado, landowner.
hacer *v.*, to do, to make, to cause to.
hacer agua (naut.), to leak, to spring a leak.
hacer arrancar (maq., mot.), to put in motion, to set in motion, to start.
hacer cerveza, to brew.
hacer circular, to circulate.
hacer correr (fund.), to tap off.
hacer el relleno (de combustible), to fuel, to refuel.
hacer empezar a producir una máquina, to set a machine working.
hacer entrar en dique, to dock.
hacer entrar por fuerza, to force in.
hacer escapar (gas, vapor, etc.), to exhaust.
hacer estallar, to explode.
hacer explotar una mina, to fire a mine.
hacer frente (posición), to face.
hacer funcionar, to work.
hacer girar, to turn.
hacer máquina atrás, to reverse the engine.
hacer pasar sobre la vía recta (f.c.), to switch on the straight.
hacer peligrar, to endanger, to imperil.
hacer penetrar atornillando, to screw in.
hacer resaltar un remache, to set a rivet.
hacer retroceder, to turn back.
hacer rizos (av.), to loop the loop.
hacer rodar, to roll.
hacer saltar, to blow up.
hacer saltar rocas, to blast rocks.
hacer seguir (correspondencia), to forward.
hacer señal, to give a signal.
hacer serpentear (gas o humo), to baffle.
hacer serpentear los gases por debajo de la caldera, to baffle the gases under the boiler.
hacer venir, to write for.
hacerse marinero, to go to sea.
hacia abajo, downward, downwards.
hacia adelante, forward, forwards.
hacia adentro, inwards.
hacia afuera, outwards.
hacia arriba, upwards.
hacia atrás, backwards.
hacia derecha, to the right.
hacia el este, eastward.
hacia el exterior, outwards.
hacia el extranjero (mar.), outward-bound.
hacia el mar, seaward.
hacia el norte, northern, northward.
hacia el oeste, westerly, westward.
hacia el regreso (naut.), homeward.
hacia el sud, southern, southward.
hacia la derecha (movimiento), right-handed.
hacia la izquierda (movimiento), left-handed.
hacia la izquierda (rotación), counter-clockwise.
hacia proa (naut.), fore.
hacia tierra, landwards.
hacienda (agric.), farm.
hacienda (riqueza), finance.
hacienda pública, the Treasury.
hacha, axe.
hacha de ahuecar, mortising axe.
hacha de desbastar, hewing axe.
hacha de descortezar, barking axe.
hacha de mano, pole axe.
hacha de talar, clearing (or felling) axe.
hachear *v.*, to hack.

halado *s.*, towage.
halar, to haul, to tow.
halógeno, halogen, halogenous.
haloideo, haloid.
hamaca, hammock.
hangar de aeroplanos (S.A.), aeroplane shed, aviation hangar.
harina, flour.
harmónica (fis., mat.), harmonic.
harmónica de orden (o grado) superior, higher harmonic.
harpillera, sacking.
hay presión (cald.), the steam is up.
haya (bot.), beech.
haz (agric.), sheaf.
haz de lux, beam of light.
hebra (agric., text.), staple.
hebra de algodón, staple of cotton.
hectárea (10.000 metros cuadrados), hectare (unit of area in Spanish = 2·47 acres).
hectogramo (100 gramos), hectogram (see gram).
hectovatio, hectowatt.
hecho *adj.*, made.
hecho *s.*, fact.
hecho a mano, hand-made.
hecho a máquina, machine-made.
hecho en seis tamaños normales, made in six standard sizes.
helada, frost.
heladera, ice safe, refrigerating machine.
helado *adj.*, frozen, glacial.
helar *v.*, to freeze.
helecho, fern.
hélice (geom.), helix, spiral.
hélice (propulsor), propeller, screw.
hélice aérea (o de aeroplano, o de dirigible), air-screw.
hélice aérea de paso variable, variable-pitch air-screw.
hélice de cuatro palas, four-bladed propeller.
hélice de paso a derecha, right-hand propeller.
hélice de paso a izquierda, left-hand propeller.
hélico (o helicoidal), helical, spiral.
helicóptero, helicopter.
helio, helium.
heliógrafo, heliograph.
helioscopio, helioscope.
hematites, hematite, iron froth.
hematites parda, limonite.
hemisferio, hemisphere.
hendedura, crack, cleft.
hender *v.*, to cleave, to split.
hendido *adj.*, split.
hendimiento, cleavage.
henil, barn, forrage barn.
heno, hay.
henrio (el.), henry.
herboso, grassy.
heredero, heir.
herencia, inheritance.
herida, wound.
herido, injured, wounded.
herir *v.*, to wound, to injure.
herméticamente, hermetically.
hermético, air-tight, hermetical.
herrador, farrier.
herradura, horse-shoe.
herraduras, iron-fittings.
herrajes, fittings, iron fittings.
herrajes para línea de toma (tranv. el.), trolley wire fittings.
herramental, tool-bag.
herramienta, tool.
herramienta cortante, edge-tool, knife-tool.
herramienta de acabar, finishing tool.
herramienta de carpintero, carpenter's tool.
herramienta de desbastar, roughing-tool.
herramienta de filo, cutting tool.
herramienta de jardinería, gardener tool.
herramienta de reproducir, forming-tool.
herramienta de roscar y filetear, taper turning and chasing tool.
herramienta de taladrar, boring tool.
herramienta deslizante de refrentar, slide facing tool.
herramienta eléctrica, electric tool.
herramienta manual, hand tool.
herramienta neumática, pneumatic tool.
herramientas de mano, hand tools, small tools.
herramientas para agricultura, agricultural implements.
herrar *v.*, to shoe (horses).
herrería, forge, smithy.
herrero, smith, blacksmith.
herrumbre (o herrín), rust, ironmould.
herrumbroso, rusty.
hervidor, boiler.
hervidor de alquitrán, tar boiler.
hervidor de azúcar, sugar-pan.
hervidor de jabón, soap pan.
hervir *v.*, to boil.
heterodina, heterodyne.
heterodinizar *v.*, to heterodyne.
heterogéneo, heterogeneous.
hexafásico *adj.*, six-phase.
hexágono, hexagon.
hez, lees.
hibernal, wintry.
hidrato, hydrate.
hidrato crómico, chromium hydrate.
hidrato de cal, calcium hydrate.
hidráulica, hydraulics.
hidráulicamente, hydraulically.
hidráulico, hydraulic, water (*adj.*).
hidroavión, flying-boat, seaplane, waterplane.
hidroavión de dos flotadores, twin-float seaplane.
hidrocarburo, hydrocarbon.
hidrocinética, hydrokinetics.
hidrodinámica, hydrodynamics.
hidroeléctrico, hydro-electric.
hidrogenar *v.*, to hydrogenate.
hidrógeno, hydrogen.
hidrógeno arseniurado (AsH^3), arsine.
hidrografía, hydrography, coast survey.
hidrografiar una costa, to survey a coast.
hidrógrafo, hydrographer, nautical surveyor.
hidrometría, hydrometry.
hidroneumática, hydropneumatics.
hidroplano, flying-boat, seaplane.
hidroquinona, quinol.
hidrósfera (geol.), hydrosphere.
hidrostática, hydrostatics.
hidrostático *adj.*, hydrostatic.
hidrotecnia, hydrotechnics.
hidróxido sódico, caustic soda.
hiedra (bot.), ivy.
hielo, ice.
hielo (punto del termómetro), freezing-point.
hiemal, wintry.
hierba, grass.
hierro, iron.
hierro al molibdeno, ferro-molybdenum.
hierro al níquel, ferro-nickel.
hierro al carbón de leña, charcoal iron.

hierro al titanio, ferro-titanium.
hierro angular, angle-bar.
hierro antiherrumbroso, rustless iron.
hierro batido, wrought iron.
hierro candente, red hot iron.
hierro colado, cast iron.
hierro colado en barras, pig iron.
hierro comercial, merchant-iron.
hierro comercial en barras, merchant bar.
hierro de desecho, scrap, scrap iron.
hierro de marcar, branding-iron.
hierro de soldar, soldering iron.
hierro de grano basto, coarse-grained iron.
hierro del comercio : See hierro comercial.
hierro desembarazado de cualquier impureza, iron free from all impurities.
hierro doble T, H-iron, I iron.
hierro dulce, wrought iron.
hierro en barras, bar iron.
hierro en lingotes, ingot iron.
hierro enfriado, chilled iron.
hierro especular, spiegel iron.
hierro esquinal (o L), L-iron.
hierro estriado, flawy iron.
hierro forjado, forged iron.
hierro fundido, mild steel.
hierro granular, grained iron.
hierro homogéneo, soft steel.
hierro I, I-beam.
hierro laminado, rolled iron.
hierro manganésico, ferro-manganese.
hierro móvil (inst.), movable magnet.
hierro oxidado, rusty iron.
hierro para edificar, structural iron.
hierro perfilado, section, section iron.
hierro poroso, spongy iron.
hierro pudelado, puddled iron.
hierro redondo, round iron.
hierro semi redondo, half-round iron.
hierro T, T-iron, tee iron.
hierro Thomas, basic iron.
hierro tierno, cold-short iron.
hierro truchado, mottled iron.
hierro U (o en U), channel, channel iron.
hierro viejo, scrap iron.
hierro Z, zed (or Z) iron.

higiene, hygiene, sanitation.
higiénico, hygienic.
higrómetro, hygrometer.
higrómetro de cabello, capillary hygrometer.
higroscopio, hygroscope.
hilacha (o hilaracha) (text.), fibre, filament.
hilacha de vidrio, glass wool, spun glass.
hilada (alb.), brick-course, course.
hilador de algodón, cotton spinner.
hilador de lino, flax-spinner.
hiladora (maq.), mule.
hiladora continua de anillos, ring frame.
hiladora de acción propia, self-acting mule.
hiladora mecánica, spinning machine.
hiladura, spinning.
hiladura de mechas, roving.
hiladura de fino, fine spinning.
hiladura en canillas, cop spinning.
hilandería, mill.
hilandería de algodón, cotton-mill.
hilar *v.*, to spin.
hilar de apresto, to rove.
hilar la madera (carp.), to cut long-timber.
hilaza (text.), yarn.
hilera (alb.), course (of bricks).
hilera (banco de estirar), wiredrawing bench.
hilera (de calibrar alambres e hilos), die-plate.
hilera (de estirar), die, draw plate.
hilera (fila), row.
hilera (met. de estirar grande), drawing-mill.
hilera de coronamiento (alb.), blocking course.
hilera diamantada, diamond die.
hilera mecánica, wiredrawing machine.
hilera saliente (alb.), top course.
hilerado (o estirado) **de alambre,** wire-drawing.
hilero de aire (aer.), streamline.
hilo (met.), wire.
hilo (text.), thread, yarn.
hilo aislado (el.), insulated wire.
hilo conductor, conductor wire, trolley wire.
hilo conector, connecting wire.
hilo de algodón, cotton thread.
hilo de carrete (text.), sewing thread.
hilo de equilibrado (entre dos dínamos, el.), pilot-wire.
hilo de equilibrado de los inducidos, armature equiliser connection, pilot-wire.
hilo de llegada, lead-in wire.
hilo de toma de tierra, earth-wire.
hilo de trole catenario, catenary line.
hilo doble trenzado (el.), twin flex.
hilo metálico, wire.
hilo neutro (o de equilibrio) (el.), neutral wire.
hilo para lámpara eléctrica, pendant cord.
hilo resistente, resistor wire.
hilo reticular (inst.), spider-line.
hincadura, sinking (of piles, etc.).
hincar (introducir) *v.*, to drive, to drive into, to sink.
hincar un pilote, to sink a pile.
hincar un pilote con agua bajo presión, to drive a pile by hydraulic pressure.
hinchar *v.*, to inflate, to swell.
hipérbola, hyperbola.
hypérbola equilátera, rectangular hyperbola.
hiperbólico, hyperbolic.
hiperboloide, hyperboloid.
hipercompundar (el.), to overcompound.
hipocicloidal, hypocycloidal.
hipocicloide, hypocycloid.
hipódromo, race course.
hipofosfato, hyphosphate.
hipógeno (geol.), hypogene, subterranean.
hipomoclio, fulcrum (of lever).
hiposulfato, hyposulphate.
hiposulfito, hyposulphite.
hiposulfito de soda, sodium hyposulphite.
hiposincrónico *adj.*, hypersynchronous.
hipoteca, mortgage.
hipotecar *v.*, to mortgage.
hipotenusa, hypotenuse.
hipótesis, hypothesis.
hipotético *adj.*, hypothetical.
hipsometría, hypsometry.
hipsómetro, hypsometer.
histéresis (el., fis.), hysteresis.
histéresis eléctrica, dielectric absorption, dielectric hysteresis.
historia, histor[illegible]
hita, dog-nail [illegible]
hito (mojón) [illegible] landmark.
hogar (de c[illegible]
hogar (d[illegible] chamber, furnace, heart[illegible]
hoja, foi[illegible]
hoja (h[illegible]
hoja ([illegible]
hoja (lá[illegible]

hoja de amianto, asbestos-sheet.
hoja de caucho, sheet-rubber.
hija de corcho, cork-sheet.
hoja de cuchillo, knife blade.
hoja de estaño, sheet tin.
hoja de latón, brass-foil, sheet-brass.
hoja de madera (alb.), slip.
hoja de paga, pay-roll.
hoja de platino, platinum foil.
hoja de presencia (de obreros), time-sheet.
hoja de propuesta, form of tender.
hoja de puerta, leaf of a door.
hoja de sierra, saw blade.
hoja de vidriera, window pane.
hoja metálica, sheet-metal.
hoja para sierra oscilante, hack saw blade.
hojalata, tin-plate.
hojalatero, tinman, tinsmith.
holgura (ing., mec.), free play.
hollejo (agric.), chaff.
hollín, soot.
hombre, man.
hombre de ciencia, scientist.
hombre de mar, seafarer.
un hombre al agua ! (naut.), man overboard !
homogeneidad, homogeneity.
homogéneo, homogeneous.
homórfico, homorphic.
hondo, deep.
hondonada, ravine.
hondura, depth.
hongo, mushroom.
honorarios, fee.
honorarios profesionales, professional fees.
hora, hour.
hora fijada, scheduled time.
horadar *v.*, to bore, to pierce.
horario *adj.*, hourly.
horario *s.*, schedule, time-table.
horas de oficina, office-hours.
horas hábiles, working hours.
horas suplementarias, after-hours.
horcate, hame.
horizontalmente, horizontally.
horizonte del súlfito (min.), sulphide horizon.
horma, former.
horma para curvas (f.c., i.c.), curve gauge.
hormiga (zool.), ant.
hormigón, concrete.
hormigón armado, ferro-concrete, reinforced concrete.
hormigón colado, floated concrete.
hormigonera, concrete-mixer.
hormiguero, ant-hill.
hornacero, furnaceman.
hornaguera, pit coal.
hornillo, burner, small stove.
hornillo de charolar, enamelling stove.
hornillo de gas, gas-burner (or ring).
horno, furnace, kiln, oven.
horno calentador al gas, gas-fired furnace.
horno castellano (met.), lead furnace.
horno de afinar (met.), finery.
horno de arco eléctrico, arc furnace.
horno de calcinar (met.), roasting furnace.
horno de calcinar basuras, garbage-consuming furnace.
horno de cocina, kitchen stove.
horno de coque, pit-kiln.
horno de coquizar, coking oven.
horno de corriente alterna, alternating-current furnace.
horna de cuba (sinónimo de alto horno), blast furnace.
horno de esmaltar, enamelling furnace.
horno de fundir, smelting (or melting) furnace.
horno de inducción, induction furnace.
horno de manga para mercurio, buytrone.
horno de nitrurar (met.), nitrating vessel.
horno de pudelar, puddling furnace.
horno de recalentar lingotes, ingot soaking pit.
horno de resistencia eléctrica, resistance furnace.
horno de tostadillo (o reverbero), reverberatory furnace.
horno eléctrico, electric furnace.
horno inclinable, tilting furnace.
horno monofásico, single-phase furnace.
horno para cal, lime-kiln.
horno para coque, coke-oven.
horno para ladrillos, brick kiln.
horno regenerante de Siemens (met.), Siemens regenerating furnace.
horno reverbero, reverberatory furnace.
horno Siemens-Martin, open-hearth furnace.
horqueta (u horquilla) (agric.), fork.
horquilla, fork, hook.
horquilla cuelga-receptor (tel.), telephone hook.
horquilla de correa, belt fork.
horquilla de jardinero, garden fork.
horquilla del selector (aut.), selector fork.
hortaliza, vegetable.
horticultor, market-gardener.
horticultura, gardening, market-gardening.
hoy *adv.*, to-day.
hoya (const.), valley (between roofs).
hoya de esclusa, lock pit.
hoyo, pit.
hoyo de colada (met.), foundry-pit.
hoyo de recalentar (fund.), soaking-pit.
hoyo de templar (met.), quenching-pit.
hoyo para cenizas, ash-pit.
hoz, sickle.
hueco *adj.*, blank, hollow.
hueco (engranajes), dedendum.
hueco (lugar disponible), carrying capacity.
huelga, strike.
huelga patronal, lock-out.
huelguista, striker.
huella, track.
huella (de escalera), tread (of stairs).
huerta, market-garden, orchard.
hueso, bone.
hule, oil-cloth.
hulla, soft coal.
hulla blanca, water power.
hulla grasa, bituminous coal.
hulla magra, lean coal.
hullera, colliery.
hullero *adj.*, carboniferous.
humeante *adj.*, smoking.
humear *v.*, to emit smoke, to smoke.
humedad, damp, dampness, humidity, moisture, wetness.
húmedo, damp, humid, moist, wet.
humero (cald.), flue, smoke tube.
humero de chapa ondulada, corrugated flue.
humo, smoke.
humoso, smoky.
hundimiento, settling, sinking.
hundimiento (de la tierra), subsidence.
hundir, *v.*, to sink.
hundirse (la tierra) *v.*, to sink, to subside.
hundirse (naut.) *v.*, to founder, to sink.

huracán, hurricane.
hurgón, fire-iron, poker.
husillo (maq.), arbor, small spindle.
husillo de enchufe, telescopic spindle.
husillo de torno, lathe spindle.
husillo prisionero (tecn.), dowel-pin.
huso (text)., bobbin, spindle.
huso de grifos, clutch bobbin.

I

icnografía, ichnography.
ida y vuelta (viaje), out and home.
idear, to draw up a plan.
idéntico, identical.
identidad, identity.
idioma, language.
el idioma español, the spanish language.
idoneidad, aptitude, fitness, competency.
idóneo, fit, suitable.
iglesia, church.
ígneo, fiery.
ignífugo, non-inflammable.
igual, equal.
igualar *v.*, to equalize.
igualdad, equality.
ilegal, illegal, unlawful.
ileso, unhurt.
ilícito, unlawful.
ilimitado, unbounded.
iluminación, illumination, lighting.
iluminación intensiva, flood-lighting.
iluminar, to illuminate, to light.
imagen nítida, sharp image.
imaginar (inventar), to construct, to discover, to invent.
imán, magnet.
imán de hojas, laminated magnet.
imán en barra, bar magnet.
imán en herradura, horse-shoe magnet.
imán natural, lodestone, permanent magnet.
imanar, to magnetise.
imbricado *adj.*, overlapping.
imbricar, to overlap.
immetódico, unbusinesslike.
impar, odd, uneven.
impedancia, impedance.
impedancia anódica, anode impedance.
impedancia sincrónica, synchronous impedance.
la impedancia es la resistencia aparente de un circuito o vía de corriente alterna y es equivalente a la suma vectorial de la resistencia y de la reactancia del circuito, impedance is the apparent resistance of an alternating-current circuit or path and is equal to the vector sum of the resistance and reactance of the path.
impedimento (jur.), estoppel.
impedir *v.*, to prevent.
impedir las incrustaciones (cald.), to prevent scale-formation.
impelente *adj.*, propelling.
impeler *v.*, to impel, to propel.
impenetrable, impervious.
impenetrable (por el viento), wind-tight.
imperfección, defect, fault, vice.
imperfecto, faulty, imperfect.
impermeabilidad, tightness.
impermeabilización, waterproofing.
impermeable, waterproof.
ímpetu, impetus.
impetuoso (hid), torrential.
implementos para salas de máquinas, engine room accessories.
implementos para transmisión de fuerza, power-transmission appliances.
impluvioso, *adj.*, rainless.
imponente *adj.*, imposing.
imponer *v.*, to impose.
imponer derechos de aduana sobre las materias primas, to impose a duty on raw materials.
importación, import.
importador, importer.
importancia (grosor), magnitude.
importar (com.) *v.*, to import.
importar (sumarse) *v.*, to amount.
importe, amount, value.
importe a pagar, amount due.
imposta (arq.), impost, springer.
imprenta, printing-house.
impreso, print, printed matter.
impresor, printer.
impresora, printing press.
impresora rotativa, printing-press.
impresos (aviso al expedir por correo catálogos u otros), printed matter.
imprimación (pint.), priming.
imprimar *v.*, to prime.
imprimir *v.*, to print.
imprimir falso, to misprint.
improductivo, unproductive.
impuesto, tax.
impuesto sobre la renta, income tax.
impulsado *adj.*, driven.
impulsado eléctricamente, electrically-driven.
impulsado mecánicamente, mechanically-driven.
impulsado por, driven by, powered (by).
impulsado por aire comprimido, driven by compressed air.
impulsado por cable, rope-driven.
impulsado por cadena, chain-driven.
impulsado por motor, engine-driven.
impulsado por motor Diesel, Diesel-powered.
impulsado por motor eléctrico, driven by electric motor.
impulsado por tornillo sin fin y engranaje, worm-gear driven.
impulsado por vapor, steam driven.
impulsante *adj.*, driving, moving, operating, propelling.
impulsar (actuar, maq.) *v.*, to drive, to operate.
impulsar (mover) *v.*, to impel, to propel.
impulsar (naut.) *v.*, to impulse, to propel.
impulsar aire hacia abajo en un pozo, to force air down a shaft.
impulsar un buque, to propel a ship.

impulsar un buque eléctricamente, to drive a ship by means of electricity.
impulsión, action, drive, driving, impulse.
impulsión de la lanzadera (text.), picking.
impulsión de la magneto (aut.), magneto-drive.
impulsión Diesel-eléctrica (f.c., naut.), Diesel-electric drive.
impulsión directa (maq.), direct-drive.
impulsión eléctrica, electric driving.
impulsión en las cuatro ruedas (aut.), four-wheel drive.
impulsión hidráulica, hydraulic-drive.
impulsión mecánica, mechanical action.
impulsión por cadena, chain-drive.
impulsión por correa, belt-drive.
impulsión por eje delantero (aut.), front-wheel drive.
impulsión por leva, cam-drive.
impulsión por motor Diesel, Diesel-engine drive.
impulsión por tornillo sin fin, worm-drive.
impulsión turboeléctrica, turbo-electric drive.
impulso (movimiento), drive, impulse.
impulso eléctrico, electrical impulse.
impulso mecánico, mechanical drive.
impureza, impurity.
impuro, foul, impure.
inactivo (naut.), laid up.
inactivo (parado), idle.
inactivo (sin corriente, el., tel.), dead.
inagotable, inexhaustible.
inalámbrico, wireless (*adj.*).
inalible, unfit for human consumption.
inamortiguado, undamped.
inaplicable, inapplicable, unsuitable.
inapropiado, unsuitable.
inapropiado al mar (naut.), unseaworthy.
inasentado, unsettled.
inatacable por el ácido (o por los ácidos), acid-proof.
inatascable, chokeless.
inaugurar (obras) *v.*, to open, to inaugurate.
inaurífero *adj.*, gold-free.
incandescencia, incandescence.
incandescente, incandescent.
incapacidad, incompetency.
incapaz, incompetent, unfit.
incendiado, on fire.
incendiarismo, arson.
incendio, fire.
incepción (de proyecto o idea), launching.
incierto, uncertain, unsettled.
incinerador, incinerator.
incinerador (o crematorio) de basuras, refuse-destructor.
incisión, cutting, incision.
inclinación, inclination.
inclinación (de la aguja mag.), deflection, dip.
inclinación (del mástil, naut.), rake, trim (ship's masts).
inclinación (geol.), dip, angle of dip.
inclinación de la parrilla (cald.), inclination of grate.
inclinación lateral (av.), banking.
inclinación máxima permisible (i.c., f.c.), ruling gradient.
inclinado *adj.*, inclined, slant.
inclinar *v.*, to incline, to tilt.
inclinar (av.) *v.*, to bank.
inclinarse (aguja mag.), to dip.
inclinómetro (i.c.), clinometer.
incógnita (mat.), unknown, x.
incombustible, fire-proof.
incomparable (sin igual), matchless.
inconductible, non-conducting, bad conductor.
incorroible (o incorrosible), incorrodible, non-corrosive.
incremento, increase.
incremento de temperatura, temperature rise.
incremento de temperatura menor que 22° C. por encima de la temperatura ambiente después de haber funcionado continualmente 6 horas a plena carga, temperature rise not more than 72° F. above the surrounding atmosphere after six hours' run at full load.
incrustación (cald.), scale.
incrustar (adornar con chapas) *v.*, to inlay.
incubadora artificial, incubator.
indagar precios, to inquire about prices.
al indagar precios o pedir en firme un motor monofásico, deberán facilitarse los datos siguientes . . ., when inquiring for or ordering a single-phase motor, following particulars should be supplied . . .
indefinido, indefinite.
indemnización, indemnity.
independiente, self-contained.
inderramable, unspillable.
indicaciones del servicio, service instructions.
indicaciones para el empleo, instructions for use.
indicador, indicator.
indicador Crosby, Crosby indicator.
indicador de alineación (i.c., mec.), alignment indicator.
indicador de alineación de cuadrante para cigüeñales, crankshaft alignment indicator, dial-reading type.
indicador de anhídrido carbónico (cald.), CO^2 meter.
indicador de consumo máximo, maximum demand indicator.
indicador de contacto a tierra, earth indicator.
indicador de deslizamiento (el.), slip-meter.
indicador de dureza (met.), toughness indicator.
indicador de fin de carrera (aut., av., mot.), top dead centre finder.
indicador de inclinación (aer.), inclinometer.
indicador de la circulación del aceite, oil-circulation indicator.
indicador de la temperatura de los gases de salida (loc.), pyrometer.
indicador de pendiente (av.), clinometer.
indicador de polaridad, polarity indicator.
indicador de rarefacción (fis.), siphon-gauge.
indicador de tiro (cald.), draught-gauge.
indicador de torsión (mec.), torsion-meter.
indicador de vacío, vacuum-gauge.
indicador de velocidad, speed-indicator, speedometer.
indicador de viscosidad, viscosimeter.
indicador del nivel de aceite, oil-level indicator.
indicador del nivel de agua (cald.), water-gauge.
indicador del nivel de gasolina, petrol-gauge.
indicador del sentido de las líneas de fuerza (mag.), field direction tester.
indicador giroscópico de balanceo y de arfado (naut.), gyroscopic roll and pitch meter.
indicar *v.*, to point out, to indicate.
índice de refracción (opt.), index of refraction.
indígena *adj.*, native.
indio (met.), indium.
indirecto, indirect.
indócil, unmanageable.
inducción (el.), induction.
inducción de una fuerza electromotriz por el efecto de un imán giratorio, the induction of an electromotive force by a rotating magnet.

inducción en los dientes, tooth-induction.
inducción mutua, mutual inductance.
inducción propia, self-induction, inductance.
inducido *adj.*, induced.
inducido (de dínamo), armature.
inducido de magneto, magneto winding (or armature).
inducido en anillo, ring armature.
inducido equilibrado, balanced armature.
inducido forma tambor, drum armature.
inducido sin núcleo, coreless armature.
inducir *v.*, to induce.
inducir un arco (el.), to strike an arc.
inductancia, inductance.
inductivo, inductive.
industria, industry.
industria aurífera, gold-mining industry.
industria azucarera, sugar-industry.
industria del automóvil, motor industry.
industria fundamental, basic industry.
industria libre de competencia extranjera, sheltered industry.
industria petrolífera, petroleum industry.
inercia, inertia.
inercia de las partes móviles, inertia of moving parts.
inerte, inert.
inestabilidad, instability.
inestable, instable, unstable.
inestanco, leaky.
inexactitud, inaccuracy, want of accuracy.
inexacto, inaccurate.
inexistente, non-existent.
inexperto, inexperienced, unpractised.
inexplorado, untravelled, unexplored.
inexplosible, unexplosive.
inferior, inferior, under.
inferir, to deduce.
infinidad, infinity, infiniteness.
infinitamente, infinitely.
infinito, infinite.
inflador, inflator.
inflamación (ing.), ignition.
inflamarse, to ignite, to take fire.
inflar *v.*, to inflate.
inflar un globo (o un neumático), to inflate a balloon (or a tyre).
inflexión, bending, flexion, flexure.
inflexión (opt.), diffraction.
influencia (el.), charge, influence.
informarse *v.*, to inquire, to query.
informe (memoria), report, statement.
informe de pruebas (o de ensayos), testing report.
informes, data, particulars.
informes (mil., nav.), intelligence.
informes (testimonios), references.
informes técnicos, technical data.
infra rojo, infra-red.
ingeniería, engineering.
ingeniería civil, civil engineering.
ingeniería mecánica, mechanical engineering.
ingeniero, engineer (professional).
ingeniero aeronáutico, aeronautical engineer.
ingeniero comercial, sales engineer.
ingeniero consultor (o consejero), consulting engineer.
ingeniero inspector, inspecting engineer.
ingeniero de la vía (f.c.), permanent-way engineer.
ingeniero electricista, electrical engineer.
ingeniero maquinista (o mecánico), mechanical engineer.
ingeniero naval, marine engineer.
ingeniero radiotelegrafista, wireless engineer.
ingenieros constructores reputados, well-known manufacturing engineers.
ingenio, genius, inventive capacity.
ingenio (de azúcar), sugar-plantation.
ingeniosidad, ingenuity.
Inglaterra, England.
Inglés, English.
inglete, mitre.
ingobernable, unmanageable.
ingreso, entrance, ingress.
ingresos, earnings, takings.
ingresos ferroviarios, traffic returns.
inhábil, unpractised, unskilful.
inhabitado, uninhabited.
inicial, initial.
iniciales, initials.
ininvertible, irreversible, non-reversing, non-reversible.
injertar *v.*, to graft.
inmaturo, unripe.
inmensidad, infinity.
inmergir *v.*, to immerge, to plunge.
inmersión, dip, dive, immersion.
inmovible, immovable.
inmóvil, fixed, motionless.
inmueble *s.*, building.
innavegable, unnavigable.
innecesario, unnecessary.
innocuo, harmless.
inodoro, deodorised.
inorgánico, inorganic.
inoxidable, rustless.
inquilinato, tenantry.
inquilino, renter, tenant.
inquirir *v.*, to inquire, to query.
insalubre, insalubrious, unhealthy.
inscribir *v.*, to record.
inscripción marítima, registry of seamen.
insecticida, insecticide.
inseguro, uncertain, unsafe, unsettled, yielding.
insertar, to insert.
inservible, unfit, unsuitable.
insipidez, tastelessness.
insípido, tasteless.
insistir *v.*, to lay stress upon.
inspección, inspection.
inspección (de productos), examination.
inspección geológica, geological survey.
inspeccionar *v.*, to inspect, to survey.
inspeccionar una casa, to view a house.
inspector, inspector, supervisor, surveyor.
inspector de accidentes, inspector of accidents.
inspector de calderas, boiler-inspector.
inspector de siniestros, fire-inspector.
instabilidad, unsteadiness.
instalación (fábrica), plant.
instalación (maq. y ap.), erection, fitting.
instalación al aire libre, outdoor mounting.
instalación de arrastre (o de tracción), haulage-plant.
instalación de calderas, boiler-plant.
instalación de cargar carbón, coal-handling plant.
instalación de conductores (el.), wiring.
instalación de conductores en tubos, conduit wiring.
instalación de corriente alterna, alternating current plant.
instalación de electrólisis, electrolytic plant.
instalación de evacuar cenizas, ash-handling plant.

instalación de extracción (min.), winding-gear.
instalación de fabricar hielo, ice-making plant.
instalación de galvanización, galvanising plant.
instalación de sondeo (i.c., min.), drilling plant.
instalación de suministrar carbón para locomotoras, locomotive coaling plant.
instalación de transformación de corriente para cinematógrafo, cinema converting-plant.
instalación de transporte, handling plant, conveying plant.
instalación de turbinas, turbine-plant.
instalación eléctrica, electric plant.
instalación eléctrica de teatros, electric wiring of theatres.
instalación extractora de aceite, oil extracting plant.
instalación frigorífica, refrigerating plant.
instalación para desgangar (met.), dressing plant.
instalación para la destilación del petróleo, oil-cracking plant.
instalación para 28 luces y 6 tomas (el.), wiring for 28 lights and 6 points.
instalación productora de agua dulce, water-softening plant.
instalación productora de hielo, ice-plant.
instalación productora de vapor, steam-plant.
instalación rectificadora, rectifying plant.
instalación recuperadora de subproductos, by-product recovery plant.
instalación secadora de aire, air drying plant.
instalación trituradora, crushing plant.
instalado de tiendas, shopfitting.
instalar (maq.) *v.*, to erect.
instalar la electricidad, to wire.
instalar la electricidad en una casa, to wire a house.
instalar (colocar o emplazar) la maquinaria, to lay down plant.
instalar una caldera, to erect a boiler.
instante, instant, moment.
instituto, institute.
institutor, schoolmaster.
instruido, learned.
instrumento, instrument, tool.
instrumento con cuadrante indicador, dial-instrument.
instrumento de canto (o de perfil), edgewise instrument.
instrumentos de dibujo, drawing material.
instrumento de medida, measuring instrument.
instrumento de medida de cero central, centre-zero instrument.
instrumento de tablero, panel instrument.
instrumento graduador, calibrating instrument.
instrumento medidor: See instrumento de medida.
instrumento para usos generales, knock-about instrument.
instrumento registrador (o gráfico), recording instrument.
instrumento totalizador (o integrador), integrating instrument.
insumergible, unsinkable.
integración (mat.), integration.
integración por partes, integration by parts.
integración por transformación, integration by substitution.
integral (mat.), integral.
integral determinada, definite integral.
integral indeterminada, indefinite integral.
integrar *v.*, to integrate.
íntegro *adj.*, integral, entire.
inteligencia, intelligence.

intensidad de campo (mag.), field strength (or intensity).
intensidad de una fuerza (mec.), magnitude of a force.
intensidad luminosa, candle-power.
intensidad luminosa de 28 bujías por metro cuadrado de suelo, 25 candle-power per square yard of room.
intensidad luminosa esférica, mean spherical candle-power.
intensión, intensity.
interacción, interference, interaction.
interacción entre palas (av., naut.), blade interference.
intercalar (el.) *v.*, to cut in, to switch into.
intercalar en el circuito, to switch into circuit.
intercambio térmico (fis.), heat exchange.
interceptar *v.*, to shut off.
interceptor, baffle.
interés (rédito), interest, yield.
interés compuesto, compound interest.
interesarse en, to take an interest in.
interestratificado (geol.), interbedded.
interinducción (el.), mutual induction.
interior, inner, inside, internal.
interior (de un país), inland.
interiormente, internally, inwardly.
intermedio, intermediate.
internacional, international.
interno, internal.
interpolo (el.), interpole.
interpretación falsa, misconstruction.
interpretar (explicar), to expound.
interpretar una teoría nueva, to expound a new theory.
intérprete, interpreter.
interrumpir *v.*, to interrupt.
interrumpir (el.) *v.*, to break, to break contact, to switch off.
interrupción, interruption.
interrupción (de trabajo), stoppage.
interrupción (el., tel.), break, cut off.
interrupción automática (el.), automatic break.
interrupción brusca, failure.
interrupción brusca del encendido (aut., av.), failure of the ignition.
interrupción brusca del motor en vuelo (av.), failure of the engine in mid-air.
interrupción de un circuito (el.), breaking of a circuit.
interrupción del servicio, breakdown in the service.
interrupción en una fase (el.), break on one phase.
interrupción momentánea (el., tel.), temporary break.
interruptor, contact-breaker, switch.
interruptor a distancia, remote-control switch.
interruptor a mano, hand switch.
interruptor a ras de pared, flush switch.
interruptor antifarádico, anti-capacity switch.
interruptor antirretorno de llamas (mot.), back-firing prevention switch.
interruptor bipolar, bipolar switch, double-pole switch.
interruptor colgante piriforme, pear switch.
interruptor compensado de la excitación, field-discharge switch.
interruptor cuelga-receptor (tel.), hook-switch.
interruptor de acción retardada, time-limit switch.
interruptor de alta tensión, high-tension switch.
interruptor de antena (t.s.h.), aerial switch.

interruptor de arranque, starting switch.
interruptor de batería, battery switch.
interruptor de botón, push-button switch.
interruptor de cuchilla, knife switch.
interruptor de chorro de mercurio, jet-interrupter.
interruptor de disrupción en el aire, air-break switch.
interruptor de dos direcciones, double switch.
interruptor de efecto alejado, remote-control switch.
interruptor de perilla, pear switch.
interruptor de resorte, snap switch.
interruptor de ruptura brusca, toggle switch.
interruptor de varillas, link switch.
interruptor eléctrico, electric switch.
interruptor en aceite, oil switch.
interruptor en líquido, liquid-break switch.
interruptor en mercurio, mercury-breaker.
interruptor principal, main switch.
interruptor trifásico, three-phase switch.
interruptor tripolar, triple-pole switch.
interruptor unipolar, single-pole switch.
intervalo, interval.
intervalo entre fases (el.), phase-displacement.
intervertir *v.*, to invert, to reverse.
intoxicación, poisoning.
intraatómico, intra-atomic.
intradós (arq.), intrados, soffit.
intransitable, impassable.
introducción, admission, introduction.
introducción del vapor, admission of steam.
introducir *v.*, to admit, to introduce.
introducir (meter), to fit in.
introducir más aire, to admit supplementary air.
intromisión (t.s.h.), interference.
intromisión (o inyección) de rocas plutónicas (geol.), intrusion of igneous rocks.
intromisión rocosa (geol.), rock intrusion.
inundación, flood.
inundado *adj.*, flooded, under water.
inundar *v.*, to flood.
inundar el carburador (aut., av.), to tickle the carburettor.
inútil, useless.
invariabilidad, invariability, invariableness.
invariable, unchanging.
invariante (mat.), invariant.
invasión del mar, sea-breach.
invención, contrivance, invention.
inventar *v.*, to discover, to invent.
inventariar *v.*, to inventory, to take stock.
inventario, inventory, stock-taking.
inventor, discoverer, inventor.
el inventor de un nuevo procedimiento, the discoverer of a new process.
invernáculo, greenhouse.
invernada, winter season.
invernal, winterly.
inversión, reversal, reversing.
inversión de marcha, reversing.
inversión de polos (el.), reversal of polarity.
inversión del magnetismo, magnetic reversal.
inversor (el.), reversing switch.
invertible, reversible.
invertir *v.*, to reverse.
invertir el sentido de marcha de la locomotora, to reverse the engine.
invertir la marcha (maq., mot.), to reverse the direction.
investigación (cienc.), research.
investigación práctica, research-work.
investigar (cienc.) *v.*, to research.
invierno, winter.
inyección, injection.
inyección sin aire (mot.), airless injection.
inyectar *v.*, to inject.
inyectar aire, to blow into.
inyector, injector, nozzle.
inyector a vapor, steam-cone.
inyector cebado (cald.), primed injector.
inyector de combustible (cald., mot.), spray nozzle.
inyector de empujar gravas (min.), hydraulic elevator.
inyector desencebado (cald.), unprimed injector.
inyector por vapor de escape (loc.), exhaust injector.
inyector por vapor vivo, live steam injector.
inyector regulador, injection valve.
ión, ion.
ionización, ionisation.
ionizar *v.*, to ionise.
ir, to go.
ir de compras, to shop.
iridio, irridium.
iris (inst. opt.), diaphragm.
irracional (mat.), surd.
irradiación, radiation.
irradiante, radiant, radiating.
irradiar *v.*, to radiate.
irregularidad, abnormality.
irregularidad cíclica (o periódica) (mec.), cyclic variation.
irregularidad periódica de un volante, cyclic variations of a flywheel.
irrigación (S.A.), irrigation, watering.
irrigar (S.A.) *v.*, to irrigate (land).
irrompible, unbreakable.
isla, island, isle.
isleño, islander.
isleta, eyot, islet.
isobara (meteor.), isobar.
isobárico, isobaric.
isóceles, isosceles.
isocronismo, isochronism.
isócrono, isochronal, isochronous.
isodinámico, isodynamic.
isógona (geog.), isogone line.
isógono, isogone.
isómería (quim.), isomerism.
isómero, isomeric.
isomorfismo, isomorphism.
isoquímeno (meteor.), isocheimal.
isoterma, isotherm.
isotérmico, isothermal.
isótero (meteor.), isotheral.
isótopo (fis.), isotope.
istmo, isthmus, neck of land.
iterbio, aldebaranium.
itinerario, itinerary, line of route.
itrio (quim.), yttrium.
izamiento, hoisting, raising.
izar *v.*, to hoist.
izquierda (lado), left.

J

jabalcón (de sostén), collar beam.
jabalcón (pieza en compresión), strut.
jabalconado, strutting.
jabón, soap.
jabón en polvo, soap-powder.
jabonería, soap-works.
jacinto (min.), zircon, jacinth.
jagüey (S.A.), pool, spring.
jalón (agrim.), pole, staff, ranging-rod.
jalón de agrimensor, measuring staff.
jalón nivelador, level-pole.
jalón parlante, boning rod.
jalonado (agrim.) *s.*, ranging-out, range.
jalonado de curvas con el teodolito, ranging-out curves with a theodolite.
jalonar una curva, to peg out a curve.
jalonar una curva por la tangente, to peg out a curve from the tangent.
jalonar una línea recta, to peg out a straight.
jamba (arq.), door-post, jamb.
jamba (de maq.), leg, stand.
las jambas de una grúa, the legs of a crane.
jamba de ventana, window-post.
jamba esquinal (const.), corner pillar.
jamba portacaños (o portatubos), pipe hanger.
jangada, raft.
jarabe, syrup.
jarcia (naut.), rope, shroud.
jardín, garden.
jardín botánico, botanical gardens.
jardín zoológico, zoological gardens.
jardinería, gardening.
jarra, jar, jug.
jaspe (min.), jasper.
jaspe negro, lydian stone.
jaula, cage.
jaula (maq.), casing.
jaula (o caja) de hilera (tecn.), die head.
Jefe, Chief, leader.
jefe (de departamento o casa), head, manager.
Jefe de Correos, Post-master.
jefe de estación (f.c.), station-master.
Jefe de Gobierno (pol.), Premier.
jefe de obras (const.), works manager.
jefe de oficina, head-clerk.
Jefe ingeniero, engineer-in-Chief, Chief Engineer.
jeringa, syringe.
jinete, rider.
jornal (salario), daily wages, earnings.
jornalero, journeyman, day-labourer.
joyería, jewellery.
joyero, jeweller.
jubilado *adj.*, pensioned off, retired.
jubilar *v.*, to pension off.
jubilarse *v.*, to retire on a pension.
judicial, judiciary.
juego (conjunto), set.
juego (entre rieles, f.c.), gap.
juego (maq., tecn.), end play, play.
juego de lumbrera (mot., vap.), port-opening.
juego de recambio, set of spares.
juego de un resorte, range of a spring.
juego de una leva, lift of a cam.
juego lateral (maq.), side-clearance.
juego perdido entre dientes (engranajes), back-lash.
juego lateral (ing.), side play.
un juego de empaquetaduras, a set of packing joints.
juez, judge.
juez de Paz, Justice of the Peace.
juicio (jur.), action, lawsuit.
julímetro, joule-meter.
julio (unidad), Joule.
junta (concejo), Board, Council.
junta (unión), joint.
junta acodillada, toggle-joint.
junta biselada, bevelled joint.
junta con fuga, leaky joint.
junta de basuras, refuse collection.
junta de desagües, drainage Board.
junta de enchufe, telescopic joint, sliding joint.
junta de espigas, dowel joint.
junta de extremidades sobrepuestas, lap joint.
junta de ingletes y cola de milano, half-mitre joint.
junta de pernos, bolted joint.
junta de tope, butt-joint.
junta de topes enlazada (para correas), laced butt joint.
junta de topes y cubrejunta, butt-jointed seam and strap.
junta directiva, Board of Directors.
junta enrasada (alb.), flush (or flat) joint.
junta entrante (alb.), secret joint.
junta entre dos arcos (alb.), heading joint.
junta estañada, soldered joint.
junta guarnicionada, packed joint.
junta hermética, air-tight joint.
junta plomada, lead joint.
junta remachada, riveted joint.
junta solapada, lap joint.
junta telescópica, bayonet joint.
juntar *v.*, to assemble, to connect, to join, to stick.
juntar con engrudo, to paste together.
juntar con pernos, to bolt.
jurado (miembro del jurado), juryman.
jurado (tribunal), jury.
jurídico, juridical.
jurisdicción, jurisdiction.
jurista, jurist, lawyer.
justedad, precision, accuracy.
justicia, justice.
justo, just, fair.
juzgado, tribunal.
juzgar *v.*, to judge.

K

kerosene, lamp-oil, paraffin-oil.
kilo, kilogram.
kilodina, kilodyne.
kilogramo, kilogram.
kilometraje, mileage.
kilómetro, kilometre.
kilómetros por hora (corresponding), miles per hour.
kilovatio, kilowatt.
kilovoltamperio, kilovolt-ampere.
kilovoltio, kilovolt.

L

labor, task.
laborable (tecn.), capable of being machined.
laboratorio, laboratory.
laboratorio de ensayos, test room.
laboratorio de investigaciones, research laboratory.
laboratorio de pruebas, testing shop.
laboratorio de unificación (o normalización), standardising laboratory.
laborear una mina, to work a mine.
laboreo (min.), mine-working, mining.
laboreo al derrumbe (min.), caving system.
laboreo de fondo, work in depth.
laboreo de gradería, stope.
laboreo de gran fondo, deep mining.
laboreo del carbón, coal getting (or mining).
laboreo hidráulico, hydraulicing.
laboreo subterráneo, underground workings.
labrado (met.), wrought.
labranza (agric.), ploughing, tillage.
labranza eléctrica, electric ploughing.
labrar (agric.) *v.*, to plough, to till.
labrar (materias) *v.*, to work.
labrar a contrafibra, to work against the grain.
laca, lac, lacquer.
laca (color seco), lake, pigment.
laca japonesa, japan.
laceado (movimiento indebido de locomotoras u otros vehículos), nose motion.
lacear, to lace.
lacerar *v.*, to lacerate, to rip, to tear.
lacre, sealing-wax.
lactato, lactate.
lactato de calcio, calcium lactate.
lácteo, lactic, milky.
lactina (quim.), lactose, milk-sugar.
lactómetro, galactometer, lactometer.
lactoscopio, lactoscope.
lacunario, lacunal.
lacustre, lacustral, lacustrine.
ladeado *adj.*, deflected.
ladear *v.*, to incline, to tip.
ladear el aeroplano hacia la derecha, to bank the aeroplane to the right.
ladearse *v.*, to deflect, to heel over.
ladeo, deflection.
ladera, side (of hill), declivity.
lado, side.
lado carne (de correa), flesh-side.
lado cuero, rough-side.
lado de estribor (naut.), starboard-side.
lado posterior, back end.
ladrillero, brickmaker.
ladrillo, brick, burnt stone.
ladrillo alivianado, hollow brick.
ladrillo cocido, burnt brick.
ladrillo hueco, air brick.
ladrillo mecánico, machine-moulded brick.
ladrillo refractario, kiln-brick, firebrick.
ladrillo secado al aire, air-dried brick, half-baked brick.
lagar, wine vat (or press).
lago, lake, sheet of water.
laguna, lagoon.
lagunoso, lacunal.
lámina (cortante), blade.
lámina (delgada), thin plate.
lámina de afeitar, safety blade.
lámina de cizalla, shear blade.
lámina de goma, sheet-rubber.
lámina metálica, foil.
laminación (met.), rolling.
laminado, laminated.
laminado (met.) *adj.*, rolled.
laminado *s.*, rolling.
laminador (met.), rolling-mill.
laminador de chapas, plate mill.
laminador de doble pase doble (o de cuatro pases), four-high rolling-mill.
laminador de grueso, blooming-mill.
laminador de perfiles, section rolling-mill.
laminador desbastador (véase también laminador de grueso), blooming-mill, cogging-mill.
laminar (met.), to reduce, to roll.
laminar chapas en laminaderos, to reduce plates in rolling-mills.
lámpara, lamp.
lámpara colgante, droplight.
lámpara con filamento de tungsteno, tungsten-filament lamp.
lámpara de acetileno, acetylene lamp.
lámpara de alcohol, spirit lamp.
lámpara de arco, arc lamp.
lámpara de bolsillo (el.), pocket lamp.
lámpara de cielo raso, ceiling lamp.
lámpara de enfocar (fot.), focussing lamp.
lámpara de 110 bujías, 110 candle-power lamp.
lámpara de escritorio, desk lamp.
lámpara de estañar, blow-lamp.
lámpara de filamento de carbón, carbon filament lamp.
lámpara de filamento metálico, metallic filament lamp.
lámpara de fotoimpresión, copying lamp.
lámpara de mano, hand lamp.
lámpara de medio vatio, half-watt lamp.
lámpara de pie, pedestal lamp.
lámpara de seguridad, safety lamp.
lámpara de seguridad Davy, Davy's safety lamp, miner's friend.
lámpara de sobremesa, table lamp.
lámpara eléctrica, electric lamp.
lámpara en vacío, vacuum lamp.
lámpara indicadora (o avisadora) (tel.), pilot lamp.
lámpara para mineros, miner's lamp.
lámpara para soldar, soldering lamp.
lámpara rellena de gas inerte, gas-filled lamp.
lámpara soplete, blow-lamp.
lamparero (hombre), lamp-carrier.
lampazo (naut.), mop.
lampista, lampman, lamp-carrier.
lampistería, lamp-room.
lana, wool.
lancha, launch, longboat.
lancha a vapor, steam launch.
lancha automóvil, motor-boat, motor-launch.
lancha de carrera, speed-boat.
langosta, locust.
lanoso (lanudo), woollen, woolly.

lantanio (quim.), lanthanium.
lanza (const.), stanchion.
lanza (de carro o coche), cart pole.
lanza-bombas (av.), bomb-gear.
lanzadera (text.), shuttle.
lanzamiento (naut.), rake.
lanzamiento de un hidroplano desde un buque, launching a seaplane from a ship.
lanzar *v.*, to shoot, to throw.
laña, clincher.
lápida, tombstone.
lápida funeraria, monumental slab.
lapídeo (lapidoso), lapideous.
lápiz, pencil.
lapizlázuli, lapis-lazuli.
largar *v.*, to drop.
largo, long.
larguero (av.), longeron.
larguero (const.), girder, joist.
larguero de piso, floor girder.
largura (o largor), length.
lastrar, to ballast.
lastre (naut.), ballast, ballasting.
lastre de agua, water-ballast.
lastre de plomo en barras (naut.), lead ballast.
lata, can, tin.
lata (listón), batten, lath.
lata de techo, roof-batten.
lateralmente, laterally, sidelong.
látigo, whip.
latitud, latitude.
latón, brass, yellow metal.
latón blanco, white brass.
latonería (fábrica), zinc (or brass) works.
latonería (obra de latón), brass-work.
latonero, zinc-worker.
lavadero (de ropa), laundry, wash-house.
lavadero (min.), washery.
lavadero de oro, gold washer.
lavado *s.*, washing.
lavado *s.* (dib.), wash.
lavador, washer.
lavador de gas, gas purifier, scrubber.
lavador de mineral, ore-washer.
lavadora mecánica, washing machine.
lavandero, washer.
lavar *v.*, to wash.
lavar mineral (o carbón), to wash ore (or coal).
laya (especie), nature.
lazo, knot, tie, loop.
leberquisa, magnetic pyrites.
lector, reader.
lectura, reading.
lectura directa (inst.), direct reading.
lectura errónea (inst.), erroneous reading.
lectura frontal (o por delante) (agrim.), fore-sight.
lectura exacta, correct reading.
lectura por reflexión (inst.), mirror reading.
lechada, lime-white, whitewash.
leche, milk.
leche de cal, whitewash.
lechería, dairy.
lecho (alb.), bed, layer.
lecho (hid.), bed (of river).
lecho de filtrar, filtering-bed.
lecho de mortero, mortar bed.
lechoso, milky.
leer *v.*, to read.
legación, legation.
legal, lawful.
legalidad, lawfulness, legality.
legalización, legalisation.
legalizar *v.*, to legalise.
legible, readable.
legislación, legislation.
legislación sobre construcciones, building act.
legislar, to legislate.
legista, legist, legislator.
legumbre, vegetable (greens).
lejanía, distance, remoteness.
lejía, lye.
lejos, distant, far.
lengua, tongue.
lengua materna, mother-tongue.
lengüeta, tongue-piece.
lengüeta (de balanza), needle.
lengüeta del trinquete (mec.), detent lever.
lentamente, slowly.
lente, lens.
lente acromático, achromatic lens.
lente analático, anallatic-lens.
lente aplanática, aplanatic lens.
lente cóncavo convexo, concave-convex lens.
lente convergente, convergent lens.
lente de aumento, magnifier, magnifying-glass.
lente de gafas (o de anteojos), spectacle lens.
lente de telescopio, telescopic lens.
lente divergente, dispersing lens.
lente plano convexo, plano-convex lens.
lenteja (de plomada), pendulum bob.
lentes, eyeglasses.
lento, slow, slow-speed.
leña, firewood.
leñador, logman, wood-cutter.
leño (tronco), log.
lesna (o lezna), awl, pricker.
letra, letter, type.
letra a vista (com.), sight-bill.
letra de cambio (com.), draught, bill of exchange.
letra mayúscula, capital letter.
letrado, learned, scholar.
letrero, notice board, signboard, annunciator-board.
letrina, water closet.
leucopirita, leucopyrite.
leva (tecn.), cam.
leva de admisión, inlet cam.
leva de afloje de la compresión (aut., mot.), compression-release cam.
leva de doble juego, double-lift cam.
leva de escape, exhaust cam.
leva de tambor, cylinder cam.
leva del encendido, ignition cam.
leva forma corazón, heart cam.
levadura, barm, yeast.
levanta rieles, rail-jack.
levantamiento, elevation, raising.
levantamiento de planos, land surveying.
levantamiento del plano de una mina (con la brújula), dialling.
levantar *v.*, to lift, to raise.
levantar un (o el) plano (agrim.), to draw a plan, to survey.
levantarse (aer.) *v.*, to rise.
levar ancla(s), to weigh the anchor.
levigación, levigation.
levigar, to levigate.
ley, law, statute.
ley (de medida), standard.
ley (min.), yield, assay.
ley de 12 g. por tonelada molida, assay of 6 dwts. per ton crushed.
ley de ferrocarriles (pol.), railway bill.
ley de 93 g. de oro por tonelada de mineral molido yield of 3 oz. of gold per ton of ore crushed.

ley de Ohm (el.), Ohm's law.
ley de un mineral, yield from an ore.
ley senoidal (mat.), sine law.
leyes de higiene pública, sanitation laws.
leyes del movimiento (mec.), laws of motion.
liásico (geol.), liassic.
liberar, to free.
libra, pound.
libre, at liberty, free.
libre cambio, free trade.
libre de derechos de aduana, duty-free.
libre de frenado, brakes full off.
libre de goteo, drip-proof, leakproof.
libre de mareas (naut.), tideless.
libre de porte, carriage paid (or free).
libre de ruidos, sound-proof.
libre de servicio (empleado), off duty.
libre de vibraciones, vibration-free.
librero, bookseller.
libreta, notebook.
libreta bancaria, pass-book (banking).
libro, book.
libro de bordo (naut.), journal, log book, ship's book.
libro de caja (com.), cash book.
libro de cuentas, account-book.
libro de inventarios, stock book.
libro de pedidos, order-book.
libro mayor, ledger.
licencia, license.
licencia de cateo (min.), tacknote.
licenciado (ed.), licentiate.
licitación, bid.
licitar *v.*, to bid.
licopodio (farm.), lycopodium.
lienzo, cloth.
liga (asociación), league.
liga (de alear), flux.
liga para soldadura acetilénica, flux for acetylene welding.
liga para soldar, welding flux.
ligar *v.*, to join, to tie.
ligazón (o ligatura), attachment, tie.
ligazón de piso (carp.), ashlering.
ligeramente, thinly, slightly.
ligero (liviano) *adj.*, light.
ligero (veloz), swift, rapid.
lignito, lignite, brown coal.
lijado *s.*, sand-papering.
lijadora mecánica, sand-papering machine, sander.
lijante, abrasive.
lijar *v.*, to abrade, to sand-paper.
lima (carp., const.), collar beam, hip jack, rafter.
lima (herr.), file.
lima de cuatro cuartos, square file.
lima de desbastar, coarse file.
lima de dientes finos, double-cut file.
lima de ranurar, knife file.
lima de talla dulce, float-cut file.
lima dulce, smooth file.
lima media (tecn.), bastard file.
lima semidulce, second-cut file.
limadora, shaper.
limadura de hierro, iron filings.
limar *v.*, to file.
limar (con, maq.), to shape.
limar en largo, to file lengthwise.
limbo (ap., inst.), dial.
limbo despejado, open dial.
limbo recubierto de vidrio, glazed dial.
Limeño (geog.), from Lima (Perou).
limero (bot.), lime-tree.
limera (naut.), rudder-hole.
limeta, vial.
limitado, limited.
límite, limit, term.
límite (geog.), border, confine, frontier.
límite de cizallamiento (mec.), ultimate shearing strength.
límite de elasticidad, elastic limit, limit of elasticity.
límite de estabilidad, limit of stability.
límite de expansión aprovechable, limit of useful expansion.
límite de fatiga (mec.), permissible stress.
límite de resistencia al plegado (mec.), ultimate bending strength.
límite de rotura, breaking point, ultimate strength.
límite de rotura dado de 4,2 toneladas por cm^2, assumed ultimate strength of 60,000 lbs. per sq. in.
límites de temperatura, temperature limits.
límite de velocidades, range of speed.
límite inversamente proporcional al tiempo, inverse-time limit.
limítrofe *adj.*, adjacent, bordering.
limo, mud, silt.
limo de avenidas (geol.), wash.
limón, lemon.
limonero, lemon-tree.
limonita (quim.), marsh (or bog) ore.
limpiador, cleaner.
limpiador de cuchillos, knife-cleaner.
limpiador de faroles, lamp-cleaner.
limpiatubos giratorio, rotary cleaning brush.
limpiar *v.*, to clean, to cleanse.
limpieza, cleanliness.
limpieza eléctrica de la herrumbre del hierro, electrical removal of rust from iron.
limpieza por el vacío, vacuum cleaning.
limpieza por flujo de cloacas y albañales, flushing of sewers and drains.
limpio, clean.
limusina, limousine.
linaza, linseed.
lindar con *v.*, to border on (or upon).
lindero, bordering upon.
línea, line.
línea a nivel (o línea horizontal) (f.c.), level line.
línea a Sud América, South American Line.
línea aérea (el.), overhead line.
línea aérea de transmisión de fuerza (el.), overhead transmission line.
línea al nivel (agrim.), line of level.
línea cero (o neutral) (fis.), neutral line.
línea continua (dib.), full line.
línea cortada (el., tel.), dead line.
línea cortada (f.c.), line blocked.
línea costanera (geog.), coast-line.
línea de adherencia propia (f.c.), adhesion line.
línea de alta tensión (el.), high-tension line.
línea de arrabal (o secundaria) (f.c.), suburban line.
línea de arranque (arq.), spring line.
línea de base, ground-line.
línea de circunvalación (f.c.), loop-line.
línea de colimación (agrim.), line of sight, line of collimation.
línea de dislocación (geol., min.), fault line.
línea de empalme (f.c.), junction-line.
línea de fe (mat.), axis of collimation.
línea de flotación (naut.), load line, Plimsoll line.
línea de fuerza (mag.), magnetic line.

línea de gran distancia (tel.), trunk line.
línea de los nodos (ast.), nodular line.
línea de mayor pendiente (geom.), line of steeper descent.
línea de nivel (agrim.), contour-line.
línea de nivelado (agrim.), level line.
línea de partida (el.), outgoing line.
línea de presión cero (mot.), absolute line.
línea de puntos, dotted line.
línea de reducción (agrim.), base-line.
línea de regreso (el., tel.), incoming line.
línea de tierra (geom.), ground line.
línea de tiro (art.), line of fire.
línea de transmisión de alta tensión, high-tension line.
línea de transmisión eléctrica, electric-transport line.
línea de tranvía, tramway line.
línea de varios abonados (tel.), party line.
línea de vuelo (av.), direction of flight.
línea derivada (el.), branch line.
línea derivada (tel.), extension-line.
línea doble (f.c.), double line (or track).
línea isótera (meteor.), isotheral line.
línea límite (engranajes rectos), clearing line.
línea neutra (fis.), neutral line.
línea portante (tel.), carrier-line.
línea principal (f.c.), main line, trunk-line.
línea quebrada (dib.), broken line.
línea recta, direct line.
línea secundaria (f.c.), feeder railway.
línea subsidiaria (tel.), extension-line.
línea telefónica, telephone line.
línea telefónica interurbana (o de gran distancia), telephone trunk line.
línea telegráfica, telegraph line.
línea trigonométrica, trigonometrical ratio.
lineal (o linear), linear.
líneas de flotación (naut.), water-lines.
líneas de fuerza (mag.), magnetic spectrum, magnetic field.
líneas de fuerza de escape, stray field.
líneas de fuerza dispersas: Same as líneas de fuerza de escape.
líneas de fuerza en los dientes (maq., elect.), tooth-induction.
líneas de fuerza magnéticas, magnetic lines of force.
líneas de influencia (mec.), influence lines.
líneas subterráneas (el.), underground mains.
lingote, ingot.
lingote de hierro, iron-pig.
lingote de primera fusión, pig.
lingotera, ingot-mould.
lingotera de colada (met.), casting-pig.
lingotera de hierro, iron-mould.
linguete, pawl.
linguete de cabrestante, capstan-pawl.
linguete de seguridad (mec.), safety catch.
lino, flax.
lino en rama, raw flax.
linóleo, linoleum.
linterna, lantern.
linterna (especie de engranaje), lantern-wheel.
linterna eléctrica, electric torch.
linterna sorda, dark-lantern.
liquidable, liquefiable.
liquidación (com.), balance.
liquidación (venta), clearance sale.
liquidar (liq.) *v.*, to liquate, to liquefy.
liquidar (terminar negocios) *v.*, to wind up (a firm).
liquidar una cuenta, to clear an account.
líquido, fluent, liquid.

lisera (i.c.), berm.
liso *adj.*, even, plain, smooth.
lista, list.
lista de arrendamientos, rent-roll.
lista de correos, poste restante.
lista de salidas (de buques), liner-sailings.
listo *adj.*, ready.
listo para el consumo, ready for use.
listo para el envío, ready for dispatch.
listo para ser flotado (i.c.), ready to be floated.
listón (carp.), lath, strip.
listón de madera, wood strip.
lisura, smoothness.
litargirio, litharge.
litigio, lawsuit, litigation.
litio, lithium.
litografía, lithography.
litógrafo, lithographer.
litoral *s.*, coast.
litoral marítimo, sea-board.
litro (o decímetro cúbico), litre (= 1.76 pint).
liviano, light (*adj.*).
lixiviar, to lixiviate.
lizo (text.), heald.
lizo de malla, mail heald.
lo más, utmost.
lo más al este, easternmost.
lo más al oeste, westernmost.
lo más al sud, southernmost.
lo más elevado (o alto) *adj.*, topmost.
local *s.*, premises.
localidad, locality.
localización (situación), localisation.
localización de una fuga a tierra (el., tel.), location of a ground.
localizar, to locate.
localizar defectos (el., tel.), to trace faults.
localmente, locally.
loco (loca) sobre el eje (mec.), loose on the axle.
locomoción, locomotion.
locomotora, locomotive.
locomotora articulada, articulated locomotive.
locomotora compound, compound locomotive.
locomotora compound de cuatro cilindros, four-cylinder compound locomotive.
locomotora con condensador de turbina, turbine-condensing locomotive.
locomotora con tanque, tank locomotive.
locomotora de adhesión propia, adhesion locomotive.
locomotora de aire comprimido para minas, compressed-air mining locomotive.
locomotora de batería de acumuladores, battery locomotive.
locomotora de bogas, bogie locomotive.
locomotora de cremallera, mountain locomotive, rack locomotive.
locomotora de empuje, banking locomotive.
locomotora de motor de explosión, petrol locomotive.
locomotora de seis (ocho, diez, etc.) ruedas acopladas, six- (eight, ten, etc.) wheeled coupled locomotive.
locomotora de tres cilindros, three cylinder locomotive.
locomotora de turbina(s), turbine locomotive, turbo-locomotive.
locomotora Diesel de impulsión eléctrica, Diesel-electric locomotive.
locomotora eléctrica, electric locomotive.
locomotora eléctrica para minas, electric mining locomotive.

locomotora monofásica, single-phase locomotive.
locomotora para maniobras, shunting locomotive.
locomotora para minería, mine locomotive.
locomotora para pendientes : See locomotora de cremallera.
locomotora para rápidos, express locomotive.
locomotora para trenes de mercancías, goods locomotive.
locomotora para trenes de pasajeros, passenger locomotive.
locomotora para vía de cremallera, rack locomotive.
locomotora trifásica, three-phase locomotive.
la locomotora tenía que ascender una pendiente de 1 por 200 y 9km600 de largo, the engine had to face a gradient of 1 in 200 for 6 miles.
locomóvil, hauling-engine, traction engine.
locomóvil para faenas agrícolas, agricultural engine, traction engine.
lodazal, slough.
lodo, mud, slime.
lodo salino, salt-mud.
logarítmico, logarithmic.
logaritmo, logarithm.
logaritmo común, Briggs (or common) logarithm.
logaritmo natural (o Neperiano), Napierean (or natural) logarithm.
lógica, logic.
lógico, logical.
loma, hillock.
lomo, back, posterior part.
lomo de asno (geol.), hogback.
lona, canvas, sail-cloth.
lona de seleccionado (min.), picking-belt.
Londinense, Londoner.
Londres, London.
longitud (ast.), longitude.
longitud (dimensión), length.
longitud de onda, wavelength.
longitud entre paragolpes (f.c.), length between buffers.
longitudinalmente, lengthwise.
losa, slab, flag.
losa de mármol, marble, slab.
loza, stoneware.
lubricación, lubrication, oiling.
lubricación por aceite, oil lubrication.
lubricación por salpicaduras, splash-oiling system.
lubricante, lubricant.
lubricar *v.*, to lubricate, to oil.
lucarna, louvre window.
luces de navegación, navigation lights.
lucro, gain, profit.
lugar (espacio), place, room, space.
lugar (geom.), locus.
lugar (posición), site, situation.
lugar disponible, available space.
lugar necesario, space required.
lugar para 20 pasajeros, accommodation for 20 passengers.
lugar reducido, small floor space.
lugar solar (ocupado), floor-space.
lugar suficiente, elbow-room.
lugarteniente, deputy.
lugre (naut.), lugger.
lujo, luxury.
lumbre, fire, flame.
lumbrera (arq.), dormer window.
lumbrera (loc., mot. vap.), port.
lumbrera de admisión (vap.), admission port inlet port, steam-port.
lumbrera de escape (vap.), exhaust port.
luminoso, luminous.
luna, moon.
luna llena, full moon.
lunación, lunation.
luneta (maq. herr.), centre-rest, stay (of machine tools).
luneta de guía, jig-iron (lathe).
luneta giratoria (maq. herr.), revolving diehead.
lúnula (geom.), lune.
lurte, avalanche.
lustre, brightness, gloss.
lustroso, bright, glossy.
luz (arq., i.c.), span (of an arch or the like)
luz (de cuadrante, opt.), sight.
luz (iluminante), light.
luz de gas, gas light.
luz de luna, moonlight.
luz de llamada (tel.), call lamp.
luz de techo (aut., f.c.), roof-light.
luz del día, daylight.
luz del día artificial, artificial daylight.
luz del sol, sunlight.
luz del vapor de neo, neon light.
luz difusa, diffused light.
luz eléctrica, electric light.
luz esfumada, dimmed light.
luz reflejida, reflected light.
luz ultravioIácea, ultra-violet light.

LL

llama, flame.
llama descubierta, exposed flame.
llamada, call.
llamada a gran distancia (tel.), distant call, trunk-call.
llamada automática (tel.), automatic call.
llamada cercana, local call.
llamada de aire, air-inlet.
llamada intermitente (tel.), machine ringing.
llamada por batería (tel.), battery-ringing (or calling).
llamado (tel.), ringing, calling.
llamado a mano, manual ringing.
llamado mecánico, machine ringing.
llamador (de puerta), knocker.
llamar *v.*, to call.
llamar (nombrar) *v.*, to name, to term.
llamar (tel.) *v.*, to call up, to ring up.
llamar a licitación (S.A.), to invite tenders.
llana (alb.), trowel.
llana de alisar, smoothing trowel.
llana de juntar, jointing trowel.

llano *adj.*, flat, level, plain, plane, smooth.
llano (geog.), plain.
llanta (de polea o rueda), rim, tyre.
llanta de talones (aut.), beaded-tyre.
llanta de volante (mec.), flywheel rim.
llanura, plain.
llave, key.
llave (ing., mec.), spanner, wrench.
llave de arcabuz (o para tuercas), spanner.
llave de contacto del galvanómetro, galvanometer key.
llave de doble curva, S wrench.
llave de transmisión (tel.), sender, sending-key.
llave doble, double-ended wrench (or spanner).
llave inglesa, monkey-wrench, screw wrench.
llave recta, straight spanner.
llave tabular, box spanner.
llegada, arrival.
llegada de aire, air supply.
llegada del vapor (mot.), steam-supply.
llegar *v.*, to arrive, to get to, to reach.
llegar a elevadísimo grado de adelanto, to reach a very high pitch of development.
llegar a puerto, to make port.
llegarse, to reach.
llena (hid.), flow (of rivers).
llenar *v.*, to fill.
lleno *adj.*, full.
llevar, to bear, to carry.
llover *v.*, to rain.
llovizna, fine rain, mizzle, shower.
lloviznar *v.*, to mizzle.
lluvia, fall of rain, rain.
lluvioso, rainy, showery.

M

macadám de alquitrán, tar macadam.
macadamizar, to macadamise.
maceración, maceration, steeping.
macerado, steeped.
macerador, steeper.
macerar *v.*, to macerate, to steep.
macizo *adj.*, compact, solid.
macizo (asiento) *s.*, base, foundation.
macizo de asiento (maq., mot.), foundation, bedplate.
macizo protector (min.), shaft pillar.
machaca (met.), tilt-hammer.
machacadora de pulpa, pulp beater.
machacar *v.*, to crush, to pound, to stamp.
machihembrado (carp.), grooving and tonguing.
machihembradora, tonguing and grooving machine.
machihembradora para duelas, stave-jointing machine.
macho (de bomba hid.), plunger piston.
macho (met.), core.
macho (zool.), male (animal).
macho de aspiración, plunger.
macho de roscar, tap (tool).
macho de terrajar, screw-tap.
macho de timón (naut.), pintle.
macho de tope (f.c.), buffer ram.
machón de puente (i.c.), hind pillar.
madeja (text.), hank, skein.
madera, wood.
madera contrachapada, plywood.
madera creosotada, creosoted wood.
madera de áloe, agalloch.
madera de construcción, timber.
madera de hierro, iron wood.
madera de pino, pine wood.
madera de sándalo, sandal wood.
madera de satén, satin wood.
madera de teca, teak wood.
madera dura, tough wood.
madera escuadreada, squared timber.
madera podrida, decayed wood.
madera quebradiza, brittle wood.
madera resinosa, resinous wood.
madera sazonada, seasoned wood.
madera seca, dry wood.
madera secada al aire, air-dried wood.
madera talada, felled wood.
madera verde, green wood.
madera veteada, veined wood.
maderaje (o maderamen), woodwork, timber-work.
maderamen de cubierta (naut.), planking.
maderamen para entibar (const., min.), shaft timbering.
maderero, timber merchant.
madre (hid.), bed (of river).
madurar *v.*, to ripen.
madurez, ripeness.
maduro, ripe.
maestre (nav.), warrant-officer.
maestro, master, teacher.
maestro albañil, master mason.
maestro de escuela, schoolmaster.
maestro de obras, builder.
magnesia, magnesia, magnesium oxide.
magnesio, magnesium.
magnético, magnetic.
magnetismo remanente (o residual), remanent magnetism.
magnetismo terrestre, terrestrial magnetism.
magnetita, lodestone, magnetite.
magnetización, magnetisation.
magnetizar *v.*, to magnetise, to energise.
magneto, magneto.
magneto de alta tensión, high tension magneto.
magneto de inducido rotatorio, moving-armature magneto.
magnetógrafo, magnetograph.
magnetomotor (triz) *adj.*, magnetomotive.
magnetoscopio, magnetoscope.
magnificador, magnifier.
magnificar *v.*, to magnify.
magnitud, magnitude.
magnitud estelar (ast.), stellar magnitude.
maíz, maize.
mal conductor *adj.*, bad conducting, non-conducting.
mal definido, ill-defined.
mal tiempo, foul weather.

mala gestión (o administración), bad management.
mala hierba, weed.
malaquita (min.), malachite.
malaquita azul, azurite.
maleabilidad, malleability.
maleable, malleable.
malecón, breakwater.
malsano, unhealthy.
maltosa, malt sugar.
malla, mesh (of net).
malla ancha, open mesh.
malla estrecha, fine mesh.
mallón (text.), mail.
mampara (const.), screen.
mamparo (mar.), bulkhead.
mamparo impermeable, watertight bulkhead.
mampostería, masonry.
mampostería aparejada, bound masonry.
mampostería de cantería, free stone (or rubble) masonry.
manantial (de río), head.
manantial (hid.), fountain, source, spring.
manantial salado, saline-spring.
manar *v.*, to issue, to stream.
manar (lentamente), to ooze.
manar violentamente, to gush.
mancha, spot, stain.
manchón incandescente (S.A.), gas mantle.
mandado por electricidad, electrically-controlled.
mandar (ing.) *v.*, to control, to drive.
mandar (ordenar) *v.*, to command, to give orders, to order.
mandíbula, jaw.
mando (ing.), control, regulation.
mando (mil., nav.), command.
mando a distancia (ing.), distant control, remote-control.
mando a mano, hand-control.
mando alejado : See mando a distancia.
mando de dos pilotos (av.), dual-control.
mando del voltaje, voltage control.
mando doble, dual control.
mando inalámbrico, wireless control.
mando invertible, reversible control.
mando por el sistema Ward-Leonard, Ward-Leonard control system.
mando por levas (mec.), cam-gear.
mando por resistencias (el.), rheostatic control.
mandril (maq.), chuck, mandrel.
mandril de bobina electromagnética, magnetic chuck.
mandril de cruz, bell chuck.
mandril de garras, clamping chuck, jaw chuck.
mandril de mordazas, die-chuck.
mandril de tornillos, bell chuck.
mandril espiraloide, scroll chuck.
mandril para todo uso, universal chuck.
mandril para torno, lathe chuck.
manea, cowtie.
manejable, manageable.
manejar *v.*, to handle.
manera, manner, mean.
manga (dimensión, naut.), breadth, main breadth (ship's).
manga de aire (naut.), air-shaft.
manganato, manganate.
manganeso, manganese.
mangánico, manganic.
mango, haft, handle, stock, helve.
mango de cuchillo, knife-handle.
mango de martillo, hammer shaft.
manguera, hose pipe.
manguera de acoplamiento (f.c.), coupling hose.
manguera de incendios, fire-hose.
manguera de unión del freno al vacío, vacuum brake hose.
manguera de vapor armada, flexible armoured steam-pipe.
manguito, bush, bushing, sleeve.
manguito de acción (del regulador, mot.), governor-sleeve.
manguito de acoplamiento, coupling-sleeve.
manguito de bronce, bronze bush.
manguito de cojinete, bearing-bush.
manguito incandescente (luz), gas mantle.
manguito incandescente (mot.), hot-bulb (engine starting).
maní, peanut.
manifestación, exposition.
manifestar *v.*, to expose, to state.
manija, hand, hand-lever, stock.
maniobra (av., mil., nav.), evolution, manœuvre.
maniobra (polea), purchase, tackle.
maniobra de los vagones (f.c.), shunting the wagons.
maniobrar (naut.), to handle, to work.
maniobras aéreas, air manœuvres.
maniobras de trenes, shunting of trains.
maniobrista (f.c.), shunter.
manipulación, handling.
manipulado de vagonetas (met., min.), car-handling.
manipulador (tel.), key, sender, sending-key.
manipulador de emisión (tel.), telegraph sender.
manipulador sonoro (tel.), telegraph sounding-key.
manipular, to handle.
manivela, crank, crank handle (or lever).
manivela de contrapeso, counterbalanced crank.
manivela ensamblada, built-up crank.
manivela redondeada, bent crank.
manivela simple, single-throw crank.
manivelas paralelas, parallel cranks.
las manivelas van dispuestas a 180° aparte, the cranks are set at 180°.
mano, hand.
mano (const., pint.), coat, coating.
mano (de papel), quire.
mano de almirez (alb.), pestle.
mano de aparejo (pint.), first coat.
mano de apresto (pint.), priming coat.
mano de ballesta, dumb-iron.
mano de obra, workmanship, craftsmanship.
mano de obra (trabajadores), labour.
mano de obra especializada, skilled labour.
mano de obra indígena, native labour.
mano de obra insuficiente, shortage of labour.
mano de pintura, coat of paint.
mano derecha (izquierda), right (left) hand.
a mano (cerca), handy, near at hand.
a mano (movido por), hand-driven.
manómetro, gauge, pressure gauge.
manómetro de aire, air gauge.
manómetro de Bourdon, Bourdon gauge.
manómetro de la presión del aceite, oil-pressure gauge.
manómetro de mando, control-gauge.
manómetro del vapor, steam-gauge.
manómetro del viento (o del chorro de aire) (met.), blast-gauge.
manteca (mantequilla), butter.
manteca vegetal, vegetal fat.
mantener *v.*, to keep up, to support.
mantener el nivel (hid.), to keep the water under.

mantener la presión (cald.), to keep the steam up.
mantener la velocidad, to keep up the speed.
mantëngase a la escucha! (anuncio de, t.s.h.), stand-by!
mantenimiento de líneas telegráficas, maintenance of telegraph lines.
mantequera, churn.
manubrio (S.A.) (de bicicleta), handle-bar.
manzana (bot.), apple.
manzana (de casas), block (houses).
manzano (bot.), apple-tree.
mañana, morning.
mapa, card, map.
mapa cadastral, parish map.
mapa del estado mayor, ordnance map.
mapa en escala reducida, small-scale map.
mapamundi, map of the world.
máquina, machine, engine.
máquina (mar., naut.), engine.
máquina a vapor, steam engine.
máquina atadora (agric.), sheafer.
máquina auxiliar de inversión (naut.), reversing-engine.
máquina de acuñar matrices (met.), die-sinking machine.
máquina de alzar, hoisting-engine.
máquina de arquear duelas, stave-bending machine.
máquina de aserrar carbón, coal-cutting machine.
máquina de aserrar carriles (o rieles), rail-saw.
máquina de atornillar, screwing machine.
máquina de atornillar eléctrica, electric screw-driver.
máquina de babor (naut.), port engine.
máquina de calar rayos de ruedas, spoke driving machine.
máquina de calcular, calculating machine.
máquina de calzar neumáticos (aut.), tyring machine.
máquina de cardar, carding machine, carding frame.
máquina de cepillar, planing-machine.
máquina de clavar cajones, box nailing machine.
máquina de congelar (o de refrigerar), freezing machine.
máquina de copiar (dib.), copying machine.
máquina de cortar cerillas, match-making machine.
máquina de cortar empalmes (carp.), jointer, jointing machine.
máquina de cortar ingletes, mitre-cutting machine.
máquina de coser, sewing machine.
máquina de desarenar de mesa giratoria (fund.), rotary-table sand-blast machine.
máquina de doblar (o de retorcer) (text.), doubler.
máquina de empalmar dentado, joggling machine.
máquina de empaquetar, wrapping machine.
máquina de empaquetar cerillas, match-distributing machine.
máquina de enarcar barriles, cask-hooping machine.
máquina de encorvar, bending machine.
máquina de encorvar barras, bar-bending machine.
máquina de encorvar chapas, plate-bending machine.
máquina de encorvar escuadras, angle-iron bending machine.
máquina de encorvar llantas (f.c.), tyre-bending machine.
máquina de encorvar rieles, rail-bending machine.
máquina de enjullo (text.), beaming machine.
máquina de ensacular, sack-filling machine.
máquina de ensayar al choque (met.), drop-test machine.
máquina de ensayar cemento, cement testing machine.
máquina de equilibrar cigüeñales, crankshaft-balancing machine.
máquina de esmerilar (tecn.), abrasive machine.
máquina de estampar (met.), swaging machine.
máquina de estribor (naut.), starboard engine.
máquina de extracción (min.), winding-engine.
máquina de extracción eléctrica, electric winding-machine.
máquina de fabricar calzado, boot-making machine.
máquina de fabricar remaches, rivet-making machine.
máquina de fabricar tornillos, screw machine.
máquina de hacer cinta, taping machine.
máquina de hender, slitting machine.
máquina de hilar, mule.
máquina de hilar jenny, jenny.
máquina de hilerar (met.), drawing mill.
máquina de imprimir, printing machine.
máquina de influencia (fís.), electric machine, electrostatic machine, influence machine.
máquina de labrar hojas metálicas, sheet-metal working machine.
máquina de llenar bolsas, bag filling machine.
máquina de moldear en matriz, die-casting machine.
máquina de mortajar, slotting machine.
máquina de movimiento alterno, alternating motion machine.
máquina de ordeñar, milking machine.
máquina de peinar lana, wool-combing machine.
máquina de plantillar (tecn.), copying machine.
máquina de plegar paño (text.), cloth-doubling machine.
máquina de polea única, single-pulley machine.
máquina de preparar en cubos, cubing machine.
máquina de probar la dureza (met.), hardness-testing machine.
máquina de probar metales, testing machine.
máquina de rayar, ruling machine.
máquina de rayar tubos de armas, gun-rifling machine.
máquina de recalcar (cald., ing.), upsetting machine.
máquina de refrentar arandelas de tubos, pipe flange facing machine.
máquina de reproducir (grabados u otros), duplicating machine.
máquina de roscar, screwing machine (thread-cutting).
máquina de roscar tuercas, nut tapping machine.
máquina de sacar de espesor (carp.), thicknessing machine.
máquina de secar al vapor, steaming machine.
máquina de seleccionar algodón, cotton-picker.
máquina de sobrejuntar (text.), lapping machine.
máquina de soldar, welding machine.
máquina de soldar al tope, butt welding machine.
máquina de soldar por arco eléctrico, arc welding machine.
máquina de soldar por puntos, spot welding machine.
máquina de soplar a gas, gas-blower.
máquina de sumar, adding machine.
máquina de superficie (min.), head-gear.
máquina de taladrar, boring machine.

máquina de tallar engranajes, gear-cutting machine.
máquina de tallar engranajes helicoidales, gear-hobbing machine.
máquina de tallar engranajes por fresa matriz, hobbing machine.
máquina de torcer (text.), doubling machine.
máquina de torcer resortes, spring-making machine.
máquina de tronzar y filetear tubos, pipe cutting and threading machine.
máquina de vapor con condensador, condensing engine.
máquina descompuesta, machine out of order.
máquina divisora, diving machine.
máquina en vacío (o sin carga), machine running light.
máquina frigorífica, refrigerating machine.
máquina herramienta, machine-tool.
máquina invertible, reversible machine (or engine).
máquina limadora, shaping machine.
máquina linotipista, linotype.
máquina medidora, measuring machine.
máquina neumática (fís.), air-pump.
máquina para sondar (naut.), sounding-machine.
máquina soplante (o sopladora) (met.), blast-engine, blowing-engine.
máquina suplementaria, additional machine.
máquina urdidora de bolas (text.), ball warping machine.
máquina voladora, flying machine.
una máquina de escribir recondicionada, a rebuilt typewriter.

maquinaria, machinery.
maquinaria azucarera, sugar machinery.
maquinaria de extracción (min.), hoisting-plant
maquinaria de fabricar barriles, barrel making machinery.
maquinaria de lavar botellas, bottle-washing machinery.
maquinaria de llenar botellas, bottle-filling machinery.
maquinaria de molturar, flour-mill machinery.
maquinaria de refinar azúcar, sugar refining machinery.
maquinaria de textiles, textile machinery.
maquinaria eléctrica, electrical machinery.
maquinaria electrógena, electrical-generating machinery.
maquinaria encumbrante, heavy plant (or machinery).
maquinaria hidráulica, hydraulic machinery.
maquinaria papelera, paper-making machinery.
maquinaria para blanqueo, bleaching machinery.
maquinaria para caña de azúcar, cane-sugar machinery.
maquinaria para embalar, packing machinery.
maquinaria para fabricar ladrillos, brickmaking machinery.
maquinaria para fabricar velas, candle-making machinery.
maquinaria para la industria química, chemical machinery.
maquinaria para labrar madera, wood-working machinery.
maquinaria para labrar metales, metal-working machinery.
maquinaria para lavadero, laundry machinery.
maquinaria para lavar, washing machinery.
maquinaria propulsora, propelling machinery.
maquinaria recuperadora de benzol, benzol-recovery plant.

maquinista, driver, engine-man, machinist.
maquinista (loc.), engine-driver.

mar, sea.
mar bonanza, calm sea.
mar de pesca, fishing-ground.
mar gruesa, heavy sea.
mar libre, open water.
mar profundo, deep sea.

marbete, label.

marca (seña), mark, sign.
marca de fábrica, brand, trade mark.
marca de fábrica registrada, registered trade-mark.
marca de punzón (tecn.), centre-pop.

marcasita (min.), marcasite.

marco (maq.), frame.
marco de cimientos (const.), raft.
marco de puerta, doorcase, sash.
marco de sierra, saw-frame.
marco de ventana, sash frame, window-frame.

marcha (ing., maq.), running, working, performance.
marcha (ruta), way.
marcha a plena velocidad, full-speed running.
marcha atrás, backward (or reversed) running, backing.
marcha de ensayo, trial-run.
marcha de régimen, running speed.
marcha en paralelo de los alternadores, parallel operation of alternators.
marcha en vacío (el., mec.), no-load running.
marcha invertida, backward running, reversed running.
marcha por impulsión cinética (f.c.), coasting.
marcha sin carga (maq., mot.), idle running.
marcha uniforme, steady running.

marchar (ing., mec.) *v.*, to run, to work.
marchar en vacío (maq., mot.), to run idle.

marea, tide.
marea baja, neap-tide.
marea creciente, flood-tide.
marea menguante, ebb-tide.

marear (naut.) *v.*, to navigate (a ship).

marejada, surge, swell (sea).

mareógrafo (o mareómetro), tide gauge.

marfil, ivory.

marga, loam, marl.

margen (de río), bank.
margen (límite), margin.
margen de peso, load allowance.
margen de seguridad, margin of safety.
margen derecha (geog.), right bank.

las márgenes de un río, the banks of a river.

margoso, loamy, marly.

marina, navy.
marina de guerra, naval forces.
marina mercantil, merchant navy (or service).

marinero, blue-jacket, hand, sailor, seaman.
marinero de desembarco, marine.
marinero práctico, able seaman.
marinero telegrafista, naval telegraphist.

marino *adj.*, marine, seafaring, shipping.

marítimo, marine, maritime.

marjal, fen.

marmita, copper, kettle.

mármol, marble.

marmolejo, small marble column.

marmolería (fábrica), marble-works.
marmolería (obra), marblework.

marmolista (comerciante), marble-dealer.
marmolista (obrero), marble-cutter.

marmoración, marbling.

maroma, rope.

marquesina (const.), marquee.
marquesina (loc.), cab.
marquetería (taracea), marquetry.
marte (ast.), Mars.
martillar, to hammer.
martillazo, hammer blow.
martillero (S.A.), auctioneer.
martillito percusor (de campanilla), bell hammer.
martillo, hammer.
martillo de aplanar (met.), catch-hammer.
martillo de cincelar, chipping hammer.
martillo de quebrantar (fund.), striker.
martillo de remachar, riveting-hammer.
martillo mecánico caedizo (i.c., met.), power hammer.
martillo neumático, pneumatic hammer.
martillo para calafateo, caulking hammer.
martillo para embutir (met.), chasing hammer.
martinete (de clavar pilotes), drop hammer, pile-driver.
martinete a vapor, steam-driven hammer.
martinete de ensayo al choque, impact-testing machine.
martinete forjador, forging machine.
martinete hidráulico, hydraulic hammer.
más *adv.*, plus.
más a popa *adj.*, sternmost.
más alto (o elevado), upper.
más ligero (más liviano) *adj.*, lighter.
el hidrógeno es más liviano que el aire, hydrogen is lighter than air.
masa (fis.), mass.
masa específica, specific mass.
masas de movimiento alterno, reciprocating masses.
mascarilla contra gases asfixiantes, gas-mask.
masilla, mastic, putty.
masilla de estaño, tin putty.
masilla de vidriero, glazier's putty.
masilla ferrosa, rust putty.
mástil, mast.
mástil de enchufe, telescopic mast.
mástil telescópico, collapsible mast.
matadero, abattoir, slaughter-house.
matemáticas, mathematics.
matemáticas prácticas, applied mathematics.
matemáticas teóricas, pure mathematics.
matemático *adj.*, mathematic.
matemático *s.*, mathematician.
materia, matter, stuff.
materia colorante, dyestuff.
materia estéril (min.), gangue, vein-matter.
materia explosiva, explosive.
materia extraña, foreign matter.
materia prima, raw materials.
materia sin mineral, tailings.
materia volatizable, volatile matter.
material, material, materials.
material (de fábrica) *s.*, plant.
material de calefacción y ventilación, heating and ventilating plant.
material ferroviario, railway plant.
material fijo (ing.), fixed plant, fixtures, plant.
material hullero, colliery plant.
material móvil (f.c.), rolling-stock.
material para fábricas de gas, gas plant.
material para minas de oro, gold-mining plant.
material para producir vapor, steam plant.
materiales, materials.
materiales antitérmicos, heat-insulating materials.
materiales de construcción, building materials.
materiales de techar, roofing material.
materiales incombustibles, fire-resisting materials.
materias infusibles, refractory materials.
materias orgánicas, organic matter.
matiz, tone (colours).
matorrales, undergrowth, bushes.
matrícula (ed.), matriculation.
matrícula (naut.), register.
matriz (fund.), matrix.
matriz de colada y enfriado (met.), chill mould.
matriz (herr.), shaper.
matriz (tecn.), die, die-mould, mould, stamp.
matrizadora, stamping machine.
matrizar (met.) *v.*, to stamp out.
máximo *adj.*, maximum, top, topmost.
mayor *adj.*, main, maximum, principal.
mayor (en edad o grado), senior.
mayor que, greater than.
mayor que lo previsto, greater than expected.
mayordomo, steward, superintendent.
mayúscula (letra), capital.
maza (martillo), wooden hammer.
maza (montón), cake, heap.
maza de hincar (i.c.), monkey.
maza de martinete, pile-driver tup.
maza de quebrantar balasto, ballast hammer.
mazo (o mallete), mallet.
meadero, urinal.
mecánica, mechanics.
mecánica ondulatoria (fis.), wave mechanics.
mecánica pura, mechanics.
mecánicamente, mechanically, power-operated.
mecánico *adj.*, mechanical, power-operated.
mecánico *s.*, engineer, mechanic, mechanician.
mecánico de aeródromo, ground engineer.
mecanismo, gear, mechanism, wheel-work, works.
mecanismo automático de escape, automatic exhaust gear.
mecanismo de arranque, starting gear.
mecanismo de centrar (maq.), centring-device.
mecanismo de dirección, steering mechanism.
mecanismo de inversión, reversing gear.
mecanismo de la distribución (loc.), link motion.
mecanismo de la expansión (mot.), expansion gear.
mecanismo de regreso (maq.), return motion.
mecanismo oscilante, oscillating gear (or mechanism).
mecanizado *s.*, machine-work.
mecanizado con precisión por doquier, accurately machined all over.
mecanizado en serie, gang-machined.
mecanizar *v.*, to machine.
mecha (de alumbrar), wick.
mecha (herr.), bit, drill.
mecha (text.), roving.
mecha Bickford (exp.), Bickford fuse.
mecha de gubia, spoon bit.
mecha de tres puntas, centre bit.
mecha directora, pilot drill.
mecha helicoidal, worm-bit.
mechera (maq., text.), fly frame.
mechera de fino (text.), roving frame.
mechera para gruesos, slubbing frame.
mechero, burner.
mechero de Argand, Argand burner.
mechinal (const.), putlog.
médano, dune.
media agua (const.) (S.A.), lean-to.
media caña (arq.), fluted moulding.
media compresión, half-compression.
media luna *adj.*, half-round.
media luna (ast.), half moon.
media luna (cuchilla), dressing knife.

media marea, half-tide.
media naranja (arq.), spherical vault.
medicina, medicine.
medicinal, medical.
medición, measurement, measuring, survey.
medición absoluta, absolute measurement.
medición con taquímetro (agrim.), measurement by tacheometer.
medición del calor despedido (el., ing.), heat test.
medición del coeficiente friccional (f.c.), friction coefficient test.
medición del cubaje (i.c.), quantity measurement.
medición del gas, gas metering.
medición del rendimiento, efficiency test.
medición trigonométrica, trigonometrical survey.
médico, doctor, physician.
médico veterinario, veterinary surgeon.
medida, measure, measuring.
medida a simple vista, gross measure.
medida agraria, land-measure.
medida de la dureza, hardness-measuring.
medida de superficie, square measure.
medida de una distancia inaccesible, measurement of a length out of reach.
medida del par (ing.), measurement of torque.
medida patrón, standard measure.
medida superficial: See medida de superficie.
medida termométrica, measurement by thermometer.
medidas necesarias, required dimensions.
medidor (ap.), meter.
medidor de abonado (gas), house meter.
medidor de amoníaco, ammonia meter.
medidor de chorro, flow meter.
medidor de deslizamiento (el.), slip indicator, slip meter.
medidor de dilatación (mec.), extensometer.
medidor de energía radiada (t.s.h.), output power meter.
medidor de gas, gas meter.
medidor de gasto de vertedero (hid.), weir-recorder.
medidor de la resistencia de eclisas eléctricas, rail-bond tester.
medidor de moneda (o de pago previo), slot meter, prepayment meter.
medidor de pago previo, prepayment meter.
medidor de vapor, steam meter.
medidor del agua, water meter.
medidor del deslizamiento (motor asincrónico): Same as medidor de deslizamiento.
medidor electrolítico, electrolytic meter.
medidor portátil de la intensidad de campo (mag., t.s.h.), portable field-strength measuring set.
medidora de diámetros de tornillos, screw diameter measuring machine.
medio *adj.*, half, middle.
medio (intermedio), appliance, medium, way.
medio de un buque, midship.
medio tizón (alb.), closer (of bricks).
mediodía (ast.), meridian, noon.
mediodía (geog.), south.
medir, to measure.
medir (agrim.), to survey.
medir con precisión, to measure exactly.
medir el poder iluminante, to photometer.
medir la abscisa (mat.), to measure about axis of x.
medir la intensidad de una corriente (el.), to measure the amperage.
megadina, megadyne.
megafaradio, megafarad.
megavoltio, megavolt.
megergio, megerg.
megohmio, megohm.
Mejicano, Mexican.
Méjico, Mexico.
mejor (comparativo), better.
mejor (superlativo), best.
el mejor sistema, the best system.
mejora, bettering, improvement.
mejorar *v.*, to do better, to improve.
mejorar el factor de potencia (el.), to raise (or improve) the power-factor.
mejorar el factor de potencia de 0,60 hasta 0,95 por medio de condensadores, to raise the power-factor from ·6 to ·95 by static condensers.
melinita, melinite.
melocotón (bot.), peach.
melocotonero, peach-tree.
mella, notch.
mellar *v.*, to notch.
membrillo, quince.
memoria (informe), report.
memoria secreta, confidential report.
menestrete, nail-puller.
menguante *adj.*, ebb, ebbing, waning.
menguar *v.*, to decline, to wane.
menor *adj.*, less, smaller.
menor común múltiplo (mat.), least common multiple.
menor resistencia, least resistance.
menorista (com.), retailer.
menos, less, minus.
mensaje, message.
mensajero, messenger.
mensual, monthly.
ménsula (arq.), corbel.
ménsula (const., i.c.), cantilever, stool.
ménsula acodada (ing.), J-hanger.
ménsula de cantonera, gusseted stool.
mensurable, measurable.
menta, mentha, mint.
menudo *adj.*, minute.
meollo, marrow, pith.
mercader, dealer, trader.
mercadería, commodity, goods.
mercadería voluminosa, bulky goods.
mercado, market.
mercado de ganado, cattle market.
mercancía(s), goods, merchandise.
mercancías embaladas, bale-goods.
mercúrico, mercuric.
mercurio, mercury, quicksilver.
mercurioso, mercurous.
meridiano, meridian.
meridional, south, southern, meridional.
merlín, wood-chopper.
merma (disminución), decrease, drop.
merma (liq.), leakage, ullage.
merma en las ventas, drop in sales.
mes, month.
mesa, table.
mesa de dibujo, drawing-table.
mesa de entrada (o de coquización) (cald.), dead (or coking) plate.
mesa de trabajo de la acepilladora, planing-machine table.
mesa examinadora (ed.), Board of Examiners.
mesa giratoria (f.c.), turntable.
mesa tembleque (min.), shaking table vanner.
meseta (arq.), landing (of stairs).
meseta (geog.), plateau, upland.
metacentro (naut.), metacentre.

metal amonedado, bullion.
metal antifricción, Babbit metal, white metal.
metal argentífero, silver ore.
metal batido, hammered metal.
metal bruto, crude metal, raw metal.
metal común, base metal.
metal crudo, raw metal.
metal de Muntz, yellow metal.
metal en hojas, sheet-metal.
metal ensanchado, expanded metal.
metal fusible (o fundible), fusible metal.
metal no ferroso, non-ferrous metal.
metal noble, rich metal.
metal plástico, soft metal.
el metal deberá presentar una resistencia límite a la tracción comprendida entre 55 y 63 kg./mm², the metal shall show a tensile breaking strength of not less than 35 nor more than 40 tons per sq. in.
metalario (o metalista), metal-worker.
metales alcalino-terrosos raros, rare earths.
metálico *adj.*, metallic.
metálico *s.*, cash, ready money.
metalífero, ore-bearing, metalliferous.
metalizar *v.*, to metallise.
metalografía, metallography.
metaloide, metalloid.
metalurgia, metallurgy.
metalúrgico *adj.*, metallurgic, metallurgical.
metalúrgico *s.*, metallurgist.
metano, marsh-gas, methane.
meteórico, meteoric.
meteorito, meteoric stone, air-stone.
metéoro, meteor.
meteorología, meteorology.
meteorología para aviones, aviation-weather-service.
meteorológico, meteorologic.
metileno, methylene.
metílico, methylic.
metilo, methyl.
metilsalicilato, oil of wintergreen.
metódico *adj.*, orderly.
método, method.
método analítico, analytical method.
método de producción, working method.
método del cero (medición), null method.
método estroboscópico, stroboscopic method.
metrador (i.c.), quantity surveyor.
métrico, metric, metrical.
metro, metre.
mezcla, compound, mixture.
mezcla explotante (aut., mot.), explosive mixture.
mezclador, beater, mixer.
mezclador de arena, sand-mixer.
mezcladora de arena (fund.), sand-mixing machine (in foundries).
mezcladura, mixing.
mezclar *v.*, to blend, to mix.
microbios, germs, microbes.
micrófono, microphone.
micrófono de granalla, granular microphone.
micrófono transmisor, telephone transmitter.
microhmio, microhm.
microhmio-centímetro, microhm-centimetre.
micróhmmetro, microhmmeter.
micrómetro, micrometer.
microscopio, microscope.
miembro (parte), component, piece.
miembro activo (o móvil) (ing., mec.), live-part.
miera, juniper-oil.
milésimo, millesimal, thousandth.
miliamperímetro, milli-ammeter.
miliamperio, milliampere.
milibarra (meteor.), millibar.
miligramo, milligramme.
milihenrio, millihenry.
milímetro, millimeter.
militar, military.
milivatio, milliwatt.
milivoltamperímetro, millivolt-ammeter.
milivoltímetro, milli-voltmeter.
milivoltio, millivolt.
milla, mile.
milla marina, knot, sea mile.
milla patrón de velocidad (naut.), measured mile.
millón, million.
millonésimo, millionth.
mimbre, wicker.
mina, mine.
mina cargada de mofeta, fiery-mine.
mina de azufre, sulphur-pit.
mina de carbón, coal-mine, colliery.
mina de cobre, copper mine.
mina de estaño, stannary.
mina de grafito, graphite mine.
mina de profundidad (exp.), depth-charge.
mina flotante (exp.), floating mine.
mina salífera, salt-mine.
mina submarina (nav.), submarine-mine.
minar (exp.) *v.*, to mine, to sap.
mineraje, mine-working.
mineral *s.*, ore, mineral.
mineral bruto, raw ore.
mineral carbonatado, carbonate ore.
mineral de fusión propia, self-fluxing ore.
mineral de hierro, iron ore.
mineral de hierro esponjoso, porous iron ore.
mineral de hierro fibroso, fibrous iron ore.
mineral de hierro plúmbico, galenical iron ore.
mineral desgangado, dressed ore.
mineral estañífero, tin-ore.
mineral ferroso, iron-ore.
mineral graso, rich ore.
mineral lenticulado (u oolítico), oolitic ore.
mineralizar *v.*, to mineralise.
mineralogía, mineralogy.
minerar, to raise from a mine, to win.
minería, mining.
minero, miner.
minero de carbón, collier.
mínimo, minimum.
minio, minium, red lead.
minio de ocre, iron ochre.
minio rojo, iron red.
ministerio, ministry.
ministerio de Hacienda, Exchequer.
ministerio de Higiene, Ministry of Health.
ministerio de la Aeronáutica, Air Ministry.
ministerio de la Guerra, War-Office.
ministerio de la Instrucción Pública, Board of Education.
ministerio de la Marina, Admiralty.
ministerio de las Colonias, Colonial Office.
ministerio de Obras Públicas, Office of Works.
ministerio de Relaciones Exteriores, Foreign-Office.
ministerio del Comercio, Board of Trade.
ministro, minister (of State).
minoración, lessening.
minorar *v.*, to lessen, to reduce.
minutas, proceedings.
minutas del Instituto de Ingenieros Civiles, proceedings of the Institute of Civil Engineers.

minutero, minute-hand.
minuto, minute.
mioceno (geol.), miocene.
mira (agrim.), levelling staff.
mira (inst. o art.), aim, sight.
mira de tablilla (agrim.), boning-board.
miradero (geol.), inlier.
mirador (arq.), belvedere.
mirar *v.*, to look, to view.
miriámetro, myriametre.
mirilla (de inspección), inspecting door.
miriñaque (f.c.) (S.A.), cow-catcher.
misión, mission.
mitad, half.
mixtilíneo, mixtilinear.
mixtura, admixture.
mnemónica, mnemonics.
mnemónico *adj.*, mnemonic.
moblaje, furniture.
modelado *s.*, modelling.
modelar *v.*, to model.
modelista (met.), pattern maker.
modelo, model, pattern.
modelo a ras, flush-pattern.
modelo antiexplosivo, flame-proof type.
modelo de carrera (aut., naut.), sports-type.
modelo normal, standard-type.
modelo para interior, indoor-type.
modelo perfeccionado, improved design.
de modelo sencillo, simple in design.
moderado, moderate.
moderador de locomotora, locomotive regulator.
moderar, to moderate.
moderar el fuego, to slacken the fires.
moderar una corriente de aire, to check a flow of air.
modernizar *v.*, to modernise.
moderno, late, modern, recent.
módico (en precio), inexpensive.
modificación, modification.
modificar *v.*, to modificate, to modify.
modillón (arq.), corbel, modillion.
modo, manner, mean, method.
modulación, modulation.
modulado *adj.*, modulated.
modular *v.*, to modulate.
módulo (arq.), module.
módulo (coeficiente), modulus.
módulo (engranajes), diametral pitch.
módulo de elasticidad (mec.), coefficient of elasticity, stretch modulus.
módulo de resistancia (mec.), section modulus.
mofeta, fire-damp.
mohoso, mouldy.
mojar *v.*, to steep, to wet.
mojón (agrim.), landmark.
moldado a mano *s.*, hand moulding.
moldado a máquina, machine moulding.
molde, mould.
molde (fund.), matrix.
molde de matrizar (met.), die-mould.
moldeado en arena (fund.), sand-moulding.
moldeador, moulder.
moldeadora, moulding press.
moldeadora a mano, hand moulding machine.
moldeadora de machos (met.), core-making machine.
moldeadora hidráulica, hydraulic moulding machine.
moldeadora mecánica, moulding machine.
moldeadora mecánica para ruedas, wheel-moulding machine.
moldear *v.*, to mould.
moldear (met.), to cast in mould.
moldeo, moulding.
moldeo (met.), casting.
moldeo bajo presión, pressure casting.
moldeo de propio peso (met.), gravity casting.
moldeo en matriz (met.), die-casting.
moldeo en arcilla (fund.), loam-moulding.
moldura (arq.), rib.
moldura (carp.), moulding.
moldura de madera, wood moulding.
moldura de media caña, half-round moulding.
molduradora fresadora (carp.), spindle moulder, spindle moulding machine.
molécula, molecule.
moledora, grinding mill.
moler *v.*, to grind, to mill.
moleteado *s.*, knurling.
moleteadora, knurling wheel.
moletear *v.*, to knurl, to mill.
molibdena, molybdena.
molibdeno, molybdenum.
molido *adj.*, ground.
molido semifino, medium ground.
molienda, grinding, milling.
molinero, miller.
molinete (naut.), windlass.
molinete del ancla, donkey-engine.
molinillo de café, coffee-grinder.
molino, mill.
molino de aceite, oil-mill.
molino de bolas, ball mill.
molino de caña dulce, cane crusher.
molino de colores secos, paint-grinder.
molino de extraer aceite, oil-extracting press.
molino de tubos, tube mill.
molino de viento, windmill.
molino harinero, corn-mill, flour mill.
molino hidráulico, water mill.
molino triturador, crusher.
molturadora, grinding mill.
momentáneamente, momentarily.
momentáneo, momentary.
momento (mec.), moment.
momento con relación a un punto, moment about a point.
momento de flexión, bending moment.
momento de inercia, moment of inertia.
momento de inercia con relación al eje XY, moment of inertia about axis XY.
momento de inercia de un rectángulo, moment of inertia of a rectangle.
momento de inercia polar, polar moment of inertia.
momento de volteo (i.c., mec.), overturning (or tilting) moment.
momento magnético, magnetic moment.
momento torsional, moment of torsion.
mondar *v.*, to decorticate, to hull, to shell.
moneda, coin, money.
moneda de curso legal, legal tender.
moneda de oro, gold coin.
monocarril *adj.*, mono-rail, single rail.
monocarril aéreo, runway transporter.
monocíclico *adj.*, single-cycle.
monofásico, single-phase.
monolito, monolith.
monomio, monome.
monoplano, monoplane.
monoplano de alas bajas (o rebajadas), low-wing monoplane.
monoplano de alas elevadas, high-wing monoplane.

monoplano de transportes de alas rebajadas provisto de dos motores X de 500 HP c/u, calculado para una tripulación de dos personas y ocho pasajeros, u opcionalmente carga y correo, a la velocidad de 353 km/h. sobre distancias hasta de 1.609 km. sin parar, commercial low-wing monoplane fitted with two 500 H.P. X engines, designed to carry a crew of two and eight passengers, or alternatively, freight or mail at a cruising speed of 220 m.p.h. for distances up to 1,000 miles non-stop.
monoplaza, single-seater.
monopolio, monopoly.
monorriel, *adj.*, single-rail.
monóxido de plomo, massicot, lead monoxide (PbO).
montabolsas, sack-hoist.
montacargas, elevator, hoist, goods lift.
montacargas eléctrico, electric hoist.
montacargas industrial, works lift.
montacenizas, ash elevator.
montado *adj.*, fitted, erected.
montado en paralelo con una resistencia (el.), across a resistance.
montador, erector.
montaje (maq.), assembling, erecting, erection.
montante (aeración), fanlight.
montante (arq., i.c.), jamb, stanchion, upright.
montante (carp.), post, standard, strut.
montante compuesto, compound stanchion.
montante de pescante (de grúa), derrick-post.
montante fusiforme (av.), streamline strut.
montaña, mountain.
montaña a pique, steep mountain.
montañés, mountaineer.
montañoso, mountainous.
montar (arm.) *v.*, to cock (firearms).
montar (ing., maq.) *v.*, to assemble, to erect.
montar (o montarse) (suma) *v.*, to amount.
montar un motor y una generatriz sobre el mismo zócalo, to connect a motor and a generator on the same bedplate.
los beneficios se montan a . . ., the profits amount to . . .
monte, hill, mount.
montea (dib., arq., const.), working-drawing.
montecillo, hillock.
montículo, knoll.
montón, dump, heap.
montón de desecho (met.), scrap heap.
montuoso, mountainous.
monzón, monsoon.
morada, dwelling.
mordaza (maq.), jaw, vice.
mordazas apretacables (de ascensor), rope brake.
mordazas de cremallera (tecn.), rack-vice.
mordazas paracaídas (de ascensor), electro-magnetic brake.
morena (geol.), moraine.
morena de cascajos (min.), debris-wall.
morénico *adj.* (geol.), morainic.
morfina, morphia.
morrillo (alb.), quarry stone, ragstone.
mortaja (muesca), mortise, slot.
mortajado *s.*, mortising.
mortajador (herr.), mortising chisel.
mortajadora, mortising machine, slotter.
mortajadora-cepillo, shaping and slotting machine.
mortajadora para muescas, keyway-cutting-machine.
mortajadora y cepillo combinados, slotting and shaping machine.
mortajar *v.*, to mortise, to slot.
mortero (alb.), mortar, cement-mortar.
mortero (art.), mortar.
mortero de barro, pug-mill.
mortero portaamarra de salvamento (naut.), mortar life-saver.
mosca (zool.), fly.
mosquitero, fly-net.
mostrador, counter.
mostrar *v.*, to display, to show.
mostrar en corte (dib.), to take a section.
moteado *adj.*, specular.
motocicleta, motor-cycle.
motocultor, motor plough.
motogenerador *s.*, motor-generator.
motón, block (of pulleys).
motón de poleas, gin pulley-block.
motonave, motor-ship.
motor *adj.*, motive, moving.
motor *s.*, driving motor, engine, motor.
motor a gas, gas engine.
motor a vapor, steam engine.
motor acorazado (o blindado), ironclad motor.
motor asincrónico, induction motor.
motor asincrónico de arranque por repulsión, repulsion-starting induction-type motor.
motor asincrónico monofásico, single-phase induction motor.
motor asincrónico polifásico, polyphase induction motor.
motor cerrado (o protegido), enclosed motor.
motor cerrado y ventilado, enclosed ventilated motor.
motor compund (el.), compound-wound motor
motor compund (vapor), compound engine.
motor con cilindros en V, V-engine.
motor con cilindros opuestos, vis-a-vis engine.
motor con compresor, supercharged engine.
motor con conducto de ventilación, pipe-ventilated type motor.
motor con engranaje reductor, geared-down motor.
motor con factor de potencia unidad, unity power-factor motor.
motor de aceite pesado sistema Diesel de inyección sólida y sin elásticos, de arranque en frío, atomic Diesel cold-starting airless and springless injection heavy-oil engine.
motor de aeroplano, aviation engine.
motor de aire comprimido, compressed air motor.
motor de aletas (aut., av.), air-cooled engine.
motor de anillos, slip ring motor.
motor de aviación, aero engine.
motor de baja potencia, small motor.
motor de balancín, beam-engine.
motor de bombeo, pumping engine.
motor de compresión elevada, high-compression engine.
motor de corriente alterna, alternating current motor.
motor de corriente contínua, direct-current (or D.C.) motor.
motor de cuatro tiempos, four-stroke engine.
motor de desanclar (naut.), donkey-engine.
motor de doble efecto, double-acting engine.
motor de dos cilindros, two-cylinder engine.
motor de dos hileras de cilindros convergentes (aut., av.), V-engine.
motor de dos tiempos, two-stroke engine.
motor de efecto único, single-acting engine, uniflow engine.
motor de escape libre, non-condensing engine.

motor de expansión triple, triple-expansion engine.
motor de explosión, internal combustion engine.
motor de extracción (min.), haulage motor, winding engine.
motor de fuera de borda (naut.), outboard engine.
motor de gas de alumbrado, town-gas engine.
motor de gases perdidos, waste-heat engine.
motor de gasolina, petrol engine.
motor de inyección sólida, airless-injection engine.
motor de jaula de ardilla (el.), bar-wound motor, squirrel-cage motor.
motor de kerosene, paraffin engine.
motor de ocho cilindros, eight-cylinder engine.
motor de ocho cilindros en fila, straight-eight engine.
motor de ocho cilindros en V, V-eight engine.
motor de petróleo, oil engine.
motor de petróleo bruto, heavy-oil engine.
motor de repulsión, repulsion motor.
motor de repulsión compensada, compensated repulsion motor.
motor de reserva, spare motor.
motor de rotor bobinado, wound-rotor motor.
motor de seis cilindros, six-cylinder engine.
motor de válvulas giratorias, rotary-valve engine.
motor de triple expansión, triple expansion steam engine.
motor de varios cilindros, multicylinder engine.
motor eléctrico, electric motor.
motor eléctrico para marina, marine motor.
motor en derivación, shunt motor.
motor en estrella, radial engine.
motor en estrella fijo (av.), static radial engine.
motor en serie, series motor.
motor en serie compensado, series-compensated motor.
motor en W (aut., av.), broad-arrow engine, double V engine.
motor enfriado por agua, water-cooled engine.
motor enfriado por aletas, fan-cooled motor, cowl-cooled motor.
motor externo (en pozos de minas), head-woik.
motor fijo, fixed engine, stationary engine.
motor flotante (aut.), floating-power.
motor hidráulico, water wheel.
motor invertible, reversible motor.
motor marino, marine engine.
motor monofásico, single-phase motor.
motor para factoría de algodón, cotton-mill engine.
motor para tracción, traction motor.
motor portátil, portable engine.
motor primario, prime-mover.
motor protegido, enclosed motor.
motor protegido contra goteo, drip-proof motor.
motor semifijo, semi-portable engine.
motor sin cigüeñal, crankless engine.
motor sincrónico, synchronous motor.
motor sincrónico de arranque asincrónico, synchronous induction motor.
motor sincrónico de polos salientes y arranque asicrónico, salient poles synchronous induction motor.
motor sobrealimentado, supercharged engine.
motor térmico, heat engine.
motor trifásico, three-phase motor.
motor ventilado por tubos, pipe ventilated motor.
el motor funciona irregularmente, the engine runs irregularly.
el motor se para, the engine goes dead (or stops).

motorcito, small motor.
motores gemelos, twin-engine.
motriz *adj.*, motor, moving.
mover *v.*, to move, to drive.
mover una máquina, to drive a machine.
movible, movable.
movido a, driven by.
movido mecánicamente, mechanically-driven.
movida por agua, water-actuated.
movido por correa, belt-driven.
movido por electricidad, electrically-worked.
móvil (o motor) *adj.*, live, movable.
movimiento, displacement, motion, movement.
movimiento (de reloj), watchwork.
movimiento acelerado, accelerated motion.
movimiento alterno, alternating motion.
movimiento circular, circular motion.
movimiento circular hacia izquierda, anti-clockwise motion.
movimiento constante, continuous movement.
movimiento contrario, counter-motion.
movimiento curvilíneo, curvilinear movement.
movimiento de atrás adelante, back and forth motion.
movimiento de avance (maq. herr.), feed motion.
movimiento de los buques (lista de llegadas y salidas), shipping intelligence.
movimiento de palanca, lever motion.
movimiento de relojería, clockwork.
movimiento de retroceso, backing, backward motion, return.
movimiento de tierras (i.c.), earthwork.
movimiento de vaivén, reciprocating motion, seesaw motion, back and forth motion.
movimiento deslizante, sliding movement.
movimiento ecuable, uniform motion, uniform movement.
movimiento giratorio, circular motion.
movimiento hacia adelante, positive motion.
movimiento oscilante, oscillating motion.
movimiento oscilatorio simple (mec.), harmonic motion.
movimiento paralelo al eje, axial displacement.
movimiento por trinquete, ratchet-drive.
movimiento real de una estrella, proper motion of a star.
movimiento uniforme, uniform movement.
movimiento uniformemente acelerado, uniformly accelerated movement.
movimiento variable, non-uniform movement.
mozo de cordel, porter.
mudanza (cambio), alteration, displacement.
mudanza (de casa), removal.
mudar (cambiar) *v.*, to displace, to shift.
mudarse *v.*, to move.
muebles, furniture.
muela, grinding-wheel, millstone.
muela de bruñir, buffing disc.
muela de esmerilar, emery stone.
muela de lijar, abrasive disc.
muellaje, quayage.
muelle (f.c.), platform.
muelle (obra), jetty, mole, pier, quay, wharf.
muelle (resorte), spring.
muelle carbonero, coal-wharf.
muelle de arco (mec.), bow spring.
muelle de boga (f.c., tranv.), bogie spring.
muelle de desembarco, landing-pier.
muelle de filo (mec.), knife spring.
muelle de hojas, laminated (or plate) spring.
muelle de parachoques (f.c.), buffer-spring.
muelle equilibrador (mec.), balancing spring.

muelle (o resorte), espiral, volute spring.
muelle hélico (o helizoide), helical spring.
muesca, notch, score, slot.
muesca de chabeta, keyway.
muestra, sample, specimen.
muestra de ensayo (o para ensayar), test-piece, test-sample.
muestra fidedigna, representative sample.
muestra prototipo, typical sample.
muestra sin valor, sample of no value.
mufla (quim.), muffler.
multa, fine (penalty).
multar *v.*, to fine (penalty).
múltiple, multiple.
multiplicable, multipliable.
multiplicación de potencia (mec.), concentration of power.
multiplicado (por engranajes), geared up.
múltiplo *adj. & s.*, multiple.
mundo, world.
el nuevo mundo, America, the new World.
munición (o municiones), ammunition, munition, shot.
municipalidad (S.A.), corporation, municipality, town-council, town-hall.
muñón (ing., mec.), gudgeon, king pin, trunnion.
muñonera trunnion-hole.
murado *adj.*, walled.
muralla, wall.
murallón de ribera, river wall.
murar *v.*, to wall (up).
muriático, muriatic.
muriato, muriate.
muro, wall.
muro al aire, spandrel wall.
muro de apoyo, abutment (or breast) wall, retaining wall.
muro de avance (min.), working face.
muro de cimientos, foundation wall.
muro de contención (o descarga), retaining wall.
muro de chinas, boulder wall.
muro de dique, dock-wall.
muro de esclusa, sluice wall.
muro de filón (min.), foot wall.
muro de muelle, quay wall.
muro de recinto, fencing wall.
muro de seguridad (min.), chain-wall.
muro de sostén, abutment (or retaining) wall.
muro de sostén de trinchera (f.c.), railway-cutting wall.
muro en ala, wing wall.
muro medianero, party wall.
muro orbe (const.), dead wall.
musgo, moss.
musgoso, mossy.
muz (mar.), jetty-head, pier-head.

N

nácar, nacre, mother-of-pearl.
nacela de motor (aer.), engine-nacelle.
nacer (hid.), to rise.
nación, nation.
nacionalidad, nationality.
nacrita (min.), nacrite, talcyte.
nadar *v.*, to swim.
nafta, naphtha.
nafta de hulla (o de destilación), coal naphtha.
nafta disolvente, solvent naphtha.
naftalina, naphthaline.
naftol, naphthol.
naranja (bot.), orange.
naranjo, orange-tree.
nariz, nose.
natación, swimming.
nativo (o natural) (estado), coarse, native, raw.
naturaleza, nature.
naufragar, to sink (ship).
el buque naufraga !, she is sinking !
naufragio, shipwreck, sinking, wreck.
el naufragio de un buque, the sinking of a ship.
náutica, navigation, seamanship.
náutico, nautic, nautical.
navaja, razor.
navaja de seguridad, safety razor.
nave (arq.), nave.
nave (de taller), bay.
nave (naut.), ship, vessel.
nave acorazada, ironclad.
nave de combate, capital ship.
nave de estación (f.c.), station hall.
nave de guerra, man-of-war.
navegabilidad, seaworthiness.
navegable (cualidad de un barco), sailable, seaworthy.
navegación, navigation.
navegación a vapor, steam-navigation.
navegación a vela, sailing.
navegación aérea, aerial navigation.
navegación fluvial, river navigation.
navegador, navigator.
navegador giroscópico, gyro-pilot.
navegar *v.*, to navigate.
navegar a (velocidad de un buque), to sail, to steam.
navegar a 25 nudos por hora, to steam 25 knots per hour.
navegar en superficie (submarino), to run awash.
navegar viento en popa, to sail before the wind.
naves (com.), shipping.
naviero, shipowner.
navío, ship, vessel, warship.
navío de vela, sailing-ship.
navíos de superficie, surface-craft.
neblina, mist.
neblinoso, misty.
nebuloso, foggy, misty.
necesario *adj.*, needful, requisite.
necesidad, need, requirement.
necesitar *v.*, to need, to require.
nefrita (geol.), kidney stone.
negligencia, negligence, neglect.
negociante, merchant, trader.
negociante en carbones, coal-merchant.
negociante en semillas, seed-merchant.

negocio, business, deal, trade.
negocios bancarios, banking.
negro, black.
negro animal, bone black.
negro de humo, lampblack.
negro marfil, ivory black.
neo (quim.), neon.
neo-iterbio, aldebaranium.
neodimio (quim.), neodymium.
neolítico, neolithic.
nervadura (o nervio) (refuerzo),. gill, rib.
nervar (reforzar) *v.*, to rib.
nervura (arq.), rib.
neto, neat, net.
neumática, pneumatics.
neumático *adj.*, pneumatic.
neumático *s.*, pneumatic tyre, tyre.
neumático balón, balloon tyre.
neumático de recambio (o de repuesto), spare tyre.
neumático desinflado, deflated (or slack) tyre.
neutral puesto a tierra (el.), earthed neutral.
neutralidad, neutrality.
neutralizar el carbono, to decarbonise.
neutro, neutral.
nevada, fall of snow.
nevar, to snow.
nevera, refrigerator
nevoso, snowy.
niebla, fog.
nielar, to inlay.
nieve, snow.
níquel, nickel.
níquel fosfórico, phosphor-nickel.
niquelado *adj.*, nickel-plated.
niquelado *s.*, nickel-plating.
niquelífero (o niqueloso) *adj.*, nickeliferous.
nitrato, nitrate.
nitrato de calcio, calcium nitrate.
nitrato de cobre, copper nitrate.
nitrato de hierro, iron nitrate.
nitrato de magnesio, magnesium nitrate.
nitrato de mercurio, mercury nitrate.
nitrato de plata, silver nitrate.
nitrato de plomo, lead nitrate.
nitrato de potasa, potassium nitrate.
nitrato de sosa, sodium nitrate.
nitrato mercúrico, mercuric nitrate.
nitrato mercúrico básico, basic nitrate of mercury.
nitro, potassium nitrate, nitre.
nitrobencina, nitro benzene.
nitrocelulosa, nitro-cellulose.
nitrógeno, nitrogen.
nitroglicerina, glonoin, nitroglycerin.
nitronaftalina, nitronaphthalene.
nitroso, nitrous.
nitrotoluol, nitro-toluene.
nitrurar, to nitrurate.
nivel (inst.), level.
nivel de agrimensor, field level.
nivel de agua, water-level (instrument).
nivel de albañil, builders' level.
nivel de altura (de las aguas), water-mark.
nivel de burbuja, spirit level.
nivel de comparación (agrim.), datum-level.
nivel de estiaje (hid.), water-mark (on rivers).
nivel de plomada (const.), plummet-level.
nivel de todo uso (o de telescopio fijo), dumpy level.
nivel del agua, water-level, water line.
nivel del mar, sea level.
nivel esférico de alcohol, circular spirit level.
nivel para ejes de transmisión (mec.), shafting level.
nivelación (agrim.), levelling, boning.
nivelado *adj.*, level, levelled.
nivelado *s.*, boning, levelling
nivelado perfecto (o absoluto), dead level.
nivelar (agrim., i.c.) *v.*, to level.
no acercarse Peligro !, keep off, Danger !
no debe pasar . . . , ought not to exceed . . .
no emplear garfios !, use no hooks !
no exige pericia técnica, no technical knowledge required.
no ferroso *adj.*, non-ferrous.
no funciona (ap., maq.), not working.
no hay parte móvil alguna que pudiera desgastarse, no moving parts to wear.
no hay trabajo (o colocación) (anuncio), no hands wanted.
no requiere cuidados expertos, no skilled attendance required.
no vendido, unsold.
nocivo, injurious, noxious.
nocivo para la salud, injurious to health.
noche, night.
nogal (árbol), nut-tree.
nogal (madera), hickory, walnut.
nombrar (para un cargo) *v.*, to appoint.
nombrar de nuevo, to reappoint.
nombre, name.
nombre y señas del remitente, sender's name and address.
nonio, nonius.
noque, tanning vat.
noria del balasto (const.), ballast-elevator.
norma (de medida), standard.
norma de medidas, standard of measurement.
normas para ferrocarriles, standards for railways.
normas para metalurgia, metallurgy-standards.
normas para pruebas, testing standards.
nordeste, north-east.
noroeste, north-west.
norte, north.
Norte América, North America, the U.S.A.
nota, note.
notable, noteworthy, remarkable.
notar *v.*, to remark, to note.
noticias, news.
notificar, to give notice, to signify.
novicio, probationer, raw-hand.
novillo (zool.), steer.
novísimo, latest, newest.
nube, cloud.
nublado, cloudy.
núcleo (de escaleras), newel-post.
núcleo (ing.), core.
núcleo de inducido (el.), armature core.
núcleo de láminas, laminated core.
núcleo de muestra (geol., min.), sample-core.
núcleo de transformador (el.), transformer core.
nudo, knot, knuckle.
nudo (en la madera), knag.
nudo articulado (const.), pin-joint.
nudo corredizo, slip knot.
nudo de alimentación (el.), feeding-point.
nudo de articulación (i.c.), tie-bar joint.
nudo de inflexión (geom.), point of inflexion.
nudoso, knaggy, knotty.
nuevo, new, virgin.
nuez (bot.), nut.
nuez vómica (farm.), vomic-nut.
numeración, numbering.

numerador, numerator.
numerar *v.*, to number.
número, number.
número de elasticidad (mec.), Poisson's ratio.
número de identificación (o de orden), reference number.
número entero, whole number.
número errado (tel.), wrong number.
número impar, odd number.
número irracional, surd number.
número par, even number.
número proporcional (quim.), chemical equivalent.
nutritivo, nutritious.

O

obedecer *v.*, to comply with.
objetivo (opt.), object glass.
objetivo acromático, achromatic object glass.
objeto, object, subject.
oblicuo, oblique, skew.
obligación (acción), bond, debenture.
obligación del Tesoro, treasury bond.
obligación hipotecaria, debenture.
obligatario, debenture-holder.
obligatorio, obligatory, binding.
obliterar *v.*, to occlude.
obliterarse (dos communicaciones telefónicas por ejemplo), to jam.
oblongo, oblong.
obra, work.
obra de arte (i.c.), permanent work.
obra de carpintería, woodwork.
obra de hoja de acero embutida, stamped steel-sheet work.
obra de madera, timber-work.
obra muerta (naut.), free board.
obra nielada, inlaid work.
obraje, manufacture, manufactured article.
obraje de acero, structural steelwork.
obrar *v.*, to act, to operate.
obras de defensa (mil.), works (military).
obras de descarga de cloacas, sewage outfall works.
obras de riego, irrigation works.
obras de salubridad, sanitary works.
obras portuarias, harbour works.
obras públicas, public works.
obrera, workwoman.
obrero, workman.
obrero alambrero, wire-worker.
obrero diestro, skilled workman.
obrero fundidor, foundryman.
obscuridad, darkness.
obscuro, dark, obscure.
observación, remark.
observador, observer.
observar *v.*, to observe, to remark, to watch.
observatorio, observatory.
obsidiana (geol.), obsidian.
obstrucción, choking up.
obstruir *v.*, to choke, to obstruct.
obtener *v.*, to get, to obtain.
obtusángulo, obtuse-angled.
obtuso, obtuse.
obús, shell (artillery).
obús de metralla, shrapnel.
occidental, westerly, western.
occidente, occident, west.
océano, ocean.
oceanografía, oceanography.
ocluir *v.*, to occlude.
oclusión, occlusion.
ocre, ochre.
ocre amarillo, yellow-earth.
octógono, octagon.
ocular (opt.), eye-piece.
ocupado *adj.*, busy, engaged.
odómetro, odometer.
oeste, west.
oferta, offer, tender.
oficial *adj.*, official.
oficial (nav., mil.), officer.
oficial (obrero), artificer, workman.
oficial de mando, commanding officer.
oficial de marina, naval officer.
oficial de sanidad, medical (or health) officer.
oficial de tiro (nav.), spotter.
oficial del Estado Mayor, staff-officer.
oficial mayor, senior officer.
oficial torpedero, torpedo-officer.
oficina, office.
oficina (en Chile, S.A.), nitrate-works.
oficina de alquiler, letting-office.
oficina de cambio, exchange-office.
oficina de correos, post-office.
oficina de informes, inquiry office.
oficina de patentes, Patent-Office.
oficina de seguros marítimos (en Londres), Lloyd's.
oficina directorial, manager's office.
oficina marítima, shipping office.
oficina meteorológica, meteorological bureau.
oficina principal, head office.
oficio (ocupación), calling, trade.
ofrecer *v.*, to offer, to tender for.
ofrecerse *v.*, to offer one's services.
ogiva, ogive.
ogival, ogival, pointed.
óhmico (el.) *adj.*, ohmic.
ohmio, ohm.
ohmio normal (o patrón), standard ohm.
ohmmetro, ohmmeter.
ohmmetro de alambre dividido, slide-wire ohmmeter.
ohmmetro portátil, portable ohmmeter.
oído, ear.
oír, to hear.
ojal, loop.
ojeada (descripción breve), outline.
ojo, eye.
ojo de cerradura, key-hole.
ola, wave (sea).
ola de calor, heat wave.
ola de fondo, tidal-wave.

oleaje, surge, swell (sea).
oleína, oleine.
óleo, vegetal fat.
oleoducto, pipeline.
oleómetro, oleometer.
oler *v.*, to smell.
oligisto (met.), specular iron ore.
oligoceno (geol.), oligocene.
olivar (bot.), olive-yard.
olivo, olive tree.
olmo, elm tree.
olor, smell.
ómnibus, bus, omnibus.
ómnibus de trole sin rieles, trackless trolley bus.
ómnibus (o autobús) imperial, double-decker omnibus.
onda (fis.), undulation, wave.
onda acústica, sound-wave.
onda amortiguada, damped wave.
onda corta, short wave.
onda de la luz, light-wave.
onda eléctrica, electric wave.
onda electromagnética, electromagnetic wave.
onda entretenida (o inamortiguada), undamped wave.
onda fundamental (o natural), fundamental wave.
onda larga, long wave.
onda portante (t.s.h.), carrier wave.
onda sonora : See onda acústica.
onda ultramicroscópica, quasi-optical wave.
una onda retrasa sobre la otra (el., fis.), one wave lagging behind the other.
ondámetro, wavemeter.
ondámetro de zumbador, buzzer wavemeter.
ondámetro heterodínico, heterodyne wavemeter
ondear *v.*, to undulate, to wave.
ondulación, undulation.
ondulado, corrugated, undulated.
ondular *v.*, to undulate.
onduloso, undulating.
ónice (ónique u ónix), onyx.
onza, ounce.
oolita (min.), oolite.
oolítico, oolitic.
opacidad, opacity, opaqueness.
opaco, opaque.
ópalo, opal.
operaciones sobre el terreno (agrim.), field-work.
operar, to act, to operate.
operario, operative, worker.
operativo *adj.*, operative.
oponer *v.*, to oppose, to counteract.
oponerse *v.*, to object to.
oportuno, expedient, convenient, seasonable.
oposición, objection, opposition.
en oposición (el., fis., mat.), 180° out of phase.
oprima el botón !, press the button !
oprimir, to depress, to press.
óptica *s.*, optics.
óptica eléctrica, electro-optics.
óptico *adj.*, optical.
óptico *s.*, optician.
opuesto, opposite.
opuestos (u opuestas) de 180 grados, 180° out of phase.
orbe, orb, sphere.
orbe terrestre, terrestrial globe.
órbita, orbit.
órbita de la tierra, earth's orbit.
orchilla (quim.), orchil.
orden, command, order.
orden (colocación), class, ranging.
orden del encendido (aut., mot.), firing-order.
ordenada (mat.), ordinate.
ordenado *adj.*, orderly, in order.
ordenanza (mil.), orderly (attendant).
ordenanza (órdenes), rules.
ordenanzas del tráfico (o de la circulación) (aut.), rules of the road.
ordenar (mandar) *v.*, to direct, to order.
ordenar (poner en orden) *v.*, to arrange, to set in order.
ordenar (recetar) *v.*, to prescribe.
ordenar un derrotero (naut.), to shape a course.
órdenes, instructions.
ordeñar *v.*, to milk.
oreja, ear.
orfebre, goldsmith, silversmith.
orgánico, organic, organical.
organizar *v.*, to organise.
orientación (de las velas, naut.), trimming (of sails).
oriental, east, eastern.
orientar las velas (naut.), to trim the sails.
orificia, goldsmith's trade.
orificio, aperture, orifice.
orificio de entrada, intake.
origen, genesis, origin, source.
origen de una curva, spring of a curve.
orilla (borde), border, edge, fringe.
orilla (hid.), bank, shore.
orilla del mar, seaside, seashore.
orín (met.), rust.
orlado *adj.*, knurled.
oro, gold.
oro batido, gold leaf.
oro coronario, fine gold.
oro de espuma, float gold.
oro de ley, standard gold.
oro en barras, bar gold.
oro musivo, mosaic gold, stannic sulphide.
oro en polvo, gold dust.
oro niño (S.A.), float gold.
oro obrizo, fine gold.
orografía, orography.
oropel, brass foil.
oropimente, orpiment.
oroya (aer.), basket, nacelle.
ortogonal, orthogonal.
orzar (naut.) *v.*, to luff.
osatura (const.), framework, skeleton.
oscilación, oscillation, swinging.
oscilación amortiguada, damped oscillation.
oscilación inamortiguada, undamped oscillation.
oscilador *adj. & s.*, oscillator.
oscilando (al girar), untrue (of rotation).
oscilante, oscillating.
oscilar *v.*, to oscillate, to swing.
oscilatorio, oscillating, oscillatory.
oscilógrafo, oscillograph, oscillations recorder.
osmio, osmium.
ósmosis, osmose.
ovalado *adj.*, oval.
óvalo *s.*, oval.
oveja, ewe.
ovilladora (maq., text.), balling frame, balling machine.
ovillo (text.), hank, skein.
oxhídrico *adj.*, oxy-hydrogen.
oxhidrógeno *s.*, oxy-hydrogen.
oxiacanta (bot.), hawthorn.
oxiacetilénico, oxy-acetylene.
oxiacetileno, oxy-acetylene.
oxicloruro, oxychloride.
oxidación, oxidation, rust.
oxidar *v.*, to oxidise.

óxido, oxide.
óxido alcalino-terroso, alkaline earth.
óxido bárico, baric oxide.
óxido cúprico, oxide of copper.
óxido de cinc, zinc oxide.
óxido de cal, calcium oxide, quicklime.
óxido de carbono, carbon monoxide.
óxido de cromo, chromium oxide.
óxido de hierro, iron oxide.
óxido de plomo, oxide of lead, red lead.
óxido estánico, tin oxide.
óxido férrico, ferric oxide.
óxido férrico hidratado, bog iron.
óxido ferroso, ferrous oxide.
óxido mangánico, manganese sesquioxide.
óxido mercúrico, mercuric oxide.
óxido nítrico, nitric oxide.
óxido nitroso, nitrous oxide.
óxido pulga, peroxide of lead.
óxido silíceo, oxide of silicon, silica.
óxido sódico, sodium oxide.
oxigas, oxy-coal gas.
oxigenar, to oxygenate.
oxígeno, oxigene.
ozonizador, ozoniser.
ozonizar *v.*, to ozonise.
ozono, ozone.
ozoquerita (min.), ozokerite.

P

pabellón, pavilion.
pabellón (naut.), flag, colours.
pabellón Británico, Union Jack.
pabellón de maniobra de compuertas (hid.), valve house.
padrillo (zool.), sire.
paga (pago), payment.
pagadero *adj.*, payable.
pagar *v.*, to pay.
pagar adelantado, to prepay.
pagar a la vista, to pay at sight.
pagar al contado, to pay cash.
pagar una letra, to meet a bill.
pagaré *s.*, bill, promissory note.
página, page.
pago adelantado (o previo), prepayment.
páguese al portador !, pay bearer !
páguese al recibir !, cash on delivery !
paila (azúcar), teach.
paila de derretir (azúcar), sugar-melter.
paila de primera derretida (azúcar), blow-up pan.
painel, panel.
país, country, land.
país de origen, mother-country.
país fabril, manufacturing country.
país marítimo (o marino), maritime (or seafaring) nation.
país poco poblado, sparsely-populated country.
país productor, country of origin.
paisaje, scenery, landscape.
paja, straw.
pajar, barn.
pájaro, bird.
pala (de remo), blade.
pala (de rueda), paddle.
pala (herr.), shovel.
pala de combustible, fuel-shovel.
pala de excavación, bucket excavator.
pala de hélice, propeller-blade.
pala de tentar (i.c.), sample-shovel.
pala para carbón, coal shovel.
palabra, speech, word.
palabra de clave, code word.
palacio, mansion, palace.
palada, shovelful.
paladio (quim.), palladium.
palanca, handle, lever.
palanca acodillada, bell-crank lever, toggle lever.
palanca ahorquillada, forked lever.
palanca de arranque, starting lever.
palanca de cambio de velocidad, gear-changing lever.
palanca de contrapeso, balance-weight (or balancing) lever.
palanca de desembrague, disengaging lever.
palanca de enclavamiento, locking lever.
palanca de engrane, engaging lever.
palanca de frenar, braking lever.
palanca de interrupción automática en caso de accidente al conductor (f.c., tranv.), dead man lever.
palanca de inversión, reversing bar (or lever).
palanca de lanzar (maq., text.), picking stick.
palanca de mando (av.), control-lever, joy-stick.
palanca de mando (ing.), controlling lever.
palanca de mando del timón (av.), rudder bar.
palanca de maniobra de agujas (f.c.), pointer, switch lever.
palanca de maniobra de contrapeso (f.c.), switch lever with counterweight.
palanca de parada, stop (or stopping) lever.
palanca de pedal, foot lever.
palanca de resorte, spring lever.
palanca de tiro de lanzadera (text.), packer.
palanca de trinquete, ratchet lever.
palanca de un par (mec.), arm of a couple.
palanca del contrapeso de inversión, reversing shaft.
palanca del primer género (o intermóvil), lever of the 1st kind.
palanca del segundo género (o interresistente), lever of the 2nd kind.
palanca del tercer género (o interpotente), lever of the 3rd kind.
palastro, sheet iron, rolled iron, plate-iron.
palastro de acero, sheet steel, steel-plate.
palastro para caldera, boiler plate.
palastro para inducido (el.), armature-stamping.
palastro rebordeado, flanged plate.
palco, box (in a theatre).
paleografía, paleography.
paleología, paleology.
paleontología, paleontology.

paleta (alb.), trowel.
paleta (turb.), blade.
paleta bajo presión (turb.), pressure blading.
paletas de turbina, turbine blading.
paleta directriz (turb.), guide blade.
palizada, paling, wood fence.
palizada de tablas, hoarding.
palma (bot.), palm.
palmera, palm-tree.
palmo, hand-span.
palo (madera), timber, wood.
palo (naut.), mast.
palo brasil, Brazil-wood.
palo campeche, barwood.
palo de águila, agalloch.
palo de rosa, rosewood.
palo de trinquete (naut.), foremast.
palo mayor (naut.), main mast.
palo (o mástil) provisional (av., naut.), jury mast.
paloma viajera, carrier-pigeon.
palustre (alb.), margin trowel.
pallón (min.), gold-silver button.
pampa (S.A.), plain (geog.).
pampero (S.A.), pampean wind.
pan, bread.
pana (text.), velveteen.
pana de techadura, roofing-felt.
panadería, bakehouse, bakery.
panne (del motor, S.A.), engine failure.
pantalla, lampshade, screen.
pantalla de luz invertida, inverted bowl reflector.
pantalla de palastro, sheet-metal reflector.
pantalla de vidrio, glass shade.
pantalla de vidrio opalino, opal-glass reflector.
pantalla esmaltada, enamelled shade.
pantalla matafuegos (protección contra el calor excesivo de las chimeneas), fire screen.
pantalla opaca, opaque reflector.
pantalla semielíptica, bowl reflector.
pantano (artificial), pool, pond.
pantano (natural), bog, fen, marsh, swamp.
pantanoso, marshy, swampy.
pantógrafo, pantograph.
pantómetro (agrim.), pantometer, cross-staff.
pantoque (naut.), bilge.
paño, cloth, woollens.
paño de filtrar, filter-cloth.
pañol (naut.), bunker.
pañol de farolas, lamp-room.
pañol de lastre, ballast port.
pañol del carbón, coal bunker.
papa, potato.
papel, paper.
papel aislante, insulating paper.
papel cuadriculado, cartridge paper, squared paper.
papel de calcar, carbon paper, tracing paper.
papel de copiar (de escritorios), copying paper.
papel de diarios (S.A.), printing paper.
papel de embalar, wrapping paper.
papel de escribir, writing paper.
papel de esmeril, emery paper.
papel de estaño, tin-foil, tinned paper.
papel de estraza, brown paper, paraffined paper.
papel de filtrar, filtering paper.
papel de fotocopiar, copying paper.
papel de lija, emery paper, glass paper, sand paper.
papel de platino, platinum foil.
papel de seda, tissue paper.
papel de tornasol (quim.), test-paper, litmus paper.
papel enaceitado, oiled paper.
papel heliográfico, copying paper.
papel para dibujo, drawing paper.
papel para notas, note paper.
papel pergamino, parchment paper.
papel pintado, hanging (or wall) paper.
papel plateado, tinned paper, tin-foil.
papel secante, blotting paper.
papel sellado, stamped paper.
papelería, stationery.
papelero, stationer, paper-maker.
paquebote (mar.), packet, liner.
paquete, package, packet, parcel.
par (carp., const.), rafter.
par (doble), couple, pair.
par (mec.), couple, torque.
par de arranque (mec.), starting moment (or torque).
par de arranque intenso, heavy torque at starting.
par de frenado, braking moment.
par de volteo (aut., f.c.), overturning couple.
par térmico (fis.), thermo-couple.
par útil (mec.), effective torque.
para toda onda (t.s.h.), all-wave.
para usos generales, knock-about.
parábola (geom.), parabola.
parabólico, parabolic.
paracaídas (aer.), parachute.
parachoques (f.c.), buffer, buffer-gear.
parada, stop, stoppage, suspension.
parada (f.c.), halt.
parada imprevista, breakdown.
parada imprevista del taller (o de la instalación) por causa de accidente, breakdown of the plant due to an accident.
paradero de aeroplanos, airport.
parado (inmóvil), stopped, out of service.
parado (obrero desocupado) *adj. & s.*, out of work, unemployed.
parafina, paraffin.
Paraguayo *adj. & s.*, Paraguayan.
paralaje, parallax.
paraldehida (quim.), paraldehyde.
paralelepípedo, parallelopiped.
paralelismo, parallelism.
paralelizar *v.*, to parallel.
paralelo, parallel.
en paralelo (el.), across, in parallel.
en paralelo con la excitación, across the field.
tres generatrices (o dínamos) en paralelo, three generators working in parallel.
paralelogramo, parallelogram.
paralelogramo de fuerzas, parallelogram of forces.
paramagnético, paramagnetic.
paramagnetismo, paramagnetism.
paramento (const.), curb, stone.
paramento (frente), facing, lining.
paramento de agua abajo (hid.), downstream face (of dam).
paramento de boca de túnel (i.c.), tunnel face.
paramento de presa de agua arriba, upstream face of a dam.
paramento de túnel, tunnel face.
parámetro, parameter.
páramo, desert, moor, wilderness.
parar *v.*, to stop, to shut down (mach.).
pararrayo(s), lightning-arrester.
pararrayo(s) de capa de óxido, oxide-film arrester.
pararrayo(s) de cuernos, horn-gap arrester.
pararrayo(s) electrolítico, electrolytic lightning-arrester.

pararse, to come to a standstill, to halt.
parasema (naut.), figurehead (on ship's prow).
parásito *adj.* & *s.*, parasite.
paraviento, windscreen.
parcial, partial.
parcialmente, partially.
pardo (color), dun, gray.
pardusco, grayish.
pared, wall.
pared aislante, isolating partition.
pared de ladrillo, brick wall.
pared en escarpa, sloping wall.
pared frontal, front wall.
pared maestra, main wall.
pared medianera, mean (or partition) wall.
pared sin luces, dead face.
paredón, thick wall.
paredón de filón (min.), lying-wall.
pareja, couple, pair.
paréntesis, brackets, parenthesis.
entre paréntesis, between brackets.
parhelia (y parhelio) (meteor.), parhelion.
parihuela, barrow (hand).
parlamento (pol.), parliament.
paro, unemployment.
parque, park.
parque (mil.), depot.
parque de aviación, aviation-ground.
párrafo, paragraph.
parrilla (cald.), grate.
parrilla giratoria (cald.), revolving grate.
parroquia, parish, ward.
parte, part, portion, share.
parte truncada (geom.), frustum.
partes alícuotas, aliquot parts.
partición (av., naut.), accommodation.
participación (com.), share.
participar, to share.
particular *adj.*, private.
partida (contabilidad), entry.
partida (dinero señalado), allowance, lot.
partida *s.*, departure, outgoing, starting.
partida doble (com.), double-entry.
partido (pol.), party.
partido obrero (pol.), Labour Party.
partir (salir) *v.*, to go, to depart, to start.
partir al extranjero, to go abroad.
parva (agric.), stack (hay or corn).
pasa, raisin, dried grapes.
pasacorrea (ing.), belt-shifter.
pasadizo (mar.), alley-way.
pasador (de puerta), bolt, gangway.
pasador (tecn.), through bolt.
pasador de cadena, chain bolt.
pasador de sujeción, steady-pin.
pasaje (billete), fare, passage-money.
pasaje (paso), entrance, passage, way.
pasaje subterráneo, subway.
pasajero *s.*, passenger.
pasajero de proa, steerage passenger.
pasamanería, lace-making.
pasamano (de escaleras), banister rail.
pasamano (naut.), gangboard, gangway.
pasaporte, passport.
pasar *v.*, to pass.
pasar (dejar atrás) *v.*, to outpace.
pasar a los rayos X, to X ray.
pasar al través de, to run through.
pasar pedido, to order.
pasar por, to run through.
pase (de viajar), pass.
pase (el acto de pasar al laminadero), pass.
pase acanalado, grooved pass.
pase de perfiles, girder pass.
pase desbastador, blooming pass.
pase para carriles, rail pass.
pase ranurado, grooved pass.
pasillo (arq.), gallery, lobby.
pasillo (de coche, f.c.), passage-way.
pasillo caedizo (f.c.), fall-plate.
pasivo (com.) *s.*, liabilities.
paso, pass, passage.
paso (cadencia), pace, step.
paso (el., mec., tecn.), pitch.
paso a nivel (f.c.), level crossing.
paso a paso, step by step.
paso amplificador (t.s.h.), amplification stage.
paso de compresión (de compresor), stage of a compressor.
paso de engranaje (mec.), pitch of gears, tooth pitch.
paso del arrollamiento (el.), winding-pitch (of dynamos, etc.).
paso entre dientes de la fresa (maq. herr.), pitch of cutter teeth.
paso entre paletas motrices (turb.), pitch of impulse blades.
paso inferior (f.c.), underbridge.
paso polar (el.), distance between poles, pole pitch.
paso superior (f.c.), overbridge.
pasta activa (de acumuladores, el.), active materials.
pasta para cementar (met.), casehardening compound.
pastar, to graze, to feed (cattle).
pasteca (naut.), snatchblock.
pasteurizador, pasteuriser.
pastilla (farm.), tabloid
pata (de animal o maq.), leg.
pata de agarre (tecn.), clamp-dog.
pata de araña (de cojinete), oil-groove.
pata de liebre (de riel, f.c.), wing-rail.
patata, potato.
patentar *v.*, to take out a patent, to patent.
patente, patent.
patente de sanidad (mar.), bill of health.
patín de aterrizado (av.), skid.
patín de cola (av.), tail-skid.
patín de cruceta (loc., mot.), crosshead shoe.
patín magnético frenador (tranv.), magnetic brake.
patinado, slipping.
patinado de las ruedas, slipping of the wheels.
patio (arq.), court, yard.
patio de maniobras (f.c.), railway yard.
patrón (de comparación, tecn.), standard.
patrón (de embarcación), coxswain, master, skipper.
patrón (de obreros), employer.
patrón (modelo), form, pattern, standard.
patrón de contraste (tecn.), calibrating-standard.
patrón oro, gold-standard.
patrulla, patrol.
pava (S.A.), kettle.
pava eléctrica, electric kettle.
pavimento de caucho, rubber pavement.
peana, base, pedestal (of a statue).
peatón, pedestrian.
pedal, treadle.
pedal de embrague, clutch pedal.
pedal de mando del timón (av.), rudder bar.
pedal del acelerador (aut.), accelerator pedal.
pedal del freno (aut.), brake-pedal.
pedalero (de bicicleta), pedal gear.
pedazo, bit, piece.

pedernal, flint, silex.
pedido, order.
pedido (o consumo) de fuerza eléctrica, demand for electric power.
pedir *v.*, to ask, to request.
pedir (comprar), to order.
pedregullo, pebble, shingle.
pedrera, stone quarry.
pedrés (geol.), rock-salt.
pegajoso, gluey, sticky, viscid.
pegar (golpear), to hit, to strike.
pegar (juntar), to stick.
peinador-descargador de cardas (maq., text.), doffing cylinder.
peine (maq., text.), comb, reed.
pelágico (geol.), oceanic.
pelar *v.*, to peel, to shell.
peldaño, rung, step, tread.
peldaño de escalera, ladder-rung.
pelear *v.*, to combat, to fight.
pelear contra (mil.) *v.*, to make war on.
peletero, skinner.
película, film.
película sonora, talking film.
películas en rollo (fot.), roll-film.
peligrar *v.*, to be in danger.
peligro, danger, peril.
peligro de encendimiento, danger of ignition.
peligroso, dangerous, unsafe.
pelo, down, hair.
peltre, pewter.
pelusa de madera, wood wool.
pendiente (arq.), pendant.
pendiente (descenso), gradient, declivity, slope.
pendiente (f.c.), down-grade.
pendiente (sin pagar), outstanding.
pendiente de vaivén (f.c.), switchback.
cuenta pendiente (com.), outstanding account.
la pendiente se acentúa (o empina), the gradient steepens.
pendolón (const.), king-post.
péndula doble (const.), queen-post.
penduleo (mot.), dancing, hunting.
penduleo del regulador (mot.), dancing of the governor.
péndulo, pendulum.
penetrar *v.*, to penetrate.
penique, penny.
penisla, peninsula.
penoso, laboursome, laborious.
pensión, allowance, retired pay.
pentano, pentane.
péntodo (t.s.h.), pentode, pentode valve.
penuria, shortage, lack.
peña (peñasco), boulder, rock.
peón, labourer.
peonzar *v.*, to spin (to whirl rapidly).
pepita (min.), nugget.
pequeño, small.
pera (bot.), pear.
peral, pear-tree.
peraltado (inclinación), cant, superelevation.
peraltado del riel exterior (f.c.), superelevation of outer rail.
peraltar (arq., i.c.) *v.*, to cant, to superelevate.
percolar *v.*, to drip, to exude, to leak.
percuciente, percussive.
percusión, percussion.
pérdida, loss, waste.
pérdida de calor, heat loss.
pérdida de carga (o piezométrica) (hid.), loss of head.
pérdida de energía, loss of energy.
pérdida de energía por efecto del viento (maq.), windage.
pérdida de fuerza, waste of power.
pérdida de tiempo, waste of time.
pérdida del color (text.), fading.
pérdidas en el hierro : See **pérdidas magnéticas.**
pérdidas en el cobre (maq., el.), copper losses.
pérdidas en los humeros (cald.), flue-losses.
pérdidas magnéticas, iron losses.
pérdidas óhmica (el.), C^2R loss, ohmic loss.
pérdidas por corrientes de Foucault (el.), eddy-currents losses.
pérdidas por efecto Foucault e histéresis (el.), iron losses.
pérdidas por efecto Joule (o júlico), ohmic loss.
pérdidas por fricción, friction losses.
pérdidas por fricción en la tubería (hid.), friction losses in pipeline.
pérdidas por goteo, drip losses.
pérdidas por histéresis (mag.), hysteretic loss.
pérdidas por radiación, radiation loss.
pérdidas por remolinos (hid., turb.), eddy losses
pérdidas por resistencia del aire (maq.), windage loss.
pérdidas térmicas (cald., mot.), heat losses.
perdigón, pellet, shot.
perfección, perfection.
perfeccionado *adj.*, improved.
perfeccionamiento, improvement, progress.
perfeccionamiento en el modelo, progress in design.
perfeccionar *v.*, to improve, to perfect.
perfeccionar un invento, to improve an invention.
perfectamente horizontal (o de nivel), dead level.
perfecto, perfect, sound.
perfil, outline, profile.
perfil (met.), section, shape (U.S.A.).
perfil acanalado, trough-shaped section.
perfil aerodinámico (aut., av.), aerodynamic contour (or lines).
perfil construccional, merchant iron.
perfil cuadrado, square bar, square iron.
perfil cuadrangular (met.), box-beam section.
perfil de un riel, cross-section of a rail.
perfil en madeja (met.), bobbin section.
perfil en T (met.), T-iron.
perfil hexagonal, hexagon iron.
perfil laminado, rolled section.
perfil longitudinal (dib.), longitudinal section.
perfil semi redondo, half-round iron (or bar).
perfil transversal (dib., top.), cross section.
perfil trapezoidal, trapezoidal section.
perfilar (tecn.) *v.*, to shape.
perforadora a brazo, hand-drill.
perforadora giratoria, rotary-drill.
perforadora por choques, percussion-drill.
perforar *v.*, to bore, to drill, to perforate.
perforar un túnel, to drive a tunnel, to tunnel.
pergamino, parchment.
pericia, skill, workmanship.
pericia técnica, technical knowledge.
periferia, periphery.
periférico, peripheral.
perigeo, perigee.
perihelio (ast.), perihelion.
perilla, knob.
perímetro, perimeter.
perímetro mojado, wetted perimeter.
periodicidad, periodicity.
periódico *adj.*, periodic, periodical, cyclic.
periódico *s.*, newspaper.

periodista, journalist.
período, period.
período (el., fis.), cycle.
período de compresión (aut., mot.), compression cycle.
período de una oscilación, period of oscillation.
período motor, motive cycle.
período prehistórico, eolithic age.
período renerador, regenerative cycle.
períodos por segundo (el.), cycles per second.
periscopio, periscope.
perito *adj.*, experienced, skilful.
perito *s.*, expert.
perlita (geol.), clinkstone.
permanente, permanent.
permanganato, permanganate.
permanganato de potasa, potassium permanganate.
permanganato de soda, sodium permanganate.
permeabilidad, permeability.
permeabilidad magnética, magnetic conductivity.
permeabilidad proporcional a la del aire, relative permeability.
permiso, permit, leave.
permítanos de enviarle(s) precios, may we quote you ?
permutador de la correa (mec.), belt-shifter.
permutar *v.*, to permute, to shift.
permutar la correa, to shift the belt.
permutar las conexiones (el.), to invert the connections.
perno, bolt, dog.
perno ahorquillado giratorio, shackle belt.
perno de anclaje (const.), anchor bolt.
perno de argolla, eye bolt.
perno de arrastre (de torno), lathe-dog.
perno de asiento (maq.), foundation-bolt.
perno de atadura, fastening bolt.
perno de bordón, mushroom bolt.
perno de conexión posterior (el.), back-connecting bolt.
perno de émbolo, gudgeon pin.
perno de empotrar, rag bolt.
perno de guía, guide-bolt.
perno de unión, connecting bolt.
perno fileteado, screw bolt.
perno travesío, through bolt.
perno y tuerca, bolt and nut.
peróxido, peroxide.
peróxido de bario, barium peroxide.
peróxido de plomo, peroxide of lead.
perpendículo, plumb, plummet, pendulum.
perpiaño (const.), header, stretcher.
persiana, blind, louvre-window.
persiana de radiador (aut., av.), radiator shutter.
persiana enrollable, rolling shutter.
personal *s.*, personnel, staff.
pértiga (de carro o coche), cart pole.
pértiga de trole, trolley-pole.
pertrechos, appliances, stores.
pertrechos contra incendios, fire-extinguishing appliances.
perturbación (meteor., t.s.h.), disturbance.
perturbación atmosférica, atmospheric disturbance.
Peruano, Peruvian.
pesa (de plomada), plumb bob.
pesa-ácidos, acidimeter.
pesadez de la cola (av.), tail-heaviness.
pesado *adj.*, heavy, unwieldy.
pesado (meteor.), close.
pesalicores, areometer, hydrometer.
pesantez, gravity.
pesar *v.*, to weigh.
pesar en carga arrastrada (f.c.), to weigh behind the tender.
pesas, weights.
pesca, fishery, fishing.
pesca de la ballena, whaling.
pesca mayor, deep sea fishing.
pescadería, fish market.
pescado, fish.
pescador, fisherman.
pescante (de grúa, etc.), derrick, jib.
pescante de bote, davit.
pescar *v.*, to fish.
pescar un cable submarino, to grapple a submarine cable.
pescar un taladro roto (min.), to fish up a broken tool.
pesebre, manger, stable.
peso, gravity, weight.
peso adherente (o tractor), adhesive weight.
peso aproximativo, approximate weight.
peso atómico, atomic weight.
peso bruto, gross weight.
peso de joyería, troy-weight.
peso específico, specific gravity.
peso específico del electrólito, specific gravity of the electrolyte.
peso molecular, molecular weight.
peso moneda nacional, paper peso.
peso muerto (o inactivo), dead weight.
peso neto, net weight.
peso tensor, tension weight.
peso vacío, weight empty.
peso sobre cimientos (const.), foundation load.
pestaña (agarradera), ear, lug.
pestaña (de ancla, naut.), fluke.
la pestaña de unión de un caño, the flange of a tube.
pestillo, latch, falling latch.
petición, petition, request.
pétreo *adj.*, petrous.
petrificación, petrification.
petrificado *adj.*, petrified.
petrografía, petrography.
petróleo, oil, mineral oil, petroleum.
petróleo bruto, crude oil, heavy oil.
petróleo combustible, oil-fuel.
petróleo de lámpara, kerosene.
petróleo para motores Diesel, Diesel oil.
petrología, petrology.
pez (quim.), pitch.
pez (zool.), fish.
picacho (geog.), summit, top, peak.
picadura, puncture.
picapedrero, stone-mason, stonecutter.
picaporte, catch-door, door-handle.
picar (menudo) *v.*, to chop fine.
picar (mot.) *v.*, to knock.
el motor pica, the engine knocks.
pico (geog.), peak, summit.
pico (herr.), pick, pick-axe.
pico (máximo), maximum, peak.
pico de abanico (quemador), butterfly burner.
pico de una herramienta, point of a tool.
pico neumático (i.c., min.), pneumatic breaker.
pico quebrantador, road-breaker.
pie, foot.
pie (arq., i.c., maq.), footing, stand, standard.
pie (de inst. o ap.), stand.
pie cuadrado (medida), square foot.
pie de cabra, crowbar, jim-crow.

pie de rey, slide gauge.
pie de un engranaje, root of a gear.
pie derecho (carp.), upright.
pie derecho (de túnel), tunnel abutment.
piedra, stone.
piedra acicular, needle-stone.
piedra angular (arq.), corner stone.
piedra arenisca, sandstone.
piedra caliza, lime rock.
piedra de aceite : See piedra de asentar.
piedra de afilar, sharpening-stone.
piedra de águila, ætites.
piedra de alisar, facing stone.
piedra de amolar, grinding-wheel, grindstone, ragstone.
piedra de ángulo (arq.), quoin, corner-stone.
piedra de asentar (tecn.), oil stone.
piedra de remate, coping stone.
piedra engangada (geol.), matrix gem.
piedra fundamental (arq., const.), foundation stone.
piedra infernal, lunar caustic, silver nitrate.
piedra labrada, hewn stone.
piedra pómez, pumice.
piedra preciosa, gem, precious stone.
piedra sepulcral, gravestone.
piel (zool.), skin, hide.
pierna, leg.
pieza (constituyente), part, piece, component.
pieza (habitación), room.
pieza bajo corriente (el.), live part.
pieza central, centre-piece.
pieza de acero fundido, steel casting.
pieza de acero troquelada, drop-steel forging.
pieza de afianzado (o de refuerzo), stiffening piece.
pieza de contacto de láminas, laminated contact-piece.
pieza de fácil colocación y reemplazo, easily adjustable and renewable part.
pieza de fundición, casting.
pieza de fundición para maquinaria, machine casting.
pieza de recambio, interchangeable part.
pieza forjada, forging.
pieza mecanizada, machined part.
pieza polar (el.), pole-shoe.
piezas de acero prensado, pressed steel parts.
piezas de recambio (o de repuesto), spare parts.
piezas metálicas para automóviles, motor-car components.
piezas prensadas, moulded parts.
piezas sueltas, loose parts.
piezoelectricidad, piezo-electricity.
piezómetro, piezometer.
pila (el., fís.), cell, couple.
pila (montón), heap, stack.
pila (soporte, i.c.), pier, pile.
pila abrigo (min.), sheet pillar.
pila al bicromato de potasa, bichromate cell.
pila de Bunsen, Bunsen cell.
pila de estribación (arq., i.c.), abutment pier.
pila de hormigón armado, reinforced concrete pile.
pila de retén, anchorage pillar.
pila descargada (el.), run down cell.
pila galvánica, galvanic cell.
pila termoeléctrica, thermoelectric couple.
pila voltáica, voltaic cell.
pilar, pillar, post.
pilarejo, pier (small).
pilastre pier, pile.
pilastre de piedra, stone pillar.
píldora (farm.), pill.
pileta (arq.), sink.
pilón (alb.), pestle.
pilón (de fuente), basin, trough.
pilón (pisón), ram.
pilón (poste), pylone, tower.
pilón de enrejado, lattice-tower.
pilote de anclaje (i.c.), stay-pile.
pilote maestro (i.c.), key-pile.
piloto, pilot.
pinaza (naut.), pinnace.
pincel, brush (painting).
pinchadura, puncture.
pinchar *v.*, to prick, to puncture.
pino (bot.), pine, pine-tree.
pino blanco, white pine.
pino de tea, pitch pine.
pino plateado, white pine.
pino real, clustian pine.
pino rizado, pitch-pine.
pino rodezno, cluster pine.
pino silvestre, red fir.
pintar *v.*, to paint.
pintar de negro (blanco, etc.), to paint black (white, etc.).
pintor, painter.
pintor de anuncios, sign-painter.
pintor de casas, house-decorator (or painter).
pintor de navíos, ship painter.
pintura, paint.
pintura aislante, insulating paint.
pintura al alquitrán, coaltar paint.
pintura al óleo, oil paint.
pintura al óleo de secado rápido, quickly-drying paint.
pintura al temple, size-paint.
pintura alumínica, aluminium paint.
pintura antiherrumbre, rust preventing composition.
pintura antiherrumbre para metales, metal preservative.
pintura anticalórica, heat-proof paint.
pintura antihumedad, waterproof paint.
pintura de platear, aluminium paint.
pintura incombustible, asbestos paint.
pintura hidrófuga, waterproof paint.
pintura para lona, flexible paint.
pintura preparada, ready-made paint.
pínula (opt.), sight, sight-vane, vane.
pínula de charnela, folding-sight.
pinza (de sujeción), clamp.
pinza de resorte, spring-clamp.
pinzas, pincers, pliers.
pinzas de cadena, chain pipe-wrench.
pinzas de electricista, insulated pliers.
pinzas de gasista, gas pliers.
pinzote (de timón), pintle (of rudder).
piñón, chain-wheel, pinion.
piñón cónico, bevel pinion.
piñón de cuero verde, raw-hide pinion.
piñón recto, spur pinion.
piñón y cremallera, rack and pinion.
piola (S.A.), string, twine.
pipeta (quim.), pipette.
pique (min., S.A.), shaft.
piqueta (agric.), mattock.
piqueta de pizarrero, slate axe.
piquetaje de una visual (agrim.), laying-out of a line.
piquete (agrim.), staff (small), pole, arrow.
piquete de agrimensor, offset staff.
piragua, canoe.

pirámide, pyramid.
piriforme, pear-shaped.
pirita, pyrites.
pitira arriñonada, kidney ore.
pirita arsenical, mispickel, arsenopyrite.
pirita cobriza, chalcopyrite, copper pyrites.
pirita de hierro, iron pyrites, iron ore.
pirita magnética, pyrrhotite.
pirita oligista, specular iron ore.
pirita plumosa (o quebradiza), feather-ore.
piritoedro (geol.), pyrithohedral.
pirocroita (min.), pyrochroite.
piroeléctrico, pyroelectric.
piroleñoso, pyroligneous.
pirolúsita, pyrolusite.
pirometría, pyrometry.
pirometría metalúrgica, metallurgic pyrometry.
pirómetro, pyrometer.
pirómetro óptico, optical pyrometer.
pirómetro registrador, recording pyrometer.
piroquímico *adj.*, pyrochemical.
piroscopio, pyroscope.
pirotecnia, pyrotechnics.
piroxena, pyroxene.
piroxénico, pyroxenic.
piroxilina, gun-cotton.
piso (arq.), floor, flooring, story.
piso (met.), sole (of furnace).
piso (o grado de paso), stage.
piso alto, upper floor.
piso bajo, ground floor.
piso de dársena, apron (of dock).
piso de mosáicos, tesselated floor.
piso de piedra, stone floor.
piso de sótano (arq.), basement floor.
piso del arrastre (min.), haulage level.
piso entablado, boarding floor.
piso incombustible, fire-resisting floor.
pisón, ram, rammer.
pisón saltarín, frog rammer.
pista, racing-track.
pistola (arm.), pistol.
pistola de barrilete, revolver.
pizarra, slate.
pizarra aluminosa, gentle slate.
pizarra de techar, roofing-slate.
pizarra gredosa, chalk slate.
pizarral, slate quarry.
pizarrero, slater.
pizarrón (ed.), black-board.
placa, plate, sheet (metallic).
placa anódica, anode plate.
placa de acumulador, accumulator plate.
placa de asiento (ing., maq.), bedplate, foundation-plate.
placa de asiento cuadrangular, box bedplate.
placa de asiento perfilada, girder-section bedplate.
placa de atirantado (const.), tie-plate.
placa de base (maq.), bed-plate, bedplate.
placa de blindaje, armour plate.
placa de casco (naut.), shell-plate.
placa de corcho, cork slab.
placa de desviación, baffle-plate.
placa de fundación, sole-plate.
placa de guarda (loc.), horn-block.
placa de hilerar (met.), die-plate.
placa de mármol (mec., tecn.), facing plate.
placa de plomo, lead plate.
placa de toma de tierra (el., t.s.h.), earth plate.
placa de tope (maq.), check-plate.
placa de topes (f.c.), buffer plate.
placa de vidrio, glass plate.
placa del fabricante (inst., maq.), name-plate.
placa empastada (acumulador, el.), pasted plate.
placa giratoria (f.c.), turntable.
placa negativa (o positiva), negative (or positive) plate.
placa refrigerante, cooling wall.
plácer aluvial, river-digging.
plácer aurífero, gold placer.
plan (plano), plan, scheme.
plan previo, schedule.
plana mayor (mil., nav.), staff.
plancha (de planchar), flat iron.
plancha (met.), plate.
plancha de cubierta (de buque), deck plate.
plancha de quilla (naut.), keel plate.
plancha emplomada, tern plate.
plancha para cuadro de distribución (el.), switch-board panel.
plancheta (agrim.), plane-table, surveyor's table.
planchón de limpieza (hid.), head gate.
planeador (av.), glider, planer.
planear (av.) *v.*, to glide, to plane.
planeo, gliding.
planeta (ast.), planet.
planimetrar, to measure with the planimeter.
planimetrar un diagrama, to integrate a diagram.
planimetrar una curva, to planimeter a curve.
planimetría, planimetry.
planímetro, planimeter.
plano *adj.*, flat, plain, level.
plano (av., geom.) *s.*, plane, foil.
plano aerodinámico, airfoil.
plano con curvas de nivel (top.), contour plan.
plano de comparación, datum plane.
plano de incidencia (fis.), plane of incidence.
plano de nivelado, contour plan.
plano de los cimientos, plan of foundations.
plano de referencia (agrim.), datum plane.
plano del ejército, ordnance-survey.
plano ecuatorial de la tierra, earth's equatorial plane.
plano en relieve, relief plan.
plano esquemático, diagrammatic plan.
plano estabilizador (av.), balancing plane.
plano hidrográfico, coast survey.
plano inclinado (mec.), incline.
plano inclinado motor, gravity-incline (or road).
plano principal (o sustentador) (av.), main plane.
planta (bot.), plant.
planta baja (arq.), basement.
plantador, planter.
plantar (bot.) *v.*, to plant.
plantar (en tierra) *v.*, to pitch.
plantar un mástil (naut.), to step a mast.
plantilla (tecn.), jig, template.
plantilla de curvadura, bending template.
plantillar gálibos (naut.), to mould.
todas las piezas cuidadosamente plantilladas (tecn.), all parts made accurately to gauge.
plantillero (const., nav.), moulder.
plantío, afforestation, plantation.
plata, silver.
plata alemana, german silver.
plata batida, silver foil.
plataforma, platform, stage.
plataforma de ensayos, test-bed.
plataforma de la vía (f.c.), road-bed.
plataforma de locomotora, footplate.
plataforma transversal (f.c.), traverser.
plátano, plane-tree.
plateado *adj.*, silver-plated.
plateado *s.*, silver-plating.

plateadura, silvering.
platear (el.) *v.*, to electroplate, to silver.
platero, silversmith.
platillo de balanza, balance pan, scale pan.
platino, platinum.
platino esponja, platinum sponge.
platinocianuro de bario, barium platinocyanide.
plato (o plano) (de maq., etc.), table.
playa (const., f.c.), yard.
playa (mar.), beach, fore-shore, sea-beach, strand.
playa de formación de ramas (f.c.), marshalling-yard, railway yard.
playa de maniobras (f.c.), shunting-yard.
playa de mercancías (f.c.), goods-yard.
playa de recreo, seaside resort.
plaza, square (in town).
plaza de ejercicios físicos, recreation ground.
plazo, notice, term.
pleamar, high-water (on sea).
plegadizo (o plegable), articulated, folding, pliable.
plegado (text.), beaming.
plegador (maq., text.), beam.
plegadora, folding machine.
plegadora de papel, paper-folding machine.
plegadora de varillas, bar-folding machine.
plegar *v.*, to fold.
plegar (o plisar) (text.) *v.*, to pleat.
pleistoceno, pleistocene.
pleito, action, lawsuit, trial.
poner pleito a, to bring an action against (jur.).
plena carga (el., mec.), full-load.
plenilunio, full moon.
pletina (met.), billet.
pliego de condiciones, conditions of contract.
pliegue sinclínico (geol.), synclinal fold.
pliegue volteado (geol.), inverted fold.
plinto, plinth, wainscot, wash-board.
plioceno, pliocene.
plomada, plumb, plummet.
plomada luminosa (i.c., min.), lamp-plummet.
plombagina, plumbago, black lead.
plomero, plumber.
plomo, lead.
plomo comercial, merchant lead.
plomo en hojas, sheet lead.
plomo en panes, pig lead.
plomo esponjoso, spongy lead.
plomo refinado, refined lead.
plomo virgen, first lead.
pluma (de escribir), pen.
pluma (de grúa), jib.
pluma (zool.), feather.
pluma integradora (inst.), integrating pen.
pluma registradora (ap.), recording pen.
plumete, pendulum bob.
pluviómetro, rain gauge.
población, population.
poblar *v.*, to people, to settle.
pobre, lean, poor.
pobreza (min.), baseness.
poca excitación (el.), under-excitation.
poción (farm.), mixture, potion.
poco, little, scanty.
poco a poco, inching, slowly.
poco costoso, inexpensive.
poco factible, unsound.
poco firme, unsteady.
poco importante, unimportant.
poco profundo, shallow.
poco seguro, unsafe.
podadera (agric.), billhook, pruning knife.
podar *v.*, to lop, to prune.
poder, authority, power.
poder (jur.), power of attorney.
poder amplificador, magnifying power.
poder de una palanca, leverage.
poder disyuntor (el.), breaking capacity.
poder específico del aceite (el.), dielectric strength of oil.
poder específico inductor (el.), dielectric constant, specific inductive capacity.
poderoso, powerful, mighty.
podrir (podrirse), to decay, to rot.
polaridad, polarity.
polarímetro, polarimeter.
polarización, polarisation.
polarización de la luz, polarisation of light.
polarizar *v.*, to polarise.
polea, pulley.
polea colgante, overhung pulley.
polea de hierro forjado, wrought-iron pulley.
polea de hierro moldeado, cast-iron pulley.
polea de llanta combada (o encorvada), crown pulley, crown-face pulley.
polea de llanta recta, straight pulley.
polea de madera, wooden pulley.
polea entera, solid pulley.
polea escalonada, cone pulley, speed-cone.
polea fija, fast pulley.
polea guía (o de guía), guide-pulley.
polea impulsada, driven pulley.
polea loca, loose pulley.
polea motriz, driving pulley.
polea partida, split pulley.
polea portasierra, band-saw pulley.
polea ranurada, rope pulley.
polea ranurada de ascensor, lift sheave.
polea tensora, jockey pulley.
poleas fija y loca, fast and loose pulley.
poleame, gin-tackle, purchase block.
policía, police.
policilíndrico, multicylinder.
poliédrico, polihedral.
poliedro, polyhedron.
polifásico, multiphase, polyphase.
polígono, polygon.
polígono de fuerzas, force polygon.
polígono funicular, link polygon.
polimería, polymerism.
polinomio, polynome.
politécnico, polytechnic.
póliza de averías, average policy.
polo, pole.
polo auxiliar (el.), interpole magnet.
polo de amortiguación (el.), damping pole.
polo de conmutación (el.), commutating pole.
polo intermedio, interpole.
polo Norte (y Sur), north (and south) pole.
polo positivo, positive pole.
polos contrarios (mag.), unlike poles.
polos salientes (el.), salient poles.
polvillo del barrenado (min.), borings.
polvo, dust, powder.
polvo de carbón, coal-dust.
polvo de bruñir, burnishing powder.
polvo de lijar, emery powder.
polvo para pulir, polishing powder.
pólvora, gunpowder, powder.
pólvora de algodón, gun-cotton.
pólvora fumívora, smokeless powder.
pólvora para caza, sporting powder.
pólvora para minar, blast powder.
pólvora verde, new powder.
polvorín, powder-magazine.

el sol se pone, the sun sets.
poner *v.*, to lay, to put, to set.
poner a (inst.), to dial.
poner a flote, to float (a ship).
poner a tierra (el.), to earth, to ground.
poner acorde (sonido), to tune.
poner al punto (mot.), to tune up.
poner en contacto (el.), to make contact.
poner en ecuación, to equate.
poner en marcha, to start, to put in motion, to set going, to throw into gear, to work.
poner en movimiento, to set (or put) in motion.
poner en orden, to trim.
poner en peligro, to endanger.
poner en práctica un proyecto, to carry a scheme into effect.
poner en seguro, to make safe, to secure.
poner en servicio, to put in service, to start.
poner en tablas, to tabulate.
poner en (o a la) venta, to market, to offer for sale.
poner etiquetas, to label.
ponerse al abrigo, to take shelter.
poniente, west.
pontón, pontoon.
pontón apaga incendios, fire-float.
pontón grúa eléctrica, electric floating crane.
popa, poop, stern.
a (en o hacia) popa, abaft, astern.
popel *adj.*, abaft.
por *prep.*, by, through.
por agua *adj.*, hydraulic, water (*adj.*).
por aire comprimido, pneumatic.
por contrato, by contract.
por correo aparte, under separate cover.
por cuenta y riesgo del comprador, buyer's risks and perils.
por debajo, underneath.
por delante (o detrás), end on.
por ejemplo, for instance.
por el través (naut.), abeam.
por encima *prep.*, above, over.
por encima del agua, above water.
por ferrocarril, by rail.
por fuerza, forced.
por grados, gradual, gradually.
por lo general, as a rule.
por medio de, through, by means of.
por series, serially.
por vía aérea (tr.), by air mail.
porcelana, china, porcelain.
porcelana fusible, milk-glass.
porcentaje, percentage.
porcentaje de cenizas, ash-content.
porcentaje de declive (o declividad), gradient in per cent.
porcentaje de encojimiento de la superficie transversal de la probeta (mec.), percentage of contraction in cross-section area of test-piece.
porcentaje de precios, index of prices.
porción, deal, portion.
porción de curva (geom.), element of curve.
pórfido, porphyry.
pórfido cuarzoso, quartz porphyry.
pormenores, data, details.
pormenores para el embarque, shipping specification.
poro, pore.
porosidad, porosity.
poroso, porous.
porta a popa (naut.), stern-port.
porta rosca (tecn.), chaser holder.
portaaviones, aeroplane-carrier.
portabombilla, lampholder.
portabombilla atornillada, screwed lampholder.
portabombilla de enchufe, bayonet lampholder.
portabroca (maq. herr.), drill chuck.
portacuchilla, cutter holder.
portada (o portalón) (de grúa), gantry.
portador (com.), bearer.
portador (herr.), holder, carrier.
portaequipajes (f.c.), luggage-rack.
portaescariador, reamer holder.
portaescobilla (el.), brush-holder.
portaestampa (tecn.), die-holder.
portafusil, gun clip.
portaherramienta, tool-box, tool-holder.
portaherramienta para fresadora, milling attachment.
portal (arq.), porch, portico.
portalámpara, lamp-holder.
portamotor, engine bearer, motor bearer.
portañola (naut.), port-hole, porthole.
portañola de cargar, cargo port.
portapantalla (opt.), screen-holder.
portaplumas, pen-holder.
portataladro de barras, boring-bar holder.
portátil *adj.*, portable.
portaválvula, valveholder.
portavoz, megaphone.
porte (de correo), postage.
porte (gasto de), carriage.
porte a pagar, carriage forward.
porte pago, carriage paid.
porteño (geog.), Buenosairean.
portero, door-keeper, porter.
pórtico, porch.
portón, inner door.
posa de cables, cable-laying.
posa de carriles (f.c.), platelaying, rail-laying.
posador de minas (nav.), mine-layer.
posar *v.*, to lay.
posar (fot.) *v.*, to expose.
posar un cable, to lay a cable.
posdata, postscript, P.S.
pose (fot.), exposure, time-exposure.
poseedor de patente, patentee.
poseer *v.*, to own, to possess.
poseer bien el mando del tren, to have the train under full control.
posguerra, post-war.
posibilidad, possibility.
posibilitar, to facilitate.
posición, position.
posición (sitio), situation, stand.
posición de arranque, starting position.
posición de marcha, service-position.
posición de equilibrio, stable position.
posición de escucha (tel., t.s.h.), stand-by.
posición de marcha, running (or working) position.
posición dominante, commanding position.
posición estelar (ast.), stellar distribution.
posición intermedia, mid-position.
positivamente, positively.
posmeridiano, post-meridian.
poste, pole, post, standard.
poste de alambrado, fencing standard.
poste de alumbrado, lamp-post, lamp-standard.
poste de enrejado, lattice pole.
poste de fin de línea (el., tel.), terminal pole.
poste de hormigón, concrete pole.
poste de madera, wooden pole.
poste de señales (f.c. u otros), signal post.
poste señalador, sign-post.
poste telegráfico, telegraph post.

posterior *adv.*, after, rear.
posterior *s.*, back end.
postes gemelados, H-pole.
postigo, shutter.
potasa, potash.
potasa cáustica, caustic potash, potassium hydroxide.
potasio, potassium.
potasio estañífero, potassium stannate.
potencia (fuerza), horse-power, power, power output.
potencia (ing., mat.), power.
potencia absorbida, input, loading.
potencia calorífica, calorific (or heat) value.
potencia calorífica del combustible, heat value of fuel.
potencia consumida, loading.
potencia de aumento (opt.), magnifying power.
potencia de régimen del motor, rated H.P. of engine.
potencia efectiva, actual energy, actual horse-power.
potencia fraccionaria, fractional horse-power.
potencia horaria, horse-power-hour.
potencia indicada, indicated output, indicated horse-power
potencia luminosa (opt.), candle-power.
potencia marítima (nación), naval power.
potencia máxima (mot.), maximum output.
potencia mecánica utilizable en KW., mechanical output at the shaft in KW.
potencia medida (al freno), brake horse-power.
potencia necesaria a las máquinas herramientas, power required by machine-tools.
potencia necesaria al funcionamiento de la máquina, power required to work the machine.
potencial, potential.
potencial constante, constant potential.
potencial hidráulico, head, height of fall.
potencial nulo (o cero) (el.), zero potential.
potencial terrestre, earth potential.
potencias desde 400 a 5000 HP medidos, powers ranging from 400 to 5,000 b.h.p.
potenciómetro, potentiometer.
potente, potent, powerful.
pozo (hid.), well.
pozo (min.), pit, shaft.
pozo artesiano, artesian well.
pozo blindado (min.), metal-lined shaft.
pozo de aereación (const.), air shaft.
pozo de carbonera, coal-pit.
pozo de cateo (min.), prospecting-pit.
pozo de condensación (mot.), hot-well.
pozo de desagüe, sump.
pozo de extracción (min.), winding shaft, working pit.
pozo de inspección (de cloacas, etc.), manhole.
pozo de inspección de cables (tel.), telephone manhole.
pozo de inspección de ladrillos, brick manhole.
pozo de petróleo, oil-well.
pozo de subida (min.), ladder-shaft.
pozo de relleno (min.), waste-shaft.
pozo de sonda (geol., min.), borehole.
pozo entibado, boarded-up pit.
pozo de ventilación, air-shaft.
pozo inclinado (min.), under shaft.
pozo para hombres y pertrechos (min.), men-and-supply shaft.
pozo surgente, gushing well.
práctica, practice.
práctica del yate, yachting.
práctica teórica, theoretical experience.
prácticamente, practically.
practicar *v.*, to perform, to practise.
práctico *adj.*, actual, practical.
práctico (experto), experienced, expert.
práctico (factible), workable.
práctico (naut.), pilot.
pradera, meadow.
pradera (pequeña), lawn.
precalentador del agua de alimentación (cald.), feed-water heater.
precauciones contra accidentes, accident prevention, safety measures.
preceptor, tutor, teacher.
precintar *v.*, to seal.
precinto, seal.
precio, price, rate, worth.
precio comercial (o de venta), sale price, selling price.
precio corriente, market price.
precio de adquisición, prime cost.
precio de competencia, competitive price, keen price.
precio de compra, purchase price.
precio de coste, cost price.
precio de fabricación, cost of manufacture.
precio de mayor (o al por mayor), wholesale price.
precio de venta, selling price.
precio del billete (tr.), fare.
precio del viaje, passage-money.
precio medio, average price.
precio sumisionado, contract-price.
precio unitario, unit of price.
el precio de adquisición es más barato que . . . first cost compares favourably with . . .
precios (lista), charges.
precios variables sin previo aviso, prices subject to alteration without notice.
precipicio, precipice.
precipitoso, abrupt, precipitous.
precisión, accuracy.
precisión de 1% en más o en menos, accuracy within ± 1%.
prefacio, preface.
pregunta, query, question.
prehistórico (geol.), eolithic.
premio, premium, prize.
prender (fuego) *v.*, to fire, to take fire.
prensa (maq.), press.
prensa de aglomerar, sintering machine.
prensa de brazo (o de mano), hand press.
prensa de embutir, flanging press.
prensa de enderezar, straightening press.
prensa de estampar, stamping press.
prensa de fabricar ladrillos, brickmaking machine.
prensa de forjar, forging press.
prensa de imprimir, printing press.
prensa de matrizar, die press.
prensa de moldear hidráulica, hydraulic-moulding press.
prensa de moldear neumáticos, tyre press.
prensa de soldar, welding press.
prensa de tornillo (maq.), arbor press.
prensa de tornillo (sujetadora), screw clamp.
prensa de volante, fly press.
prensa embaladora, baling press.
prensa hidráulica, hydraulic press.
prensa hidrostática, hydrostatic press.
prensa para chapear, veneering press.
prensa técnica (periódicos), technical press.
prensador-plegador (text.), beam press.
prensapapeles, paper-weight.
prensar, to compress, to press.

preparación, preparation, treatment.
preparación galénica (quim.), galenical.
preparar *v.*, to prepare.
preparar (met.) *v.*, to dress.
preparar el fuego, to lay the fire.
prepararse (ed.) *v.*, to qualify.
preparatorio, preparatory.
prepósito, chairman.
presa (hid.), dam, embankment, impounding dam, weir.
presa de aforar, measuring weir.
presa de arco (o arqueada), arched dam.
presa de arcos, multiple-arch dam.
presa de cajón, cofferdam.
presa de mampostería, masonry dam.
presa de reboso, waste weir.
presa de tierra, earth dam.
presa en arco, single-arch dam.
presa hueca, buttressed dam.
presa maciza, gravity dam.
presencia del oro, gold occurrence.
presenciar *v.*, to witness.
presentar *v.*, to present, to show.
presentar una propuesta para la reparación de . . . , to tender for the repair of . . .
presentarse (ocurrir), to occur.
el mineral se presenta en anchos filones, mineral occur in wide beds.
preservación de la maquinaria contra los ataques de la herrumbre, keeping machinery from rusting.
preservativo *s.*, preservative.
preservativo para madera, wood preservative.
presidencia (de compañía), chairmanship.
presidente, chairman.
presión, pressure.
presión atmosférica, atmospheric pressure.
presión crítica, critical pressure.
presión de empuje (hid., vap.), delivery pressure.
presión de funcionamiento, working pressure.
presión de la admisión (mot., turb.), admission pressure.
presión de marcha de 20 kos por cm², working pressure of 290 lbs. per sq. in.
presión decreciente, falling pressure.
presión del aire, air pressure.
presión del chorro (de aire, fund., met.), blast pressure.
presión del gas, pressure of gas.
presión eficaz media, mean effective pressure.
presión en la caldera, gauge pressure.
presión final de expansión (mot.), terminal pressure.
presión hidráulica, hydraulic pressure.
presión inicial (maq. vap.), initial pressure.
presión media, mean pressure.
presión piezométrica (hid.), head pressure.
presión sobre la chapa, pressure on plate.
préstamo, loan.
presupuesto (fin.), budget.
presupuesto (propuesta), estimate, tender.
presupuesto de gastos de construcción, estimate of building costs.
presupuesto gratis, free estimates.
presupuesto naval, navy estimates.
pretil, parapet, bridge railing.
prever *v.*, to forecast.
previsión, forecast.
prima de seguros, insurance-premium.
primario, primary.
primario (geol.), palaeozoic.
primavera, spring (season).

primer (primero), first.
primer plano (fot.), foreground.
al primer plano, in the foreground.
primera mano (pint.), priming coat.
primera piedra (const.), foundation stone.
principal *adj.*, capital, chief, main.
principiante *adj.*, nascent.
principio, principle.
principio (comienzo), beginning.
pringue, axunge, lard, animal fat.
prioridad, priority.
prisma, prism.
prismático, prismatic, prismatical.
privilegio de invención, patent.
proa, bow, prow, stem.
probado *adj.*, tried, tested.
probar (demostrar) *v.*, to prove.
probar (gusto) *v.*, to taste.
probar (tentar) *v.*, to endeavour, to try.
probeta (mec.), test piece.
probeta (quim.), test-glass.
problema, problem.
procedimiento (ind.), process.
procedimiento ácido (met.), acid process, Bessemer process.
procedimiento al arco eléctrico, metallic-arc process.
procedimiento de afinación (o refinación) (met.), refining process.
procedimiento de la solera abierta (met.), open-hearth process.
procedimiento de lavado (min., quim.), washing process.
procedimiento de soldar, welding process.
procedimiento húmedo, wet process.
procedimiento por cementación (met.), cementation process.
procedimiento Siemens (met.), open-hearth (or Siemens) process.
procedimiento tardío, slow process.
procedimiento térmico (met.), heat treatment.
procuración (jur.), power of attorney.
procurador (jur.), solicitor.
producción, generation, production.
producción (capacidad de producir), output.
producción cotidiana, daily output.
producción de calor al frenar, heat generation in braking.
producción de chispas, sparking.
producción de energía eléctrica, electric power generation.
producción de humo, smoke-formation.
producción de una caldera, output of a boiler.
producción de una mina, yield of a mine.
producción del vapor, formation of steam.
producción eléctrica (maq.), electrical output.
producción total de la instalación, ultimate capacity of plant.
producente de arco (el.), arcing.
producido bajo presión, generated under pressure.
producir (ganar) *v.*, to yield.
produce 5% anualmente, the yield is 5% per annum.
producir (generar) *v.*, to generate, to produce.
cada turbina produce 12.000 KW. con una caída de 30 m., each turbine delivers 12,000 KW. under a head of 100 ft.
producir efecto, to take effect.
producir electricidad, to generate electricity.
producto (artículo), produce, product.
producto (beneficio), yield, profit.
producto (ingresos), proceeds.

producto Británico, British product.
producto derivado (quim.), by-product.
productor, producer.
productos alimenticios, foodstuffs.
productos químicos, chemicals.
profesión, profession, trade.
profesional, professional.
profesor, master, professor.
profesor de dibujo, drawing-master.
profundidad, deepness, depth.
profundizar *v.*, to deepen.
profundo, deep.
progresar *v.*, to progress.
progresión, progression.
progresión aritmética (y geométrica), arithmetical (geometrical) progression.
progreso, progress, improvement, growth.
progreso continuo, steady progress.
prohibida la entrada !, no admittance !
prohibido el paso !, no thoroughfare !
prohibido fijar carteles !, billposters will be prosecuted !
prohibido fumar !, no smoking !
prohibir *v.*, to prohibit, to forbid.
prólogo, preface.
prolongación, prolongation.
prolongación de las horas de trabajo, extension of working hours.
promedio, average, mean.
promedio general de velocidad, overall average speed.
promedio geométrico, geometric mean.
promontorio, foreland, headland, point.
promotor, promoter.
promover *v.*, to advance, to promote.
promulgar sentencia, to pass judgment.
pronóstico del tiempo, weather forecast.
pronto *adv.*, quick, speedy.
pronto (listo), ready.
prontuario, handbook.
prontuario técnico, engineering handbook.
propagación, propagation.
propagación de las ondas (fis.), wave propagation.
propiedad (bienes), estate, property.
propiedad (posesión), ownership.
propietario, proprietor.
propietario de mina(s) de carbón, coalowner.
propina, gratuity.
propio *adj.*, self.
proponente, tenderer.
proponerse para un empleo, to apply for a post.
proporción, proportion.
la proporción de la rejilla a la superficie total de caldeo es como 1 es a 55, ratio of grate to total heating surface 1 to 55.
proporcionado *adj.*, in proportion, proportionate.
propuesta, proposal, tender.
propuesta más barata, lowest tender.
propuesta más cara, highest tender.
proseguir el trabajo, to carry on with the work.
prosperidad, prosperity, wealth.
protección, protection.
protección contra la herrumbre, rust protection.
protector *adj.*, protective.
protector *s.*, guard.
proteger *v.*, to protect.
protegido, protected, screened.
protegido contra *adj.*, proof against.
protegido contra balas, shot-proof.
protegido contra bombas, bomb-proof.
protegido contra el polvo, dust-proof.
protegido contra errores involuntarios, fool-proof.
protegido contra la intemperie, weather-proof.
protesta, protest.
protestar *v.*, to protest.
protesto (com.), protest.
protón (fis.), proton.
protóxido, protoxide.
provechoso, beneficial, profitable.
proveedor, provider, purveyor.
proveedor (de víveres), victualler.
proveedor de buques, ship-chandler.
proveedor de la Armada, navy-contractor.
proveedor(es) de su Majestad el Rey, by appointment to H.M. the King.
proveer *v.*, to furnish, to provide, to supply.
proveer a un teatro de instalación eléctrica, to wire a theatre.
proveer de, to fit with.
provincia, province.
provisión (acopio), stock, store.
provisión (entrega), feed, supply.
provisión de aire, air supply.
provisional, temporary.
provisto de, fitted with.
proximidad, nearness, vicinity.
proyección (dib., agrim.), offset.
proyección isométrica, isometric projection.
proyectado *adj.*, designed.
proyectar (calcular) *v.*, to design.
proyectar (futuro) *v.*, to lay a scheme.
proyectar (idear) *v.*, to plan, to project.
proyectar un radiorreceptor, to design a wireless set.
proyectarse (arq.), to jut out.
proyectil, projectile.
proyectista, projector, schemer.
proyecto, design, plan, project, scheme.
proyecto de edificación, housing scheme.
proyecto de fuerza hidráulica, water-power scheme.
proyecto de ley, bill.
proyecto de (del) motor, engine design.
proyecto de riego, irrigation scheme.
proyecto de vía férrea, railway scheme.
proyecto poco factible, unsound scheme.
proyector (calculador), designer.
proyector (opt.), projector, searchlight.
proyector antiaéreo, anti-aircraft searchlight.
proyector eléctrico, electric searchlight.
proyector eléctrico de bolsillo, flash-lamp.
prueba, proof, test, testing.
prueba a la flexión (mec.), bending test.
prueba al cilindro y bolas (para ladrillos), rattler test.
prueba al choque (mec.), impact test.
prueba al freno (maq.), brake-test.
prueba bajo la temperatura ambiente, ambient temperature test.
prueba de acumuladores, accumulator testing.
prueba de alargamiento (o de elasticidad), elongation test.
prueba de cadena, chain testing.
prueba de forjado, forging test.
prueba de la dureza, hardness testing.
prueba de la línea (el., tel.), testing of the line.
prueba de la temperatura, thermal test.
prueba de los frenos, brake testing.
prueba de materiales, testing of materials.
prueba de pliegue en frío (mec.), cold-bend test.
prueba de recalcado (o de martilleo)(met.), upsetting test.
prueba de recepción (maq.), acceptance test.

prueba de rotura (con bolsas de arena, av.), sand test.
prueba de tenacidad de bola (met.), ball test, Brinell's test.
prueba de una caldera nueva con agua bajo presión, hydraulic test of a new boiler.
prueba del aislamiento, insulation testing.
prueba del contador, meter testing.
prueba del indicador (mec.), indicator testing.
prueba en cortocircuito (el.), short-circuit test.
prueba en marcha (ind., ing.), performance test.
prueba límite, breakdown test.
prueba mecánica, mechanical test.
prueba metalográfica, metallographic test.
a prueba de, proof against.
a prueba de bombas, bomb-proof.

pruebas en fábrica, factory test.
las pruebas se efectuarán en fábrica, tests at maker's works.
pruebas sobre modelos gran escala, large-scale experiments.

prusiato, prussiate.
prusiato de potasa, potassium ferrocyanide.

púa, prong.

publicar, to publish.

publicidad, advertising.

pudelar (met.) *v.*, to puddle.

pueblo (aldea), village.

puede ser impulsado desde ambas extremidades, may be driven from either end.

puente (el., i.c.), bridge.
puente basculante, bascule bridge, rolling-lift bridge.
puente carretero, road bridge.
puente carretero superelevado, high-level road bridge.
puente colgante, suspension bridge.
puente colgante de cadena, chain bridge.
puente con clavijas (el.), plug bridge.
puente de acero, steel bridge.
puente de arcos, arch (or arched) bridge.
puente de consolas, cantilever bridge.
puente de hilo dividido (el.), metric bridge.
puente de hilo en hebilla (el.), loop-wire bridge.
puente de mando (naut.), bridge (ship's).
puente de maniobras (naut.), spar deck.
puente de medida para telégrafos nacionales, Post Office bridge.
puente de tablero alto, deck bridge.
puente de tablero bajo, through bridge.
puente de transeuntes, foot bridge.
puente de vigas de alma sólida, plate girder bridge.
puente de vigas de celosía, lattice-girder bridge.
puente de Whetstone (el.), Whetstone bridge.
puente del alcázar (naut.), poop deck.
puente ferroviario, railway bridge.
puente giratorio, swing bridge.
puente-grúa de corredera, overhead-travelling crane.
puente-grúa portacalderos (fund.), ladle crane.
puente-grúa rodadizo para lingoteras, ingot crane.
puente levadizo, drawbridge, hoist (or lifting) bridge.
puente metálico, iron (or steel) bridge.
puente oblicuo, skew bridge.
puente para medidas (el.), measuring bridge.
puente que atraviesa el río X en . . ., bridge spanning the river X at . . .
puente sobre caballetes, trestle bridge.
puente sobre rodillos, roller bridge.

puerta, door, gate.
puerta caediza, trap door.
puerta corrediza, sliding door, rolling gate.
puerta de carga (cald. u horno), charging door.
puerta de celosía plegadiza, pantograph gate.
puerta de dos hojas, double wing door.
puerta de fogón, furnace door.
puerta de gozne, hinged door.
puerta de hogar (o de hornalla) (cald.), fire door.
puerta de la caja de humo (cald.), smoke box door.
puerta de limpieza, cleaning door.
puerta de una hoja, single wing door.
puerta giratoria, revolving door.
puerta trasera, backdoor.
puerta vidriera, glass door.

puerto, harbour, port.
puerto de armamento, port of registry.
puerto de mar, seaport.
puerto de marea, tidal-harbour.
puerto franco, free port.
puerto militar, dockyard, naval station.

puesta al punto de la magneto (mot.), magneto-timing.
puesta del sol, setting, sundown, sunsetting, sunset.
puesta en cortocircuito (el.), short-circuiting.
puesta en marcha (ing.), starting.
puesta en marcha de una caldera, starting of a boiler.
puesta fuera de circuito (el.), breaking of a circuit.

puesto (de venta), booth, stall.
puesto (empleo), job, post.
puesto (en un navío), quarter.
puesto a la masa (el.), contact to frame.
puesto a tierra (el.), earthed.
puesto de ángulo (agrim.), angle-station.
puesto de bombeo subterráneo, underground pump station.
puesto de bomberos, fire-station.
puesto de pilotaje (av.), cockpit.

pulgada, inch.
pulgada cuadrada, square inch.

pulidora, polishing machine.

pulido (o pulimentado) *adj.*, polished.

pulimentar (o pulir), to polish.

pulpa, pulp.
pulpa leñosa, wood pulp.

pulsación, pulsation.
pulsación (el.), pulsatance.

pulverización, atomising, atomisation.
pulverización por aire comprimido, atomising by compressed air.

pulverizador (ing.), atomiser, spray, sprayer.
pulverizador de pintura, paint spray.
pulverizador de tobera, nozzle sprayer.

pulverizar *v.*, to atomise, to pulverize, to spray.
pulverizar (moler) *v.*, to grind, to powder.
pulverizar petróleo, to atomise oil.

punta (clavo), spike.
punta (de torno), centre.
punta (demanda máxima), peak-load.
punta (extremidad), end, point, tip.
punta (geog.), cape, headland.
punta a punta, end for end.
punta de ala, wing-tip.
punta de París, French nail, wire nail.
punta de torno, lathe-centre.
punta del corazón (de agujas, f.c.), nose of a switch.
punta del yacimiento (min.), ore-apex.
punta fija (maq. herr.), dead centre.
punta giratoria, live-centre.

puntal (profundidad de buque), depth, draught (ship's).
puntal (soporte), brace, prop, stanchion, stay.
puntal de bodega (naut.), depth of a hold.
puntal de cubierta (naut.), deck pillar.
puntas de escape (fis.), discharge-points.
puntería, aim.
puntero (aguja), pointer.
puntero (apuntador), tallyman.
puntero de inyección (mot.), needle-valve.
puntero de válvula (aut.), valve-needle.
puntiagudo, pointed, sharp, sharp-edged.
puntilla, headless nail, wire nail.
punto (de la brújula), quarter.
punto (extensión), degree, extent.
punto (gram.), full stop, point.
punto cero (mot.), dead centre.
punto crítico (el.), breaking-down.
punto crítico (fis.), absolute boiling-point.
punto de aplicación de una fuerza, point of application of a force.
punto de apoyo (mec.), fulcrum, point of support.
punto de arranque de una recta, beginning of a straight line.
punto de cierre (loc., maq., vap.), point of cut-off.
punto de congelación, freezing-point, ice-point.
punto de cruce (de rieles, f.c.), point-rail.
punto de derivación, branching point.
punto de fusión (met.), fusing-point.
punto de inflexion (mec.), virtual hinge.
punto de la admisión (loc., mot.), point of admission.
punto de parada (tr.), stopping-place.
punto de partida (o de arranque), beginning (of a line, etc.).
punto de rocío (fis.), dew point.
punto de saturación, saturation point.
punto de vista, point of view.
punto distante (perspectiva), point of distance.
punto fijo material (fis.), material point.
punto muerto (mot.), dead centre (of engines).
punto muerto atrás, back dead centre.
punto muerto delante, front dead centre.
punto muerto inferior (mot. verticales), bottom dead centre.
punto muerto superior, upper dead centre, top dead centre.
punto neutro (el.), neutral.
punto y coma, semi-colon.
puntos cardinales, cardinal points.
punzadura, puncture.
punzón, die, drift, punch.
punzonadora, punching machine, stamping machine.
punzonamiento, punching.
punzonar *v.*, to punch, to stamp.
punzonazo (tecn.), dab.
pupitre, writing desk.
pureza, pureness, purity.
purga (o purgación) (cald.), draining.
purgador (cald.), sludge cock.
purgar (cald.), to blow-off.
purificación, purification, cleansing.
purificación bactericida de las aguas servidas, bacterial purification of sewage.
purificación del aire, air-conditioning.
purificador, purifier.
purificador de aceite lubricante, oil filter.
purificar *v.*, to cleanse, to purify.
puro, pure, virgin.
puro (liq.), undiluted.
purpúreo, purple.

Q

que no forma arco (el.), non-arcing.
que no puede explotar, inexplosive.
quebracho, quebracho wood, iron wood.
quebrada, mountain pass (or gorge).
quebradizo, brittle.
quebrado *adj.*, broken.
quebrado (mat.), fraction.
quebradura, breaking, snap.
quebradura de una junta roblonada, failure of a riveted joint.
quebrantador hidráulico de lingotes (met.), hydraulic pig-breaker.
quebrantador neumático de caminos, pneumatic road-breaker.
quebrantar *v.*, to break, to pound.
quebrar (com.) *v.*, to fail, to become bankrupt.
quebrarse *v.*, to break, to snap.
queche (naut.), ketch.
queja, complaint.
quejarse *v.*, to complain.
quemado, burnt-out.
quemador, burner.
quemador de petróleo, oil burner.
quemador oxiacetilénico, oxiacetylene burner.
quemadura, burn.
quemar *v.*, to burn, to fire.
quetzal, monetary unit of Guatemala.
quicial, jamb.
quiebra (com.), bankruptcy, failure.
quiebra (rotura), breaking, crack.
quilate, carat.
quilla, keel.
quilla de nivel, even keel.
quilla maciza, bar keel.
química, chemistry.
química industrial, applied chemistry.
química mineral, inorganic chemistry.
química orgánica, organic chemistry.
químico *adj.*, chemical.
químico *s.*, chemist.
químico-eléctrico *adj.*, chemico-electrical.
químico-físico *adj.*, chemico-physical.
quina, Peruvian bark.
quincalla, hardware, ironmongery.
quincallero, hardware merchant, ironmonger.
quinina, quinia, quinine.
quinta, country house.
quintal (peso), quintal (Unit of weight equivalent to 50 kilos or approximately 1 Cwt.).
quiosco, kiosk.
quiselgur (min.), kieselguhr.
quitamanchas, scourer.
quitanieve, snow-plough.
quiteño *adj.*, from Quito (Ecuador).

R

raciocinar *v.*, to reason.
ración, allowance, ration.
racional, rational.
racionar *v.*, to ration.
rada (naut.), road, roadstead.
radiación, radiation.
radiación infrarroja, infra-red rays.
radiación opaca, black rays.
radiación ultraviolácea (o ultravioleta), ultraviolet rays.
radiado, radiated.
radiador, radiator.
radiador de tubos forma trébol de cuatro hojas (o de tubos lobados o lobulados), round-bulge tubes radiator.
radiador nido de abeja, honeycomb-type radiator.
radiante (calor), radiating.
radiar (t.s.h.) *v.*, to broadcast, to radiate.
radífero, radiferous.
radio (geom.), radius.
radio (quim.), radium.
radio de curvatura, radius of curvature.
radio de giración (mec.), radius of gyration.
radio hidráulico mediano, hydraulic mean radius.
radio primitivo (engranajes), pitch-radius.
radioaficionado, radio-amateur.
radiocomunicación (y radioemisión), wireless transmission.
radiocomunicación por onda entretenida, undamped wave transmission.
radiodiagrama, radiograph.
radiodifundir *v.*, to broadcast.
radiodifusión, broadcast.
radiodifusor, broadcaster.
radioemisión, broadcast.
radioemisora, broadcasting station, wireless station.
radioemisora de 100KV. 722 kilociclos y 415 m. de longitud de onda, broadcasting station of 100 KW. 722 kilocycles and 415 m. wavelength.
radiofotografía, radiophotography.
radiofrecuencia, radio-frequency.
radiogonómetro, radiogonometer.
radiografía, radiography.
radiografiar *v.*, to X-ray.
radiografista, radiographer.
radiolita (min.), radiolite.
radiometría, radiometry.
radiómetro, radiometer.
radiooyente, listener (wireless).
radiorreceptor, radio receiver, set.
radiorreceptor superheterodino, superheterodyne receiver.
radioscopia, radioscopy.
radiotelefonar *v.*, to radiotelephone.
radiotelefonía, radiophony, radiotelephony.
radiotelefonía de ondas cortísimas, radiotelephony with ultra-short waves.
radiotelegrafía, radiotelegraphy.
radiotelegrafiar *v.*, to radiotelegraph, to wireless.
radiotelegrama, radiogram.
radioterapia, radiotherapy.
radiotransmisor *adj. & s.*, radio-emitter (or sender), transmitter.
raedor, abrasive, scraper.
raer *v.*, to abrade.
ráfaga (de aire), blast, burst.
raíz, root.
raíz cuadrada (cúbica, etc.), square (cubic, etc.), root.
rajado *adj.*, cleft, cracked.
rajadura, split.
rajadura (geol.), break, leap.
rajar *v.*, to crack, to split.
rajarse *v.*, to cleave, to crack.
la madera se rajó, the wood cleft.
ralo, thin, rarefied.
rama (de árbol), bough.
rama (ramificación), branch.
ramal (f.c.), branch, branch line.
ramo (com.), line (of business).
ramo de la construcción, building trade.
rampa, incline, up-grade, gradient.
rampa (mil.), ramp.
rampa leve, easy gradient.
rampa máxima de adherencia, limit of adhesion.
rancio, rank, rancid.
rango (categoría), range, grade.
rango (mil., nav.), rank.
rangua (de boga), centre-casting.
ranura, groove, notch, slot.
ranura circular, circular groove.
ranura de émbolo (mot.), piston ring groove.
ranura de excéntrica (mec.), gab, eccentric gab.
ranura de inducido (el.), armature slot.
ranura de inducido aislada, insulated stator-slot.
ranura de rotor (el.), rotor slot.
ranurado *adj.*, grooved, slotted.
ranurado *s.*, notching.
ranuradora, keyseating machine, notching machine.
ranuradora (carp.), grooving machine.
ranurar *v.*, to groove, to notch, to slot.
rapidez, quickness, rapidity, swiftness.
rápido *adj.*, fast, quick, rapid, speedy, swift.
rápido (f.c.) *s.*, express train.
rápido de asientos reservados, limited express.
rarefacer *v.*, to rarefy, to thin.
rarefacto (o rarificado), rarefied, thin.
raro (poco espeso), thinly.
rascacielo, skyscraper.
rascador, scraper.
rasgar, to rip, to tear.
raso *adj.*, flat, plain.
raso (lustroso), glossy.
raspa (o raspador) (tecn.), scraper.
raspacaldera, boiler scraper.
raspadura, scraping.
raspar *v.*, to scrape.
rastra (agric.), rack.
rastreador (nav.), mine-sweeper.
rastrillar *v.*, to drag, to rake.
rastrillo, rake, rack.
rata (zool.), rat.
ratón (zool.), mouse.
ratonera, rat-trap.
raya, score, stripe.
rayar (dib.) *v.*, to line, to striate.
rayo (de luz), beam, ray.
rayo (de rueda), radius, spoke.

rayo (meteor.), lightning, thunder, thunderbolt.
rayo de rueda, wheel-arm.
rayos catódicos, cathode rays.
rayos de Goldstein (fis.), canal rays.
rayos gama (fis.), gamma rays.
rayos infra rojos, infra-red rays.
rayos X, X-rays.
raza, race, breed.
razón (mat.), proportion, rate, ratio.
razón (motivo), reason.
razón de compresión eficaz (mot.), useful compression ratio.
razón de sintonización (t.s.h.), degree of coupling.
razón del diámetro interno a la carrera (mot.), stroke-bore ratio.
razón entre cilindros, cylinder ratio.
razón social (com.), firm.
razonar *v.*, to reason.
reabastecerse (aut.) *v.*, to fill up.
reabastecerse de combustible, to refuel.
reabastecimiento de combustible, refuelling.
reacción, reaction.
reacción del inducido (el.), armature reaction.
reacción química, chemical reaction.
reaccionar *v.*, to react.
reactancia (el.), reactance.
reactivo *adj.*, reacting, reactive.
reactivo (quim.) *s.*, reagent, test.
reajustar *v.*, to re-adjust.
real, actual.
realizar *v.*, to carry out.
realizar beneficio, to make a profit.
realzar *v.*, to heighten, to raise.
realzar (los techos de minas) *v.*, to put in a rise.
reascender *v.*, to reascend.
reaseguración, underwriting.
reasegurador, underwriter.
reasegurar *v.*, to reinsure, to underwrite.
reaseguro, reinsurance.
rebaja, abatement, rebate.
rebajar *v.*, to rebate.
rebajar (carp.) *v.*, to reduce, to thickness.
rebajar (el.) *v.*, to step down.
rebajar (tecn.) *v.*, to pare.
rebajar con lima, to file off.
rebajar los gastos, to curtail expenses.
rebanada, slice.
rebanar *v.*, to slice.
rebaño, flock, herd.
rebarbado por chorro de arena, sand-blasting.
rebarbar (met.) *v.*, to edge-off, to fettle.
reborde, brim, edge, rim.
reborde de acera, kerb.
rebordeado, flanged, flanging.
rebordear (mec.) *v.*, to flange.
rebordonado (met.) *s.*, extrusion.
rebosadero (hid.), waste-weir.
rebosar *v.*, to overflow, to run (or flow) over.
reboso, flowage, overflow.
recaída (arq.), line of spring.
recalada (naut.), call.
recalar (naut.) *v.*, to call at, to make land, to put in.
recalcar (tecn.) *v.*, to upset.
recalentado *adj.*, superheated.
recalentador, superheater.
recalentador calculado para elevar la temperatura del vapor a 380° C., superheater designed to raise the temperature of the steam to 716° F.
recalentamiento (accidental), overheating.
recalentamiento (en cald.), superheat.
recalentamiento de 38° C., superheat of 100° F.
recalentamiento de las chapas (cald.), overheating of plates.
recalentamiento de los cojinetes, overheating of bearings.
recalentar, to overheat, to superheat.
recambio(s), spare, spare parts.
recarga, charge, charging, recharge.
recarga bajo potencial constante (el.), constant-potential charge.
recarga de acumuladores, charging of accumulators.
recargar *v.*, to recharge.
recargar acumuladores, to charge (or recharge) accumulators.
recargo, surcharge.
recaudador, collector.
recaudador de impuestos, tax collector.
recaudar *v.*, to collect, to recover (debts or taxes).
recazo, back (of cutting inst.).
recepción (de maquinaria), acceptance.
recepción por batimiento (t.s.h.), beat reception.
receptáculo de aire, air receiver.
receptor (tel., t.s.h.), receiver, set.
receptor a galena (t.s.h.), crystal-set.
receptor de hollín (ing.), soot-collector.
receptor de ondas cortas, short-wave receiver.
receptor de 3 válvulas, three-valve set.
receptor impresor (tel.), ink recorder.
receptor radiofónico, receiver, receiving-set, wireless set.
receptor radiofónico autónomo alimentado por la red y portátil, portable self-contained mains receiver.
receptor radiofónico autónomo de batería y portátil, portable self-contained battery receiver.
receptor radiofónico de onda universal alimentado por la red, all-wave mains receiver.
receptor radiofónico portátil, portable receiver.
receptor telefónico, telephone receiver.
recetar (med.) *v.*, to prescribe.
recibir *v.*, to receive.
recibir (ed.) *v.*, to admit, to graduate.
recibirse de Ingeniero, to graduate as an Engineer.
recibo (com.), receipt.
recipiente, container, vessel.
recipiente de acumulador, accumulator jar.
recipiente de ebonita, ebonite container.
recipiente de gas, gas container.
recíproco, mutual, reciprocal, reciprocating.
reclamación, claim.
reclamar *v.*, to claim.
reclinado *adj.*, leaning upon.
recobrar *v.*, to recover, to recuperate.
recobrar el tiempo perdido, to make up lost time.
recobro (de un mot.), pick-up.
recocer (met.), to anneal.
recocido *adj.*, annealed.
recocido *s.*, annealing.
recodo, bend, winding.
recodo de la carretera, bend of the road.
recodo de un río, open loop, sweep of a river.
recoger *v.*, to gather, to take up.
recondicionado, overhauled, rebuilt.
recondicionamiento (ing.), overhaul, overhauling, rebuilding.
recondicionamiento de un automóvil, overhauling of a motor car.
recondicionar (maq. y ap.) *v.*, to overhaul, to rebuild.
reconocer (constatar, min.), to prove.
reconstruído, rebuilt.

reconstruir *v.*, to rebuild.
record de vuelo en distancia (av.), long-distance record.
recorrido, run, stroke.
recorrido de despegue (av.), take-off run.
recorrido de trabajo (maq.), working stroke.
recorrido de una máquina herramienta, stroke of a machine-tool.
recorrido del émbolo (mot.), piston displacement.
recorrido útil (maq., mot.), length of stroke, working stroke.
recortar *v.*, to clip, to trim.
rectángulo, rectangle.
rectificación (tecn.), grinding.
rectificación por galena (t.s.h.), crystal rectification.
rectificación por la curvadura anódica (t.s.h.), anode bend rectification.
rectificado según plantilla, ground to gauge.
rectificador, rectifier.
rectificador al vapor de mercurio, mercury-vapor rectifier.
rectificador de ánodos alumínicos (el.), aluminium cell rectifier.
rectificador metálico (el.), metal rectifier.
rectificadora (mec.), grinder, grinding-machine.
rectificadora de dos cabezales, double-ended grinding-machine.
rectificadora de filetes, thread-grinding machine.
rectificadora de herramientas, tool grinder.
rectificadora de interior, internal grinding-machine.
rectificadora de segmentos, piston-ring grinding-machine.
rectificadora interna de cilindros, internal cylinder-grinding-machine.
rectificadora para cilindros, cylinder grinder.
rectificadora para colectores, commutator-grinder.
rectificadora para ejes, axle grinding-machine.
rectificadora para herramientas cortantes, tool and cutter grinder.
rectificadora para levas, cam cutting (or milling) machine.
rectificadora para tabajo en línea recta, centreless grinder.
rectificadora planeadora, surface grinder.
rectificadora portátil de precisión, portable precision grinder.
rectificar *v.*, to rectify.
rectificar (tecn.) *v.*, to grind.
rectilíneo, rectilinear.
recto *adj.*, direct, right, straight.
recto (correcto), true.
recto *s.*, straight angle.
un camino recto, a direct road.
recubrimiento (mot.), lap.
recubrimiento con cinta, taping.
recubrimiento de carreteras con arena, sanding over the roads.
recubrimiento de cinc (met.), zinc-coating.
recubrimiento de techo, roof covering.
recubrimiento exterior (loc., mot.), outside lap.
recubrimiento interior (loc., mot.), inside lap.
recubrir (ing.) *v.*, to lag, to recover.
recubrir (pint.) *v.*, to coat.
recubrir (por electrólisis), to plate.
reculada, recoil.
recular *v.*, to recoil.
recuperación (quim.), recovery, recuperation.
recuperación del metal, metal recovery.
recursos financieros, ways and means.
rechapear *v.*, to replate.
red, net.
red alterna (el.), alternating-mains.
red de consumo (el.), mains (electric).
red de distribución (el.), distributing network.
red de distribución de alta tensión, grid system.
red de distribución de luz eléctrica, electric light mains.
red de pescar, fishing net.
red ferroviaria, railway net (or network).
red telefónica, telephone network.
redactar *v.*, to word, to write.
redactar un informe, to draw up a report.
redil, fold, pinfold.
rédito, revenue, yield.
el rédito pagará a penas los gastos, the yield will barely cover expenses.
redondear *v.*, to round.
redondeo, rounding.
redondez, roundness.
redondo, round.
reducción, reduction.
reducidas pérdidas bajo cualquier carga, small losses at all loads.
reducir *v.*, to reduce.
reducir (dib.), to scale down.
reducir a polvo, to pulverise.
reducir la tensión por medio de transformador (el.), to step down by transformer.
reducir la velocidad, to lower speed.
reductor, reducer, reductor.
reductor (acumuladores, el.), battery (or cell) -switch.
reductor de potencial, eliminator.
reductor de potencial de la red, mains eliminator.
reedificación, rebuilding.
reedificado, rebuilt.
reedificar *v.*, to rebuild.
reembarcar *v.*, to reembark, to re-ship.
reemitir (el., t.s.h.), to relay.
reemplazable, renewable.
reemplazar *v.*, to replace.
reencendido (ing.), relighting, restarting.
reencender *v.*, to relight, to restart.
reencender un alto horno, to restart a blast furnace.
reestablecer *v.*, to reestablish.
reexportación, re-export.
reexportar *v.*, to re-export.
refacciones construccionales, structural alterations.
referencia, datum, reference.
refinación, refining.
refinador de azúcar, sugar-refiner.
refinería, refinery.
refinería de aceite (o de petróleo), oil-refinery.
refinería de azúcar, sugar refinery.
refinar *v.*, to purify, to refine.
reflector *adj. & s.*, reflector, searchlight.
reflector (pantalla), shade.
reflector de galvanómetro, galvanometer mirror.
reflector de palastro, sheet-iron shade.
reflector de vidrio opalino, opal shade.
reflector parabólico, parabolic reflector.
reflejado *adj.*, reflected.
reflejar *v.*, to reflect.
refluir *v.*, to reflow.
reformar, to reform.
reforzado *adj.*, built-up, reinforced.
reforzador de fin de batería (el.), milking-booster.
reforzador de la batería, battery booster.
reforzador de línea, feeder booster.
reforzador de tensión (el.), booster.

reforzamiento, stiffening.
reforzante *adj.*, stiffener.
reforzar *v.*, to reinforce, to stiffen, to strengthen.
reforzar una batería (el.), to boost a battery.
refractario, fireproof, refractory.
refractómetro, refractometer.
refrentar (tecn.) *v.*, to face.
refrescar, to cool, to refresh.
refrigeración, refrigeration.
refrigerado *adj.*, cooled off (or down), cooler.
refrigerante *adj.*, cooling, refrigerating.
refrigerar *v.*, to cool, to refrigerate.
refringir *v.*, to refract.
refuerzo, bracing, reinforcement, strengthening.
refugiarse, to take shelter.
refugio, shelter.
refugio de montaña, mountain shelter.
regadera, water (or watering) can.
regadío, irrigation, watering.
regado *adj.*, watered, irrigated.
regadora de calles, street sprinkler.
regala (naut.), gunnel, gunwale.
regar *v.*, to irrigate, to water.
regatón, ferrule.
regeneración, regeneration.
regenerador *adj. & s.*, regenerative.
regenerador del aceite (maq.), oil filter.
regenerar *v.*, to regenerate, to reproduce.
régimen (clasificación), rating.
régimen (en general), regimen.
régimen (pol.), regime.
régimen continuo (maq., mot.), continuous rating.
régimen de carga (el.), rate of charging.
régimen de recarga (de acumuladores, el.), rate of charging.
régimen del alternador, alternator rating.
régimen discontinuo, short-time rating.
régimen horario (ing.), hourly rating, one hour rating.
regimiento, regiment.
región, region, country.
región accidentada, hilly country.
región desconocida, unknown country.
región fabril, manufacturing country.
región salvaje, wild country.
región virgen, undeveloped country.
regir *v.*, to govern, to rule.
registración, (apunte), recording.
registración (lo marcado por los contadores o medidores), metering.
registrador (ap.), recorder.
registrador de anhídrido carbónico, CO_2 recorder.
registrador de sifón (tel.), syphon recorder.
registrador de temperaturas, temperature recorder.
registrador de vueltas (mec.), tachograph.
registrar *v.*, to record, to register.
registro, register.
registro (apunte), record, recording.
registro (cald., mot.), damper, vane.
registro (inscripción), entry, registration.
registro de humero (cald.), chimney damper regulator, flue damper.
registro de tiro (cald.), draught-damper.
registro giratorio (cald.), swivelling damper.
regla (de medir), rule, ruler.
regla (dib.), straight edge.
regla (mat.), rule.
regla de conjunta (mat.), chain-rule.
regla de los tres dedos (el.), three fingers rule.
regla de oro (o de tres), rule of three.
regla deslizante (o de cálculo), slide-rule.
regla divisora (dib.), dividing rule.
regla empírica, rule of thumb.
regla graduada (dib.), scale.
regla plegadiza de bolsillo, folding pocket rule.
reglas de unificación (o normalización), standardisation rules.
reglamento, by-law, regulation, rules.
reglamentos de abordaje (naut.), rules of the road.
regresar *v.*, to return.
regreso, return.
regreso (o retorno) (de maq., sin trabajar), idle stroke.
regruesar (carp.) *v.*, to thickness.
regruesadora, thicknessing machine.
regulación, regulation.
regulación (ing., mot.), control, governing.
regulación de la excitación (el.), adjustment of field.
regulación de la magneto (mot.), timing the magneto.
regulación de sí y no (mot.), hit and miss governing.
regulación del calor, heat regulation.
regulación del encendido (mot.), ignition-timing
regulación del tiro (art.), ranging.
regulación del voltaje, voltage regulation.
regulación por estrangulación (mot.), throttle governing.
regulación por la riqueza (mot.), quality governing.
regulador, governor, regulator.
regulador a mano, hand regulator.
regulador automático, automatic regulator.
regulador automático de la tensión (el.), automatic voltage regulator.
regulador centrífugo, centrifugal governor.
regulador compensado, balanced regulator.
regulador de peso central, centre-weight governor.
regulador de potencial (o tensión), potential (or pressure) regulator.
regulador de presión, pressure regulator (not electrical).
regulador de varillas cruzadas (mot.), crossed links governor.
regulador de un motor de vapor, governor of a steam engine.
regulador del reforzador (el.), booster regulator.
regulador del registro (cald.), damper regulator.
regulador del vacío (mot.), vacuum governor.
regulador monofásico por inducción (el.), single-phase induction regulator.
regulador para canalización eléctrica, feeder regulator.
regulador por inducción, induction regulator.
regulador vertical de resorte, spring-loaded vertical governor.
el regulador asegura velocidad constante, the governor maintains uniform speed.
regular (de tamaño) *adj.*, medium, moderate.
regular (en marcha), steady.
regular *v.*, to adjust, to regulate.
regular (mot.) *v.*, to govern.
regularidad, regularity.
regularidad (o constancia) periódica, cyclic regularity.
rehacer *v.*, to remake.
rehusar *v.*, to refuse.
Reino Unido, United Kingdom.
reivindicar *v.*, to claim.
reja, coulter, grate.
reja de protección (hid.), strainer rack.

rejilla, grid.
rejilla de acumulador, accumulator grid.
rejilla pantalla (t.s.h.), screened-grid.
relación (informe), report, statement.
relación (mat.), ratio.
relación de engrane (tecn.), gear-ratio.
relación de expansión (mot.), ratio of expansion.
relación de transformación (el.), transformer ratio.
relación del talud (i.c.), ratio of the slope.
relámpago, flash (lightning).
relampagueo, flashing, lightning.
relativamente, relatively.
relatividad, relativity.
relativo, relative.
relevador (el., tel.), relay.
relevador de acción retardada, time-lag relay.
relevador de línea, line relay.
relevador de sobrecarga, overload relay.
relevador enclavador, locking relay.
relevador indicador, pilot relay.
relevador interruptor, cut-off relay.
relevador lento, slow-acting relay.
relevador luminoso, lamp relay.
relevador polarizado, polar relay.
relevador por cambio de fase, phase-rotation relay.
relevador por cambio de frecuencia, frequency relay.
relevador por cambio de intensidad, current relay.
relevador por sentido de corriente, directional relay.
relevador por voltaje, voltage relay.
relevador rápido, quick-acting relay.
relevador sonoro, sound relay.
relevador térmico, temperature relay.
relevar (el., t.s.h.) *v.*, to relay.
relevar el consumo (de contadores o medidores), to take the reading.
relieve (dib.), relief.
relinga (naut.), bolt-rope.
reloj, clock, watch.
relojero, clock-maker, watchmaker.
reluctancia (mag.), reluctance.
reluctancia magnética, magnetic reluctance.
rellenador, filler, refiller.
rellenador de ácido, acid-filler.
rellenar *v.*, to fill up, to refill.
rellenar (alb.), to plug.
relleno *adj.*, overful.
relleno (alb.) *s.*, backing, grouting.
relleno de piedras, stone-filling.
remachado *adj.*, riveted.
remachado *s.*, rivet-seam, riveting.
N.B.—See also roblonado, roblonar, etc.
remachado a mano, hand-riveting.
remachado con martillo, hammer riveting.
remachado doble, double-riveted.
remachado en caliente, hot-riveting.
remachado inestanco, leaky riveting.
remachado (o roblonado) mecánico, machine riveting.
remachado neumático, pneumatic-riveting.
remachado (o roblonado) superpuesto, lap riveting.
remachador (obrero), riveter.
remachadora (maq.), riveting machine, riveter.
remachadora hidráulica, hydraulic-riveting machine.
remachadora mecánica, riveting-machine.
remachadora para correas, belt-riveting machine.
remachadura, riveting.
remachar *v.*, to rivet.
remache, rivet.
remache de cabeza hemisférica, snap-head rivet.
remache de cabeza rasa, flush-head rivet.
remache fresado, countersunk rivet.
remanso, back-water.
remar *v.*, to row.
remar en par, to scull.
rematador (S.A.), auctioneer.
rematar (S.A.) *v.*, to auction, to put up for sale.
remate (arq.), coping, top (of house).
remate (S.A.) (venta), auction.
remendar *v.*, to mend, to patch.
remero, oarsman, rower, sculler.
remesa, remittance.
remiendo, patch.
remitente, sender.
remitir *v.*, to remit, to send.
remo, oar.
remo (acto de remar), rowing.
remo de par, scull.
remojar *v.*, to soak, to steep.
remolacha (bot.), beet.
remolcador, towing-boat, tug.
remolcador a vapor, steam tug.
remolcador de motor(es) Diesel, Diesel-engined tug.
remolcaje, hauling, towing.
remolcar *v.*, to tow, to tug.
remolino, eddy, swirl, vortex, whirlpool.
remolino de viento, eddy wind.
remolque, towage, towing.
remolque (vehículo), trailer.
remolque eléctrico, electric towage.
remover *v.*, to stir.
renacuajo (de hilo de trole), frog.
rendimiento (ing.), efficiency.
rendimiento al freno (medición), brake efficiency.
rendimiento bajo (o débil), poor efficiency.
rendimiento de caldera, boiler efficiency.
rendimiento de la combustión, efficiency of combustion.
rendimiento de la hélice (av., naut.), propeller efficiency.
rendimiento de la línea de transmisión, efficiency of the transmission line.
rendimiento de la línea de transporte eléctrico, efficiency of transmission line.
rendimiento de las calderas de más de 87%, boiler plant efficiency over 87%.
rendimiento definitivo, overall efficiency.
rendimiento elevado, high efficiency.
rendimiento fidedigno, true efficiency.
rendimiento general, total efficiency.
rendimiento general del taller (o fábrica), efficiency of plant.
rendimiento hidráulico de la turbina, hydraulic efficiency of turbine.
rendimiento luminoso (lámpara), efficiency of a lamp.
rendimiento mecánico, mechanical efficiency.
rendimiento medio, mean efficiency.
rendimiento térmico, thermal efficiency.
rendimiento térmico al freno, brake thermal efficiency.
rendimiento volumétrico, volume efficiency.
rendir (interés) *v.*, to return, to yield.
renombre, renown, reputation.
renovable, renewable.
renovar *v.*, to renew.
renta, income, revenue, yield.
la renta es 5% anual, the yield is 5% per annum.
una renta de miles de . . . (pesos, pesetas, etc.), a four-figure income.

renuncia (de un cargo, etc.), resignation.
renuncia de una concesión minera, abandonment of mineral rights.
reorganizar *v.*, to reorganize.
reostático, rheostatic.
reóstato, rheostat.
reóstato de arranque, starting rheostat (or box), starter.
reóstato de arranque estrella y triángulo, star-delta switch (or starter).
reóstato de caldeo (t.s.h.), filament resistance.
reóstato de excitación, field regulator.
reóstato de rejilla, grid rheostat.
reóstato del campo de la excitatriz, exciter-field rheostat.
reóstato en serie, series rheostat.
reóstato shunt, shunt regulator.
repajo, shrubbery.
reparaciones, repairs.
reparaciones importantes, heavy repairs.
reparador, repairer.
reparar *v.*, to repair, to restore.
repartición, distribution, partition.
repartición de la carga (i.c., mec.), distribution of load.
repartición del dividendo, distribution of dividend.
repartidor de averías (mar.), assessor.
repartir *v.*, to part, to distribute.
repartir (mercaderías) *v.*, to deliver.
reparto, delivery.
repasar (ed.) *v.*, to brush up, to review.
repasar (inst. cortante) *v.*, to hone, to set.
repentinamente, instantaneously.
repentino, instantaneous, sudden.
repercusión, reverberation.
repercutir, to reverberate.
repetidor, repeater.
repetir *v.*, to repeat.
repisa (arq.), bracket.
reponer *v.*, to replace.
reponer al cero la aguja de un instrumento, to adjust to zero the pointer of an apparatus.
reportero, reporter.
reposar (quim.) *v.*, to settle.
represa (hid.), dam.
represa de molino, mill-dam.
represar (hid.), to bank up, to dam, to impound.
represar las aguas de un río, to harness the waters of a river.
represar una corriente de agua, to dam back a water course.
representante, representative.
representar *v.*, to represent.
reproducción gran escala, large-scale model.
República Argentina, the Argentine Republic.
repuesto, change.
repuesto de un neumático (aut.), change of a tyre.
repulsa electrostática, electrostatic repulsion.
repulsión (por bobina de self, el.), choke.
reputado *adj.*, well-known.
requerir *v.*, to request, to require.
resaca (mar.), surf.
resaltado *adj.*, salient.
resaltador de remaches, rivet-set.
resaltar *v.*, to jut out, to project.
resbaladizo (o resbaloso), slippery.
resbalador, sliding.
resbalamiento, slip, slipping.
resbalamiento de la correa (ing.), slipping of the belt.
resbalamiento de la hélice, propeller slip.
resbalar *v.*, to slide, to slip.
resbalón de rabera (av.), tail-dive.
rescoldo, cinders, embers.
reserva, spare.
resguardado *adj.*, protected, screened.
resguardado contra la intemperie, shielded from weathering.
resguardar, to protect, to shield.
resguardo (de recibo), counterfoil.
resguardo de embarcaciones, boat house.
residir *v.*, to reside, to stay.
residuo, residue.
residuos (ind.), refuse.
resina, resin, rosin.
resinoso, resinous.
resistencia, resistance.
resistencia (duración), endurance.
resistencia a la flexión, bending strength.
resistencia a la rotura (mec.), breaking resistance (or strength).
resistencia a la torsión, torsional strength.
resistencia a la tracción (mec.), tensile strength.
resistencia al arranque (tr.), resistance at starting.
resistencia al avance (f.c.), train resistance.
resistencia al cizallamiento (mec.), shearing strength.
resistencia al frenado, braking resistance.
resistencia al rodamiento (f.c.), rolling resistance.
resistencia bobinada (el.), resistor.
resistencia contra el arranque, starting resistance.
resistencia contra la compresión (mot.), resistance to compression.
resistencia de aislamiento (el.), insulating resistance.
resistencia de arranque de autotransformador, auto-transformer motor starter.
resistencia de descarga del freno (f.c. y tranv. el.), brake resistor.
resistencia de carbón (el.), carbon resistance.
resistencia de rotura a la tracción (mec.), tensile breaking strength.
resistencia de la rejilla (t.s.h.), gridleak.
resistencia de materiales, strength of materials.
resistencia de rozamiento, frictional resistance.
resistencia del aire (contra móviles), air pressure.
resistencia del aire en circulación (maq.), windage resistance.
resistencia del campo inductor (el.), field resistance.
resistencia del viento (tr.), wind resistance.
resistencia del viento frontal (tr.), head-on wind resistance.
resistencia frontal (f.c., tranv.), head-on resistance.
resistencia dieléctrica, dielectric strength.
resistencia eléctrica, electric resistance.
resistencia en aceite, oil-immersed resistance.
resistencia igual (mec.), uniform strength.
resistencia inductiva, inductive resistance.
resistencia interna, internal resistance.
resistencia líquida, liquid resistance.
resistencia magnética, magnetic reluctance.
resistencia mecánica de una viga, carrying capacity of a girder.
resistencia normal (el.), standard-resistance.
resistencia para el arranque (el.), starting resistance.
resistencia sin inducción, non-inductive resistance.
resistente a la fricción, anti-friction.
resistente a la intemperie, weatherproof.

resistividad, resistivity.
resistividad másica, mass resistivity.
resistividad volumétrica, volume resistivity.
resma (papel), ream.
resolución, resolution.
resolver *v.*, to resolve, to solve, to work out.
resolver un problema, to resolve a problem.
resolver una ecuación, to solve an equation.
resonancia, resonance.
resorte, spring (elastic).
resorte compensador, balancing spring.
resorte cuarto-elíptico, quarter-elliptic spring.
resorta de arista, knife spring.
resorte de parada, stop spring.
resorte de reacción, check spring.
resorte de tracción, tension spring.
resorte del indicador (mot.), indicator-spring.
resorte delantero, front spring.
resorte espiral (o helicoidal), volute spring.
resorte hélico, spiral spring.
resorte posterior, rear spring.
resorte regulador, adjusting spring.
resorte semielíptico, semi-elliptic spring.
respaldo, back.
respaldo (min.), side-wall.
respecto a, concerning.
respiradero, air-hole, vent.
respiradero (cald.), register.
resplandecer *v.*, to radiate, to shine.
resplandente *adj.*, radiating.
resplandor (o resplandecimiento) (de luz), brilliancy, effulgence, luminosity, radiation.
resplandor del sol, sunshine.
responder *v.*, to answer.
responsabilidad, liability.
responsable, liable, responsible.
respuesta, answer, reply.
resquebrajacidad, brittleness.
resquebrajo, crack, cleft.
resta (mat.), subtraction.
restar *v.*, to subtract.
restaurar *v.*, to modernize, to restore.
resto (residuo), residue.
restringir *v.*, to restrict.
resultado, result.
resultado exacto, reliable results.
resultado satisfactorio, fair results.
resultante (mat.), resultant.
la resultante de varias fuerzas concurrentes, the resultant of several concurring forces.
resultar *v.*, to result.
resumen, abstract, summary.
resumir *v.*, to resume.
retallo (de cimientos), footing.
retardación, retardation.
retazo, cuttings, scantling.
retención (const.), anchorage.
retener *v.*, to anchor.
retículo (inst.), spider-lines.
retículo de hilos en cruz, cross-wire sight.
retirado *adj.*, distant, out of the way, remote, retired.
retirar *v.*, to remove, to retire, to withdraw.
retirarse de los negocios, to retire from business.
retiro, removal.
retorcedora, twisting machine.
retorcedora de aletas (text.), flyer doubling machine.
retorcer (text.) *v.*, to strand, to twist.
retornillar *v.*, to rebolt.
retorno, return.
retorno de llamas (aut.), back-firing.
retorno de llamas en una caldera, return of flames in a boiler.
retorta, retort.
retraible (o retrácil) *adj.*, retractable.
retransmitir (el., t.s.h.) *v.*, to relay.
retransmitir una emisión (t.s.h.), to relay a programme.
retrasado de 25° (el., fis.), lagging 25°.
retraso, delay.
retraso (el., fis.), lag.
retraso del dieléctrico, dielectric absorption, dielectric hysteresis.
retraso del escape (mot.), exhaust lag.
retrete, lavatory, water closet.
retroceder *v.*, to go back, to revert.
retroceder (naut.), to go astern.
retroceso, backward running, recoil, return.
retroceso de llamas al carburador (mot.), backfiring.
retroceso rápido (maq.), quick-return stroke.
retrolectura (y retrovisión) (agrim.), back-sight.
reunión aérea, air meeting.
reunir, to connect, to join.
revelador (fot., quim.), test, developer.
revelador de faltas (el.), fault-finder.
revelador de fugas a tierra (el., tel.), earth-detector.
revelar (descubrir) *v.*, to detect, to trace.
revelar (quim.) *v.*, to develop.
revelar fallas (el., tel.), to trace faults.
revelar (o descubrir) una falta (o falla) (geol., min.), to detect a fault.
reventado (neumático, aut.), holed.
reventar *v.*, to burst, to snap.
reverberación, reverberation.
reverberar *v.*, to reverberate.
reverberativo, reverberant.
reverberatorio, reverberatory.
reversibilidad de las máquinas eléctricas, reversibility of electrical machines.
revés, back.
revestido *adj.*, covered, lagged, sheathed.
revestido de caucho, rubber-sheathed.
revestimiento aislante, lagging.
revestimiento de cubilote (met.), ganister.
revestimiento de tuberías y calderas, lagging steam pipes and boilers.
revestir *v.*, to lag, to sheathe.
revisar *v.*, to check, to revise.
revisar las cuentas (com.), to check the accounts.
revisor, checker.
revisor de cuentas (com.), auditor.
revista (mil., nav.), review.
revistar *v.*, to review.
revólver (maq. herr.), turret.
revólver hexagonal, hexagonal turret.
revoque (alb.), casing, whitewashing.
riacho (o riachuelo), brook, rill.
ribera, bank (of river), shore, strand.
ribetear *v.*, to edge, to fringe.
rico *adj.*, wealthy.
riego, irrigation, watering.
riego del césped, grass-watering.
riel (f.c.), rail.
riel acanalado, tramway rail.
riel conductor, collector rail, third rail.
riel de 55 kilos por metro corriente, a 120 lbs. rail.
riel de deslizamiento (maq.), slide-bar.
riel de doble bordón, girder-rail.
riel de doble cabeza, bullhead rail.
riel (o carril) de garganta, grooved rail.

riel de guía, check rail.
riel de rodamiento, runway.
riel de suela, girder rail.
riel de toma, collector rail.
riel de doble zapata, reversible rail.
riel de tranvía, tramway rail.
riel dentado, cogged rail.
riel Vignoles, girder (or Vignoles) rail.
rieles embridados (o eclisados), fished rails.
riesgo, risk.
riesgo de explosión, risks of explosion.
riesgos marítimos, sea-risks.
rigidez, rigidity, stiffness.
rígido, rigid, stiff.
rigor de la estación (meteor.), inclemency of the weather.
rigoroso (o riguroso), inclement, harsh.
río, river, stream.
río arriba, up the river.
río influído por la marea, tidal river.
río libre de mareas, tideless river.
riostra (soporte, i.c.), stay, strut.
riostra del cielo de la caja de fuego (cald.), firebox crown stay.
ripio (const.), rubbish, rubble.
riqueza, wealth.
riqueza (min.), yield.
ristrel, eaves board.
ristrel (vigueta), floor joist.
rizo (naut.), reef.
roble, oak.
robledo, oak-grove.
roblón, rivet.
roblonado *s.*, riveting.
roblonado escalonado, staggered riveting.
roblonado inestanco, leaky riveting.
roblonador (herr.), riveting-hammer.
roblonadora hidráulica, hydraulic riveter.
roblonadora mecánica, riveting-machine.
roblonar *v.*, to rivet.
robo, robbery theft.
robo nocturno, burglary.
robustez mecánica, mechanical strength.
robusto, able-bodied, robust.
roca, rock.
roca amigdaloide, amygdaloid.
roca artificial, rock-work.
roca de profundidad (geol.), plutonic rock.
roca esquistosa, schist-rock.
roca parda terrosa (geol.), wacke.
roca sedimentaria, sedimentary rocks.
roca sumergida, blind rock.
roca verde eruptiva, greenstone.
roca viva, solid rock.
roca volcánica (o ígnea), igneous rock.
rocalla (artificial), rock-work.
rocalla (natural), pebbles, rip-rap.
rocalloso, rocky.
rocas areniscas, arenaceous rocks.
rocas cuaternarias, quaternary rocks.
rocas jóvenes (geol.), secondary rocks.
rocas ligeras (o ácidas), acid-rocks.
rocas plutónicas (geol.), abyssal rocks.
rocas rodadas, drift-boulders.
rocas secundarias, derivative rocks.
rocas sedimentarias, aqueous rocks, sedimentary rocks.
rocas subacuáticas, sub-aqueous rocks.
rocas terciarias, tertiary rocks.
rociador (de combustible liq.), sprinkler stoker.
rociar *v.*, to spray, to sprinkle.
rocío (meteor.), dew.
roda (naut.), stem.
roda forma de clíper, raking-stem.
rodadizo (y rodante), rolling.
rodar *v.*, to roll.
rodar con el impulso cinético (f.c., tranv.), to coast.
rodeado de rocas, rock-bound.
rodeado de tierra, land-locked.
rodeado por el mar, sea-bound.
rodear *v.*, to girdle, to ring, to surround.
rodillo, roll, roller.
rodillo de allanar (i.c.), road roller.
rodillo de avance (met.), feed-roller.
rodillo de caracteres, inking wheel.
rodillo de jardín, garden roller.
rodillo de leva (aut., mot.), cam follower.
rodillo dentado, toothed roller.
rodillo impresor, printing cylinder.
rodillo-pisón a vapor (i.c.), steam roller.
rodillo tensor (mec.), belt-idler.
rodillos de abrillantar (text.), mercerising rolls.
rodillos de encorvar (met.), bending-rolls.
rodillos de enderezar, straightening rolls.
rodillos de enjullar (text.), beam rollers.
rodillos suavizadores (text.), batch rollers.
rodio (quim.), rhodium.
rodonita (min.), manganese spar.
roedor *adj.*, erosive.
rogar *v.*, to request.
roído por los gusanos, worm-eaten.
rojo, red.
roldana, grooved sheave, sheave.
roldana colectora (el.), trolley, trolley-wheel.
roldana guíadora (maq., mec.), guide roll.
rollo, roll.
romana, steelyard, scale-beam.
romana de brazo, hand scales.
rómbico, rhombic.
rombo, lozenge, rhomb.
romboedro, rhombohedron.
romboidal *adj.*, diamond-shaped, rhomboidal.
romboide, rhomboid.
romo *adj.*, blunt.
rompehielo, ice-breaker.
rompeolas, breakwater.
romper *v.*, to break.
romper la escoria, to break up the clinker.
ronda (de guardia, nav.), watch.
ronda de noche, night-watch.
rondar (en el aire, av.) *v.*, to keep aloft.
rosa de los vientos, compass-card, wind-rose.
roscado (con espetón), chasing.
roscado (con rosca), tapping.
roscadora mecánica, tapping machine.
roscadora para tuercas, nut-cutting machine.
roscar (tecn.), to tap (internally).
rosetón (de cielo raso), ceiling-rose.
rotación, revolution, rotation.
rotación centrífuga, centrifugal motion.
rotación centrípeta, centripetal motion.
rotación contraria a la de las agujas del reloj, counter-clockwise (or anti-clockwise) motion.
rotación crítica de un árbol (mec.), whirling speed of a shaft.
rotación hacia derecha, right-handed rotation.
rotación según las agujas del reloj, clockwise running.
rotatorio, revolving, rotary.
roto *adj.*, broken.
rotor (turb.), runner.
rotor bobinado (el.), wound rotor.
rotor de acción directa (turb.), **velocity stage**

rotor de polos salientes, salient poles rotor.
rotor en (o de) jaula de ardilla (el.), squirrel cage rotor.
rótula, ball.
rótula esférica, ball and socket.
rotulado en los estribos (i.c.), hinged at the abutments.
rotuladora mecánica, labelling machine.
rotular, to label.
rótulo, label.
rotunda para locomotoras, roundhouse.
rotura, breaking, failure, rupture.
rozamiento, friction.
rozamiento de las ruedas, friction of wheels.
rozamiento entre resortes, friction in springs.
rubí, ruby.
rubidio (quim.), rubidium.
rueda, wheel.
rueda (torta, ind.), cake.
rueda abordonada, flanged wheel.
rueda catalina, escapement wheel.
rueda central (loc.), intermediate wheel.
rueda de escape, crown wheel.
rueda de locomotora, locomotive wheel.
rueda de palas (naut.), paddle-wheel.
rueda de rayos, star wheel.
rueda de rayos de alambre, wire wheel.
rueda de rayos de madera, wooden spokes wheel.
rueda de repuesto (o de recambio), spare wheel.
rueda de trinquete, ratchet wheel.
rueda del timón (naut.), steering-wheel.
rueda dentada, cog-wheel, gear.
rueda hidráulica, hydraulic wheel, water wheel.
rueda hidráulica Pelton, Pelton wheel.
rueda libre, free-wheel.
rueda libre seleccionadora (aut.), selective free-wheel.
rueda llena, disc wheel.
rueda motriz, driving wheel.
rueda motriz de locomotora, locomotive driving-wheel.
ruedas motrices provistas de llantas de acero encajadas en caliente y renovables, driving-wheels fitted with renewable steel tyres shrunk-on.
rueda Pelton de doble chorro (hid.), double jet Pelton wheel.
rueda portante (loc.), trailing wheel.
rueda serpentina, worm-wheel.
ruedas acopladas, coupled wheels.
ruego, request.
ruido, noise.
ruidos parásitos (t.s.h.), atmospherics.
ruidoso, noisy.
ruinoso, wasteful.
rumbo, route, way.
rumbo (naut.), course.
rumbo al Oeste (naut.), Westing.
rumbo de un criadero (o yacimiento) (min.), run of a lode.
rumbo del ferrocarril, railway route.
rumbo del filón (min.), bearing.
rumbos de la aguja (naut.), quarter-points.
rural, country-like, rural.
rústico *adj.*, rural.
ruta, course, itinerary, way.
ruta aérea, airway.
rutenio (quim.), ruthenium.

S

saber *s.*, learning.
sabio *adj.*, learned.
sabio *s.*, scholar, scientist.
sablón (o sabulón), coarse sand.
sabor, savour, taste.
saca (de correos), postal-bag.
sacabocados, punch.
sacacartuchos, cartridge-ejector.
sacaclavos, nail-puller.
sacacorchos, corkscrew.
sacalanzadera (text.), picker.
sacar *v.*, to pull (or draw) out.
sacar (de la aduana), to clear.
sacar (del circuito, el.), to cut out.
sacar de espesor (carp.), to thickness.
sacar el tren de la estación, to haul the train out of the station.
sacar por fuerza, to force out.
sacar y poner los remos verticalmente, to feather the oars.
sacarímetro, saccharimeter.
sacarina, saccharine.
sacaroide (geol.), saccharoidal.
saco, bag, sack.
sacudir *v.*, to shake, to beat.
sainar (zool.) *v.*, to fatten (cattle).
sal, salt.
sal amoníaca, sal-ammoniac ammonium chloride.
sal común, common salt.
sal de cocina, sodium chloride, common salt.
sal de Glauber, Glauber's salts, sulphate of sodium.
sal de hierro (min.), iron red.
sal gema, rock-salt.
sal gris, bay salt.
sal haloidea, haloid salt.
sal óxida, oxysalt.
sal potásica, potash salt.
sal refrigerante, freezing mixture.
sal roja (min.) : See sal de hierro.
sala (arq.), drawing-room.
sala (de hospital), ward.
sala de acumuladores, accumulator room.
sala de dibujo, drawing office.
sala de enfermos, sick-ward.
sala de ensayos, test-room.
sala de gálibos (const. nav.), mould-loft.
sala de lectura, reading-room.
sala de máquinas, engine room, machine hall.
saladero (S.A.), meat-packing factory.
salado *adj.*, salted.
salar *s.*, salt-field.
salar *v.*, to salt, to cure.

salario, earnings, salary, wages.
saldado (com.), balanced.
saldar (com.) *v.*, to balance (accounts).
saldar una cuenta, to balance an account.
saldo (de cuenta), balance.
sales radioactivas, radium salts.
saledizo (o saliente) *adj.*, jutting, outstanding.
saledizo (arq.), jutty, corbel.
salicilato, salicylate.
salicilato metílico, methyl salicylate.
salida (apertura), exit, issue, outlet, way out.
salida (del sol), rise, sunrise.
salida (o venta, com.), opening.
salida (partida), departure, starting.
salida de auxilio, emergency exit.
salífero, saliferous.
salina, salt-marsh (or mine).
salino *adj.*, saline.
salinómetro, salinometer.
salir (brotar) *v.*, to issue, to spring.
salir (partir) *v.*, to depart, to start.
el tren sale a las 8 en punto, the train starts at 8 sharp.
salitre, nitre, saltpetre.
salmuera, brine.
salobre, brackish.
salón de fumar, smoking-room.
salón de muestras, showroom.
salpicadura, splash.
salpicar *v.*, to splash.
salpicón, splashing.
saltar (exp.) *v.*, to burst, to blow up.
el buque saltó al contacto de una mina flotante, the ship blew up on a mine.
saltar las agujas (f.c.), to foul the points.
salto, jump, leap.
salto (hid.), fall, height of fall.
salto de agua, cascade, waterfall.
salto de chispas (el.), arcing-over, flash-over.
salubre, healthful, salubrious, sanitary.
salubridad, health conditions, sanitation.
salud, health.
saludable, healthy, salubrious, wholesome.
saludar (mar.), to dip (the colours).
salumbre (quim.), flower of salt.
salva (arm.), volley.
salvaje *adj.*, wild.
salvamento, salvage, rescue.
salvamento de vidas en minas anegadas, life-saving operations in flooded mines.
salvar *v.*, to save, to rescue.
salvar (un río), to span (a river).
salvar los rápidos, to shoot the rapids.
salvar náufragos, to save life at sea.
salvavidas (f.c., tranv.), life-guard.
salvavidas (naut.), safety (or life) -buoy.
salvo venta previa, subject being unsold.
sanar *v.*, to heal, to recover (from illness).
sanatorio, sanatorium.
sandáraca (min.), realgar.
sandía, water-melon.
saneamiento, sanitation.
sangrar (fund.) *v.*, to tap off.
sangrar (min.) *v.*, to cross cut.
sangre (med.), blood.
sangría (min.), cross-cut.
sanidad, health, sanitation.
sanitario, sanitary.
sano, healthy, sound.
santabárbara (naut.), magazine, gun-room.
satélite, satellite.
satinar (papel) *v.*, to calender.
satisfacer *v.*, to satisfy.
satisfacer el pedido de . . ., to meet the demand for . . .
satisfacer las demandas del cliente, to comply with customer's requirements.
satisfactorio, satisfactory.
saturación, saturation.
saturado, saturated.
saturar *v.*, to saturate.
saturno (ast.), saturn.
sauce (bot.), willow.
sauce llorón, weeping willow.
saúco (bot.), elder.
sazón, maturity, season.
sazonado, seasoned.
sazonar *v.*, to season.
se alquila !, to let !
se consigue de ese modo rendimiento mayor (ing.), higher efficiency is obtained that way.
se llega al rendimiento óptimo cuando la máquina funciona a plena carga, highest efficiency is reached when the machine works full-load.
se mantiene la presión ! (vap.), steam is kept up !
se vende !, for disposal (or sale).
sebáceo, sebaceous.
sebo, tallow.
sebo en rama, suet.
seboso, sebacic.
secado *s.*, drying.
secado al aire, air drying.
secado al vapor, steam drying.
secado por electricidad, electric drying.
secador (ap.), desiccator, dryer.
secador a vapor, steam-dryer.
secante *adj.*, dryer.
secante (mat.) *adj. & s.*, secant.
secar *v.*, to dry.
secativo, dryer.
sección, section.
sección (área), area, surface.
sección de artillería, ordnance department.
sección de investigaciones, research department.
sección de las lumbreras de vapor, area of steam passages.
sección de pruebas (f.c.), trial level.
sección montañosa (f.c.), mountain division.
sección peligrosa (i.c., mec.), dangerous section.
seco, dry, waterless.
secretaria, secretariate.
secretariado, secretaryship.
secretario, secretary.
sector del timón (naut.), steering-quadrant.
secundario, secondary.
secundario (geol.), mesozoic.
seda, silk.
seda retorcida, thrown silk.
seda vegetal, artificial silk.
sedar (papel u otros, ind.) *v.*, to calender.
sedimentación, sedimentation.
sedimentación fluvial (geol.), river-drift.
sedimentario, sedimentary.
sedimento (cald.), scale.
sedimento (geol.), sediment.
sedoso, silky.
segador, mower, reaper.
segadora de césped, lawn-mower.
segadora de heno, hay-cutter.
segadora mecánica, mowing (or reaping) machine.
segar *v.*, to mow, to reap.
segar heno, to make hay.

segmento, segment.
segmento de círculo, segment of a circle.
segmento de émbolo, piston ring.
segóhmmetro, secohmmeter.
seguir *v.*, to follow.
seguir (carrera o profesión), to exercise (profession).
seguir la traza (min.), to train.
seguir la traza de un filón, to train a lode.
según, according to.
según convenio, by contract.
según dibujo, to drawing.
según el inverso del cuadrado (mat.), inverse square law.
según fluctuaciones del mercado, subject to market quotations.
según las agujas del reloj, clockwise.
según se muestra, as shown.
segunda clase (tr.), second class.
segundo, second.
seguridad, safety, security.
seguridad en la aviación, safety in flying.
seguro *adj.*, safe, secure, sure.
seguro *s.*, insurance.
seguro contra accidentes, accident insurance.
seguro contra incendios, fire-insurance.
seguro marítimo, marine-insurance.
selección, choice, range.
selección de probetas (ing.), sampling.
seleccionado manual (min.), hand-sorting.
seleccionador de lodo (min.), slime-classifier.
seleccionar, to choose, to pick.
selectivo, selective.
selenio (quim.), selenium.
self de baja frecuencia (el., tel.), low frequency choke.
self de potencia, output-choke.
self inducción (el.), self-induction.
self limitadora de corriente, current-limiting reactor.
selva, forest, wood.
selvático, wild.
selvatiquez, wildness.
selvicultura, forestry.
sellar, to seal, to stamp.
sello (divisa), seal, stamp.
sello de correo, stamp.
sello fiscal, receipt-stamp, stamp-duty.
semáforo, semaphore, signal-mast.
semana, week.
semanal, weekly.
sembradora, sowing machine.
sembrar *v.*, to seed, to sow.
semejante, similar.
semejanza, similarity.
semestral, half-yearly.
semicírculo, semicircle.
semidiámetro, semi-diameter.
semiesférico, hemispheric.
semifijo, semi-portable.
semilunio, half-moon.
semiproducto, half-finished product.
semilla, seed.
semilla de césped (o pasto), grass seed.
semilla para cereales, seed-corn.
semillero, seed plat.
sencillez, simplicity.
sencillo, easy, simple.
sencillo y de aspecto agradable, simple and neat in appearance.
senda, path.
senda travesera, by-path.
sendero, footpath, path, track.
sendero de mulas, bridle-path (or track).
seno (mat.), sine.
seno hiperbólico, hyperbolic sine.
senoidal *adj.*, sine-shaped.
senoide (geom.), sine wave, sinusoide.
sensibilidad del regulador (mot.), governor sensitiveness.
sentencia, judgment, sentence.
sentido, meaning, sense, understanding.
sentido (dirección), direction.
sentido de rotación, direction of rotation.
sentido del tráfico, direction of traffic.
sentina (naut.), well.
seña (o señal), mark, score, sign.
señal (tr.), signal.
señal adelantada (o avanzada), distant signal.
señal adelantada de salida (o de partida) (f.c.), advanced starting signal.
señal audible, sound signal.
señal de apartamiento (f.c.), siding signal.
señal de aterrizaje (aer.), landing signal.
señal de bloques (f.c.), block signal.
señal de brazo, arm signal.
señal de brazo caedizo (f.c.), drop signal.
señal de colores, optical signal.
señal de línea ocupada (tel.), busy-back (or busy) signal.
señal de llegada (f.c.), home signal.
señal de llegada y de salida, home and starting signal.
señal de maniobras, shunting signal.
señal de niebla, fog signal.
señal de parada, stop signal.
señal de partida (naut.), sailing signal.
señal de peligro, danger signal.
señal de prevención (tr.), caution signal.
señal de salida, starting signal.
señal de silbato, whistle signal.
señal de vía libre (f.c.), clear signal.
señal detonante (f.c.), fog signal.
señal doble, double-arm signal.
señal enana (f.c.), dwarf signal.
señal luminosa (u óptica), optical signal.
señal sonora de explosión (f.c., naut.), explosion signal.
señalador de incendios, fire-alarm.
señales de rumbo (naut.), course signals.
señalización automática, automatic signalling.
separable, detachable.
separación, separation.
separado *adj.*, separated.
separador (filtro), filter.
separador centrífugo, centrifugal filter.
separador de aceite, oil filter.
separador de mineral, vanner.
separador del vapor, steam dryer, steam-trap.
separador magnético, magnetic separator.
separar *v.*, to divide, to separate.
séptuplo, sevenfold.
sepulcro, grave, tomb.
sequía, drought.
ser testigo, to witness.
sereno (guarda), night watchman.
sereno (tiempo), calm, fair.
seriamente, in a businesslike way.
serie, series, suite.
serie aromática (quim.), aromatic serie.
serie convergente (mat.), converging series.
serie de Fourier, Fourier's series.
serie de velocidades, range of speed.

serie divergente, diverging series.
serie-paralelo (el.) *adj.*, series-parallel.
serpentear (av.) *v.*, to yaw.
serpenteo, yaw.
serpentín (ind.), coil.
serpentín (quim.), worm (distilling).
serpentín de calefacción, heating coil.
serrador, sawyer.
serrar *v.*, to saw.
serrucho, hand saw.
serrucho de calar, fret saw.
serruela, small saw.
servible, useful.
serviciabilidad, life, usefulness.
la lámpara X normal posee una serviciabilidad media de 1.000 horas, the standard X electric lamp has an average life of 1,000 hours.
servicio, running, service.
servicio (cuidado), attendance.
servicio (de una maq.), duty.
servicio (sección), department.
servicio aéreo (av.), aircraft operation.
servicio de aguas corrientes, water service.
servicio de tranvías eléctricos, electric tramway service.
servicio de vía y obras (f.c.), permanent-way department.
servicio municipal, municipal undertaking.
servicio nocturno, night service.
servicio nocturno permanente, all-night service.
servo motor del timón (naut.), steering-engine.
servofreno, servo-brake.
sesgado, aslant, oblique, skew.
sesgo, obliqueness, slant, obliquity.
sesgo de un filón, obliquity of a lode.
sesión (jur.), sitting, term.
sesquióxido, sesquioxide.
sesquióxido de hierro anhidro, ferric oxide.
sesquióxido de manganeso, manganese sesquioxide.
sexagésimo, sexagesimal.
sextante, sextant.
shunt para contador, meter-shunt.
sicomoro, sycamore.
sidéreo (o sideral), sideral, sidereal.
sideroscopio, sideroscope.
siderita (min.), ironstone.
siderurgia, siderurgy.
siega, mowing, reaping-time, harvest.
sierra (geog.), ridge of mountains.
sierra (herr.), saw.
sierra-cadena cortacarbón, chain coal-cutting machine.
sierra de cadena, chain-saw.
sierra de cadena articulada, link tooth-saw.
sierra de cantería, stone saw.
sierra de cinta, band saw.
sierra de cortar en frío, cold saw.
sierra de eslabones dentados, link tooth-saw.
sierra de espigar, tenon-saw.
sierra de gran velocidad, high-speed saw.
sierra de hojas múltiples, gang-saw.
sierra de listonar (carp.), veneering saw.
sierra de talar, tree-felling saw.
sierra escarpada (geog.), abrupt ridge.
sierra giratoria, circular saw.
sierra mecánica, sawing machine.
sierra oscilante para metales, hack saw.
sierra para carbón, coal-cutter.
sierra para metales, metal saw.
sierra para rieles, rail-saw.
sierra sin fin, band saw.
sifón, siphon, syphon.
siglo, century.
signatario, signatory.
significancia, significance.
significar, to signify, to mean.
signo, sign, indication.
signo dimensional (mat.), dimensional symbol.
signo distintivo (divisa), badge.
signo integral (mat.), integral symbol.
sílaba, syllable.
silbar *v.*, to whistle.
silbato, whistle.
silbato a vapor, steam-whistle.
silbato atiplado, high-pitched whistle.
silbato de locomotora, locomotive whistle.
silbato de tono grave, low-pitched whistle.
silbato por aire comprimido, compressed-air whistle.
silencio, silence.
silencioso *adj.*, silent.
silencioso (aut.) *s.*, muffler, silencer.
silencioso del escape, exhaust silencer.
silicalcáreo, cherty, silicalcareous.
silicar, to silicify.
silicato, silicate.
silicato alumínico, silicate of alumina.
silicato de soda, silicate of soda.
silicato flúorico de soda, sodium fluosilicate.
silicato sódico, waterglass.
sílice, silica.
silícico (o silíceo), siliceous.
silicio, silicium, silicon.
silvestre, savage, wild.
silla (de soporte, maq.), rest, saddle.
silla (mueble), chair, seat.
silla de jamba (mec.), J-hanger.
silla de montar, saddle.
silla portacojinete (mec.), bearing-bracket.
sillar (alb.), ashlar, quarry stone, ragstone.
sillería (alb.), ashlar masonry.
sillería (fábrica), chair factory.
sillero, chair-maker, saddler.
sillín, saddle (of cycle).
simbólico, symbolic.
símbolo (mat., quim.), sign, symbol.
simétrico, symmetrical.
simetría, symmetry.
similitud, similarity.
simple (fácil), easy, simple.
simple (único), simple, single.
simplificar, to simplify.
sin amortiguar, undamped.
sin asegurar, uninsured.
sin carga (el., mec.), no-load, idle.
sin cargar (arm.), blank.
sin condensación, non-condensing.
sin construir, unbuilt.
sin costura, seamless.
sin chispas, sparkless.
sin desperdicios, no waste.
sin esfuerzo, effortless.
sin espuma, foamless.
sin excitar (el.), unexcited.
sin faltas, flawless.
sin fin, endless.
sin hierro (quim.), non-ferrous.
sin hilos, wireless.
sin impregnar, non-impregnated.
sin inducción (el.), non-inductive.
sin manchas, stainless.
sin marca, unmarked.
sin mareas, tideless.

sin modulación, unmodulated.
sin nitidez (opt.), blurred.
sin núcleo, coreless.
sin parar (tr.), non-stop.
este tren corre sin parar entre A y B, this train runs non-stop between A and B stations.
sin polarizar, non-polarized.
sin provecho, unprofitable.
sin punta, blunt.
sin resolver, unresolved.
sin rieles (o vía), railless, trackless.
sin rival (en calidad), unequalled.
sin ruido, noiseless.
sin saldar (com.), unbalanced (account).
sin sellar, unstamped.
sin sol, sunless.
sin trabajar (no labrado), unwrought.
sin ventilación, airless, unventilated.
sinclínico *adj.*, synclinal.
sincrónicamente, synchronously.
sincrónico, synchronous, synchronal.
sincronismo, synchronism.
sincronizados, in step (two machines).
sincronizar *v.*, to synchronise.
sincronoscopio, synchronoscope.
sindicato, syndicate.
sindicato gremial, trade union.
síndico (com.), receiver.
sinfítico (geol.), symphitic.
siniestro (naut.), sinking, wreck.
síntesis, synthesis.
sintético, synthetic, synthetical.
sintonía, syntony.
sintónico, syntonic.
sintonización (t.s.h.), coupling, tuning.
sintonización cerrada, close coupling.
sintonización floja, loose coupling.
sintonización por bobina de self, choke coupling.
sintonización retroactiva, back-coupling.
sintonizado, tuned.
sintonizar (t.s.h.) *v.*, to dial, to tune, to tune in.
sinuosidad, sinuosity.
sinuoso, sinuous, winding.
sirena (señal), hooter, siren.
sirena a vapor, steam-hooter.
sirga, tow-line (or rope), towing rope.
sirgar *v.*, to tow.
sírvase mandarme (mandarnos) un catálogo (o lista de precios), please let me (us) have your catalogue (or price lists).
sisa (derecho), excise.
sisa (pint.), size (paint).
sisa dorada, gold lacquer.
sismo, seism.
sismografía, seismography.
sismógrafo, seismograph.
sistema, system.
sistema andino (geol.), andean formation.
sistema anórtico (geol.), clinorrhomboidal system.
sistema automático, automatic system.
sistema bifásico trifilar, two-phase three-wire system.
sistema bifilar, two-wire system.
sistema centímetro gramo segundo, centimetre-gram-second (or C.G.S.) system.
sistema clinoédrico (geol.), same as sistema anórtico.
sistema de alumbrado ferroviario, train lighting system.
sistema de arranque de fase dividida (el.), split-phase starting system.
sistema de bloques (f.c.), block-system.
sistema de cloacas, sewerage.
sistema de corriente alterna, alternating current system.
sistema de distribución por riel conductor, third-rail distribution system.
sistema de distribución trifilar, three-wire distributing system.
sistema de extracción Ilgner (min.), Ilgner system.
sistema de impulsión petróleo eléctrico, oil-electric driving system.
sistema de medición de caudal por flotador (hid.), float method of measuring water-flow.
sistema de sí y no (mot.), hit-and-miss system.
sistema de tracción subterránea (min.), underground haulage system.
sistema de T.S.H. por ondas dirigidas, beam wireless system.
sistema Diesel, compression-ignition (or Diesel) system.
sistema en cascada (el.), cascade system.
sistema en estrella (el.), star-system.
sistema en triángulo (el.), delta system.
sistema ferroviario, railway system (or net).
sistema métrico, metrical system.
sistema de puesta a tierra (el.), earthing device.
sistema esquistoso cristalino (geol.), metamorphic system.
sistema Scott (transformación bifásica en trifásica o viceversa), Scott system.
sistema telefónico a mano, manual telephone system.
sistema terciario (geol.), tertiary system.
sistema transmisor de la voz, speech-transmission system.
sistema métrico internacional, international metrical system.
sistema triclínico (geol.), Same as sistema anórtico, q.v.
sistema trifásico con neutro a tierra, three-phase system with grounded neutral.
sistema trifásico de cuatro conductores, three-phase four-wire system.
sistema trifásico de seis conductores, three-phase six-wire system.
sistemáticamente, systematically.
sistemático, systematical.
sitio (lugar), location, place, room, site, space.
sitio (mil.), siege, blockade.
sito *adj.*, lying, situated.
situación, situation, localisation.
situado, placed, situated.
situar *v.*, to locate, to situate.
sobre *prep.*, above, on, over.
sobre *s.*, envelope.
sobre cero, above freezing-point.
dos grados sobre cero, two degrees above freezing-point (= 35·6° F.).
sobre el mar, at sea.
sobre el nivel del mar, above the level of the sea.
sobre tierra, above ground.
sobrealimentar (mot.) *v.*, to supercharge.
sobrecarga, overload.
sobrecarga de 100% durante 5 minutos sin calentamiento excesivo, overload of 100% for 5 minutes without undue heating.
sobrecarga de los hilos por hielo y nieve, overloading of wires through ice and snow.
sobrecarga persistente, sustained overload.
sobrecargar *v.*, to overload.
sobrecargar un motor, to overload an engine.
sobrenadar *v.*, to float.

sobrepaso del reglamento de velocidad (tr.), exceeding the speed limit.
sobreplomar (sobresalir) *v.*, to overhang.
sobreponer *v.*, to lap, to overlap.
sobrepuesto, lap, overlapping.
sobrequilla, false keel, keelson.
sobresaliente (saledizo), overhanging.
sobresalir *v.*, to overhang.
sobrestante, overseer, supervisor.
sobretensión (el.), surge, surging.
socalzar, to underpin.
socavado por las aguas, undermined by the waters.
socavadura, undermining.
socavar, to undermine.
socavón, cave, cavern, underground gallery.
socavón (min.), draining adit.
socavón de cateo (min.), prospecting tunnel.
socaz, tail-race (hydraulics).
sociedad (com.), partnership, company.
sociedad (reunión), association, society.
sociedad Británica de normas técnicas, British engineering standards Association.
sociedad científica, learned Society.
sociedad en nombre corporativo (com.), joint stock company.
socio, partner.
socorrer *v.*, to help, to relieve.
socorro, help, relief.
soda (o sosa), soda.
soda cáustica, caustic soda, sodium hydroxide.
sodio, sodium.
sófito (const.), soffit.
soga, cord, rope.
soga de cabría, gin-fall.
sol, sun.
solapa (o solapadura), lapping.
solar (const.), building land (or ground), plot, site.
soldable, weldable.
soldado *adj.*, soldered, welded.
soldado (mil.) *s.*, soldier.
soldado al tope, butt-welded.
soldado de solapa (ing.) *adj.*, lapweld.
soldado telegrafista (mil.), military telegraphist.
soldador (herr.), soldering bit.
soldador (obrero), welder.
soldadura, solder, soldering, weld, welding.
soldadura al plomo, leadburning.
soldadura amilanada, scarf welding.
soldadura autógena, autogenous welding.
soldadura de plomo, lead solder.
soldadura de topes, butt welding.
soldadura en varillas, welding rod.
soldadura estanífera, tin solder.
soldadura fuerte, hard solder.
soldadura oblicua (o sesgada), scarf welding.
soldadura oxiacetilénica, oxy-acetylene welding.
soldadura por arco eléctrico, arc welding.
soldadura por puntos, spot welding.
soldadura solapada, lap welding.
soldar *v.*, to weld.
soldar con liga, to braze.
soldar con plomo, to leadburn.
soledad, wilderness.
solenoide, solenoid.
solenoide de relevador, relay coil.
solera (carp.), wall-plate.
solera (met.), well (of furnace), sole plate.
solevar (o solevantar) *v.*, to raise.
solevar con gatos, to jack up.
solicitante, applicant.
solicitar *v.*, to apply, to request.
solicitud, application, request.
sólido *adj.*, compact, solid.
sólido *s.*, solid body.
sólo, only, single.
solsticio, solstice.
solsticio estival, midsummer.
soltar (desenganchar) *v.*, to disengage, to let go, to loosen, to trip.
soltar (largar) *v.*, to drop, to release.
solubilidad, solubility.
solución, answer, resolution, solution.
solución de ecuaciones, resolution of equations.
solvencia, solvency.
solvente, solvent.
sollado (mar.), orlop.
sombra, shade.
sombrado, shady.
someter *v.*, to submit.
son, sound, sounding.
sonar (llamar) *v.*, to ring.
sonda (naut.), hand-lead, sound.
sonda de agua (de medir), depth gauge.
sonda del pantoque, bilge-water gauge.
sonda por eco, echo-sounder.
sondadora al eco, echo-sounding machine.
sondaje (min.), boring, drilling, prospecting.
sondaje de exploración, trial boring.
sondaleza (naut.), sounding-line.
sondar (geol., min.) *v.*, to bore, to drill.
sondar (naut.) *v.*, to plumb, to take soundings.
sondeo (min.), boring-test, drilling.
sondeo (naut.), sounding, plumbing.
sondeo de profundidad (i.c., min.), deep borehole.
sonido, sound, sounding.
sonoro, soniferous.
soplador, blower.
soplador de chispas (el.), spark blow-out.
sopladora (maq.), blower, blowing-engine.
sopladora a gas (met.), gas-blower.
sopladora de cubilote (met.), cupola fan.
sopladora de turbina, turbo-blower.
soplar *v.*, to blow.
soplete, blowpipe.
soplete de acetileno, acetylene blowpipe.
soplete de soldar, welding blowpipe.
soplete oxhídrico, oxy-hydrogen blowpipe.
soplo, blast, blow.
soplo magnético, magnetic blow-out.
soplón (mot.), scavenger.
soportar el empuje (mec.), to take the thrust.
pudiendo soportar una sobrecarga de 25% durante dos horas, capable of carrying 25% overload torque for two hours.
soporte (de ejes), bearing.
soporte (ing., tecn.), bracket, support.
soporte corredizo (maq.), carriage, tool-holder.
soporte cuello de cisne, swan-neck bracket.
soporte de acanalados, collar-thrust bearing.
soporte de caballete (maq.), pedestal-bearing.
soporte de columna, pillar support.
soporte de eje, axle-bearing.
soporte de empuje, thrust bearing.
soporte de empuje axial, end-thrust bearing.
soporte de gorrones, journal bearing.
soporte de rodillos, roller support.
soporte en U, U-shaped bracket.
soporte engrasador automático, self-lubricating bearing.
soporte-guía (o soporte-luneta) (maq. herr.), backstay-ring.
soportes colados juntos con la base, bearings cast solid with bedplate.
soportes regulables, adjustable bearings.

sordina, damper (acoustics).
sosa: See soda.
sosa calcinada, soda ash.
sosa cáustica, caustic soda.
al soslayo, slanting.
sostén (maq.), stand, support.
sostener, to support.
sotabanco (arq.), breastsummer, bressumer, skewback.
sótano, cellar.
sótano abovedado, cellar vault.
sotavento (mar.), lee.
a sotavento, lee-side.
soto, coppice.
suavizar (un movimiento, mec.) *v.*, to steady.
subacuático, subaqueous.
subaéreo (geol.), subaerial, epigene.
subalterno *adj.*, inferior, under.
subarrendar *v.*, to sub-let.
subarrendar el contrato, to subcontract.
subarrendatario, sub-lessee.
subarriendo, sub-lease.
subastar, to auction, to put up for sale.
subcentral (el.), substation.
subcentral al aire libre, outdoor substation.
subcentral de energía, power substation.
subcentral de luz eléctrica, lighting substation.
subcentral para tracción, traction substation.
subcentral para T.S.H., radio substation.
subcentral telefónica, telephone substation.
subcomité, sub-committee.
subcontratista, sub-contractor.
súbdito, subject (of country).
subdividir *v.*, to subdivide.
subestructura (f.c.), road-bed.
subida, ascension, ascent.
subida (camino o vía), up-grade.
subida media (av.), average rate of climb.
subingeniero, assistant-engineer.
subinspector, assistant inspector.
subir *v.*, to ascend, to climb, to rise.
subir una pendiente (tr.), to negotiate a gradient.
sublimado (quim.), sublimate.
sublimar, to sublime.
sublimato de azufre, sublimed sulphur.
submarino *adj. & s.*, submarine.
suboficial (mil., nav.), petty-officer (nav.), subaltern.
subordinado al servicio exigido, depending upon the duty required.
subproducto (quim.), by-product.
subrayado, underlined.
subrayar *v.*, to underline.
subsidiario, subsidiary.
subsidio, aid, subsidy.
substancia (o sustancia), substance.
substituir (o sustituir) *v.*, to substitute.
substracción (o sustracción), subtraction.
substraer (o sustraer) *v.*, to subtract.
subsuelo, subsoil, substratum.
subtangente, subtangent.
subteniente (mil.), sublieutenant.
subterráneo *adj.*, subterranean, underground.
subvención, grant.
subyacente (geol.), underlying.
succión, suction.
suceder *v.*, to follow, to succeed.
sucesión, succession.
sucesor, successor.
suciedad, dirt.
sucio, dirty.
sucursal, branch, branch office.
sud (o sur), south.
sudamericano *adj. & s.*, South American.
suela, base, sole.
suela de gravas (hid.), mudsill.
sueldo, earnings, salary, wages.
suelo, ground, soil.
suelto *adj.*, disengaged, loose.
suero, whey.
sujeción *s.*, holding, fixing.
sujeta riel, rail fastening.
sujetado *s.*, fixing, holding.
sujetado con pernos, bolted up.
sujetamiento, fixing, fastening.
sujetar *v.*, to fasten, to steady, to hold down.
sujetar (con alfileres), to pin together, to stick.
sujetar con tornillos, to fix with screws, to screw down.
sujetar la pieza de trabajo sobre una máquina, to adjust the work on a machine.
sujeto (tema), subject.
sulfatado *adj.*, sulphatic.
sulfatado (o sulfatación) *s.*, sulphatation.
sulfatado de las placas de acumulador, plate sulphatation.
sulfatar *v.*, to sulphate.
sulfato, sulphate.
sulfato amónico, ammonium sulphate.
sulfato de bario, sulphate of barium.
sulfato de barita, cawk.
sulfato de cal, calcium sulphate, sulphate of lime.
sulfato de cinc, salt of vitriol, zinc-vitriol.
sulfato de cobre, blue-stone, blue vitriol, copper sulphate.
sulfato de hierro, green vitriol.
sulfato de magnesia, Epsom salt.
sulfato de manganeso, manganese sulphate.
sulfato de níquel amónico, nickel ammonium sulphate.
sulfato de potasio, potassium sulphate.
sulfato de soda, Glauber salts, sodium sulphate.
sulfato férrico, iron mordant.
sulfato magnésico, sulphate of magnesium.
sulfato mercurioso, mercury sulphate.
súlfido, sulphite.
súlfido de bario, barium sulphite.
súlfido sódico, sodium sulphite.
sulfito de arsénico, orpiment.
sulfito de hierro, iron sulphide.
sulfocloruro, sulphur chloride.
sulfonal, sulphonal.
sulfúreo (o sulfuroso), sulphureous.
sulfúrico, sulphuric.
sulfuro, sulphuret.
sulfuro de plomo, galena.
sulfuro virgen de plomo, lead-glance.
suma, sum, summation, total, amount.
suma a pagar, amount due.
suma algébrica, algebraic sum.
suma integral (mat.), summation.
sumadora mecánica, adding machine.
sumar *v.*, to add up, to sum.
sumar gráficamente, to add up graphically.
sumario, résumé, summary.
sumergible, sumersible.
sumergido, submerged, under water.
sumergir *v.*, to dip, to immerse, to submerge, to submerse.
sumergirse, to dip.
sumersión, dive, submersion.
sumidero, cesspool, drain pit, drain shaft, gully.
suministrar *v.*, to provide, to supply.
suministro, supply.
suministro de electricidad, electricity supply.

suministro de fuerza, power supply.
suministro de vapor, steam-supply.
sumisión (para obras), tender.
sumisionista, tenderer.
sumitir (ofertar) *v.*, to tender.
suntuoso, luxurious, sumptuous.
superabundancia, glut.
superelevado (i.c., f.c.), high-level.
superficie, area, surface.
superficie circunscrita por una curva (geom.), area bounded by a curve.
superficie de apoyo, bearing surface.
superficie de caldeo (cald), heating surface.
superficie de contacto (el.), area of contact.
superficie de emparrillado (cald.) : See superficie de la parrilla.
superficie de fricción, frictional surface.
superficie de la parrilla (cald.), grate area.
superficie de sustentación (av.), lifting surface.
superficie eficaz del emparrillado (cald.), effective grate area.
superficie exterior, outer surface.
superficie interna, inner surface.
superficie lisa, smooth surface.
superficie llana, plane surface.
superficie portante (maq., mec.), bearing surface.
superficie total de caldeo (cald.), total heating surface.
superfluo, redundant.
superfosfato, superphosphate.
superheterodina, superheterodyne.
superintendente, superintendent.
superior *adj.*, higher, upper.
superior (en grado), senior.
superior a la mediana, above the average.
supertensión (y supervoltaje) (el.), high tension.
suplementar *v.*, to supplement.
suplementario, additional.
suplemento, supplement, addendum.
suplir *v.*, to furnish, to supply.
suponer, to assume, to suppose.
suponiendo que . . ., assuming that . . .
surcar (agric.) *v.*, to furrow, to plough furrows.
surco, furrow.
surtido *s.*, assortment, range.
surtidor de cardas (text.), card-filler.
surtidor de gasolina, petrol pump.
surto (naut.), anchored.
susceptibilidad magnética, magnetic susceptance.
suscriptor, subscriber.
suspender, to stop, to suspend.
suspendido *adj.*, hanging, suspended.
suspendido a la cardán, gimbal-mounted.
suspensión, stop, suspension.
suspensión catenaria, catenary system.
suspensión de alambre, wire suspension.
suspensión de cadena, chain-suspension.
suspensión de hilo doble, bifilar suspension.
suspensión de orejas, nose-suspension.
suspensión del motor (aut., av.), engine suspension.
suspensión sistema Cardán, cardan suspension.
suspensor (del distribuidor, loc.), hanger.
suspensor del reflector del galvanómetro, galvanometer suspension.
sustentación (aer.), lift.

T

T (dib.), T-square.
tabaco, tobacco.
tabica, riser (of stairs).
tabique (const.), partition-wall.
tabique aislador, isolating partition.
tabique de serpenteo (cald.), deflector plate.
tabique divisorio (alb.), baffle-partition.
tabla (de cifras), index, table.
tabla (madera), board.
tabla amilanada (carp.), dovetailed board.
tabla de materias, index.
tablado, stage.
tablado (de puente), deck, superstructure.
tablas de calcular, ready-reckoner.
tablazón de buque, planking.
tableado, tabulation.
tablero, board, dashboard, panel.
tablero (de puente), platform, deck, superstructure.
tablero de anuncios, notice board.
tablero de carga (el.), charging panel.
tablero de dibujar, drawing-board.
tablero de distribución (el.), switchboard panel.
tablero de fuga (el.), leakage panel.
tablero de fusibles, fuse-board.
tablero de instrumentos (aut., el.), instruments panel (or board).
tablero de partida (el.), feeder panel.
tablero de sincronización (el.), synchronising board.
tablero indicador de máximo negativo (el.), Board of Trade panel.
tablilla, batten, slip.
tablilla de alero (const.), angle-board.
tablilla de mira (agrim.), sighting board.
tablillas de mamparar (const.), match-boarding.
tablón, board, plank.
tablón de abeto, deal-board.
tablón de piso, floor board.
tablón de sostén (const., i.c.), lining.
tabulario (geol.), tabular.
taburete, stool.
taco, dowel.
taco (art.), wad.
taco (de biela), small-end.
taco (parte deslizante, mot.), crosshead.
taco del retroceso (maq., text.), backing-pick.
taco horquillado (mot.), forked crosshead.
tacha, defect, fault.
tacho, basin, pan, receiver.
tacho al vacío, sugar defecator, vacuum pan.
tacho de azufrar, sulphurating pan.
tacho de vulcanizar, vulcanising pan.
tachuela estañada, tin tack.
tafilete, morocco leather.
tajadora para lingotes (met.), ingot-slicing machine.

tajar *v.*, to chop, to hack, to slice.
tajadura, slice.
tajo, cut, cutting.
tala (y talada) (de árboles), cutting (of trees), fell.
talabartero, harness-maker.
talador, feller, tree feller.
talador mecánico, mechanical tree feller.
taladrado, boring, drilling.
taladrado con diamante, diamond drilling.
taladrado con justedad *adj.*, bored truly.
taladrado giratorio, churn drilling.
taladradora, drilling (or boring) machine.
taladradora automática, self-acting boring machine.
taladradora de brocas múltiples, multiple drilling machine.
taladradora de columna, pillar drilling machine.
taladradora de precisión, precision boring machine.
taladradora de profundidad (mec.), deep-hole boring machine.
taladradora de revólver, turret-head boring machine.
taladradora eléctrica, electric drill.
taladradora eléctrica portátil, portable electric drilling machine.
taladradora giratoria (o radial), radial drilling machine.
taladradora múltiple (o de varias brocas), gang-drill.
taladradora para agujas de botones de manivelas a ángulos rectos, quartering machine.
taladradora para banco, bench drilling machine.
taladradora para cilindros, cylinder boring machine.
taladradora para cubos de ruedas, wheel-centre boring machine.
taladradora rápida, high-speed drilling machine.
taladradora vertical, vertical boring machine.
taladrar, to bore, to drill.
taladrar atravesado (min.), to crosscut.
taladrar basto, to rough drill.
taladro, drill, bore.
taladro al aire comprimido, air drill.
taladro cónico, taper bore.
taladro-corona diamantado, diamond-boring crown.
taladro de diamantes, diamond tool.
taladro-sonda (min.), rock-drill.
talar (árboles) *v.*, to fell.
talco, talc.
talego, money bag.
talio (quim.), thallium.
talón (arq.), lower brace.
talón (de timón), sole (of rudder).
talud (i.c.), slope.
talud de 3 por 1, slope of 3 in 1
talud lateral, side-slope.
talud natural (de asiento de tierras, i.c.), angle of repose.
talud de la tierra húmeda, angle of repose of moist earth.
talla de piedras preciosas, gem-cutting.
tallado de engranajes, gear-cutting.
tallar (o cortar) dientes de engranajes, to generate gear teeth.
tallar (o cortar) en láminas (o en hojas), to laminate.
taller, shop, workshop.
taller de ajuste (mec.), fitting-shop.
taller de armar, constructional shop.
taller de armar locomotoras, locomotive erecting shop.
taller de bobinado (el.), winding shop.
taller de cepillado, planing shop.
taller de concentrado (min.), jig-mill.
taller de construcción de máquinas, machine shop.
taller de desbarbado, fettling shop.
taller de fresado, milling shop.
taller de lavado (min.), washery.
taller de machacar (met.), stamping-mill.
taller de maquinaria, machine shop.
taller de modelos, pattern shop.
taller de montaje, assembling (or erecting) shop, fitting-shop.
taller de preparado (min.), mill.
taller de reparación de locomotoras, engine-shop.
taller de reparaciones, repair shop, running shed (rlys).
taller de repuestos y reparaciones (aut.), service-station.
taller mecánico, mechanical shop.
talleres ferroviarios, railway works.
talleres metalúrgicos, ironworks.
talleres que dan trabajo a 600 hombres, works employing 600 hands.
tallero de herramientas, tool-grinder.
tallo (bot.), shank, stalk.
tamaño, size.
tamaño natural, natural size.
tamaño normal, standard size.
tambor, drum.
tambor (de polea), muffle.
tambor (maq.), casing.
tambor acanalado, grooved drum.
tambor cónico (de extracción, min.), fusee-wheel.
tambor de arrastre semicónico (min.), semi-conical drum.
tambor de descarga (text.), doffer.
tambor de lavar (min.), wash-cylinder.
tambor de turbina, turbine cylinder (or casing).
Támesis (geog.), Thames.
tamiz, sieve.
tamiz mecánico, sifting machine.
tamiz rotatorio (min.), slug.
tamizado *s.*, screening, sifting.
tamizar *v.*, to sift.
tanda, gang, shift.
tangencial, tangential.
tangente, tangent.
tanino, tannin extract.
tanque (S.A.), tank.
tanque de guerra, tank.
tanque para almacenar petróleo, oil-storage tank.
tantalio, tantalum.
tanto por, at the rate of.
tanto por ciento, percentage, rate.
tapa, cap, cover, lid.
tapa de engrasador, lubricator cap.
tapa de horno (met.), furnace door.
tapa del agujero de hombre, manhole cover.
tapa del domo (cald., loc.), dome, cover.
tapadora mecánica de botellas, bottle-corking machine.
tapar (con tapón) *v.*, to stopper.
tapar (cubrir) *v.*, to cover.
tapete, rug.
tapia, mud wall.
tapicería, tapestry, upholstery.
tapicero, upholsterer.
tapón, bung, stopper.
tapón atornillado, screw-stopper.
tapón de telescopio, object-cap.

tapón fusible de alarma (cald.), fusible (or safety) plug.
tapón roscado, screw-cap (or stopper).
taponar (alb., const.), to lute.
taponar con cemento las uniones (const.), to cement in the joints.
taponar el ojo de colada (fund.), to boat-up the furnace.
taqueómetro, tacheometer.
taqueómetro de lectura directa, direct-reading tacheometer.
taquigrafía, shorthand.
taquígrafo (contador de vueltas, ing.), tachograph.
taquígrafo (escritor de taquigrafía), shorthand-writer.
taquilla, ticket-office.
taquímetro, speed-gauge, tachometer, tachymeter.
tara, tare.
taraceado *s.*, marquetry, veneer, inlaid work.
taracear *v.*, to inlay, to veneer.
taravilla de correa (ing.), belt-bolt.
tarde *s.*, afternoon, evening.
tardío, dilatory, slow.
tarea, task.
tarifa, charges, list of charges, tariff.
tarifa a granel, bulk tariff.
tarifa diurna, day tariff.
tarifa nocturna, night tariff.
tarifa para grandes distancias (tel.), trunk tariff.
tarifa unificada, flat rate.
tarifar *v.*, to rate, to tariff.
tarjeta, card.
tarjeta del indicador (mot.), indicator-card.
tarjeta postal, post-card.
tártaro (quim.), tartar.
tártaro doble sódico potásico, sodium potassium tartrate.
tartaroso, tartareous.
tártrico, tartaric.
tarugo, dowel, plug.
tas, anvil (small).
tasa (o tasación), rate, tax.
tasajo (S.A.), salt-meat, jerked beef.
tasar, to tax.
taxímetro, taximeter.
taza, cup, bowl.
te (bot.), tea.
teatro, theatre.
teca, teak.
tecla, key.
teclado, keyboard.
técnica, technics.
técnica aeronáutica, aeronautical engineering.
técnica civil, civil engineering.
técnica del petróleo, petroleum technology.
técnica del saneamiento, sanitary engineering.
técnica hidroeléctrica, hydro-electric engineering.
técnica neumática, pneumatic engineering.
tecnicalismo, technicality.
técnicamente, technically.
técnico *adj.*, technical.
técnico *s.*, technician.
tecnología, technology.
tecnológico, technological.
tecnólogo, technologist.
techado, roofing.
techado de acero, steel roof framing.
techadura, covering, roofing.
techar *v.*, to roof.
techo, ceiling, roof.
techo a la francesa, Mansard roof.
techo abovedado, arched (or vaulted) roof.
techo cilíndrico, barrel roof.
techo de agua simple, shed roof.
techo de cinc, zinc roof.
techo de copete (o de cuatro aguas), hip (or hipped) roof.
techo de doble pendolón, queen-post roof.
techo de enrejado, crib roof.
techo de linternón, lantern roof.
techo de ménsula, cantilever roof.
techo de pendolón, king-post roof.
techo de tejas chatas, pantiled roof.
techo de vertiente única, single-pitch roof.
techo de vuelo normal (av.), service ceiling (airplane's).
techo empizarrado, slate roof.
techo horizontal, flat roof.
techo translúcido (o vidriado), glazed roof.
teja, tile.
tejado *s.*, tile-roof.
tejamaní (const.), ceiling-lath.
tejar (fábrica), tile-works.
tejar *v.*, to tile.
tejaroz, penthouse.
tejedor, weaver.
tejedora mecánica, knitting machine.
tejer *v.*, to knit, to weave.
tejido (contextura), cloth, fabric.
tejido de algodón, cotton cloth.
tejido de lino, linen cloth.
tejido metálico, wire-gauze.
tejo (bot.), yew.
tela, cloth, stuff.
tela de aeronave, airship-envelope.
tela de amianto, asbestos-cloth.
tela de embalaje, wrapper.
tela de esmeril, emery cloth.
tela para sacos, sacking.
telar, loom.
telar de balancín, rocking-shaft loom.
telar de cilindro, barrel loom.
telar de expulsión por arriba, overpick loom.
telar de lanzadera única, plain loom, single shuttle loom.
telar de maquinilla, dobby loom.
telar de tambor, barrel loom.
telar de tramas, mule frame.
telar linero, linen loom.
telar mecánico, power loom.
telar para alfombras, carpet loom.
telar para cinchas (o fajas), tape loom.
telar para cintas, ribbon loom.
telar para crin, horsehair loom.
telar para espolines, embroidery loom.
telar para galones, braiding loom.
telar para géneros de algodón, cotton loom.
telar para pañuelos, handkerchief loom.
talar para tapices, carpet loom.
teleférico eléctrico, electric telpher
telefonar *v.*, to ring up, to telephone.
telefonía, telephony.
telefonía inalámbrica, radiophony radio-telephony.
telefonía sin hilos, radiotelephony, wireless.
telefónico, telephonic.
telefonista, telephone operator.
teléfono, telephone.
teléfono a gran distancia, long-distance telephone.
teléfono altoparlante, loud-speaking telephone.
teléfono automático, automatic telephone.
teléfono cortado (o inactivo), telephone (or telephone line) dead.
teléfono de pie, pedestal telephone.

teléfono interno de oficina, office telephone.
teléfono mural, wall telephone.
teléfono para mesa, desk telephone.
teléfono sin bobina de inducción, D.C. receiver.
telefotografía, telephotography.
telegrafía, telegraphy.
telegrafía inalámbrica, wireless telegraphy, radiotelegraphy.
telegrafía inalámbrica dirigida, beam telegraphy.
telegrafía simultánea, simultaneous telegraphy, duplex telegraphy.
telegrafía sin hilos, wireless, radiotelegraphy.
telegrafiar *v.*, to cable, to telegraph, to wire.
telegrafiar sin hilos, to wireless.
telegráficamente, telegraphically.
telegráfico, telegraphic, telegraphical.
telegrafista, telegraphist.
telégrafo, telegraph.
telégrafo cuádruple, quadruplex telegraph.
telégrafo de buque, ship's telegraph.
telégrafo de aguja indicadora, needle telegraph.
telégrafo de campaña (mil.), field telegraph.
telégrafo de cuadrante, dial telegraph.
telégrafo de ferrocarril, railway telegraph.
telégrafo de gran capacidad, high-speed telegraph.
telégrafo de Hughes, Hughe's telegraph.
telégrafo doble, duplex telegraph.
telégrafo impresor, printing telegraph.
telégrafo múltiple, multiplex telegraph.
telegrama, despatch, telegram.
telegrama al extranjero, foreign telegram.
telegrama al interior, inland telegram.
telegrama con contestación paga, reply-paid telegram.
telegrama diferido, deferred telegram.
telegrama inalámbrico, marconigram, wireless message.
teleinterruptor (el.), remote-control switch.
telemecánico *adj.*, telemechanical.
telemetría, telemetry.
telémetro, telemeter, range-finder.
telescopio, telescope.
telescopio de acercamiento, spy-glass.
telúrico, telluric, tellural.
telurio, tellurium.
tema, subject, text, theme.
temblador (el.), make-and-break.
temblar *v.*, to quake.
temblor, quake.
témpano de hielo, ice-floe.
temperatura absoluta, absolute temperature.
temperatura ambiente, ambient temperature.
temperatura ambiente de comparación, ambient temperature of reference.
temperatura crítica (de ebullición, fis.), absolute boiling-point.
temperatura crítica (de explosión, quim.), detonating-point.
temperatura crítica (de gases), critical temperature.
temperatura crítica (de la gasolina), flash-point.
temperatura de colada (met.), casting temperature.
temperatura de combustión, temperature of combustion.
temperatura de ebullición, boiling point.
temperatura de hielo, ice-point.
temperatura de fusión, melting point.
temperatura de inflamación, ignition temperature.
temperatura del agua refrigerante, temperature of the cooling (or circulating) water.
temperatura del encendido (mot.), ignition temperature.
temperatura del vapor (o de los gases) de escape, temperature of exhaust.
temperatura detonadora (quim.), detonating-point.
temperatura leída, observable temperature.
temperatura máxima (y mínima), maximum (and minimum) temperature.
temperatura peligrosa, dangerous temperature.
tempestad, storm, tempest.
tempestuoso, stormy.
templadera (min.), sluice.
templado *adj.*, temperate.
templado (met.) *s.*, tempering, quenching.
templado de cañones en aceite, quenching guns in oil.
templar (met.) *v.*, to quench, to temper.
templar en aceite (met.) *v.*, to quench in oil.
templar superficialmente (o de superficie) (met.), to cement, to harden, to steel.
temple al agua (met.), water-temper.
temple superficial (met.), casehardening.
temporal *adj.*, temporary.
temporal *s.*, gale, storm.
temprano, early.
tenacidad, toughness.
tenacidad del material, toughness of material.
tenacillas, pincers.
tenallas (fund.), stripper.
tenallas de plomero, plummer plyers.
tenallas para lingotes (met.), ingot tongs.
tenaz, tough.
tenazas, pliers, tongs.
tenazas para soldar, brazing tongs.
tendedora de rieles (f.c.), tracklaying machine.
tender (atesar) *v.*, to strain, to stretch.
tender una línea (el., tel.), to run a line, to lay a line.
ténder (f.c.), tender.
tender un puente, to bridge.
tender un puente sobre un río, to throw a bridge across a river.
tendero, shopkeeper, tradesman.
tendido *adj.*, stiff, taut.
tendido *s.*, laying.
tendido de cables (el., tel.), cable-laying.
tendido de los carriles (f.c.), rail-laying.
tenedor de libros, accountant, book-keeper.
teneduría de libros, book-keeping.
tenencia (de acciones, com.), holding.
tener éxito, to succeed.
tener gusto de, to taste like.
tenería, tan-yard.
teniente (mil.), lieutenant.
tenor (constitución), contents, percentage.
tenor (o porcentaje) de humedad, percentage of moisture.
tensión (el.), potential, tension, voltage.
tensión (fatiga), strain, stress.
tensión (tesura), tightness.
tensión avanzada (el.), leading voltage.
tensión de carga, charging voltage.
tensión de chispeo, sparking-voltage.
tensión de fase, phase-voltage.
tensión de funcionamiento, operating voltage.
tensión de rejilla (t.s.h.), grid-voltage.
tensión de rotura (mec.), ultimate strength.
tensión eficaz (el.), root mean square voltage.
tensión elevada, high-tension.
tensión elevadísima, extra high tension.
tensión en vacío, no-load voltage.

tensión entre bornes, terminal voltage.
tensión entre conductores, line voltage.
tensión entre electrodos, potential between electrodes.
tensión entre escobillas, voltage between brushes.
tensión entre fases (de distribución trifásica en estrella), star voltage.
tensión entre láminas (de dínamo), voltage between bars.
tensión límite (el.), breakdown voltage.
tensión media, average voltage.
tensión momentánea, transient voltage.
tensión nula (el.), zero potential.
tensión primaria (y secundaria), primary (and secondary) voltage.
tensión utilizable, useful voltage.
tensor, stiffener, strainer.
tensor de cadena, chain-tightener.
tensor de correa, belt-tightener.
tensor de mordazas, draw-tongs.
tentador (min.), reacher.
tentar *v.*, to endeavour, to try.
teñir *v.*, to dye.
teodolito de tránsito, transit theodolite.
teorema, theorem.
teorema de Newton, binomial theorem.
teoría, theory.
teoría de la relatividad, relativity theory.
teoría de las undulaciones (fis.), undulating theory.
teoría del tanto (fis.) quantum theory.
teoría electrónica, electron theory.
teoría ondulatoria de la luz, undulatory theory of light.
teóricamente, theoretically.
teórico, theoretical.
teorista, theorist.
tepe (mil.), sodwork.
tercera (pasaje, naut.), steerage.
terciario (geol.), kainozoic, tertiary.
tercio mediano (i.c., mat.), middle third.
terciopelo, velvet.
terebentina, turpentine.
terebinto (bot.), terebinth.
terma, spa, watering-place.
termal, thermal.
termas, hot springs.
térmico, caloric, thermic.
terminado en punta, acute, pointed.
terminar *v.*, to finish, to terminate.
terminar en cono, to taper.
terminar redondo, to round off.
término (f.c.), terminal station.
término (límite), border, bound, limit.
término (vocablo), term.
término de la línea (f.c.), end of the line.
término de marina, nautical (or sea) term.
término medio, average.
en el término de (geog.), within the bounds of.
terminología, terminology.
termiónico, thermionic.
termodinámica, thermodynamics.
termodinámica aplicada, engineering thermodynamics.
termoeléctrico, thermoelectric.
termométrico, thermometric.
termómetro, thermometer.
termómetro de ebullición, hypsometer.
termómetro de lectura a distancia, distant-reading thermometer.
termómetro mercúrico, mercury thermometer.
termómetro metálico, metallic thermometer.
termómetro registrador, thermograph.
termosifón, thermo-syphon.
ternario, ternary.
terrado, terrace.
terraja, die-plate, screw-die, tap.
terraja de cojinetes, screw-stock.
terraja de filetear cuadrado, square-thread tap.
terraja de manija, die stock.
terraja para tubos de gas, gas stock.
terraja torsa (o de doble filete), screw-auger.
terrajado *s.*, tapping.
terrajadora (maq. herr.), tapping machine.
terrajadora fresadora de pernos y tuercas, bolt screwing and nut tapping machine.
terrajadora para tuercas, nut-tapping machine.
terrajar *v.*, to tap, to thread.
terraplén, embankment.
terraplenado, embanking, filling.
terraplenado de ripios (i.c.), rock filling.
terraplenar *v.*, to embank.
terrateniente, landowner.
terraza, terrace.
terrazgo, arable land.
terremoto, earthquake.
terreno, ground, soil.
terreno baldío, waste land.
terreno carbonífero, coal measures.
terreno empinado (geog.), sloping ground.
terreno ganado (i.c.), reclamation-land.
terreno llano, level ground.
terreno movedizo (o inseguro), yielding ground.
terreno rellenado, made ground.
terreno triásico (geol.), triassic formation.
terrero (obrero), navvy.
terrestre, terrestrial.
territorio, territory.
terrón, clod, lump.
terrón de tierra, sod.
tesela de paramento (const.), facing brick.
Tesoro (o Tesorería) (pol.), Treasury, Exchequer.
testera (const.), front, frontage.
testificar, to witness.
testigo, witness.
testigo ocular, eye-witness.
tesura (o tiesura), rigidity, stiffness.
tetera eléctrica, electric kettle.
tetracilíndrico *adj.*, four-cylinder.
tetraedral, tetrahedral.
tetraedro, tetrahedron.
tibieza, lukewarmness, tepidness.
tibio, lukewarm, tepid.
tiempo (meteor.), time, weather.
tiempo (aut., mot.), cycle, period.
tiempo borrascoso, stormy weather.
tiempo brumoso, hazy weather.
tiempo caluroso, hot (or warm) weather.
tiempo claro, clear weather.
tiempo cubierto, dull weather.
tiempo de la admisión (mot.), period of admission.
tiempo de la expansión (mot.), expansion period.
tiempo del escape (mot.), exhaust period.
tiempo despejado, clear weather.
tiempo incierto, unsettled weather.
tiempo neblinoso, foggy weather.
tiempo riguroso, inclement weather.
tiempo sereno, settled weather.
tiempo suplementario (del obrero), overtime.
tiempo tempestuoso, boisterous weather.
tienda (de comercio), shop.
tienda (pabellón), awning, tent, tilt.
tientaaguja (const., min.), earth-auger, earth-borer.
tierno, tender.

tierra, earth, ground.
tierra (campo), country, land.
tierra aluvial, alluvium.
tierra de Nocera, umber.
tierra fértil, rich soil.
tierra pantanosa, fen-land.
tierra para cultivos, arable land.
tierra virgen, virgin land.
tierras desconocidas, unknown lands.
tieso (o tenso) *adj.*, rigid, stiff, taut, tense.
tijeras, scissors.
tijeras (met.), shears.
tijeras para gruesos (met.), blooming-shears.
tijeras para hojalatero, tinman's shears.
tijeras paralelas, guillotine.
tilo (árbol), lime.
timbal (arq.), frontal.
timbre (campanilla), bell.
timbre (sonido), ring, sound.
timbre de llamada, call bell.
timón, helm, rudder.
timón de profundidad (aer.), elevating plane, elevator, lift, rudder.
timón equilibrado (av.), balanced rudder.
timón provisorio, jury rudder.
timonel (naut.), steersman, wheel-man.
timonería, steerage, wheel-house.
tina, copper, vat.
tinaja de condensación (vap.), hot well.
tinaja de encolar (text.), beck.
tinglado, shed.
tingle, glazier's lead opener.
tinta, ink.
tinta de China, indian ink.
tinta de imprimir, printing ink.
tintoreo *s.*, dyeing.
tintorero, dyer.
tintura, dye, tincture.
tipo, model, pattern, type.
tipo abierto (el., maq.), open type.
tipo cerrado (maq., mot.), enclosed type.
tipo cerrado y con ventilación, enclosed-ventilated type.
tipo de arquitectura, example of architecture.
tipo de cambio (dinero), exchange-rate.
tipo enteramente cerrado, totally enclosed type.
tipo novísimo, latest model.
tira, shred, strip.
tira de contacto (de contralor el.), contact-finger.
tiralíneas, drawing pen.
tirante *adj.*, taut, tense.
tirante (const., mec.), stay, stay-rod, stretcher, tie, tie beam, tie rod.
tirante transversal de la caja de fuego (cald., loc.), firebox cross stay.
tirantez, tightness.
tirar (arm.) *v.*, to fire, to shoot.
tirar a bocajarro (arm.), to fire point-blank.
tirar (arrastrar) *v.*, to haul, to pull.
tirar (chimenea) *v.*, to draw.
tirar (dib., geom.) *v.*, to draw, to plot.
tiro (arm.), shot.
tiro (de un fogón), air-draught, draught.
tiro artificial (o forzado o inducido) (cald.), induced draught, forced draught.
tiro de chimenea, chimney-draught.
tiro de saca (S.A. min.), winding shaft, working pit.
tiro de 75 cms. de columna de agua (cald.), a draught of 30" of water.
tiro de ventilación (S.A., min.), air shaft.
tiro forzado, forced draught.
tiro mecánico (o por ventilador) (cald.), forced draught.
tiro natural, natural draught.
tiro por aspiración, induced draught.
tisis (med.), consumption, phthisis.
titanio (quim.), titanium.
título (cualidad), qualification.
título (ed.), degree.
título (propiedad, min.), claim title.
título medio (min.), average content.
tiza, chalk.
tiza fosfatada, phosphate chalk.
tizonero, poker.
toba (geol.), sinter, tufa, tuff.
toba aurífera, auriferous sinter.
toba calcárea, calcareous sinter.
tobera, nozzle.
tobera cónica de aguja (turb., hid.), needle injector.
tobera de descarga (loc.), blast nozzle.
tobera de inyección (vap.), feed-nozzle.
tobera lanzaarena (f.c., tranv.), sand-blowing nozzle.
tobera regulable (turb.), adjustable nozzle.
tobera soplante, air-discharge nozzle.
tocar, to touch.
tocino, bacon.
toldilla (naut.), awning.
toldo, awning, tarpaulin.
tolerancia (margen), allowance, margin.
tolerancia de amolado, grinding allowance.
tolerancia de longitud (tecn.), length-margin.
tolerancia de seguridad (ing.), safety margin.
tolerancia en más (mec.), margin over.
tolerancia en menos, margin under.
tolva, hopper.
toma (acoplamiento), coupling.
toma (orificio), intake.
toma de agua (incendios), fire-plug.
toma de aire, air intake.
toma de arco (f.c. y tranv., el.), collector-bow.
toma de carga (el.), charging-plug.
toma de corriente (el.), collector (on rlys.), socket (fixed).
toma de corriente mural, wall socket.
toma de enchufe (el.), bayonet plug.
toma de riel (f.c., el.), rail-contact.
toma de tierra (el., t.s.h.), earth-connection.
toma derivada (el.), tapping.
toma roscada (el.), screwed plug.
tomar *v.*, to catch, to take.
tomar agua (f.c., naut.), to take in water, to water.
tomar flecha (doblegarse), to sag.
tomar la derivada (mat.), to derivate.
tomar privilegio de invención, to patent.
tomar un empalme (o curva peligrosa) (f.c.), passing over a junction (or dangerous curve).
tomar una curva (tr.), to negotiate a curve.
tomar una derivación (el.), to tap off.
tomillo (bot.), thyme.
tomo, tome, volume.
tonalidad, tonality.
tonalita (min.), tonalite.
tonel, barrel, cask, tub.
tonel de riego, watering-cart.
tonelada, ton (measure).
tonelaje (naut.), tonnage.
tonelaje bruto, gross tonnage.
tonelaje neto, net tonnage.
tonelaje oficial (naut.), registered tonnage, register (of a ship).

tonelería, cooperage.
tonelero, cooper, hooper.
tonga (geol.), bed, stratum.
tónico, tonic.
tono, tone (sound).
topacio, topaz.
topar *v.*, to impinge, to collide.
tope (de parada de maq.), butt, stop.
tope (f.c.), buffer, buffer-stop.
tope de empuje (maq., mec.), tappet.
tope de mástil (naut.), masthead.
topografía, topography.
topógrafo, topographer, surveyor.
torbellino, air-eddy, eddy, whirlwind.
torcedor de algodón, cotton doubler.
torcedor de ropa, mangle wringer, wringer.
torcedura, torsion, twist.
torcedora de hilos (text.), can-roving machine.
torcer *v.*, to twist, to wring.
torcer seda, to throw silk.
torcido *adj.*, twisted.
torcha de acetileno, acetylene burner.
torcha de bolsillo (el.), pocket lamp.
torio, thorium.
tormenta, storm.
tornapunta (sostén), diagonal brace, strut.
torneado, turning (with lathe).
tornear *v.*, to turn (on lathe).
tornero, turner.
tornillador, screw-driver.
tornillar *v.*, to screw.
tornillo, screw, vice.
tornillo de agarre, clamping screw.
tornillo de Arquímedes (mec.), endless screw.
tornillo de banco, bench vice, vice.
tornillo de inversión de marcha (loc.), reversing screw.
tornillo de mordazas, jaw vice.
tornillo de nivelado (inst.), levelling-screw.
tornillo de orejas, thumb screw.
tornillo de presión, regulating screw.
tornillo de rabera (art.), breech screw.
tornillo de retén, set screw.
tornillo de tope, stop screw.
tornillo desaflojado, loose screw.
tornillo para madera, wood screw.
tornillo prisionero, grub screw.
tornillo ranurado, scot-head screw.
tornillo regulador (o de ajuste), adjusting screw.
tornillo sin fin, endless screw, worm, worm gear, worm screw.
torniquete, swivel, turnbuckle.
torno (de alzar), wheel and axle, winch.
torno (maq. herr.), lathe.
torno al aire, chuck lathe.
torno-barreno, boring lathe.
torno con avance por rueda de timón, capstan lathe.
torno de ahuecar, boring lathe.
torno de centrar y terminar ejes, axle-ending and centring lathe.
torno de cercenar, cutting-off machine, slicing lathe.
torno de copiar, repetition lathe.
torno de filetear, screw- (or thread-) cutting lathe.
torno de gran velocidad impulsado por cono, high-speed lathe with stepless spindle drive.
torno de izar (mec.), winding drum.
torno de pedal, treadle lathe.
torno de plato horizontal al aire, boring and turning mill.
torno de precisión, watchmaker's lathe.
torno de puntas, centre lathe.
torno de refrentar, facing lathe.
torno de refrentar y barrenar, surfacing and boring lathe.
torno de taladrar cilindros, cylinder boring and turning lathe.
torno de todo uso, universal lathe.
torno manual, hand lathe.
torno para árboles de transmisión, shafting lathe.
torno para banco, bench lathe.
torno para botones de manivelas, crankpin lathe.
torno para cigüeñales, crankshaft lathe.
torno para destalonar, backing-off lathe, relieving lathe.
torno para ejes, axle-turning lathe.
torno para madera, wood-turning lathe.
torno para muñones, stud-turning lathe.
torno para ópticos, optical lathe.
torno para rayos, spoke lathe.
torno para ruedas de ferrocarril, railway-wheel lathe.
torno para segmentos de émbolo, piston-ring lathe.
torno para terminar y centrar ejes, axle-ending and centring lathe.
torno para tuercas, nut lathe.
torno paralelo, engine lathe.
torno rápido, high-speed lathe.
torno revólver, turret lathe.
torno rodero, wheel lathe.
toro (arq.), torus.
toro (zool.), bull.
torpedear *v.*, to torpedo.
torpedero, torpedo-boat.
torpedo aéreo, aerial torpedo.
torpedo automóvil, fish-torpedo.
torpedo de fondo, sunken torpedo.
torpedo de maniobras, dummy torpedo.
torpedo de movimiento de relojería, clockwork torpedo.
torpedo giroscópico, gyro-torpedo.
torre, tower.
torre de amarre (aer.), mooring-mast.
torre de antena (t.s.h.), aerial mast.
torre de vigía (de submarino), conning-tower.
torre emisora (t.s.h.), wireless mast.
torre para municiones, shot-tower.
torre refrigerante (ing.), cooling tower.
torrefacción, roasting.
torrente, torrent.
tórrido, torrid.
torta, cake.
torta de borujo, oil-cake.
torta de linaza comprimida, linseed cake.
tortuga (zool.), tortoise.
tortuoso, winding.
tosco, coarse, rough, rugged.
tósigo, poison.
tostado (color), tan.
tostador de café, coffee-roaster.
tostadura, roasting.
tostar (cocer) *v.*, to roast.
tostar (dar color) *v.*, to tan.
total *adj.*, overall, total.
total *s.*, amount, total.
totalmente, totally.
trabado *adj.*, blocked.
trabador de seguridad (de ascensor), safety catch.
trabajado, wrought.
trabajador, worker.
trabajando a la tracción (mec.), working in tension.

trabajar *v.*, to work.
trabajar a fondo de mina, to work underground.
trabajar a máquina, to machine.
trabajar con presición (o exacto), to work true.
trabajar en subterráneo (i.c.), to work underground.
trabajo, job, work.
trabajo a destajo, task-work, time work.
trabajo a la flexión (mec.), bending stress.
trabajo a máquina, machine (or machining) work.
trabajo bien ejecutado, good job.
trabajo de aceleración, work of acceleration.
trabajo de deformación, strain energy.
trabajo de régimen, schedule work.
trabajo elástico (mec.), work of resilience.
trabajo eléctrico, electrical work.
trabajo en serie, repetition work.
trabajo manual, manual labour.
trabajo mecánico, mechanical work.
trabajo resistente, work of resistance.
trabajo sin carga, no-load work.
trabajo útil, useful work.
trabajos abandonados (min.), goaf.
trabajos de exploración (min.), prospecting work.
trabar (alb.) *v.*, to bond.
trabarse, to jam, to get blocked.
trabazón (alb.), bond.
trabe, beam.
trabe (de piso), beam, floor girder.
tracción (arrastre), haulage, hauling, pull, traction.
tracción (mec.), tension.
tracción a sangre, animal traction.
tracción delantera (aut.), front-wheel drive.
tracción eléctrica, electric traction.
tracción eléctrica por acumuladores, accumulator traction.
tracción mecánica, mechanical traction.
a la tracción, in tension.
tractible, tensile.
tractor *s.*, tractor, traction engine.
tractor agrícola, farm tractor.
tractor mecánico, hauling engine.
traducción, translation.
traducción errónea, mistranslation.
traducir *v.*, to translate.
traductor, translator.
traficar *v.*, to deal in.
tráfico, traffic, trade.
tráfico de cabotaje, coasting trade.
tráfico de pasajeros, passenger traffic.
tragaluz (arq.), clere-story, skylight.
tramo (de puente), span.
tramo de escalera, flight of stairs.
tramo de puente armado en fábrica, fabricated span of a bridge at works.
tramo separable (de puente), raft.
tramoyista, scene-shifter (of theatre).
trampa (arq., const.), flap, flap-door, trap.
trampa (de cazar), snare, trap.
trampolín, spring-board.
trancanil de cubierta (naut.), deck stringer.
tranquilo, calm, still.
transcribir *v.*, to write out.
transferencia, transfer.
transferir *v.*, to transfer.
transformador, transformer.
transformador acorazado, shell-type transformer.
transformador alimentador, feeder transformer.
transformador alimentador de impedancia, feeder-impedance transformer.
transformador aumentador, booster transformer.
transformador con tomas variables bajo carga, on-load tap-changing transformer.
transformador de alta frecuencia, high-frequency transformer.
transformador de alta tensión, high-voltage transformer.
transformador de frecuencia, frequency changer.
transformador de intensidad constante, constant-current transformer.
transformador de medida, instrument transformer.
transformador de núcleo, core transformer.
transformador de núcleo continuo, closed-core transformer.
transformador de potencia, power transformer.
transformador diferido, secondary battery.
transformador elevador, step-up transformer.
transformador en carga, loaded transformer.
transformador enfriado con aceite, oil-cooled transformer.
transformador enfriado por aire, air-cooled transformer.
transformador enfriado por aceite bajo presión, forced-oil cooling transformer.
transformador enfriado por chorro de aire, air-blast transformer.
transformador estático, stationary transformer, static transformer.
transformador igualizador de tensión, balancing transformer.
transformador monofásico, single-phase transformer.
transformador para alumbrado, lighting transformer.
transformador para vía (f.c.), track transformer.
transformador reductor, step-down transformer.
transformador sistema Scott, Scott transformer.
transformador trifásico, three-phase transformer.
transformar *v.*, to transform.
transformar corriente alterna en continua por medio de conmutatriz, to convert alternating current into D.C. by rotary converter.
transformar un movimiento de vaivén en otro circular, to transform a reciprocating motion into a rotary one.
tránsito (ast.), transit.
tránsito (viaje), journey, passage.
transitorio, transient.
transmisible, transmissible.
transmisión, transmission.
transmisión (ap.), gear.
transmisión Cardán, cardan shaft.
transmisión de energía eléctrica, electric power transmission.
transmisión de fuerza, power-transmission.
transmisión de fuerza por cables, rope-transmission.
transmisión de la voz, speech transmission.
transmisión del calor, heat transfer.
transmisión eléctrica de fuerza, electrical power-transmission.
transmisión friccional, friction gear.
transmisión hidráulica de fuerza, hydraulic transmission of power.
transmisión inalámbrica de la visión, radiovision.
transmision inalámbrica de las fotografías, wireless transmission of pictures.
transmisión por correa, belt transmission.
transmisión rectilínea (el., mec.), straight-line transmission.
transmisión tubular (o por vaina) (f.c., tranv.), quill-drive.

transmisor, transmitter.
transmisor por chispas (t.s.h.), spark transmitter.
transmisor telegráfico de órdenes (naut.), engine-room telegraph.
transmitir *v.*, to transmit.
transportable, movable, portable.
transportado por mar, sea-borne.
transportador, carrier, conveyor, transporter.
transportador (dib.), protractor.
transportador de bolsas, sack-conveyor.
transportador de cadena, chain conveyor.
transportador de cangilones, trough (or bucket) conveyor.
transportador de carbón, coal-conveyor.
transportador de correa, band conveyor.
transportador de paletas, push-plate conveyor.
transportador helicoide, spiral conveyor.
transportar *v.*, to convey, to transport.
transporte aéreo de ultramar, overseas air transport.
transporte militar (nav.), troopship.
transporte por agua, water-carriage, waterage.
transporte térmico, heat transfer.
tranvía, car, tramway.
tranvía abierto, open-car.
tranvía eléctrico, electric car.
trápano (min.), boring-chisel.
trapecio (geom.), trapezium.
trapezoidal, trapeziform.
trapiche, sugar-mill, cane crusher.
trapo (de limpiar), cloth, cleaning cloth, rag.
trapo de secar, wiping cloth.
trasatlántico *s.*, liner, ocean-liner.
trasbordador (naut.), tender.
trasbordar *v.*, to transship.
trasbordo, transshipment.
trasegar *v.*, to decant.
trasiego, decantation.
traslación, locomotion, removal.
trasladador telefónico, telephone translator.
trasladar (fondos) *v.*, to transfer.
traspasar *v.*, to transfer.
traspaso, conveyance, transfer.
trasponer *v.*, to invert.
trastienda, backshop.
trastornos en el encendido, ignition trouble.
tratamiento, handling, treatment.
tratamiento de superficie (quim.), floating treatment.
tratar (manipular) *v.*, to handle, to treat.
tratar (negociar) *v.*, to negotiate.
tratar madera por el sistema Burnet (con $ZnCl$), to burnetise.
tratar un contrato, to negotiate for a contract.
travea del emparrillado (cald.), firebar bearer.
travesaño (const., mec.), cross bar, cross beam.
travesaño de unión, tie-bar.
travesía (naut.), crossing, passage, sea-journey.
traviesa (f.c.), sleeper.
traviesa creosotada, creosoted sleeper.
traviesa de acero, steel sleeper.
traviesa de madera, wooden sleeper.
traviesa de placa de guarda (loc.), horn-stay.
traviesa móvil (maq.), cross head.
trayecto, run, traject.
trayectoria, course, trajectory.
trayectoria del vuelo (av.), flight path.
trazado de curvas por medio de proyecciones (agrim., dib.), setting out curves by offsets.
curva del esfuerzo de tracción trazado con relación a la velocidad (f.c.), curve where tractive effort is plotted against speed.
trazar *v.*, to plot, to trace.
trazar a la escala de (dib.), to draw to scale.
trazar con tiza, to chalk out.
trazar el plano (o la planta), to draw in plan.
trazar mapas, to map.
trazar un alineamiento (agrim.), to run a line.
trazar un canal, to lay out a canal.
trazar un diagrama, to take a card.
trazar una curva (sobre el terreno), to range a curve.
trazar una curva por puntos (dib.), to plot a curve.
trazar una línea, to draw a line.
trazar una línea férrea, to lay out a railway.
trazas de mineral, mineral-shows.
trazo, design, lines, sketch.
trazo de una línea férrea, location of a railway line.
trecho, distance, space.
trecho entre postes, distance between poles.
tren, train.
tren atrasado, delayed train.
tren de aterrizaje (av.), landing-gear (of airplane).
tren de aterrizaje retráctil, retractable landing-gear.
tren de engranajes reductores, reduction gearing.
tren de ganado, cattle train.
tren de ida, down train.
tren de mercancías, goods train.
tren de pasajeros, passenger train.
tren de vuelta, up train.
tren descarrilado, train off the line.
tren directo, through train.
tren laminador (met.), rolling-mill train.
tren lento, slow train.
tren suburbano, local train.
tren-tranvía, slow train.
trenque (hid.), dam.
trenzado, braiding.
trenzadora de cordones (text.), band-making machine.
trenzadora mecánica, braiding machine.
trenzar *v.*, to braid.
trépano (tecn.), bore-bit.
trépano de sondar, earth-borer.
trepidación, vibration.
triangulación, triangulation.
triángulo (geom.), triangle.
triángulo (o en triángulo) (acoplamiento, el.), delta.
triángulo acutángulo, acute-angled triangle.
triángulo de composición de fuerzas, triangle of forces.
triángulo escaleno, scalene triangle.
triángulo obtusángulo, obtuse-angled triangle.
triásico (geol.), triassic.
tribuna, stand.
tribunal (jur.), Bench, tribunal.
tributario (geog.), tributary, affluent.
triedro, trihedral.
trienal, triennial.
trifásico, three-phase.
trifilar, three-wire (*adj.*).
trigal, wheat-field.
trigo, wheat.
trigonometría, trigonometry.
trigonometría esférica, spherical trigonometry.
trigonometría plana (o rectilínea), plane trigonometry.
trigonométrico, trigonometric, trigonometrical.
triguero, corn dealer.
trilla (agric.), thrashing.

trilladora, thrashing machine.
trillar *v.*, to thrash.
trimestral, quarterly.
trimestre, quarter.
trinchera (i.c.), cutting, trench.
trineo, sleigh.
trinquete (mec.), detent, pawl.
trinquete de jaula (min.), safety keg.
triplicar *v.*, to triplicate.
trípode, tripod, stand.
trípode de alzar (o de arbolar), shear (or sheer) legs.
tripulación (naut.), company, crew, the hands.
tripular *v.*, to man (a ship).
triscadora mecánica, saw-setting machine.
triscar una sierra (tecn.), to set a saw.
trisulfuro de arsénico, arsenic sulphide.
triturador (de materiales), breaker.
triturador de piedras (o de escorias), stone-breaker, slag-breaker.
trituradora Chilena (min.), Chilian mill.
trituradora de carbón, coal-breaker.
trituradora de cuba y bolines, ball and pan crusher.
trituradora de mandíbulas, jaw breaker.
trituradora de piedras, stone breaker.
triturar, to grind, to triturate.
triturar mineral, to grind ore.
trocable, interchangeable.
trocar *v.*, to interchange.
trocha (S.A.), gauge (rlys.).
trocha ancha, broad gauge.
trocha angosta, narrow gauge.
trocha normal, standard gauge.
trole, trolley.
tromba, water-spout.
tromba de agua (artificial para limpieza), water flush.
troncado *adj.*, truncated.
tronco (de árbol), trunk.
tronco (geom.), frustum.
tronco (mango), stock.
troncos de árboles, long-tailed timber.
troncos escuadrados, quartered timber.
tronera (const.), dormer-window, louvre.
tronera (nav.), gun-port.
tronido, thunder-clap.
tronzar (tecn.) *v.*, to cross cut.
tropa (mil.), force, troop.
trópico, tropic, tropical.
troqueladora, drop forge.
trueno, thunder.
trueque, barter, interchange.
trujal, oil-mill.
T.S.H., abbreviation of: telegrafía (o telefonía) sin hilos, q.v.
tubería, pipeline, tubing, piping.
tubería de aire, air-conduct.
tubería de caucho, rubber tubing.
tubería de escape (aut., mot.), exhaust-manifold.
tubería de vapor, steam mains.
tubería de vidrio, glass tubing.
tubería serpentín, spiral tubing.
tubo, pipe, tube.
tubo (de lámpara), chimney.
tubo acodado, knee bend.
tubo acústico, speaking tube.
tubo aislante (el.), conduit.
tubo aislante armado de acero, steel armoured conduit.
tubo aislante de hierro, iron conduit.
tubo alimentador (cald.), feed pipe.
tubo aspirante (aut., mot.), induction pipe.
tubo capilar, capillary tube.
tubo conductor de llamas (cald.), fire tube.
tubo de acero, steel pipe (or tube).
tubo de alimentación (cald.), feed pipe.
tubo de arrastre (loc.), blast-pipe.
tubo de aspiración, suction pipe.
tubo de caldera, boiler-tube.
tubo de calefacción, heating pipe.
tubo de cobre, copper tube.
tubo de descarga, delivery pipe, spout, waste-pipe.
tubo de dilatación, expansion pipe.
tubo de encogimiento (mec.), constricted tube.
tubo de ensayo (quim.), test-tube.
tubo de entrada (el.), leading-in tube.
tubo de escape, exhaust pipe.
tubo de escape de la caja de humo (loc.), petticoat pipe.
tubo de inyección, injection pipe.
tubo de llamada de aire, air-induction pipe.
tubo de llegada, admission pipe.
tubo de machos (met.), core-box.
tubo de nervios (o de aletas), gilled tube.
tube de pestaña (o de reborde), flanged tube.
tubo de plomo, lead pipe.
tubo de reboso, overflow pipe.
tubo de recalentador (cald.), superheater element.
tubo de Roentgen, Roentgen tube.
tubo de salida (turb.), nozzle.
tubo de sonda (naut.), sounding pipe.
tubo de unión, connecting pipe.
tubo de vaporización (cald.), water tube.
tubo de vidrio, glass tube.
tubo del freno al vacío (loc.), vacuum brake pipe.
tubo del nivel (cald.), gauge-glass.
tubo derivado, branch pipe.
tubo distribuidor de arena (loc., tranv.), sand pipe.
tubo en carga (hid.), penstock.
tubo en U, double-bend.
tubo estirado en frío, solid-drawn tube.
tubo estirado macizo, hard-drawn tube.
tubo eyector (o expulsor), ejector pipe.
tubo lanzatorpedos (nav.), torpedo-tube.
tubo múltiple de aspiración (aut., mot.), induction manifold.
tubo neumático del freno (f.c.), brake-hose.
tubo para gas, gas pipe.
tubo reforzado con nervaduras, gilled tube.
tubo refrigerante, cooling pipe.
tubo sin costura, seamless tube.
tubo soldado, welded tube.
tubo vacuo, vacuum tube.
tubos de caldera soldados por topes, lapwelded boiler tubes.
tubulado, tubulated.
tubuladura, piping, tubing.
tuerca, female screw, nut, screw-nut.
tuerca aflojada, loose nut.
tuerca chata, shallow nut.
tuerca de aletas, thumb nut, wing nut.
tuerca de castillete, castle nut.
tuerca de orejas, butterfly nut, thumb nut.
tuerca de seis caras (o hexagonal), hexagon nut.
tuerca indestornillable, nut-lock.
tuerca ranurada, milled nut, knurled nut.
tulio (quim.), thulium.
tumba, tomb.
túnel, tunnel.
túnel aerodinámico, wind-tunnel.
túnel subacuático, subaqueous tunnel.

tunelado *s.*, tunnelling.
tungsteno, tungsten, wolfram.
turba, peat.
turbera, peat-moss.
turbina, turbine.
turbina a vapor, steam-turbine.
turbina al vapor de mercurio, mercury-steam turbine.
turbina axial, axial-flow turbine.
turbina centrífuga, outward-flow turbine.
turbina centrípeta, inward-flow turbine.
turbina de acción, impulse (or action) turbine.
turbina de admisión parcial, partial-flow turbine.
turbina de admisión radial y axial, mixed-admission turbine.
turbina de alta presión, high-pressure turbine.
turbina de ciar (naut.), astern turbine.
turbina de derivación (vap.), bleeder turbine.
turbina de doble efecto, double-flow turbine.
turbina de expansión múltiple, multi-stage turbine.
turbina de expansión simple, single-stage turbine.
turbina de gran velocidad, high-speed turbine.
turbina de impulsión directa, impulse turbine.
turbina de libre desviación (hid.), impulse turbine.
turbina de presión doble, mixed-pressure turbine.
turbina de reacción, reaction turbine.
turbina de reserva, stand-by turbine.
turbina de triple envoltura, three-cylinder turbine.
turbina de vapor de escape, exhaust turbine.
turbina doble, combined turbine.
turbina engranada, geared turbine.
turbina Francis en envoltura espiral, spiral-cased Francis turbine.
turbina hidráulica, hydraulic turbine, water turbine.
turbina mixta (hid.), American turbine.
turbina motriz marina, ship-driving turbine.
turbina multicelular, Rateau turbine.
turbina para buque, marine turbine.
turbina para salto grande (hid.), high fall turbine.
turbina para salto mediano (hid.), medium-fall turbine.
turbina paralela, axial-flow turbine.
turbina radial, radial-flow turbine.
turbina tangencial (hid.), tangential turbine, Pelton wheel.
turbión, water-hammer.
turboalternador, turbo-alternator.
turboalternador a vapor, steam turbo-alternator.
turbocompresor, turbo-compressor.
turbogeneratriz, turbo-generator.
turmalina (min.), scorl, tourmaline.
turno (de trabajo), shift, turn.
turno diurno, day-shift.

U

U (doble codo de tubo), double-bend.
ubérrimo, very fertile.
ubicación, lie, situation, location.
ubicación conveniente de los talleres, suitable location of the works.
las minas están ubicadas hacia el norte de Córdoba, the mines lie to the North of Cordoba.
udómetro, rain-gauge.
ulterior, after, ulterior.
última mano (pint.), finishing coat.
último *adj.*, last, rear, terminal, ultimate.
último grado *s.*, utmost.
último piso (arq.), top floor.
ultramar, oversea, beyond the seas.
de ultramar, overseas.
ultramicroscópico, ultra-microscopic.
ultravioleta *adj.*, ultra-violet.
umbral, threshold.
umbroso, shady.
undulación, undulation, waving.
undulado, undulated.
undulante, undulating.
undular *v.*, to undulate.
ungir, to smear.
unible, capable of being joined.
único, single, unique.
unidad, unit.
unidad de combate (nav.), battleship.
unidad de fuerza, unit of force.
unidad de peso, unit of weight.
unidad de potencia, power unit.
unidad de trabajo, unit of work.
unidad deducida, derived unit.
unidad del sistema Inglés, English unit.
unidad del sistema métrico, metric unit.
unidad electroquímica, electrochemical unit.
unidad fotométrica, photometric unit.
unidad mecánica, mechanical unit.
unidad normal, standard unit.
unidad práctica, practical unit.
unidad térmica, thermal unit.
unidad térmica Británica, British thermal unit.
unidades del sistema C.G.S., C.G.S. units.
unido *adj.*, jointed, united.
unidora de bandas (text.), silver lap machine (or frame).
unificación, standardisation, unification.
unificar, to standardise, to unify.
uniforme *adj.*, constant, equable, steady, uniform.
uniforme *s.*, uniform.
uniformemente, uniformly.
uniformidad, uniformity.
uniformidad en el proyecto, uniformity of design.
unión (gremial), association, trade union.
unión (ing.), joint, junction, union.
unión de gozne, knuckle joint.
unión esférica, ball joint.
unión soldada, weld, welding.
unipolar, single-pole.
unir *v.*, to connect, to join, to unite.
unir con mortero, to grout.
unir con pernos, to bolt together.
unitario *adj.*, individual, single.
universidad, university.
untar *v.*, to grease, to oint.
unto, ointment.
unto negro, foundry black.
untuoso, fatty, oily.

uranio (quim.), uranium.
urano (ast.), uranus.
urao (S.A.), trona.
urbanismo, town-planning.
urdidora (y urdidera), warping (or beaming) machine.
urdimbre (text.), chain, warp.
urdimbre de hilo cruzado, cheese-warping.
urdimbre del retroceso (maq. text.), backing warp.
urdir (text.) *v.*, to warp.
urgencia, emergency, urgency.
urgente, pressing, urgent.
Uruguayo *adj. & s.*, Uruguayan.
usar *v.*, to put in practice, to use.
usar (desgastar) *v.*, to wear.
usar (emplear), to consume, to deal.
usarse *v.*, to wear down (or out).
usina (S.A.), factory, works.
usina de electricidad, electricity works.
usina de gas, gas works.
usina de luz eléctrica, lighting station.
uso, custom, use.
usura (ind., ing.), wear and tear.
utensilios, implements.
utensilios agrícolas, agricultural implements.
útil *adj.*, useful.
utilidad, usefulness, utility.
utilidad (ganancia), profit, yield.
utilidades de la mina, mine-returns.
utilización, utilisation.
utilización (carga), demand, load.
útilmente, usefully.
uva (bot.), grape.

V

vaca (zool.), cow.
vacaciones, holidays, vacancy.
vacante *adj.*, empty, vacant.
vacante (colocación), situation, vacancy.
vaciado con muela (tecn.), hollow ground.
vaciamiento, evacuation, exhaustion, exhausting.
vaciar *v.*, to empty, to exhaust.
vaciarse *v.*, to run out (as liquids, etc.).
vacilante, tottering, unsteady.
vacilar *v.*, to totter, to waver.
vacío (o vacuo), empty, vacant, void.
vacío *s.*, vacuum.
vacío perfecto, absolute vacuum.
vacío por mercurio, mercury-vacuum.
vacuna, vaccine.
vacuómetro, vacuum-gauge.
vadeable, fordable.
vadear *v.*, to ford, to wade.
vado, ford.
vadoso, fordable, shallow.
vagabundo (disperso), *adj.*, deviated, stray.
vagara (mar.), quarter-railings.
vagara maestra, ribband.
vagón, wagon.
vagón con tanque de vidrio, glass-lined wagon.
vagón cubierto, covered wagon.
vagón de carga, railway wagon.
vagón de volquete, tipping-wagon.
vagón para cereales, grain wagon.
vagón para ganado, cattle wagon.
vagón para leche, milk wagon.
vagón para leña, timber wagon.
vagón para mercancías, goods wagon.
vagón para petróleo, petroleum wagon.
vagoneta, trolley, truck.
vagoneta autovolcante, self-tipping truck.
vagoneta de colada (fund.), pouring truck.
vagoneta para madera, timber-truck.
vagoneta portacaldero (met.), ladle car.
vagoneta portacrisoles (met.), foundry car.
vaho, fume, vapour.
vaho ácido, acid fumes.
vaina, case, scabbard, sheath.
vainilla (bot.), vanilla.
vaivén (mec.), reciprocating motion, seesaw.
vale (com.), bond, promissory note.
valencia (quim.), valence.
validez (duración), life, usefulness.
valioso, valuable.
valor, value, worth.
valor eficaz (mat.), root mean square.
valor eficaz de la tensión (el.), virtual voltage, root mean square voltage.
valor eficaz medio de una función (mat.), root mean square function.
valor instantáneo (fis.), instantaneous value.
valor medio, mean value.
valor medio de la intensidad (o de la tensión) (el.), mean value of a current (or voltage).
valorar *v.*, to appraise, to value.
valores (capital), funds, stock.
valuación, estimate, valuation.
valuar *v.*, to estimate, to value.
válvula, valve.
válvula al tope (mot.), overhead valve.
válvula alimentada por batería (t.s.h.), battery valve.
válvula alimentada por la red alterna, A.C. mains valve.
válvula alimentada por la red continua (t.s.h.), D.C. mains valve.
válvula alimentada por la red de cualquier corriente, universal D.C./A.C. mains valve.
válvula amplificadora, power valve.
válvula atmosférica, air valve.
válvula cambiadora de frecuencias de ocho elementos (t.s.h.), octode frequency changer.
válvula compensada, balanced valve.
válvula de aguja (hid.), needle-valve.
válvula de aleta, butterfly valve.
válvula de alivio (o descarga), relief valve.
válvula de ascenso (aer.), air valve.
válvula de asiento doble, double-seat drop valve.
válvula de asiento único (vap.), single-beat valve, single-seat valve.
válvula de aspiración, suction-valve.
válvula de balancín (aut., av.), rocker-valve.
válvula de contrapeso, weighted valve.

válvula de cruz (o de 4 pasos), four-way valve.
válvula de diafragma (liq., vap.), sluice valve.
válvula de distensión (vap.), relief-valve.
válvula de dos electrodos, two-element valve.
válvula de emisión débil (t.s.h.), dull emitter.
válvula de empuje (hid.), delivery valve.
válvula de escape, exhaust valve.
válvula de estrangulación, throttle valve.
válvula de expansión, cut-off valve.
válvula de filamento débil (t.s.h.), dull emitter valve.
válvula de flotador, ball valve.
válvula de la alimentación (cald.), feed valve.
válvula de cámara de aire (del neumático), tyre valve.
válvula de mariposa de resorte (vap.), drop valve.
válvula de movimiento único (vap.), beat valve.
válvula de obturador de manguito, poppet valve.
válvula de parada, stop valve.
válvula de potencia (t.s.h.), output valve.
válvula de puntero del carburador (aut., av.), carburettor needle-valve.
válvula de purga, blow-off valve.
válvula de rejilla pantalla (t.s.h.), screened-grid valve.
válvula de resorte, spring-loaded valve.
válvula de retén, check valve.
válvula de seguridad, safety valve.
válvula de seguridad de acción directa (vap.), pop-valve.
válvula de seguridad de carga directa, dead-weight safety valve.
válvula de seguridad de palanca, lever safety valve.
válvula de tres direcciones (freno de f.c.), triple valve.
válvula de tres electrodos (t.s.h.), three elements valve, triod valve.
válvula de un asiento (vap.), beat valve.
válvula de vacío incompleto (t.s.h.), soft valve.
válvula de vapor del inyector, injector steam-valve.
válvula del silbato (loc.), whistle valve.
válvula derivada, by-pass valve.
válvula derivada en el cilindro baja presión (loc.), by-pass valve in the L.P. receiver.
válvula detectriz (t.s.h.), detector valve.
válvula doble, double-seat valve.
válvula doble diódica triódica (t.s.h.), double-diode triode valve.
válvula electrolítica, electrolytic valve.
válvula emisora (t.s.h.), transmitting valve.
válvula lateral (aut., mot.), side-valve.
válvula para gas, gas valve.
válvula rectificadora (t.s.h.), rectifying valve.
válvula rectificadora termiónica, thermionic rectifier.
válvula refrigerada por agua (t.s.h.), water-cooled valve.
válvula reguladora de la alimentación (cald.), feed-check valve.
válvula sin retorno (o unidireccional) (loc.), clack-valve.
válvula sobre la culata (aut., mot.), overhead valve.
válvula termiónica, thermionic valve.

válvulas adyacentes, side-by-side valves.

valla, fence.

vallado *adj.*, fenced-off.
vallado *s.*, railing.

vallar *v.*, to fence.

valle (geog.), vale, valley.
valle paralelo al curso (geol.), strike valley.

vanadio, vanadium.

vano (de puente o entre postes), span.
vano único, single span.

vapor (fluído), steam.
vapor (naut.), steamboat, steamer, steamship.
vapor armado en guerra, armed steamer.
vapor de alta presión, high-pressure steam.
vapor de carga (buque), cargo-boat.
vapor de escape, exhaust steam, waste steam.
vapor de marcha lenta (buque), slow steamer.
vapor de servicio irregular, tramp, tramp steamer.
vapor disociado (vap.), dissociated steam.
vapor fluvial, river-steamer.
vapor húmedo, wet steam.
vapor recalentado, superheated steam.
vapor recalentado a la presión de 24 k. por cm², superheated steam at 350 lbs. per sq. in.
vapor saturado, saturated steam.
vapor seco, dry steam.
vapor vivo, live steam.

vaporización del hielo, ice evaporation.
vaporización real (cald., fis.), actual evaporation.

vaporizador, spray, sprayer.

vaporizar *v.*, to spray, to vaporise.

vaquero, cowherd, cow-keeper.

vaquilla (o vaquillona), heifer.

vara, rod.
vara de aforar (hid.), water-gauge.
vara de entrevía (f.c.), rail-gauge.
vara de hierro, iron rod.
vara de palanca, lever-arm.
vara de trocha (S.A.), rail-gauge.

varar (naut.) *v.*, to ground, to run aground.

varenga (naut.), frame-timber.

variación, variation.
variación del perfil (de alas, av.), change of section.
variación periódica (el., mec.), cyclic variation.

variaciones de presión, pressure changes.
variaciones de temperatura, variations of temperature.
variaciones en la velocidad, speed fluctuations, variations of speed.
variaciones en la velocidad de un volante, speed fluctuations of a flywheel.

variar *v.*, to alter, to vary.
variar en razón directa (e inversa) (mat.), to vary directly (and indirectly).

varilla, bar, rib, rod.
varilla de cinc, zinc rod.
varilla de excéntrica (mec.), eccentric rod.
varilla de guía (maq.), guide rod.
varilla de inversión (de marcha, loc.), reversing rod.
varilla de maniobra (f.c.), pull-rod.
varilla de reproducir (maq., herr.), copy spindle.
varilla de revolver (liq.), glass rod.
varilla del regulador (mot.), governor-link.
varilla divinatoria, divining-rod.
varilla percusora (mec.), tappet rod.
varilla portaaislador (el.), insulator pin.

variómetro, variometer.

vaselina, petroleum jelly.

vaso (recipiente), container, vase, vessel.
vaso colector de aceite (aut.), sump.
vaso de engrase (maq.), grease cup.

vástago (mot.), piston rod.
vástago de parachoques (f.c.), buffer-rod.
vástago de válvula (mec.), valve spindle.

vasto, extensive, spacious, wide.

vatímetro, wattmeter.
vatímetro de balanza, watt balance.
vatímetro dinamométrico, dynamometer wattmeter.
vatímetro electrodinamométrico, electrodynamometer.
vatímetro para fases desequilibradas, unbalanced-loads wattmeter.
vatímetro probador de lámparas, lamp-testing wattmeter.
vatímetro registrador, recording wattmeter.
vatio, watt.
vatio-hora, watt-hour.
vatios aparentes, apparent watts.
vecindad, neighbourhood, vicinity.
vecino *adj.*, neighbouring.
vecino *s.*, inhabitant, neighbour.
vector, radius vector, vector.
vegetación, growth.
vegetal *adj. & s.*, vegetable, vegetal.
vehículo, vehicle, conveyance.
vehículo articulado, articulated vehicle.
vehículo automotor, electromotive vehicle.
vehículo de seis ruedas, six-wheeler.
veintena, score (twenty).
vela (de alumbrar), candle.
vela (naut.), sail.
velamen (naut.), sails, trim, canvas.
velería, sail-loft.
velero, sail-boat, sailer, sailing-boat, sailing ship.
veleta, vane, weather-cock.
velocidad, speed, swiftness, velocity.
velocidad absoluta en m. por segundo, absolute velocity in ft. per sec.
velocidad aflojada, speed slackened.
velocidad ascensional (aer.), rate of climb.
velocidad crítica, critical speed.
velocidad de alza (mec.), lifting speed.
velocidad de arranque, initial (or starting) velocity.
velocidad de aterrizaje (av.), landing-speed.
velocidad de circulación, speed of circulation.
velocidad de comunicación (tel.), transmitting speed.
velocidad de crucero (naut.), cruising speed.
velocidad de despegue (av.), take-off speed.
velocidad de entrada (turb.), inlet velocity.
velocidad de izamiento, lifting speed.
velocidad de régimen (ing.), normal speed, rated speed.
velocidad de sincronismo, synchronous speed.
velocidad de transmisión, transmission speed.
velocidad del choque (mec.), velocity of impact.
velocidad del émbolo, piston speed.
velocidad elevada, high rate of speed.
velocidad inferior al sostén (av.), stalling speed.
velocidad inicial (arm.), muzzle velocity.
velocidad inicial (ing.), initial velocity.
velocidad levemente superior a la del sincronismo, speed slightly above synchronism.
velocidad lineal, linear velocity.
velocidad máxima (aut.), top-gear.
velocidad máxima (ing.), maximum speed.
velocidad máxima en recorrido horizontal, maximum speed on level.
velocidad media, average (or mean) speed.
velocidad mínima, minimum (or lowest) speed.
velocidad moderada, low speed.
velocidad periférica (o circunferencial), peripheral speed.
velocidad reducida, slow speed.
velocidad relativa al aire (aer.), air speed.
velocidad sincrónica, synchronous speed.
velocidad superior a la sincrónica, above synchronism speed.
a la velocidad de 96 km/h, at a speed of 60 m.p.h.
cualquier velocidad entre 1.000 y 2.000 v.p.m., full range of speed between 1000 and 2000 r.p.m.
velocímetro, speedometer.
velocímetro aéreo, air-speed indicator.
velocípedo, bicycle, cycle.
velódromo, cycle-racing track.
veloz, quick, rapid, swift.
vena (fis., hid.), jet.
vena (min.), seam, vein.
vena (o veta) carbonífera, coal seam.
vena fluída (hid.), streamline.
vencejo (agric.), billhook.
vencer (sobrepujar) (ing.) *v.*, to overcome.
con el fin de vencer la resistencia friccional, es necesario aceitar bien las partes en contacto (mec.), in order to overcome friction, sliding parts must be well oiled.
vencimiento (com.), maturity (of a bill).
venda (med.), band, bandage.
vendedor, salesman, seller, vendor.
vender *v.*, to sell.
vender al por mayor, to sell wholesale.
vender al por menor, to retail, to sell retail.
vender en pública subasta, to sell by auction.
vender más barato, to undersell.
vendible, marketable, saleable.
veneno, poison.
venenoso, poisonous.
venero (min.), bed, lode.
venilla (min.), veinlet.
venta, disposal, sale, selling.
venta al por mayor, wholesale.
venta en pública subasta, auction sale.
ventaja, advantage.
ventalla, valve.
ventana, window.
ventana caediza, drop-window.
ventana corrediza, sash window.
ventana de tímpano, gable window.
ventana ojival, ogee window.
ventana salediza, bay-window, jutting window.
ventana volcada, oriel window.
ventarrón, gust of wind.
ventas, turnover (sales).
ventilación, ventilation.
ventilador (fijo), air-sash, ventilator.
ventilador (giratorio), blower, fan.
ventilador aspirante (o aspirador), exhaust fan, exhauster.
ventilador centrífugo, centrifugal fan (or blower).
ventilador colgante, ceiling fan.
ventilador de circulación (maq., el.), electric air cooler.
ventilador de paletas, propeller fan.
ventilador de sobremesa, desk fan.
ventilador de succión (o de agotamiento), exhaust fan, exhauster.
ventilador helicoide, propeller fan.
ventilador mural, wall fan.
ventilar *v.*, to fan, to ventilate.
ventisca (o ventisco), snow-drift.
ventisquero, glacier.
ventolina (naut.), baffling wind.
ventoso, windy.
venturina (geol.), adventurine.
ver *v.*, to see.
veraniego, summery.

verano, summer.
verbalmente, by word of mouth, verbally.
verdadero, actual, real, true.
verde *adj.*, raw, unripe, unseasoned.
verdoso *adj.*, greenish.
verdura (comestible), greens, vegetable.
verga (naut.), yard.
vergel, orchard.
vereda (S.A.), sidewalk.
verificación de los contadores (o medidores), meter-testing.
verificador, checker, tester.
verificador de fases (el.), phase indicator.
verificador del aislamiento (el.), insulation tester.
verificar *v.*, to check.
verificar (tecn.) *v.*, to calibrate.
verificar el aplomo (const., ing.), to plumb.
verificar la alineación y el desgaste (mec.), to inspect for alignment and truth.
verificar las conexiones (el.), to check the connections.
verificar si pernos y tuercas están bien apretados, to check the tightness of bolts and nuts.
verja, railing.
vertedero (hid.), weir.
vertedero de aforo, measuring weir.
vertedero de aforo en V, V-notch weir.
vertedero de escotadura rectangular, rectangular-notch weir.
vertedero de reboso, waste-weir.
vertedero lateral, spillway.
vertedor (i.c.), drain, sewer.
verter, to pour, to spill.
verticalmente, vertically.
vértice (de bóveda o arco), crown line.
vértice (geom.), vertex.
vértice de la parábola, vertex of parabola.
vertimiento *s.*, pouring.
vestíbulo, hall, lobby.
veta (min.), lode, seam, vein.
veta (o vena) estéril (min.), barren lode.
veteado, streaky, veined.
vetear (pint.) *v.*, to vein.
vía (camino), route, way.
vía (f.c.), rail track, track.
vía acuática (tr.), water-way.
vía aérea (f.c.), elevated track.
vía cerrada (tr.), signal against, stop.
vía de aeración (min.), air-course.
vía de agua (naut.), leak.
vía de cantera, gallery of quarry.
vía de ida (f.c.), down line.
vía de maniobras (f.c.), shunting line.
vía desmontable, portable track.
vía electrificada, electrified track.
vía elevada, elevated track.
vía férrea, railway line (or track).
vía fluvial (o marítima), water-way.
vía láctea (ast.), milky way.
vía libre (f.c.), line clear.
vía normal, standard gauge.
vía portátil, field railway.
vía principal (f.c.), main line.
vía secundaria, side-line.
vía y obras (f.c.), permanent-way.
la vía (f.c.), the metals.
viajar *v.*, to ride, to travel.
viajar de tercera (naut.), to travel steerage.
viaje, journey, trip, voyage.
viaje de ensayo (naut.), trial-trip.
viaje de ida, outward journey.
viaje de ida y vuelta, out and home journey.
viaje de regreso (o de vuelta), return journey, passage home (naut.).
viaje por mar, sea-travelling (or voyage).
viajero, traveller.
vialidad : See " Dirección de vialidad."
vibración, vibration.
vibrante, swinging, vibrating.
vibrar *v.*, to vibrate.
vicealmirante, vice-admiral.
vicecónsul, vice-consul.
vicepresidente, vice-chairman.
vicesecretario, under secretary.
viciado *adj.*, foul, vitiated.
víctimas (de accidente), casualties.
vid (bot.), vine.
vida, life.
vidriado (o vidrioso), glazed, vitreous.
vidriar *v.*, to glaze.
vidriera (escaparate), window, shop-window.
vidriera (techo), glazed roof.
vidriera de muestras, show-case.
vidriería, glassblowing, glassware.
vidriería para laboratorio, laboratory glassware.
vidriero, glazier.
vidrio, glass.
vidrio analisador (opt.), anallatic-lens.
vidrio catedral, stained glass.
vidrio de aumento, magnifying glass.
vidrio de color, stained glass.
vidrio de ventana, window-pane.
vidrio en polvo, glass powder.
vidrio inastillable, safety glass.
vidrio opaco, ground-glass.
vidrio para escaparates, pane of glass.
vidrio pintado, stained glass.
vidrio potasado, potash glass.
vidrio silicioso, silica glass.
vidrio trasluciente, clear glass.
viento (amarre), guy, stay-wire.
viento (chorro), blast.
viento (meteor.), wind.
viento contrario (mar.), foul wind.
viento de refuerzo (av., naut.), bracing wire.
viento en popa (naut.), leading wind.
viento penetrante (meteor.), keen wind.
el viento cae, the wind lulls.
vientos (refuerzos, av.), bracing system.
viga, beam, girder.
viga armada, trussed girder.
viga compuesta, built girder.
viga cuadrangular, box girder.
viga de alas anchas, broad-flange beam.
viga de alma maciza, plate girder.
viga de celosía, lattice girder.
viga de enes (o de N), Pratt girder.
viga de hormigón armado, reinforced concrete girder.
viga de machihembrados, indented beam.
viga de puente, bridge girder.
viga de sostén, bearer.
viga de suspensión, suspender beam.
viga empotrada, built-in beam, encastré beam.
viga ensamblada, compound girder.
viga maestra, main girder (or beam).
viga parábolica, fish-belly girder.
viga reforzada, stiffened (or built-up) girder.
viga saledìza (o cantilever), cantilever girder.
viga sellada por el Inspector, girder stamped by the Inspector.
viga transversal, cross beam.
viga unida, continuous girder.
vigas gemelas, box girder.

vigente (ley), in force.
vigésimo, twentieth.
vigía (naut.), look-out, signalman.
vigía aérea (mil.), aerial observer.
vigilante (S.A.), policeman.
vigilar, to supervise.
viguería, girderage.
vigueta, joist, I-beam.
vigueta de cielo raso (const.), ceiling joist.
vigueta de hierro laminado, rolled-iron joist.
vigueta de pisos, floor joist.
villorio, hamlet, small village.
vinagre, vinegar.
vinero, wine-merchant.
vino, wine.
viña, vine.
viñedo, vineyard.
virgen *adj.*, pure, virgin, native.
virola, ferrule.
virutas, chip, shavings.
visado de pasaporte, passport-visa.
viscosidad, viscosity.
viscosidad de la histéresis (mag.), hysteresis lag.
viscosímetro, viscosimeter.
viscoso, viscid, viscous.
visera, eye-shade.
visibilidad, visibility.
visión, sight, vision.
vista, sight, view, vision.
vista a vuelo de pájaro, bird's eye view.
vista de extremidad, end view.
vista en alza (dib.), elevation.
vista en corte (dib.), section view.
vista frontal (o por delante), front view.
vista lateral, side view.
vista por detrás, back view.
visto bueno, O.K.
visual (agrim.) *s.*, line of sight (or vision).
visual de apuntar (arm.), training gear.
visualización del buzamiento (min.), spotting the dip.
viticultor, vine-grower.
viticultura, vine-growing.
vitreo, glazed, vitreous.
vitrificar *v.*, to vitrify.
vitriolo, vitriol.
vitriolo verde, copperas.
vitualla, provisions, victuals.
víveres, victuals.
vivero de peces, fish-pond.
vivienda, dwelling house.
vivienda de obrero, workman's dwelling.
vivir *v.*, to live.
vivo (penetrante) *adj.*, cutting, keen.
vocablo, term, word.
vocablo náutico, sea-term, nautical term.
volación, flying.
volada (de grúa), jib.
voladizo *adj.*, jutting out.
volador *adj.*, flying.
voladura (exp.), blast, blasting.
volante *adj.*, flying.
volante *s.*, flywheel.
volante de acero (mec.), cast-steel flywheel.
volante de aire (saledizo), overhung flywheel.
volante de dirección (aut.), steering-wheel.
volante de mano, hand-wheel.
volante dentado, cogged flywheel.
volante desparejado, untrue flywheel.
volante equilibrado, balanced flywheel.
volante forma timonel (maq.), capstan hand-wheel.
volante macizo, solid flywheel, disc flywheel.
volante portasierra (maq. herr.), band-saw pulley.
volante regulador de laminador, rolling-mill fly-wheel.
volante saledizo (maq., mot.), overhanging fly-wheel, overhung flywheel.
volar (aer.) *v.*, to fly.
volar (exp.) *v.*, to blast, to blow up.
volar con velocidad inferior a la del sostén (av.), to stall a machine.
volar horizontalmente, to fly level.
volar la roca en el lugar de la presa (i.c), to blast rock at dam site.
volar rocas, to blast rocks.
volátil (y volatilizable), volatile.
volatilidad, volatileness.
volatilizar, to volatilise.
volcable *adj.*, overturning.
volcán, volcano.
volcán vivo, active volcano.
volcánico, volcanic.
volcar, to tip (over).
volframio, wolfram, tungsten.
voltaico, voltaic.
voltaje, tension, voltage.
voltaje de alimentación de la rejilla (t.s.h.), grid-bias.
voltaje de reactancia, reactance voltage.
voltaje eficaz, effective voltage.
voltaje en el inducido, armature voltage.
voltaje medio, average voltage.
voltaje nulo (o cero), no-volt.
voltaje útil, useful voltage.
voltámetro, voltameter.
voltamperio, volt-ampere.
voltear *v.*, to tip over, to overturn.
volteo, overturning.
voltímetro, voltmeter.
voltímetro aperiódico, dead-beat (or aperiodic) voltmeter.
voltímetro de carrete móvil, moving-coil volt-meter.
voltímetro de hierro móvil, moving-iron volt-meter.
voltímetro de influencia, electrostatic voltmeter.
voltímetro de marina, marine voltmeter.
voltímetro dinamométrico, dynamometer volt-meter.
voltímetro electrostático, electrostatic voltmeter.
voltímetro para corriente continua, direct-current voltmeter.
voltímetro para cuadro, switchboard voltmeter.
voltímetro portátil, portable voltmeter.
voltímetro registrador, recording voltmeter.
voltímetro sincronizador, paralleling (or syn-chronising) voltmeter.
voltímetro térmico (o de hilo caliente), hot-wire voltmeter.
voltio, volt.
volumen, volume, bulkiness.
volumen de agua caída (hid.), volume of fall.
volumen de aire necesario para la combustión, amount of air required for combustion.
volumen del cubo (esfera, cilindro, etc.), volume of cube (sphere, cylinder, etc.).
volumétrico, volumetric.
voluminoso, bulky, voluminous.
voluta (geom.), scroll, volute.
volver *v.*, to return.
volver a puerto (naut.), to put back.
volver a trabajar, to resume work.
volver conductor a un gas (fis.), to ionise a gas.
volver inactivo (el.), to make dead.

voz, voice, word.
v.p.m., abbreviation of: vueltas por minuto, q.v.
vuelo, flight.
vuelo a ciegas, blind-flying.
vuelo continuo (o sin parar) (av.), non-stop flight.
vuelo de gran distancia (av.), long-distance flight.
vuelo de recepción, acceptance flight.
vuelo nocturno, flying in the dark.
vuelo planeado, vol-plane, gliding flight.
vuelo seguro, safe flying.
vuelta, revolution, rotation, turn, turning.
vuelta (espira), spire, turn.
vuelta (viajecito), excursion, trip.
vueltas por minuto, revolutions per minute, r.p.m.
vulcanizado *adj.*, vulcanised.
vulcanizado *s.*, vulcanising.
vulcanizado con caucho, rubber-vulcanising.
vulcanizador, vulcaniser.
vulcanizar *v.*, to vulcanise.

X

xileno, xylene.
xilita, xylite.
xiloidina, xyloidine.
xilol, xylol.

Y

yacaré, South American crocodile.
yacimiento (min.), bed, deposit, field.
yacimiento carbonífero, coal-field.
yacimiento (o criadero) detrítico (geol.), detrital deposit.
yacimiento de hierro, iron deposit.
yacimiento metalífero, mineral deposit.
yacimiento petrolífero, oil-bearing field.
yacimiento submarino (geol.), marine-bed.
yarda, yard (measure).
yarda cuadrada, square yard.
una yarda cuadrada = 0,83 m^2, one square yard = ·83 sq. metre.
yate, yacht.
yate a vapor, steam yacht.
yate automóvil, motor yacht.
yegua (zool.), mare.
yegua de vientre, filly.
yerba mate, Paraguayan tea.
yermo *adj.*, barren, uncultivated.
yermo *s.*, desert, wilderness.
yerro, error, fault, mistake.
yesero, plasterer.
yeso, calcium sulphate, gypsum, plaster.
yeso virgen, crude gypsum.
yesoso *adj.*, gypseous.
yodado, iodate.
yódico, *adj.*, iodic.
yodo, iodine.
yodoformo, iodoform.
yoduro, iodide, iodure, iodurct.
yoduro de cal, iodure of calcium.
yoduro de hierro, iodure of iron.
yoduro de potasio, potassium iodide.
yoduro de sodio, sodium iodide.
yoduro metílico, methyl iodide.
yola (naut.), gig boat.
yugo (de timón), transom, yoke.
yunque, anvil.
yute, jute.

Z

zabordar (naut.) *v.*, to run aground (or ashore).
zafra (agric.), cane-gathering.
zafre (min.), zaffre.
zaguán (arq.), entrance hall.
zahorra (naut.), ballast.
zamarra (met.), bloom, slab.
zambullido *adj.*, submerged.
zambullir, to s ubmerge, to dive.
zampeado (const., i.c.), raft.
zampeado (hid.), frame-dam.
zanca (de escalera), string, stringer.
zanja, ditch.
zanja de desagüe, waste channel.
zanjadora mecánica, trench excavating machine.
zanjón (i.c.), trench.
zanjón al aire libre, open trench.

zanjón de desagüe, drain channel.
zanjón de regadío (o de riego), catch-feeder.
zapapico, pick-axe.
zapar *v.*, to sap, to undermine.
zapata (de riel), flange.
zapata de aterrizaje (av.), skid.
zapata de freno, brake-shoe.
zapata magnética frenadora (tranv.), magnetic brake.
la zapata de un riel, the flange of a rail.
zapatero, shoemaker.
zaranda (alb.), screen.
zaranda de finos (const.), fine trommel.
zaranda de vaivén (min.), jigging screen.
zaranda gruesa (alb.), coarse screen.
zarpar (naut.) *v.*, to weigh anchor.
zinc : See cinc.
ziszás, zigzag line.
zócalo (arq.), plinth, socle.
zócalo de base, foundation-plate.
zócalo de cañón, gun-mounting.
zócalo de chimenea, chimney-base.
zodíaco, zodiac.
zona, area, zone.
zona boscosa (o forestal), forest zone.
zona de agrietamiento (min.), fissure zone.
zona detrítica (geol.), shatter belt.
zona glacial (geog.), frigid zone.
zona mineralizada, zone of mineralisation.
zona servida (o de suministro) (el., hid.), area of supply.
zona templada (meteor.), temperate zone.
zona tórrida, tropical zone.
zonas de depresión (aer.), air pocket.
zoología, zoology.
zoológico, zoological.
zoólogo, zoologist.
zoquete, dowel.
zorra (f.c.), trolley, truck.
zozobrar (naut.) *v.*, to founder, to sink.
zumbador (el.), buzzer.
zumbar *v.*, to buzz, to hum.
zumbido, hum, humming.
zuncho, fastening ring, ferrule.
zurdo *adj.*, left-handed.
zurrón (agric.), chaff.

PART II. ENGLISH-SPANISH
(Inglés-Español)

A

abaca, cáñamo de Manila *m.*
abacus (arch., mat.), ábaco *m.*
abacus major (min.), barreño lavaoro *m.*, gamella de lavar oro *f.*
abaft (naut.), a popa, en popa, hacia popa, popel.
to abandon, abandonar, desechar, renunciar.
to abandon a mine, desechar una mina.
abandonment, abandono, desecho *m.*, renuncia *f.*
abandonment of mineral rights, renuncia de una concessión minera.
to abate (wind), calmarse.
abatement (com.), rebaja *f.*
abattoir, matadero *m.*
abeam, por el través.
aberration, aberración *f.*
ability, capacidad, habilidad, aptitud *f.*
able, apto, capaz, hábil.
able-bodied *adj.*, fuerte, robusto.
able seaman, marinero práctico *m.*
able to crush 18 tons of ore per stamp per 24 hours, capaz de machacar 18 toneladas de mineral por bocarte y hora.
able to work (mach.), capaz de funcionar.
able to work (of a man), apto al trabajo.
workmen able to carry out repairs, obreros capaces de ejecutar reparaciones.
abnormal, anormal, irregular.
abnormal working (mach.), funcionamiento irregular *m.*
abnormality, anomalía, irregularidad *f.*
aboard, a bordo.
about *prep.*, alrededor.
about-sledge, martillo mayor *m.*
above *adv.*, arriba.
above *prep.*, encima, sobre.
above freezing-point, sobre cero.
two degrees above freezing-point, dos grados sobre cero.
above-ground, sobre tierra, de superficie, en superficie.
above synchronism speed, velocidad superior al sincronismo *f.*
above the average, superior a la mediana.
above the level of the sea, sobre el nivel del mar.
above water, por encima del agua.
to abrade, esmerilar, gastar, lijar, raer.
abrasive, lijante, raedor.
abrasive band (techn.), faja de lijar *f.*
abrasive disc (or wheel), muela de esmerilar (o de lijar) *f.*
abrasive-disc dust collection, aspiración del polvo lijado.
abrasive machine, máquina de esmerilar *f.*
abreast *adv.*, de frente.
abreast (naut.), a la altura de.
abroad, en el extranjero, fuera del país.
abrupt (steep), escarpado, precipitado.
abscissa, abscisa *f.*
absolute, absoluto, independiente.
absolute accuracy, exactitud rigurosa *f.*
absolute boiling-point, punto crítico *m.*, temperatura crítica *f.*
absolute line (st. eng.), línea de presión cero *f.*
absolute measure, medida absoluta *f.*
absolute measurement, medición absoluta (o final) *f.*
absolute temperature, temperatura absoluta *f.*
absolute unit, unidad absoluta *f.*
absolute vacuum, vacío perfecto *m.*
absolute velocity in ft. per sec., velocidad absoluta en m. por segundo.
absolute zero, cero absoluto *m.*
to absorb, absorber, consumir.
to absorb heat, absorber (o consumir) calor.
to absorb the shocks (tr.), amortiguar los barquinazos.
absorbent, absorbente *m.*
absorbent material (chem.), absorbente *m.*
absorption, absorción *f.*
absorption capacity (chem., phys.), facultad absorbente *f.*
absorption of heat, absorción del calor *f.*
absorption tube (phys.), eudiómetro *m.*
abstract (abridgment), compendio, extracto, resumen *m.*
abstract *adj.*, abstracto.
abstract number, cifra abstracta *f.*
to abstract, extractar, extraer.
Abt rack (rly.), cremallera sistema Abt, doble cremallera de dientes alternados *f.*
Abt triple rack, cremallera triple de dientes alternados.
abundant, abundante, copioso.
to abut on (bridge), descargar (sobre), estribar.
abutment (c.e.), botarel, botarete, contrafuerte, estribo *m.*
abutment hinge, articulación de estribo *f.*
abutment pier, pila de estribación *f.*
abutment to an arch, estribación sobre arco.
abutment wall (arch.), muro de sostén (o de apoyo) *m.*
hinged at the abutments, rotulado en los estribos.
reduced abutment, estribo cortado *m.*
secret abutment, estribo ciego *m.*
abyss, abismo *m.*
abyssal rocks, rocas plutónicas *f.pl.*
A.C., abreviación de alternating current, q.v.
academic distinction, fama de académico *f.*
academician, académico *m.*
academy, academia *f.*
to accelerate, acelerar.
to accelerate from zero to maximum speed, acelerar desde la velocidad nula hasta la máxima.
accelerated motion, movimiento acelerado *m.*
accelerating-pump (aut.), bomba aceleradora *f.*

acceleration, aceleración *f.*
acceleration diagram, diagrama de aceleración *m.*
acceleration due to gravity, aceleración de la gravedad, aceleración terrestre *f.*
acceleration of 1.5 miles per hour per second, aceleración de 70 centímetros por segundo por segundo.
acceleration of piston, aceleración del émbolo *f.*
acceleration of vehicle, aceleración del vehículo.
acceleration pressure, efecto de aceleración *m.*
angular acceleration, aceleración angular *f.*
circular acceleration, aceleración de rotación *f.*
linear acceleration, aceleración rectilínea *f.*
tangential acceleration, aceleración tangencial *f.*
accelerator, acelerador *m.*
accelerator pedal (aut.), pedal del acelerador *m.*
accelerometer, acelerómetro *m.*
recording accelerometer, acelerómetro integrador *m.*
to accept, aceptar, recibir.
acceptance (com.), aceptación *f.*
acceptance (mach.), recepción *f.*
acceptance (of a tender for work), adjudicación *f.*
acceptance flight (av.), vuelo de recepción *m.*
acceptance test, prueba de recepción *f.*
access, acceso *m.*, entrada *f.*
accessible, accesible.
accessibility, accesibilidad *f.*
accessibility of moving parts, acceso a las partes móviles *m.*
accident, accidente *m.*, desgracia *f.*
accident insurance, seguro contra accidentes *m.*
accident prevention, precauciones contra accidentes *f.pl.*
accidents and dangers of the sea, accidentes y riesgos marítimos *m.pl.*
acclivity, cuesta *f.*
accommodation (av.), partición *f.*
accommodation (mar.), alojamiento, lugar *m.*
accommodation for 20 passengers (tr.), lugar para 20 pasajeros.
according to schedule, de acuerdo con un plan predeterminado.
to accost (naut.), abordar, atracar.
account (com.), cuenta *f.*
account-book, libro de cuentas *m.*
current account, cuenta corriente *f.*
accountant, tenedor de libros *m.*
accounts, contabilidad *f.*
accredited firm, firma bien conceptuada *f.*
accretion, acrecencia *f.*
to accumulate, acumular.
accumulator, acumulador *m.*
accumulator acid, ácido para relleno de acumuladores *m.*
accumulator box, caja porta-acumulador *f.*
accumulator capacity, capacidad del acumulador *f.*
accumulator cell, elemento de acumulador *m.*
accumulator grid, rejilla de acumulador *f.*
accumulator house, pabellón de los acumuladores *m.*
accumulator jar, recipiente de acumulador *m.*
accumulator manufacturer, fabricante de acumuladores *m.*
accumulator plate, placa de acumulador *f.*
accumulator room, sala de acumuladores *f.*
accumulator terminal, borne de acumulador *m*
accumulator testing, prueba de acumuladores *f.*
accumulator traction, tracción eléctrica por acumuladores *f.*
accumulator tray, bandeja de acumulador *f.*
chloride accumulator, acumulador al cloruro.
dry accumulator, acumulador seco.
Edison accumulator, acumulador Edison.
electric accumulator, acumulador eléctrico.
high-tension accumulator, acumulador de alta tensión.
jelly accumulator, acumulador en jales.
lead accumulator, acumulador de plomo.
low-tension accumulator, acumulador de baja tensión.
nickel-iron accumulator, acumulador al hierro níquel.
Planté accumulator, acumulador Planté.
portable accumulator, acumulador portátil.
stationary accumulator, acumulador fijo.
traction accumulator, acumulador para tracción.
accuracy, exactitud, justedad, precisión *f.*
accuracy within ± 1%, precisión de 1% en más o en menos.
accurate, exacto, preciso.
accurately, exactamente, con precisión.
accurately machined all over, mecanizado con precisión por doquier.
acetate, acetato *m.*
acetate of alumine, acetato alumínico.
acetate of lead, acetato de plomo.
cellulose acetate, acetato celulósico.
acetic anhydride, anhídrido acético *m.*
acetone, acetona *f.*
acetylene, acetileno *m.*
acetylene burner, pico de acetileno *m.*, antorcha de acetileno *f.*
acetylene-cutting under water, corte acetilénico submergido.
acetylene generator, gasógeno de acetileno *m.*
achromatic, acromático.
achromatic object-glass (opt.), objetivo acromático *m.*
achromatism, acromatismo *m.*
acid, ácido *m.*
acid-filler, rellenador de ácido *m.*
acid fumes, vaho ácido *m.*
acid process (met.), procedimiento ácido, procedimiento Bessemer *m.*
acid-proof, inatacable por el ácido (o por los ácidos), antiácido.
acid-rocks (geol.), rocas ligeras (o ácidas).
acetic acid, ácido acético.
arsenic acid, ácido arsénico.
benzoic acid, ácido benzóico.
boracic (or boric) acid, ácido bórico.
carbolic acid, ácido fénico.
carbonic acid, ácido carbónico.
cinnamic acid, ácido cinámico.
citric acid, ácido cítrico.
cresylic acid, ácido cresílico.
fatty acid, ácido graso.
formic acid, ácido fórmico.
gallic acid, ácido gálico.
hydrobromic acid, ácido bromhídrico.
hydrochloric acid, ácido clorhídrico, ácido muriático.
hydrocianic acid, ácido prúsico, ácido cianhídrico.
hydrofluoric acid, ácido fluorhídrico.
lactic acid, ácido láctico.
nitric acid, ácido azótico, ácido nítrico.
oxalic acid, ácido oxálico.
phosphoric acid, ácido fosfórico.
picric acid, ácido pícrico.
pyrogallic acid, ácido pirogálico.
pyro-sulphuric acid, ácido sulfúrico humeante.
stearic acid, ácido esteárico.

storage battery acid, ácido para relleno de baterías.
sulphuric acid, ácido sulfúrico, vitriolo *m.*
sulphurous acid, ácido sulfuroso.
tartaric acid, ácido tartárico.
vanadic acid, ácido vanádico.
to acidify, acidificar.
acidimeter, pesa-ácidos *m.*
acidity, acidez *f.*
total acidity in grains per cubic foot, acidez final en gramos por metro cúbico.
acidulous, acidulado.
acidulous water, agua acidulada *f.*
acoustics, acústica *f.*
acre, medida de superficie Inglesa equivalente a 4.047 metros cuadrados.
acreage, área, superficie (de un terreno o tierra) *f.*
across *adv.*, al través de, de través, del otro lado, por.
across (el.), en paralelo.
across a resistance (el.), montado en paralelo con una resistencia.
across country, a campo traviesa.
across the field (el.), en paralelo con la excitación.
across the fields (geog.), a través de los campos.
across the river, del otro lado del río.
to connect a shunt across the field (el.), conectar un shunt en paralelo con la excitación.
act (law), decreto *m.*
act of God, caso de fuerza mayor *m.*
building act (const.), legislación sobre construcciones *f.*
to act, actuar, ejercer, impulsar, mover, obrar.
the force acts, la fuerza actúa.
acting (mach.), de efecto.
actinic, actínico.
actinism, actinismo *m.*
actinograph, actinográfo *m.*
actinography, actinografía *f.*
actinoid, actinoide.
actinometer, actinómetro *m.*
actinometry, actinometría *f.*
action (law), pleito, juicio *m.*
action (mil.), batalla *f.*, combate *m.*
action (moving), acción, impulsión *f.*, movimiento *m.*
action at a distance, acción a distancia (o alejada), impulsión distante *f.*
to bring an action against (jur.), poner pleito a.
active materials (of accumulator, el.), pasta activa *f.*
active volcano, volcán vivo *m.*
actual *adj.*, efectivo, práctico, real, verdadero.
actual evaporation (boil., phys.), vaporización real *f.*
actual horse-power, potencia efectiva *f.*
actual manufacturers, fabricantes prácticos *m.pl.*
actual output (eng., mach.), capacidad efectiva, potencia real *f.*
actual power (mec.), fuerza efectiva *f.*
acute, agudo, terminado en punta.
acute angle, ángulo agudo.
acute-angled *adj.*, acutángulo, oxigonio.
acute-angled triangle, triángulo acutángulo *m.*
adamantean *adj.*, adamantino, diamantino.
to add, agregar, añadir, sumar.
to add acid to the electrolyte, añadir ácido al electrólito.
to add to, agregar, añadir.
to add up, sumar.
to add up graphically (mat., mec.), sumar gráficamente.
addendum (gears), cabeza *f.*
adding machine, sumadora mecánica, máquina de sumar *f.*
additional, suplementario.
additional charges, gastos extras *m.pl.*
additional machine, máquina suplementaria *f.*
adhesion, adherencia, adhesión *f.*
adhesive *adj.*, adherente, adhesivo.
adhesive weight (tr.), peso adherente (o tractor *m.*
adiabatic, adiabático.
adiabatic expansion (eng.), expansión adiabática *f.*
adiabatically, adiabáticamente.
adit (min.), galería de extracción *f.*
draining adit, galería de agotamiento *f.*, socavón *m.*
adjoining, contiguo.
adjoining buildings, edificios contiguos *m.pl.*
to adjudge, adjudicar.
to adjudicate, adjudicar.
to adjudicate the work to a contractor, adjudicar las obras a un contratista.
to adjust, ajustar, regular.
to adjust an average (mar.), asesorar averías.
to adjust the brushes (el.), calar las escobillas.
to adjust the cut-off (eng.), ajustar el grado de admisión.
to adjust the work on a machine, sujetar la pieza de trabajo sobre una máquina.
to adjust to zero the pointer of an apparatus, reponer al cero la aguja de un instrumento.
adjustable, ajustable, graduable, regulable.
adjustable arm, brazo graduable *m.*
adjustable bearings, soportes regulables.
adjustable nozzle (st. turb.), tobera regulable *f.*
adjuster, ajustador *m.*
adjustment, ajuste *m.*, graduación, regulación *f.*
adjustment of big-end (aut., eng.), ajuste de la cabeza de biela.
adjustment of brake-linkages (aut.), graduación de las bielas del freno.
adjustment of fan belt (aut.), ajuste de la tensión de la correa del ventilador.
adjustment of field (el.), regulación de la excitación *f.*
adjustment of valve timing (aut., eng.), ajuste de la coincidencia de válvulas.
admiral, almirante *m.*
admiralty, almirantazgo, Ministerio de la marina *m.*
admission, admisión, introducción *f.*
admission chamber (turb.), cámara de admisión *f.*
admission of steam, admisión (o introducción) del vapor.
admission pipe, tubo de llegada *m.*
admission pressure, presión de la admisión *f.*
axial admission (turb.), admisión axial.
full admission, admisión plena.
partial admission, admisión parcial.
radial admission (turb.), admisión radial.
tangential admission (turb.), admisión tangencial.
variable admission, admisión variable.
to admit, admitir.
to admit (ed.), recibir.
to admit (into), introducir.
to admit supplementary air (eng.), introducir más aire.
admittance (el.), admitancia *f.*
admixture, mixtura *f.*
adrift (naut.), a la deriva, al garete.
advance-cutter (techn.), barrena adelantada *f.*
advance-heading (c.e.), see heading.

to advance, adelantar, avanzar.
to advance the magneto, adelantar el encendido.
advanced starting signal (rly.), señal adelantada de salida (o de partida) *f.*
advantage, ventaja *f.*
adventurine (geol.), venturina *f.*
to advertise, anunciar.
advertisement, anuncio, aviso *m.*
advertising, publicidad *f.*
advice, consejo *m.*
advice (taken), consulta *f.*
advice (notice), aviso *m.*, noticia *f.*
advice-boat (nav.), aviso *m.*
advice of despatch, aviso de expedición *m.*
to advise (counsel), aconsejar.
to advise (to notify), anunciar, avisar, notificar.
adze, azuela, doladera *f.*
to adze *v.*, cajear, entallar.
to adze sleepers (rly.), entallar las traviesas.
aeolian, eólico.
aeolian bassin (geol.), cuenca eólica *f.*
to aerate, aerar.
aerated water, agua gaseosa *f.*
aeration, aeración *f.*
aerial *adj.*, aéreo, del aire.
aerial (wir.), antena *f.*
aerial capacity (wir.), condensador de antena *m.*
aerial change-over switch, conmutador de antena *m.*
aerial navigation (aer.), navegación aérea *f.*
aerial observer (mil.), vigía aérea *f.*
aerial torpedo, torpedo aéreo *m.*
aerial tuning inductance, bobina de sintonizar la antena *f.*
direction finder aerial (wir.), antena directriz.
directional aerial, antena dirigida (o giratoria).
emergency aerial, antena fortuita.
frame aerial, antena de cuadro.
indoor aerial, antena de interior.
L-type aerial, antena en L.
receiving aerial, antena receptora.
sending aerial, antena emisora.
trailing aerial (aer.), antena colgante.
transmitting aerial, antena de emisión.
umbrella-type aerial, antena en forma de paraguas.
aero-survey, deslinde aéreo, deslinde desde avión *m.*
aerobatics (av.), acrobacia aérea.
aerodrome, aeródromo *m.*
aerodynamic contour (or lines) (aut., av.), perfil aerodinámico *m.*
aerodynamics, aerodinámica *f.*
experimental aerodynamics, aerodinámica experimental.
aerometer, aerómetro *m.*
aerometry, aerometría *f.*
aeronaut, aeronauta *m.*
aeronautical, aeronáutico.
aeronautical engineering, técnica aeronáutica *f.*
aeronautics, aeronáutica *f.*
aeroplane, aeroplano, avión *m.*
aeroplane-carrier (nav.), portaaviones *m.*
aeroplane performance, actuación del aeroplano *f.*
aeroplane shed, cobertizo para aeroplanos *m.*
all-metal aeroplane, avión enteramente metálico *m.*
aerostatics, aerostática, aerostación *f.*
aesthetics, estética *f.*
aetites (min.), etites, piedra de águila *f.*
A.F., abreviación de audio-frequency, q.v.
affinity, afinidad *f.*
to affix, fijar.
affluent (geog.), afluente, tributario *m.*
afforestation, plantío *m.*
to affreight, fletar.
afloat, flotante, a flote.
to get afloat, desvarar.
afore (naut.), a proa.
aft (naut.), a popa, en popa.
after *adj.*, posterior, ulterior, subsiguiente.
after *adv.*, después.
after *prep.*, detrás.
after-hours, horas suplementarias *f.pl.*
afternoon, tarde *f.*
against the flow (hyd.), a contracorriente.
against the grain (wood), a contra fibra.
agalloch, aquilaria, madera de áloe *f.*, palo de águila *m.*
agency, agencia *f.*
agent, agente *m.*
forwarding agent, expedidor *m.*
shipping agent, agente marítimo *m.*
agreement, convenio *m.*
agreement of lease, contrato de arrendam ento *m.*
written agreement, convenio por escrito.
agricultural, agrícola.
agricultural implements, utensilios agrícolas *m.pl.*, herramientas para agricultura *f.pl.*
agricultural work, faenas agrícolas *f.pl.*
agricultural school, escuela agronómica (o de agricultura, o de agronomía) *f.*
agriculture, agricultura *f.*
agronomist, agrónomo *m.*
agronomy, agronomía *f.*
aground (naut.), encallado, varado.
aileron, alerón *m.*
aim, puntería *f.*, blanco *m.*
air, aire *m.*
air-blast, chorro de aire *m.*
air-brake, freno neumático *m.*
air-break switch (el.), interruptor de disrupción en el aire *m.*
air-bubble, burbuja de aire *f.*
air-chamber, cámara de aire *f.*
air-compression stroke (eng.), carrera de compresión *f.*
air-conditioning, purificación del aire.
air-conduit, tubería de aire *f.*
air-cooled, enfriado por aire.
air-cooled engine, motor de aletas *m.*
air-cooler, enfriador del aire *m.*
air-cooling, enfriamiento por aire *m.*
air-course (min.), vía de aeración *f.*
air-cylinder, cilindro de aire comprimido *m.*
air discharge nozzle, tobera soplante *f.*
air-draught (boil.), tiro *m.*
air drill, taladro al aire comprimido *m.*
air drying plant, instalación secadora de aire *f.*
air-duct, canalización de aire *f.*, conducto de aire *m.*
air-eddy, torbellino *m.*
air-filter, depurador de aire *m.*
air force, fuerzas aéreas *f.pl.*, aviación militar *f.*
air-gap (el.), entrehierro *m.*
air-gap ampere-turns, amperios vueltas de entrehierro *m.pl.*
air heating, calefacción por aire caliente *f.*
air-hole, respiradero *m.*
air-inlet, llamada de aire *f.*
air inlet cock, grifo de admisión del aire *m.*
air intake, toma de aire *f.*
air mail, correo aéreo *m.*
air manœuvres, maniobras aéreas *f.pl.*
air meeting, reunión aérea *f.*

Air Ministry, Ministerio de la Aeronáutica *m.*
air pipe, tubo de llamada de aire *m.*
air-pocket (aer.), depresión *f.*
air preheater, calentador preliminar del aire *m.*
air-proof *adj.*, hermético.
air-pump (eng.), bomba de aire *f.*
air-pump (phys.), máquina neumática *f.*
air-pump (turb.), bomba de vacío *f.*
air raid (mil.), ataque aéreo *m.*
air-shaft (min.), pozo de ventilación *m.*
air-shaft (naut.), manga de aire *f.*
air speed (av.), velocidad relativa al aire *f.*
air-speed indicator (aer.), velocímetro aéreo *m.*
air-stone (geol.), aerolito, meteorito *m.*
air-strainer, filtro de aire *m.*
air-straining, filtrado del aire *m.*
air supply, provisión (o llegada) de aire *f.*
air survey, deslinde aéreo *m.*
air survey map, mapa aéreo fotográfico *m.*
air-tight, hermético.
air-vessel (pump), cámara de compresión *f.*
ambient air, aire libre *m.*
close air, aire denso.
compressed air, aire comprimido.
explosive air, aire inflamable, aire explosivo.
foul air, aire viciado (o mefítico).
pure air, aire puro.
aircraft, aeroplano, avión *m.*
aircraft operation, explotación aérea *f.*, servicio aéreo *m.*
civil aircraft, aeroplano civil *m.*
commercial aircraft, aeroplano de transportes.
naval aircraft, aeroplano naval *m.*
service aircraft, avión militar *m.*
airfoil, plano aerodinámico *m.*
airless, sin ventilación.
airless-injection (eng.), inyección sin aire *f.*
airman, aviador *m.*
airport, aeropuerto *m.*, estación de aeroplanos *f.*, paradero de aeroplanos *m.*
airscrew, hélice aérea, hélice de aeroplano (o de dirigible) *f.*
airscrew hub, cubo de hélice *m.*
pusher airscrew, hélice propulsiva.
tractor airscrew, hélice tractiva.
variable-pitch airscrew, hélice aérea de paso variable.
airship, globo dirigible *m.*, aeronave *f.*
airship envelope, tela de aeronave *f.*
airway, ruta aérea *f.*
airway beacon, baliza de aeronavegación *f.*
airworthiness (aer.), aptitud de vuelo *m.*
alarm, alarma *f.*
alarm bell, campanilla de alarma *f.*
alarm-clock, despertador *m.*
alarm-post (mil.), atalaya *f.*
burglar alarm, alarma contra ladrones.
to alarm (to call to danger), dar la alarma.
albumen, albúmina *f.*
alcohol, alcohol *m.*
alcohol ethyl, alcohol etílico.
alcohol methyl, alcohol metílico.
alcohol of turpentine, alcohol de terebentina *m.*
alcohol wood, alcohol piroleñoso.
alcoholate, alcoholato *m.*
alcoholic, alcohólico.
alcoholmeter, alcoholímetro *m.*
alcove (arch.), alcoba *f.*
alcove (in a garden), glorieta *f.*
aldehyde, aldehido *m.*
alder (bot.), aliso *m.*
alderabanium (chem.), iterbio, neo-iterbio *m.*
algebra, álgebra *f.*
algebraic, algebráico, algébrico.
algebraic function, función algébrica *f.*
algebraic sum, suma algébrica *f.*
to alight, bajar.
to alight from the train, bajarse del tren.
to alight on water (av.), acuatizar.
alighting gear (av.), aparejo de aterrizado *m.*
to align, alinear, poner en línea, enfilar.
alignment, alineación *f.*, enfilado *m.*
alignment indicator, indicador de alineación *m.*
alignment of bearings, alineación de los cojinetes.
alignment of front wheels (aut.), enderezamiento de las ruedas delanteras.
crankshaft alignment indicator dial-reading type, indicador de alineación de cuadrante para cigüeñales.
aliquot, alícuota.
aliquot parts, partes alícuotas *f.pl.*
alkali, álcali *m.*
alkaline, alcalino.
alkaline earth, óxido alcalino-terroso *m.*
alkalinity, alcalinidad *f.*
all-night service, servicio nocturno permanente *m.*
all-steel *adj.*, enteramente de acero.
all-wave *adj.*, de onda universal, para toda onda.
alley, callejón *m.*, callejuela *f.*
alley-way, (mar.), pasadizo *m.*
allotropic, alotrópico.
allotropy, alotropía *f.*
allowance (grant), partida *f.*
allowance (mec.), tolerancia *f.*
allowance (pension), pensión *f.*
load allowance, margen de peso *f.*
alloy (met.), aleación *f.*
acid-proof alloy, aleación antiácida.
to alloy, alear.
alluvial, aluvial.
alluvial basin, cuenca aluvial *f.*
alluvial claim (min.), concesión de tierras aluviales *f.*
alluvial deposit, aluvión *m.*
alluvial-dredge, draga de aluviones *f.*
alluvial drift, criadero de grava aluvial *m.*
alluvion (or alluvium), aluvión *m.*, tierra aluvial *f.*
almond, almendra *f.*
almond-tree, almendro *m.*
to alter, alterar, cambiar.
to alter the hours of working (service), cambiar las horas del servicio.
to altern, alternar.
alternate angles, ángulos alternos *m.pl.*
alternating *adj.*, alternado, alterno.
alternating current, corriente alterna *f.*
alternating current plant, instalación de corriente alterna *f.*
alternating current system, sistema de corriente alterna *m.*
alternating-mains (el.), red alterna *f.*
alternating-mains operation, funcionamiento por la red alterna *m.*
alternating motion, movimiento alterno *m.*
alternating motion machine, máquina de movimiento alterno *f.*
alternation, alternación *f.*
alternator, alternador *m.*
alternator rating, régimen del alternador *m.*
cylindrical-rotor alternator, alternador de polos lisos.
inductor alternator, alternador de hierro giratorio.
revolving-armature alternator, alternador de inducido móvil.

revolving-field alternator, **alternador de inductor giratorio (o móvil).**
a three-phase 12,000 kw. 1,500 R.P.M. 50-cycle four-pole 6000 Volts hydraulic-turbine-driven alternator, **un alternador trifásico tetrapolar, de 12.000 KV, 1.500 v.p.m., 50 períodos, 6000 voltios, acoplado a una turbina hidráulica.**
altimeter, altímetro *m.*
altimetry, altimetría *f.*
altitude-compensator (of carburettors, **av.**), corrector altimétrico *m.*
alum, alumbre *m.*
alum-mine, **alumbrera *f.***
alumina, alúmina *f.*
aluminiferous, alumbroso.
aluminium, aluminio *m.*
aluminium acetate, **acetato de aluminio *m.***
aluminium cell rectifier, **rectificador de ánodos alumínicos** *m.*
aluminium-gold, **bronce de aluminio *m.***
alumite, aluminita *f.*
amalgam, amalgama *f.*
to amalgam, **amalgamar.**
amalgamated *adj.*, **amalgamado.**
amalgamation, amalgamación *f.*
amateur, aficionado *m.*
amber, ámbar *m.*
ambient *adj.*, **ambiente, circundante.**
ambient temperature, **temperatura ambiente *f.***
ambient temperature of reference, **temperatura ambiente de comparación *f.***
ambient temperature test, **prueba bajo la temperatura ambiente *f.***
amethyst, amatista *f.*
ammeter, amperímetro *m.*
alternating current ammeter, **amperímetro para corriente alterna.**
continuous current ammeter, **amperímetro para corriente continua.**
electromagnetic ammeter, **amperímetro electromagnético.**
field ammeter, **amperímetro de la excitación.**
hot-wire ammeter, **amperímetro de hilo caliente, amperímetro térmico.**
moving-coil ammeter, **amperímetro de cuadro móvil.**
recording ammeter, **amperímetro registrador.**
ammonia, amoníaco *m.*
ammonia water, **agua amoniacal *f.***
ammonite (geol.), amonita, amonites *m.*
ammonium chloride, cloruro amónico *m.*
ammonium sulphate, **sulfato amónico *m.***
ammunition, municiones *f.pl.*
amorphous, amorfo.
amount, importe, total *m.*
amount due, **suma a pagar *f.***
amount of air required for combustion, **volumen de aire necesario para la combustión.**
amount required, **cantidad necesaria *f.***
to amount, **ascender a, importar, montar a.**
to amount to (sum), **montarse a.**
the profits amount to, **los beneficios se montan a.**
ampere, amperio *m.*
ampere-hour, **amperio hora *m.***
ampere-turn, **amperio-vuelta *m.***
ampere-turn per phase, **amperios-vueltas por fase *m.pl.***
ampere-turn to drive flux through the pole, **amperios-vueltas para impeler el flujo por el polo.**
amperemeter, *see* ammeter.
amphibian (av.), aeroplano ambiaterrizador *m.*
amphibole, anfíbol *m.*
amplification, amplificación *f.*
amplification factor (wir.), **coeficiente de amplificación *m.***
amplification stage, **paso amplificador *m.***
amplifier, amplificador *m.*
amplitude, amplitud *f.*
amplitude curve, **curva de la amplitud *f.***
amygdalene (chem.), amigdalina *f.*
amygdaloid (geol.), roca amigdaloide *f.*
amyl, amila *f.*
amylene, amilina *f.*
anallatic *adj.*, analático.
anallatic-lens (opt.), **lente analático (o analática) *m. & f.*, vidrio analisador *m.***
anallatic telescope, **telescopio analático *m.***
analogous, análogo.
to analyse, analizar.
to analyse an ore, **analizar mineral.**
to analyse water, **analizar agua.**
analysis, análisis *m. & f.*
analysis of coal, **análisis del carbón.**
analysis of burnt gases (aut., eng.), **análisis de los gases de escape.**
analysis of flue gases (boil.), **análisis del humo.**
analytical, analítico.
analytical method, **método analítico *m.***
anchor (mar.), ancla *f.*
anchor (mec.), **áncora *f.***
anchor escapement, **escape de áncora *m.***
anchor-wire, **cable de amarre *m.***
to anchor (arch., eng.), **atirantar, amarrar, afirmar.**
to anchor (naut.), **anclar, fondear.**
to anchor (to stay), **afirmar, arriostrar asegurar, retener, sujetar.**
anchorage (const.), arriostramiento *m.*, retención *f.*
anchorage chain, **cadena de retén *f.***
anchorage for overhead line structures, **atirantado de pilones de líneas de transmisión.**
anchorage pillar, **pila de retén *f.***
anchored (naut.), surto.
anchoring-cable (c.e.), cable de retén *m.*
anchoring-ground (mar.), **fondeadero *m.***
ancient formation (geol.), conglomeración primitiva (o antigua) *f.*
andean, andino.
andean formation (geol.), **sistema andino *m.***
the Andes, la cordillera de los Andes *f.*
andesite (min.), andesita *f.*
anemometer, anemómetro *m.*
aneroid, barómetro aneroide *m.*
angle, ángulo *m.*
angle-bar, **cantonera *f.*, hierro angular *m.***
angle-board (const.), **tablilla de alero *f.***
angle-fishplate (c.e.), **brida en escuadra (o angular) *f.***
angle-iron, **escuadra *f.***
angle-iron bending machine, **máquina de encorvar escuadras *f.***
angle-iron shearing machine, **cizalla para escuadras *f.***
angle of action (techn.), **ángulo de trabajo.**
angle of bend (of a road, line or the like), **ángulo de recodo.**
angle of blade (of airscrew), **ángulo de incidencia (entre la cuerda y el plano de rotación de una hélice aérea).**
angle of clearance (mach.-tool), **ángulo de destajo.**
angle of climb (av.), **ángulo ascensional.**
angle of crossing (rly.), **ángulo de cruce.**
angle of deflexion (c.e., mec.), **ángulo de flexión.**

angle of dip, ángulo de inclinación.
angle of dip (geol., min.), buzamiento *m.*, inclinación *f.*
angle of divergence (phys.), ángulo de desviación.
angle of draw (min.), ángulo de extracción.
angle of efflux (turb.), ángulo de salida.
angle of elevation for greatest range (art.), ángulo de mayor alcance.
angle of gliding (av.), ángulo de planeado.
angle of keying (of the eccentric, eng., loco.), ángulo de calado.
angle of lag (el., phys.), ángulo de atraso.
angle of lead (el., phys.), ángulo de avance.
angle of repose (c.e.), ángulo de asiento, talud natural *m.*
angle of repose of moist earth, talud natural de la tierra húmeda *m.*
angle of shear strain (mec.), ángulo de cizallamiento.
angle of sight (surv.), ángulo de la visual.
angle of stagger (av.), ángulo de descalado.
angle of strike (min.), ángulo direccional.
angle of torsion, ángulo de torsión.
angle-plate (mach.), escuadra de apoyo *f.*
angle sleeker (found.), escuadra de enrasar *f.*
angle station (surv.), puesto de ángulo *m.*
angular, angular.
to anhydrate, deshidratar.
anhydride, anhidrido *m.*
anhydrite, anhidrita *f.*
anhydrous, anhidro.
aniline, anilina *f.*
anime (bot.), goma copal *f.*
anion, anión *m.*
to anneal, recocer.
annealed *n.*, recocido *m.*
annealing, recocido *m.*
annular, anular.
annunciator-board, cuadro indicador, letrero *m.*
anode, ánodo *m.*
anode bend rectification (wir.), rectificación por la curvadura anódica *f.*
anode-converter (el., wir.), commutatriz para alimentación anódica *f.*
anode current, corriente anódica *f.*
anode impedance, impedancia anódica *f.*
anode supply, alimentación anódica *f.*
answer, contestación, respuesta *f.*
answer (of problem), solución *f.*
in answer to your letter, en contestación a su estimada carta.
to answer, contestar, responder.
ant, hormiga *f.*
ant-hill, hormiguero *m.*
antacid (chem.), antiácido *m.*
antechamber, antecámara *f.*
anthracite, antracita *f.*
anthropozoic (geol.), cuaternario.
anti-aircraft *adj.*, contra aviones.
the anti-aircraft protection, la defensa contra aviones *f.*
anti-clockwise motion, movimiento circular hacia izquierda *m.*
anti-clockwise running (eng.), rotación contraria a las agujas del reloj *f.*
anti-fading (wir.), antidebilitación *f.*, anti desvanecimiento *m.*
anti-friction *adj.*, resistente a la fricción, anti friccional.
anti-friction metal, metal antifriccional *m.*
anti-inductive *adj.*, antiself.
anti-knock (aut., chem.), antidetonante.
anti-microphonic (tel., wir.), anti ruidos.
anti-priming (st. eng.), antiarrastre de líquidos.
anti-rust coating (paint.), capa antioxidante *f.*
anticlinal stratum (geol.), capa anticlínica *f.*, estrato anticlínico *m.*
anticline (geol.), anticlinal *m.*
anticlinorium (geol.), abanico compuesto *m.*
anticlinal *adj.*, anticlinal, anticlínico.
anticyclone, contraciclón *m.*
antimony, antimonio *m.*
anvil, yunque *m.*
double bick anvil, bigornia *f.*
aperiodic, aperiódico.
aperiodicity, aperiodicidad *f.*
aperture, abertura *f.*, boquete, orificio *m.*
apex, ápice *m.*, cima *f.*
aphrite (geol.), áfrita, aragonita nacarada *f.*
apogean (ast.) *adj.*, apógeo.
apogee (ast.), apogeo *m.*
apothecary, boticario *m.*
apparatus, aparato *m.*
apparent watts (el.), energía reactiva (o aparente) *f.*, vatios aparentes *m.pl.*
appeal (law), apelación *f.*
apple (bot.), manzana *f.*
apple-tree, manzano *m.*
appliance, aparato, accesorio, medio *m.*
applicant, solicitante *m.*
application (request), solicitud *f.*
applied chemistry, química industrial *f.*
applied E.M.F., F.E.M. contactual *f.*
applied mathematics, matemáticas prácticas *f.pl.*
apply to the owner !. dirigirse al dueño.
to apply, aplicar.
to apply a force, aplicar (o ejercer) una fuerza.
to apply a layer of red (paint.), encapar de rojo.
to apply for a post, proponerse para un empleo.
to apply the brakes, apretar los frenos, frenar.
to apply the brakes gradually, frenar poco a poco.
to appoint, nombrar, designar.
to appraise (com.), valorar, valorear.
apprentice, aprendiz *m.*
approach, acceso *m.*, entrada *f.*
to approach, acercar, acercarse.
to approve, aprobar.
approximate, aproximativo.
approximate weight, peso aproximativo *m.*
approximation, aproximación *f.*
apron (garment), delantal *m.*
apron (of a dock), piso de dársena *m.*
apron (ship's), contrabranque *m.*
aqueduct, acueducto *m.*
aqueous, acuoso.
aqueous rocks (geol.), rocas sedimentarias *f.pl.*
arbitration, arbitraje *m.*
arc, arco *m.*
arc lamp, lámpara de arco *f.*
arc lamp carbon, electrodo de carbón para lámpara de arco *m.*
arc lighting, alumbrado por lámpara de arco *m.*
arc of a circle, arco de círculo *m.*
arc of swinging (mec.), arco de oscilación.
electric arc, arco eléctrico.
singing arc (el.), arco sonoro.
arch, arco *m.*, bóveda *f.*
arch of a furnace (boil.), arco del hogar.
annular arch, arco anular.
ashlar arch, arco de sillares.
blind arch, falso arco *m.*, falsa bóveda *f*
back arch, bóveda de descarga.
drop arch, arco de carena.
gothic arch, arco ojival.

lancet arch, arco ojival en lanza.
ogee arch, arco ojival punteado.
peak arch, arco de talón.
rampant arch, arco inclinado.
scheme arch, arco bombeado.
semicircular arch, arco de medio punto.
skew arch, arco en esviraje.
stilted arch, arco peraltado.
three-centred arch, arco apainel.
tie arch, arco de refuerzo.
three-pinned arch, arco de triple rótula.
trefoil arch, arco trilobulado.
trussed arch, arco de celosía.
twin arch, arco geminado.
arched (shape), arqueado, abovedado, bombeado.
archeology, arqueología *f.*
archipelago, archipiélago *m.*
architect, arquitecto *m.*
architecture, arquitectura *f.*
architectural, arquitectónico.
architrave, arquitrabe *m.*
archivolt, arquivolta *f.*
archway, arcada *f.*
arcing (el.) *adj.*, producente de arco.
arcing device, dispositivo inductor de arco *m.*
arcing-over (el.), salto de chispas *m.*
arctic, ártico.
arctic circle, círculo ártico *m.*
are (meas.), área *f.* (o 100 metros cuadrados).
area (geom.), superficie *f.*
area (space), zona *f.*
area bounded by a curve (geom.), superficie circunscrita por una curva.
area of contact (el.), superficie de contacto *f.*
area of supply (el., hyd.), zona servida *f.*
area of steam passages, sección de las lumbreras de vapor *f.*
areometer, areómetro, pesalicores *m.*
arenaceous *adj.*, arenisco, arenoso.
arenaceous rocks, rocas areniscas *f.pl.*
argentiferous, argentífero.
Argentine (nationality), Argentino.
the Argentine (geog.), la Argentina, la República Argentina *f.*
argillaceous, arcilloso.
argol, bitartrato crudo potásico *m.*
argon, argo *m.*
arithmetic, aritmética *f.*
arkose (geol.), arcosa *f.*
arm (of couple of forces, mec.), brazo de palanca *m.*
arm (weapon), arma *f.*
arm of a couple (mec.), palanca de un par *f.*
arm of flywheel, brazo del volante *m.*
to arm, armar.
armature (dynamo), inducido *m.*
armature (of magnet or the like), armadura *f.*
armature ampere-turns, amperios-vueltas en el inducido *m.pl.*
armature coil, bobina de inducido *f.*
armature cooling, enfriamiento del inducido *m.*
armature-cooling by fan, enfriamiento del inducido por aletas *m.*
armature core (dynamo), núcleo *m.*
armature equaliser connection, hilo de equilibrado de los inducidos *m.*
armature reaction, reacción del inducido *f.*
armature slot, ranura de inducido *f.*
armature-stamping, palastro para inducido *m.*
armature voltage, voltaje en el inducido *m.*
armature winding, arrollamiento del inducido *m.*
drum armature, inducido forma tambor.
ring armature, inducido en anillo.
armour (nav.), blindaje *m.*
armour (protection), armadura *f.*, blindaje *m.*
armour-belt (nav.), faja acorazada *f.*
armoury, armería *f.*
army, ejército *m.*
aromatic serie (chem.), serie aromática *f.*
around, alrededor.
to arrange, arreglar, colocar, ordenar.
arrangement, arreglo *m.*, colocación *f.*
arrester (el.), *see* lightning-arrester.
arrival, llegada *f.*
to arrive, llegar.
arrow, flecha *f.*
arrow (surv.), piquete *m.*
arseniate, arseniato *m.*
arseniate of cobalt, cobalto arseniatado *m.*
arseniate of lime, arseniato de cal *m.*, farmacolita *f.*
arsenic, arsénico *m.*
arsenic bloom, ácido arsénico *m.*
arsenic sulphide, trisulfuro de arsénico *m.*
white arsenic, ácido arsenioso *m.*
arsenical, arsenical.
arsenious, arsenioso.
arsenite, arsenito *m.*
arseniuret, arseniuro *m.*
arsenopyrite, pirita arsenical *f.*
arsine (AsH_3), hidrógeno arseniurado.
arson, incendiarismo *m.*
artesian well, pozo artesiano *m.*
article, artículo *m.*
articulated, articulado, plegadizo.
articulated arm, brazo plegadizo *m.*
articulated vehicle, vehículo articulado *m.*
artillery, artillería *f.*
as a rule, por lo general.
as shown, según se muestra.
asbestos, amianto *m.*
asbestos board, cartón de amianto *m.*
asbestos-cloth, tela de amianto *f.*
asbestos-packing (eng.), empaquetadura de amianto *f.*
asbestos rope, cuerda de amianto *f.*
asbestos-sheet, hoja de amianto *f.*
ascending *adj.*, ascendente.
ascensional, ascensional.
ascertain that petrol tank has been filled, asegúrese que el depósito de gasolina está lleno.
to ascertain that the clack-valve has returned to its seat (loco.), asegurarse si la válvula unidireccional ha vuelto a su sitio.
ash, ceniza *f.*
ash (bot.), fresno *m.*
ash-blue, azul de cobalto *m.*
ash-content (of a fuel), porcentaje de cenizas *m.*
ashes, cenizas *f.pl.*
ash-ejector, evacuador de cenizas *m.*
ash-handling plant, instalación de evacuar cenizas *f.*
ash-hoist, elevador de cenizas *m.*
ash-pan, cenicero *m.*
ash-pit, hoyo para cenizas, cenicero *m.*
ash-shoot, canaleta de evacuar cenizas *f.*
ash-sifter, criba de cenizas *f.*
ashlar, sillar *m.*
ashlar masonry, cantería, sillería *f.*
dressed ashlar, canto labrado *m.*
rough ashlar, canto sin labrar *m.*
ashlering (carp.), ligazón de piso *f.*
aslant, sesgado.
aspect ratio (i.e. $\frac{\text{span}}{\text{chord}}$, av.), alargamiento *m.*

aspen (bot.), álamo *m.*
asphalt, asfalto *m.*
asphalt paving, asfaltado *m.*
asphaltic, asfáltico.
asphalting, asfaltado *m.*
assay, ley, prueba, riqueza *f.*, título *m.*
assay of 6 dwts. per ton crushed (gold), ley de 12 gr. por tonelada molida.
to assemble (techn.), ensamblar, montar.
assembling (techn.), montaje *m.*
assembling shop, taller de montaje *m.*
assessor (naut.), repartidor de averías *m.*
assets (com.), activo *m.*, bienes *m.pl.*
assistant, ayudante *m.*
assistant-engineer, subingeniero *m.*
association, asociación, unión *f.*
assortment, surtido *m.*
to assume, suponer, presuponer.
assumed ultimate strength of 60,000 lbs. per sq. in., límite de rotura dado de 4,2 toneladas por cm^2.
assuming that, suponiendo que . . .
assymetrical, asimétrico.
astatic, astático.
astatic coil (el.), bobina astática *f.*
astaticity, astaticidad *f.*
astern (naut.), a popa, hacia popa.
to go astern (ship's movement), retroceder.
astronomer, astrónomo *m.*
astronomical, astronómico.
astronomy, astronomía *f.*
asymmetrical, asimétrico.
asymmetry, asimetría, disimetría *f.*
asymptote, asíntota *f.*
at owner's risks (tr.), al riesgo del destinatario.
at full speed, a toda velocidad.
at the bottom of the mine (or the sea), en el fondo de la mina (o del mar).
at the height of the season, en plena estación.
at the top of the hill, en la cima de la montaña.
atmosphere, atmósfera *f.*
atmospheric, atmosférico.
atmospheric disturbance, perturbación atmosférica *f.*
atmospheric interference (wir.), disturbios magnéticos atmosféricos *m.pl.*, interferencia magnética *f.*
atmospherics (wir.), ruidos parásitos *m.pl.*
atome, átomo *m.*
atomic, atómico.
atomic weight, peso atómico *m.*
atomisation (aut., eng.), pulverización *f.*
to atomise, pulverizar.
to atomise oil, pulverizar petróleo.
atomiser (aut., eng.), pulverizador *m.*
atomising by compressed air, pulverización por aire comprimido.
attachment, atadura, ligazón, ligatura, unión *f.*
attendance (of mach. or works), cuidado *m.*, custodia *f.*, servicio *m.*
attendant, cuidador, custodio, encargado *m.*
boiler attendant, encargado de las calderas.
attic (arch.), buhardilla *f.*
to attract, atraer.
attraction, atracción *f.*
auction, almoneda *f.*, remate (S.A.) *m.*
auction sale, venta en pública subasta *f.*, remate (S.A.) *m.*
audio-frequency, frecuencia auditiva *f.*
audio-frequency measuring-set, caja medidora de frecuencias auditivas *f.*
audio-frequency oscillator, generador de ondas de audiofrecuencia *m.*
auditor (com.), revisor de cuentas *m.*
auriferous *adj.*, aurígero, aurífero.
auriferous alluvial, aluvión aurífero *m.*
auriferous veins in metamorphic Silurian strata, filones auríferos en estratos silurianos metamórficos.
Australian-stamp (min.), bocarte australiano *m.*
authentic, auténtico.
authorisation, autorización *f.*
authoritative advice, consejos periciales *m.pl.*
authority, autoridad *f.*, poder *m.*
auto-transformer, auto-transformador *m.*
autogenous, autógeno.
autogenous welding, soldadura autógena *f.*
autogyro, autogiro *m.*
automatic, automático.
automatic break (el.), interrupción automática *f.*
automatic-feed (mach.), avance automático *m.*
automatic exhaust-gear (mec.), mecanismo automático de escape *m.*
automatic fire-signal, alarma automática contra incendios *f.*
automatic signalling (rly.), señalización automática *f.*
automatic-stoking (boil.), carga automática *f.*
automatic-stop (rly.), cocodrilo *m.*
automatic system, sistema automático *m.*
automatic telephone system, sistema telefónico automático *m.*
automatic vending machine, distribuidora automática *f.*
automatic voltage-regulator, regulador automático de la tensión *m.*
automatic-weigher, báscula automática *f.*
automatical, automático.
automatically, automáticamente.
automobile, automóvil *m.* (*see also* car).
electric automobile, automóvil eléctrico, coche eléctrico, electromóvil *m.*
auxiliary, auxiliar.
available, disponible.
available (valid), válido.
available at the terminals (el.), disponible entre bornes.
110 V. available at the terminals, 110 V. disponibles entre bornes.
available energy, energía disponible *f.*
available space, lugar disponible *m.*
avalanche, alud, lurte *m.*
average (mar.), avería *f.*
average (mat.), promedio, término medio *m.*
average adjuster, asesor de averías *m.*
average content (min.), título medio *m.*
average load (el., mec.), carga media *f.*
average performance (eng.), funcionamiento mediano *m.*
average price, precio medio *m.*
average policy (insurance), póliza de averías *f.*
average rate of climb (av.), subida media *f.*
average speed, velocidad media *f.*
average voltage, voltaje medio *m.*, tensión media *f.*
to avoid, evitar.
aviation, aviación *f.*
aviation-ground, parque de aviación *m.*
aviation-weather-service, meteorología para aviones *f.*
civil aviation, aviación comercial.
avoirdupois, unidad de peso Británica.
awash, a flor de agua.
away, alejado.
awl, lesna *f.*

awning, tienda *f.*
awning (of shop), toldo *m.*
awning (mar.), toldilla *f.*
axe, hacha *f.*
barking axe, hacha de descortezar *f.*
clearing (or felling) axe, hacha de talar.
hewing axe, hacha de desbastar.
mortising axe, hacha de ahuecar.
pick axe, pico *m.*
pole axe, hacha de mano.
slate axe, piqueta de pizarrero *f.*
axial, axial.
axial compression (mec.), compresión según la dirección del eje *f.*
axial displacement (movement), movimiento paralelo al eje *m.*
axiom, axioma *m.*
axis, eje *m.*
axis (of balance), fiel *m.*
axis of co-ordinates (mat.), ejes de coordenadas *m.pl.*
axis of collimation (surv.), línea de fe *f.*
axis of inertia, eje de inercia.
axis of rotation, eje de rotación.
axis of spindle (mach.), eje del árbol.
axis of symmetry, eje de simetría.
axis of the earth, eje de la tierra.
axis of the ecliptic (ast.), eje de la eclíptica.
axle, eje *m.*
axle-bearing, soporte de eje *m.*
axle-box, caja de engrase *f.*
axle boxes fitted with self-aligning roller bearings, cajas de engrase provistas de rodillos de alineación automática.
axle-ending and centring machine, torno de centrar y terminar ejes *m.*
axle grinding machine, rectificadora para ejes *f.*
axle-pit (rly.), foso de montar ejes *m.*
axle-tree, árbol *m.*
arched axle, eje arqueado.
driving axle (rly.), eje motor.
live axle, eje motor.
rear axle, eje posterior.
axunge, pringue *m.* & *f.*
azimuth, azimut *m.*
azimuth compass, brújula azimutal *f.*
azurite (min.), azurita, malaquita azul *f.*, cobre carbonatado azul *m.*

B

B-battery (wir.), batería de placa, batería anódica *f.*
Babbit-bushed *adj.*, guarnecido de metal antifricción.
Babbit metal, metal antifricción *m.*
Babbiting *n.*, guarnecimiento de metal antifricción *m.*
bachelor (ed.), bachiller *m.*
back *n.*, espalda *f.*, revés *m.*, parte posterior *f.*
back (of a book), lomo *m.*
back (of a chair or seat), respaldo *m.*
back (of a house), espalda *f.*
back (of an arch), extradós *m.*
back (of cutting inst.), recazo *m.*
back and forth motion, movimiento de atrás para adelante, movimiento de vaivén, vaivén *m.*
back-calipers, compás de gruesos de cremallera *m.*
back-centre (of a lathe), contrapunta *f.*
back-connected (el.), conectado por detrás.
back connection (el.), conexión por detrás (o posterior) *f.*
back-coupling (wir.), sintonización retroactiva *f.*
back current (el.), contracorriente *f.*
back dead centre (eng.), punto muerto atrás *m.*
back end, lado posterior, posterior *m.*
back-eccentric (st. eng.), excéntrica de contramarcha (o de contravapor) *f.*
back-firing (aut., eng.), encendido prematuro, retorno de llamas, retroceso de llamas, fogonazo del encendido *m.*
back-firing prevention switch, interruptor antirretorno de llamas *m.*
back-gear (loco.), distribución de marcha atrás *f.*
back-header (boil.), colector posterior *m.*
back-kick, contragolpe *m.*
back-nut, contratuerca *f.*
back-pressure, contrapresión *f.*
back-sight (surv.), retrolectura, retrovisión, lectura por detrás *f.*
back-square, escuadra de carpintero *f.*
back-stay (of a bridge), amarre *m.*
back-steam (eng.), contravapor *m.*
back-water, remanso *m.*
back view (draw.), vista por detrás *f.*
back-wing (arch.), cuerpo posterior de un edificio *m.*
to back (a document), endosar.
to back (to reinforce), apoyar.
to back astern (naut.), ciar, retroceder.
to back-off (text.), despuntar el hilo.
backdoor, puerta trasera *f.*
background (perspective), fondo *m.*
backing (going back), marcha atrás *f.*
backing (mas.), relleno *m.*
backing-off chain (text.), cadena de despuntaje *f.*
backing-off cone (text.), cono de despuntaje *m.*
backing-pick (text. mach.), taco del retroceso *m.*
backing warp, urdimbre del retroceso *f.*
backlash (of gears), holgura *f.*, juego entre diente, juego perdido (o inútil) *m.*
backshop, trastienda *f.*
backstay-ring (lathe), soporte-guía, soporte luneta *m.*
backward running, retroceso *m.*, marcha atrás *f.*
backwards, hacia atrás.
backwasher (text. mach.), alisadora *f.*
bacon, tocino *m.*
bacterial purification of sewage, purificación bactericida de las aguas servidas *f.*
bad conductor (el.) *adj.*, mal conductor, inconductible.
bad debt (com.), deudor moroso *m.*
bad fit (mec.), ajustado defectuoso.
bad management, mala gestión (o administración) *f.*
badge, divisa *f.*, signo distintivo *m.*

baffle, interceptor, desviador *m.*, chicana *f.*
baffle-partition (mas.), tabique divisorio, tabique de mampostería *m.*
baffle-plate (boil.), placa de desviación *f.*
to baffle (smoke or gases), hacer serpentear.
to baffle the gases under the boiler, hacer serpentear los gases por debajo de la caldera.
bag, bolsa *f.*, saco *m.*
bag-filling machine, máquina de llenar bolsas *f.*
money-bag, talego *m.*
to bail out the water from a mine, achicar una mina, desaguar una mina.
bailiff (jur.), alguacil *m.*
to bake, cocer.
bakehouse (or bakery), panadería *f.*
baking, cocción *f.*
balance (fin.), saldo *m.*
balance (inst.), balanza *f.*
balance beam, astil *m.*
balance pan, platillo de balanza *m.*
balance-weight, contrapeso *m.*
balance-weight lever, palanca de contrapeso *f.*
balance-wheel (watches), balancín de reloj *m.*
assay balance, balanza de ensayador.
beam balance, balanza de cuadrante.
chemical balance, balanza de precisión.
Coulomb's balance, balanza de Coulomb.
current balance (el.), balanza electrodinamómetrica.
electric balance, balanza eléctrica.
philosophical balance, balanza de laboratorio.
to balance (com., fin.), balancear, saldar.
to balance (el., eng.), compensar.
to balance (mach.), equilibrar.
to balance a bridge (el., tel.), equilibrar un puente de medidas.
to balance a crankshaft, equilibrar un cigüeñal.
to balance a valve (st. eng.), aliviar una válvula, contrapesar una válvula.
to balance an account, saldar una cuenta.
to balance the rotor of a synchronous motor, equilibrar el rotor de un motor sincrónico.
balanced (com.) *adj.*, balanceado, saldado.
balanced (eng.) *adj.*, compensado, equilibrado.
balanced armature (of dynamo), inducido equilibrado.
balanced flywheel, volante equilibrado.
balanced load (el.), circuitos compensados *m.pl.*
balanced phases (el.), fases compensadas *f.pl.*
balancer (el.), dínamo compensadora *f.*
balancer-booster (el.), equilibradora reforzadora *f.*, equilibrador elevador de tensión *m.*
balancer set, grupo compensador *m.*
three-wire balancer, compensador para sistema trifilar *m.*
balancing, compensado, equilibrado, equilibrio *m.*
balancing apparatus, aparato equilibrador *m.*
balancing flap (av.), aleta equilibradora *f.*, alerón compensador *m.*
balancing of couples (mec.), equilibrado de los pares *m.*
balancing of revolving masses, equilibrado de las partes giratorias.
balancing weight, contrapeso equilibrador *m.*
dynamic balancing, equilibrado dinámico.
engine balancing (aut., eng.), equilibrado del motor.
static balancing, equilibrado estático.
balboa : unidad monetaria de Panamá.
bale, fardo *m.*
bale-goods, géneros en balas, mercancías embaladas.

ball, bola *f.*
ball (of a joint), rótula *f.*
ball (of ball bearing), corredera, munición (S.A.) *f.*
ball (of crusher), bolín *m.*
ball and socket, rótula esférica *f.*
ball and socket joint, articulación esférica *f.*
ball-bearing, cojinete de bolas *m.*
ball joint, unión esférica *f.*
ball mill, molino de bolas.
ball race (of a bearing), anillo de rodadura *m.*
ball socket, cojinete esférico *m.*
ball-test (met.), prueba de Brinell, prueba de tenacidad con la bola *f.*
ball warping machine (text.), máquina urdidora de bolas *f.*
hollow ball, esfera hueca *f.*
ballast (broken stones), cascajo *m.*
ballast (c.e.), balasto, casquijo *m.*
ballast (naut.), lastre *m.*, zahorra *f.*
ballast-elevator (c.e., const.), noria del balasto *f.*
to ballast (aer , naut.), lastrar.
to ballast (c.e.), balastar.
ballasting (c.e.), balastaje, terraplenado *m.*
ballasting (naut.), lastre *m.*
balling machine (text.), ahovilladora, ovilladora *f.*
ballistics, balística *f.*
balloon, globo, aeróstato *m.*
baluster (column), balaustre *m.*
balustrade, balustrada *f.*, guardacuerpos *m.*
band (arch.), filete *m.*
band (med.), venda *f.*
band (to tie with), cinta, faja *f.*
band-making machine (text.), trenzadora de cordones *f.*
band-pass (wir.), franja (o zona) intermedia *f.*
band-pass filter (wir.), filtro de zona m.
band-saw pulley, polea portasierra *f.*, volante portasierra *m.*
band-shaped, en forma de cinta.
banister (stairs), pasamano *m.*
banjo (aut.), envoltura del diferencial *f.*
bank (artificial, c.e.), escarpa *f.*
bank (ascent), escarpa, pendiente *f.*, talud *m.*
bank (fin.), banco *m.*
bank (geog.), margen, orilla, ribera *f.*
bank (sand), banco, escollo *m.*
bank of a drawing shaft (min.), boca de pozo de ventilación *f.*
bank of transformers (el.), fila de transformadores *f.*
to bank (av.), inclinar, ladear.
to bank (fin.), depositar en el banco.
to bank the aeroplane to the right (or left), ladear el aeroplano hacia la derecha (o izquierda).
to bank the fire (boil.), amontonar el fuego.
to bank transformers (el.), agrupar transformadores.
to bank up (a lake), represar.
to bank up (a river on the side), encauzar.
to bank up a fire (boil.), cubrir el fuego.
banked-up power (hyd.), fuerza hidráulica estancada *f.*
banking (av.), inclinación lateral *f.*, ladeo *m.*
banking (fin.), negocios bancarios *m.pl.*
the banks of a river, las márgenes de un río.
bar, barra, varilla *f.*
bar-bending machine, máquina de encorvar barras *f.*
bar-folding machine, plegadora de varillas *f.*
bar-frame (boil., loco.), cuadro del emparrillado *m.*
bar gold, oro en barras *m.*

bar-shearing machine, cizalladora para barras *f.*
bar-wound (el.), arrollado de (o con) barras, bobinado de barras *m.*
rudder bar (av.), palanca de mando del timón *f.*, pedal de mando del timón *m.*
barbed wire, alambre de púas *m.*
barge, falúa *f.*
barge-board (const.), guardamalleta *f.*
barium, bario *m.*
barium carbonate, carbonato de bario *m.*
barium peroxide, peróxido de bario *m.*
barium platinocyanide, platinocianuro de bario *m.*
barium sulphite, súlfido de bario *m.*
bark (tree), corteza *f.*
barley, cebada *f.*
barm, levadura *f.*
barn, granero, henil, hórreo, pajar *m.*
barometer, barómetro *m.*
barometric, barométrico.
barrack, barraca, choza *f.*
barracks (mil.), cuartel *m.*
barrel (cask), barril, tonel *m.*
barrel (of tool), cilindro *m.*
barrel-making machinery, maquinaria de fabricar barriles *f.*
barren *adj.*, árido, estéril, yermo.
barren lode (min.), filón estéril *m.*, veta (o vena) estéril *f.*
barring-gear (eng.), arrancador de palanca y volante dentado *m.*
barrow, parihuela.
barwood, palo campeche *m.*
baryte, barita *f.*
basalt, basalto *m.*
basaltic, basáltico.
base *adj.*, bajo, común, vil.
base (chem.), base *f.*
base *n.*, base *f.*
base (of a column or the like), basa *f.*
base-line (surv.), base de operaciones, línea de reducción *f.*
base-line for a triangulation survey, base de operaciones para un deslinde triangular.
base of a salt (chem.), base de una sal *f.*
the base of a statue, la basa de una estatua.
the base of a triangle, la base de un triángulo.
basement (arch.), planta baja *f.*
baseness (of minerals), bajeza de ley, pobreza *f.*
basic, básico.
basic clinker, escoria básica *f.*
basic industry, industria fundamental *f.*
basil (of tool), bisel, borde agudo, filo *m.*
basin (of a river), cuenca *f.*
basis, base *f.*
basket, canasta *f.*
basket (of balloon), barquilla, oroya *f.*
batch-rollers (text.), rodillos suavizadores *m.pl.*
to batch jute, engrasar (o untar) el yute.
bath, baño *m.*
bath-room, cuarto de baño *m.*
bath-warmer, calienta baños *m.*, estufa para baños *f.*
batten, tablilla *f.*
battery (art., el.), batería *f.*
battery cell, elemento de batería *m.*
battery-ignition (aut., eng.), encendido por batería eléctrica.
battery of boilers, grupo (o batería) de calderas *m.* & *f.*
battery of 24 volts, 12 cells, 350 amp.-hr., batería de acumuladores de 24 voltios, 12 elementos y 350 amperios horas.
battery-ringing (or calling) (tel.), llamada por batería *f.*
battery run-down (el.), batería agotada (o descargada).
battery-switch, reductor *m.*
alkaline battery, batería de electrólito alcalino.
anti-aircraft battery (mil.), batería antiaérea.
auxiliary battery, batería auxiliar.
boosting battery (el.), batería elevadora de tensión.
buffer battery (el.), batería compensadora.
calling battery (tel.), batería de llamada.
coast battery (nav.), batería costanera.
dry battery, batería de pilas secas.
ignition battery (aut., eng.), batería del encendido.
line battery (tel.), batería de línea.
masked battery (mil., nav.), batería secreta.
motor-starting battery, batería para arranque de automóvil.
primary battery, batería de pilas.
secondary battery, batería de acumuladores.
stand-by battery, batería de reserva.
storage battery, batería de acumuladores.
train-lighting battery, batería para alumbrado de trenes.
vehicle battery, batería para electromóvil.
battle-cruiser, crucero de batalla *m.*
battleship, acorazado *m.*
bauxite, bauxita *f.*
bay (const.), ala *f.*
bay (geog.), bahía *f.*
bay (of workshop), nave *f.*
bay-window, ventana salediza *f.*
bayonet-cap (el.), casquillo de bayoneta *m.*
b.d.c. (aut., av., eng.), abreviación de bottom dead centre, q.v.
beach, playa *f.*
beacon (mar.), fanal *m.*, baliza *f.*
beaconage, balizaje *m.*
bead (eng.), chaflán *m.*
to bead (eng.), achaflanar, chaflanar.
beaded-tyre (aut.), llanta de talones *f.*
beading machine, achaflanadora *f.*
beam (const.), trabe, viga *f.*
beam (shpbdg.), bao *m.*
beam (sun or light), rayo *m.*
beam (text. mach.), enjulio, plegador *m.*
beam-end (mar.), costado *m.*
beam-engine, motor de balancín *m.*
beam-fishing (carp.), junta de viga *f.*
beam of light, haz de luz *m.*
beam press (text.), prensador-plegador *m.*
beam rollers (text.), rodillos de enjullar *m.pl.*
beam wireless system, sistema de T.S.H. por ondas dirigidas *m.*
broad-flange beam, viga de alas anchas.
built-in beam, viga empotrada.
collar beam (const.), jabalcón *m.*, lima *f.*
cross beam, travesaño *m.*
encastré beam, similar to built-in beam, see above.
indented beam, viga de machihembrado.
main beam, viga maestra.
main beam (shpbdg.), bao mayor.
midship beam (shpbdg.), bao maestro *m.*
straining beam, codal, puntal *m.*
suspender beam, viga de suspensión.
tie beam (const.), tirante *m.*
trussed beam, viga reforzada.
beaming (text.), devanado, plegado *m.*
beaming machine, máquina de enjullo, urdidora, enjulladora *f.*

to bear, llevar, soportar.
bearer (c.e.), viga de sostén.
bearer (fin.), portador *m.*
bearer (mach.,) asiento *m.*, cuna *f.*
engine (or motor) bearer, asiento de motor, portamotor *m.*
pay bearer !, páguese al portador.
bearing (c.e.), apoyo *m.*
bearing (geol., min.), rumbo del filón *m.*, dirección del filón (o del criadero) *f.*
bearing (support), soporte, cojinete *m.*
bearing-bracket (mec.), caballete portacojinete *m.*, silla portacojinete *f.*
bearing-bush (mec.), manguito de cojinete *m.*
bearing of a vein (min.), dirección de un criadero *f.*
bearing surface, superficie de apoyo, superficie portante *f.*
collar-thrust bearing, soporte de acanalados *m.*
end-thrust bearing, soporte de empuje axial.
journal bearing, soporte de gorrones.
oil-ring bearing, cojinete con anillos de engrase.
phosphor-bronze bearing, cojinete de bronce fosforoso.
roller bearing, soporte de rodillos.
self-aligning bearing, cojinete de rótulas.
self-lubricating bearing, soporte engrasador automático.
thrust bearing, soporte de empuje.
bearings cast solid with bedplate, soportes colados juntos con la base.
the bearings of a bridge, los cojinetes movedizos de un puente.
beat (el.), batimiento *m.*
beat-frequency (el., wir.), frecuencia de batimiento *f.*
beat reception (wir.), recepción por batimiento *f.*
beater, batidera, maza *f.*, pisón *m.*
beater (mixing ap.), agitador, mezclador *m.*
beck (text.), tinaja de encolar *f.*
to become loose, aflojarse.
bed (furniture), cama *f.*
bed (geol.), capa *f.*
bed (min.), yacimiento, venero *m.*
bed (of mach. tool), bancada *f.*
bed (of river), lecho *m.*, madre *m.*
bed-plate (mach.), same as bedplate ; see under.
mortar bed-plate, lecho de mortero *m.*
upraised bed (geol.), capa solevada.
bedplate, placa de base (o de asiento) *f.*
box bedplate, placa de asiento cuadrangular.
girder-section bedplate, placa de asiento perfilada.
bedroom dormitorio *m.*
bee, abeja *f.*
bee-hive, colmena *f.*
beech (bot.), haya *f.*
beef, carne de vaca *f.*
jerked beef, tasajo (S.A.) *m.*
beet, remolacha *f.*
before *adv.*, antes.
before *prep.*, delante, enfrente.
to begin, empezar, comenzar.
beginning, comienzo, principio *m.*
beginning (of a road or line), punto de partida (o de arranque) *m.*
beginning of a straight line, punto de arranque de una recta *m.*
behind *adv.*, atrás, en retraso.
behind *prep.*, detrás.
belfry, campanario *m.*
bell, campana *f.*
bell (small), campanilla *f.*, timbre *m.*
bell-chuck (techn.), mandril de tornillo *m.*
bell-shaped, acampanado.
call-bell, timbre de llamada *m.*
electric bell, campanilla eléctrica.
bellows, fuelle, barquín *m.*, barquinera *f.*
below, abajo, debajo.
below (on a river), aguas abajo.
belt (transmission), correa *f.*
belt-bolt, clavija para correas, taravilla *f.*
belt-cement, cola par correas *f.*
belt dressing, apresto para correas *m.*
belt-drive, impulsión por correa *f.*
belt-driven, movido (o impulsado) por correa.
belt fastener, grampa de correa *f.*
belt fork, horquilla de correa *f.*
belt guide, conductor de correa *m.*
belt-idler, rodillo tensor *m.*
belt lace, cinta para correa *f.*
belt lifter, alzador de correa *m.*
belt-riveting machine, remachadora para correas *f.*
belt-shifter, desembragador de correa, permutador de la correa, pasacorrea *m.*
belt-tightener, tensor de correa *m.*
belt transmission, transmisión por correa *f.*
crossed belt, correa cruzada.
driving belt, correa de transmisión.
endless belt, correa sin fin.
open belt, correa abierta.
the belt slips, la correa patina.
to shift the belt, permutar la correa.
two-ply belt, correa solapada (o doble).
belvedere (const.), mirador *m.*
bench, banco *m.*
bench (law), tribunal *m.*
bend (part between two straights), codo, recodo *m.*
bend (tubes, plates, etc.), acodadura, curvatura *f.*
bend of the road, recodo de la carretera.
knee bend, tubo acodado *m.*
to bend, encorvar.
to bend a plate (met.), encorvar una plancha.
to bend through 90°, acodar en escuadra.
bending, curvadura, flexión, inflexión *f.*
bending (of plate or tube), curvadura *f.*
bending-block, espiga de encorvar.
bending load, carga de flexión *f.*
bending machine, máquina de encorvar *f.*
bending moment, momento de flexión *m.*
bending rolls, rodillos de encorvar *m.pl.*
bending strength (of a beam), resistencia a la flexión *f.*
bending stress (mec.), esfuerzo flexional (o de flexión o de combado), trabajo a la flexión *m.*
bending template, plantilla de curvadura *f.*
bending test, ensayo de flexión *m.*, prueba a la flexión *f.*
beneficial, provechoso.
bent, encorvado, plegado.
benzine, bencina *f.*
benzol-recovery plant, maquinaria recuperadora d benzol *f.*
benzoin, benjuí *m.*
berm (c.e.), berma, lisera *f.*
berth (on ship), camarote *m.*
berth (position), colocación *f.*, destino, empleo, puesto *m.*
berth (ship's mooring), atracadero, borneadero *m.*
to berth (to tie ship), atracar.
beryl, berilo *m.*
beryllium, berilio *m.*
Bessemer process (met.), procedimiento Bessemer, procedimiento ácido *m.*

best *adj.*, mejor, superior.
best quality, calidad superior *f.*
the best system, el mejor sistema *m.*
better, mejor.
to do better, mejorar.
bettering, mejora *f.*
between, entre.
bevel, bisel *m.*
bevel end, extremidad achaflanada *f.*
bevel face, frente oblicua *f.*
bevel protractor (or rule), falsa escuadra *f.*
bevel wheel, engranaje cónico *m.*
to bevel, achaflanar, biselar.
bevelled, biselado.
bevelled joint, junta biselada *f.*
bevelling, achaflanamiento, biselado *m.*
bevelling machine, biseladora *f.*
beyond, allende, más allá.
beyond the seas, ultramar *m.*
b.h.p., abreviación de brake horse power, q.v.
bicarbonate, bicarbonato *m.*
bichromate, bicromato *m.*
bichromate of soda, bicromato sódico.
bichromatic (bichromic), bicromático.
Bickford fuse, mecha Bickford *f.*
bicolour, bicolor, de dos colores.
bicycle, bicicleta *f.*, velocípedo *m.*
toy bicycle, bicicleta para niños.
bid, licitación *f.*
to bid, licitar.
big-end (eng.), cabeza (de biela) *f.*
bights of a river (geog.), cabeceo de un río *m.*, sinuosidades *f.pl.*
bilge (naut.), pantoque *m.*, sentina *f.*
bilge-water gauge, sonda del pantoque *f.*
bilge-way (shpbdg.), anguila *f.*
bill (account), factura *f.*
bill (fin.), pagaré *m.*
bill (pol.), proyecto de ley *m.*
bill of exchange (com.), letra de cambio *f.*
bill of health (naut.), patente de sanidad *f.*
bill of lading, conocimiento *m.*
billet (met.), pletina *f.*
billhook (ag.), podadera *f.*, vencejo *m.*
billion, billón *m.*
billposter, fijador de carteles *m.*
billposters will be prosecuted !, prohibido fijar carteles !
billposting, fijación de carteles *f.*
bimetallism, bimetalismo *m.*
binary, binario.
to bind (a book), encuadernar.
to bind (to tie), atar.
binder (ag.), atadora, agavilladora *f.*
binding-post (el.), see terminal.
binnacle (naut.), bitácora *f.*
binocular glasses, anteojos *m.*
binoculars, gemelos *m.pl.*
prism binoculars, gemelos prismáticos.
binomial, binomio *m.*
binomial theorem, teorema de Newton *m.*
biotite, biótita *f.*
biotite schist, biótita esquistosa.
biplane, biplano *m.*
bipolar, bipolar.
birch (bot.), abedul *m.*
bird, pájaro *m.*
bird's eye view, vista a vuelo de de pájaro *f.*
Birmingham wire gauge, calibrador Birmingham (para alambres).
to bisect, dividir en dos partes iguales.
bisector (geom.), bisectriz *f.*
bismuth, bismuto *m.*
bit (for horses), bocado *m.*
bit (tool), mecha, broca *f.*
centre bit, mecha de tres puntas.
countersinking bit (met.), broca de marcar.
countersinking bit (woodworking), avellanador *m.*
reamer bit, estríador *m.*
spoon bit, mecha de gubia *f.*
taper bit, escariador *m.*
bitter *adj.*, amargo.
bitumen, betún *m.*
black, negro.
black ash, carbonato crudo de soda *m.*
black body (phys.), cuerpo opaco, cuerpo sin radiación *m.*
black-board, pizarrón *m.*
black flux (found.), castina negra *f.*
to blacken, ennegrecer.
blackening *n.*, ennegrecimiento *m.*
blade, hoja *f.*
blade (bot.), brizna *f.*
blade (cutting inst.), hoja, lámina *f.*
blade (oar), pala *f.*
blade (of a propeller), pala *f.*
blade (turb. or fan), paleta *f.*, álabe *m.*
blade interference (av., naut.), interacción entre palas *f.*
safety blade (razor), lámina de afeitar.
saw blade, hoja de sierra.
to blanch (met.), blanquear.
B.L. & S.C. device, abreviación de brush lifting and short circuiting device, q.v.
blank (empty), hueco.
blank (loaded with powder only), en blanco, sin carga.
blank cartridge, cartucho en blanco (o sin carga) *m.*
blank (unwritten), en blanco.
blast (air introduced into a furnace), viento *m.*
blast (min.), voladura *f.*
blast (of wind), ráfaga *f.*
blast (rush), corriente *f.*, chorro *m.*
blast-engine (met.), máquina soplante (o sopladora) *f.*
blast-furnace, alto horno *m.*
blast-furnace gas, gas de escape de alto horno *m.*
blast-gauge (met.), manómetro del viento (o del chorro de aire) *m.*
blast-pipe (loco.), tubo de arrastre *m.*
blast pressure (found., met.), presión del chorro *f.*
sand blast, chorro de arena.
to blast (min.), volar
to blast rocks, volar rocas, hacer saltar rocas.
to blast rock at dam site (c.e.), volar la roca en el lugar de la presa.
blasting (exp.), voladura *f.*
blasting (working in mines), derribado con mina *m.*
blasting-cap, cebo, detonador *m.*
blasting in fiery coal-mines, derribado con mina en minas mofetudas de carbón.
blasting-powder, pólvora para minería *f.*
to bleach, blanquear.
bleaching, blanqueo *m.*
bleaching machinery, maquinaria para blanqueo *f.*
to blend, mezclar.
blind (const.), persiana *f.*
blind abutment (arch.), estribo ciego *m.*
blind-flying (av.), vuelo a ciegas *m.*
blind-level (min.), galería cortada (o ciega) *f.*
blind rock (hyd., mar.), roca sumergida *f.*

blister (met.), ampolla, burbuja *f.*
block, bloque, cepo, tajo *m.*
block (hoisting), motón *m.*
block (of houses), manzana *f.*
block (rly.), bloque *m.*
block (stone), bloque *m.*
block (tel.), enclavamiento *m.*
block-indicator (rly.), cuadro de bloqueo *m.*
block signal, señal de bloqueo *f.*
block-system (rly.), sistema de bloqueo *m.*
gin block (hoisting), garrucha *f.*
to block (rly.), bloquear.
blocked *adj.*, bloqueado, encerrojado, enclavado, trabado.
blockhouse, blocao *m.*
blood, sangre *f.*
bloodstone (min.), calcedonia verde *f.*
bloom (met.), changote *m.*, zamarra *f.*
bloomery fire (met.), forja catalana *f.*
blooming (met.), desbastado *m.*
blooming-mill, laminador de grueso, laminador desbastador *m.*
blooming-shears, tijera (o cizalla) para gruesos (o tochos) *f.*
blotting paper, papel secante *m.*
blow (air), soplo *m.*
blow (stroke), golpe *m.*
blow-lamp, lámpara de estañar *f.*
blow-off cock, grifo de purga *m.*
blow-out (el.), soplo magnético *m.*
blow-out coil (el.), carrete extintor de chispas *m.*
to blow (air), soplar.
to blow (fuse, el.), fundirse.
to blow down (wind), derribar.
to blow off (action of safety valve, boil.), entrar en acción, actuar.
the safety valve blows-off at 265 lbs. per sq. in., la válvula de seguridad entra en acción a 19 k. por cm².
to blow-off (steam), purgar.
to blow up, hacer saltar, volar.
the ship blew up on a mine, el buque saltó al contacto de una mina flotante.
blower, soplador, ventilador *m.*
centrifugal blower, ventilador centrífugo.
blowing-engine (met.), sopladora, máquina soplante *f.*
blown down, derribado, echado a tierra.
blown down by the storm, derribado por la tempestad.
blowpipe, soplete *m.*
acetylene blowpipe, soplete de acetileno.
oxy-hydrogen blowpipe, soplete oxhídrico.
welding blowpipe, soplete de soldar.
blue, azul.
blue-jacket (naut.), marinero *m.*
blue-john, espato calcáreo, fluoruro de calcio *m.*
blue-Peter (mar.), bandera de partida *f.*
blue-print (techn.), dibujo de ejecución *m.*, fotocopia *f.*
blue-stone, sulfato de cobre *m.*
blue verditer, carbonato de cobre básico.
blue vitriol, sulfato de cobre.
French blue, azul de París *m.*
Prussian blue, azul de Prusia.
blunt (not sharp), romo, sin punta, embotado.
to blunt, arromar, embotar.
blurred *adj.* (opt.), sin nitidez, nublado.
board (inst.), cuadro, tablero *m.*
board (managerial), Comisión, Junta *f.*
board (ship's), bordo *m.*
board (wooden), tabla *f.*, tablón *m.*
Board of Directors, Junta directiva *f.*, Consejo de Administración *m.*
Board of Education, Ministerio de la Instrucción Pública *m.*
Board of Examiners (ed.), mesa examinadora *f.*
Board of Trade, Ministerio del Comercio *m.*
charging board (el.), cuadro de carga.
distributing board (el.), cuadro de derivación.
dovetailed board (carp.), tabla amilanada *f.*
eaves board (const.), ristrel *m.*
floor board, tablón de piso *m.*
indicator board, cuadro anunciador *m.*
sighting board (surv.), tablilla de mira *f.*
synchronizing board (el.), tablero de sincronización *m.*
transfer board (tel.), cuadro de tránsito *m.*
boarding, entablado, entablonado *m.*
boarding-house, casa de huéspedes *f.*
boat, bote *m.*, embarcación *f.*
boat-builder, constructor de botes *m.*
boat-house, cobertizo para botes *m.*
collapsible boat, canoa plegadiza *f.*
fishing boat, bote de pescador.
gig boat, yola *f.*
jolly boat (naut.), botequín *m.*
long boat, chalupa, lancha *f.*
skimming boat, bote deslizante.
to boat up a furnace (met.), taponar el ojo de colada.
bobbin (text.), canilla *f.*, huso *m.*
bobbin section (met.), perfil en madeja *m.*
bobbin-winder, devanadera *f.*
clutch bobbin, huso de grifos *m.*
rove bobbin (text.), canilla de apresto *f.*
body, cuerpo *m.*
body (aut.), carrocería *f.*
body (tram.), caja *f.*
body-builder (aut.), carrocero *m.*
to give body, aumentar la consistencia, espesar.
bog, pantano *m.*
bog iron (chem.), óxido férrico hidratado.
bogie (rly., tram.), boga *f.*
bogie-car (rly., tram.) coche de bogas *m.*
bogie frame (rly.), bastidor de boga, marco de boga *m.*
bogie spring (rly., tram.), muelle de boga *m.*
bogie wheelbase, batalla de la boga *f.*
bogie with sideplay (loco.), boga de juego lateral.
four-wheeled bogie, boga de dos ejes.
motor bogie, boga motriz.
six-wheeled bogie, boga de tres ejes.
trailing bogie, boga portadora.
to boil, hervir, bullir.
boiler, caldera *f.*
boiler (to boil stuffs), hervidor *m.*
boiler brickwork, enladrillado de caldera *m.*
boiler composition, desincrustante *m.*
boiler efficiency, rendimiento de la caldera *m.*
boiler-end, fondo de caldera *m.*
boiler explosion, explosión de caldera *f.*
boiler fittings, accesorios para calderas *m.pl.*
boiler-house, casa de las calderas *f.*
boiler inspector, inspector de calderas.
boiler-maker, calderero *m.*
boiler-making, fabricación de calderas *f.*
boiler plant, instalación de calderas.
boiler plant efficiency over 87%, rendimiento de las calderas de más de 87%.
boiler-plate, chapa de caldera *f.*
boiler-room, cámara de las calderas *f.*
boiler shell plate bender, curvadora para chapas de caldera *f.*

boiler-tube, tubo de caldera *m.*
Belleville boiler, caldera Belleville.
Cornish boiler, caldera de fogón interior.
donkey boiler, caldera preliminar.
double-ended boiler, caldera de fogón en cada extremidad.
double-combustion boiler, caldera de caja de fuegos doble.
double shell boiler, caldera de dos cuerpos (o de casco doble).
fire-tube boiler, caldera con tubos de paso.
Galloway boiler, caldera Galloway.
elephant boiler, caldera de hervidor y casco superpuesto, caldera de gases perdidos.
gas-fired boiler, caldera alimentada al gas.
fixed loco-type boiler, caldera fija tipo locomóvil.
household boiler, caldera doméstica, caldera de calefacción central.
internal flue boiler, caldera de hogar interior.
Lancashire boiler, caldera Lancashire.
land-type boiler, caldera fija, caldera terrestre.
locomotive boiler, caldera de locomotora.
marine boiler, caldera para buques.
multitubular boiler, caldera multitubular.
oil-fired boiler, caldera alimentada a petróleo.
port boiler (mar.), caldera de babor.
portable loco-type boiler, caldera locomóvil, caldera para faenas agrícolas.
return-flue boiler, caldera de retorno de llamas.
Scotch boiler, caldera Escocesa.
single-ended boiler, caldera de hogar único, caldera ordinaria.
stand-by boiler, caldera de reserva.
starboard boiler, caldera de estribor.
steam boiler, caldera de vapor.
steam-jacketed boiler, caldera con camisa de vapor.
tar boiler, hervidor de alquitrán.
tubular boiler, caldera de tubos.
wash-house boiler, caldera para lavadero.
water-tube boiler, caldera acuotubular.
Yarrow boiler, caldera Yarrow, caldera marina acuotubular.

boiling, ebullición *f.*
boiling point, temperatura de ebullición *f.*

bold-coast (geog.), acantilado *m.*, costa a pico *f.*

bolívar : unidad monetaria de Venezuela (= 100 céntimos).

bolometer, bolómetro *m.*

bolster (tram.), balancín, cojín *m.*
swing bolster, balancín (o cojín), transversal.

bolt, perno, bulón (S.A.) *m.*
bolt (door-fastening), pasador *m.*
bolt and nut, perno y tuerca.
bolt-rope (mar.), relinga *f.*
anchor bolt (c.e.), perno de anclaje.
back-connecting bolt (el.), perno de conexión posterior.
connecting bolt, perno de unión.
eye bolt, cáncamo de aro, perno de argolla *m.*
fastening bolt, perno de atadura.
hook bolt, corchete *m.*
keyed bolt, clavo trabal *m.*
Lewis bolt, Véase : rag bolt, debajo.
rag bolt, perno de empotrar.
screw bolt, perno fileteado.
shackle bolt, perno ahorquillado giratorio *m.*
through bolt, pasador, perno travesío *m.*
to bolt, empernar, juntar con pernos.
to bolt together, unir con pernos.

bolted, empernado.
bolted joint, junta de pernos *f.*
bolted up, sujetado con pernos.

bolting-mill (ind.), cedazo, cernedero (de harina) *m.*, criba mecánica *f.*

bomb, bomba *f.*
bomb-gear (av.), lanza-bombas *m.*
bomb-proof, a prueba de bombas, protegido contra las bombas.

bomber (av.), avión de bombardeo *m.*

bona fide, fidedigno.

bond (fin.), obligación *f.*
bond (mas.), aparejo *m.*, trabazón *f.*
bond-measuring set (el. rly.), caja de medición de la resistencia de eclisas *f.*
to bond (mas.), aparejar, trabar.
to bond the rails, eclisar eléctricamente los rieles (o carriles).
treasury bond, obligación del Tesoro.

bonded warehouse, depósito de aduana afianzado *m.*

bone, hueso *m.*
bone black, negro animal *m.*

boning (surv.), nivelación *f.*, nivelado *m.*
boning-board (surv.), mira de tablilla.
boning-rod (surv.), jalón parlante *m.*

bonnet (aut.), capó *m.*

book, libro *m.*
cash book, libro de caja *m.*
section book (met.), álbum de perfiles *m.*
stock book, libro de inventarios.

bookbinder, encuadernador *m.*

bookcase, armario para libros *m.*

book-keeper, tenedor de libros *m.*

book-keeping, teneduría de libros *f.*

booking-office, despacho de billetes *m.*

bookseller, librero *m.*

to boost (el.), elevar la tensión, reforzar.
to boost a battery, reforzar una batería (de acumuladores).
to boost the voltage to 110 v., aumentar la tensión hasta 110 V.

booster (el.), elevador (o reforzador) de tensión *m.*
balancing booster, compensador de tensión *m.*
battery booster (el.), reforzador de la batería *m.*
feeder booster, reforzador de línea.
return-current booster, aspirador de tensión *m.*
reversible booster, elevador de tensión invertible *m.*

boot-making machine, máquina de fabricar calzado *f.*

boracic, bórico.

borax, bórax, atíncar *m.*

border, borde *m.*, orilla *f.*
border (geog.), confín, término *m.*, frontera *f.*
to border on (or upon), lindar con.

bordering *adj.*, adyacente, contiguo, limítrofe, lindante, lindando con.
bordering upon, lindero (con).

bore (of a cylinder), diámetro interno *m.*
bore (of gun), calibre *m.*, alma *f.*
rifled bore, alma estriada *f.*
bore-bit, trépano *m.*
bore-hole (geol., min.), agujero de sondeo *m.*
cylinder bore : 5·25 ins., diámetro interno del cilindro : 133 mm. 3.
taper bore, taladro cónico *m.*
to bore, agujerear, horadar, perforar, taladrar.
to bore (to ascertain nature of ground), sondar.
to bore (with tool), barrenar.
to bore a tunnel (c.e.), barrenar un túnel.

bored truly (mec.), taladrado con justedad.

borehole (geol., hyd., min.), pozo de sonda *m.*
borehole pump to raise 25,000 gallons of water per hour against a head of 250 ft., bomba de sondar, de 113.500 litros de agua por hora, a una altura de 76 m.

boring (by mach.), barrenado *m.*, perforación *f.*, perforado, taladrado *m.*
boring and shaping machine, cepilladora taladradora *f.*
boring and turning mill, torno de plato horizontal al aire *m.*
boring-bar (mach.), barra porta-barrena *f.*
boring-chisel (min.), trápano *m.*
boring cutter, cuchilla de taladrar *f.*
boring machine, máquina de taladrar, taladradora *f.*
boring-test, sondeo *m.*
vertical boring machine, taladradora vertical *f.*
borings (min.), polvillo del barrenado *m.*
boron, boro *m.*
boss (mas.), artesa corta *f.*
boss (met.), estampa *f.*
botanical, botánico.
botanical gardens, jardín botánico *m.*
botanist, botánico *m.*
botany, botánica *f.*
both ends hinged (c.e., mec.), charneladas ambas extremidades.
botting (found.), arcilla de atascar *f.*
bottle, botella *f.*
bottle-corking machine, tapadora mecánica de botellas *f.*
bottle-filling machinery, maquinaria de llenar botellas *f.*
bottle-washing machinery, maquinaria de lavar botellas *f.*
to bottle, embotellar.
bottling machine, embotelladora mecánica *f.*
bottom, fondo *m.*
bottom (ship's), carena *f.*
bottom dead centre (eng.), punto muerto inferior *m.*
bottomed, con fondo.
bough (tree), rama *f.*
boulder (geol.), peña *f.*
boulder period (geol.), época (o período) glacial.
bound (limit), término *m.*
bound for (naut.), a destinación de, saliendo para, cargado para.
within the bounds of (geog.), en el término de.
bourn, arroyo *m.*
bow (el. rly. & tram.), colector de arco *m.*
bow (mar.), proa *f.*
Bow's notation (mec.), anotación de Bow *f.*
bowl, taza *f.*
bowsprit, bauprés *m.*
box, caja *f.*
box (as for telephone or the like), casilla *f.*
box (in a theatre), palco *m.*
box (of coach or carriage), caja *f.*
box (packing), caja *f.*, cajón *m.*
box-beam section (met.), perfil cuadrangular *m.*
box-making, fabricación de cajas *f.*
box-nailing machine, máquina de clavar cajas *f.*
angle box (el.), caja angular de empalme *f.*
branch box (el.), caja de derivación.
cable box (el.), caja de empalme.
distributing box, caja de distribución.
flush box (el.), caja de distribución para debajo de aceras.
fuse box (el.), caja de fusibles.
packing box, cajón de embalaje *m.*
service box (el.), caja de distribución (o de abonado), caja de entrada.
shunt box (meas.), caja de resistencias.
shuttle box (text.), caja de lanzadera.
splice box (el.), caja de ayuste.
starting box (el.), reóstato de arranque *m.*
switch box, caja de interrupción.
boxwood, boj *m.*
brace (support or union), puntal, tirante *m.*
brace (tool), berbiquí *m.*
angle brace (const.), cuadral *m.*
belly brace, berbiquí de pecho.
diagonal brace, tornapunta *f.*
iron brace, ancladura *f.*
lower brace (const.), talón *m.*
to brace (to support), apuntalar.
bracing, apuntalado, refuerzo *m.*
bracing system (av.), vientos *m.pl.*
bracket (supporting), consola *f.*, soporte *m.*
hook bracket, consola gancho.
lamp bracket, brazo para lámpara *m.*
swan-neck bracket, soporte cuello de cisne.
U-shaped bracket, soporte en U.
wall bracket, consola mural.
brackets (gram.), paréntesis *m.*
between brackets, entre paréntesis.
brackish, salobre.
to braid, trenzar.
braiding, trenzado *m.*
braiding machine, trenzadora mecánica *f.*
brake, freno *m.*
brake-chain, cadena de acción del freno *f.*
brake-drum, tambor de freno *m.*
brake horse power, potencia (o fuerza) medida (al freno) *f.*
brake-hose (rly.), tubo neumático del freno *m.*
brake-linkages (aut.), bielas del freno *f.pl.*
brake load (testing), fuerza antagonista *f.*
brake-pedal (aut.), pedal del freno *m.*
brake-rigging, envarillado del freno *m.*
brake-shoe, zapata de freno *f.*
brake-test (testing of mach.), prueba al freno *f.*
brake testing, prueba de los frenos *f.*
brake-van (rly.), furgón guardafrenos *m.*
back-pedalling brake (cycles), freno de contrapedal.
band brake, freno de cinta.
belt brake, freno de correa.
cage brake (min.), freno para jaula de pozo.
clutch brake, freno sobre embrague.
dynamometer brake, freno dinamométrico.
electrical brake, freno eléctrico.
eddy current brake (el. meters), freno retardador por corrientes de Foucault.
electromagnetic brake (mach., tr.), freno de electroimán.
electromagnetic brake (on lifts), mordazas paracaídas, mordazas electromagnéticas de seguridad *f.pl.*
electro-pneumatic brake, freno electroneumático.
emergency brake, freno de seguridad.
hand brake, freno de mano.
internal-toggle brake, freno acodillado interior.
lift brake, freno de seguridad de ascensor.
magnetic brake, freno magnético.
magnetic brake (tram.), patín magnético frenador *m.*, zapata frenadora *f.*
mechanical brake, freno de accionamiento mecánico.
pneumatic brake, freno neumático.
Prony brake, freno de Prony.
quick-acting brake, freno rápido.
rope brake (for lifts or the like), mordazas apretacable *f.pl.*
strap and lever brake, freno de palanca y cinta.
to brake, frenar.
water brake, freno hidráulico.

Westinghouse brake, freno neumático sistema Westinghouse.
vacuum brake, freno al vacío.
brakeman (rly.), guardafrenos *m.*
brakes-compressor, compresor de aire para frenos *m.*
brakes full off (tr.), libre de frenado, frenos enteramente desapretados.
brakes full on, frenado a fondo.
braking, frenado *m.*
braking effect, efecto frenador *m.*, acción frenadora (o retardadora) *f.*
braking effort, fuerza del frenado *f.*
braking force, fuerza para frenar *f.*
braking moment, par de frenado *m.*
braking on all axles, ejes todos con freno *m.pl.*
braking resistance, resistencia al frenado *f.*
regenerative braking, frenado regenerador *m.*
bran, afrecho *m.*
branch, bifurcación, rama, ramificación *f.*
branch (office), sucursal *f.*
branch (rly.), ramal *m.*
branch circuit (el.), circuito derivado *m.*
branch current (el.), corriente derivada *f.*
branch line (el.), línea derivada *f.*
branch line (rly.), ramal *m.*
branch-pipe, cañería derivada *f.*, tubo derivado *m.*
to branch, bifurcar, derivar, desviar.
to branch off (el.), derivar.
to branch off (rly.), desviar, bifurcar.
branching *adj.*, bifurcado, derivado, desviado.
branching of cable (el.), derivación de un cable.
branching point (el.), punto de derivación *m.*
brand, marca de fábrica *f.*
branding-iron, hierro de marcar *m.*
brandy, aguardiente *m.*
brass, latón *m.*
brass foil, hoja de latón *f.*
brass-fittings, accesorios de latón *m.pl.*
brass work, latonería *f.*
white brass, latón blanco.
to braze, soldar con liga.
brazier (worker), calderero *m.*
Brazil-wood, palo brasil *m.*
bread, pan *m.*
breadth, anchura *f.*
break (inst.), interrupción *f.*
break (geol.), falla, rajadura *f.*
break on one phase (el.), interrupción en una fase *f.*
break on the insulation (el.), falla en el aislamiento *f.*
to break, romper.
to break (el.), interrumpir.
to break contact, interrumpir.
to break out (fire), declararse (incendio).
to break the ground (min.), catear, explorar.
to break up (to demolish), abatir, demoler.
to break up the clinker (boil.), romper la escoria.
breakdown (failure), avería repentina *f.*, desarreglo *m.*, interrupción, parada imprevista *f.*
breakdown gang (rly.), equipo de socorro *m.*
breakdown in the service, interrupción en el servicio.
breakdown of the plant due to an accident, parada imprevista del taller (o de la instalación) por causa de accidente.
breakdown test, prueba límite *f.*
breakdown voltage, tensión límite *f.*
breaker (el.), disyuntor *m.*
breaker (that which breaks), destructor, triturador *m.*
jaw breaker (stones), trituradora de mandíbulas.
pneumatic breaker (for roads, etc.), pico neumático *m.*
breaking (el.), disyunción, interrupción *f.*
breaking (mec.), fractura, rotura, quebradura *f.*
breaking capacity (el.), poder disyuntor *m.*
breaking-down (point of failure, el.), punto crítico *m.*
breaking-down point (mec.), límite de rotura *f.*
breaking-down test, ensayo crítico *m.*
breaking load (c.e., const.), carga de ruptura *f.*
breaking of an arc (el.), disrupción de un arco *f.*
breaking of a circuit (el.), interrupción de un circuito *f.*, puesta fuera de circuito *f.*
breaking point (eng.), límite de rotura *m.*
breaking resistance (mec.), resistencia a la rotura *f.*
breaking strength (eng.), resistencia a la rotura *f.*
breaking stress, carga límite *f.*
breaking up, demolición *f.*
breakwater, malecón, rompeolas *m.*
breast-drill, berbiquí de pecho *m.*
breast-beam (text. mach.), enjullo de pecho *m.*
to breed, criar.
breeder, criador *m.*
breeze, brisa, ventolina *f.*
bressumer (or breastsummer), sotabanco *m.*
to brew (beer), hacer cerveza.
brewer, cervecero *m.*
brewery, cervecería *f.*
brick, ladrillo *m.*
brick-arch (boil.), bóveda del fogón *f.*
brick-clay, arcilla de ladrillos *f.*
brick-course (arch.), hilada *f.*
brick kiln, horno para ladrillos *m.*
brick-works, fábrica de ladrillos *f.*
air brick, ladrillo hueco.
air-dried brick, ladrillo secado al aire.
burnt brick, ladrillo cocido.
half-baked brick, ladrillo secado al aire.
machine-moulded brick, ladrillo mecánico.
to brick up, amurallar, cubrir con ladrillos, enladrillar.
bricked (covered with bricks) *adj.*, enladrillado.
bricklayer, albañil *m.*
brickmaker, ladrillero *m.*
brickmaking, fabricación de ladrillos *f.*
brickmaking machine, moldeadora de ladrillos, prensa de fabricar ladrillos *f.*
brickmaking machinery, máquina para fabricar ladrillos.
brickmaking works, fábrica de ladrillos *f.*
brickwork, enladrillado *m.*
bridge, puente *m.*
bridge (ship's), puente de comando.
bridge of a furnace, altar *m.*
arch (or arched) bridge, puente de arcos.
bascule bridge, puente basculante.
cantilever bridge, puente de consolas.
chain bridge, puente colgante de cadenas.
deck bridge, puente de tablero alto.
foot bridge, pasarela *f.*, puente de transeuntes *m.*
high-level road bridge, puente carretero superelevado.
iron bridge, puente de hierro, puente metálico.
lattice-girder bridge, puente de vigas de celosía.
lifting bridge, puente levadizo.
loop-wire bridge (el.), puente de hilo en hebilla.
measuring bridge (el.), puente para medidas.
metre bridge (el.), puente de hilo dividido.
plate girder bridge, puente de vigas de alma sólida.

plug bridge (el.), puente con clavijas.
Post Office bridge (meas.), puente de medida para telégrafos nacionales.
railway bridge, puente ferroviario.
road bridge, puente carretero.
roller bridge, puente giratorio sobre rodillos.
rolling-lift bridge, puente basculante.
skew bridge, puente oblicuo.
steel bridge, puente de acero, puente metálico.
suspension bridge, puente colgante.
swing bridge, puente giratorio.
through bridge, puente de tablero bajo.
to bridge, tender un puente.
trestle bridge, puente sobre caballetes.
Whetstone bridge (el.), puente de Whetstone.

bridle-path (or track), sendero de mulas *m.*
brig (naut.), bergantín *m.*
bright, brillante, lustroso.
bright deposit (chem., el.), deposición de materia brillante.
brightness, brillantez *f.*, lustre *m.*
brilliancy, brillo *m.*, brillantez *f.*
brine, salmuera *f.*
to bring up to speed, activar, dar velocidad.
brink (well), brocal *m.*
briquette, briqueta *f.*
British, Británico *m.*
British Engineering Standards Association, Sociedad Británica de normas técnicas *f.*
British-gum, dextrina *f.*
British made, de fabricación Inglesa.
British product, producto Británico *m.*
British thermal unit, unidad térmica Británica (correspondiente a la gran caloría e igual al ¼ de ésta).
brittle, quebradizo.
brittleness, resquebracidad *f.*
broach (mach.), escariador, espetón *m.*
broaching machine, escariadora *f.*
broad, ancho.
broad gauge (rly.), vía ancha, trocha ancha (S.A.) *f.*
in broad daylight, en pleno día.
broadcast (wir.), radiodifusión, radioemisión *f.*
to broadcast, radiar, radiodifundir.
broadcasting station, emisora *f.*
broadcasting station of 100 KW. 722 kilocycles and 415 m. wavelength, radioemisora de 100 KV. 722 kilociclos y 415 m. de longitud de onda.
broken, roto, quebrado.
broken (surface), barrancoso, desigual.
broker (com.), corredor *m.*
bromate, bromato *m.*
bromide, bromuro *m.*
bromide of iodine, bromuro de yodo.
bromide of mercury, bromuro mercúrico.
bromide of zinc, bromuro de cinc.
bromine, bromo *m.*
bronze, bronce *m.*
brook, arroyo, riacho, riachuelo *m.*
broom, escoba *f.*
brush, cepillo *m.*
brush (el.), escobilla *f.*
brush (paint.), brocha *f.*, pincel *m.*
brush-holder (el.), portaescobilla *m.*
brush-holder ring, corona portaescobillas *f.*
brush-lifting device, dispositivo de alzar las escobillas *m.*
brush-lifting and short-circuiting device, dispositivo de alzar las escobillas y cortocircuitar el rotor.
brush-rocker (el.), cambiador de posición de las escobillas.
brush-shifting (el.), descalado de las escobillas *m.*
brush-sparking (el.), chisporroteo debajo de las escobillas *m.*
carbon brush, escobilla de carbono.
contact brush, escobilla de contacto.
copper brush, escobilla de cobre.
copper-gauze brush, escobilla de tela de cobre.
fixed brush, escobilla fija.
laminated brush, escobilla de láminas.
movable brush, escobilla móvil.
rotary cleaning brush, cepillo rotatorio *m.*, corona de cepillar *f.*, limpiatubos giratorio *m.*
spare brush, escobilla de repuesto.
to lift the brushes, alzar las escobillas.
B.Th.U., abreviación de British thermal unit, q.v.
bubble, burbuja *f.*
bucket, cubo, balde (S.A.) *m.*
to buckle (as a plate when loaded), abarquillarse, alabearse.
to buckle (vertically under load), doblegarse.
buddling trough (min.), artesa de lavado *f.*
budget, presupuesto *m.*
buff (to burnish with), bruñidor giratorio *m.*
buff-wheel, disco de gamuza de pulir *m.*
buffer (rly.), parachoques, paragolpes (S.A.), tope *m.*
buffer head, disco de choque *m.*
buffer plate, placa de tope *f.*
buffer ram, macho de tope *m.*
buffer ram-rod, vástago del parachoques *m.*
buffer shell (rly.), cilindro del vástago de tope *m.*
buffer-spring, muelle de parachoques *m.*
buffer-stop (rly.), tope *m.*
buffing, bruñido, pulido *m.*
buffing disc (techn.), muela de bruñir *f.*
buffing machine, bruñidora mecánica *f.*
to build, construir.
to build a house, edificar.
to build on piles, edificar (o construir) sobre estacas.
to build on vaults, enchapinar.
to build up (mach.), ensamblar.
to build-up (of dynamos), *v.*, autogenerar, encebarse.
builder, constructor *m.*
builder (arch.), maestro de obras *m.*
building, edificio, inmueble *m.*
building materials, materiales de construcción *m.pl.*
building trade, ramo de la construcción *m.*
building-yard (mar.), astillero *m.*
built-up *adj.*, ensamblado.
built-up (reinforced), compuesto, reforzado.
built-up girder, viga reforzada *f.*
built upon vaults, enchapinado.
bulb (of lamp), bombilla *f.*
bulb (of glass, inst.), ampolla *f.*
bulb-angle (met.), escuadra abordonada *f.*
electric bulb, bombilla eléctrica.
glass bulb, bombilla de vidrio.
bulk, bulto *m.*, masa *f.*
bulk modulus (mec.), módulo de compresibilidad *m.*
bulk tariff, tarifa a granel *f.*
bulkhead (naut.), mamparo *m.*
bulky, abultado, voluminoso.
bulky goods, mercadería voluminosa *f.*
bull (zool.), toro *m.*
bull's eye, claraboya *f.*, tragaluz *m.*
bull's eye (mar.), guardacabos *m.*
bullion, metal amonedado *m.*

bumper (aut.), amortiguador de choques *m.*
bung, tapón, tarugo *m.*
bunker (mar.), pañol *m.*
coal bunker (on land), carbonera *f.*
coal bunker (on ships), pañol del carbón *m.*
to bunker (mar.), cargar carbón.
buoy, boya *f.*
bell buoy, boya sonora.
light buoy, boya luminosa.
staff buoy, boya de mástil.
to buoy, aboyar.
whistling buoy, boya de sirena.
wreck buoy, boya indicadora de naufragio.
buoyancy, flotabilidad *f.*
burden (ship's), contenido *m.*
burglar-proof, al abrigo de robos.
burglary, robo nocturno *m.*
bureau, escritorio *m.*
burn, quemadura *f.*
to burn, quemar.
to burn down, destruir (por el fuego).
burned-out, quemado.
burner, mechero, quemador *m.*
Argand burner, mechero de Argand *m.*
Bunsen burner, quemador de Bunsen.
butterfly burner, pico (o quemador) de abanico *m.*
oil burner, quemador de petróleo.
oxyacetylene burner, quemador oxiacetilénico.
to burnetise, tratar madera por el sistema Burnet (con ZnCl).
to burnish, bruñir.
burnishing powder, polvos de bruñir *m.pl.*
burst *n.*, estallido *m.*, explosión *f.*
burst (of wind), ráfaga *f.*
to burst, estallar, reventar.
bursting of a tyre (aut.), estallido de un neumático *m.*
bus-bar (el.), barra colectora, barra ómnibus *f.*
high-tension bus-bar, barra ómnibus de alta tensión.
low-tension bus-bar, barra ómnibus de baja tensión.
bush (circlet of metal), manguito *m.*
bush (eng., techn.), casquillo, collar, manguito *m.*
adjustable bush, collar graduable.
bronze bush, manguito de bronce.
keyed bush, collar ranurado.
bushel, fanega *f.*
bushing, manguito, tubito *m.*
business, negocio *m.*
busy *adj.*, ocupado.
busy-back (or busy) signal (tel.), señal de línea ocupada *f.*
butt (end), culata *f.*, tope *m.*
butt-end, extremidad, punta *f.*
butt-joint, junta de tope *f.*
butt-jointed seam and strap, junta de topes y cubrejunta *f.*
butt-strap, cubrejunta *f.*
butt welded, soldadura al tope *f.*
butter, mantequilla, manteca (S.A.) *f.*
butter-churn, batidora de manteca *f.*
button, botón *m.*
buttress (arch., c.e.), arbotante, contrafuerte, estribo *m.*
to buy, comprar, adquirir.
buyer, comprador *m.*
buyer's risks and perils, por cuenta y riesgo del comprador.
buying-agent, comisionista *m.*
buytrone (met.), buitrón, horno de manga para mercurio *m.*
buzzer (el.), zumbador *m.*
buzzer-wavemeter (el., wir.), ondámetro de zumbador *m.*
B.W.G., abreviación de Birmingham wire gauge, q.v.
by *adv.*, cerca.
by *prep.*, por.
by air mail, por vía aérea.
by appointment to H.M. the King, proveedor(es) de S.M. el Rey.
by-law (local law), reglamento *m.*
by-law (of society), estatuto *m.*
by-pass (eng.), derivación *f.*
by-path, senda travesera *f.*
by-product (chem.), subproducto, producto derivado *m.*
by-product recovery plant, instalación recuperadora de subproductos *f.*
by-road, camino transversal *m.*
byssolite (geol.), bisólita *f.*

C

cab (loco.), marquesina *f.*
cab (of crane or similar), garita *f.*
cabin (naut.), camarote *m.*
cabinet (arch.), gabinete *m.*
cabinet (furniture), bufete *m.*
cabinet-maker, ebanista *m.*
cable, cable *m.*
cable (el.), cable, conductor *m.*
cable-laying, tendido de cables *m.*, posa de cables *f.*
cable-maker, fabricante de cables *m.*
cable-railway, funicular de cable *m.*
cable sag, deflexión del cable, flecha del cable *f.*
armoured cable, cable armado (o protegido o acorazado), cable resguardado por cinta de acero (o alambre).
bearer cable (in catenary suspension), cable de sostén (o portador).
electric light cable, cable para luz eléctrica.
feeder cable (el.), conductor de alimentación.
hauling cable, cable de sirga (o tractor).
high-tension cable, cable para tensión elevada.
impregnated cable, cable recubierto (o impregnado).
lead-covered cable, cable recubierto de plomo.
leading-in cable (el.), cable de llegada.
lifting cable, cable de alzar, cable de izar.
lighting cable, cable para alumbrado.
mining cable, cable de arrastre.
multiple-core cable, cable de almas múltiples.
overhead cable, cable aéreo.
paper-covered cable, cable aislado con papel.

power cable, cable para fuerza eléctrica.
pulling cable (mec.), cable de tracción.
single-core cable, cable de alma única.
steel-armoured cable, cable protegido con acero.
steel-tape-covered cable, cable armado de cinta de acero.
submarine cable, cable telegráfico submarino.
telegraphic cable, cable telegráfico.
telephone cable, cable telefónico.
stranded cable, cable trenzado.
to cable, telegrafiar.
underground cable, cable subterráneo.
vulcanised rubber cable, cable recubierto de caucho vulcanizado.

cadmium, cadmio *m.*

caesium, cesio *m.*

caffeine, cafeína *f.*

cage, jaula *f.*

caisson (c.e.), cajón de fundación *m.*
caisson (dock-closing), compuerta flotante *f.*

cake, galleta, maza, rueda, torta *f.*
cake-moulding machine, moldeadora de tortas (ind.).

to cake *v.*, endurecerse.
to cake together, aglutinarse.

calamine, calamina *f.*

calcium, calcio *m.*
calcium acetate, acetato de calcio *m.*
calcium carbide, carburo de calcio *m.*
calcium carbonate, carbonato de cal *m.*
calcium chloride, cloruro de calcio *m.*
calcium hydroxide, hidrato de cal *m.*
calcium lactate, lactato de calcio *m.*
calcium nitrate, nitrato de cal *m.*
calcium oxide, óxido de cal *m.*
calcium phosphate, fosfato cálcico *m.*
calcium sulphate, sulfato de cal, yeso *m.*

calculating machine, máquina de calcular *f.*

calculation, cálculo *m.*

calculus, cálculo *m.*, cálculos *m.pl.*

calendar, calendario *m.*

calender, calandria *f.*

to calender (paper) *v.*, calandrar, enlucir, satinar, sedar.

to calibrate *v.*, comprobar, contrastar, calibrar, verificar.

calibrating instrument, instrumento graduador *m.*
calibrating-standard, patrón de contraste *m.*

calibration, calibración, comparación *f.*
calibration graph, diagrama de calibración *m.*
calibration table, cuadro de calibración *m.*

calipers, calibrador, calibre *m.*
bow calipers (meas.), compás esférico *m.*

call, comunicación, llamada *f.*
call (naut.), recalada *f.*
call-button, botón de llamada *m.*
automatic call (tel.), llamada automática.
distant call (tel.), llamada a gran distancia.
local call, llamada cercana.
to call, llamar.
to call (at a port, naut.), recalar.
to call for tenders, abrir concurso.
to call up (tel.), llamar.

calling (profession), oficio *m.*, profesión *f.*

calm *adj.*, calmo.
calm *n.*, calma *f.*
calm sea, mar bonanza *m.* & *f.*

calomel, calomelanos, protocloruro de mercurio *m.*

calorie, caloría *f.*
great calorie, caloría grande.
small calorie, caloría pequeña.

calorific, calorífico.
calorific value, potencia calorífica.

calorimeter, calorímetro *m.*

cam (mec.), leva *f.*
cam cutting machine, rectificadora para levas *f.*
cam-drive, impulsión por leva *f.*, accionamiento de leva *m.*
cam follower (aut., eng.), rodillo de leva *m.*
cam-gear, distribuidor de levas, mando por levas *m.*
cam milling machine, rectificadora para levas *f.*
cam-shaft, Véase camshaft, debajo.
cylinder cam, leva de tambor.
double-lift cam, leva de doble juego.
exhaust cam, leva de escape.
half-compression cam (aut.), leva de media-compresión.
heart cam, leva forma corazón.
inlet cam, leva de admisión.

camber, comba *f.*, arqueo *m.*
camber (of an arch), flecha *f.*
to camber, arquear, combar.
the camber of a road, la comba de una carretera.

cambered, arqueado, combado.

cambric, batista *f.*

camera (phot.), cámera fotográfica *f.*

camp (mil.), campamento, campo *m.*
to camp, acampar.

camphor, alcanfor *m.*

camshaft, árbol de levas, eje de levas *m.*
camshaft gear, engranaje del eje de levas *m.*

can, bidón, envase *m.*, lata *f.*
can-roving machine (text.), torcedora de hilos *f.*
to can, envasar.

canal, canal *m.*
canal-lift, ascensor de botes *m.*
canal rays (phys.), rayos canales, rayos de Goldstein *m.pl.*
auxiliary canal, contracanal *m.*

to canalise, canalizar.

to cancel an order (for goods), anular un pedido.
to cancel orders, cancelar órdenes.

candle, bujía, vela *f.*
candle-making machinery, maquinaria para fabricar velas *f.*
candle-power, bujía luminosa, intensidad luminosa, potencia luminosa *f.*
a 110 candle-power lamp, lámpara de 110 bujías *f.*
international candle-power, bujía decimal *f.*
25 candle-power per square yard of room, intensidad luminosa de 28 bujías por metro cuadrado de suelo.

cane, caña *f.*
cane-gathering, zafra *f.*
cane juice, guarapo *m.*

canned, envasado.

canning, envase, envasamiento *m.*
canning machine, envasadora mecánica *f.*

cannon, cañón *m.*

canoe, canoa, piragua *f.*

canopy, dosel, baldaquín *m.*

cant (inclination of rails or road), peraltado *m.*

cantilever, consola, ménsula *f.*

cantwise *adj.*, de canto, sobre el lomo.

canvas, lona *f.*

cap (arch.), chapitel *m.*
cap (cover), tapa *f.*
cap (el.), casquillo *m.*
rifle cap (arm.), guardamira *f.*

capable, capaz.
capable of a speed of 100 miles per hour, capaz de efectuar 160 kilómetros por hora.

capable of being drawn (met.), **estirable.**
capable of being joined, **unible.**
capable of being lit, **encendible.**
capable of being machined, **laborable.**
capable of carrying considerable overloads for short periods, **puede soportar sobrecargas importantes por períodos cortos.**
capable of carrying 25% overload torque for two hours, **pudiendo soportar una sobrecarga de 25% durante dos horas.**
capacity (room), **cabida, capacidad *f*.**
capacity of a cell (el.), **cantidad de descarga (de una pila o de un acumulador) *f*.**
electric capacity, **capacidad eléctrica.**
cape (geog.), **cabo *m*.**
capillarity, capilaridad *f*.
capital *adj.*, **principal.**
capital (arch., c.e.), **capital *m*.**
capital (fin.), **capital *m*.**
capital (geog.), **capital *f*.**
capital (gram.), **mayúscula *f*.**
capital letter, **letra mayúscula *f*.**
capital ship, **nave de combate *f*.**
paid-up capital, **capital suscripto, capital desembolsado *m*.**
Caprotti valve-gear, distribuidor sistema Caprotti *m*.
capstan, cabrestante *m*.
capstan handwheel (mach.), **volante de mano forma timonel *m*.**
capstan-pawl, **linguete *m*.**
captain, capitán *m*.
car (aut., rly.), **coche *m*.**
car (tram.), **tranvía *m*.**
car-handling (min., met.), **manipulado de vagonetas *m*.**
car-lift, **ascensor de coches automóviles *m*.**
car-shed (rly.), **cobertizo para coches, galpón para coches (S.A.) *m*.**
accumulator car, **electromóvil de acumuladores *m*.**
armoured car (mil.), **automóvil blindado *m*.**
buffet car (rly.), **coche-restorán *m*.**
commercial car, **automóvil de reparto *m*.**
electric car (tram.), **tranvía eléctrico.**
foundry car (met.), **vagoneta portacrisoles *f*.**
incline car, **coche para funicular.**
railway car, **coche ferroviario *m*.**
caramel, azúcar rosado *m*.
carbide, carburo *m*.
carbon, carbono *m*.
carbon dioxide, **ácido carbónico, anhídrido carbónico *m*.**
carbon monoxide, **óxido de carbono *m*.**
carbonaceous, carbonoso, carbonífero.
carbonate, carbonato *m*.
carbonate of lime, **carbonato de cal.**
carbonic, carbónico.
carbonic acid gas, **ácido carbónico, bióxido de carbono *m*.**
carboniferous, carbonífero, hullero.
carboniferous sandstone, **grés hullera *f*.**
to carbonise, carbonizar.
carburation, carburación *f*.
carburettor, carburador *m*.
carburettor float-chamber, **cubeta del carburador *f*.**
carburettor jet, **brotador de carburador *m*.**
carburettor needle-valve, **válvula de puntero del carburador *f*.**
constant-choke carburettor, **carburador de sección constante.**
double-jet carburettor, **carburador de brotador doble.**
multi-jet carburettor, **carburador de chorros.**
self-starter carburettor, **carburador de arranque propio.**
card (in general), **cartulina, tarjeta *f*.**
card (text.), **carda *f*.**
card-filler (text.), **surtidor de cardas *m*.**
card-grinding machine (text.), **amoladora de cardas *f*.**
card-system filing cabinet, **archivero de tarjetas *m*.**
finishing card (text.), **carda de afino (o de fino).**
Cardan shaft, cardán *m*., transmisión cardán *f*.
cardboard, cartón *m*.
cardinal points, puntos cardinales *m.pl*.
carding-frame (text.), **cardadora, máquina de cardar *f*.**
carding machine, **máquina de cardar *f*.**
to careen, carenar.
career, carrera *f*.
cargo (mar.), **carga *f*., cargamento *m*., cargazón *f*.**
cargo-boat, buque (o vapor) de carga *m*.
Carnot cycle (mec.), **ciclo de Carnot *m*.**
carpenter, carpintero *m*.
carpentry, carpintería *f*.
carpet, alfombra *f*.
carriage (act of carrying), **acarreo *m*., conducción *f*., transporte *m*.**
carriage (coach), **carruaje, coche *m*.**
carriage (mach. tool), **soporte corredizo *m*.**
carriage (rate), **flete, porte *m*.**
carriage forward, **porte a pagar.**
carriage paid (or free), **porte pago, libre de porte**
carriage-viewer (rly.), **examinador del rodaje (de vagones f.c.), *m*.**
carriage-works, **fábrica de vagones *f*.**
carried away by the current (hyd.), **derrubiado por la corriente.**
carrier, portador, transportador *m*.
carrier-line (tel.), **línea portante *f*.**
carrier-pigeon, **paloma viajera *f*.**
carrier wave (wir.), **onda portante *f*.**
carriers (firm of), **casa de transportes *f*., expedidor *m*.**
to carry, llevar, transportar.
to carry a scheme into effect, **poner en práctica un proyecto.**
to carry on with the work, **proseguir el trabajo.**
to carry out, **realizar.**
to carry the road over a river, **cruzar un río con la carretera.**
carrying capacity (el.), **densidad de carga *f*.**
carrying capacity (tr.), **cabida, capacidad de transporte *f*.**
carrying capacity (of a ship or wagon), **cabida *f*., hueco *m*.**
carrying capacity of a girder (mec.), **resistencia mecánica de una viga.**
carrying capacity of a wire (el.), **densidad de corriente de un hilo.**
cart, carro *m*.
cart (small), **carretón *m*.**
hand cart, **carretón de mano.**
to cart, **acarrear.**
cartesian co-ordinates (mat.), **coordenadas cartesianas *f.pl*.**
cartridge, cartucho *m*.
cartridge-ejector, **botacartuchos, sacacartuchos *m*.**
to carve, esculpir.
cascade, cascada *f*., salto de agua *m*.
cascade connection, **acoplamiento en cascada (o en cadena), acoplamiento en serie.**

cascade coupling (el.), acoplamiento en cascada, acoplamiento tándem *m.*
cascade system (el.), sistema en cascada *m.*
case (event or question), caso *m.*
case (container), caja *f.*
case (sheath), estuche *m.*, vaina *f.*
case-maker, cajero *m.*
to caseharden (met.), cementar, templar superficialmente.
casehardening, cementación *f.*, temple superficial *m.*
casehardening compound, pasta para cementar *f.*
casehardening pan, caja de cementación *f.*
casein, caseína *f.*
cash (com.) *adj.*, al contado, contado.
cash (booth where payment is made), caja *f.*
cash account, cuenta de caja *f.*
cash on delivery !, páguese al recibir.
to cash, cobrar.
cashier, cajero *m.*
casing, cubierta, envoltura *f.*
casing (mach.), caja, jaula *f.*, tambor *m.*
casing (mas.), revoque *m.*
casing of a well, entubado de un pozo *m.*
the casing of a steam turbine, el tambor de una turbina de vapor.
cask, barril, tonel *m.*, cuba *f.*
cask hoop, aro de barril *m.*
cask-hooping machine, máquina de enarcar barriles *f.*
cask stave, duela *f.*
cast (met.), colada *f.*
cast-in-one, colado de un golpe.
cast integral with (found.), colado en una sola pieza.
cylinder cast integral with crankcase, cilindro y cárter colados en una sola pieza.
cast-iron *adj.*, de hierro colado, de fundición.
cast-iron-tooth gearing, engranajes de dientes colados *m.pl.*
to cast iron (met.), colar.
to cast in mould, moldear.
casting (act of casting), colada *f.*
casting (in mould), moldeo *m.*
casting (met. product), fundición, pieza de fundición *f.*
casting-pig (found.), lingotera de colada *f.*
casualties (in accident), víctimas *f.pl.*
cataclastic (geol.), cataclástico.
catalan forge, forja catalana *f.*
catalogue, catálogo *m.*
catalogue free !, catálogo gratis.
catalogue on request !, catálogos a quien los pida.
catalysis, catálisis *f.*
cataract, catarata *f.*
catch, fiador, pasador *m.*
catch-door, picaporte *m.*
catch-feeder (hyd.), zanjón de regadío (o de riego) *m.*
catch-hammer (met.), martillo de aplanar *m.*
catch-point (rly.), aguja de descarrilamiento *f.*
catchment area (hyd.), cuenca de vertiente *f.*
catchment basin (geog.), cuenca *f.*
category, categoría *f.*
catenary, catenario.
catenary curve, catenaria, cadeneta *f.*
catenary system (el. rly. & tram.), suspensión catenaria *f.*
catgut, cuerda de tripas *f.*
cathetus (geom.), cateto *m.*
cathode, cátodo *m.*
cathode rays, rayos catódicos *m.pl.*
cathodic, catódico.
cattle, ganado *m.*
cattle-breeding, ganadería *f.*
to caulk, calafatear.
to caulk seams, calafatear juntas.
caustic potash, potasa cáustica *f.*
caustic soda, soda cáustica *f.*, hidróxido sódico *m.*
cavalry (mil.), caballería *f.*
cavetto (arch.), caveto *m.*
caving system (min.), laboreo al derrumbe *m.*
cavitation, cavitación *f.*
cavity, cavidad *f.*
cawk, sulfato de barita *m.*
cedar, cedro *m.*
ceiling, cielo raso, techo *m.*
ceiling-rose, rosetón *m.*
plastered ceiling, cielo raso enyesado.
cell (cavity), célula *f.*
cell (phys.), celda, célula *f.*
cell (primary, el.), pila *f.*
cell (secondary, el.), acumulador, elemento *m.*
cell-switch, reductor de carga *m.*
bichromate cell, pila al bicromato de potasa.
Bunsen cell, pila de Bunsen.
Daniell cell, pila Daniell.
Leclanché cell, pila Leclanché.
photo-electric cell, célula fotoeléctrica.
pilot cell, elemento testigo (para verificar la carga de una batería de acumuladores).
voltaic cells, pila voltáica.
cellar, sótano *m.*
cellular, celular.
celluloid, celuloide *m.*
cellulose, celulosa *f.*
cellulose acetate, acetato celulósico *m.*
cement, cemento *m.*
cement hardener, endurecedor de cemento *m.*
cement-mortar (const.), argamamasa hidráulica *f.*, mortero *m.*
Portland cement, cemento Portland.
quick-setting cement, cemento de fraguado rápido.
slag cement, cemento escorioso.
slow-setting cement, cemento de fraguado lento.
to cement, cementar.
to cement in the joints (const.), taponar con cemento las uniones, plastecer.
cementation (met.), cementación *f.*
cementation process (met.), procedimiento por cementación *m.*
cemented gravel (geol.), grava conglomerada *f.*
census, censo *m.*
centering (arch.), cimbra *f.*
centesimal *adj.*, centésimo.
centiare (meas.), centiárea (o 1 metro cuadrado) (1·196 square yard).
centigrade *adj.*, centígrado.
centigram, centígramo *m.*
centimetre, centímetro *m.*
centimetre-gram-second system, sistema centímetro gramo segundo, sistem C.G.S. *m.*
central exchange (tel.), central telefónica *f.*
centre, centro *m.*
centre (of lathe), punta *f.*
centre-casting (of bogie), rangua *f.*
centre-line (mach.), eje mediano *m.*
centre-line (of drawing), eje central *m.*
centre-line of a tunnel, eje de un túnel *m.*
centre-line of the track (rly.), eje de la vía *m.*
centre of buoyancy (hyd.), centro de empuje *m.*
centre of buoyancy (or displacement) (naut.), centro de carena *m.*
centre of circle, centro de un círculo.
centre of gravity, centro de gravedad.

centre of gyration, eje de rotación.
centre of motion, eje de movimiento.
centre of pressure, centro de presión.
centre of symmetry, centro de simetría.
centre-piece, pieza central *f.*
centre-prop (techn.), marca de punzón *f.*
centre-punch, granete, punzón *m.*
centre-rest (lathe), luneta *f.*
centre-zero instrument, instrumento de medida de cero central *m.*
dead centre (mach.), punta fija *f.*
live centre (mach.), punta giratoria.
to centre, centrar.
to centre a piece on a lathe, centrar une pieza entre puntas.
to centre the work (techn.), centrar la pieza a trabajar.
centric, céntrico.
centrifugal, centrífugo.
centrifugal blower, ventilador centrífugo *m.*
centrifugal casting (found.), colada centrífuga *f.*
centrifugal effect, acción centrífuga *f.*
centring (of work in mach.), centrado *m.*
centring-device, mecanismo de centrar *m.*
centripetal, centrípeto.
centroid (mat., mec.), centro de gravedad *m.*
century, siglo *m.*
cepheus (ast.), cefeo *m.*
cerium, cerio *m.*
certificate, certificado *m.*
certificate of airworthiness (aer.), certificado de navegabilidad aérea *m.*
certificate of production, certificado de origen *m.*
cerusite, cerusita *f.*
cesspool, sumidero *m.*
C.G.S. units, unidades del sistema centímetro-gramo-segundo.
chaff (ag.), hollejo, zurrón *m.*, paja cortada *f.*
chaff-cutter, cortazurrón *m.*
chain, cadena *f.*
chain (meas.), medida lineal Británica equivalente a 20,12 *m.*
chain-bolt, pasador de cadena *m.*
chain coal-cutting machine, sierra-cadena corta-carbón, *f.*
chain-cutter, cadena dentada.
chain-drive, impulsión por cadena *f.*
chain-driven, impulsado por cadena.
chain-line (arch.), bóveda de cadeneta *f.*
chain-maker, fabricante de cadenas *m.*
chain of mountains, cordillera, sierra *f.*
chain pipe-wrench, cortatubos de cadena *m.*, pinzas de cadena *f.pl.*
chain-rule (mat.), regla de conjunta *f.*
chain-saw, sierra de cadena *f.*
chain-surveying, cadeneo *m.*
chain-suspension, suspensión de cadena *f.*
chain testing, prueba de cadena *f.*
chain-tightener, aprietacadena, tensor de cadena *m.*
chain-wall (min.), muro de seguridad *m.*
chain-wheel, piñón, *m.*
bucket chain, cadena de cangilones.
coupling chain (min., rly.), cadena de arrastre, cadena de tracción.
endless chain, cadena sin fin.
grate chain (boil.), cadena del emparrillado.
Gunther's chain, cadena de agrimensor.
hoisting chain, cadena de grúa.
non-skid chain, cadena antideslizante.
safety chain, cadena de afianzar.
sprocket chain, cadena de rodillos, cadena para erizo.
surveyor's chain, cadena de medición (o de agrimensor).
to chain (surv.), medir con cadena, cadenear.
to chain (to tie), encadenar.
chair (ed.), cátedra *f.*
chair (furniture), silla *f.*
chair (rail support), cojinete de riel *m.*
chair factory, fábrica de sillas, sillería *f.*
chairman (com. & fin.), Presidente *m.*
chairman (municipal), prepósito *m.*
chairmanship, presidencia *f.*
chalcedony, calcedonia *f.*
chalcopyrite, calcopirita, pirita cobriza *f.*
chalk, creta, tiza *f.*
to chalk out, trazar con tiza.
chamber, cámara *f.*
chamber of commerce, cámara de comercio.
air chamber, cámara de aire.
combustion chamber (boil.), hogar *m.*
combustion chamber (eng.), cámara de explosión.
exhaust chamber (eng.), cámara de escape.
lock chamber, cuenco *m.*
chamfer, bisel *m.*
to chamfer (arch.), estriar.
to chamfer (techn.), biselar.
champion, campeón *m.*
championship, campeonato *m.*
chandelier, araña *f.*
change, alteración *f.*, cambio *m.*
change (replacement), repuesto *m.*
change-gear (mach.), cambio por engranajes.
change-gear box (mach.), caja de cambio de marcha *f.*
change of a tyre (aut.), repuesto de un neumático *m.*
change of gear (aut., eng.), cambio de velocidad *m.*
change of management, cambio de dirección *m.*
change of pressure, alteración de la presión *f.*
change of section (av.), variación del perfil *f.*
change of state of a body (phys.), alteración del estado de un cuerpo.
to change, cambiar, alterar, variar.
to change over (el.), conmutar, permutar.
changing-over (el.), conmutación *f.*
channel, canal *m.*
channel (arch.), estría, media caña *f.*
channel (geog.), estrecho, brazo de mar *m.*
channel (hyd.), acequia *f.*, canal *m.*, canaleta, zanja *f.*
channel (met.), canaleta *f.*, hierro U *m.*, U *f.*
chaos (geol.), caos *m.*
chapel, capilla *f.*
characteristic (eng., el.), característica *f.*
full-load characteristic, característica a plena carga.
no-load characteristic, característica en vacío.
charcoal, carbón de leña *m.*
birch charcoal, carbón de abedul *m.*
charge (cost), gasto, precio *m.*
charge (el., mil.), carga *f.*
to charge (el.), recargar.
to charge accumulators, recargar acumuladores.
to charge (cost), cobrar.
to charge (mil.), cargar.
charger, cargador *m.*
trickle charger (el.), cargador de gotera.
charges, precios *m.pl.*, tarifa *f.*
charging, carga *f.*
charging (el.), carga, influencia *f.*

charging (el. accumulators), recarga *f.*
charging (of a furnace), alimentación, carga *f.*
charging current, corriente de recarga *f.*
charging door (furnace), puerta de carga *f.*
charging of accumulators, recarga de acumuladores *f.*
charging platform (found.), estrada de enhornar *f.*
charging-plug, enchufe de recarga *m.*, toma de carga *f.*
charging-station (el.), estación de recarga *f.*
charging voltage, tensión de carga *f.*
rate of charging (accumulators), régimen de recarga *m.*
rate of charging (other cases), régimen de carga *m.*
chart (naut.), mapa hidrográfico *m.*
chart-house (naut.), cámara de mapas *f.*
charter, carta constitucional *f.*
charter (naut.), fletamento *m.*
to charter (naut.), fletar.
to charter for a lump sum (naut.), fletar a tanto alzado.
charterer, fletador *m.*
chartography, cartografía *f.*
chasing (techn), fileteado, roscado *m.*
chasing tool, filetero *m.*
chassis, armazón, bastidor *m.*
chassis bracing (aut.), atirantado del bastidor *m.*
cheap, barato.
cheap power, energía a precio módico.
to cheapen, abaratar.
check-plate, placa de tope *f.*
check-rail (rly.), contracarril *m.*
to check, comprobar, examinar, verificar.
to check (to stop), contrariar, moderar.
to check a flow of air, moderar una corriente de aire.
to check a lecture (inst.), comprobar una indicación.
to check the accounts, revisar las cuentas.
to check the connections (el.), verificar las conexiones.
to check the tightness of bolts and nuts, verificar si pernos y tuercas están bien apretados.
checker, revisor, verificador *m.*
cheddite (exp.), chedita *f.*
cheese-warping (text.), urdimbre de hilo cruzado *f.*
cheesing machine (text.), bobinadora de chatos *f.*
chemical *adj.*, químico.
chemical constitution of the iron, composición química del hierro *f.*
chemical element, elemento *m.*
chemical equivalent, número proporcional *m.*
chemical fire extinguisher, extintor químico de incendios *m.*
chemical machinery, maquinaria para la industria química.
chemical reaction, reacción química *f.*
chemical synthesis, síntesis química *f.*
chemicals, productos químicos *m.pl.*
chemico-electrical, químico-eléctrico.
chemico-physical, químico-físico.
chemico-physical phenomenon, fenómeno químico-físico *m.*
chemist, químico *m.*
chemist (dispensing), farmacéutico *m.*
chemistry, química *f.*
cherry (bot.), guinda *f.*
cherty (min.), silicalcáreo.
chest (box), arca, caja *f.*, cajón *m.*
chestnut tree, castaño *m.*
chief *adj.*, principal.
chief *n.*, Jefe *m.*
Chilian mill (min.), trituradora Chilena *f.*
chill-mould (found.), concha de moldeo *f.*
chimney, chimenea *f.*
chimney (of lamp), tubo *m.*
chimney base, zócalo de chimenea *m.*
chimney-draught, tiro de chimenea *m.*
chimney fender (domestic), guardafuego *m.*
chimney shaft, fuste *m.*
chimney-stack, chimenea de columna.
chimney sweeper, deshollinador *m.*
brick chimney, chimenea de ladrillos.
ferro-concrete chimney, chimenea de hormigón armado.
china (earthenware), porcelana *f.*
chine (geol.), despeño *m.*, grieta *f.*
chip (mas.), cascajo *m.*
chip (wood), astilla, viruta *f.*
chip-guard (mach.), guarda-virutas *m.*
to chip (or chip off) (met.), burilar.
to chip (stone), desmenuzar.
to chip (wood), astillar, escoplear.
chisel, cincel, escoplo, formón, buril *m.*
bevelling chisel, formón de chaflanar.
carpenter's chisel, gubia *f.*
carving chisel, formón de ahuecar.
chipping chisel, buril forma diamante *m.*
cold chisel, cortafrío *m.*
dented chisel, cincel dentado, escoplo dentado *m.*
firmer chisel, cincel biselado.
hammerhead chisel, cortafrío *m.*
metal chisel, buril *m.*
mortising chisel, mortajador *m.*
paring chisel, escoplo de ebanista *m.*
scarfing chisel, formón de ayuste.
to chisel, escoplear, formonar, burilar.
chlorate, clorato *m.*
chloride, cloruro *m.*
chloride of barium, cloruro de bario.
chloride of lime, cloruro de cal.
chloride of nickel, cloruro de níquel.
chloride of silver, cloruro de plata.
chloride of sodium, cloruro de sodio, sal de cocina.
chloride of zinc, cloruro de cinc.
chlorination, cloración *f.*
chlorine, cloro *m.*
chloroform, cloroformo *m.*
chlorophyll (bot.), clorófila *f.*
chock-a-block *adj.*, bloqueado, calado, trabado.
choke (aut., eng.), estrangulador *m.*
choke (el.), repulsión, self inducción *f.*
choke-coil (or choke) (wir.), bobina de self, bobina de reactancia *f.*
choke coupling (wir.), sintonización por bobina de self *f.*
choke-tube (of carburettor), difusor *m.*
to choke, atascar, obstruir, entupir.
chokeless, inatascable.
choking-coil (el.), bobina de self *f.*
choking up, obstrucción *f.*
to choose, elegir, escoger.
to chop, cortar, tajar.
to chop fine, cortar menudito.
to chop off, destajar.
chord (geom.), cuerda *f.*
chromate, cromato *m.*
chrome (or chromium), cromo *m.*
chromic, crómico.
chromium acetate, acetato crómico *m.*
chromium hydrate, hidrato crómico *m.*
chromium oxide, óxido de cromo *m.*
chromium-plated, cromado.
chromometer, colorímetro *m.*

chronometer, cronómetro *m.*
chuck (techn.), mandril *m.*
bell chuck, mandril de cruz.
clamping chuck, mandril de garras.
drill chuck, portabroca *m.*
electromagnetic chuck, mandril electromagnético.
jaw chuck, mandril de garras.
lathe chuck, mandril para torno.
magnetic chuck, mandril de bobina electromagnética.
scroll chuck, mandril espiraloide.
self-centring chuck, mandril autocentrador.
universal chuck, mandril para todo uso.
church, iglesia *f.*
churn (milk), mantequera *f.*
cinema, cine, cinematógrafo *m.*
cinema converting-plant, grupo convertidor para cine *m.*, instalación de transformación de corriente para cinematógrafo *f.*
cinema power, fuerza motriz para cine *f.*
cinnabar (min.), cinabrio *m.*
cipher, cifra *f.*
circle, círculo *m.*
circuit, circuito *m.*
circuit-breaker (el.), disyuntor *m.*
circuit-breaker opens at ½ overload, el disyuntor funciona bajo una sobrecarga de 50%.
field circuit-breaker, disyuntor del campo.
in circuit, en circuito.
no-volt circuit-breaker, disyuntor de mínima.
oil circuit-breaker, disyuntor en aceite.
overload circuit-breaker, disyuntor de máxima.
return circuit, circuito de regreso, circuito negativo.
shunt circuit, circuito derivado.
the circuit consists of a screened-grid high-frequency amplifier, a detector and a pentode (wir.), integran el circuito una amplificadora de pantalla protegida alta frecuencia, una detectriz y una péntodo.
to break the circuit, abrir el circuito.
to close the circuit, cerrar el circuito.
tuned circuits (wir.), circuitos sintonizados *m.pl.*
circular groove, ranura circular *f.*
circular motion, movimiento circular, movimiento giratorio *m.*
to circulate, hacer circular.
circulating library, biblioteca por suscripción *f.*
circulating water, agua de circulación *f.*
circumference, circunferencia *f.*
circumferential, circunferencial.
to circumnavigate, circunnavegar.
cirque (geol.), circo *m.*
city, ciudad *f.*
civil engineering, ingeniería civil, técnica civil *f.*
civil servant, funcionario *m.*
clack-valve (loco.), válvula sin retorno, válvula unidireccional *f.*
claim, reclamación *f.*
claim (title as in mining), título *m.*
to claim (to assert), reivindicar.
to claim (to reclaim), reclamar.
clamp, collar *m.*, pinza, tenaza *f.*
clamp-dog (mach. tool), pata de agarre (o de sujeción) *f.*
screw clamp, prensa de tornillo *f.*
wire clamp, agarradera *f.*
clamped to, agarrado, embridado, sujeto.
clapper (of bell), badajo *m.*
clarification, clarificación *f.*
to clarify, clarificar.
clasp, broche *m.*
class, class *f.*
clastic (geol.), clástico.
clay, arcilla *f.*
marly clay, arcilla margosa.
plastic clay, greda *f.*
potter's clay, arcilla para alfarería.
rich clay, arcilla grasa.
schistous clay, arcilla esquistosa.
clean, limpio, aseado.
to clean, asear, limpiar.
cleaner, limpiador *m.*
vacuum cleaner, aspirador de polvo *m.*
cleaning cloth, trapo de limpieza *m.*
cleaning door, puerta de limpieza *f.*
cleanliness, aseo *m.*, limpieza *f.*
to cleanse, purificar.
clear, claro, despejado.
clear profit, beneficio neto *m.*
clear signal (rly.), señal de vía libre *f.*
clear sky, cielo despejado.
to clear, clarificar.
to clear (of the sky), despejarse.
to clear (through customs), sacar.
to clear an account, liquidar una cuenta.
to clear land, desmontar.
to clear the points (rly.), entrar en agujas.
clearance (in cylinders of engines), espacio muerto *m.*
clearance sale (com.), liquidación *f.*
clearing-away the debris, despejar los escombros.
clearing line (in straight gears), línea límite *f.*
clearness, claridad *f.*
cleat, estaquilla *f.*
cleavage, hendimiento *m.*
to cleave, hender, partir.
to cleave (by itself), rajarse.
cleft *adj.*, rajado.
the wood cleft, la madera se rajó.
to clench a rivet, contrarremachar.
clere-story, tragaluz *m.*
clerk, dependiente *m.*
cliff, cantil *m.*
climate, clima *m.*
climb, ascensión, escalada, subida *f.*
climb (av.), ascensión *f.*
to climb, ascender, escalar, subir.
to climb a mountain, escalar una montaña.
to climb in an airplane, ascender en un aeroplano.
clincher, laña *f.*
to cling to, adherirse.
clink-stone, fonolita *f.*
clinker, escoria *f.*
clinker (arch.), baldosa holandesa *f.*
clinker-built (naut.), de tingladillo.
to clinker (met.), concrecionarse.
clinkstone, fonolita, perlita *f.*
clinometer (av.), indicador de pendiente *m.*
clinometer (c.e.), declímetro, eclímetro, inclinómetro *m.*
clinorhomboidal system (geol.), sistema clinoédrico, sistema triclínico (o anórtico) *m.*
clip (fastener), abrazadera *f.*
to clip, cortar, cercenar.
to clip (sheep), esquilar.
to clip (trees), cimar.
clipper (naut.), clíper *m.*
clock, reloj *m.*
clock-maker, relojero *m.*
clockwise *adj.*, según las agujas del reloj, hacia la derecha.
clockwise running, rotación según las agujas del reloj.

clockwork, movimiento de relojería *m.*
clockwork torpedo, torpedo de movimiento de relojería *m.*
clogged up, atascado.
close (weather), pesado.
close abutment (arch.), estribo macizo *m.*
close coupling (wir.), sintonización cerrada *f.*
close to, cerca, cercano.
to close, cerrar.
closer (mas.), medio tizón *m.*
King closer, cierre de tres cuartos de ladrillo *m.*
Queen closer, cierre de medio ladrillo *m.*
closet, cuarto pequeño, gabinete *m.*
closing of the breech (art.), cierre de la culata *m.*
closing of the conning tower (submarine), cierre de la torre de vigía *m.*
cloth, lienzo, paño, tejido *m.*, tela *f.*
cloth-doubling machine, máquina de plegar paño *f.*
cloth expander (text.), extensor de telas *m.*
cotton cloth, tejido de algodón.
linen cloth, tejido de lino.
packing cloth, arpillera *f.*
wiping cloth, paño de secar, trapo de secar *m.*
clothing-band (loco.), banda de refuerzo *f.*
cloud, nube *f.*
cloudy, nublado.
clough (geog.), desfiladero *m.*
clutch, embrague *m.*
clutch lining, forro de embrague *m.*
clutch pedal, pedal de embrague *m.*
clutch-pilot (aut.), guiador de embrague *m.*
cone clutch, embrague cónico.
friction clutch, embrague friccional.
jaw clutch, embrague de mandíbulas.
internal cone friction clutch, embrague de fricción de cono interno.
multiple plate clutch, embrague de discos múltiples.
roller and gravity-pawl clutch, embrague de rueda de trinquete y linguete.
single plate clutch, embrague de disco.
coachsmith, carretero, carrocero *m.*
coachwork, carrocería *f.*
to coagulate, coagular, cuajar.
coagulated, coagulado, cuajado.
coal, carbón *m.*
coal-breaker, trituradora de carbón *f.*
coal burnt per lb. of steam generated, cantidad de carbón quemado por kilo de vapor producido.
coal consumption of 3 lbs. per drawbar horse-power-hour (rly.), gasto de carbón de 1k.500 por caballo-hora al gancho de tracción.
coal-conveyor, transportador de carbón *m.*
coal-cutter, sierra para carbón *f.*
coal-cutting machine, máquina de aserrar carbón *f.*
coal-dust, polvo de carbón, cisco *m.*, carbonilla *f.*
coal-field, yacimiento carbonífero *m.*
coal-getting (or winning), laboreo del carbón *m.*
coal-handling plant, instalación de cargar (o descargar) carbón *f.*
coal-hulk (mar.), gabarra carbonera *f.*
coal-lighter (mar.), gabarra carbonera *f.*
coal measures (geol.), formación hullera (o carbonífera) *f.*, terreno carbonífero *m.*
coal-merchant, negociante en carbones *m.*
coal-mine, mina de carbón *f.*
coal-pit, pozo de carbonera *m.*
coal-screen, criba para carbón *f.*
coal-seam, vena (o veta) carbonífera
coal-tar, alquitrán *m.*
coal-tar pitch, brea *f.*
coal-wharf, muelle carbonero *m.*
coal-yard, depósito de carbón *m.*
ash-free coal, carbón sin ceniza.
bituminous coal, carbón bituminoso, hulla grasa *f.*
brown coal, lignito *m.*
cherry coal, carbón semigraso.
gas coal, carbón para gas.
hard coal, carbón de llama corta, carbón duro.
house coal, carbón doméstico.
lump coal, galletas *f.pl.*
non-caking coal, carbón no-aglutinante.
screened coal, carbón clasificado (o cribado).
soft coal, hulla *f.*
steam coal, carbón muy calórico.
coaling, aprovisionamiento de carbón *m.*
coaling-station (mar.), estación carbonera *f.*
coalowner, propietario de mina(s) de carbón *m.*
coarse, basto, burdo, tosco.
coarse-grained (met.), de granulación gruesa.
coast, costa, ribera *f.*
coast (line), litoral *m.*
coast-line (mar., hyd.), línea costanera *f.*
to coast (naut.), costear.
to coast (rly. & tram.), rodar con el impulso cinético.
coastal *adj.*, costanero, costero.
coaster (naut.), buque (o bote) de cabotaje *m.*
coastguard, guardacosta *m.*
coastguard vessel, guardacostas *m.*
coasting (naut.), cabotaje *m.*
coasting (rly.), marcha por impulsión cinética *f.*
coasting trade (naut.), tráfico de cabotaje *m.*
coat (paint), capa, mano *f.*
coat of paint, mano de pintura *f.*
finishing coat, última mano.
first coat, mano de aparejo.
float coat (mas.), enlucido *m.*
to coat, recubrir, dar una mano.
to coat (to smooth), enlucir, enrasar.
to coat with priming (paint), dar una mano preparatoria.
coating (const., paint), capa, mano *f.*
coating (smoothing layer), enlucido, enrasado *m.*
cobalt, cobalto *m.*
cock (tap), grifo *m.*
drain cock, grifo purgador.
feed cock, grifo de alimentación.
mud cock, grifo de desagüe.
sea cock (mar.), grifo de mar.
sludge cock, grifo de purga, purgador *m.*
to cock (firearms), montar.
cockpit (av.), puesto de pilotaje *m.*
cocoa, cacao *m.*
cocoa-plantation, cacahual *m.*
cocoa-tree, cacao *m.*
coconut (bot.), coco *m.*
coconut-tree, cocotero *m.*
cocoon, capullo *m.*
C.O.D., abreviación de cash on delivery, q.v.
code, clave *f.*, código *m.*
code word, palabra de clave *f.*
coefficient, coeficiente *m.*
coefficient of contraction (hyd.), coeficiente de contracción.
coefficient of discharge (eng., hyd.), coeficiente de gasto.
coefficient of elasticity, módulo de elasticidad *m.*
coefficient of elongation, coeficiente de alargamiento.
coefficient of expansion (phys.), coeficiente de dilatación.

coefficient of friction, coeficiente friccional.
coefficient of linear expansion (phys.), coeficiente de dilatación lineal.
coefficient of safety, factor de seguridad *m.*
coercion (mag.), coerción *f.*
coercive, coercitivo.
coercive force, fuerza coercitiva *f.*
coffee, café *m.*
coffee-bean, grano de café *m.*
coffee-grader, graduador de grano (de café) *m.*
coffee-grinder (domestic), molinillo de café *m.*
coffee-plantation, cafetal *m.*
coffee-roaster, tostador de café *m.*
coffee-tree, cafeto *m.*
cog, diente *m.*
cog-wheel, rueda dentada *f.*
to cog (met.), desbastar.
cogging (carp.), mortaja *f.*
cogging-mill, laminador desbastador *m.*
coherer (wir.), cohesor *m.*
coil (el.), bobina *f.*, carrete *m.*
coil (of heater, etc.), serpentín *m.*
coil-ignition (aut., eng.), encendido por bobina *m.*
coil-winder, bobinadora *f.*
exciting coil, bobina inductriz *f.*, carrete excitador *m.*
heating coil (for water or the like), serpentín de calefacción *m.*
impedance coil, bobina de reacción.
inductance coil, carrete de inductancia, bobina autoinductora.
induction coil, carrete de inducción, bobina de Ruhmkorff.
overload release coil, bobina de máxima.
reactance coil, bobina de reactancia, reactor.
short-wave coil, bobina para ondas cortas.
sparking coil, bobina de Ruhmkorff.
tuning coil, bobina sintonizadora.
to coil, arrollar, enrollar.
to coil a cable (naut.), adujar.
to coil wires (el.), arrollar (o enrollar) alambres (o hilos).
coin, moneda *f.*
to coin (money), acuñar moneda.
coining machine, acuñadora *f.*
coke, coque *m.*
coke grading, graduación del coque *f.*
coke-oven, horno para coque *m.*
gas coke, coque de fábrica de gas.
to coke (coal), cocer el carbón en vasija cerrada.
cold, frío.
cold-bend test (mec.), prueba de pliegue en frío.
cold-drawn (met.), estirado en frío.
cold-starting (eng.), arranque en frío *m.*
cold-storage, conservación refrigerada *f.*
cold water, agua fría *f.*
collapse (av.), desplome *m.*
collapse (const., c.e., mec.), hundimiento *m.*
to collapse, derrumbarse, hundirse.
to collapse (when aloft in the air), desplomarse.
collar (ring), collar, cuello *m.*
to collect (el.), captar.
to collect (fin.), cobrar.
collecting-vat (met.), cuba de recolección *f.*
collector, colector *m.*
collector (el.), colector *m.*, toma de corriente *f.*
collector (fin.), recaudador *m.*
collector-bow (el. rly., tram.), toma de arco *f.*
college, colegio *m.*
to collide (at sea), abordar.
to collide (on land), chocar.
collier (ship), buque carbonero *m.*
collier (workman), minero de carbón *m.*
colliery, hullera *f.*
collimation, colimación *f.*
collimator, colimador *m.*
collision (naut.), abordaje *m.*
collision (on land), choque *m.*, colisión *f.*
colloidal, coloide.
colloid, coloide *m.*
colonial Office, Ministerio de las Colonias *m.*
colonist, colono *m.*
to colonise, colonizar.
colony, colonia *f.*
colorimeter, colorímetro *m.*
colour, color *m.*
dark colour, color oscuro.
fast colour, color estable.
light colour, color claro.
to colour, colorir.
coloured *adj.*, colorado, pintado.
colouring, colorido *m.*
dry colours, colores secos, colores en polvo *m.pl.*
primary colours (phys.), colores primitivos.
prismatic colours (phys.), colores espectrales.
column, columna *f.*, pilar *m.*
cast-iron column, columna de hierro fundido.
comb, peine *m.*
to combine, combinar, unir.
combined turbine, turbina doble *f.*
combustion, combustión *f.*
combustion (in cylinders of engines), explosión *f.*
complete combustion, combustión entera.
incomplete combustion, combustión incompleta.
internal combustion (eng.), explosión interna *f.*
smokeless combustion, combustión sin humo.
spontaneous combustion, combustión espontánea.
to come to a standstill, detenerse, pararse.
comfort, comodidad *f.*
comfortable, cómodo.
comma, coma *f.*
command (mil., nav.), mando *m.*
the command of the seas, el dominio de los mares *m.*
commander, comandante *m.*
commander (nav.), capitán de fragata *m.*
commander-in-chief, Generalísimo *m.*
commanding *adj.*, dominante.
commanding Officer, Oficial de mando *m.*
commanding position, posición dominante *f.*
commensurable, conmensurable.
to commence, comenzar, empezar.
commerce, comercio *m.*
commercial, comercial.
commercial test (eng., mach.), ensayo comercial *m.*
commercial traveller, corredor comercial *m.*
commission (com.), comisión *f.*
committee, comité *m.*
commodity (goods), mercadería *f.*
commodore, comodoro *m.*
common, común.
commonwealth, bienes públicos *m.pl.*
to communicate, comunicar.
communication, comunicación *f.*
communication-cord (rly.), cuerda de la señal de alarma *f.*
commutation (el.), conmutación *f.*
sparkless commutation, conmutación sin chispas.
commutator (el.), colector *m.*
commutator-bar, barra de colector *f.*
commutator-design, cálculo del colector *m.*
commutator-grinder, rectificadora para colectores

compact *adj.*, denso.
company, compañía *f.*
company (crew), tripulación *f.*
to compare, comparar.
comparison, comparación *f.*
compass (draw.), compás *m.*
compass (mag.), brújula *f.*
compass-card, rosa de los vientos *f.*
beam compass (draw.), compás deslizante.
bearing compass, brújula de relevos.
dividing compass (draw.), compás de puntas secas.
drawing compass, compás de dibujo.
mariner's compass, brújula marítima.
magnetic compass, brújula magnética.
pocket compass, caja de compás de bolsillo.
repeating compass, brújula repetidora.
trough compass (mag., surv.), brújula de artesa.
to compete, competir.
competence (or competency), idoneidad, pericia *f.*
competition (com.), competencia *f.*
competition (contest), concurso *m.*
competitive price, precio de competencia *m.*
to complain, quejarse.
complainant (law), demandante *m.*
complaint, queja *f.*
complex, complejo, complexo.
to comply exactly with required tests, satisface rigurosamente a las pruebas exigidas.
to comply with, cumplir, obedecer, satisfacer.
to comply with Customer's requirements, cumplir con los deseos del cliente, satisfacer las demandas del cliente.
component (mat.), componente *f.*
to compose, componer.
to compose forces (mec.), componer fuerzas.
compound (mixture), composición *f.*, compuesto *m.*, mezcla *f.*
isolating compound, compuesto aislante
to compound (el., mec.), combinar.
to compound (st. eng.), compundar.
to compress, comprimir.
compressible, comprimible.
water is but slightly compressible, el agua es a penas comprimible.
compression, compresión *f.*
compression cycle (aut., eng.), período de compresión *m.*
compression-ignition, encendido por compresión *m.*
compression-ignition system, sistema Diesel, sistema de encendido por compresión *m.*
compression-release-cam (aut., eng.), leva de afloje de la compresión *f.*
compression stress, fatiga de compresión *f.*
compression-stroke (eng.), carrera de la compresión *f.*
compressor *n.*, compresor *m.*
air compressor, compresor de aire.
axle-driven compressor, compresor impulsado por el eje.
concave, cóncavo.
to concentrate (met., min.), enriquecer.
concentration of power (mec.), multiplicación de potencia *f.*
concern (com., ind.), empresa *f.*
concerning, respecto *a.*
concrete (mas.), hormigón *m.*
concrete bed, base de hormigón *f.*, lecho de hormigón *m.*
concrete layer, capa de hormigón *f.*
concrete mixer, hormigonera *f.*
floated concrete, hormigón colado.
reinforced concrete, hormigón armado.
condensate (eng.), agua de condensación *f.*
condensation, condensación *f.*
to condense, condensar.
to condense steam, condensar vapor.
condensed *adj.*, condensado.
condenser (el., mec.), condensador *m.*
air condenser (el.), condensador de aire.
centrifugal condenser (mec.), condensador centrífugo.
electrolytic condenser, condensador electrolítico.
fixed condenser (el.), condensador fijo.
gang condenser, condensador doble de mando único.
jet condenser (mec.), condensador de chorro.
mica condenser (el.), condensador con dieléctrico de mica.
mixing condenser (mec.), condensador de mezcla.
paper condenser (el.), condensador con dieléctrico de papel.
short-wave condenser (wir.), condensador para ondas cortas.
square-law condenser, condensador de variación lineal.
surface condenser (mec.), condensador de contacto.
tuning condenser (wir.), condensador sintonizador.
variable condenser, condensador variable.
condensing engine, máquina de vapor con condensador *f.*
condition, condición *f.*
conditions of contract, pliego de condiciones *m.*
in good condition, en buen estado.
to conduct, conducir.
to conduct electricity, conducir electricidad.
to conduct (to lead), dirigir.
conductance (el.), conductancia *f.*
conducting *adj.*, conductor.
bad conducting (el.), mal conductor.
good conducting, buen conductor.
conduction, conducción *f.*
conduction of electricity, conducción eléctrica.
conduction of heat, conducción del calor.
conduction of heat by convection, conducción del calor por convexión.
conductivity, conductividad, *f.*
conductor (el.), conductor eléctrico *m.*
conductor (of vehicle), cobrador *m.*
aluminium conductor, conductor de alumino *m.*
catenary conductor, conductor catenario.
copper conductor, conductor de cobre.
dead conductor (el., tel.), conductor inactivo.
iron conductor, conductor de hierro.
lightning conductor, alambre de pararrayos *m.*
live conductor, conductor en carga.
conduit (el.), tubo aislante *m.*
conduit (water or air), cañería *f.*, conducto *m.*
drainage conduit, conducto de desagüe.
iron conduit, tubo aislante de hierro *m.*
steel armoured conduit, tubo aislante armado de acero.
water conduit, cañería de aguas corrientes.
cone, cono *m.*
cone-shaped, coniforme.
confidential report, memoria secreta *f.*
confine (boundary), límite *m.*, frontera *f.*
to confirm, confirmar.
conical, cónico.
conical sections (geom.), curvas del segundo grado *f.pl.*

to connect (el.), acoplar, conectar.
to connect (in general), acoplar, juntar, reunir, unir.
to connect (rly.), empalmar, enlazar.
to connect a motor and a generator on the same bedplate, montar (o unir) un motor y una generatriz sobre el mismo zócalo.
to connect in parallel, conectar en paralelo, acoplar en cantidad.
to connect in series, conectar en serie, acoplar en tensión.
to connect in series-parallel, acoplar en series paralelas.
to connect the cells in parallel, acoplar los elementos en cantidad.
to connect the alternators in parallel, acoplar los alternadores en paralelo.
connecting-rod, biela *f.*
connecting-rods of H section forked-type machined all over to reduce weight variations, bielas de perfil doble T ahorquilladas, mecanizadas por doquier a fin de reducir los desequilibrios de peso.
connection (carp., const.), ensambladura, unión *f.*
connection (el.), acoplamiento *m.*, conexión *f.*
back connection (el.), conexión por detrás.
bridge connection (el.), acoplamiento en puente.
delta (or triangle) connection, acoplamiento en triángulo.
front connection, conexión por delante.
series-parallel connection, acoplamiento mixto.
star (or Y) connection, acoplamiento en estrella.
connector, conectador *m.*
conning-tower (of submarine), torre de vigía *f.*
conservation of energy, conservación de la energía *f.*
conservative estimate, cálculo prudente *m.*, estimación prudente *f.*
to consign (com.), consignar.
consignee, consignatario *m.*
to consolidate, afianzar.
constant *adj.*, constante, fijo.
constant *n.*, cantidad constante *f.*
constant entropy diagram, diagrama de entropía constante *m.*
constant-mesh gearbox (aut.), caja de velocidades de toma constante *f.*
constant-potential charging (el.), recarga bajo potencial constante.
to construct (to build), construir.
to construct (to invent), imaginar.
construction, construcción, fabricación *f.*
construction (c.e.), estructura *f.*
consul, cónsul *m.*
to consume, consumir, gastar.
consumer, consumidor *m.*
consumption, consumo, gasto *m.*
consumption (med.), consunción, tisis *f.*
consumption of power, gasto de fuerza.
contact, contacto *m.*
contact-breaker, interruptor *m.*
contact-finger (el.), tira de contacto *f.*, dedo contactual *m.*
contact-rail (rly.), carril conductor *m.*
contact to frame (el.), contacto a la masa, puesto a la masa.
to contain, caber, contener.
container, recipiente *m.*
continent, continente *m.*
to continue, continuar.
continuity, continuidad *f.*
continuous, continuo, constante.
continuous movement, movimiento constante *m.*
continuous rating, régimen continuo *m.*
continuously, continualmente.
contour, contorno *m.*
contour-line (c.e., surv.), curva de nivel, línea de nivel *f.*
contour plan, plano con curvas de nivel, plano de nivelado *m.*
contract, contrato *m.*
contract (the document itself), contrata *f.*
contract-price, precio sumisionado *m.*
by contract, por contrato, según convenio.
to contract (com.), contratar.
to contract (draw closer), contraer, contraerse.
contractile, contráctil.
contraction, contracción *f.*, estrechamiento *m.*
contraction of flow (through tubes), contracción del chorro.
contractor, contratista *m.*
contractor to Admiralty (or to War Office), contratista del Ministerio de la Marina (o de la Guerra).
contrary, contrario.
contrivance, artificio, dispositivo *m.*, invención *f.*
control, control, mando *m.*
control (of concern, firm, etc.), administración *f.*, gobierno *m.*
control-gauge (eng.), manómetro de mando *m.*
control-lever (av.), palanca de mando *f.*
control mechanism, dispositivo de mando.
control-room (el.), cámara de mando *f.*
controller (com., fin.), fiscal *m.*
controller (el.), combinador *m.*
convection, convexión *f.*
convenience, conveniencia, comodidad *f.*
convenient, conveniente, cómodo.
to converge, convergir.
convergent, convergente.
conversion, conversión *f.*
to convert, convertir.
to convert (el.), conmutar, transformar.
to convert an alternating current into a continuous one, conmutar corriente alterna en continua.
to convert alternating current into D.C. by rotary converter, transformar corriente alterna en continua por medio de conmutatriz.
to convert low tension into high tension current, elevar la tension de una corriente.
to convert mechanical energy into electric power, convertir fuerza mecánica en energía eléctrica.
to convert pig iron into steel, convertir fundición en acero.
to convert the coal to gas, gasificar el carbón.
converter (el. from A.C. to D.C. or vice versa), conmutatriz *f.*
converter (el. from D.C. into D.C. of another form or voltage), grupo convertidor *m.*
converter (met.), convertidor *m.*
boosting converter, conmutatriz de refuerzo.
commutating-pole converter, conmutatriz de polos de conmutación.
high-voltage converter, conmutatriz de tensión elevada.
lined converter (met.), convertidor guarnecido interiormente.
phase converter, conmutatriz de fases.
single-phase converter, conmutatriz monofásica.
six-wire converter, conmutatriz de seis hilos.
synchronous converter, conmutatriz sincrónica.
three-phase six-wire converter, conmutatriz trifásica hexafilar.
convex, convexo.
convexity, convexidad *f.*

to convey, conducir, transportar.
conveyor, transportador *m.*
band conveyor, transportador de correa.
bucket conveyor, transportador de cangilones.
chain conveyor, transportador de cadena.
ropeway conveyor, cable-carril *m.*
trough conveyor, transportador de cangilones.
to cook, cocinar.
cooker, cocina, cocinera (S.A.) *f.*
cool, fresco, refrescado, refrigerado.
to cool, enfriar, refrescar, refrigerar.
to cool down, enfriar.
cooler *adj.*, más fresco, refrigerado.
cooler (ap.), enfriador *m.*
cooling, enfriamiento *m.*
cooling *adj.*, refrigerante.
cooling of bearings, enfriamiento de los cojinetes.
cooling of cylinders (aut., eng.), enfriamiento de los cilindros.
cooling tower (eng.), torre refrigerante *f.*
cooling water, agua refrigerante *f.*
air cooling, enfriamiento por aire.
water cooling, enfriamiento por agua.
cooper, tonelero *m.*
cooperage, tonelería *f.*
to co-operate, cooperar.
co-operator, cooperario *m.*
co-ordinate (mat.), coordenada *f.*
Cartesian co-ordinate, coordenada cartesiana.
polar co-ordinate, coordenada polar.
to co-ordinate, coordenar.
co-partner, asociado *m.*
cop (text. mach.), canilla *f.*, espolín *m.*
cope (wall), cima *f.*
coping (const.), cima *f.*, remate *m.*
coping stone, piedra de remate *f.*
coplanar *adj.*, en el mismo plano.
copper, cobre *m.*
copper acetate, acetato de cobre *m.*
copper alloy, aleación de cobre *f.*
copper cyanide, cianuro de cobre *m.*
copper loses (el. mach.), pérdidas en el cobre *f.pl.*
copper mine, mina de cobre *f.*
copper nitrate, nitrato de cobre *m.*
copper oxide, óxido de cobre *m.*
copper-plating, cobreado *m.*
copper strip, cobre en tiras *m.*
copper sulphate, sulfato de cobre *m.*
manganese copper, cobre manganesífero.
red copper, cobre rojo.
copperas, caparrosa *f.*, vitriolo verde *m.*
coppersmith, calderero *m.*
coppice, soto *m.*
copy, copia.
fair copy, copia en limpio.
to copy, copiar.
copying machine (draw.), máquina de copiar *f.*
copying machine (techn.), máquina de plantillar.
copyright, derechos de autor *m.pl.*
coral-reef, banco de coral *m.*
corbel (arch.), ménsula *f.*, modillón, saledizo *m.*
cord, cordón *m.*, cuerda, soga *f.*
cordite, cordita *f.*
core (el.), núcleo *m.*
core (found.), macho *m.*
core-box (found.), tubo de machos *m.*
core-drying stove, estufa de secar machos de fundición *f.*
core-making machine (found.), moldeadora de machos *f.*
armature core (el.), núcleo de inducido.
transformer core, núcleo de transformador.
coreless, sin núcleo.
coreless armature, inducido sin núcleo *m.*
cork, corcho *m.*
cork insulation, aislamiento de corcho *m.*
cork slab, placa de corcho *f.*
cork-sheet, hoja de corcho *f.*
cork-tree, alcornoque *m.*
corkscrew, sacacorchos *m.*
corn, cereales *m.pl.*, grano *m.*
corn dealer, triguero *m.*
corn-exchange, bolsa de cereales *f.*
corn-mill, molino harinero *m.*
cornelian (min.), cornalina *f.*
corner, esquina *f.*
corner-stone, piedra angular *f.*
cornice, cornisa *f.*
arched cornice, cornisa cimbrada.
continuous cornice, cornisa corrida.
string cornice, cornisa lineal.
corporation (town), municipalidad *f.*
corpuscle, corpúsculo *m.*
correct, correcto, exacto.
correct reading (inst.), lectura exacta *f.*
to correct, corregir.
to corrode, corroerse.
corroed, corroído.
corrosion, corrosión *f.*
corrugated *adj.*, ondulado.
corrugation, corrugación, ondulación *f.*
corundum, corindón *m.*
cosecant, cosecante *f.*
cosine, coseno *m.*
cosmic, cósmico.
cosmography, cosmografía *f.*
cosmology, cosmología *f.*
cost, coste, gasto *m.*
cost of manufacture, precio de fabricación *m.*
cost of repairs, gastos de compostura *m.pl.*
cost of upkeep, gastos de mantenimiento.
cost price, precio de coste.
capital cost, gastos de instalación *m.pl.*
maintenance cost, gastos de conservación (o mantenimiento).
prime cost, precio de adquisición (compra), precio de coste (venta).
costly, costoso, dispendioso.
cotangent, cotangente *f.*
cotter, chabeta *f.*
cotton, algodón *m.*
cotton doubler, torcedor de algodón *m.*
cotton driving-rope, cable de algodón para transmisión *m.*
cotton-gin (text.), desgranadora de algodón *f.*
cotton-mill, hilandería de algodón *f.*
cotton packing, guarnición de algodón *f.*
cotton-picker (text. mach.), máquina de seleccionar algodón *f.*
cotton-spinner, hilador de algodón *m.*
cotton-spool, canilla de algodón *f.*, espolín de algodón *m.*
cotton waste, borra de algodón *f.*
cotton-wool, algodón en rama *m.*
coulomb, culombio *m.*
coulombmeter, culombímetro *m.*
coulter of a plough, cuchilla de arado, reja *f.*
council (municipal), concejo *m.*
counsellor, concejal *m.*
counter (ap.), contador *m.*
counter *adv.*, contra, al revés, al contrario.
counter (furniture), mostrador *m.*

counter-clockwise, contrario al sentido de movimiento de las agujas del reloj, hacia la izquierda, de derecha a izquierda.
counter-flow, contracorriente *f.*
counter-line (surv.), cota *f.*
counter-motion, movimiento contrario *m.*
to counteract, contrarrestar, oponer.
coupling-bar (rly., tram.), barra de enganche (o de tracción) *f.*
coupling-rod (loco.), biela de acoplamiento *f.*
coupling-sleeve (mach., mec., etc.), manguito de acoplamiento *m.*
automatic coupling, acoplamiento automático.
flexible coupling, acoplamiento elástico.
to counterbalance, contrabalancear.
counterfoil, resguardo *m.*
countershaft, árbol de contramarcha *m.*
to countersink (techn.), avellanar.
countersinker, avellanador *m.*
countersinking machine, avellanadora mecánica *f.*
countersunk, avellanado.
counterweight, contrapeso *m.*
counting-house, contaduría *f.*
country (land), campo *m.*
country (nation), país *m.*
country of origin (goods), país productor *m.*
couple (el.), pila *f.*
couple (number), par *m.*, pareja *f.*
couple (two forces, mec.), par *m.*
to couple (el., mec.), acoplar, juntar, unir.
coupled coils, bobinas sintonizadas *f.pl.*
coupled wheels, ruedas acopladas *f.pl.*
coupled wheelbase, batalla de ruedas acopladas *f.*
coupling (el.), acoplamiento *m.*
coupling (mach.), acoplamiento, embrague *m.*, toma *f.*
coupling (wir.), sintonización *f.*
course (arch., mas.), hilada, hilera *f.*
course (ed.), curso *m.*
course (layer), camada *f.*
course (naut.), rumbo *m.*
course (of moving body), trayectoria *f.*
course of bricks, hilada *f.*
course signals (naut.), señales de rumbo *f.pl.*
barge course (arch.), cordón *m.*
blocking course (arch.), hilera de coronamiento.
projecting course, hilera saliente.
top course, albardilla *f.*
cove, ensenada, angra *f.*
cover, cubierta, tapa *f.*
manhole cover, tapa del agujero de hombre *f.*
to cover, cubrir, tapar.
to cover a joint, tapar una junta.
covering (arch.), techadura *f.*, recubrimiento *m.*
roof covering, recubrimiento de techo.
cow, vaca *f.*
cow-catcher (rly.), miriñaque *m.* (S.A.).
cow-keeper, vaquero *m.*
cowhide, cuero de vaca *m.*
cowtie, manea *f.*
coxswain (naut.), patrón *m.*
Cozette supercharger (aut., av.), compresor sistema Cozette *m.*
crack, hendedura, grieta *f.*
to crack, rajar, hender, rajarse, agrietarse.
cracked, rajado, agrietado.
cracking (petroleum), destilación fraccionada *f.*
craft (naut.), embarcación *f.*
craft (skill), arte, oficio *m.*
craftsman, artífice *m.*
craftsmanship, habilidad *f.*
crag, despeñadero *m.*
crane (eng.), grúa *f.*, guinche (S.A.) *m.*
balanced crane, grúa contrapesada (o equilibrada).
cantilever crane, grúa de consola.
caterpillar crane, grúa sobre orugas.
electric crane, grúa eléctrica.
electric floating crane, pontón grúa eléctrico *m.*
floating crane, grúa-pontón.
foundry crane, grúa de enhornar.
gantry crane, grúa de pórtico.
Goliath crane, grúa gigante.
grabbing crane, grúa de desmontar.
hand crane, grúa de mano.
hydraulic crane, grúa hidráulica.
jib crane, grúa de pescante.
lorry crane, grúa camión.
magnet crane, grúa con imán de alzar.
mono-rail crane, grúa de monorriel.
overhead-travelling crane, puente-grúa de corredera *m.*
portal crane, grúa de portada.
runabout crane, grúa de todo uso.
slewing crane, grúa giratoria.
steam crane, grúa a vapor.
tower crane, grúa de torre.
travelling crane, grúa móvil.
wall crane, grúa mural.
crank, manivela *f.*
crank arm, brazo de manivela *m.*
bent crank, manivela redondeada.
built-up crank, manivela ensamblada.
counterbalanced crank, manivela de contrapeso.
to crank an engine, embragar un motor.
the cranks are set at 180° (eng.), las manivelas van dispuestas a 180° aparte.
crankcase, cárter *m.*
crankcase compression (aut.), compresión en el cárter *f.*
cranked, acodado.
crankless engine, motor sin cigüeñal *m.*
crankpin, botón de manivela *m.*
crankpin turning machine, torno para botones de manivelas *m.*
crankshaft, cigüeñal *m.*
crankshaft-balancing machine, máquina de equilibrar cigüeñales *f.*
four (five, six, etc.) -throw crankshaft, cigüeñal de cuatro (cinco, seis, etc.) manijas.
crash (av.), caída *f.*, desplome *m.*
to crash (av.), desplomarse, caerse.
cream, crema *f.*
cream-separator, desnatadora *f.*
credit, crédito *m.*
credit side (com.), haber *m.*
on credit, a fiado.
creditor, acreedor *m.*
creosote, creosota *f.*
to creosote, creosotar.
creosoted wood, madera creosotada *f.*
cretaceous, gredoso.
crew (naut.), tripulación *f.*
crinoline band (loco.), aro de refuerzo interior *m.*, crinolina *f.*
critical speed, velocidad crítica *f.*
crocodile-shears, cizalla de corte brusco *f.*
crop (ag.), cosecha *f.*
cross-bar, travesaño *m.*
cross-cut (min.), sangría *f.*
cross-cutting (min.), galería atravesada *f.*
cross head (techn.), traviesa móvil *f.*
cross-road, camino atravesado *m.*
cross section (c.e., top.), perfil transversal *m.*

cross section (draw.), corte transversal *m.*
cross section of a rail, perfil de un riel *m.*
cross-sectional area of a cylinder, área transversal de un cilindro *f.*
cross-sectional elevation (draw.), alzado transversal *m.*
cross-staff (surv.), escuadra de agrimensor *f.*, pantómetro *m.*
cross-ways (on roads), encrucijada *f.*
to cross, cruzar.
to cross cut (techn.), tronzar.
to crosscut (min.), sangrar, taladrar atravesado.
crosshead (loco., st. eng.), cruceta *f.*, taco *m.*
crosshead shoe, patín de cruceta *m.*
crossing, cruce *m.*
crossing (naut.), travesía *f.*
crosswise, en cruz.
crowbar, pie de cabra *m.*
crown (end), coronamiento *m.*
crown (of a furnace), cielo *m.*
crown (of a pulley), comba *f.*, combamiento *m.*
crown (of an arch), clave *f.*, empino *m.*
crown (top of building), cúspide *f.*, vértice *m.*
crown-face pulley, polea de llanta combada.
crown post : see king post.
crown wheel, rueda de escape *f.*
to crown a flat pulley, combar la llanta de una polea recta.
crowning (arch.), coronamiento *m.*
crucible (met.), crisol *m.*
gold-lined crucible, crisol forrado de oro.
laboratory crucible, crisol de laboratorio.
cruciform, cruciforme.
cruiser, crucero *m.*
crusher, máquina trituradora *f.*, molino triturador *m.*, chancadora (S.A.) *f.*
ball and pan crusher, trituradora de cuba y bolines.
cane crusher, molino de caña dulce, trapiche *m.*
granulating crusher, granuladora *f.*
stone crusher, trituradora de piedras.
crushing plant, instalación trituradora *f.*
crust, costra *f.*
crystal, cristal *m.*
crystal (wir.), galena *f.*
crystal-detector (wir.), detector a galena *m.*
crystal rectification (wir.), rectificación por galena *f.*
crystal-set (wir.), receptor a galena *m.*
crystalline, cristalino.
crystallisation, cristalización *f.*
to crystallise, cristalizar.
crystalliser, cristalizador *m.*
crystallography, cristalografía *f.*
cube, cubo *m.*
to cube (mat.), cubicar.
cubic feet, unidad Británica de volumen, corresponde al metro cúbico.
cubic root (mat.), raíz cúbica *f.*
cubical, cúbico.
cubical expansion (phys.), dilatación volumétrica *f.*
cubing machine, máquina de preparar en cubos *f.*
culm, carbón fino *m.*
culvert, alcantarilla *f.*
arched culvert, alcantarilla abovedada.
cumbersome, embarazoso.
cupboard, armario *m.*
cupel (met.), copela *f.*
cupellation, copelación *f.*
curb (stone), bordillo, reborde *m.*
to curdle, cuajar.
curdled, cuajado.
current, corriente *f.*
current-bedding (geol.), estratificación torrencial *f.*
current-collector (el.), colector de corriente *m.*, toma de corriente *f.*
current-limiting reactor, self limitadora de corriente *f.*
active current (el.), corriente vatiada.
continuous (or direct) current, corriente continua.
electric current, corriente eléctrica.
heavy current, corriente intensa.
high-frequency current, corriente de alta frecuencia.
high-pressure current, corriente de tensión elevada.
induced current, corriente inducida.
leakage current, corriente de escape (o de fuga).
light current (i.e. : of small value), corriente débil, corriente de poca intensidad.
pulsating current, corriente pulsatoria.
transient current, corriente momentánea.
the current lags on the voltage, la corriente retrasa en relación a la tensión.
wattless current, corriente desvatiada.
curtain, cortina *f.*
to curtail expenses, rebajar los gastos.
curvature, curvatura *f.*
curve, curva *f.*
curve *adj.*, arqueado, corvo.
curve of a switch (rly.), curvatura de un desvío *f.*
adiabatic curve, curva adiabática.
isothermal curve, curva isotérmica.
speed curve, curva de la velocidad.
to curve, encorvar.
voltage curve, curva de la tensión.
curved, encorvado.
curvilinear, curvilíneo.
curvilinear movement, movimiento curvilíneo *m.*
cusec (hyd.), unidad de cantidad de agua, equivalente a 1 pie cúbico por segundo.
cushion, cojín, almohadón *m.*
custom, costumbre *f.*, uso *m.*
custom-duty, derecho arancelario *m.*
custom-house, aduana *f.*
customs, aduana.
customer, cliente *m.*
cut, corte *m.*
cut-off (st. eng.), grado de admisión *m.*
early cut-off, grado de admisión adelantado.
late cut-off, grado de admisión retrasado.
75% cut-off, grado de admisión de 75%.
to cut in (el.), intercalar.
to cut long-timber, hilar la madera.
to cut off, cortar.
to cut off (techn.), cercenar.
to cut out (el.), desconectar.
to cut veneers (carp.), cortar listones.
cut-out (el.), disyuntor *m.*
automatic cut-out, disyuntor automático.
cutch (pharm.), catecú, cato *m.*
cutler, cuchillero *m.*
cutlery, cuchillería *f.*
cutter, cortador *m.*
cutter (inst.), cuchilla *f.*
end cutter, escariadora *f.*
fluting cutter, fresa para trazar helicoides *f.*
groover cutter (carp., mach. t.), fresa de ranurar (o de muescas).
helicoidal cutter, fresa helicoidal.
milling cutter, fresa *f.*
pipe cutter, cortatubos *m.*

profile cutter, fresa perfiladora.
spiral milling cutter, fresa espiral.
cutting, cortadura, incisión *f.*, tajo *m.*
cutting (in depth, c.e., rly.), trinchera *f.*
cutting (of trees), tala *f.*
cutting (on side of hill), desmonte *m.*
cutting disc, cuchilla giratoria *f.*
cutting-off machine, torno de cercenar *m.*
cyanide, cianuro *m.*
copper cyanide, cianuro de cobre.
gold cyanide, cianuro de oro.
potassium cyanide, cianuro potásico.
silver cyanide, cianuro de plata.
to cyanide *v.*, cianurar.
cyanogen, cianógeno *m.*
cycle (ast.), ciclo *m.*
cycle (el., phys.), período *m.*
cycle (vehicle), bicicleta *f.*, velocípedo *m.*
cycle-racing track, velódromo *m.*
cyclic, cíclico, periódico.
cyclic variation (el., mec.), variación periódica, irregularidad cíclica *f.*
cyclic variations of a flywheel, irregularidad periódica de un volante.
cycling, ciclismo *m.*
cycloid, cicloide *f.*
cyclone, ciclón, huracán *m.*
cyclone-machine (for cleaning, etc.), aventadora de torbellino *f.*
cylinder, cilindro *m.*
cylinder bore, diámetro interior del cilindro *m.*
cylinder boring machine, taladradora para cilindros *f.*
cylinder-head (eng.), culata *f.*
cylinder liner (eng.), forro de cilindro *m.*, camisa *f.*
cylinder ratio (in compound engines), razón entre cilindros *f.*
cylinder volume (eng.), cilindrada *f.*
doffing cylinder (text. mach.), peinador-descargador de cardas *m.*
printing cylinder, rodillo impresor *m.*
cylindrical, cilíndrico.
cypress (bot.), ciprés *m.*

D

D slide valve (loco., st. eng.), distribuidor en D *m.*
dab (techn.), punzonazo *m.*
dabber (found.), brocha *f.*
dabber (text. mach.), cepillo hundidor *m.*
dado (arch.), dado, plinto, zócalo *m.*
daily *adj.*, diario, cotidiano.
daily output, producción cotidiana *f.*
daily paper, diario *m.*
dairy, lechería *f.*, tambo (S.A.) *m.*
dale, cañada *f.*
dam (to impound water), presa, represa *f.*
dam (to regulate a river), dique, trenque *m.*
dam crest, copete de presa *m.*
the dam crest is 185 feet above the river bed, el copete de la presa se halla a 56 m. encima del álveo.
arched dam, presa de arco (o arqueada).
buttressed dam, presa hueca.
coffer dam, presa de cajón.
earth dam (across river), presa de tierra.
earth dam (lateral), dique de tierra.
floating dam (c.e.), compuerta flotante *f.*
gravity dam, presa maciza.
impounding dam, presa *f.*
masonry dam, presa de mampostería.
multiple-arch dam, presa de arcos.
single-arch dam, presa en arco.
spillway dam, vertedor lateral de descarga.
to dam (a river), estancar, represar.
to dam back (hyd.), estancar, represar.
to dam back a water course, represar una corriente de agua.
damage, avería *f.*, daño *m.*
to damage, averiar, dañar.
damaged, averiado.
damages (law), daños y perjuicios *m.pl.*
damp *adj.*, húmedo.
damp *n.*, humedad *f.*
to damp (el., mec.), amortiguar.
damped oscillation, oscilación amortiguada *f.*
damper (boil.), registro *m.*
damper (music), sordina *f.*
damper regulator (boil.), regulador del registro *m.*
damper winding (el.), arrollamiento amortiguador *m.*
chimney damper, registro de tiro *m.*
flue damper, registro del humero.
oil damper : Véase : dashpot (oil).
swivelling damper, registro giratorio.
damping, amortiguación *f.*
damping factor (el., wir.), coeficiente de amortiguación *m.*
dampness, humedad *f.*
dancing of the governor (eng.), penduleo del regulador *m.*
danger, peligro *m.*
danger of ignition, peligro de encendimiento.
danger signal (rly.), señal de peligro *f.*
dangerous load, carga peligrosa *f.*
dangerous section (c.e., mec.), sección peligrosa *f.*
dark, obscuro, oscuro.
dark-lantern, linterna sorda *f.*
dark room (opt.), cámara oscura *f.*
darkness, obscuridad, oscuridad *f.*
dashboard, tablero *m.*
dashpot, amortiguador *m.*
liquid dashpot, amortiguador de líquido.
oil dashpot, amortiguador al aceite.
date, fecha *f.*
to date, fechar.
to date and number, fechar y numerar.
datum, dato *m.*, referencia *f.*
datum-level (surv.), base de operación *f.*, nivel de comparación *m.*
datum plane, plano de comparación (o de referencia) *m.*
davit (anchor, naut.), gaviete *m.*
davit (boats), pescante de bote *m.*

day, día *m.*
day-labourer, jornalero *m.*
day-shift, turno diurno *m.*
daybreak, alba, madrugada *f.*
daylight, luz del día *f.*
artificial daylight, luz del día artificial.
D.C., abreviación de direct current.
dead *adj.* (tel., el.), cortado, inactivo, inerte, sin corriente.
dead abutment (arch., c.e.), estribo perdido *m.*
dead-axle, eje pasivo *m.*
dead-beat, aperiódico.
dead centre (eng., mach.), punto cero, punto muerto *m.*
dead face (arch.), pared sin luces *f.*
dead level *adj.*, nivelado perfecto (o absoluto), perfectamente horizontal (o de nivel).
dead line (el., tel.), conductor inactivo (o inerte) *m.*, línea cortada *f.*
dead load (mec.), carga fija, carga inmóvil, carga propia (o estática) *f.*
the dead load on a bridge, la carga propia de un puente.
dead man lever (tr.), palanca de interrupción automática en caso de accidente al conductor *f.*
dead (or coking) plate (boil.), mesa de entrada (o de coquización) *f.*
dead point (eng.) : see dead centre.
dead-wall, muro orbe *m.*
to make dead (el.), cortar la corriente, volver inactivo.
to deaden (noises, etc.) *v.*, amortiguar, apaciguar, acallar.
deal (business), negocio *m.*
deal (part), parte, porción *f.*
deal (wood), abeto *m.*
deal-board, tablón de abeto *m.*
to deal, dar, proporcionar.
to deal (i.e. : to consume) *v.*, emplear, gastar, usar.
to deal in, comerciar, traficar.
the boiler deals with all kinds of mineral fuels, la caldera puede consumir cualquier clase de combustible mineral.
dear (price), caro.
debenture, obligación hipotecaria *f.*
debenture-holder, obligatario *m.*
debit (com.), debe *m.*
to debituminize *v.*, desbetunar.
debris (const., min.), cascajo *m.*, escombros *m.pl.*
debris-wall (min.), morena de cascajos *f.*
debt, deuda *f.*, débito *m.*
debtor, deudor *m.*
decagon, decágono *m.*
decagram, decagramo *m.*
decahedral, decaedro *m.*
to decant, trasegar.
decantation, trasiego *m.*
to decarbonise, descarbonizar, neutralizar el carbono.
decarbonised cylinders of a car, cilindros descarbonizados de un automóvil.
decastere (wood meas.), decaestéreo *m.* (= 10 estéreos = 353,16 pies cúbicos).
to decay, decaer, caer en ruinas, echarse a perder, podrirse.
decayed, arruinado, podrido.
decigram, decígramo *m.*
decimal candle (phys.), bujía decimal *f.*
decimetre, decímetro *m.*
to decipher, descifrar.
deciphering, desciframiento *m.*
deck (naut.), cubierta *f.*
deck (of bridge, c.e.), tablado, tablero *m.*
deck stringer (naut.), trancanil de cubierta *m.*
armoured deck (naut.), cubierta acorazada (o blindada).
flush deck, cubierta rasa.
lower deck, cubierta principal, falsa cubierta.
main deck, cubierta del combés.
poop deck, puente del alcázar *m.*
promenade deck, cubierta de paseo.
spar deck, puente de maniobras, entrepuente *m.*
upper deck, cubierta superior.
decked, cubierto.
declination, declinación *f.*
declination circle (mag.), círculo declinatorio *m.*
declivity, declive *m.*, pendiente *f.*
decoloration, descoloramiento *m.*
to decompose, descomponer.
decomposition, descomposición *f.*
to decorate, adornar, decorar.
to decorticate, descortezar.
decrease, disminución *f.*
decrease of weight, disminución de peso.
to decrease, disminuir, mermar.
decree, decreto *m.*
to decree, decretar.
decrement, decremento *m.*
dedendum (mec.), hueco *m.*
dedendum circle, circunferencia de ahuecamiento *f.*
to deduce, deducir, inferir.
to deduct, descontar.
deduction, deducción *f.*, descuento *m.*
deed (law), escritura *f.*
deep, hondo, profundo.
deep borehole, sondeo de profundidad *m.*
deep-hole boring machine, taladradora de profundidad *f.*
deep level (min.), galería de fondo *f.*
deep mining, laboreo de gran fondo *m.*
deep well pumping, bombeo en (o de) profundidad *m.*
to deepen, ahondar, cavar, profundizar.
deepness, profundidad *f.*
to defecate (sugar machinery), defecar, clarificar, purificar.
defect, defecto *m.*, tacha, imperfección *f.*
defective, defectuoso, imperfecto.
deficiency, defecto *m.*, falta *f.*
deficient, deficiente, falto, incompleto.
definite, definido, determinado, limitado.
definite integral (mat.), integral determinada *f.*
to deflect, desviar, desviarse, ladear, ladearse.
deflected, desviado, ladeado.
deflection (inst.), desviación *f.*
deflection (of mag. needle), inclinación *f.*
deflection (from the straight), desviación *f.*, desvío *m.*, ladeo *m.*
deflection (under load, c.e.), flecha, flexión *f.*
deflection of a borehole (min.), desviación de un sondaje.
deflection of a girder, flecha de una viga *f.*
deflection of the jet, desviación del chorro.
the deflection of a galvanometer, la desviación de la aguja de un galvanómetro.
the deflection of a loaded beam, la flexión de una viga cargada.
deflectometer, fleximetro, flexómetro *m.*
deflector plate (loco.), deflector de chapa *m.*
deformation, deformación *f.*
to degrease, desengrasar.

degree, grado *m.*
degree (ed.), título *m.*
degree of accuracy, grado de precisión.
degree of coupling (wir.), razón de sintonización *f.*
degree of superheat (boil.), grado de recalentamiento *m.*
to dehydrate, deshidratar.
delay, atraso, retraso *m.*, demora *f.*
to delay, atrasar, retardar.
delayed acting, efecto retardado *m.*, acción retardada *f.*
delayed train, tren atrasado *m.*
to delineate, delinear, trazar.
delineation, bosquejo *m.*, delineamiento *m.*
to deliquate, derretirse.
deliquation, derretimiento *m.*
deliquescence, delicuescencia *f.*
to deliver (goods, etc.) *v.*, entregar, repartir.
to deliver (to produce) *v.*, generar, producir.
each turbine delivers 12,000 KW. under a head of 100 ft., cada turbina produce 12.000 KV. con una caída de 30 m.
delivery (goods), entrega *f.*, reparto *m.*
delivery (of a pump), caudal, empuje *m.*
delivery (postal), distribución *f.*
delivery-note (com.), boletín de entrega *m.*
delivery of 50 gallons each min., caudal de 250 litros por minuto.
delivery pressure (hyd., st.), presión de empuje *f.*
delivery valve (pump), válvula de empuje *f.*
delivery-van, camión de reparto *m.*
the delivery of a pump per minute, el caudal de agua de una bomba por minuto.
delta (el. connection) *adj.*, triángulo, en triángulo.
delta (Greek letter), delta *f.*
delta (hyd.), delta *m.*
delta-delta coupling (transformers), acoplamiento en doble triángulo.
delta-star coupling, acoplamiento en triángulo y estrella.
delta system (el.), sistema en triángulo *m.*
the Paraná delta, el delta del Paraná (Argentina).
demagnetisation, desimanación *f.*
to demagnetise, desimanar.
demand, consumo *m.*, demanda *f.*
demand for electric power, pedido (o consumo) de fuerza eléctrica *m.*
on demand (fin.), a la vista.
demijohn, damajuana *f.*
to demolish, demoler.
to demolish (houses), derribar, echar abajo.
to demonstrate, demostrar.
demonstration, demostración *f.*
demurrage (mar.), demora *f.*
dendrite (or dendrolite) (min.), dendrita *f.*, árbol fósil *m.*
dendrography, dendrografía *f.*
dendrometer, dendrómetro *m.*
denominator (mat.), denominador *m.*
dense, denso.
densimeter, densímetro *m.*
density, densidad *f.*
density of steam, densidad del vapor.
denudation (geol.), desnudación *f.*, despojo *m.*
deodorant *adj.* & *n.*, desodorante *m.*
deodorised, inodoro.
to deoxidate, desoxidar.
department (of business firm), servicio *m.*
departure, partida *f.*
departure platform (rly.), andén de partida *m.*
to depend on (or upon) *v.*, contar con, confiarse a, depender de.
to depend on foreign capital, depender del capital extranjero.
dependable, digno de confianza.
depending upon the duty required, subordinado al servicio exigido.
deposit (min.), yacimiento, criadero *m.*
deposit of scales (boil.), depósito de incrustaciones *m.*
to deposit, depositar.
depot, almacén, depósito (S.A.) *m.*
depot (tr.), cochera *f.*, garaje, galpón de coches (S.A.) *m.*
depot (mil.), parque *m.*
depot-ship (nav.), buque abastecedor *m.*
goods depot (rly.), playa de mercancías *f.*
tramway depot, cochera *f.*, depósito de coches de tranvía *m.*
depreciation, depreciación *f.*, desaprecio *m.*
to depress *v.*, bajar, deprimir, oprimir.
depression (in shape or form), bajada, depresión *f.*, bajío, descenso *m.*
a depression in the ground, un bajío del terreno.
a depression of the road under the effect of persistent rains, descenso de la carretera por efecto de lluvias continuas.
depth, hondura, profundidad *f.*
depth (ship's dimension), puntal *m.*
depth-charge (exp.), mina de profundidad (o de fondo) *f.*
depth of a hold (shpbldg.), puntal de bodega *m.*
depth reading (surv.), acotación de profundidad *f.*
deputy, lugarteniente, reemplazante *m.*
to derail, descarrilar.
derailment, descarrilamiento *m.*
derivate (or derivative), derivado *m.*
to derivate, derivar.
to derivate (mat.), tomar la derivada.
derivated *adj.*, derivado.
derivation, derivación *f.*
derivative (mat.), derivada *f.*
derivative rocks (geol.), rocas secundarias *f.pl.*
derrick, brazo, pescante *m.*
derrick-crane, grúa de pescante *f.*
derrick-post, montante de pescante *m.*
descent, descenso *m.*, bajada *f.*
to descend, bajar, descender.
description, descripción *f.*
desert *adj.* & *n.*, desierto *m.*
desiccator (ap.), secador *m.*
design (calculus), proyecto *m.*
design (form), delineación *f.*, dibujo, diseño, trazo *m.*
simple in design, de modelo sencillo.
to design (by calculus), proyectar.
to design (form or lines), delinear, dibujar.
to design a wireless set, proyectar un radiorreceptor.
designed, calculado, diseñado, proyectado.
designed to give an output of 10,000 S.H.P., proyectado para desarrollar 10.000 H.P. efectivos.
designer, dibujante, proyectista, calculista *m.*
desk, pupitre *m.*
despatch (tel.), telegrama *m.*
to desphosphorise, desfosforar.
desphosphorising *n.*, desfosforado *m.*, desfosforación *f.*
to destroy, destruir.
destroyer (nav.), destructor, cazatorpederos, contratorpedero *m.*
detachable, separable, de quita y pón.

detail, detalle *m.*
to detail, especificar.
to detect, descubrir, revelar.
to detect a fault (geol., met.), revelar (o descubrir) una falta (o falla).
detector, detector *m.*
detent (mec.), trinquete *m.*
to determine, decidir, determinar.
to determine a centre of gravity, encontrar el centro de gravedad.
to determine graphically, calcular diagramáticamente.
to detonate, detonar.
detonating-point (exp.), temperatura crítica (de explosión), temperatura detonadora *f.*
detonation, detonación *f.*
detonator, cápsula fulminante *f.*
detrital deposit (geol., min.), yacimiento (o criadero) detrítico *m.*
detritus, detrito *m.*
to develop, desarrollar.
the engine develops 25 H.P. at 2,500 r.p.m., el motor desarrolla 25 HP bajo 2.500 v.p.m.
development, desarrollo *m.*
device, aparato, dispositivo *m.*
dew, rocío *m.*
dew point (phys.), punto de rocío *m.*
dextrine, destrina *f.*
diagonal *adj.* & *n.*, diagonal *f.*
diagonally, diagonalmente.
diagram, diagrama, gráfico *m.*, esquema *f.*
diagram of connections, esquema de las conexiones.
circle diagram (el.), diagrama del círculo.
indicator diagram (st. eng.), diagrama del indicador.
load diagram (c.e., mec.), diagrama de la carga.
power diagram, diagrama de la potencia.
winding diagram (el.), diagrama del bobinado.
diagrammatic, diagramático, esquemático.
diagrammatic plan, plano diagramático *m.*
dial, cuadrante, disco graduado *m.*, escala giratoria *f.*, limbo *m.*
dial-instrument, instrumento con cuadrante indicador *m.*
dial-plate : Sinónimo de dial q.v.
dial-telegraph, telégrafo de cuadrante *m.*
glazed dial, limbo recubierto de vidrio.
illuminated dial, limbo iluminado, escala giratoria iluminada.
open dial, limbo despejado.
to dial, poner a.
to dial (wir.) (e.g. to dial Barcelona), sintonizar (v.g. sintonizar Barcelona).
dialing (min.), levantamiento del plano de una mina (con la brújula) *m.*
diallage (min.), diálaga *f.*
diamagnetic, diamagnético.
diameter, diámetro *m.*
diameter of tube (external), diámetro de tubo.
diameter of tube (internal), calibre, diámetro interno *m.*
diameter of hole, diámetro del agujero.
diametral, diametral.
diametral pitch, módulo *m.*
diametrical, diamétrico.
diametrically, diametralmente.
diametrically opposite, diametralmente opuestos.
diamond, diamante *m.*
diamond-boring-crown, taladro-corona diamantado *m.*
diamond die (el. lamp making), hilera diamantada *f.*
diamond drilling (c.e., min.), taladrado con diamante *m.*
diamond-shaped *adj.*, romboidal.
diamond turning-tool, cuchilla de tornear diamantada *f.*
cut diamond, diamante tallado.
rough diamond, diamante basto.
diaphanous, diáfano.
diaphragm, diafragma *m.*
diaphragm (opt. inst.), iris *m.*
diastrophic (geol.), diastrófico.
diathermanous, diatérmano.
diatomic, biatómico.
dichloride, bicloruro.
dichroite (min.), dicroita *f.*
dichroscope, dicroscopio.
dickey-seat (aut.), asiento posterior plegadizo *m.*
die, cuña, matriz *f.*
die (matrix), matriz *f.*
die (punch), punzón *m.*
die (stamping), buterola, estampa *f.*
die (wiredrawing), hilera *f.*
die-block, dado de cuña *m*
die-casting (found.), moldeo en matriz *m.*
die-casting machine, máquina de moldear en matriz *f.*
die-chuck, mandril de mordazas *m.*
die head (techn.), jaula (o caja) de hilera *f.*
die-holder, portaestampa *m.*
die-mould, matriz *f.*, molde de matrizar *m.*
die-plate (techn.), terraja *f.*
die-plate (wiredrawing), hilera, placa de hilerar *f.*
die press, prensa de matrizar *f.*
die-sinker, grabador en hueco *m.*
die-sinking machine, máquina de acuñar matrices *f.*
dielectric, dieléctrico *m.*
dielectric absorption, retraso del dieléctrico *m.*, histéresis dieléctrica *f.*
dielectric constant, poder específico inductor *m.*, constante del dieléctrico *f.*
dielectric hysteresis : Sinónimo de : dielectric absorption q.v.
dielectric strength, resistencia dieléctrica *f.*
dielectric strength of oil, poder específico del aceite *m.*, resistencia dieléctrica del aceite *f.*
dielectric test, prueba del dieléctrico *f.*
Diesel-electric car (rly.), automotriz Diese. eléctrica *f.*
Diesel-electric drive (naut., rly.), impulsión Diesel-eléctrica *f.*
Diesel-engine drive (aut., naut., rly.), impulsión por motor Diesel *f.*
Diesel-oil, petróleo para motores Diesel *m.*
Diesel-powered *adj.*, impulsado por motor(es) Diesel.
to differ, diferenciarse.
difference, diferencia *f.*
difference of potential (el.), diferencia de potencial, D.D.P. *f.*
different, diferente.
differential (aut.), diferencial *m.*
differential (mat.), diferencial *f.*
differential calculus, cálculo diferencial *m.*
differential coefficient (mat.), diferencial *f.*
differential coefficient of y with respect to x, diferencial de y con relación a x.
difficult, difícil, dificultoso.
a difficult region, una comarca dificultosa.
difficulty, dificultad *f.*

diffraction (phys.), difracción, inflexión *f.*
diffraction of luminous rays, difracción de los rayos luminosos.
to diffuse, difundir, esparcir.
diffused, difuso.
diffused light, luz difusa *f.*
diffusion, difusión *f.*
diffusor, difusor *m.*
to dig, cavar.
to dig up, desarraigar.
dihedral, diedro *m.*
dilatation, dilatación *f.*
dilatation of the rails under the heat, dilatación de los rieles por efecto del calor.
to dilate, dilatar, dilatarse.
to dilute, desleir, diluir, ralear.
dim, esfumado.
to dim (lights), esfumar.
dimension, dimensión, medida *f.*
required dimensions, medidas necesarias *f.pl.*
to dimension (draw., surv.), acotar.
dimensional formula (mat.), ecuación dimensional *f.*
dimensional symbol (mat.), signo dimensional *m.*
dimmed light, luz esfumada.
dining-room, comedor *m.*
dioptre, dioptra, pínula *f.*
dioxide, bióxido *m.*
dip, immersión *f.*
dip (geol., min.), buzamiento *m.*
dip (horizon), depresión *f.*
dip (mag. needle), inclinación *f.*
dip-compass (min.), declinatorio *m.*
dip of horizon, ángulo de depresión natural *m.*
to dip (geol., min.), buzar.
to dip (in water), sumergir.
to dip (mag. needle), inclinarse.
to dip (the colours, mar.), saludar.
dipping-needle, aguja de inclinación *f.*
direct, directo.
direct (straight), recto.
direct-acting (eng.), de acción directa.
direct-coupled, directamente acoplado.
direct-coupled lighting set, grupo electrógeno para alumbrado directamente acoplado.
direct current, see current (continuous).
direct-drive, impulsión directa *f.*
direct-reading *adj.*, de lectura directa.
a direct road, un camino recto *m.*
to direct (to order), ordenar.
to direct (towards), dirigir.
direction, dirección *f.*
direction (of running or traffic), sentido *m.*
direction of a stream (hyd.), dirección de un curso de agua *f.*, sentido de la corriente *m.*
direction of flight (av.), línea de vuelo *f.*
direction of rotation, sentido de rotación.
direction of traffic, sentido del tráfico.
director *adj.*, director.
director (of company or firm), administrador *m.*
directory, guía *f.*
telephone directory, guía telefónica.
directrix (geom.), eje director *m*,
directrix of a parabola, eje director de una parábola.
dirt, suciedad *f.*
dirty, sucio.
dirty oil (mach.), aceite usado *m.*
dirty oil-filter, clarificador de aceite *m.*
disabled (mach.), desmantelado.
disadvantage, desventaja *f.*
disadvantageous, desventajoso.
to disburse, desembolsar.
disbursement, desembolso *m.*
disc, disco *m.*
disc signal (rly.), señal de disco *f.*, disco de parada *m.*
excentric disc, disco excéntrico.
to discard, desechar.
discharge, descarga *f.*
discharge (firearms), disparo *m.*
discharge of sparks, dispersión de chispas *f.*, lanzamiento de chispas *m.*
discharge over a weir (hyd.), caudal sobre un vertedero *m.*
discharge-points, puntas de escape *f.pl.*
electric discharge, descarga eléctrica.
to discharge, descargar.
to discharge (firearms), disparar.
to discharge (to dismiss), despedir.
to disconnect, desconectar.
to discover, descubrir.
to discover (to invent), imaginar, inventar.
discoverer (explorer), descubridor.
discoverer (inventor), inventor *m.*
the discoverer of a new process, el inventor de un nuevo procedimiento.
discovery, descubrimiento *m.*
to discuss, discutir.
disease, enfermedad *f.*
to disengage (techn.), soltar, desembragar.
disengaging, desembragado *m.*
to disentangle, desenredar.
to disinfect, desinfectar.
disinfectant, desinfectante *m.*
disinfection, desinfección *f.*
disintegrator *adj.*, desintegrante, desintegrador.
disintegrator *n.*, desintegrador, desjuntador *m.*
to dismantle, desarmer, desmontar.
to dismantle (mach.), desmontar.
to dismantle (naut.), desaparejar.
dismantling, desmontaje *m.*
to dismast (naut.), desarbolar.
dismasted *adj.*, desarbolado.
to dismiss (employee), destituir.
this arrangement dispenses with too many valves (eng.), de esta manera se evitan demasiadas válvulas.
dispersion, dispersión *f.*
dispersion of light, dispersión de la luz.
displacement (naut.), desplazamiento *m.*
displacement (removal), mudanza *f.*
to display (goods, etc.), mostrar, exhibir.
disposal, venta *f.*
disposal of refuse, destrucción de basuras *f.*
for disposal, se vende !
disproportion, desproporción *f.*
to dissociate, disociar.
dissociation (chem.), disociación *f.*
to dissolve, disolver.
dissolvent *adj.*, disolvente, disolutivo.
distance, distancia *f.*, alejamiento, espacio *m.*
distance (on land or in a street), trecho *m.*
distance between céntres (lathe), distancia entre puntas *f.*
distance between centres (geom., mec.), espacio entre centros *m.*
distance between poles (el.), paso polar *m.*
distance between poles (such as telegraph or tramway poles), trecho entre postes.
distance between shafts (mec.), apartamiento de los árboles.
distance between towns, alejamiento entre ciudades.
at a distance, de lejos.

from a distance, desde lejos.
in the distance, en lontananza.
distant (short distance), distante.
distant (very far), alejado, apartado, distante, retirado.
distant call (tel.), llamada de gran distancia *f.*
distant control (el., mec.), mando alejado (o a distancia).
distant signal (rly.), señal adelantada (o avanzada) *f.*
distemper (paint), destemple *m.*
to distil, destilar.
distillation, destilación *f.*
distiller, destilador *m.*
distillery, destilería *f.*
distinct, distinto, preciso.
to distrain, embarazar.
to distribute, distribuir, repartir.
to distribute electricity, distribuir electricidad.
distributing network (el.), red de distribución *f.*
distribution, distribución *f.*
distribution (dividends), repartición *f.*
distribution diagram (eng.), diagrama de distribución *m.*
distribution of dividend, repartición del dividendo.
distribution of load, repartición de la carga.
distributor, distribuidor *m.*
district, distrito *m.*
disturbance (meteor), perturbación *f.*
ditch, zanja *f.*
dive, immersión, sumersión *f.*
to dive (by a man), bucear.
to dive (craft), sumergirse.
diver, buzo *m.*
to diverge, divergir.
divergence, divergencia *f.*
diversion (turning aside), desvío *m.*
diversion of a river, desvío del curso (de un río).
to divide, dividir.
dividend, dividendo *m.*
dividers, compás divisor, compás de puntas *m.*
dividing-head (mach., tool), cabezal divisorio *m.*
dividing machine, máquina divisora *f.*
diving (naut.), buceado *m.*
diving air-pump, bomba respiratoria para buzo *f.*
diving apparatus, escafandra *f.*
diving-bell, campana de buzo *f.*
divining-rod, varilla divinatoria *f.*
division, división *f.*
division plate (mec.), disco graduado diferencial *m.*
divisionary, divisional.
to do, hacer.
dock, dique *m.*
dock berth, amarradero, atracadero, borneadero *m.*
dock labourer, estibador *m.*
dock-wall, muro de dique *m.*
dry dock, dique seco (o de carena).
fitting-out dock, dársena de armamento (o de apresto) *f.*
floating dock, dique flotante.
graving dock, dique de carena.
tide dock, antepuerto *m.*
to dock, hacer entrar en dique
wet dock, dique de flotación.
docker, descargador *m.*
dockyard (civil), astillero de construcción *m.*
dockyard (nav.), arsenal de guerra, puerto militar *m.*
doctor (med.), médico *m.*
doffer (text.), cilindro descargador, tambor de descarga *m.*
dog (techn.), diente, perno *m.*
dog-nail, hita *f.*
dog-tooth-clutch, embrague de garras *m.*
dog's tooth (mas.), cincel de punto *m.*
dog-vane, cataviento *m.*
dolly (met.), contraestampa *f.*
dolly (min.), criba de finos *f.*
dolly (riveting), contra-remachador *m.*
dolly bar (to lift), garra *f.*
dome (arch.), cúpula *f.*
dome (boil., loco), domo *m.*
dome casing, envoltura del domo *f.*
dome cover (boil., loco.), tapa del domo *f.*
dome ring (loco.), corona del domo *f.*
diminished dome (arch.), cúpula rebajada.
net-work dome, cúpula de celosía.
pointed dome, cúpula ojival.
steam dome (loco.), domo del vapor.
truncated dome (arch.), cúpula truncada.
domestic *adj.*, casero, doméstico, para hogar.
donkey-engine (boil.), caballito de alimentación *m.*
donkey-engine (naut.), motor de desanclar *m.*
donkey winch (naut.), molinete del ancla *m.*
door, puerta *f.*
door (inspecting), mirilla *f.*
door-handle, picaporte *m.*
door-keeper, portero *m.*
door-post (arch.), jamba *f.*
double wing door, puerta de dos hojas.
glass door, puerta vidriera.
hinged door, puerta de gozne.
inner door (house), portón *m.*
revolving door, puerta giratoria.
single wing door, puerta de una hoja.
sliding door, puerta corrediza.
dope (paint), absorbente *m.*
dotted line, línea de puntos *f.*
double, doble.
double-acting, de doble efecto.
double-acting engine, motor de doble efecto *m.*
double-arm signal (rly.), señal doble *f.*
double-bend (tube), U, tubo en U *m.*
double-biting, de dos filos.
double-decker omnibus, ómnibus (o autobús imperial) *m.*
double-ended (mach., etc.) *adj.*, de doble efecto, de dos cabezales.
double-entry (com.), partida doble *f.*
double-faced, de dos caras.
double-flow turbine, turbina de doble efecto *f.*
double-jet Pelton wheel, rueda Pe ton de doble chorro *f.*
double line (rly.), línea doble *f.*
double-riveted, remachado doble.
double-seat drop valve, válvula de asiento doble *f.*
double-sleeve valve-gear (aut., eng.), distribución de camisa giratoria doble *f.*
double vee (or V) bed (mach.), bancada de doble deslizadera triangular *f.*
to double, doblar, duplicar.
doubler (text. mach.), dobladora, máquina de doblar (o de retorcer) *f.*
doubler and winder, devanadora-dobladora *f.*
doubling, dobladura *f.*
doubling machine (text.), máquina de torcer *f.*
doubtful, dudoso.
dovetail (joint), cola de milano *f.*
to dovetail, cortar en cola de milano.
dovetailed, en cola de milano.

dowel, taco, tarugo, zoquete *m.*
dowel-pin, husillo prisionero *m.*
down *adv.*, abajo.
down-draught furnace, fogón de llamas invertidas *m.*
down-grade (rly.), pendiente *f.*
down-line (rly.), vía de ida *f.*
downhill *adj.*, descendente.
downs, dunas *f.pl.*
downstairs, abajo (por la escalera).
downstream (on river), agua abajo.
downstream face (hyd.), paramento de agua abajo *m.*
downstream face of a dam (hyd.), paramento de presa de agua abajo.
downward (or downwards), hacia abajo.
downwash (av.), desviación hacia abajo *f.*
draft : véase draught.
drag (av.), arrastre *m.*
drag coefficient, factor de arrastre *m.*
drag-wire (av.), alambre de arrastre *m.*
to drag, rastrillar.
drain, albañal *m.*, cloaca *f.*
drain channel, albañal, zanjón de desagüe, desaguadero *m.*
drain pit, sumidero *m.*
drain shaft, pozo de encañado *m.*
drain sump : Véase drain pit, arriba.
to drain, desaguar, desecar, encañar.
drainage (c.e.), agotamiento, avenamiento, desagüe *m.*, desecación *f.*
drainage commission, Junta de desagües *f.*
drainage gate, compuerta de desagüe (o de agotamiento) *f.*
drainage works, obras de avenamiento *f.pl.*
draining (c.e.), avenamiento, desagüe *m.*
draining (of boilers, etc.), purga, purgación *f.*
draining ditch, azarbe *m.*
draught (air), corriente de aire *f.*
draught (com.), letra de cambio *f.*
draught (naut.), calado *m.*
draught (of a furnace), tiro *m.*
draught (ship's meas.), puntal *m.*
draught-damper (boil.), registro de tiro *m.*
draught-fan, aspirador de tiro *m.*
draught-gauge, indicador de tiro *m.*
a draught of 30″ of water (boil.), tiro de 75 cm de columna de agua.
forced draught, tiro forzado.
induced draught, tiro por aspiración.
natural draught, tiro natural.
draughtsman, dibujante *m.*
draw (min.), galería de extracción *f.*
draw-bar (rly.), barra de tracción *f.*
draw-plate (met.), calibre de estirar *m.*, chapa-hilera *f.*
draw-bar pull, fuerza de tracción al gancho *f.*
draw-bench (met.), banco de estirar *m.*
draw-gear (rly.), aparato de tracción *m.*
draw-hook (rly.), gancho de tracción *m.*
draw-tongs, tensor de mordazas *m.*
to draw (chimney), tirar.
to draw (com.), girar.
to draw (met.), estirar.
to draw (naut.), calar.
to draw 16 ft. (naut.), calar 5 m. (aproximativamente).
to draw (to haul), arrastrar.
to draw (to sketch), dibujar.
to draw a line, trazar una línea.
to draw a plan (c.e., surv.), levantar un plano.
to draw in plan, trazar el plano (o la planta).
to draw near, acercarse
to draw the fire (in furnaces), bajar el fuego.
to draw to scale, trazar a la escala de.
to draw up a plan, idear, proyectar.
to draw up a report, redactar un informe.
to draw up an agreement, celebrar un convenio.
drawbridge, puente levadizo *m.*
drawer (furniture), cajón *m.*
drawing (met.), estirado *m.*
drawing (sketching), dibujo *m.*
drawing-bench (met.) : véase draw-bench.
drawing-board, tablero de dibujar *m.*
drawing-master, profesor de dibujo *m.*
drawing material, instrumentos de dibujo *m.pl.*
drawing of wires (met.), estirado de alambres *m.*
drawing of a machine (or building, etc., draw.), dibujo (o esquema) de una máquina, plano de un edificio *m.*
drawing office, sala de dibujo *f.*
drawing pen, tiralíneas *m.*
drawing pin, chinche *f.*
drawing-room (arch.), sala *f.*
drawing-table, mesa de dibujo *f.*
cold drawing (met.), estirado en frío *m.*
to drawing (draw.), según dibujo.
drawn (met.), estirado.
drawn (sketched), dibujado.
dredge, draga *f.*
dredge-boat, same as dredge or dredger.
to dredge, dragar.
dredger, draga *f.*, buque de dragar *m.*
bucket dredger, draga de cangilones.
gold dredger, draga para aluviones auríferos.
grab dredger, draga de manibulas.
hopper dredger, draga de tolvas.
river dredger, draga fluvial.
sand-pump dredger, draga aspirante de arena.
scoop dredger, draga de cucharas.
screw dredger, draga de tornillo sin fin.
sea-going dredger, draga marina.
shallow dredger, excavadora de laderas *f.*
dredging, dragado *m.*
to dress (mas.), allanar.
to dress (met.), aderezar, desgangar, preparar.
to dress a casting (found.), desbarbar (rebarbar) una pieza de fundición.
to dress leather, curtir (o adobar) cuero.
to dress ore, desgangar (o preparar) mineral.
to dress (techn.), escoplear.
to dress stones, allanar (o alisar o desbastar) piedras.
dressing plant (met.), instalación para desgangar (o preparar) *f.*
drift (av., naut.), deriva *f.*
drift (tool), punzón *m.*
drift-boulders (geol.), rocas rodadas *f.pl.*
drift-test (met.), ensayo de punzonado *m.*
drill (tool), barrena, broca, mecha *f.*, taladro *m.*
drill-ground (mil.), campo de maniobras *m.*
bottoming drill, avellanadora *f.*
centre drill, broca de centrar.
cylinder drill, escariador de ensanche *m.*
electric drill (mach.), taladradora eléctrica *f.*
fluted drill, broca de estriar *f.*
pilot drill, mecha directora.
rock drill, barreno de roca *m.*
rose drill, avellanadora *f.*
to drill (to hole), barrenar, taladrar.
to drill a hole, agujerear, taladrar (o barrenar) un agujero
twist drill, broca salomónica.

drilling (holing), agujereado, barrenado, taladrado *m.*
drilling (min.), sondeo *m.*
drilling machine, taladradora *f.*
drilling plant (c.e., min.), instalación de sondeo *f.*
churn drilling (min.), taladrado giratorio.
bench drilling machine, taladradora para banco.
high-speed drilling machine, taladradora rápida.
multiple drilling machine, taladradora de brocas múltiples.
pillar drilling machine, taladradora de columna.
portable electric drilling machine, taladradora eléctrica portátil.
radial drilling machine, taladradora radial (o giratoria).
drinking-trough (cattle), abrevadero *m.*
drip, gota, gotera *f.*, goteo *m.*
drip losses, pérdidas por goteo *f.pl.*
drip-proof, libre de goteo.
to drip, gotear, chorrear, destilar.
drivage (or drive) (min.), galería *f.*
drive-wheel : Véase driving-wheel.
to drive (eng.), accionar, actuar, impulsar, mover.
drive (motion), accionamiento, impulso *m.*
countershaft drive, contramarcha *f.*
to drive (min.), abrir una galería.
to drive (to force into the earth), hincar.
to drive (to guide a vehicle), conducir, guiar.
to drive (to impel), impulsar.
to drive a gallery (c.e., min.), abrir una galería.
to drive a machine, mover una máquina.
to drive a motor-car, guiar un automóvil.
to drive a nail, clavar.
to drive a pile by hydraulic pressure, hincar un pilote con agua bajo presión.
to drive a ship by means of electricity, impulsar un buque eléctricamente.
to drive a tunnel (c.e.), perforar un túnel.
to drive into, encajar, hincar.
driven, accionado, impulsado, movido.
driven by, accionado (o actuado) por, movido a., impulsado por.
driven by compressed air, impulsado (o movido) por aire comprimido.
driven by electric motor, accionado por motor eléctrico.
may be driven from either end, puede ser impulsado desde ambas extremidades.
driven into, encajado, forzado, metido.
driver (of vehicle), conductor, maquinista *m.*, motorman (S.A.) *m.*
driving (eng., mach.), impulsión *f.*, acoplamiento *m.*
driving-gear, engranaje de transmisión *m.*
driving-shaft, árbol motor *m.*
driving wheel balance weight (loco.), contrapeso de rueda motriz *m.*
driving wheels fitted with renewable steel tyres shrunk-on, ruedas motrices provistas de llantas de acero encajadas en caliente y renovables.
direct driving, acoplamiento directo.
separate driving, acoplamiento unitario.
drogue (av. anchor), ancla de manga cónica *f.*
drop, baja, caída, diminución, disminución *f.*
drop (eng., el.), baja, caída *f.*
drop (of liquid), gota *f.*
drop forge, troqueladora *f.*
drop in sales, merma en las ventas *f.*
drop in temperature, descenso en la temperatura *m.*
drop of pressure, caída (o baja) de presión *f.*
drop of speed, disminución de velocidad.
drop-steel forging, pieza de acero troquelada *f.*
drop-test (mec.), ensayo de maza caediza *m.*
drop-test machine (met.), máquina de probar al choque.
drop-window, ventana caediza *f.*
pressure drop, caida de presión *f.*
to drop, bajar, caer.
to drop (to let fall), largar, soltar, dejar caer.
to drop astern (naut.), dejarse pasar, quedarse atrás.
to drop out of step (el.), desincronizarse.
to drop the anchor, anclar, fondear.
voltage drop, caída de tensión *f.*
droplight, lámpara colgante *f.*
dropping tube (pharm.), cuentagotas *m.*
dross (min.), ganga *f.*
drought, sequía *f.*
drum, tambor *m.*
drum dial, escala forma tambor *f.*
drum winding (el.), arrollamiento en tambor *m.*
mud drum (boil.), colector de sedimentos *m.*
winding drum (mec.), torno de izar *m.*
dry, seco.
dry saturated steam, vapor seco saturado *m.*
to dry, secar.
dryer *adj.*, desecativo, secante.
dryer (paint), aceite secativo *m.*
dryer *n.*, secativo *m.*
drying *n.*, secado *m.*, desecación *f.*
drying apparatus, aparato para secar *m.*
drying chamber, cámara para secar *f.*
drying rack, estante para secar *m.*
air drying, secado al aire.
electric drying, secado por electricidad.
steam drying, secado al vapor.
dual-control (av.), mando de dos pilotos.
dual-control (in general), control doble, mando duplo *m.*
duct, conducto, caño *m.*
ductile, dúctil.
ductility, ductilidad *f.*
dull (of tool), desafilado.
dull (weather), cubierto.
dull emitter (wir.), válvula de emisión débil *f.*
dumb-iron (spring), mano de ballesta *f.*
dump, montón *m.*
dumpy-level (surv.), nivel de telescopio fijo, nivel de todo uso *m.*
dun (colour), pardo.
dune, duna *f.*, médano *m.*
dung, estiércol *m.*
duplex-pump, bomba doble *f.*
duplex telegraphy, telegrafía simultánea *f.*
duplicate, duplicado *m.*
to duplicate, duplicar.
duplicating machine, autocopista, máquina de re producir *f.*
durability, duración *f.*
durable, duradero.
dusk, crepúsculo *m.*
dust, polvo *m.*
dust-aspirator, aspirador de polvo *m.*
dust-bin, basurero *m.*
dust coal, carbón en polvo *m.*
dust-collector, depósito de polvo *m.*
dust-collection, aspiración del polvo *f.*
dust-collection in workshops is beneficial to workmen's health, la aspiración del polvo en los talleres es ventajosa para la salud de los obreros.
dust-proof, al abrigo del polvo, protegido contra el polvo.

Dutch liquid (chem.), cloruro de etileno.
duty (of mach.), servicio *m.*
duty (customs), arancel, derecho de aduana *m.*
duty-free, libre de derechos de aduana.
dwarf signal (rly.), señal enana *f.*
dwelling, habitación, morada *f.*
dwelling-house, casa de habitación, vivienda *f.*
dye, tintura *f.*
to dye, teñir.
dyeing (ind.), tintoreo *m.*
dyer, tinturero *m.*
dyestuff, materia colorante *f.*
dyewood extract, extracto de palo colorante *m.*
dynamic (or dynamical), dinámico.
dynamic balance, equilibrio dinámico *m.*
dynamic braking, frenado regenerador *m.*
dynamic braking of D.C. motors for the purpose of effecting a quick stop, frenado regenerador de los motores de corriente continua para efectuar parada rápida.
dynamics, dinámica *f.*
dynamics of aircraft, dinámica del aeroplano.
dynamite, dinamita *f.*
dynamo, dínamo, generatriz *f.*
dynamo guarantee, garantía de rendimiento de la dínamo *f.*
balancer dynamo, dínamo equilibradora.
boosting dynamo, dínamo elevadora.
brake dynamo (meas.), dínamo-freno (de medidas).
buffer dynamo, dínamo compensadora.
charging dynamo, dínamo de carga (de acumuladores).
compound dynamo, dínamo compound (o de excitación mixta).
constant current dynamo, dínamo de intensidad constante.
constant potential dynamo, dínamo de tensión constante.
double-current dynamo, dínamo bimórfica.
electroplating dynamo, dínamo para electrogalvanización.
four-pole dynamo, dínamo tetrapolar.
high-tension dynamo, dínamo de alta tensión.
interpole dynamo, dínamo de polos auxiliares.
lighting dynamo, dínamo para alumbrado.
long-shunt dynamo, dínamo de excitación larga.
multipole dynamo, dínamo multipolar.
open type dynamo, dínamo abierta.
overcompounded dynamo, dínamo hipercompundada.
protected type dynamo, dínamo cerrada.
separately excited dynamo, dínamo de excitación independiente.
series dynamo, dínamo en serie.
short-shunt dynamo, dínamo de excitación corta.
shunt (or shunt-wound) dynamo, dínamo shunt.
train-lighting dynamo, dínamo para alumbrado de trenes.
three-wire dynamo, dínamo trifilar.
two-pole dynamo, dínamo bipolar.
windmill dynamo, dínamo impulsada por molino de viento.
dynamometer, dinamómetro *m.*
absorption dynamometer, dinamómetro friccional.
dynamo dynamometer, dinamómetro dinámico.
eddy-current brake dynamometer, dinamómetro por corrientes de Foucault.
epicyclic-train dynamometer, dinamómetro de engranajes epicicloideos.
fan brake dynamometer, dinamómetro de paletas.
hydraulic dynamometer, freno hidráulico de paletas.
motor-testing dynamometer, dinamómetro para ensayo de motores.
rope brake dynamometer, dinamómetro de contrapeso.
torsion dynamometer, dinamómetro de torsión.
dyne, dina *f.*
dystome (min.) *adj.,* dístomo.

E

ear, oído *m.*, oreja *f.*
ear trumpet, corneta acústica *f.*
ear (any projecting part), oreja, pestaña, asa *f.*
earphone, auricular *m.*
early, temprano.
to earn, ganar.
earnings (of a firm), ingresos *m.pl.*, ganancias, utilidades *f.pl.*
earnings (of workman), jornal, sueldo, salario *m.*
earth, tierra *f.*
earth-auger (for foundations), tientaaguja *f.*
earth-borer (min.), trépano de sondar, barreno de cateo *m.*
earth-borer (foundations): Vease earth-auger encima.
earth-clip (el.), abrazadera de puesta a tierra *f.*
earth-connection (el.), toma de tierra *f.*
earth-detector (el., tel., wir.), revelador de fugas a tierra.
earth's diameter, diámetro de la tierra *m.*
earth's equator, ecuador terrestre *m.*
earth's equatorial plane, plano ecuatorial de la tierra *m.*
earth indicator (el.), indicador de contacto de tierra *m.*
earth leak (el.), escape a tierra *m.*
earth's magnetic field, campo magnético de la tierra *m.*
earth's orbit (ast.), órbita de la tierra *f.*
earth potential (el.), potencial terrestre *m.*
earth-rammer (c.e.), dama *f.*, pisón *m.*
earth wire, hilo de toma de tierra, hilo de puesta a tierra *m.*
to earth (el.), poner a tierra.
earthed, puesto a tierra.
earthed-before-opening, apertura con puesta a tierra previa *f.*
earthed neutral, neutral puesto a tierra *m.*
earthing device, sistema de puesta a tierra *m.*
earthquake, terremoto *m.*

earthwork (the work itself), escalonado, terrazado, desmonte *m.*
earthworks (c.e. transport of excavations), acarreo de desmonte, movimiento de tierras *m.*
ease, facilidad *f.*
easement curve (draw.), enlace *m.*, curva de enlace *f.*
easily, fácilmente.
easily adjustable and renewable part, pieza de fácil colocación y reemplazo *f.*
easily bent, correoso.
easily installed, fácil de instalar.
east, este *m.*
east *adj.*, oriental, levantino.
easterly, del este.
eastern, oriental.
easternmost, lo más al este.
eastward, hacia el este.
easy, fácil.
easy gradient (c.e., rly.), rampa leve *f.*
eaves (arch.), alero *m.*
ebb (mar.), menguante.
ebb-tide, marea menguante *f.*
ebonite, ebonita *f.*
ebonite container, recipiente de ebonita *m.*
ebony, ébano *m.*
eccentric *adj.*, excéntrico.
eccentric (eng.) *n.*, excéntrica *f.*
eccentric gab, ranura de excéntrica *f.*
eccentric rod, varilla de excéntrica *f.*
eccentric sheave, disco de excéntrica *m.*
eccentric strap, collar de excéntrica *m.*
adjustable eccentric, excéntrica graduable (o regulable).
backward eccentric (or backing eccentric), excéntrica de retroceso, excéntrica de ciaje (marina).
forward eccentric, excéntrica de marcha adelante.
eccentrically, excentrícamente.
eccentrically-driven valve motion, distribución actuada por excéntrica.
eccentricity, excentricidad *f.*
echo, eco *m.*
echo-sounder, sonda por eco *f.*
echo-sounding machine, sondadora al eco *f.*
eclipse, eclipse *m.*
solar eclipse, eclipse de sol.
ecliptic, eclíptica *f.*
economical, económico.
economical running (eng., mach.), funcionamiento económico *m.*
economical working (ap., mach.), funcionamiento económico *m.*
economical working (rly., tram.), explotación económica *f.*
economics, ciencia de la economía *f.*
economiser (eng.), economizador *m.*
economist, economista *m.*
economy, economía *f.*
eddy (water), remolino *m.*
eddy (wind), torbellino *m.*
eddy-currents (el.), corrientes de Foucault *f.pl.*
eddy-currents losses, pérdidas por corrientes de Foucault *f.pl.*
eddy losses (pumps, turb.), pérdidas por remolinos *f.pl.*
edge, arcén, borde, canto *m.*
edge-tool, herramienta cortante *f.*
cutting edge, filo *m.*
to edge (cut), afilar, aguzar.
to edge (to end), bordear, ribetear.
to edge off, rebarbar.
effect, efecto *m.*
effective, efectivo, eficaz.
effective grate area (loco., boil.), superficie eficaz del emparrillado *f.*
effective output, capacidad real *f.*
effective power, fuerza eficaz *f.*
effective torque, par útil *m.*
effective voltage, voltaje eficaz *m.*
effectively, eficazmente.
efficacious, eficaz.
efficiency (eng.), rendimiento *m.*
efficiency (in general), eficacia *f.*
efficiency of a boiler, rendimiento de la caldera.
efficiency of a lamp, rendimiento luminoso *m.*
efficiency of combustion, rendimiento de la combustión.
efficiency of the plant, rendimiento general del taller (o fábrica).
efficiency test, medición del rendimiento *f.*
efficiency of transmission line (el.), rendimiento de la línea de transporte eléctrico.
brake efficiency, rendimiento al freno.
brake thermal efficiency, rendimiento térmico al freno.
high efficiency, rendimiento elevado.
higher efficiency is obtained that way, se consigue de ese modo rendimiento mayor.
highest efficiency is reached when the machine works full-load, se llega al rendimiento óptimo cuando la máquina funciona a plena carga.
mean efficiency, rendimiento medio.
overall efficiency, rendimiento definitivo.
poor efficiency, rendimiento bajo (o débil).
thermal efficiency, rendimiento térmico.
efficient (eng.), de buen rendimiento.
efficient (of personnel), capaz, competente.
efficient in action (eng., mach.), de acción eficaz.
efficient working, funcionamiento eficaz *m.*
efflorescence, eflorescencia, florescencia *f.*
efflux, efusión, emanación *f.*
effort, esfuerzo *m.*
effortless, sin esfuerzo.
effulgence, resplandor *m.*
eight-cylinder engine, motor de ocho cilindros *m.*
elastic, elástico.
elastic limit, límite de elasticidad *m.*
elasticity, elasticidad *f.*
elbow, codo *m.*
elbow-room, lugar suficiente *m.*
elder (tree), sauco *m.*
to elect, elegir.
election, elección *f.*
electric, eléctrico.
electric aigret (phys.), efluvio eléctrico *m.*
electric air cooler (on machine), ventilador de circulación *m.*
electric-alarm, aparato eléctrico de alarma *m.*
electric arc, arco eléctrico *m.*
electric arc cutting, corte por arco eléctrico *m.*
electric balancing, equilibrado eléctrico *m.*
electric braking, frenado eléctrico *m.*
electric-car, automóvil eléctrico, electromóvil *m.*
electric cigar-lighter, encendedor eléctrico para fumadores *m.*
electric clock, reloj eléctrico *m.*
electric contact, contacto eléctrico *m.*
electric cooking, cocina a la electricidad *f.*
electric coupling, acoplamiento eléctrico *m.*
electric density (conductors), densidad de corriente eléctrica *f.*
electric drive, impulsión eléctrica *f.*, accionamiento eléctrico *m.*
electric driving, impulsión eléctrica *f.*

electric endosmosis, endósmosis eléctrica *f.*
electric field, campo eléctrico *m.*
electric-firing (art., min.), encendido eléctrico *m.*
electric heating, calefacción eléctrica *f.*
electric light mains, red de distribución de luz eléctrica *f.*
electric line, canalización (o línea) eléctrica *f.*
electric machine (phys.), máquina de influencia *f.*
electric mains, canalización eléctrica *f.*
electric plant, instalación eléctrica *f.*
electric ploughing, labranza eléctrica *f.*
electric power generation, producción de energía eléctrica *f.*
electric power house, central eléctrica *m.*
electric power plant, central de energía eléctrica.
electric power transmission, transmisión de energía eléctrica *f.*
electric release gear (av.), aparato de disparar eléctricamente *m.*
electric resistance, resistencia eléctrica *f.*
electric screw-driver, máquina de atornillar eléctrica *f.*
electric shock, conmoción eléctrica *f.*
electric sterilisation, esterilización eléctrica *f.*
electric switch, interruptor eléctrico *m.*
N.B.: for the different switches see under the S.
electric switchgear, aparejos de conexión eléctrica *m.pl.*, aparatos de control *m.pl.*
electric telpher, teleférico eléctrico *m.*
electric torch, antorcha eléctrica, linterna eléctrica *f.*
electric towage, remolque eléctrico *m.*
electric traction, tracción eléctrica *f.*
electric tramway service, servicio de tranvías eléctricos *m.*
electric-transport line, línea de transmisión eléctrica *f.*
electric winding (min.), extracción eléctrica *f.*
electric winding-machine (min.), máquina de extracción eléctrica *f.*
electric wiring, instalación de conductores eléctricos *f.*
electric wiring of theatres, instalación eléctrica de teatros *f.*

electrical, eléctrico, eléctricamente.
electrical engineering, electrotecnia, electrotécnica *f.*
electrical fittings, accessorios para electricidad *m.pl.*
electrical impulse, impulso eléctrico *m.*
electrical losses, pérdidas eléctricas *f.pl.*
electrical machinery, maquinaria eléctrica *f.*
electrical output, producción eléctrica *f.*
electrical phenomena, fenómenos eléctricos *m.pl.*
electrical power, fuerza eléctrica *f.*
electrical power transmission, transmisión de fuerza eléctrica *f.*
electrica removal of rust from iron, limpieza eléctrica de la herrumbre del hierro.
electrical stress (phys.), esfuerzo de atracción eléctrica *m.*
electrical unit, unidad eléctrica *f.*
electrical work, trabajo eléctrico *m.*

electrically, eléctricamente.
electrically-controlled, mandado por electricidad.
electrically-driven, impulsado eléctricamente.
electrically-worked, movido por electricidad.

electrician, electricista *m.*

electricity, electricidad *f.*
atmospheric electricity, electricidad de las nubes.
atomic electricity, electricidad atómica.
dynamic electricity, electricidad dinámica.
frictional electricity, electricidad friccional.
static electricity, electricidad estática.

electrification, electrificación *f.*
electrification of railways, electrificación de ferrocarriles.

to electrify (current el.), electrificar.
to electrify (static el.), electrizar.
to electrify a line (rly.), electrificar una línea ferroviaria.

electro-deposition, deposición eléctrica *f.*
electro-physics, electrofísica, física de la electricidad *f.*

electrochemical, electroquímico.
electrochemical unit, unidad electroquímica *f.*

electrochemistry, electroquímica *f.*

electroculture, agricultura eléctrica *f.*

electrocution, electrocución *f.*

electrode, electrodo *m.*
arc-lamp electrode, electrodo para lámpara de arco.
calomel electrode, electrodo recubierto de calomelanos.
carbon electrode, electrodo de carbono.
copper electrode, electrodo de cobre.
electroplating electrode, electrodo para electrogalvanización.
graphite electrode, electrodo de grafito.
massage electrode (med.), electrodo para masaje.
water-cooled electrode, electrodo con circulación de agua.
welding electrode, electrodo para soldar.
zinc electrode, electrodo de cinc.

electrodynamic (adj.), electrodinámico.

electrodynamics, electrodinámica *f.*

electrodynamometer, electrodinamómetro, dinamómetro eléctrico *m.*

electrolier, araña eléctrica *f.*

electrolyser, electrolizador *m.*

electrolysis, electrólisis *f.*
electrolysis of metals, deposición eléctrica de metales *f.*

electrolyte, electrólito *m.*

electrolytic corrosion, corrosión electrolítica *f.*, desgaste electrolítico *m.*
electrolytic hydrogen producer, generador electrolítico de hidrógeno *m.*
electrolytic lightning-arrester, pararrayos electrolítico *m.*
electrolytic metal-refining, afinación eléctrica de los metales *f.*
electrolytic meter, medidor (o contador) electrolítico *m.*
electrolytic plant, instalación electrolítica *f.*
electrolytic valve, válvula electrolítica *f.*

to electrolyse, electrolizar.

electromagnet, electroimán *m.*

electromagnetic, electromagnético.
electromagnetic theory of light, teoría electromagnética de la luz *f.*

electromagnetism, electromagnetismo *m.*

electromechanical, electromecánico.

electrometallurgy, electrometalurgia *f.*

electrometer, electrómetro *m.*
capillary electrometer, electrómetro capilar (o de cabellos).
disc electrometer, electrómetro de disco.
quadrant electrometer, electrómetro de sectores.
sine electrometer, electrómetro senoidal.
torsion electrometer, electrómetro de torsión.

electromotive *adj.*, electromotor *m.*, electromotriz *f.*
electromotive force, fuerza electromotriz.

electromotive force of polarization, fuerza electromotriz de polarización.
back electromotive force, fuerza contraelectromotriz *f.*
impressed electromotive force, fuerza electromotriz contactual (o aplicada).
electromotive vehicle, vehículo electromotor.
electron, electrón.
electron emission, emisión electrónica *f.*
electron theory, teoría electrónica *f.*
electronegative element (chem.), elemento que se deposita sobre el ánodo, elemento electronegativo.
electronic, electrónico.
electro-optics, óptica eléctrica *f.*
to electroplate, electrodepositar, platear, recubrir de metal por electrólisis.
electroplating, electrodeposición, electrochapeado, electrogalvanización, electroplateado.
electroplating bath, electrólito, baño electrolítico *m.*
electropneumatic, electroneumático.
electropneumatic brake, freno electroneumático.
electropositive element, elemento que se deposita sobre el cátodo, elemento electropositivo.
electroscope, electroscopio *m.*
gold-leaf electroscope, electroscopio de hojas de oro, electroscopio de apartamiento.
needle electroscope, electroscopio de aguja indicadora.
electrostatic *adj.*, electroestático.
electrostatic attraction, atracción electrostática *f.*
electrostatic machine (phys.), máquina de influencia *f.*
electrostatic repulsion, repulsa electrostática *f.*
electrostatic voltmeter, voltímetro electrostático *m.*
electrostatics, electrostática *f.*
electrothermy, electrotermia *f.*
electrotyping, electrotipia, reproducción eléctrica de caracteres *f.*
element, elemento *m.*
element of curve (geom.), porción de curva *f.*
elementary, elemental.
elevating plane (av.), timón de profundidad *m.*
elevation, elevación *f.*
elevation (surv.), altura, cota *f.*
1000 ft. elevation above sea level, cota de 305 m. sobre el nivel del mar.
elevation (draw.), alzado *m.*, elevación *f.*
elevator *adj.*, elevador.
elevator (av.), timón de profundidad *m.*
elevator (lift), montacargas *m.*
ash elevator, montacenizas *m.*
grain elevator, elevador de cereales *m.*, noria de cereales *f.*
helical elevator, elevador de tornillo sin fin (o helicoideo).
screw elevator : same as above.
elimination of attendance costs, ausencia del gasto de cuidado *f.*
eliminator (wir.), reductor de potencial *m.*
ellipsis (or ellipse), elipse *f.*
ellipsoid, elipsoide *m.*
ellipsoidal, elipsoidal, elipsóideo.
elliptic (or elliptical), elíptico.
elliptic spring, ballesta elíptica *f.*, resorte elíptico *m.*
elliptical valve-gear (loco.), distribución elíptica *f.*
elm, olmo *m.*
to elongate, alargar.
elongated, alargado.
elongation, alargamiento *m.*
elongation not less than 25%, el alargamiento no deberá bajar de 25%.
elongation test (mec., met.), prueba de alargamiento, prueba de elasticidad *f.*
emanation, emanación *f.*
to embank, terraplenar.
embanking (c.e.), terraplenado *m.*
embankment (on side of water), terraplén *m.*
embankment (across river), presa *f.*
to embark, embarcar.
embassy, embajada *f.*
to embed, empotrar, encajar, meter por fuerza.
embedded *adj.*, en la masa.
embedded temperature detector, indicador térmico en la masa.
emerald, esmeralda *f.*
emergency, emergencia, urgencia *f.*
emergency brake, freno de auxilio (o de socorro) *m.*
emergency exit, salida de auxilio *f.*
emergency landing (av.), aterrizaje forzoso *m.*
emery, esmeril *m.*
emery cloth, tela de esmeril *f.*
emery paper, papel de esmeril *m.*
emery stone, muela de esmerilar *f.*
emery wheel, amoladora *f.*, disco de esmerilar *m.*, rectificadora de esmeril *f.*
E.M.F., fem, F.E.M. (fuerza electromotriz).
emission, emisión *f.*
to emit, descargar, despedir, difundir, emitir, lanzar.
to emit waves (phys.), emitir (o descargar) ondas.
the locomotive emits sparks, la locomotora despide chispas.
emollient, emoliente *m.*
empirical, empírico.
empirical formula, fórmula empírica (o derivada de la práctica).
employ *n.*, empleo *m.*
employee, empleado *m.*
employer, patrón *m.*
empty, vacío.
to empty, vaciar.
enamel, charol, esmalte *m.*
to enamel, esmaltar.
enamelled, esmaltado.
enameller, esmaltador *m.*
enamelling, esmaltado *m.*
to enclose (in sending), anexar, incluir.
to enclose (by walls), cercar.
enclosed, cerrado.
enclosed herewith (in letter), adjunto.
enclosed type (mach.), tipo cerrado *m.*
enclosed-ventilated type, tipo cerrado y con ventilación *m.*
enclosure (by walls), cerca *f.*, cercado, vallado *m.*
enclosure (in a letter), anexo *m.*
encyclopædia, enciclopedia *f.*
end, fin, cabo *m.*, extremidad *f.*
end-anchorage (c.e.), arriostramiento extremo *m.*
end for end, punta a punta.
end of a boiler, fondo de una caldera *m.*
end of stroke (eng.), fin de carrera, fin de recorrido *m.*
end of the line (rly.), término de la línea *m.*
end of the month, fin del mes *m.*
end on, por delante, por detrás.
end-plate (boil.), fondo *m.*
end play (techn.), juego *m.*
end view, vista de extremidad *f.*
to end, acabar, concluir, terminar.

to endanger, comprometer, poner en peligro, hacer peligrar.
to endeavour, esforzarse.
endless, sin fin, continuo.
endless rope, cuerda sin fin *f.*
endless screw, tornillo sin fin, tornillo de Arquímedes *m.*
endosmosis, endósmosis *f.*
endothermic, endotérmico.
endothermic combination (chem.), combinación endotérmica *f.*
endurance (aut., av.), duración, resistencia *f.*
endurance race, carrera de resistencia *f.*
endwise, de pie.
to energize, dar fuerza.
to energize (el.), excitar.
to energize (el., mach.), excitar, magnetizar, dar fuerza.
energy, energía *f.*
energy consumption, consumo de fuerza *m.*
energy of water, energía hidráulica *f.*
energy waste, despilfarro de fuerza *m.*
actual energy, potencia efectiva.
kinetic energy, energía cinética, fuerza viva *f.*
potential energy, energía cinética, energía potencial.
to engage (an employee), contratar.
to engage (mach.), embragar, engranar.
engine, motor *m.*
engine (mar.), máquina *f.*, motor *m.*
engine (rly.), see locomotive.
engine-bearer (aer.), cuna de motor *f.*
engine design, proyecto de (del) motor *m.*
engine-driven, accionado por motor, impulsado por motor.
engine-driver (loco.), maquinista *m.*
engine failure (aut., av.), avería del motor, panne (S.A.) *f.*
engine-frame, armazón del motor *f.*
engine-man, maquinista, mecánico *m.*
engine-nacelle (aer.), nacela del motor *f.*
engine-room, sala de máquinas *f.*
engine-room (on board ship), cámara de máquinas *f.*
engine-shop (rly.), taller de reparación de locomotoras *m.*
engine suspension (aut.), suspensión del motor *f.*
engine works, fábrica de motores *f.*
aero engine, motor de aviación.
airless-injection engine, motor de inyección sólida *m.*
aviation engine, motor de aeroplano.
broad-arrow engine (av.), motor en W.
compound engine, motor compound.
cotton-mill engine, motor para factoría de algodón.
Diesel engine, motor Diesel.
atomic Diesel cold-starting airless and springless injection heavy-oil engine, motor de aceite pesado sistema Diesel de inyección sólida y sin elásticos, de arranque en frío.
fixed engine, motor fijo.
four-stroke engine, motor de cuatro tiempos.
gas engine, motor a gas.
heat engine, motor térmico.
heavy-oil engine, motor de petróleo bruto.
high-compression engine, motor de compresión elevada.
internal combustion engine, motor de explosión.
marine engine, motor marino.
multicylinder engine, motor de varios cilindros.
oil engine, motor de petróleo.
outboard engine (naut.), motor de fuera de borda.
paraffin engine, motor de kerosene.
petrol engine, motor de gasolina.
port engine (naut.), máquina de babor.
pumping engine, motor de bombeo.
radial engine (av.), motor en estrella.
rotary-valve engine, motor de válvulas giratorias.
single-acting engine, motor de efecto único.
six-cylinder engine, motor de seis cilindros.
starboard engine (naut.), máquina de estribor.
static radial engine (av.), motor en estrella fijo.
stationary engine, motor fijo.
steam engine, máquina a vapor *f.*, motor a vapor *m.*
straight-eight engine, motor de ocho cilindros en fila.
supercharged engine, motor sobrealimentado, motor con compresor.
the engine goes dead, el motor se para.
the engine had to face a gradient of 1 in 200 for 6 miles (rly.), la locomotora tenía que ascender una pendiente de 1 por 200 y 9km600 de largo.
the engine runs irregularly, el motor funciona irregularmente.
town gas engine, motor de gas de alumbrado.
traction engine, locomóvil, motor de arrastre, locomóvil par faenas agrícolas, tractor *m.*
triple-expansion engine, motor de expansión triple.
twin engine, motores gemelos *m.pl.*
two-cylinder engine, motor de dos cilindros.
two-stroke engine, motor de dos tiempos.
uniflow engine, motor de efecto único.
V engine (aut., av.), motor de dos hileras de cilindros convergentes.
V-eight engine, motor de ocho cilindros en V.
vis-à-vis engine, motor con cilindros opuestos.
waste-heat engine, motor de gases perdidos.
water-cooled engine, motor enfriado por agua.
winding engine (min.), motor de extracción.
engineer (professional), ingeniero *m.*
engineer (workman), mecánico *m.*
engineer-in-Chief, Jefe ingeniero.
aeronautical engineer, ingeniero aeronáutico.
chief engineer, Jefe ingeniero.
civil engineer, ingeniero civil.
consulting engineer, ingeniero consultor (o consejero).
electrical engineer, ingeniero electricista, electrotécnico.
ground engineer, mecánico de aeródromo.
marine engineer, ingeniero naval.
mechanical engineer, ingeniero maquinista (o mecánico).
sales engineer, ingeniero comercial.
wireless engineer, ingeniero radiotelegrafista.
engineering, ingeniería *f.*
engineering handbook, prontuario técnico.
England, Inglaterra *f.*
English *adj. & n.*, inglés *m.*
English standard thread (techn.), filete inglés *m.*
English unit, unidad del sistema inglés.
to engrave, grabar.
engraver, grabador *m.*
engraving, grabado *m.*
ensign (mar.), bandera (de popa) *f.*
red ensign, bandera de la marina mercantil Británica.
white ensign, bandera de la marina de guerra Británica.
entangled, enredado.
to enter, entrar.

entrance, entrada *f.*, pasaje *m.*
entrance (river), embocadura *f.*
entrance examination (ed.), examen de admisión *m.*
entrance hall (arch.), zaguán *m.*
entropy, entropía *f.*
entropy diagram, curva entrópica *f.*
entry, entrada *f.*
entry (bookkeeping), partida *f.*
entry (customs), declaración *f.*
entry (record in a book), registro *m.*
to entwine, entrelazar.
eocene (geol.), eoceno.
eolithic (geol.), eolítico, prehistórico.
eolithic age, período prehistórico *m.*
eosin (chem.), eosina *f.*
epact (ast.), epacta *f.*
epactic (geol.), epáctico.
epicycle, epiciclo *m.*
epicyclic gear-box, caja de velocidades epiciclóidea *f.*
epicycloid (geom.), epicicloide *f.*
epidemy, epidemia *f.*
epigene, epigeno.
epoch, época *f.*
Epsom-salt, sulfato de magnesia *m.*
equable, uniforme.
equal, igual.
equalising beam (loco.), balancín compensador *m.*
equalising mains (el.), canalización compensadora *f.*
equality, igualdad *f.*
to equalize, igualar.
to equalize (el., eng.), compensar.
to equate (mat.), poner en ecuación.
equation, ecuación *f.*
equation of a curve, ecuación de una curva.
equation of a straight line, ecuación linear.
equation of ellipse, ecuación de la elipse.
equation of the *n*th degree, ecuación del enésimo grado.
equator, ecuador *m.*
equatorial *adj.*, ecuatorial.
equatorial (ast.), *n.*, ecuatorial *m.*
equiangular, equiángulo.
equidistance, equidistancia *f.*
equilateral, equilátero.
to equilibrate, equilibrar.
equilibrium, equilibrio *m.*
to equip, equipar, proveer de.
equipment, equipo *m.*
equitable, equitativo.
equivalence, equivalencia *f.*
equivalent, equivalente.
to erase, borrar.
eraser, goma de borrar *f.*
erbium, erbio *m.*
to erect (a building), edificar, levantar.
to erect (mach.), armar, instalar, montar.
to erect a boiler, instalar una caldera.
to erect a building, construir un edificio.
erecting *n.*, montaje *m.*
erecting-shop, taller de montaje *m.*
erection (c.e.), construcción *f.*
erection (mach.), instalación *f.*, montaje *m.*
erector (fitter), montador *m.*
erg, ergio *m.*
to erode, corroer.
erosion, corrosión *f.*
erroneous, erróneo, falso.
erroneous reading (inst.), lectura errónea *f.*
error, equivocación *f.*, error *m.*
erosive, erosivo, roedor.

error, equivocación *f.*, error *m.*
error less than 1/100,000th, error inferior a 1 por cien milésima.
error to avoid at all cost, error de evitar a todo trance.
escalator (stairs), escalera móvil (o movediza) *f.*
escape, escape *m.*, fuga *f.*
escape into the atmosphere (eng.), escape libre.
escape of gas, fuga de gas *f.*
to escape, escapar, escaparse.
escutcheon (back of boat), escudo *m.*
essence (chem.), esencia *f.*
to establish, establecer, fundar.
estate, estado *m.*
estate (property), propiedad *f.*
real estate, bienes raíces *m.pl.*
estimate, avalúo, aprecio *m.*, valuación *f.*
estimate (tender for mach., eng.), presupuesto *m.*
estimate of building costs (c.e., rly.), presupuesto de gastos de construcción.
to estimate, avaluar, estimar, valuar.
estoppel (law), impedimento *m.*
estuary, estuario *m.*
ether, éter *m.*
ethyl, étilo *m.*
ethyl chloride, cloruro de étilo *m.*
ethyl formate, éter fórmico *m.*
ethylene, etileno *m.*
eucalyptus, eucalipto *m.*
eudiometer, eudiómetro *m.*
to evaporate, evaporar.
evaporating (or evaporative) *adj.*, evaporatorio.
evaporating capacity (of boil.), capacidad evaporatoria *f.*
evaporation, evaporación *f.*
evaporation test, ensayo de evaporación *m.*
even (equal), apacible, calmo, constante.
even (surface), liso, llano.
even flow (air or gas), chorro constante (o regular) *m.*, corriente apacible *f.*
nozzles delivering an even flow of air, toberas que arrojan un chorro de aire constante.
even ground, terreno llano *m.*
even number, número par *m.*
even surface, superficie lisa.
evident, evidente.
evidently, evidentemente.
evolution, evolución *f.*
evolution (aer., mil., nav.), maniobra *f.*
evolution (mat.), extracción de raíz *f.*
to evolve, desarrollar.
ewe (zool.), oveja *f.*
exact, exacto, justo.
exactitude, exactitud *f.*
exactly, exactamente.
examination, examen *m.*
examination (of a product or plant), inspección *f.*
examine induction pipes for cracks ! (eng.), asegurarse que no hay grietas en los tubos de aspiración.
to examine, examinar.
examiner, examinador *m.*
example, ejemplo *m.*
example of architecture, tipo de arquitectura *m.*
to excavate, excavar.
excavation, excavación *f.*
excavator, excavador *m.*
excavator (mach.), excavadora *f.*
bucket excavator, excavadora de cangilones *f.*
dragline excavator, excavadora de cable de arrastre.

navvy excavator, desmontadora, pala excavadora *f.*
power excavator, excavadora mecánica.
steam excavator, excavadora a vapor.
to exceed, exceder, pasar, rebasar.
exceeding the speed limit (aut., tr.), sobrepaso del reglamento de velocidad.
excellent, excelente, excelso.
excess, exceso, excedente *m.*
excess of air (aut., eng.), excedente de aire *m.*
spherical excess (opt.), error esférico *m.*
exchange, cambio *m.*
exchange (com. building), bolsa *f.*
exchange (tel.), central telefónica *f.*
exchange-office, oficina de cambio *f.*
exchange-rate, tipo de cambio *m.*
exchange-station (rly.), estación de empalme *f.*
exchequer, fisco, Ministerio de hacienda *m.*
excise, sisa *f.*
excise duty, derecho de sisa *m.*
exciter (el.), excitatriz, dínamo excitadora *f.*
exciter (phys.), excitador *m.*
exciter-field resistance, reóstato del campo de la excitatriz *m.*
direct-driven exciter, excitatriz en punta de árbol.
each generator (A.C.) with own exciter, cada alternador lleva su propia excitatriz.
separately-driven exciter, excitatriz independiente.
spare exciter, excitatriz de reserva.
to excorticate *v.*, descascar, descortezar.
exercise, ejercicio, trabajo *m.*
to exercise, a profession, ejercer un oficio.
exhaust (eng.), escape *m.*
exhaust (phys.), evacuación *f.*
exhaust chamber (eng.), cámara de escape *f.*
exhaust curve, curva del escape *f.*
exhaust fan (st. eng.), ventilador de succión, ventilador aspirante *m.*
exhaust in vacuum, escape en el vacío.
exhaust lag, retraso del escape *m.*
exhaust lead (eng.), avance del escape *m.*
exhaust-manifold (eng.), tubería de escape *f.*
exhaust-opener (text. mach.), abridor de ventilador *m.*, abridora neumática *f.*
exhaust period (aut., eng.), tiempo del escape *m.*
exhaust port (eng., loco.), lumbrera de escape *f.*
exhaust-pot (aut., eng.), cilindro silencioso, cilindro antisonoro *m.*
exhaust pump, bomba de desagüe *f.*
exhaust silencer, silencioso del escape *m.*
exhaust steam, vapor de (o del) escape *m.*
exhaust stroke (eng.), carrera de escape *f.*
exhaust valve, válvula de escape *f.*
to exhaust (from a container in order to have a vacuum), agotar, aspirar, evacuar.
to exhaust (gas, steam, etc.), hacer escapar, evacuar.
to exhaust (to drain), encañar.
to exhaust steam, evacuar el vapor.
heating by exhaust steam, calefacción con vapor de escape *f.*
exhausted (empty), agotado, exhausto.
exhauster (ventilator), aspirador, eductor, ventilador aspirador *m.*
air exhauster, eductor de aire viciado *m.*
exhausting into the atmosphere, escapando (o evacuando) al aire libre.
exhaustion (or exhausting), aspiración, evacuación *f.*, vaciamiento *m.*

exhibition, exposición *f.*
industrial exhibition, exposición de artes y oficios.
exit (const.), salida *f.*
exothermic, exotérmico.
to expand, dilatar, ensanchar.
to expand (to spread metals), desplegar.
expanded metal, metal ensanchado *m.*
expanded metal flooring (and roofing), entramado de metal ensanchado para pisos (o para techumbres) *m.*
expansion (eng.), expansión *f.*
expansion (of solid bodies), dilatación *f.*
expansion bend (tubes), codo compensador *m.*
expansion-gap (for rails), entrerriel compensador (de dilatación) *m.*
expansion-gear (eng.), mecanismo de la expansión *m.*
expansion of air by heat, dilatación del aire por efecto del calor.
expansion period (aut., eng.), tiempo de la expansión *m.*
expansion pipe, tubo de dilatación *m.*
expedient (suitable), conveniente, oportuno.
to expedite, apresurar.
expedition, expedición *f.*
expenditure, desembolso *m.*
expense, coste, gasto *m.*
expensive, costoso, dispendioso.
experience, experiencia, práctica *f.*
from experience, prácticamente.
to experience, experimentar.
experienced, experimentado, perito, práctico.
experiment, experimento, ensayo *m.*
to experiment, experimentar.
experimental aerodynamics, aerodinámica experimental *f.*
expert *adj.*, experto, práctico.
expert advice, consejos periciales *m.pl.*
expert craftsmanship, mano de obra experta *f.*
to explain, explicar.
explanation, explicación *f.*
to explode, estallar, explotar.
to explode (to cause to), hacer estallar.
exploration, exploración *f.*
exploration-coil (el.), bobina de prueba *f.*, carrete revelaflujo, exploratorio *m.*
exploration-level (min.), galería de exploración *f.*
to explore, explorar.
explorer, explorador *m.*
explosion, explosión *f.*
explosive *adj.*, explotador, explosivo.
explosive *n.*, explosivo *m.*, materia explosiva *f.*
explosive mixture (aut., eng.), mezcla explotante *f.*
explosive signal (naut., tr.), señal sonora de explosión *f.*
exponential function (mat.), función exponencial *f.*
exponential series (mat.), desarrollo de la exponencial *m.*
export, exportación *f.*
to export, exportar.
exporter, exportador *m.*
to expose (explain), declarar, manifestar.
to expose (phot.), posar.
exposition, declaración, manifestación *f.*
exposure (phot.), pose *f.*
to expound, explicar, interpretar.
to expound a new theory, interpretar una teoría nueva.
express train, rápido *m.*
to express, expresar, exprimir.

to extend, alargar, extender, ensanchar.
extension, extensión, dimensión *f.*
extension (under stress), alargamiento *m.*
extension (of a town, buildings, etc.), ensanche *m.*
extension (tel.), derivación *f.*
extension-bit (techn.), escariador extensible *m.*
extension-line (tel.), línea subsidiaria (o derivada) *f.*
extension of working hours, prolongación de las horas de trabajo *f.*
extensive, espacioso, extenso.
extensometer (mec., phys.), extensímetro, medidor de dilatación *m.*
extent, extensión *f.*, punto *m.*
external, externo.
extinction, extinción *f.*, apagamiento *m.*
to extinguish (fire), apagar, extinguir.
extinguisher, apagador, extintor *m.*
extra charge, gasto suplementario *m.*
extra high tension (el.), tensión elevadísima *f.*
extract, extracto *m.*
extract of meat, carne concentrada *f.*
to extract, extraer, sacar.
to extract (by evaporation, etc.), extractar.
to extract alcohol (chem.), alcoholar.
extraction, extracción *f.*
extreme *adj.*, excesivo.
extrinsic, extrinseco.
to extrude (geol.), extravasarse.
to extrude (met.), rebordonar, troquelar.
extrusion (geol.), extravasación *f.*
extrusion (met.), rebordonado, troquelado *m.*
to exude *v.*, colar, gotear, percolar.
exuding water, agua de percolación *f.*
eye, ojo *m.*
eye of a bolt, aro (o anillo) de perno, argolla de perno.
eye-piece (opt.), ocular *m.*
eye-shade, visera *f.*
eye-witness, testigo ocular *m.*
eyeglasses, lentes *m.pl.*
eyot, isleta *f.*

F

fabric (const.), fábrica *f.*
fabric (text.), tejido *m.*, textura *f.*
to fabricate (c.e.), armar, ensamblar, montar.
fabricated span of a bridge at works, tramo de puente armado en fábrica *m.*
façade, fachada *f.*
face, cara, faz *f.*, frente *m.*
face (min.), faz *f.*, frente *m.*, pared de derribo *f.*
face under attack (min.), faz de laboreo (o de derrumbe).
face (of hammer), cabeza *f.*
to face (position), hacer frente.
to face (techn.), refrentar.
tunnel face (c.e.), paramento de túnel *m.*
working face (c.e., min.), frente de derribo *f.*, muro de avance *m.*
to facilitate, posibilizar.
facing (lining), forro, paramento *m.*, guarnición *f.*
facing brick, tesela de paramento *f.*
fact, hecho *m.*
factor (com.), corredor de ventas *m.*
factor (mat.), factor *m.*
factor of safety (c.e., mec.), coeficiente de carga *m.*
amplitude factor, factor de ordenada máximum.
form factor (of wave, phys.), factor de forma (razón de la ordenada efectiva media a la ordenada media).
power factor (el., phys.), factor de potencia, coseno ϕ *m.*
factorage (com.), corretaje *m.*
factory, fábrica, usina (S.A.) *f.*
factory test (eng., mach.), pruebas en fábrica *f.pl.*
fading (loss of colour), pérdida del color *f.*
fading (wir.), debilitación de la intensidad de recepción *f.*
to fail (com.), quebrar.
to fail (const.), derrumbarse, fallar.
to fail (eng., techn.), desarreglarse, descomponerse.
the structure failed, el armazón falló.
failure (av., el.), interrupción brusca *f.*
failure (c.e., mach.), rotura *f.*
failure (com.), quiebra *f.*
failure (in general), falta de éxito *f.*
failure of a boiler, explosión de una caldera *f.*
failure of a bridge, caída de un puente *f.*
failure of a riveted joint, quebradura de una junta roblonada.
failure of the engine in mid-air (av.), interrupción brusca del motor en vuelo.
failure of the ignition (eng.), interrupción brusca del encendido.
failure of the insulation (el.), defecto en el aislamiento *m.*
faint, débil.
fair (exhibition), exposición, feria *f.*
fair (in quality), bueno, satisfactorio.
fair results, resultado satisfactorio.
fair (weather), sereno.
fair (wind), favorable.
fall, baja, caída *f.*, descenso *m.*, disminución *f.*
fall in prices, baja en los precios.
fall of a drain (or sewer), derrame del desagüe *m.*
fall of pressure, disminución de presión *f.*
fall of potential, caída de potencial.
fall of rain, lluvia *f.*
fall of temperature, baja de la temperatura.
fall of the aeroplane, caída del aeroplano.
fall of the barometer, descenso del barómetro.
fall of water, cascada *f.*, salto de agua *m.*
fall-plate (rly.), pasillo caedizo *m.*
to fall, bajar, caer, descender.
to fall foul of (naut.), abordarse.
falling, caída *f.*
falling-back seat (tr.), asiento basculante (o de volquete).
falling body (phys.), cuerpo en caída libre *m.*
fallow (ag.), barbechado.
fallow-land, barbecho *m.*
to fallow, barbechar.

false, falso.
false bottom, fondo doble, fondo secreto (u oculto) *m.*
false footwall (min.), espalda ciega *f.*
fan, ventilador *m.*
fan-cooling (aut.), enfriamiento por ventilador *m.*
ceiling fan, ventilador colgante *m.*
centrifugal fan, ventilador centrífugo.
cupola fan (found.), sopladora de cubilote *f.*, fuelle de cúpula *m.*
desk fan, ventilador de sobremesa.
exhaust fan, eductor, ventilador de agotamiento *m.*
propeller fan, ventilador de paletas, ventilador helicoide.
wall fan, ventilador mural.
fanlight, montante *m.*
far, lejos.
farad, faradio *m.*
faradisation, faradización *f.*
fare (price of conveyance), pasaje, precio del billete *m.*
farm, hacienda, chacra (S.A.) *f.*
farm tractor, tractor agrícola *m.*
farmer, agricultor, chacarero (S.A.) *m.*
farming, cultivo de la tierra *m.*
farrier, herrador *m.*
fascine, fajina *f.*
fashion (form), figura, forma *f.*
fast (quick) *adj.*, rápido.
fast (watch), adelantado.
to fasten, atar, sujetar.
to fasten (door, windows), cerrar.
fastener, cerrador, cierre *m.*
fastening, atadura, cerradura *f.*
fat, grasa *f.*
animal fat, grasa animal *f.*, pringue *m.*
pig's fat, cochevira *f.*
thick fat, grasa consistente.
vegetal fat, óleo vegetal *m.*, manteca végetal *f.*
fata morgana, espejismo *m.*
fatal accident, accidente mortal *m.*
fathom (naut.), braza *f.*
fatigue, cansancio *m.*, fatiga *f.*
to fatten (cattle), engordar, sainar
fatty, grasoso, untuoso.
fault, defecto, error *m.*, falta *f.*
fault (geol.), falla *f.*
fault-finder (el.), buscafallas, revelador de faltas *m.*
fault-indicator (el.), detector (o revelador) de fugas *m.*
fault line (geol.), falla, línea de dislocación *f.*
fault to earth (el.), fuga a tierra *f.*, escape a tierra *m.*
fault to frame (aut., el.), contacto por la masa *m.*
normal fault (geol.), falla normal (o corriente).
reversed fault, falla invertida.
faulty, defectuoso.
faulty insulation, aislamiento defectuoso *m.*
favourable, favorable, propicio.
feasible, agible, factible, hacedero.
feather, pluma *f.*
feather of spring, hoja, ballesta *f.*
feather-ore (min.), pirita plumosa, pirita quebradiza *f.*
to feather the oars (naut.), sacar y poner los remos verticalmente.
fee (professional), honorarios *m.pl.*
feed (boil., el.), alimentación *f.*
feed (mach. tool), avance *m.*
feed-cock (boil.), grifo de alimentación *m.*
feed-heater, calentador preliminar.
feed motion, movimiento de avance *m.*
feed-nozzle, tobera de inyección *f.*
feed of tool, avance de la herramienta *m.*
feed-pipe, tubo de alimentación *m.*
feed-roller (met.), rodillo de avance *m.*
feed-trough (rly.), canaleta de toma de agua en velocidad *f.*
feed water (boil.), agua para alimentación *f.*
feed water filter, filtro del agua de alimentación *m.*
feed water heater, calentador del agua de alimentación *m.*
automatic feed (mach.), avance automático.
gravity feed (mach.), alimentación (o avance) de peso propio.
hand feed, avance a mano.
rack feed (mach. tool), avance de cremallera.
to feed (cattle), apacentar.
to feed (el., mec.), alimentar.
to feed (mach. tools), avanzar.
to feed the fire (in a furnace), cargar.
to feed the work (mach.), avanzar la la pieza (de trabajo).
feeder (el.), conductor de alimentación *m.*
feeding-point (el.), nudo de alimentación *m.*
feldspar, feldespato *m.*
fell (trees), talada *f.*
to fell, talar.
feller, talador *m.*
tree feller, talador.
mechanical tree feller, talador mecánico *m.*
felt, fieltro *m.*
fen, marjal, pantano *m.*
fen-land, tierra pantanosa *f.*
fence, palizada, valla *f.*
to fence *v.*, cercar, empalizar, vallar, valladar.
wire fence, alambrado *m.*
wood fence, palizada *f.*
fenced-off *adj.*, cercado, vallado.
fencing, alambrado *m.*, cerca, palizada *f.*
fencing standard, poste de alambrado *m.*
feracious, feraz.
fern (bot.), helecho *m.*
ferreous, férreo, ferruginoso.
ferric oxide, sesquióxido de hierro anhidro *m.*
ferric sulphate, sulfato férrico *m.*
ferro-alloy, aleación ferrosa *f.*
ferro-chromium, ferro-cromo *m.*
ferro-concrete, hormigón armado *m.*
ferro-cyanide, cianuro de hierro, ferrocianuro.
ferro-manganese, hierro manganésico *m.*
ferro-molybdenum, hierro al molibdeno *m.*
ferro-nickel, hierro al níquel.
ferro-silicon, ferro-silicio *m.*
ferro-titanium, hierro al titanio, ferrotitanio *m.*
ferro-vanadium, ferro-vanadio *m.*
ferro-wolfram, ferrotungsteno, hierro al tungsteno *m.*
ferrous, ferruginoso, ferrugíneo.
ferrule, regatón, zuncho *m.*, virola *f.*
ferry-boat, balsa *f.*, ferryboat (S.A.), *m.*
to ferry, balsear.
to ferry over, balsear, cruzar con balsa.
to ferry the wagons over the water, cruzar el agua los vagones con la balsa.
fertile, fértil.
fertility, fertilidad *f.*
to fertilise, abonar, fertilizar.
fertiliser, abono químico *m.*
to fettle (met.) *v.*, desbarbar, rebarbar.
fettling-shop, taller de desbarbado *m.*
fever, fiebre *f.*

fibre, fibra, hilacha *f.*
field (el., geog.), campo *m.*
field (mil.), campo de batalla *m.*
field-coils, arrollamiento inductor *m.*, bobina de campo (o inductriz) *f.*
field direction tester (mag.), indicador del sentido de las líneas de fuerza *m.*
field-glasses (opt.), gemelos de campaña *m.pl.*
field intensity (el.), intensidad de campo *f.*
field-leakage (mag.), fuga magnética *f.*
field-magnet (el.), carrete inductor *m.*
field of view (inst.), ángulo visual *m.*
field strength (mag.), intensidad de campo.
field-telescope, catalejo de campaña *m.*
field-winding (el.), arrollamiento inductor *m.*
field-work (surv.), operaciones sobre el terreno *f.pl.*
saturated field, campo saturado.
stray field, líneas de fuerza de escape *f.pl.*
fiery, ígneo.
fiery-mine, mina cargada de mofeta *f.*
figure (geom.), figura *f.*
figure (mat.), cifra *f.*, número *m.*
a four-figure income, una renta de miles de . . . (according to the currency used : pesetas, pesos, etc.).
filament, filamento *m.*
filament resistance (wir.), reóstato de caldeo *m.*
carbon filament, filamento de carbono *m.*
drawn filament, filamento estirado.
metallic filament, filamento metálico.
squirted filament, filamento recubierto con pulverizador.
file (techn.), lima *f.*
file-cutting, entallado de limas *m.*
file-cutting by electricity, entallado eléctrico de limas.
bastard file, lima media.
coarse file, lima de desbastar.
double-cut file, lima de dientes finos.
rasp file, escofina *f.*
smooth file, lima dulce.
to file (com.), clasificar.
to file (techn.), limar.
to file lengthwise, limar en largo.
to file off, rebajar con lima.
fill (paint), aparejo *m.*
to fill, llenar.
to fill up, rellenar.
to fill up (mot.), reabastecerse.
filling, relleno *m.*
film, película *f.*
talking film, película sonora.
filter, filtro, separador *m.*
filter-cloth, paño de filtrar *m.*
centrifugal filter, separador centrífugo *m.*
oil filter (producing oil), filtro de aceite *m.*
oil filter (to clean used oil, mach.), regenerador del aceite (usado), separador de aceite *m.*
pebble filter, filtro de guijo.
to filter, filtrar, separar, clarificar.
filtering-bed, capa filtrante *f.*, lecho de filtrar *m.*
filtering-vat, cuba de filtrado *f.*
fin, aleta *f.*
finance, hacienda *f.*
fine (in quality), fino, delicado.
fine (penalty), multa *f.*
fine (small), menudo, pequeño.
fine (weather), bueno.
fine adjustment, ajuste de precisión *m.*
fine-crushing, aciberado *m.*
fine-grained (met.), de granulación fina.
fine-grained (wood), de fibra compacta.
fine rain, llovizna *f.*
fine spinning, hiladura de fino (cualidad) *f.*
fine trommel, zaranda de finos *f.*
to fine (chem., met.), afinar, refinar.
to fine (penalty), multar.
fineness (chem.), fineza *f.*
finery (met.), horno de afinar *m.*
fining (met.), afinación *f.*
finish (as paint), acabado *m.*
bright finish, acabado lustroso.
good finish, buen acabado.
to finish, acabar, terminar.
to finish (paint), dar la última mano.
fir, abeto *m.*
red fir, pino silvestre.
fire, fuego *m.*
fire (art.), tiro *m.*, descarga *f.*
fire (sinister), incendio *m.*, conflagración *f.*
fire-alarm, señalador de incendios *m.*
fire-bar (boil.) : see firebar.
fire-box : see firebox.
fire-brick : see firebrick.
fire-bridge (boil.), altar de hornalla *m.*
fire-brigade, cuerpo de bomberos *m.*
fire-cock, grifo contra incendios *m.*
fire-control (art.), dirección del tiro *f.*
fire-damp, grisú *m.*, mofeta *f.*
fire door (boil.), puerta de hogar (o de la hornalla) *f.*
fire-engine, bomba contra incendios *f.*
motor fire-engine, bomba contra incendios automóvil.
fire-escape, escalera de auxilio *f.*
fire-extinguisher *n.*, extintor de incendios *m.*
fire-extinguishing appliances, pertrechos contra incendios *m.pl.*
fire-float, pontón apaga incendios *m.*
fire-hose, manguera de incendios *f.*
fire hydrant, boca de incendios *f.*
fire-inspector, inspector de siniestros (o incendios) *m.*
fire-insurance, seguro contra incendios *m.*
fire-iron, hurgón *m.*
fire-ladder (const.), escala de salvataje *f.*
fire-mains, canalización de agua para incendios *f.*
fire-place (domestic), hogar *m.*
fire-plug, boca de incendios, toma de agua *f.*
fire-proof *adj.*, incombustible, ignífugo.
fire-resisting floor, piso incombustible *m.*
fire-shield, guardafuego, parafuego *m.*
fire-station, puesto de bomberos *m.*
on fire (after the fire), incendiado, quemado.
on fire (during the fire), incendiándose.
to fire (firearms), descargar.
to fire (fuel), prender, encender.
to fire a boiler, cargar una hornalla, encender una hornalla.
to fire a mine (exp.), hacer explotar una mina.
firearms, armas de fuego *f.pl.*
firebar (boil.), barra de parrilla (o de emparrillado) *f.*
firebar bearer, travea del emparrillado *f.*
firebox (eng., loco.), caja del fogón (o de fuego) *f.*
firebox cross stay, tirante transversal de la caja de fuego *m.*
firebox crown (boil.), cielo de la caja de fuego *m.*
firebox crown stay, riostra del cielo de la caja de fuego *f.*
firebrick, ladrillo refractario *m.*
fireclay, arcilla refractaria *f.*
fireman, bombero *m.*
fireman (stoker), fogonero *m.*

fireproof *adj.*, refractario.
firewood, leña *f.*
firing (eng.), encendido *m.*
firing (boil.), encendimiento *m.*
firing (art.), cañoneo, fuego *m.*
firing order (aut., av., eng.), orden del encendido *m.*
firm *adj.*, firme, sólido.
firm *n.*, razón social *f.*
first, primer, primero.
first cost compares favourably with . . ., el precio de adquisición es más barato que . . .
firth, estrecho *m.*
fish (zool.), pescado, pez *m.*
fish-glue, colapez *f.*
fish offal, desechos de pescado *m.pl.*
fish-pond, vivero de peces *m.*
fish-torpedo (nav.), torpedo automóvil *m.*
to fish, pescar.
to fish the rails (rly.), eclisar rieles.
to fish up a broken tool (min.), pescar un taladro roto.
fisherman, pescador *m.*
fishing *n.*, pesca *f.*
fishing-boat, bote pesquero *m.*
fishing-ground, mar de pesca *m. & f.*
fishing-rod, caña de pescar *f.*
fishing-tackle, avíos de pescar *m.pl.*
fishplate (c.e., const.), cartela *f.*
fishplate (rly.), eclisa *f.*
fissure, grieta, hendedura *f.*
fit (of a person) *adj.*, idóneo, capaz.
fit (suitable) *adj.*, apto, adecuado, apropiado, conveniente.
fit (techn.), aparejado, ensamblado, encajado, ajuste *m.*
drive fit (techn.), encajado a martillazos.
exact fit, ajuste exacto.
force fit, ajuste forzado.
loose fit, ajuste holgado.
pressed on fit, encajado con prensa.
running fit, ajuste de rotación libre.
shrunk-on fit, empotrado en caliente.
to fit, adaptar, ajustar, colocar, montar.
to fit (carp.), empalmar.
to fit a lens on a camera, adaptar una lente a un aparato fotográfico.
to fit in (to push in), hacer penetrar, introducir.
to fit into, encajar, enclavar, empotrar.
to fit out (naut.), armar, equipar.
to fit together, ensamblar.
to fit tubes together, enchufar.
to fit with (to provide), proveer de.
fitness (professional capacity), idoneidad *f.*
fitted, ajustado, montado.
fitted with, provisto de.
fitter, ajustador, montador *m.*
fitting, ajuste *m.*, colocación *f.*
fitting *adj.*, apropiado.
fitting-out (mar.), armamento *m.*
fitting-out basin, dársena de armamento *f.*
fitting-shop (mach.), taller de ajuste *m.*
fitting shop (accessories), cerrajería *f.*
fittings, accesorios, guarniciones, herrajes.
fittings (as door-fittings, etc.), herrajes *m.pl.*
copper fittings, cobrería *f.*
iron fittings, herraduras *f.pl.*, herrajes *m.pl.*
trolley wire fittings, herrajes para la línea de toma.
to fix, fijar, sujetar.
to fix (into), calar.
to fix (phot.), fijar.
to fix a wheel on an axle, calar una rueda en un eje.
to fix on one end, empotrar.
to fix the lock to a door, colocar la cerradura a una puerta.
to fix the price, ajustar el precio.
to fix with screws, atornillar, sujetar con tornillos.
fixed *adj.*, fijo, inmóvil.
fixing, calado *m.*, fijación *f.*, sujetamiento *m.*
fixing (phot.), fijado *m.*
fixtures (plant), material fijo *m.*
flag, bandera *f.*
flag (const.), baldosa *f.*
flagship, buque almirante *m.*, almiranta *f.*
flagstone, baldosín *m.*
flake, copo *m.*
flame, llama *f.*
flame-proof type, modelo antiexplosivo *m.*
flame must not be permitted in battery room, no se debe entrar en la sala de batería con llama descubierta.
exposed flame, llama descubierta.
flange (of iron), ala *f.*
Note. By flange of an iron or beam in English is meant the whole top part, but in Spanish, for each flange there are two alas, one on each side of the web.
flange (of pipe), brida *f.*, rebordo *m.*
flange (of rail), zapata *f.*
flange (of rly. wheel), bordón *m.*
flange-coupling, acoplamiento abordonado (o de bridas).
the flange of a joist, las alas de una vigueta.
the flange of a tube, la pestaña (o la brida) de unión de un caño.
the flange of a rail, la zapata de un riel.
to flange, rebordear, embutir.
flanged, abordonado, bordeado, rebordeado.
flanged plate, chapa rebordeada *f.*
flanged wheel, rueda abordonada *f.*
flanging, embutido, rebordeado *m.*
flanging press, prensa de embutir *f.*
flap, ala, aleta, trampa *f.*
flap-door, trampa *f.*
flash, relámpago *m.*
flash-lamp, proyector eléctrico de bolsillo *m.*
flash-light (naut.), faro de destellos *m.*
flash-over (between fixed points), salto de chispas *m.*
flash-over (on commutator, el. mach.), chisporroteo periférico *m.*
flash-point (petrol), temperatura crítica *f.*
flask, frasco *m.*
flat *adj.*, chato, achatado.
flat *n.*, departamento *m.*
flat (smooth), llano.
flat bar, barra chata *f.*
flat-iron, plancha (de planchar) *f.*
electric flat-iron, plancha eléctrica.
flat packing (eng.), empaquetadura chata *f.*
flat rate, tarifa unificada *f.*
flat rivet head, cabeza de remache achatada *f.*
flatiron : see flat-iron, above.
to flatten, achatar.
to flatten out, agrandar, desplegar.
flaw, defecto *m.*, falla *f.*
flawless, sin faltas, sin tacha.
flax, lino *m.*
flax-spinner, hilador de lino *m.*
fleet *n.*, escuadra *f.*
flesh-side (of a belt), lado carne *m.*
flex (el.) : see flexible wire, under.

flexibility, flexibilidad *f.*
flexible, flexible. dócil, elástico.
flexible armoured steam pipe, manguera de vapor armada *f.*
flexible cord, cordón flexible *m.*
flexible coupling, acoplamiento elástico (o de juego) *m.*
flexible paint, pintura para lona *f.*
flexible wire (el., abbreviated to flex), flexible, cable protegido *m.*
flexure, flexión *f.*
flight (av.), vuelo *m.*
flight in the dark (av.), vuelo nocturno.
flight of stairs (const.), tramo de escalera *m.*
flight path (av.), trayectoria del vuelo.
blind flight (av.), vuelo a ojos cerrados.
gliding flight, vuelo planado.
flint, pedernal *m.*
flint-glass, cristal de roca *m.*
float (of seaplane), flotador *m.*
float-chamber (aut.), cilindro del flotador *m.*
float-cut file, lima de talla dulce *f.*
float method of measuring water-flow, sistema de medición de caudal por flotador *m.*
float-stone (min.), cuarzo esponjoso *m.*
ball float, flotador esférico.
to float, flotar, sobrenadar.
to float (a ship), poner a flote.
to float (a company), fundar una compañía.
floatability, flotabilidad, flotación *f.*
floating *adj.*, flotante.
floating (a ship) *n.*, flotación *f.*
floating belt (a faulty running belt), correa fluctuante *f.*
floating body (naut.), cuerpo flotante (o nadador) *m.*
floating-debt, deuda flotante *f.*
floating-power (aut.), motor flotante *m.*
floating treatment (chem., min.), tratamiento de superficie *m.*
flock (sheep), rebaño *m.*, grey *f.*
flood, inundación *f.*
flood-gate, compuerta de marea *f.*
flood-lighting, iluminación intensiva.
flood-tide, marea creciente *f.*
flood water flow (hyd.), caudal de avenida *m.*
to flood, inundar.
floor, piso *m.*
floor-space (space occupied), encumbramiento, lugar solar *m.*
basement floor, piso de sótano.
boarding floor, piso entablado.
dead floor, falso piso.
ground floor, piso bajo.
mezzanine floor, entresuelo *m.*
tessellated floor, piso de mosáicos.
top floor, último piso.
upper floor, piso alto.
floored (number of floors) *adj.*, de x pisos.
a ten-floored building, un edificio de diez pisos.
flooring, entarimado, piso, pavimento *m.*
flour, harina *f.*
flour-mill, molino harinero *m.*
flour-mill machinery, maquinaria de molturar *f.*
flow, corriente *f.*
flow (mar.), creciente *f.*, flujo *m.*
flow of air, corriente de aire *f.*
flow of steam, flujo (o chorro) de vapor *m.*
flow of steam through nozzle, chorro de vapor por la tobera.
flow of water, corriente de agua.
steady flow, chorro constante *m.*, corriente constante *f.*
to flow, correr, fluir.
to flow in (mar.), acrecentar.
to flow out (mar.), decrecer.
to flow over, derramar, rebosar.
flowage, derramamiento, derrame, roboso *m.*
flower of salt, salumbre *f.*
to fluctuate, fluctuar.
fluctuation, fluctuación, variación *f.*
flue (smoke), humero *m.*
flue damper, registro de humero *m.*
flue-losses (boil.), pérdidas en los humeros *f.pl.*
corrugated flue, humero de chapa ondulada.
frictional resistances in flues, resistencia de arrastre en los humeros.
fluid *adj.*, flúido.
fluid *n.*, flúido *m.*
fluid-flywheel transmission (aut.), embrague hidráulico de volante *m.*
fluidity, fluidez *f.*
fluke (of anchor, naut.), pestaña *f.*
flume (hyd.), caz de tablones *m.*
fluor, fluorita *f.*, fluoruro de calcio *m.*
fluorescence, fluorescencia *f.*
fluorine, fluor, espato fluor *m.*
fluoroscope, fluoroscopio *m.*
fluorspar, fluorita *f.*
flush (level with), al nivel de, a ras de, enrasado con.
flush (of water), manga, tromba de agua *f.*
flush-pattern, modelo a ras *m.*
flush with *adj.*, a flor de, a ras de.
to flush (with water), flúir, inundar.
to be flush with the wall (or the ground), enrasado con la pared (o con el suelo), a flor de tierra.
to flush out (to clean), flúir, inundar, limpiar.
flushing chamber (c.e.), estanque de inundación *m.*
flushing of sewers and drains, limpieza por flujo (o inundación) de cloacas y albañales.
fluting (arch.), estríadura *f.*
flux (mag.), flujo *m.*
flux (met. alloy), aleación, liga *f.*
flux density, densidad de flujo *f.*
flux for acetylene welding, liga para soldadura acetilénica.
alternating flux, flujo alterno.
commutating flux, flujo de conmutación.
magnetic flux, flujo magnético (o del campo).
stray flux, flujo disperso, flujo cuyas líneas de fuerza no se cierran.
fluxions (mat.), cálculo diferencial *m.*
fluxmeter (mag.), flujómetro *m.*
fly (zool.), mosca *f.*
fly frame (text.), mechera *f.*
fly-net, mosquitero *m.*
to fly, volar.
to fly level (av.), volar horizontalmente.
flyer (aer.), volador, aeronauta, aviador *m.*
flyer doubling machine (text.), retorcedora de aletas *f.*
flying *adj.*, volador, volante.
flying *n.*, aviación, volación *f.*
flying-artillery, artillería montada *f.*
flying-boat, hidroavión, hidroplano *m.*
flying-camp (mil.), campamento volante *m.*
flying-corps (mil.), aviación militar.
flying-junction (rly.), bifurcación doble sin cruce *f.*
flying-school, escuela de aviación *f.*
flywheel, volante *m.*
flywheel-dynamo, dínamo de volante *f.*
flywheel-generator (A.C.), alternador volante *m.*

flywheel pit, foso de volante *m.*
flywheel rim, aro de volante *m.*, llanta de volante *f.*
cast-steel flywheel, volante de acero colado.
disc flywheel, volante macizo.
overhung flywheel, volante de aire (o sea saledizo), volante saledizo.
rolling-mill flywheel, volante regulador de laminador.
true flywheel, volante girando exacto.
untrue flywheel, volante desparejado.
foam, espuma *f.*
foamless, sin espuma.
foamy, espumoso.
f.o.b., f.a.b.
focal length (opt.), distancia focal *f.*
focimeter (phys.), focímetro *m.*
focus, foco *m.*
to focus, enfocar.
fodder, forraje *m.*
fog, niebla *f.*
fog signal, señal de niebla *f.*
fog signal (rly.), señal detonante *f.*
foggy, brumoso, nebuloso.
foggy weather, tiempo nebuloso.
foil, lámina metálica *f.*
brass foil, oropel *m.*
fold (cattle), redil, corral (S.A.) *m.*
fold (geol.), capa *f.*
fold (of door), batiente *m.*
to fold, plegar.
folding *adj.*, plegable, plegadizo.
folding-camera (phot.), aparato fotográfico plegadizo *m.*
folding machine, plegadora *f.*
folding-sight (inst.), pínula de charnela *f.*
foliation (geol.), esquistosidad *f.*
to follow, seguir, suceder.
to follow up an enquiry, no perder de vista una indagación de precios.
following a square law (mat., phys.), de variación lineal.
food, alimento *m.*
foodstuffs, alimentos, productos alimenticios *m.pl.*
fool-proof *adj.*, protegido contra errores involuntarios.
foot, pie *m.*
foot-board (aut.), estribo de automóvil *m.*
foot-pound, unidad Británica de trabajo, correspondiente al kilográmetro.
foot-pound second system, sistema de unidades Británicas correspondiente al sistema C.G.S.
footboard (aut., rly.), estribo *m.*
footing (arch., c.e.), pie *m.*, base *f.*, estribo *m.*
footing (of foundation), retallo *m.*
footpath, sendero *m.*
footplate (loco.), plataforma de locomotora *f.*
footwall (min.), espalda de filón *f.*
footway, acera *f.*
forage (cattle food), forraje *m.*
forage barn, henil *m.*
force, fuerza *f.*
force (mil.), tropa *f.*
force polygon (mec.), polígono de fuerzas *m.*
driving force, fuerza motriz *f.*
centrifugal force, fuerza centrífuga.
centripetal force, fuerza centrípeta.
counter-electromotive force, fuerza contraelectromotriz.
electromotive force, fuerza electromotriz.
internal force, fuerza interior.
shearing force, fuerza de cizallamiento (o cortante).
tensile force, fuerza de tracción.
to force, forzar.
to force air down a shaft, impulsar aire hacia abajo en un pozo.
to force in, hacer entrar por fuerza.
to force open, abrir forzando.
to force out, arrojar, rechazar, sacar por fuerza.
to force the draught (boil.), apurar el tiro.
forced, forzado, por fuerza.
forced circulation (boil.), circulación impelente *f.*
forced draught, tiro mecánico, tiro por ventilador *m.*
forced landing (av.), aterrizaje forzoso *m.*
forced lubrication, engrase bajo presión *m.*
forcing pump, bomba impelente *f.*
ford, vado *m.*
to ford, vadear.
fordable, vadeable, vadoso.
fore (naut.), a proa, hacia proa.
fore and aft, de popa a proa.
fore-deck (naut.), castillo de proa *m.*
fore gear (loco.), distribución de marcha adelante *f.*
fore-shore, playa *f.*
fore-sight (surv.), lectura frontal, lectura por delante *f.*
forebay (hyd.), cámara de estancación *f.*, depósito de reserva *m.*
forebay (hyd., a canal), canal de traída *m.*
forecast, previsión *f.*
to forecast, prever.
forecastle (shpbldg.), castillo de proa *m.*
forefront, frontispicio *m.*
foreground (phot.), primer plano *m.*
in the foreground, al primer plano.
foreign, extranjero.
foreign-built (or manufacture), de construcción extranjera.
foreign matter, materia extraña *f.*, partículas *f.pl.*
foreign matter in the composition of the iron, materias extrañas en la constitución del hierro.
Foreign-Office, Ministerio de Relaciones Exteriores *m.*
foreign trade, exportación *f.*
foreigner, extranjero *m.*
foreland (geog.), promontorio *m.*
foreman, capataz *m.*
foremast (naut.), palo de trinquete *m.*
foremost (in quality), a la cabeza.
forest, bosque *m.*, selva *f.*
forested, aforestado.
forestry, selvicultura *f.*
to forfeit, abandonar, dejar caer.
forfeiture of a patent claim, abandono de un privilegio de invención.
forge, fragua *f.*
to forge (met.), forjar, fraguar.
to forge cold or hot, forjar en frio o en caliente.
forged, forjado.
forged solid, forjado en masa, venido de forja.
forging *n.*, pieza forjada *f.*
forging machine, máquina de forjar *f.*, martinete forjador *m.*
forging press, prensa de forjar *f.*
forging test, prueba de forjado *f.*
fork (ag.), bieldo, bielgo *m.*, horquilla *f.*
fork (in general), horqueta, horquilla *f.*
fork (techn.), horqueta.
fork of two roads (or streets), bifurcación de dos carreteras (o calles) *f.*, apartamiento de las carreteras *m.*
garden fork, horquilla de jardinero.
weeding fork, escardillo *m.*

forked, ahorquillado.
forked crosshead (eng.), taco ahorquillado *m.*
form, forma *f.*
form (pattern), patrón *m.*
form of tender (com.), hoja de propuesta *f.*
to form, formar, constituir.
to form (to shape), dar forma.
to form the plates of an accumulator, dar la carga preliminar, constituir las placas de un acumulador.
formalin (chem.), formalina *f.*
formality, formalidad *f.*
formally, formalmente.
formation, formación, producción *f.*
formation of steam, producción del vapor.
former *adj.*, anterior.
former *n.*, forma, horma *f.*
forming *n.*, formación *f.*
forming-tool (techn.), herramienta de reproducir *f.*
formula, fórmula *f.*
fort, fuerte *m.*
to fortify, fortificar.
fortnightly, bimensual.
forward, adelante, hacia adelante.
to forward, enviar, expedir.
to forward (goods), expedir.
to forward (letters), hacer seguir.
forwarder, expedidor *m.*
forwarding agent, agente de expediciones, expedidor *m.*
forwards, hacia adelante.
fosse, foso *m.*
fossil *adj. & n.*, fósil *m.*
to fossilise, fosilizarse.
to foster (to promote), fomentar.
to fother a leak (naut.), cegar una vía de agua.
foul, sucio, impuro.
foul (air), impuro, viciado, cargado, mefítico.
foul (wind, naut.), contrario.
foul weather, tiempo contrario, tiempo impropicio.
to foul, ensuciar.
to foul (accidentally, naut.), abordar, enredarse.
to foul (two things in collision), chocarse.
to foul the points (rly.), saltar las agujas.
to foul the anchor (naut.), enredarse en el ancla.
to have a foul berth (naut.), faltar de lugar para el evitado.
to foul the range (arm.), despuntar (la puntería).
to found, fundar.
foundation (const.), cimientos *m.pl.*, fundamento *m.*, fundación *f.*
foundation (eng.), macizo de asiento *m.*
foundation (of a mach.), asiento *m.*, cimientos *m.pl.*, fundación *f.*
foundation-bolt, perno de asiento *m.*
foundation for a turbine, fundación para turbina.
foundation load (const.), peso sobre fundación *m.*, carga sobre cimientos *f.*
foundation load in tons per sq. ft., carga sobre cimientos en toneladas por metro cuadrado.
foundation of a building, cimientos de un edificio.
foundation-plate, placa de asiento, placa de base *f.*, zócalo de base *m.*
foundation ring (loco.), cuadro de base del fogón *m.*
foundation-stone (const.), piedra fundamental, primera piedra.
concrete foundation, cimientos de hormigón.
grillage foundation, fundación sobre enrejado.
pile foundation, fundación sobre pilares.

founder (establisher), fundador *m.*
founder (met.), fundidor *m.*
to founder (naut.), hundirse, irse a pique.
foundry, fundición *f.*
foundry black, unto negro *m.*
foundry-pit, hoyo de colada *m.*
foundryman, obrero fundidor *m.*
four-cycle *adj.*, de cuatro tiempos.
four-cylinder *adj.*, de cuatro cilindros, tetracilindrico.
four-high *adj.*, de cuatro pasos (o pases).
four-high rolling-mill, laminador de doble paso doble (o de cuatro pases).
four-stroke (eng.), de cuatro tiempos.
four-way *adj.*, de paso cuádruple.
four-way cock, grifo de doble salida y entrada, grifo de paso cuádruple *m.*
four-wheel brake (aut.), freno en las cuatro ruedas.
four-wheel drive (aut.), impulsión en las cuatro ruedas *f.*
four-wheeled, de cuatro ruedas.
fourfold, cuádruple.
Fourier's series (mat.), serie de Fourier *f.*
F.P.S., abreviación de foot-pound-second, q.v.
fraction, fracción, partición *f.*
fraction (mat.), fracción *f.*, quebrado *m.*
improper fraction, fracción impropia.
proper fraction, fracción propia.
fractional, fraccionario.
fractional distillation, destilación fraccionaria (o por partes) *f.*
fractional horse-power, potencia fraccionaria.
fragile, frágil.
frame (foundation), bastidor, marco, cuadro, zócalo *m.*
frame (of roof), armadura *f.*
frame (of walls), entramado *m.*
frame (shpbdg.), cuaderna *f.*
frame-dam (c.e.), zampeado *m.*
frame-timber (shpbdg.), varenga *f.*
balling frame (text. mach.), ahovilladora, ovilladora *f.*
main frame (shpbdg.), cuaderna maestra.
mule frame (text.), telar de tramas *m.*
sliver lap frame, unidora de cintas (lana) *f.*
to frame, formar, construir.
to frame (square), encuadrar.
warping frame (text.), urdidora *f.*
framework, armazón *f.*
framework (of building), armazón, esqueleto *m.*, osadura *f.*
framework of a bridge, entramado de puente *m.*
free (devoid of), desembarazado, exento de, libre.
free (price), gratis.
free (not engaged, tel.), desocupado, libre.
free-board (naut.), obra muerta *f.*
free estimates, presupuesto gratis.
free (to move), libre, liberado, desatado, desembarazado.
free play (mach., mec.), holgura *f.*
free trade, libre cambio *m.*
free-wheel, rueda libre *f.*
free to move in all directions, libre de moverse en cualquier dirección.
iron free from all impurities, hierro desembarazado de cualquier impureza.
to free (to make free to move), liberar, soltar, desembarazar.
freehand drawing, dibujo a pulso.
freehold, feudo franco *m.*
to freeze, congelar, helar.

freezer *adj.* & *n.*, congelador *m.*
freezing *n.*, congelación *f.*
freezing chamber, cámara congeladora *f.*
freezing machine, congeladora, máquina de congelar (o de refrigerar) *f.*
freezing mixture, sal refrigerante *f.*
freezing-process (geol., min.), cavadura por congelación *f.*
freezing-point, hielo, punto de congelación, cero *m.*
freight, carga *f.*
freight (rate), flete *m.*
freight-yard (rly.), embarcadero de mercancías *m.*
to freight, fletar.
French chalk, blanco de Meudon *m.*
French curves (draw.), curvas de dibujo, curvas de enlace *f.*
frequency, frecuencia *f.*
frequency changer (el.), alterador (o cambiador) de frecuencias, transformador de frecuencias *m.*
frequency-meter, frecuencímetro *m.*
fresh, fresco.
fret-cutting (or fretwork), calado *m.*
friction, fricción, frotación *f.*, rozamiento *m.*
friction (mach.), fricción *f.*
friction-clutch, embrague de fricción *m.*
friction coefficient test (aut., rly.), medición del coeficiente friccional.
friction in springs, rozamiento entre resortes.
friction losses, pérdidas por fricción *f.pl.*
friction losses in pipeline (hyd.), pérdidas por fricción en la tubería.
friction of wheels, rozamiento de las ruedas.
friction surface, superficie de fricción *f.*
frictional resistance (mach.), resistencia friccional.
frictional resistance (rly.), resistencia al rozamiento.
frigate, fragata *f.*
frog (of trolley wire), renacuajo *m.*
front, frente *m.*, delantera *f.*
front (const.), fachada, testera *f.*
front dead centre (eng.), punto muerto delante *m.*
front elevation (draw.), alzado frontal *m.*
front-wheel drive (aut.), impulsión por eje delantero, tracción delantera *f.*
front view (draw.), vista frontal (o por delante) *f.*
frontage (of building), fachada *f.*
frontal *adj.*, enfrentado, enfrente.
frontal (arch.), timbal *m.*
frontier, frontera *f.*
frost, helada *f.*
white frost, escarcha *f.*
frozen, helado.
fruit, fru a *f.*
fruit-farming, fruticultura *f.*
fruit sugar (chem.), fructosa *f.*
fruit-tree, árbol frutal *m.*
fruit-wall, espaldera *f.*
frustum (geom.), tronco *m.*, parte truncada *f.*
fuel, combustible *m.*
fuel chicane (Diesel eng.), cono de pulverización (del combustible) *m.*
fuel consumption, consumo de combustible *m.*
fuel depot, almacén (o depósito) de combustible *m.*
fuel discharged direct into burners (boil.), la alimentación del combustible se hace directamente hacia los quemadores.
fuel-oil, petróleo combustible *m.*
fuel pump driven by rocking-lever, bomba de combustible actuada por balancín.
fuel saving, economía de combustible *f.*
fuel-shovel, pala de combustible *f.*
atomised fuel, combustible pulverizado.
bituminous fuel, combustible betunoso.
calorific value of fuel, potencia calorífica del combustible *f.*
gaseous fuel, combustible gaseoso.
low-grade fuel, combustible de potencia calorífica débil.
oil fuel, petróleo *m.*
patent fuel, briquetas prensadas, briquetas de conglomerados.
to fuel, aprovisionarse de combustible.
to fuel (case of vehicles), hacer el relleno, rellenar.
fuelling, aprovisionamiento de combustible *m.*
fuelling-station (nav.), apostadero de combustible *m.*
fulcrum (mec.), punto de apoyo, hipomoclio *m.*
full, lleno.
full (vehicle), completo.
full-admission (eng.), admisión plena *f.*
full-load (el., mec.), plena carga *f.*
full-speed running, marcha a plena velocidad *f.*
full steam, a todo vapor.
at full speed, a toda velocidad.
to full (text.), abatanar, batanar.
fullage, batanadura *f.*
fuller's earth, arcilla grasa (o de abatanar) *f.*
fulminate (chem.), fulminato *m.*
fulminate of mercury, fulminato de mercurio *m.*
to fumigate, fumigar.
fumigation, fumigación *f.*
function (mat.), función *f.*
function (duty), ejercicio *m.*, función *f.*
function (of a governor, eng.), efecto del regulador *m.*
to fund the debt, consolidar la deuda.
fundamental, fundamental.
fundamental units, unidades fundamentales *f.pl.*
funds, capital *m.*, fondos *m.pl.*
public funds, erario *m.*, fondos públicos *m.pl.*
sinking fund, fondo de amortización.
funicular polygon (mec.), polígono funicular *m.*
funicular system, sistema funicular *m.*
funnel (for liquids), embudo *m.*
funnel (smoke), chimenea *f.*
hinged funnel (naut., rly.), chimenea caediza.
furlong, medida linear Británica equivalente al estadio o sea 1/8 de milla o 201m160.
furnace, horno *m.*
furnace (boil.), fogón, hogar *m.*
furnace bridge, altar *m.*
furnace door, puerta de fogón *f.*
furnace door (met.), puerta de horno, tapa de horno *f.*
furnace front-plate (boil.), frente de hogar *m.*
alternating-current furnace, horno de corriente alterna.
arc furnace, horno de arco eléctrico.
blast furnace, horno de cuba, alto horno *m.*
electric furnace, horno eléctrico.
enamelling furnace, horno de esmaltar.
gas-fired furnace, horno calentado al gas.
induction furnace, horno de inducción.
jigging furnace (found.), cubilote oscilante (o de volquete) *m.*
lead furnace, horno castellano.
melting furnace, horno de fundir.
puddling furnace, horno de pudelar.
resistance furnace (el.), horno de resistencia eléctrica.
reverberatory furnace, horno de reverbero, horno de tostadillo.
roasting furnace (met.), horno de calcinar.

single-phase furnace, horno monofásico.
smelting furnace, horno de fundir.
tilting furnace, horno inclinable.
furnaceman, cochurero, hornacero *m.*
to furnish (to supply), proveer, suplir.
to furnish (with furniture), amueblar.
furniture, moblaje *m.*, muebles *m.pl.*
furrow, surco *m.*
to furrow, surcar.
fuse (el.), fusible *m.*
fuse-board, tablero de fusibles *m.*
cartridge fuse, fusible de cartucho.
lighting fuse, fusible para alumbrado.
main fuse, fusible principal.
plug fuse, fusible tapón.
power fuse, fusible para fuerza.
safety fuse, fusible de seguridad.
to fuse, derretir, fundir.
to fuse (el.), fundirse, saltar.
fusee-wheel (min.), tambor cónico (de extracción) *m.*
fusel oil, alcohol de patatas *m.*
fuselage (av.), fuselaje *m.*
fusible *adj.*, fundible, fusible.
fusible dross (found.), escoria que nada *f.*
fusible plug (boil.), tapón fusible de alarma *m.*
fusibility, fusibilidad *f.*
fusing *n.*, fusión *f.*, derretimiento *m.*
fusing of a wire (el.), fusión de un cable.
fusing-point (met.), punto de fusión *m.*
fusion, fusión *f.*
fust, fuste *m.*

G

gab (of eccentric, st. eng.), ranura de excéntrica *f.*
gabion (mil.), cestón, gavión *m.*
gable (const.), alero *m.*
gadolinium (chem.), gadolinio *m.*
gaff, garfio *m.*
gage, see gauge.
gain, ganancia *f.*, beneficio, lucro *m.*
to gain, ganar.
galactometer, lactómetro *m.*
gale, temporal, ventarrón *m.*
galena, galena *f.*, sulfuro de plomo *m.*
galenical (chem.), preparación galénica *f.*
galenobismuthite, galenobismutita *f.*
gallery, galería *f.*
gallery (in a house, etc.), corredor, pasillo *m.*
gallery building, construcción de galerías *f.*
gallery of a quarry, vía de cantera *f.*
ascending gallery, galería de subida.
blind gallery, galería cortada.
descending gallery, galería de bajada (o de descenso).
draining gallery, galería de desagüe.
hauling gallery, galería de extracción.
galley (ship's), cocinería *f.*
gallon, galón m. (medida Inglesa de capacidad equivalente a 4 litros 540).
galvanic, galvánico.
galvanic cell, pila galvánica.
to galvanise, galvanizar.
galvanised, galvanizado.
galvanised iron sheet, chapa de hierro galvanizada (o estañada) *f.*
galvanised iron telegraph line wire, alambre galvanizado para línea telegráfica *m.*
galvanising *n.*, galvanización *f.*
galvanising of iron, estañado del hierro *m.*, galvanización del hierro *f.*
galvanising plant, instalación de galvanización *f.*
galvanism, galvanismo *m.*
galvanometer, galvanómetro *m.*
galvanometer constant, constante del galvanómetro *f.*
galvanometer key, llave de contacto del galvanómetro *f.*
galvanometer mirror, reflector de galvanómetro *m.*
galvanometer shunt, derivación del galvanómetro *f.*
galvanometer suspension, suspensor del reflector del galvanómetro *m.*
astatic galvanometer, galvanómetro astático.
ballistic galvanometer, galvanómetro balístico.
dead-beat galvanometer, galvanómetro aperiódico.
mirror galvanometer, galvanómetro de espejuelo reflector.
moving-coil galvanometer, galvanómetro de bobina móvil.
needle galvanometer, galvanómetro de aguja.
recording galvanometer, galvanómetro registrador.
sine galvanometer, brújula de senos *f.*
tangent galvanometer, brújula de tangentes.
galvanoplastic, galvanoplástico.
galvanoplastic bath, baño galvanoplástico *m.*
galvanoplastics, galvanoplastía *f.*
galvanoscope, galvanoscopio *m.*
gamma rays (phys.), rayos gama *m.pl.*
gang (workmen), cuadrilla *f.*
gang-drill, taladradora múltiple (o de varias brocas) *f.*
gang-machined *adj.*, mecanizado en serie.
gang-milling machine, fresadora múltiple (o de varias fresas) *f.*
gang-saw, sierra de hojas múltiples *f.*
gangboard (or gangway) (naut.), pasamano *m.*
gangue (min.), ganga, materia estéril *f.*
gangway (naut.), pasadizo, pasamano *m.*
gangway-bellows (rly.), fuelle de paso *m.*
ganister (gannister) (found.), revestimiento de cubilote *m.*
gantry, caballete, portalón *m.*, portada *f.*
gantry crane: Véase bajo crane.
gap (as in a wall), brecha *f.*
gap (av.), distancia entre planos *f.*, entreplanos *m.*
gap (between rails), juego *m.*
gap (el.), entrehierro *m.*
garage, garaje *m.*, cochera *f.*
garage equipment, accesorios para garaje *m.pl.*
garbage, basuras caseras *f.pl.*
garbage consuming furnace, horno de calcinar basuras *m.*

garden, jardín *m.*
gardening, jardinería, horticultura *f.*
gargoyle (arch.), gárgola *f.*
garnet, granate *m.*
garrison, guarnición *f.*
gas, gas *m.*
gas analysis, análisis de gases *m. & f.*
gas-blower, máquina de soplar a gas, sopladora a gas *f.*
gas-burner, hornillo de gas *m.*
gas cock, grifo de gas *m.*
gas coke, coque de fábrica de gas *m.*
gas container (portable), cilindro de gas, recipiente de gas *m.*
gas cooker, cocina de gas *f.*
gas explosion, explosión de gas *f.*
gas-fired furnace, fogón al gas *m.*
gas-firing, caldeo al gas *m.*
gas generator, gasógeno *m.*
gas-holder, gasómetro *m.*
gas liquor, agua amoniacal *f.*
gas mains, cañería de gas *f.*
gas mantle, manguito incandescente, manchón incandescente (S.A.) *m.*
gas manufacturing plant, aparatos para producción de gas.
gas-mask, mascarilla contra gases asfixiantes *f.*
gas metering, medición del gas *f.*
gas-oil, gasolina *f.*
gas-producer, gasógeno *m.*
gas purifier, lavador de gas *m.*
gas-ring, hornillo de gas *m.*
gas stock, terraja para tubos de gas *f.*
gas-stove, estufa de gas *f.*
gas supply, abastecimiento de gas *m.*
gas-thread, filete (o rosca) de tubo de gas.
gas-tight, estanco al gas.
gas-works, fábrica de gas, usina de gas (S.A.) *f.*
blast-furnace gas, gas perdido de altos hornos.
cianogen gas, cianógeno *m.*
coal gas, gas.
flue gas, gas de escape, gas de la combustión.
fuel gas, gas combustible.
olefiant gas, etileno *m.*
producer gas, gas pobre.
suction gas, gas de gasógeno aspirante.
town's gas, gas de alumbrado.
water gas, gas hidráulico.
gaseous, gaseoso.
gasification, gasificación *f.*
to gasify, gasificar.
gasket, guarnición, junta *f.*
asbestos-lined gasket, guarnición de tela armada a base de amianto.
cardboard gasket, guarnición de cartón.
end gasket, guarnición de extremidad.
red gasket, guarnición de cobre rojo.
soft metal gasket, guarnición metaloplástica.
gasometer, gasómetro *m.*
gate, puerta *f.*, portón *m.*
ebb and flow gate (mar.), compuerta de marcas.
head gate (hyd.), planchón de limpieza *m.*
rolling gate, puerta corrediza.
gauge (indicator), indicador, manómetro, nivel *m.*
gauge (meas.), calibre *m.*, plantilla *f.*
gauge (of rails), ancho de vía *m.*, entrevía, trocha (S.A.) *f.*
gauge-cock (eng.), grifo del indicador *m.*
gauge-glass, tubo del nivel *m.*
gauge pressure (loco.), presión en la caldera *f.*
gauge stuff (const.), estuco *m.*
air gauge, manómetro de aire *m.*
all parts made accurately to gauge, todas las piezas cuidadosamente plantilladas.
Bourdon gauge, manómetro de Bourdon.
caliper gauge, calibre de espesor *m.*
centring gauge, calibre de centrar.
curve gauge (c.e.), horma para curvas *f.*
cylindrical gauge, calibrador *m.*
depth gauge (for tanks, etc.), sonda de agua *f.*
draught gauge (boil.), indicador de tiro *m.*
marking gauge, bramil *m.*
oil-pressure gauge, manómetro de la presión del aceite *m.*
pressure gauge, manómetro *m.*
slide gauge, pie de rey *m.*
railway gauge (between rails), calibre de entrevía, calibre de trocha (S.A.) *m.*
standard gauge, calibre patrón.
all shafts made to standard gauge, todos los ejes van torneados según calibre patrón.
tide gauge, mareógrafo *m.*
to gauge (chem.), dosificar.
to gauge (naut.), aforar, arquear, calar.
to gauge (techn.), calibrar, graduar.
to gauge a ship, arquear un buque.
to gauge thickness, calibrar el espesor.
vacuum gauge, vacuómetro *m.*
wire gauge, calibrador de alambres *m.*
gauged to, calibrado, comprobado, verificado, contrastado.
gauging apparatus, aparejo de calibrar (o de comprobar) *m.*
gauze, gasa *f.*
gear (system), aparato *m.*, transmisión *f.*
gear (toothed wheel), engranaje *m.*, rueda dentada *f.*
gear-box : same as gearbox, q.v.
gear-case, caja de engranajes *f.*
gear-changing (aut.), cambio de velocidad *m.*
gear-changing lever (aut.), palanca de cambio de velocidades *f.*
gear-cutting, tallado de engranajes *m.*
gear-cutting machine, máquina de tallar engranajes *f.*
gear-grinder, fresadora de engranajes *f.*
gear-hobbing machine, máquina de tallar engranajes helicoidales *f.*
gear ratio, relación de engrane *f.*
bevel gear, engranaje cónico.
change-over gear, engranaje inversor.
control gear (aut., av.), aparato de dirección *m.*, conducción *f.*
differential gear, diferencial *m.*
double-helical gear, engranaje doble helicoidal.
epicyclic gear, engranaje epicicloidal.
friction gear, transmisión friccional.
helical gear engranaje helicoidal.
herringbone gear, engranaje doble helicoide.
moulded gear, engranaje moldeado.
paper gear, engranaje de papel comprimido, engranaje silencioso.
planetary gear, engranaje satélite.
rack and pinion gear, engranaje y cremallera.
raising and lowering gear, aparato de alzar y bajar.
reduction gear, engranaje reductor, cambio de velocidad por engranaje *m.*
speed-change gear, engranaje de cambio de velocidad.
spiral-bevel gear, engranaje helicoidal cónico.
spur gear, engranaje recto.
to gear, engranar.
to gear into, engranarse, engranar con.

to gear into a rack, engranar con (o en) cremallera.
training gear (art.), visual de apuntar *f.*
worm gear, engranaje helicoidal sin fin, tornillo sin fin.
gearbox, caja de velocidades *f.*
sliding-mesh gearbox, caja de velocidades de toma deslizante.
geared *adj.*, de engranaje, engranado.
geared down (i.e.: fitted with reducing gear), descelerado, desmultiplicado.
geared to, engranado a (o con), acoplado a.
geared to a Diesel engine, engranado a un motor Diesel.
geared up (i.e.: fitted with increasing gear), acelerado, multiplicado.
gearing, engranado *m.*, engranajes *m.pl.*
gearing (ap.), aparato *m.*, disposición *f.*, dispositivo *m.*
gelatine, gelatina *f.*
gem, piedra preciosa, gema *f.*
gem-cutting, talla de piedras preciosas *f.*
general average (naut.), averías comunes *f.pl.*
to generate, generar, producir.
to generate electricity, producir electricidad.
to generate gear teeth, tallar (o cortar) dientes de engranaje.
generated under pressure, producido bajo presión.
generated units (el.), energía producida *f.*
generating (air, st., etc.), generador, generativo, productor (fem. is generatriz and productriz).
generating (el.), electrógeno, generador, productor.
generating-gear cutter, fresadora de engranajes *f.*
generating set (el.), grupo electrógeno *m.*
generating station, central de fuerza *f.*
generator (el.), generador *m.*, generatriz *f.*
Note.—For electric D.C. generators, see under dynamo.
generator (steam), caldera *f.*
alternating-current generator, alternador *m.*
gas generator, gasógeno, productor de gas *m.*
induction generator (el.), generatriz asincrónica *f.*
multiphase generator, alternador polifásico.
single-phase generator, alternador monofásico.
three-phase generator, alternador trifásico.
two-phase generator, alternador bifásico.
water-wheel type generator, generatriz para turbina hidráulica.
genesis, génesis, origen.
genuine, genuino, fidedigno, verdadero.
geocentric, geocéntrico.
geodesy, geodesia *f.*
geodetic (geodetical), geodésico.
geodynamics, dinámica del globo *f.*
geognosy, geognosia *f.*
geographer, geógrafo *m.*
geography, geografía *f.*
geologer, geólogo *m.*
geological, geológico.
geological ages, épocas geológicas *f.pl.*
geological survey, estudio geológico *m.*, inspección geológica *f.*
geologist, geólogo *m.*
geology, geología *f.*
geometer, geómetra *m.*
geometric (geometrical), geometral, geométrico.
geometric mean, promedio geométrico *m.*
geometrical progression, progresión geométrica *f.*
geometry, geometría *f.*
analytical geometry, geometría analítica.
geophysics, física del globo *f.*
germs, microbios *m.pl.*

S.T.D.

to get, adquirir, conseguir, obtener.
to get by heart (ed.), aprender de memoria.
to get (to become) rusty, enmohecerse.
to get to (to arrive), llegar.
to get out of order (ap., mach., etc.), desarreglarse, descomponerse.
not liable to get out of order, imposible de desarreglarse.
to get up steam, dar presión.
gib (of crane), aguilón, pescante *m.*, pluma, volada *f.*
gib (techn.), contrachabeta *f.*
gib and cotter, chabeta y contrachabeta.
Gilbert, Gilbertio *m.* (unidad de campo magnético).
to gild, dorar.
gilder, dorador *m.*
gill (reinforcement), costilla, nervadura *f.*, nervio *m.*
gill (meas.), medida Inglesa de capacidad sin equivalente en Castellano, vale 1 decílitro 42.
gilled *adj.*, reforzado con nervaduras.
gilt-brass, cobre dorado *m.*
gimbal-mounted, suspendido a la Cardán.
gimlet, barrenita *f.*
gin-fall, soga de cabría *f.*
gin pulley block, motón de poleas, poleame *m.*
gin tackle, poleame *m.*
to gin cotton, desmotar (o desgranar) algodón.
ginning (cotton), desmotadura *f.*
girder, viga, trabe *f.*
girder design (c.e.), cálculo de la viguería *m.*
girder-notching machine, entalladora de vigas *f.*
girder-rail, riel de doble bordón *m.*
box girder, viga cuadrangular, vigas gemelas.
bridge girder, viga de puente.
built girder, viga compuesta.
cantilever girder, viga salediza (o cantilever).
compound girder, viga ensamblada.
concrete girder, viga de hormigón.
continuous girder, viga unida.
fish-belly girder, viga parabólica.
floor girder, carrera, trabe *f.*, larguero de piso *m.*
lattice girder, viga de celosía.
main girder, viga maestra.
plate girder, viga de alma maciza.
Pratt girder, viga de enes (N) (o del sistema Pratt).
reinforced concrete girder, viga de hormigón armado.
trussed girder, viga armada.
stiffened girder, viga reforzada.
girderage, viguería *f.*
to give a signal, señalar, hacer señal, avisar.
to give notice (to dismiss), despedir.
to give notice (to notify), avisar, notificar.
to give off (to emit), despedir, emitir, ceder.
to give off heat, despedir (o ceder) calor.
to give way, ceder, romperse.
glacial, glacial, helado.
glacial alluvium, aluvión glacial *m.*
glacial striæ, estría glacial *f.*
glacier, ventisquero *m.*
gland (eng.), prensaestopas *m.*
water gland, prensaestopas hidráulico.
glare (opt.), deslumbramiento *m.*
glass, vidrio *m.*
glass bell (chem.), campana de vidrio *f.*
glass-cutter, cortavidrio *m.*
glass insulation, aislamiento de vidrio *m.*
glass-plate, placa de vidrio *f.*
glass powder, vidrio en polvo *m.*
glass rod (laboratory stirrer), varilla de revolver *f.*
glass shade, pantalla de vidrio *f.*
glass tubing, tubería de vidrio *f*
glass wool, hilacha de vidrio, lana de vidrio *f.*

H

clear glass, vidrio transluciente.
flint glass, cristal de roca *m.*
looking glass, espejo *m.*
optical glass, cristal para instrumentos de óptica *m.*
safety glass, vidrio inastillable.
silica glass, vidrio silicioso.
spun glass, lana de vidrio *f.*
stained glass (for decorations), vidrio catedral, vidrio pintado.
glassblowing, vidriería *f.*
glassware, cristalería *f.*
Glauber salts, sulfato de soda *m.*
to glaze, vidriar.
glazed, vidriado.
glazed roof, vidriera *f.*
glazier, vidriero *m.*
glazier's lead opener, tingle *m.*
gleaner (ag.), espigadora *f.*
to glide (av.), planear.
glider, planeador *m.*
gliding *n.*, planeo *m.*
globe, globo *m.*
globular, globuloso.
globule, glóbulo *m.*
glonoin (chem.), nitroglicerina *f.*
gloss, lustre *m.*
glossy *adj.*, brillante, lustroso, raso.
to glow, brillar.
glucin, glucina *f.*
glucinium, glucinio *m.*
glucose, glucosa *f.*
glue, cola *f.*
glue pot, cacerola para cola *f.*
to glue, encolar.
glut (of goods), superabundancia *f.*
glutinous, glutinoso, pegajoso.
glycerin, glicerina *f.*
glycerin refinery, refinería de glicerina *f.*
glycerin tristearate, estearina *f.*
glycerophosphate, glicerofosfato *m.*
glycin, glucina *f.*
glycose, glucosa *f.*
gneiss (min.), gneis, granito veteado *m.*
amphibolic gneiss, gneis anfibólico.
to go, andar, ir, partir.
to go aboard, embarcarse.
to go abroad, partir al extranjero.
goaf (min.), trabajos abandonados *m.pl.*
gold, oro *m.*
gold assay, ensayo del oro *m.*
gold beating, batidura de oro *f.*
gold coin, moneda de oro *f.*
gold cyanide, cianuro de oro *m.*
gold-digger, extractor de oro *m.*
gold-free *adj.*, sin oro, inaurífero.
gold lacquer, sisa dorada *f.*
gold-mining, explotación de mina de oro *f.*
gold-mining industry, industria aurífera *f.*
gold-mining plant, material para minas de oro *m.*
gold occurrence, presencia del oro *f.*
gold placer, plácer aurífero *m.*
gold-plating, dorado *m.*, doradura *f.*
gold-quartz, cuarzo aurífero *m.*
gold sands, arena aurífera *f.*
gold-silver button (assaying), pallón *m.*
gold standard, patrón oro *m.*
gold washer, lavadero de oro *m.*
fine gold, oro coronario (u obrizo).
float gold, oro de espuma, oro niño (S.A.).
standard gold, oro de ley.
goldsmith, orfebre *m.*
golf links, campo de golf *f.*
gondola, góndola *f.*
goniometer, goniómetro *m.*
Gooch's valve-motion, distribución sistema Gooch *f.*
good earth (el.), buena puesta a tierra.
good prospects, expectativa propicia *f.*
goods, mercancías, mercaderías *f.pl.*
goods (as goods to be carried), carga *f.*
goods conveyance, acarreo (o transporte) de mercancías *m.*
goods department (rly.), departamento (o sección) de cargas.
goods-station (rly.), estación de carga *f.*
goods-yard (rly.), playa de mercancías *f.*
goose-neck, cuello de cisne *m.*
gooseberry (bot.), grosella *f.*
gooseberry-stone (geol.), grosularita *f.*
gorge (geog.), desfiladero *m.*, garganta *f.*
gouge, argallera, gubia *f.*
fluting gouge, gubia de estriar, estriadora *f.*
spoon gouge, argallera de ahuecar.
to govern, gobernar, mandar, regir.
to govern (eng., mec.), regular.
governing (eng., mec.), control, mando m., regulación *f.*
governing by throttling, regulación por estrangulación *f.*
hit and miss governing, regulación de sí y no.
quality governing (i.e. : by changing the quality of mixture), regulación por la riqueza.
throttle governing, same as governing by throttling.
government, gobierno *m.*
governmental, gubernamental.
Governor (pol.), Gobernador *m.*
Governor of the San Luis Province, el Gobernador de la provincia de San Luis.
governor (eng.), regulador *m.*
governor ball (eng.), bola del regulador *f.*
governor deflection (eng.), apartamiento de las bolas *m.*
governor hunting, penduleo *m.*
governor link, varilla del regulador *f.*
governor of a steam engine, regulador de un motor de vapor.
governor sleeve, manguito de acción (del regulador) *m.*
governor sensitiveness, sensibilidad del regulador *f.*
governor spindle, eje del regulador *m.*
centrifugal governor, regulador centrífugo.
centre-weight governor, regulador de peso central.
crossed links governor, regulador de varillas cruzadas.
spring-loaded vertical governor, regulador vertical de resorte.
the governor maintains uniform speed, el regulador asegura velocidad constante.
grab (of crane), cuchara de grifos *f.*
grabbing-hoist (c.e.), grúa de desmontar, grúa de mandíbulas *f.*
grade, grado *m.*
grade (step), grada *f.*
graded *adj.*, clasificado, graduado, seleccionado.
gradient (c.e., rly.), cuesta, declividad, pendiente, rampa *f.*, declive *m.*
gradient in per cent., porcentaje de declive (o declividad).
falling gradient, declive *m.*, rampa *f.*
rising gradient, pendiente *f.*
gradual, gradual, por grados.
gradual acceleration, aceleración por grados *f.*

gradually, gradualmente, de grado en grado.
to graduate, graduar.
to graduate (ed.), recibirse, diplomarse.
to graduate as an Engineer, recibirse de Ingeniero.
to graft, injertar.
grain (ag.), fruto, grano *m.*
grain (corn), cereales *m.pl.*
grain (of wood), fibra *f.*
grain-elevator, elevador de cereales *m.*
gram (meas. 15·432 English grains), gramo *m.*
gramophone, fonógrafo *m.*
gramophone pick-up, amplificador fonográfico *m.*
granary, granario *m.*
granite, granito *m.*
grant, subvención *f.*
to granulate, granular.
granulated, granular, granuloso.
grape, uva *f.*
graph (diagram), diagrama, gráfico *m.*
graphic *n.*, diagrama *m.*
graphic determination of stress (c.e.), cálculo diagramático de los esfuerzos *m.*
graphical statics, estática gráfica *f.*
graphite, grafito *m.*
graphite mine, mina de grafito *f.*
graphited, cubierto de grafito.
to graphitise, grafitar.
graphometer, grafómetro *m.*
grapnel (naut.), cloque *m.*
to grapple a submarine cable, pescar un cable submarino.
grass, césped *m.*, hierba *f.*
grass-land, campo de pastoreo *m.*
grass seed, semilla de césped (o de pasto) *f.*
grass-watering, riego del césped *m.*
grassy, herboso.
grate (of furnace), emparrillado *m.*, parrilla *f.*
grate area (boil.), superficie de la parrilla *f.*
grate-bar, barra de parrilla *f.*
revolving grate, parrilla giratoria.
slope grate, emparrillado inclinado (o al sesgo).
gratuity, propina *f.*
gravel, grava *f.*, guijo *m.*
gravel pit, cascajal, cascajar *m.*
gravimeter, densímetro *m.*
gravity, gravedad, pesantez *f.*
gravity casting (found.), moldeo de propio peso *m.*
gravity-fault (min.), falla normal (o regular) *f.*
gravity-fed (mec.), alimentado por efecto del peso.
gravity-incline (or road), plano inclinado motor *m.*
grayish, pardusco.
grease, grasa *f.*
grease cup (mach.), vaso de engrase *m.*
to grease, engrasar.
greasing *n.*, engrase *m.*
great, gran, grande.
Great Britain, Gran Bretaña *f.*
greater than, mayor que.
greater than expected, mayor que lo previsto.
greater weight (or cost) than expected, peso (o gasto) mayor que lo previsto.
green coal (on top of a lighted one), carbón nuevo *m.*
greenhouse, invernáculo *m.*
greenish *adj.*, verdoso, verdusco.
greensand (geol.), arena verdusca *f.*
greenstone (geol.), roca verde eruptiva *f.*
grid, rejilla *f.*
grid (wir.), rejilla *f.*
grid-bias (wir.), voltaje de alimentación de la rejilla *m.*
grid-system (el.), red de distribución de alta tensión *f.*
grid-voltage, tensión de rejilla *f.*
gridiron (shpbdg.), andamiada de carenaje *f.*
gridleak (wir.), resistencia de la rejilla *f.*
grillage (c.e.), enrejado *m.*
to grind (to reduce to powder), moler, triturar.
to grind (to sharpen), afilar, amolar.
to grind (final operation, techn.), rectificar.
to grind (very fine), aciberar.
to grind ore, triturar mineral.
to grind cutters (mach.), afilar (o amolar) cuchillas.
grinder (mach.), rectificadora *f.*
centreless grinder, rectificadora para trabajos en línea recta.
cylinder grinder, rectificadora para cilindros.
floor grinder, alisadora para pisos *f.*
portable precision grinder, rectificadora portátil de precisión.
surface grinder, rectificadora planeadora.
tool grinder, rectificadora de herramientas.
tool and cutter grinder, rectificadora para herramientas cortantes.
grinding *n.*, amolado, rectificación.
grinding allowance, tolerancia de amolado (o de rectificación) *f.*
dry grinding, amolado en seco.
for grinding aluminium a soft or medium soft wheel should be used at speeds up to 10,000 feet per minute, para amolar aluminio, es preciso usar muela blanda o semiblanda con velocidades que llegan a 3.050 m. por minuto.
wet grinding, amolado bajo (o en) agua, amolado húmedo.
grinding-machine, amoladora, rectificadora *f.*
double-ended grinding-machine, rectificadora de dos cabezales.
internal grinding-machine, rectificadora de interior.
piston-ring grinding-machine, rectificadora de segmentos.
surface grinding-machine, amoladora de planear.
tool grinding-machine, afiladora de herramientas.
twist-drill grinding-machine, afiladora de brocas salomónicas.
grinding-wheel, muela, piedra de amolar *f.*
grindstone, muela *f.*
grizzly (min.), cribcr *m.*
groin (arch.), arista *f.*
groove, garganta, muesca, ranura *f.*
to groove, ranurar, acanalar.
grooved, acanalado, ranurado.
grooved drum, tambor acanalado *m.*
grooved sheave, roldana *f.*
grooving and tonguing (carp.), machihembrado *m.*
grooving machine, ranuradora *f.*
gross (meas.), gruesa *f.*
gross (raw), bruto, basto, virgen.
gross measure, medida a simple vista *f.*
gross tonnage, tonelaje bruto *m.*
gross weight, peso bruto *m.*
by the gross, a la gruesa.
ground *adj.*, amolado, molido.
ground *n.*, suelo, terreno *m.*, tierra *f.*
ground (of sea), fondo *m.*
ground excavation, excavación del terreno *f.*
ground-glass, vidrio opaco *m.*
ground line, línea de base *f.*
ground to gauge, rectificado según plantilla.
building ground, solar *m.*
hollow ground (blades), vaciado con muela.

made ground (c.e.), terreno rellenado *m.*
sloping ground, terreno empinado *m.*
to ground (el.), poner a tierra.
to ground (naut.), varar.
group, grupo *m.*
to group, agrupar.
to grout, unir con mortero.
grouting (mas.), relleno *m.*
to grow, crecer.
to grow (ag.), cultivar.
to grow rusty, enmohecerse.
to grow wheat, cultivar trigo.
grower, cultivador *m.*
growth, crecimiento *m.*, vegetación *f.*
to grub (ag.), desbrozar.
grubbing, desbrozo *m.*
guarantee, garantía *f.*
guarantee (com.), aval *m.*, fianza *f.*
to guarantee, garantizar, asegurar.
guaranteed, garantizado.
guaranteed for one year, con garantía de un año.
guaranteed output (mach.), capacidad garantizada *m.*
guaranteed performance (mach.), funcionamiento garantizado *m.*
guard (protecting), guardia *f.*, protector *m.*
guard (rly.), guarda *m.*
guard-plate, chapa protectora *f.*
guard-rail (rly.), contracarril *m.*
gudgeon, gorrón, muñon, turrión *m.*
gudgeon pin (aut., eng.), perno de émbolo *m.*
guide, guía *m.*
guide (mach.), deslizadera *f.*
guide bar, barra de guía *f.*
guide blade (turb.), paleta directriz *f.*
guide-bolt, perno de guía *m.*
guide bush, casquillo de guía *m.*
guide-post, hito *m.*
guide-pulley, polea de guía *f.*
guide rail, contracarril *m.*
guide-rod (rly.), barra de tracción guiada *f.*
guide-screw (mach.), árbol fileteado *m.*
guide vane (turb.), álabe director *m.*, paleta fija (o directriz) *f.*
belt guide, conductor de correa *m.*
to guide, dirigir, guiar.
guild, gremio *m.*
guillotine, guillotina *f.*, tijeras paralelas *f.pl.*
gulf, golfo *m.*
gully (const.), cloaca *f.*, sumidero *m.*
gum, goma *f.*
gum arabic, goma arábiga.
gum benzoin, benjuí *m.*
to gum, engomar.

gun (art.), cañón *m.*
gun (rifle), escopeta *f.*, fusil *m.*
gun-barrel, cañón de escopeta *m.*
gun-boat, cañonera *f.*, cañonero *m.*
gun-carriage, cureña *f.*
gun clip (rifle), portafusil *m.*
gun-cotton, piroxilina, pólvora de algodón *f.*
gunfire, cañoneo *m.*
gun foundry, fundición de cañones *f.*
gun-mounting (nav.), zócalo de cañón *m.*
gun-port (nav.), tronera *f.*
gun-rifling machine, máquina de rayar tubos de armas *f.*
gun-room (nav.), santabárbara *f.*
gun-shot, cañonazo *m.*
anti-aircraft gun, cañón antiaéreo.
breech-loading gun, cañón de carga por la culata.
double-barrelled gun, escopeta de dos tiros.
naval gun, cañón de marina.
quick-firing gun, cañón de tiro rápido.
rifled gun, cañón rayado.
smooth-bore gun, cañón de alma lisa.
sporting gun (rifle), escopeta de caza.
superfiring guns (nav.), cañones superpuestos *m.pl.*
gunmetal, bronce de cañón *m.*
gunner, artillero *m.*
gunpowder, pólvora *f.*
gunsmith, armero *m.*
gunwale (or gunnel), regala *f.*
to gush, brotar, borbotar, manar violentamente, surgir.
gushing well, pozo surgente *m.*
gusset (c.e., mec.), esquinal *m.*
gusset-stay (boil., const.), esquinal de refuerzo.
gusseted stool (const.), ménsula de cantonera *f.*
gust of wind, ventarrón *m.*
gutta-percha, gutapercha *f.*
gutter, canalón *m.*, gotera *f.*
guy (av., naut.), viento *m.*
guy (to tie with), cable de retén, viento *m.*
gymnasium, gimnasio *m.*
gypseous, yesoso.
gypsum, yeso *m.*
crude gypsum, yeso virgen, alfor *m.*
gyro centre, centro de gravedad del giroscopio *m.*
gyro-pilot (av.), navegador giroscópico *m.*
gyrometer, girómetro *m.*
gyroscope, giroscopio *m.*
gyroscope-torpedo, torpedo giroscópico *m.*
gyroscopic, giroscópico.
gyroscopic roll and pitch meter, indicador giroscópico de balanceo y de arfado *m.*

H

H-iron, hierro doble T *m.*
H-pole (transmission), postes gemelados *m.pl.*
hack saw blade, hoja para sierra oscilante *f.*
hack-watch, cronómetro contador *m.*
to hack, hachar, tajar.
haft, agarradera, asa *f.*, mango *m.*
hail, granizo *m.*
to hail, granizar.

hair, pelo *m.*
half, mitad *f.*
half-compression, media compresión *f.*
half-elliptical (arch.), apainelado.
half-finished product, semiproducto *m.*
half-full, a medio llenar.
half-mast *adj.*, a media asta.
half-moon, semilunio *m.*

half-round *adj.*, semi redondo, media luna.
half-round iron, perfil semi redondo *m.*
half-tide, media marea *f.*
half-yearly, semestral.
halfway, equidistante.
hall, vestíbulo *m.*
halogen (or halogenous), halógeno.
haloid, haloideo.
haloid salt, sal haloidea *f.*
halt (rly.), apeadero *m.*, parada *f.*
hame, horcate *m.*
hammer, martillo *m.*
hammer blow, martillazo *m.*
hammer face, cara de martillo *f.*
hammer head, cabeza de martillo *f.*
hammer riveting, remachado con martillo *m.*
hammer shaft, mango de martillo *m.*
ballast hammer, maza de quebrantar balasto *f.*
bell hammer (of electric bell), percusor, martillito percusor *m.*
caulking hammer, martillo para calafateo.
chasing hammer (met.), martillo para embutir.
chipping hammer, martillo de cincelar.
claw hammer, escoda *f.*
drop hammer, martinete *m.*
hydraulic hammer, martinete hidráulico.
pneumatic hammer, martillo neumático.
power hammer, martillo mecánico caedizo *m.*
sledge hammer (met.), acotillo *m.*
snap hammer (met.), estampa *f.*
steam-driven hammer, martinete a vapor.
to hammer, martillar, batir.
to hammer out, extender con martillo.
to hammer rough, desbastar con martillo.
wooden hammer, maza *f.*
hammered (met.), batido.
hammered metal, metal batido *m.*
hammerless (firearms) *adj.*, de gatillo interior.
hammock, hamaca *f.*
hammock (seaman's), coy *m.*
hamper, cuévano *m.*
hand, mano *f.*
hand (naut.), marinero *m.*
hand (workman), brazo, obrero, hombre *m.*
hand-barrow (for materials), angarillas *f.pl.*
hand-barrow (for wounded), camilla *f.*
hand-bell, campanilla de mano *f.*
hand brace (tool), berbiquí de mano *m.*
hand-control, mando a mano *m.*
hand-drill (min.), perforadora a brazo *f.*
hand-driven *adj.*, a mano.
hand-feed (mach.), avance a mano *m.*
hand-lead (naut.), sonda *f.*
hand-lever, manija *f.*
hand-made, hecho a mano.
hand moulding, moldado a mano.
hand-riveting, remachado a mano.
hand scales, romana de brazo *f.*
hand-sorting (min.), seleccionado manual *m.*
hand span, palmo *m.*
hand-starting, arranque a mano *m.*
hand-stoking (boil.), carga a mano *f.*
hand-vice, entenallas *f.pl.*
hand-wheel, volante de mano *m.*
no hands wanted !, no hay trabajo, no hay colocación, no se necesitan obreros.
the hands (naut.), la tripulación *f.*
left hand, mano izquierda.
right hand, mano derecha.
works employing 600 hands, talleres que dan trabajo a 600 hombres.
handbook, prontuario, formulario *m.*
handle (mach.), manija, palanca *f.*
handle (of door), botón, pomo *m.*
handle (of tool), asa *f.*, mango *m.*
handle-bar (cycle), guía *f.*, manillar, manubrio (S.A.) *m.*
crank handle, manivela *f.*
to handle, manejar, practicar, tratar.
to handle (goods), manipular, tratar.
to handle (naut.), maniobrar.
handling, manipulación *f.*, transporte, tratamiento *m.*
handling plant, instalación de transporte *f.*
handrail (arch.), barandilla *m.*, pasamanos *m.*
handspike, espeque *m.*, palanca *f.*
handy, conveniente.
handy (near), a mano.
hanger (in general), colgador *m.*, suspensión *f.*
hanger (of brake, rly.), brazo suspensor *m.*
hanger (of valve motion, loco.), suspensor *m.*
hanging *adj.*, colgante, suspendido.
hanging-steps (const.), escalera apainelada *f.*
hanging wall (min.), cubierta de filón *f.*
hank (text), madeja *f.*
harbour, puerto *m.*
harbour works, obras portuarias *f.pl.*
hard, duro.
hard-drawn (met.), estirado sólido.
hard-drawn tube, tubo estirado sólido *m.*
to harden, endurecer, endurecerse.
hardening, endurecimiento *m.*
hardness, dureza *f.*
hardness measuring, medida de la dureza *f.*
hardness number (met.), coeficiente de dureza (o de Brinell).
hardness of material, dureza del material.
hardness of water, dureza del agua.
hardness testing (met.), prueba de la dureza *f.*
hardness testing machine, máquina de probar la dureza *f.*
hardware, quincalla *f.*
hardware merchant, quincallero *m.*
harm, daño *m.*
harmful, dañoso, nocivo.
harmless, innocuo.
harmonic (mat., phys.), armónica *f.*
harmonic amplitude (phys.), amplitud de la armónica *f.*
harmonic motion (mec.), movimiento oscilatorio simple *m.*
harness, arnés *m.*
harness-maker, talabartero *m.*
to harness (horse), enjaezar, ensillar.
to harness the waters of a river, represar las aguas de un río.
harvest, cosecha *f.*
hatch (mar.), cuartel *m.*
hatchway, escotilla *f.*
to haul (naut.), halar.
to haul (to pull), arrastrar, tirar.
to haul the train out of the station, sacar el tren de la estación.
to haul the wind (naut.), ceñir el viento.
to haul up a slight grade (rly.), arrastrar en pendiente leve.
haulage, acarreo, arrastre *m.*, tracción *f.*, transporte *m.*
haulage contractor, empresa de acarreo *f.*, acarreador *m.*
haulage level (min.), piso del arrastre *m.*
haulage-plant, instalación de arrastre (o de tracción) *f.*
main haulage (min.), arrastre de extracción.
tail haulage (min.), arrastre de vuelta.

hauling (naut.), remolcaje *m.*
hauling (tr.), acarreo, arrastre *m.*, tracción *f.*
hauling-engine, locomóvil *f.*, tractor mecánico *m.*
to have steam up, estar bajo presión.
to have the train under full control, poseer bien el mando del tren.
haven, abra *f.*
havoc, estrago *m.*
hawse-hole, escobén *m.*
hawser, guindaleza *f.*
hawthorn (bot.), espino *m.*, oxiacanta *f.*
hay, heno *m.*
hay-cutter, segadora de heno *f.*
haze, bruma *f.*
hazel (bot.), avellano *m.*
head, cabeza *f.*
head (hyd.), altura de caída, altura piezométrica *f.*, desnivel, potencial hidráulico *m.*
head (mach.), cabezal *m.*
head (of firm or department), Jefe *m.*
head (of pump), altura de aspiración *f.*
head (of river), fuente *f.*, manantial *m.*
head-clerk (com.), Jefe de oficina *m.*
head-gear (min.), máquina de superficie *f.*
head-office, casa matriz, oficina principal *f.*
head-race (hyd.), caz *m.*
head-stock (mach.), cabezal *m.*
head-stock (min.), caballete de extracción *m.*
head-water (hyd.), canal de llegada *m.*
head-way (mar.), estela *f.*
head-work (min.), motor externo *m.*
header (mas.), perpiaño *m.*
header (of tubes, boil.), colector de tubos *m.*
heading (tunnel driving), galería de avanzada, galería preliminar *f.*
headlamp (aut., rly.), farol delantero *m.*
headland (geog.), cabo *m.*
headphone, auricular de casco *m.*
headquarters (com.), administración *f.*
headquarters (mil.), cuartel general *m.*
headstock (mach.), cabezal *m.*
heald (text. mach.), lizo *m.*
health, salud, sanidad *f.*
health (of a place), higiene, sanidad *f.*
health conditions, salubridad *f.*
health-officer, oficial de sanidad *m.*
healthy, saludable, sano.
healthy climate, clima sano *m.*
heap, montón *m.*
to hear, oír.
hearth, hogar *m.*
heat, calor *m.*
heat absorption, absorción de calor *f.*
heat accumulator, depósito térmico *m.*
heat conduction, conducción térmica *f.*, transporte térmico *m.*
heat-conductor *adj.*, conductor del calor.
heat consumption, gasto de calor *m.*
heat exchange, intercambio térmico *m.*
heat generation in braking, producción de calor al frenar.
heat given off, calor desprendido (o despedido) *m.*
heat-insulator, aislador del calor.
heat loss, pérdida de calor *f.*
heat of combustion (chem.), calor de combinación *m.*
heat of combustion (phys.), calor despedido por la combustión.
heat of gases, calor de los gases *m.*
heat regulation, regulación del calor *f.*
heat test (el., eng.), medición del calor despedido *f.*
heat transfer, transporte térmico *m.*
heat-treatment (met.), procedimiento térmico *m.*
heat value of fuel, potencia calorífica del combustible *f.*
heat wave, ola de calor *f.*
latent heat, calor latente.
melting heat, calor de fusión.
radiant heat, calor de radiación.
specific heat, calor específico.
to heat, calentar.
useful heat, calor aprovechable.
heater, calentador, calorífero *m.*
bath heater, calientabaños *m.*
electric heater, calorífero eléctrico *m.*, estufa eléctrica *f.*
feed-water heater (boil.), precalentador del agua de alimentación *m.*
gas heater, calentador a gas *m.*
water heater (domestic), calentador de agua *m.*
heating *n.*, calda *f.*, caldeo *m.*, calefacción *f.*
heating (undue or accidental), calentamiento *m.*
heating (wir.), caldeo *m.*
heating and ventilating plant, material de calefacción y ventilación *m.*
heating apparatus, calentador *m.*
heating-battery (wir), batería de caldeo *f.*
heating circuit (wir.), circuito de caldeo *m.*
heating of the bearings, calentamiento de los cojinetes.
heating surface (boil.), superficie de caldeo *f.*
heating surface of 260 sq. ft., superficie de caldeo de $24m^2$, 180.
heating value (of fuel), potencia calorífica *f.*
steam heating, calefacción al vapor *f.*
to heave (min.), desviarse, dislocarse (los filones).
to heave the log (naut.), echar la corredera.
heaved-lode, filón desviado (o dislocado) *m.*
heavy, pesado.
heavy ballast (naut.), enjunque *m.*
heavy current (el.), corriente intensa *f.*
heavy-duty *adj.*, grueso, fuerte, robusto.
heavy gradient (c.e.), cuesta empinada *f.*
heavy ordnance, artillería pesada *f.*
heavy repairs, reparaciones importantes *f.pl.*
heavy torque at starting, par de arranque intenso *m.*
hectare (meas. of surface), hectárea *f.* (o 10.000 metros cuadrados o sea 2 acres 47).
hectogram (100 grams), hectógramo *m.*
hectowatt, hectovatio *m.*
to heel over, ladearse.
heifer (zool.), vaquilla, vaquillona *f.*
height, altura, elevación *f.*
height (surv.), cota *f.*
height above datum (surv.), cota *f.*
height above sea level, elevación sobre el nivel del mar.
height-barometer, barómetro altimétrico *m.*
height of a point on a plan (surv.), cota de un punto topográfico.
height of centres (mach.), altura de puntas.
height of fall (hyd.), altura del salto *f.*, salto *m.*
height of suspension, altura de suspensión *f.*
height-recorder, altímetro *m.*
to heighten, elevar, realzar.
heir, heredero *m.*
helical, helicoidal, hélico.
helical spring, resorte (o muelle) hélico *m.*
helicopter, helicóptero *m.*
heliograph, heliógrafo *m.*
helioscope, helioscopio *m.*
helium, helio *m.*

helix, hélice *f.*
helm (naut.), timón *m.*
helmet, casco *m.*
help, ayuda *f.*
to help, ayudar.
helve (or helver), astil, mango *m.*
hematite, hematites *f.*
hemisphere, hemisferio *m.*
hemispheric, hemisférico, semiesférico.
hemp, cáñamo *m.*
hen-coop, gallinero *m.*
henry (el.), henrio *m.*
herd, rebaño *m.*
here *adv.*, aquí.
hermetical, hermético.
hermetically, herméticamente.
herring-bone (gears), doble helicoidal.
heterodyne, heterodina *f.*
to heterodyne, heterodinar, heterodinizar.
heterogeneous, heterogéneo.
to hew, debastar.
hexagon, hexágono *m.*
hexagonal turret (mach.), revólver hexagonal *m.*
H.F., abreviación de high-frequency.
hickory, nogal *m.*
hide, cuero *m.*, piel *f.*
high, alto, elevado.
high-explosive, explosivo violento *m.*
high-frequency (el.), alta frecuencia, frecuencia elevada.
high-grade (or graded) *adj.*, de alta calidad, excelente.
high-level (c.e., rly.), superelevado.
high-powered *adj.*, de gran potencia.
high-pressure supply (el.), distribución a alta tensión.
high-speed, gran velocidad *f.*
high-speed *adj.*, de gran velocidad.
high-speed turbine, turbina de gran velocidad *f.*
high-sterned (naut.), alto de popa.
high-tension (el.), alta tensión, tensión elevada *f.*
high-tension ignition, encendimiento por alta tensión *m.*
high-tension line, línea de transmisión de alta tensión *f.*
high-voltage *adj.*, de alta tensión.
high-voltage *n.*, alta tensión *f.*
high-water (mar.), pleamar *f.*
high-water (on a river), avenida *f.*
a high building, un edificio elevado.
the pylon is 200 ft. high, la torre tiene 61 m de altura.
higher, más alto, superior.
higher (sound), atiplado.
higher harmonic (mat., phys.), harmónica de orden (o grado) superior *f.*
highland, comarca elevada *f.*
highway, camino real *m.*
hill, colina *f.*
rocky hill, cerro *m.*
hillock, montecillo *m.*
hilly *adj.*, accidentado, montañoso, montuoso.
hilly country, región accidentada *f.*
hinge, articulación, charnela *f.*
hinge (door), gozne *m.*
hinged, articulado, charnelado, de gozne.
hints on care of tools, consejos acerca del cuidado de las herramientas *m.pl.*
to hire, alquilar.
history, historia *f.*
to hit, golpear, pegar.
hit-and-miss system (eng.), sistema de sí y no *m.*
H.M.S., abreviación de His Majesty's Ship.
hoarding (fence), palizada de tablas *f.*
hob (mach. tools), fresa matriz *f.*
hob-nail, clavo de herradura *m.*
hobbing machine, máquina de tallar engranajes por fresa matriz.
hoe (ag.), azada *f.*, azadón, binador *m.*
to hoe, azadonar, binar.
hoeing (ag.), azadura *f.*, binado *m.*
hog fat, cochevira *f.*
hog skin, cuero de cerdo, cuero fuerte *m.*
to hog (to scrub a ship's bottom), afretar.
hogback (geol.), lomo de asno *m.*
hogbacked (in general), arqueado, combado.
hogshead (large cask), bocoy *m.*
hoist, ascensor *m.*, cabria *f.*, montacargas *m.*
hoist bridge (c.e.), puente levadizo *m.*
electric hoist, montacargas eléctrico.
to hoist, alzar, subir.
to hoist (min.), extraer.
to hoist (naut.), izar, enarbolar.
to hoist the flag (naut.), enarbolar la bandera.
to hoist the ore from deep level, extraer el mineral desde el fondo.
hoisting *n.*, alzamiento *m.*, elevación *f.*
hoisting (naut.), enarbolado, izado *m.*
hoisting engine, máquina de alzar *f.*
hoisting-plant (min.), maquinaria de extracción *f.*
hold (mar.), bodega, cala *f.*
hold-all, funda *f.*
to hold (to contain), contener.
to hold (to keep fast), asir.
to hold down, afianzar, sujetar.
to hold in solution (chem., geol., etc.), contener disuelto.
spring waters hold sometimes minerals in solution (geol.), el agua de menantial suele contener minerales disueltos.
holder (mach.), portador, portaherramienta *m.*
holder (of shares), accionista *m.*
boring-bar holder, portataladro de barras *m.*
chaser holder, porta rosca *m.*
cutter holder, portacuchilla *m.*
reamer holder, portaescariador *m.*
tool holder, portaherramienta *m.*
holding (fixing), sujeción *f.*, sujetado *m.*
holding (of shares), tenencia *f.*
holding company (fin.), compañía tenedora *f.*
holding-down device, dispositivo de sujeción *m.*
hole, agujero *m.*
taper hole, agujero cónico *m.*
to hole, agujerear, taladrar.
holed (a tyre, aut.), pinchado, reventado.
holed (of ships), agujereado.
hollow, hueco.
hollow abutment (c.e.), estribo hueco *m.*
hollow axle, eje hueco *m.*
hollow brick, ladrillo ahuecado (o alivianado).
hollow drill (min.), barrena hueca *f.*
to hollow out (met.), ahuecar, vaciar.
home and starting signal (rly.), señal de llegada y de salida *f.*
home signal (rly.), señal de llegada.
home trade, comercio interior *m.*
homeward (naut.), de regreso, de vuelta al puerto de amarre.
homeward-bound, hacia el regreso.
homogeneity, homogeneidad *f.*
homogeneous, homogéneo.
homorphous (and homorphic), homórfico.
to hone, repasar (navajas o cuchillos).
hood (any cover), capó, capote, sombrerete *m.*

hook, gancho, garabato, garfio *m.*
hook (fishing), anzuelo *m.*
hook and eye, corchete macho y hembra *m.*
hook-ladder, escalera de garfios *f.*
hook ring, armella *f.*
hook-switch (tel.), interruptor de comunicación, interruptor cuelga-receptor *m.*
boat hook, bichero *m.*
to hook, enganchar.
hoop, aro, fleje *m.*
barrel hoop, cerco de barril *m.*
to hoop (barrels), enarcar.
hooper, tonelero *m.*
hooter (aut.), corneta, bocina *f.*
hooter (of works), sirena *f.*
hopper, tolva *f.*
hopper bale breaker (text. mach.), cargadora de abrir balas *f.*
hopper feeder (text.), cargadora *f.*
horizontal component (mec.), componente horizontal *f.*
horizontally, horizontalmente.
horn-block (loco.), placa de guarda *f.*
horn-gap (el.), distancia entre cuernos *f.*
horn-gap arrester (el.), pararrayos de cuernos *m.*
horn signal (naut.), señal de bocina, bocina de peligro (o de aviso) *f.*
horn signal (rly.), clarín de señal (o para niebla) *m.*
horn-silver (chem.), cloruro de plata *m.*, plata córnea *f.*
horn-stay (loco.), traviesa de placa de guarda *f.*
hornbeam, ojaranzo *m.*
hornblende, anfíbol *m.*, hornablenda *f.*
horse, caballo *m.*
horse-power, caballo de fuerza *m.*, potencia *f.*, caballo vapor.
horse-power-hour, caballo hora *m.*, potencia horaria *f.*
horse-shoe, herradura *f.*
actual horse-power, potencia eficaz.
brake horse-power, potencia medida (al freno).
indicated horse-power, potencia indicada.
hose pipe, manguera *f.*
coupling hose (rly.), manguera de acoplamiento.
hosiery, calcetería *f.*
hospital-ship, buque hospital *m.*
hot, cálido, caliente.
hot and cold water (in houses), circulación de fría y caliente *f.*
hot-bulb (eng.), tubo incandescente, manguito incandescente *m.*
hot-bulb ignition, encendido por tubo (o manguito) incandescente *m.*
hot-house, invernadero *m.*
hot-riveting, remachado en caliente *m.*
hot water, agua caliente *f.*
hot-well (eng.), pozo de condensación *m.*
hour, hora *f.*
working hours, horas de trabajo *f.pl.*
working hours (in offices), horas hábiles *f.pl.*
hourly, horario.
hourly rating, régimen horario *m.*
house, casa *f.*
house-boat, casa flotante.
house-decorator, pintor de casas *m.*
boat house, resguardo de embarcaciones, galpón de botes (S.A.) *m.*
country house, quinta *f.*
housing, edificación *f.*
housing (mach.), cárter *m.*, cubierta *f.*
housing scheme, proyecto de edificación *m.*

H.P., H.P.
H.P., abreviación de high pressure.
hub (of wheel), cubo *m.*
hull (naut.), casco *m.*
the hull of a seaplane, el casco de un hidravión.
to hull (ag.), descascarar, descortezar, mondar, pelar.
hum, zumbido *m.*
to hum, zumbar.
humid, húmedo.
humidity, humedad *f.*
hundred, cien, ciento.
hundredweight, unidad de peso Británica de 112 libras o sean 50k850.
hunting (of governor in eng.), penduleo *m.*
hurricane, huracán *m.*
husk (bot.), cáscara *f.*
to husk, descascarar.
hydrant, boca de agua *f.*
hydrate, hidrato *m.*
hydraulic, hidráulico.
hydraulic bolt-forcer, botapernos hidráulico *m.*
hydraulic-drive, impulsión hidráulica *f.*
hydraulic efficiency of turbine, rendimiento hidráulico de la turbina *m.*
hydraulic elevator (for gravel, min.), inyector de empujar gravas *m.*
hydraulic gradient, curva piezométrica *f.*
hydraulic leather, cuero para juntas hidráulicas *m.*
hydraulic mean radius, radio hidráulico mediano.
hydraulic-moulding press, prensa de moldear hidráulica *f.*
hydraulic pig-breaker (met.), quebrantador hidráulico de lingotes *m.*
hydraulic power, fuerza hidráulica *f.*
hydraulic ram, ariete hidráulico *m.*
hydraulic riveter (mach.), roblonadora hidráulica *f.*
hydraulic-riveting machine, remachadora hidráulica *f.*
hydraulic servo-brake, freno auxiliar hidráulico *m.*
hydraulic test of a new boiler, prueba de una caldera nueva con agua bajo presión.
hydraulic transmission of power, transmisión hidráulica de fuerza *f.*
hydraulically, hidráulicamente.
hydraulically-driven, de impulso hidráulico.
hydraulicing (min.), laboreo hidráulico *m.*
hydraulics, hidráulica *f.*
hydro-electric, hidroeléctrico.
hydro-electric engineering, técnica hidroeléctrica *f.*
hydro-electric power, fuerza hidroeléctrica *f.*
hydro-electric power house, central hidroeléctrica *f.*
hydro-extractor, extractor de humedad *m.*
hydrocarbon, hidrocarburo *m.*
hydrochloric, clorhídrico.
hydrodynamics, hidrodinámica *f.*
hydrofluoric, fluorhídrico.
hydrogen, hidrógeno *m.*
hydrogen peroxide, agua oxigenada *f.*, peróxido hidrogenado *m.*
to hydrogenate, hidrogenar.
hydrographer, hidrógrafo *m.*
hydrography, hidrografía *f.*
hydrokinetics, hidrocinética, hidrodinámica *f.*
hydrometer, areómetro, densímetro *m.*
Baumé's hydrometer, areómetro Baumé.
hydrometry, hidrometría *f.*

hydropneumatic, hidroneumático.
hydrosphere (geol.), hidrósfera *f.*
hydrostatic *adj.*, hidrostático.
hydrostatic press, prensa hidrostática *f.*
hydrostatics, hidrostática *f.*
hydrotechnics, hidrotecnia *f.*
hygiene, higiene *f.*
hygienic, higiénico.
hygrometer, higrómetro *m.*
capillary hygrometer, higrómetro de cabello.
hygroscope, higroscopio *m.*
hygroscopic water, agua higroscópica *f.*
hyperbola, hipérbola *f.*
rectangular hyperbola, hipérbola equilátera.
hyperbolic, hiperbólico.
hyperbolic sine (mat.), seno hiperbólico *m.*
hyperboloid, hiperboloide *m.*
hypersynchronous (el.), hiposincrónico.
hypocycloid, hipocicloide *f.*
hypocycloidal, hipocicloidal.
hypogene (geol.), hipógeno.
hypophosphate, hipofosfato *m.*
hyposulphate, hiposulfato *m.*
hyposulphite, hiposulfito.
hyposulphurous *adj.*, hiposulfuroso.
hypotenuse, hipotenusa *f.*
hypothesis, hipotésis *f.*
hypothetical, hipotético.
hypsometer, hipsómetro, termómetro de ebullición *m.*
hypsometric aneroid, aneroide de hervidor *m.*
hypsometry, hipsometría *f.*
hysteresis (mag.), histéresis *f.*
hysteresis lag, viscosidad de la histéresis *f.*
hysteretic loop (mag.), curva histerética *f.*
hysteretic loss (el.), pérdida por histéresis *f.*

I

I-beam, vigueta *f.*, hierro I *m.*
I-iron, hierro doble T *m.*
ice, hielo *m.*
ice age, período glacial *m.*, época glacial *f.*
ice-breaker (c.e.), espolón *m.*
ice-breaker (naut.), rompehielo *m.*
ice-cold *adj.*, frío helado.
ice evaporation, vaporización del hielo *f.*
ice-field, campo de hielo *m.*
ice-floe, témpano de hielo *m.*
ice-making plant, instalación de fabricar hielo *f.*
ice-plant, instalación productora de hielo *f.*
ice-point (phys.), cero, punto de congelación *m.*, temperatura de hielo *f.*
ice safe, heladera *f.*
iceberg, banco de hielo flotante *m.*
icy, glacial.
identical, idéntico.
identity, identidad *f.*
identity card, cédula personal *f.*
idle (man), desocupado.
idle (of ap. or mach.), inactivo, parado.
idle (running but not producing), en vacío, sin carga.
idle capital (fin.), fondos inactivos *m.pl.*
idle current (el.), corriente anenérgica *f.*
idle running, funcionamiento en vacío, marcha sin carga.
idle stroke (eng., mach.), carrera de vuelta, carrera en vacío *f.*
to ignite, encender.
to ignite (spontaneously), encenderse, inflamarse.
ignition, inflamación, ignición *f.*, encendimiento *m.*
ignition (aut., eng.), encendido *m.*
ignition-advance (aut., av.), avance del encendido *m.*
ignition-cam, leva del encendido *f.*
ignition-coil (aut., eng.), bobina de encendido *f.*
ignition spark, chispa del encendido *f.*
ignition-stroke (aut., eng.), carrera motriz (o del encendido).
ignition temperature, temperatura del encendido *f.*
ignition temperature (of fuels), temperatura de inflamación.
ignition-timing, regulación del encendido *f.*
ignition trouble, trastornos en el encendido *m.pl.*
advanced ignition, encendido adelantado.
battery ignition, encendido por batería de acumuladores.
coil ignition, encendido por bobina alta tensión.
compression ignition, encendido por compresión.
early ignition : see advanced ignition.
high-tension magneto ignition, encendido por magneto de alta tensión.
low-tension magneto ignition, encendido por magneto baja tensión y bobina elevadora.
make and break ignition (antiquated), encendido de circuito interrumpido.
multiple-vibrator ignition, encendido de vibraciones múltiples.
I.H.P., abreviación de indicated horse-power.
Ilgner system (min.), sistema de extracción Ilgner *m.*
ill, enfermo.
ill-defined, mal definido.
illness, enfermedad *f.*
to illuminate, iluminar, alumbrar.
illumination, iluminación *f.*, alumbrado *m.*
illumination brightness, intensidad de alumbrado *f.*
illustrated *adj.*, de grabados, ilustrado.
illustration, grabado *m.*
to imbibe, embeber, chupar.
to immerse, sumergir.
immovable, inmóvil, inmovible.
impact (mec.), choque *m.*
impact-test (met.), ensayo por choque *m.*
impact-testing machine, martinete de ensayo al choque *m.*
impassable, intransitable.
impedance (el.), impedancia *f.*
impedance is the apparent resistance of an alternating-current circuit or path and is equal to the vector sum of the resistance and reactance of the path, la impedancia es la resistencia

aparente de un circuito o vía de corriente alterna y es equivalente a la suma vectorial de la resistencia y de la reactancia del circuito.
impedance drop, caída de tensión de impedancia *f.*
synchronous impedance, impedancia sincrónica.
to impel, impeler, impulsar.
imperfect, imperfecto.
to imperil, comprometer, poner en peligro, hacer peligrar.
to imperil the safety of a foundation (const.), comprometer la seguridad de los cimientos.
impervious, impenetrable.
impetus, ímpetu *m.*
to impinge, chocar, topar, tropezar.
electrons impinging upon the plate (wir.), electrones que chocan con la placa.
implements, aperos, utensilios *m.pl.*, herramientas *f.pl.*
import (com.), importación *f.*
to import, importar, introducir.
importer, importador, introductor *m.*
important, importante *m.*
to impose, aplicar, imponer, imprimir.
to impose a duty on raw materials, imponer derechos de aduana sobre las materias primas.
imposing (i.e. great), imponente, majestuoso.
impost (const.), imposta *f.*
to impound (hyd.), represar.
impregnation, impregnación *f.*
to improve, mejorar, perfeccionar.
to improve an invention, perfeccionar un invento.
to improve the power-factor (el.), mejorar el factor de potencia.
improved, perfeccionado.
improved design, modelo perfeccionado *m.*
improvement, mejora *f.*, progreso, perfeccionamiento *m.*
impulse, impulsión *f.*, impulso *m.*
impulse turbine, turbina de acción, turbina de libre desviación *f.*
to impulse, impulsar, impeler.
impure, impuro.
impurity, impureza *f.*
in a businesslike way, comercialmente, seriamente.
in abeyance, en suspenso, diferido.
in bulk, a granel.
in daily use, en servicio constante.
upwards of 20,000 of our engines in daily use, hay más de 20.000 motores de neustra marca en servicio constante.
in order, en regla.
in phase quadrature (el.), descalado de 1/4 de período.
in practice, en la práctica, prácticamente.
in situ, en su lugar, en sitio.
in step (el.), sincronizado.
in such a way, de tal modo, de modo que.
in use, en servicio.
in vacuo, en el vacío.
in working order, en orden de marcha.
inaccuracy, inexactitud *f.*
inaccurate, inexacto.
incandescence, incandescencia *f.*
incandescent, incandescente.
incendiary bullet (mil.), bala incendiaria.
inch, pulgada *f.*
inching (eng.), poco a poco.
incidence (av.), incidencia *f.*
incinerator, incinerador *m.*
inclemency, inclemencia *f.*, rigor *m.*, severidad *f.*
inclemency of the weather, inclemencia *f.*, rigor de la estación *m.*

inclement, inclemente, rigoroso, riguroso.
inclement weather, tiempo riguroso *m.*
inclination, inclinación *f.*
inclination of a wall, esviaje *m.*
inclination of grate (boil.), inclinación de la parrilla.
incline *n.*, declive, plano inclinado *m.*, rampa *f.*
to incline, inclinar.
inclinometer (aer.), indicador de inclinación *m.*
income, ingreso *m.*, renta *f.*
income tax, impuesto sobre la renta *m.*
incoming, entrante.
incompetency, incapacidad *f.*
incompetent, incapaz, incompetente.
incorrodible, incorroible, incorrosible.
increase, acrecentamiento, aumento, incremento *m.*
increase of field (el.), aumento de la excitación *m.*
increase of load (eng.), aumento del trabajo.
increase of section (in tubes), aumento de la sección.
increase of weight, aumento de peso.
to increase, aumentar, acrecentar.
to increase directly (mat.), aumentar en razón directa.
increased life, duración aumentada *f.*
incubator, incubador *m.*, incubadora artificial *f.*
indefinite, indefinido.
indefinite (mat.), indeterminado.
indefinite integral (mat.), integral indeterminada *f.*
indemnity, indemnización *f.*
to indent, dentar.
indented, dentado.
index (of table of reference), **tabla de materias** *f.*
index (mat.), exponente *m.*
index-bar (inst.), alidada *f.*
index of prices, porcentaje de precios *m.*
index of refraction (opt.), índice de refracción *m.*
to index, arreglar por orden alfabético.
india-rubber, caucho *m.*
indicated horse-power, caballos indicados (o medidos), potencia indicada, potencia medida con el indicador.
indicated output (eng.), potencia indicada *f.*
indicator, indicador, señalador *m.*
indicator-card (mec.), tarjeta del indicador *f.*
indicator diagram, diagrama del indicador *m.*
indicator-piston, émbolo del indicador *m.*
indicator-spring, resorte del indicador *m.*
indicator test, ensayo con indicador *m.*
indicator testing, prueba del indicador *f.*
Crosby indicator, indicador Crosby.
gradient indicator, indicador del declive, clinómetro *m.*
maximum demand indicator, indicador de consumo máximo.
phase indicator (el.), verificador de fases *m.*
slip indicator (el.), medidor de deslizamiento *m.*
Watt indicator, indicador de Watt.
indifferent gas (chem.), gas inerte *m.*
indigo, añil, índigo *m.*
indirect, indirecto.
indium (chem.), indio *m.*
individual, individual, unitario.
individual drive, impulsión separada (o unitaria), cada máquina con su motor.
indoor-type, modelo para interior *m.*
to indorse, endorsar.
indorsement, endorso *m.*
to induce, inducir.
induced, inducido.
induced current (el.), corriente inducida *f.*

induced draught (boil.), tiro forzado (o inducido), tiro artificial *m.*
induced E.M.F., f.e.m. inducida *f.*
inductance, inductancia *f.*
induction (el.), inducción *f.*
induction furnace (met.), horno de inducción *m.*
induction manifold (aut.), tubo múltiple de aspiración *m.*
mutual induction, inducción mutua, interinducción *f.*
the induction of an electromotive force by a rotating magnet, inducción de una fuerza electromotriz por el efecto de un imán giratorio.
inductive *adj.*, inductivo, inductor.
inductive coupling, acoplamiento inductor (o de inducción) *m.*
inductive drop of potential, caída de tensión inductiva *f.*
inductive resistance, resistencia inductiva *f.*
inductivity, inductividad *f.*
inductor, inductor.
industrial, industrial, fabril.
industrial electrification, electrificación de talleres *f.*
industrial school, escuela de artes y oficios *f.*
industrial undertaking, empresa industrial (o fabril) *f.*
industry, industria *f.*
inert, inerte.
inertia, inercia *f.*
inertia effect, efecto de la inercia *m.*
inertia force, fuerza de inercia *f.*
inertia force on piston, fuerza de inercia del émbolo.
inertia of moving parts, inercia de las partes móviles.
inexpensive, módico, poco costoso.
inexperienced, inexperto.
inexplosive, que no puede explotar, inexplosible.
infinite, infinito *m.*
infinitely, infinitamente.
infinity, infinidad, inmensidad *f.*
to inflate, inflar.
to inflate a balloon (or tyre), inflar un globo (o un neumático).
inflator, inflador *m.*
influence lines (mec.), líneas de influencia *f.pl.*
influence machine (phys.), máquina de influencia (o de electricidad estática) *f.*
infra-red, infra rojo.
infra-red rays, rayos infra rojos *m.pl.*
ingenuity, ingeniosidad *f.*
ingot, lingote *m.*
ingot crane (overhead), puente grúa rodadizo para lingoteras *m.*
ingot-mould, lingotera *f.*
ingot-slicing machine, tajadora para lingotes *f.*
ingot-stripper, desamoldador de lingotes, deslingotador *m.*
ingot-stripping *n.*, desamoldado de lingotes *m.*
ingot soaking pit, horno de recalentar lingotes *m.*
ingot tongs, tenallas para lingotes *f.pl.*
inheritance, herencia *f.*
initial *adj.* & *n.*, inicial *f.*
initial pressure (st. eng.), presión inicial *f.*
initial velocity, velocidad inicial.
initials, iniciales *f.pl.*
to inject, inyectar.
injection, inyección *f.*
injection pipe, tubo de inyección *m.*
injector, inyector *m.*
injector steam-valve (loco.), válvula de vapor del inyector *f.*
exhaust injector (loco., st. eng.), inyector por vapor de escape.
live steam injector (boil.), inyector por vapor vivo.
needle injector (hyd. turb.), tobera cónica de aguja *f.*
primed injector (boil.), inyector cebado.
overheated injector, inyector recalentado.
unprimed injector, inyector desencebado.
to injure (to damage), dañar.
to injure (to hurt), herir.
injured (hurt), herido.
injured (out of order mach., etc.), averiado, dañado.
injurious, dañoso, perjudicial.
injurious to health, nocivo (o perjudicial) para la salud.
ink, tinta *f.*
ink recorder (tel. ap.), receptor impresor *m.*
indian ink, tinta de China.
printing ink, tinta de imprimir.
to ink in (draw.), colorear.
inlaid work, obra nielada *f.*, taraceado *m.*
inland, interior (de un país) *m.*
to inlay, chapear, incrustar, nielar, taracear.
inlet, admisión, entrada *f.*
inlet (geog.), abra *f.*
inlet port (eng.), lumbrera de admisión *f.*
inlet velocity (turb.), velocidad de entrad *f.*
inlier (geol.), miradero *m.*
inorganic, inorgánico.
inorganic chemistry, química mineral *f.*
input (energy absorbed), potencia absorbida *f.*
to inquire, averiguar, indagar.
to inquire about prices, indagar precios.
when inquiring for or ordering a single-phase motor, following particulars should be supplied, al indagar precios o pedir en firme un motor monofásico, deberán facilitarse los datos siguientes . . .
inquiry, averiguación, pregunta *f.*
inquiry-office, oficina de informes *f.*
insalubrious, insalubre.
insecticide, insecticida *m.*
to insert, insertar, intercalar, entrometer.
to insert (el.), intercalar, encircuitar, poner en circuito.
to insert in circuit, encircuitar, intercalar en el circuito.
to insert a resistance in the circuit of a shunt motor will increase the speed, el intercalado de una resistencia en el circuito de un motor shunt tendrá por efecto de aumentar la velocidad.
insertion, inserción *f.*, intercalado *m.*
inside, adentro, interior, al interior.
inside lap (loco., st. eng.), recubrimiento interior, avance del escape *m.*
to inspect, inspeccionar.
to inspect for alignment and truth, verificar la alineación y el desgaste.
inspecting engineer, Ingeniero inspector.
inspection, examen *m.*, inspección *f.*
inspector of accidents, inspector de accidentes *m.*
boiler inspector, inspector de calderas, fiscalizador de accidentes *m.*
instability, inestabilidad *f.*
instable, inestable.
instance, ejemplo *m.*
for instance, por ejemplo.
instantaneous, instantáneo, repentino.
instantaneous value (phys.), valor instantáneo *m.*
instantaneous value of a current (el.), valor instantáneo de una corriente.

instantaneously, instantáneamente, repentinamente.
institute, instituto *m.*
to instruct, dar órdenes.
instructions, indicaciones, órdenes *f.pl.*
instructions for use, indicaciones para el empleo.
instrument, instrumento *m.*
instrument-board (aut., av.), tablero de instrumentos *m.*
instrument panel (el.), tablero de instrumentos *m.*
curve-drawing instrument : see recording instrument.
edgewise instrument, instrumento de canto (o de perfil).
integrating instrument, instrumento totalizador (o integrador).
measuring instrument, instrumento de medida (o medidor).
optical instrument, instrumento óptico, aparato óptico *m.*
panel instrument, instrumento de tablero.
recording instrument, instrumento gráfico (o registrador).
to insulate, aislar.
insulated *adj.*, aislado.
insulated field (el.), campo excitador aislado.
insulated pliers, pinzas de electricista *f.pl.*
insulated stator-slot, ranura de inducido aislada *f.*
insulated to 10,000 Volts D.C., aislado con tension continua que llega a 10.000 voltios.
insulation, aislamiento *m.*
insulation-fault, falla en el aislamiento *f.*
insulation tester, verificador del aislamiento *m.*
insulation testing (el.), prueba del aislamiento *f.*
insulator *adj. & n.*, aislador *m.*
insulator arcing-ring, anilla arrestachispas *f.*
insulator capacitance, capacitancia de aislador *f.*
insulator pin, varilla portaaislador *f.*, tornillo de aislador *m.*
catenary insulator, aislador concatenado.
glass insulator, aislador de vidrio.
line insulator, aislador para línea de transmisión.
pin insulator, aislador de tornillo.
porcelain insulator, aislador de porcelana.
insurance, seguro *m.*
insurance-broker, corredor de seguros *m.*
insurance company, compañia de seguros *f.*
insurance-premium, prima de seguros *f.*
to insure, asegurar.
insured, asegurado.
intake, orificio de entrada *m.*, toma *f.*
integer (mat.), entero *m.*
integral (mat.), integral *f.*
integral calculus, cálculo integral *m.*
integral symbol (mat.), signo integral *m.*
to integrate, integrar, totalizar.
to integrate a graph, planimetrar un diagrama.
integrating needle, aguja de integración *f.*
integrating pen, pluma integradora *f.*
integration, integración *f.*
integration by parts, integración por partes.
integration by substitution, integración por transformación.
intelligence, inteligencia *f.*, extendimiento *m.*
intelligence (mil., nav.), informes *m.pl.*
intensity, intensidad, intensión *f.*
intensity of sound, altura del sonido *f.*
interbedded (geol.) *adj.*, interestratificado.
interceptor (av.), avión de caza *m.*
interchange, intercambio, trueque *m.*
to interchange, intercambiar, trocar.
interchangeable, intercambiable, trocable.
interchangeable part, pieza de recambio.
interest (fin.), interés *m.*
compound interest, interés compuesto.
interference (phys.), interferencia *f.*
interference (wir.), intromisión *f.*
to interline, entrerrenglonar, pautar.
to interlink, entrelazar, eslabonar.
to interlock, enclavar, enclavijar, trabar.
interlocked switch (rly.), agujas enclavadas *f.pl.*
intermediate, intermedio.
intermediate-wheel (loco.), rueda central *f.*
intermittent working, funcionamiento intermitente.
internal, interno, interior.
internal combustion (eng.), combustión en el cilindro, combustión interna *f.*
internal cylinder-grinding machine, rectificadora interna de cilindros *f.*
internal expanding brake, freno de acción interna *m.*
internal resistance, resistancia interna *f.*
internally, interiormente.
international, internacional.
international air convention, convenio aéreo internacional *m.*
international metrical system, sistema métrico internacional *m.*
international screw thread, filete internacional *m.*, rosca internacional *f.*
interpole, interpolo, polo intermedio *m.*
interpole amperes-turn per pole, amperios-vueltas intermedios por polo *m.pl.*
interpole commutation, conmutación por medio de interpolos *f.*
interpole generator, generatriz de interpolos *f.*
interpreter, intérprete *m.*
to interrupt, interrumpir.
interruption, interrupción *f.*
intra-atomic, intraatómico.
intrados (c.e.), intradós *m.*
intrusion, intromisión, intrusión *f.*
intrusion of igneous rocks (geol.), intromisión (o inyección) de rocas plutónicas.
invariability (or invariableness), invariabilidad *f.*
invariant (mat.), invariante *f.*
inventory, inventario *m.*
to inventory, inventariar.
inverse, inverso, reverso, revés, *m.*
inverse square law (mat.), según el inverso del cuadrado.
inverse-time limit, límite inversamente proporcional al tiempo *m.*
to invert, intervertir, invertir, trasponer, permutar.
to invert (a movement), cambiar de sentido.
to invert the connections (el.), permutar las conexiones.
inverted (in position), invertido, intervertido.
inverted (such as function changed), permutado, traspuesto, cambiado.
inverted connections (el.), conexiones traspuestas *f.pl.*
inverted cylinders (eng.), de cilindros invertidos.
inverted fold (geol.), pliegue volteado (o invertido) *m.*
to invest (fin.), colocar (dinero).
to invite tenders, llamar a subasta pública, llamar a licitación (S.A.).
we invite your next inquiry, rogámosle nos consulte la próxima vez.
invoice, factura *f.*
to invoice, facturar.
involute (geom.), evolvente *f.*
involution (geom.), evolución *f.*
involution (mat.), elevación a potencia *f.*

inward, hacia adentro.
inward flow (turb.) *adj.*, centrípeto.
inward flow turbine, turbina centrípeta *f.*
iodate, yodato *m.*
iodic *adj.*, yódico.
iodic silver (min.), pirita yodada de plata *f.*
iodide, yoduro *m.*
iodine, yodo *m.*
iodoform, yodoformo *m.*
iodure (or ioduret), yoduro *m.*
iodure of calcium, yoduro de cal.
iodure of iron, yoduro de hierro.
iodure of potassium, yoduro de potasa.
ion, ión *m.*
ionisation, ionización *f.*
to ionise, ionizar.
ionised layer of the upper atmosphere, capa ionizada de la estratósfera *f.*
to ionise a gas, ionizar un gas, volver conductor a un gas.
iron, hierro, fierro (S.A.) *m.*
Note. In several countries of Spanish-America, mainly in the Argentine and Chile, the word fierro is used in preference to hierro. The practice may not be followed exactly, as hierro is perfectly understood by educated people in both these countries.
iron acetate, acetato de hierro *m.*
iron alloy, aleación férrica (o ferrosa) *f.*
iron-bearing *adj.*, férrico, ferrífero.
iron-bound *adj.*, guarnecido de hierro, protegido por hierro.
iron chest, caja fuerte de hierro *f.*
iron-clad (el., nav.) *adj.*, acorazado, blindado.
iron deposit (min.), yacimiento de hierro, criadero herroso *m.*
iron filings, limaduras de hierro *f.pl.*
iron fittings, herrajes *m.pl.*
iron-garnet (min.), granate herroso *m.*
iron froth (geol.), hematites, espuma de hierro *f.*
iron losses (el.), pérdidas magnéticas *f.pl.*
iron mordant, sulfato férrico *m.*
iron-mould, lingotera de hierro *f.*
iron nitrate, nitrato de hierro *m.*
iron-ore, mineral de hierro, mineral ferroso *m.*
galenical iron-ore, mineral de hierro plúmbico.
iron oxide, óxido de hierro *m.*
iron pig, lingote de hierro *m.*
iron red, minio rojo *m.*
iron safe, caja fuerte de hierro *f.*
iron salt, sal roja, sal de hierro *f.*
iron sulphide, súlfito de hierro *m.*
iron trade, comercio del hierro *m.*
iron wood (bot.), madera de hierro *f.*, quebracho *m.*
bar iron, hierro en barras *m.*
basic iron, hierro Thomas.
brand iron (for branding), hierro de marcar.
cast iron, hierro colado.
channel iron, hierro U.
charcoal iron, hierro al carbón de leña.
chilled iron, hierro enfriado.
coarse-grained iron, hierro de grano basto.
cold-short iron, hierro tierno, hierro quebradizo en frío.
corrugated iron, chapa de hierro ondulada *f.*
flawy iron, hierro estríado.
forged iron, hierro forjado.
grained iron, hierro granular.
grey iron, fundición gris *f.*
half-round iron, hierro semi redondo.
hexagon iron (or bar), barra hexagonal *f.*, perfil hexagonal *m.*
hoop iron, fleje *m.*
hot-short iron, hierro quebradizo caliente.
ingot iron, hierro en lingotes.
merchant iron, hierro del comercio, perfil construccional.
mottled iron, hierro truchado.
pig iron, hierro colado en barras *m.*, fundición *f.*
plane iron (the cutter), cuchilla de cepillo *f.*
puddled iron, hierro pudelado.
red-short iron : same as hot-short iron.
rolled iron, hierro laminado.
round iron, hierro redondo.
rustless iron, hierro antiherrumbroso.
scrap iron, hierro de desecho.
section iron, hierro perfilado, perfil *m.*
sheet iron, palastro *m.*
spiegel iron, hierro especular.
spongy iron, hierro poroso (o esponjoso).
square iron (or bar), barra cuadrada *f.*, perfil cuadrado *m.*
strip iron, fleje *m.*
tee (or T) iron, hierro T, perfil en T.
wrought iron, hierro batido, hierro dulce.
zed (or Z) iron, hierro Z, barra en Z.
ironclad *adj.*, acorazado, blindado de hierro, armado de hierro.
ironclad (ship) *n.*, nave acorazada *f.*
ironfounder, fundidor de hierro *m.*
ironmaster, dueño de herrería *m.*
ironmonger, quincallero, ferretero (S.A.) *m.*
ironmongery, quincallería, ferretería (S.A.) *f.*
ironmould, orín del hierro *m.*, herrumbre *f.*
ironstone, mineral de hierro *m.*, siderita *f.*
ironworks, fábrica de hierro *f.*, fraguas *f.pl.*, talleres metalúrgicos *m.pl.*
irreversible, ininvertible, irreversible.
irridium, iridio *m.*
to irrigate, regar.
irrigation, regadío, riego *m.*
irrigation scheme, proyecto de riego *m.*
irrigation works, obras de riego *f.pl.*
isinglass, cola de pescado *f.*
island, isla *f.*
island platform (rly.), andén entre vías *m.*
islander, isleño *m.*
isle, isla *f.*
isobar, isobara *f.*
isobar chart, mapa isobárico *m.*
isobaric, isobárico.
isocheimal, isoquímeno.
isochronism, isocronismo *m.*
isochronous (or isochronal), isócrono.
isochronous oscillations, oscilaciones isócronas *f.pl.*
isodynamic, isodinámico.
isogone, isógono.
isogone line (geog.), isógona *f.*
isogonic (phys.), *adj.*, isogónico.
isohydric (chem.), isohídrico.
isolating (and isolator) : see insulating and insulator.
isomeric, isómero.
isomerism (chem.), isomería *f.*
isometric projection, proyección isométrica *f.*
isosceles, isósceles.
isomorphism, isoformismo *m.*
isotheral (meteor.), isótero.
isotheral line, línea isótera *f.*
isotherm (geog.), isoterma *f.*
isothermal, isotérmico.
isothermal expansion (eng.), expansión isotérmica *f.*
isotope (phys.), isótopo *m.*

issue (const.), salida *f.*
issue (fin.), emisión *f.*
to issue, salir, emitir.
to issue (flow from), brotar.
isthmus, istmo *m.*
it works !, funciona !
item, artículo *m.*
itinerary, itinerario *m.*
ivory, marfil *m.*
ivory black, negro-marfil, negro de marfil *m.*
ivy (bot.), hiedra *f.*
ivy-mantled, cubierto de hiedra.

J

J-hanger (shaft support), ménsula acodada, silla de jamba *f.*
jacinth (min.), jacinto *m.*
jack (el., tel.), clavija de conexión *f.*
jack (lifting), cric, gato *m.*
jack-plane (carp.), garlopa *f.*
hydraulic jack, gato hidráulico.
locomotive jack, gato de locomotora.
operator's jack (tel.), clavija de respuesta *f.*
rack and pinion jack, gato de cremallera *m.*
screw jack, gato de tornillo.
telephone jack, clavija de llamada.
traversing jack, gato de corredera.
to jack up (c.e.), solevar con gatos.
jacket (eng.), camisa, envoltura *f.*
cooling jacket, camisa refrigerante.
steam jacket, camisa calorífica, camisa (o envoltura) de vapor *f.*
water jacket (eng.), camisa de agua.
jacketed cylinder (eng.), cilindro con camisa (o con envoltura) *m.*
Jacquard card (text.), carda para telar Jacquard.
jade (min.), jade *m.*
to jam (to fill up), abarrotar, abarrotarse, atascarse.
to jam (to get blocked), agarrotarse, engarrotarse, bloquearse, trabarse.
to jam (to obliterate, as for instance : two telephone talks getting inaudible), emborronarse, obliterarse, ofuscarse.
jamb (arch.), jamba *f.*, montante, quicial *m.*
jammed broadcasts, emisiones obliteradas *f.pl.*
jammed telephone talk, comunicación telefónica emborronda *f.*
harbour jammed with shipping, puerto abarrotado por los buques, puerto impasable (o intransitable).
the brakes jammed, los frenos se engarrotaron.
the work jammed between the rest and the wheel (mach. tool), la pieza de trabajo se atascó entre el descanso y la muela.
japan (paint), laca japonesa *f.*
jar (container), jarra, vasija *f.*
jaw (mach.), mordaza *f.*
jaw (of crusher), manibula *f.*
jaw vice, tornillo paralelo, tornillo de mordazas *m.*
jenny (text.), máquina de hilar jenny *f.*
jet, chorro *m.*
jet (hyd., phys.), vena *f.*
jet (min.), azabache *m.*
jet condenser, condensador de inyección *m.*
jet-interrupter (el.), interruptor de chorro de mercurio *m.*
jetsam (or jetson or jettison) (naut.), echazón *f.*
jetty, escollera *f.*, muelle *m.*
jeweller, joyero *m.*
jewellery, joyería *f.*
jib (of crane), aguilón *m.*, pluma, volada *f.*
jig (and jig-plate) (techn.), plantilla *f.*, comparador *m.*, muestra *f.*
jig-mill (ore-washing), taller de concentrado *m.*
jig-iron (lathe), luneta de guía *f.*
jigger (or jigging screen) (min.), cribón de vaivén *m.*
jim-crow (rly.), pie de cabra *m.*
job, obra *f.*, trabajo *m.*
job (employment), empleo *m.*
good job (well made), trabajo bien ejecutado *m.*
to joggle, empalmar (ensamblar) dentado.
joggling machine, máquina de empalmar dentado.
to join, adunar, juntar, ensamblar, unir.
joiner, carpintero, ebanista *m.*
joiner's gauge, gramil *m.*
joinery, carpintería *f.*
joint, articulación, ensambladura, junta, unión *f.*
joint-leakage, fuga de la junta *f.*
joint manager, director suplente *m.*
joint stock company, sociedad en nombre corporativo *f.*
air-tight joint, junta hermética (o impermeable al aire).
bayonet joint, ensambladura de bayoneta, junta telescópica.
bevel joint, ensambladura biselada.
butt joint, ensambladura por las puntas, junta de topes.
cable joint, ayuste de cables.
cardan joint, articulación cardán *f.*
dovetail joint (carp.), empalme en cola de milano *m.*
dowel joint, ensambladura machihembrada, junta de espigas.
flush (or flat) joint (mas.), junta enrasada.
gimbal joint, articulación de charnela.
grooved and tongued joint (carp.), ensambladura machihembrada.
half-mitre joint, junta de ingletes y colas de milano.
heading joint (mas.), junta entre dos arcos.
hinged joint, charnela *f.*
knuckle joint, unión de gozne *f.*
laced butt joint (for belts), junta de topes enlazada.
lap joint, junta solapada.
lead joint (const.), junta plomada.
mitred joint, ensambladura de inglete.
packed joint (st. or gas), junta guarnicionada.
rail joint (rly.), eclisa *f.*
secret joint (mas.), junta entrante.
sliding joint, junta de enchufe (o deslizante) *f.*, enchufe *m.*

socket and ball joint (mec.), articulación universal.
soldered joint, junta estañada.
tabling joint (carp.), ensambladura de cremallera.
telescopic joint, junta de enchufe.
tenon joint (carp.), ensambladura de espiga.
water-tight joint, junta impermeable (o estanca).
jointed, articulado, ensamblado, unido.
jointer (tool), garlopa *f.*
jointing-cutter (carp.), fresa de empalmes *f.*
jointing machine (or jointer) (carp.), máquina de cortar empalmes (o juntas) *f.*
jointing tenon (carp.), empalme de espiga *m.*
joist, alfarda, vigueta *f.*
joist-shearing machine, cizalla para viguetas *f.*
ceiling joist (met.), vigueta de cielo raso.
ceiling joist (wood), alfarda de madera *f.*
floor joist, ristrel *m.*, vigueta de pisos.
rolled iron joist, vigueta de hierro laminado.
jolly-boat, botequín *m.*
jolt, barquinazo *m.*
joule, julio *m.*
joule-meter, julímetro *m.*
journal (mach.), gorrón, muñón *m.*
journal (paper), diario *m.*
journal (ship's log), libro de bordo *m.*
journalist, periodista *m.*
journey (travel), tránsito *m.*
journeyman, jornalero *m.*
joy-stick (av.), palanca de mando *f.*
judge, juez *m.*
to judge, juzgar.
judgment (jur.), sentencia *f.*, fallo *m.*
judiciary, judicial.
to jump the metals (rly.), descarrilar.
to jump the points (rly.), falsear las agujas.
jumper (kind of min. drill), barrena cuadricular, barrena de cruz *f.*
junction (eng.), unión, junta, ensambladura *f.*
junction (rly.), empalme *m.*
junction-box (el.), caja de derivación, caja de empalme *f.*
junction-line (rly.), empalme *m.*, línea de empalme *f.*
junction-plate (const., eng.), cubrejunta *f.*
junction-station (rly.), estación de empalme *f.*
jungle, soto *m.*
juniper (bot.), enebro *m.*
juniper-oil, miera *f.*
junk-ring (eng.), platillo de émbolo *m.*, empaquetadura de émbolo *f.*
juridical, jurídico.
jurisdiction, jurisdicción *f.*
jurist, jurista *m.*
jury, jurado *m.*
jury mast (av., naut.), palo (o mástil) provisional *m.*
juryman, jurado *m.*
just, justo, equitativo.
justice, justicia *f.*
justice of the peace, juez de paz *m.*
to jut out (const.), proyectarse, resaltar.
jute, yute *m.*
jutting window, ventana salediza *f.*
jutty (arch.), saledizo *m.*

K

kainozoic (geol.), terciario.
kali (chem.), barrilla *f.*
kaolin, caolín *m.*, tierra de loza *f.*
to keckle a cable (naut.), aforrar un cable.
keckling, aforro *m.*
keel, quilla *f.*
bar keel, quilla maciza.
bilge keel, carenote *m.*
even keel, quilla de nivel.
false keel, sobrequilla *f.*
keelson, sobrequilla *f.*
keen *adj.*, agudo, aguzado, afilado, penetrante, vivo.
keen edge, filo agudísimo *m.*
keen price, precio de competencia *m.*
keen wind, viento penetrante *m.*
keep off, Danger !, No acercarse. Peligro !
keep to the left (tr.), conserve su izquierda !
to keep, guardar, mantener.
to keep aloft (av.), rondar.
to keep in repair, conservar en buen estado.
to keep up, mantener.
to keep the steam up (boil.), mantener la presión.
to keep the water under, mantener el nivel
to keep up the speed, mantener la velocidad.
to keep watch (mil., nav.), estar de guardia, guardar.
keeping machinery from rusting, preservación de la maquinaria contra los ataques de la herrumbre.
kerb, reborde de acera *m.*
kerf (cut), entalladura *f.*
kerosene, kerosén, petróleo de lámpara *m.*
ketch, queche *m.*
kettle (water heating), caldero *m.*, marmita *f.*
electric kettle (domestic), tetera eléctrica, pava eléctrica (S.A., mainly in Argentina).
key (explanatory), clave *f.*, ábaco *m.*
key (of mach.), chabeta *f.*
key (music), tecla *f.*
key (of code), clave *f.*
key (tel.), manipulador *m.*
key (to open with), llave *f.*
key-hole, ojo de cerradura *m.*
key-pile (c.e.), pilote maestro *m.*
key-plug (tel.), clavija de conexión (o de comunicación) *f.*
bridge key (el.), clavija de puente de medidas *f.*
listening key (tel.), clavija de comunicación.
Morse key (tel.), manipulador Morse.
sending key (tel. and wir.), manipulador *m.*
to key on (techn.), enchabetar, enmangar.
to key a pulley on a shaft, enchabetar una polea en un árbol.
keyboard, teclado *m.*
keyseating machine, ranuradora *f.*
keystone (arch.), clave *f.*

keyway, muesca de chabeta *f.*
keyway-cutting machine, mortajadora para muescas *f.*
keyway grinding machine, fresadora para muescas *f.*
kick (of gun), culatazo *m.*
kidney ore, pirita arriñonada *f.*
kidney-stone, nefrita *f.*
kieselguhr (min.), quiselgur *m.*
kiln, horno *m.*
kiln-brick, ladrillo refractario *m.*
kilodyne, kilodina *f.*
kilogram, kilogramo *m.*
kilometre, kilómetro *m.*
kilovolt, kilovoltio *m.*
kilovolt-ampere, kilovoltamperio *m.*
kilowatt, kilovatio *m.*
to kindle (a fire), apurar, hurgar.
kinematic (or kinematical) *adj.*, cinemático.
kinematics, cinemática *f.*
kinetic, cinético.
kinetics, cinética *f.*
king-post (const.), pendolón *m.*
kink (on ropes and cables), coca *f.*
kiosk, quiosco *m.*
kirving (min.), ahuecamiento *m.*
kite-balloon, globo cautivo *m.*
knag (in wood), nudo *m.*
knaggy, nudoso.
to knead, amasar.
kneading machine, amasadora mecánica *f.*
kneading-trough, artesa de amasar (o de panadero).
knee (iron), codo *m.*
knee (wood), comba *f.*
knife, cuchillo *m.*
knife (mach.), cuchilla *f.*
knife blade (of knife), hoja de cuchillo *f.*
knife-blade (of testing mach.), arista de presión *f.*
knife-cleaner, limpiador de cuchillos *m.*
knife file, lima de ranurar.
knife-grinder, amoladora *f.*, afiladora de cuchillos *f.*
knife-grinding machine, amoladora.
knife-handle, mango de cuchillo *m.*
knife spring, resorte de arista, muelle de filo *m.*
knife-switch (el.), interruptor de cuchilla (o de corte neto) *m.*
knife-tool, herramienta cortante *f.*
currier's knife, escalplo *m.*
draw knife, cuchilla planeta *f.*
dressing knife (ind.), almoflate *m.*, media luna *f.*
moulding knife (carp.), cuchilla de moldurar *f.*
notching knife, cuchillo de ranurar.
plane knife (mach. tool), cepillo *m.*, cuchilla de cepillar *f.*
pruning knife, podadera *f.*
tag knife, barreno-cuchillo *m.*
to knit, tejer.
knitting machine, tejedora mecánica *f.*
knob, botón *m.*
knob (of door), perilla *f.*
knock, golpe *m.*
knock-about *adj.*, para usos generales, robusto.
knock-about instrument, instrumento para usos generales.
to knock, golpear.
to knock (eng.), picar.
to knock off a rivet, descabezar un remache.
the engine knocks, el motor pica.
knocker (door), aldaba *f.*, llamador *m.*
knoll, montículo *m.*
knot, nudo, lazo *m.*
knot (naut. meas.), milla marina *f.*
slip knot, nudo corredizo.
to knurl (techn.), grafilar, moletear, orlar.
knurled, grafilado, moleteado, orlado.
knurling *n.*, grafilado, moleteado *m.*
knurling wheel, grafiladora, moleteadora, fresa de moletear *f.*
krypton (chem.), cripto *m.*
kyanite (min.), cianita, distena *f.*

L

L-iron, escuadra, cantonera *f.*, hierro esquinal, hierro L *m.*
label, etiqueta *f.*, marbete, rótulo *m.*
to label, etiquetear, poner etiquetas, rotular.
labelling machine, etiquetadora mecánica, rotuladora mecánica *f.*
laboratory, laboratorio *m.*
laboratory glassware, vidriería para laboratorio *f.*
laboratory test, ensayo en laboratorio *m.*
standardising laboratory, laboratorio de unificación (o normalización).
laborious, penoso, laborioso.
labour, mano de obra *m.*
labour-exchange, bolsa del trabajo *f.*
Labour Party (pol.), partido obrero *m.*
labour-saving *adj.*, economizador (o ahorrativo), de mano de obra.
labourer, peón *m.*
laboursome *adj.*, trabajoso, penoso.
labyrinth, laberinto *m.*
labyrinth (met.), condensador de desprendimientos *m.*
labyrinth packing (eng.), guarnición espiralóidea, empaquetadura espiral *f.*
lac (paint.), laca *f.*
lace (text.), encaje *m.*
lace-making, pasamanería *f.*
to lace, enlazar, lacear, abrochar.
lack (want), ausencia, falta, penuria *f.*
lack of transport facilities, ausencia de vías de comunicación, falta de medios de transporte.
lacing, enlazado *m.*
lacquer, laca *f.*, barniz *m.*
to lacquer, barnizar con laca.
lacquerer, barnizador *m.*
lactate, lactato *m.*
lactic, lácteo.
lactometer, lactómetro *m.*
lactoscope, lactoscopio *m.*

lactose, lactina *f.*
lacunal, lacunal, lacunario, lagunoso.
lacustral (or lacustrine), lacustre.
lacustrine deposits (geol.), depósitos lacustres *m.pl.*
ladder, escalera de mano *f.*
ladder-chain, cadena de Vaucanson *f.*
ladder-rack (rly.), cremallera en escalera *f.*
ladder-rung, peldaño de escalera *m.*
ladder-shaft (min.), pozo de subida *m.*
chimney ladder (inspecting), escala de inspección *f.*
companion ladder (naut.), escala de toldilla *f.*
funnel ladder (naut.), escala de chimenea *f.*
laded, cargado.
lading, carga, cargazón *f.*
ladle, cucharón *m.*
ladle (met. hand), cuchara de colar *f.*
ladle (met. large one), caldero de colada *m.*
ladle (naut.), achicador *m.*
ladle car (found.), vagoneta portacaldero *f.*
ladle crane, puente-grúa portacalderos *m.*
plumber's ladle, cucharón de plomero.
tipping ladle (found.), caldero de volquete *m.*
self-skimming ladle (met.), cuchara de espumación propia *f.*
lag (el., mec., phys.), atraso, retraso *m.*
to lag, atrasar, retrasar.
to lag (to cover), recubrir, revestir.
the current lags on the voltage, la corriente atrasa con relación al voltaje.
lagging (boil. & tubes), revestimiento aislante *m.*
lagging (el., mec., phys.), atrasado, retrasado.
lagging current (el.), corriente atrasada *f.*
lagging steam pipes and boilers, revestimiento de tuberías y calderas.
lagging 25° (el., phys.), retrasado de 25°.
boiler lagging, revestimiento aislante de caldera *m.*
one wave lagging behind the other, una onda retrasa sobre la otra.
lagoon, laguna *f.*
laid up (naut.), inactivo.
laid up (of a person through illness), en cama.
lake (geog.), lago *m.*
lake (pigment), laca *f.*
lamb (zool.), cordero *m.*
to laminate, tallar (o cortar) en láminas (o en hojas).
laminated, laminado, de láminas, en hojas.
laminated contact-piece (el.), pieza de contacto de láminas *f.*
laminated core (el.), núcleo de láminas *m.*
lamp, lámpara *f.*
lamp (of vehicle), farol *m.*
lamp-carrier (man), lamparero, lampista *m.*
lamp-cleaner, limpiador de faroles *m.*
lamp-globe, globo de lámpara *m.*
lamp-holder, portalámpara *m.*
lamp-oil, kerosene *m.*
lamp-plummet (c.e., min.), plomada luminosa *f.*
lamp-post, poste de alumbrado *m.*
lamp-room (naut.), pañol de farolas *m.*, farolería *f.*
lamp-room (rly.), lampistería *f.*
lamp-standard : same as lamp-post, q.v.
acetylene lamp, lámpara de acetileno.
arc lamp, lámpara de arco.
blow lamp (welding), lámpara soplete.
call lamp (tel.), luz de llamada *f.*
carbon filament lamp, lámpara de filamento de carbón.
ceiling lamp, lámpara de ciclo raso.
copying lamp, lámpara de fotoimpresión.
desk lamp, lámpara de escritorio.
electric lamp, lámpara eléctrica.
focussing lamp (phot.), lámpara de enfocar.
gas-filled lamp, lámpara rellena de gas inerte.
half-watt lamp, lámpara de medio vatio.
hand lamp, lámpara de mano (o portátil).
metallic filament lamp, lámpara de filamento metálico.
miner's lamp, lámpara para mineros (o de seguridad).
pilot lamp (el., tel.), lámpara indicadora (o avisadora).
pocket lamp (el.), lámpara de bolsillo, torcha de bolsillo *f.*
safety lamp, lámpara de seguridad.
soldering lamp, lámpara para soldar.
spirit lamp, lámpara de alcohol.
table lamp, lámpara de sobremesa.
tungsten filament lamp, lámpara con filamento de tungsteno.
vacuum lamp, lámpara en vacío.
lampblack, negro de humo *m.*
lampholder, portabombilla, portalámpara *m.*
bayonet lampholder, portabombilla de enchufe (o de bayoneta).
screwed lampholder, portabombilla atornillada.
lampman, lampista *m.*
lampshade, pantalla *f.*
land, campo *m.*, tierra, tierra firme *f.*
land (country), comarca *f.*, país *m.*, región *f.*
land-boiler, caldera fija *f.*
land-locked *adj.*, rodeado de tierra.
land-measure, medida agraria *f.*
land-measuring, agrimensura *f.*
land-plane (av.), aeroplano terrestre *m.*
land-surveying, agrimensura *f.*
arable land, terrazgo *m.*, tierra para cultivos *f.*
building land, solar *m.*
to land (av.), aterrizar.
to land (naut.), desembarcar.
landed property, bienes raíces *m.pl.*, finca *f.*
landfall (or landslide), desmoronamiento *m.*
landing (arch.), descanso *m.*, meseta *f.*
landing (av.), aterrizaje *m.*
landing (naut.), desembarco *m.*
landing-deck (aeroplane carrier), cubierta de aterrizaje *f.*
landing-gear (av.), tren de aterrizaje *m.*
landing-ground (av.), campo de aterrizaje, aeródromo *m.*
landing-pier (naut.), muelle de desembarco *m.*
landing signal (av.), señal de aterrizaje *f.*
landing-speed (av.), velocidad de aterrizaje *f.*
landing-stage (naut.), desembarcadero *m.*
landmark, hito, mojón *m.*
landowner, hacendado, terrateniente *m.*
landslip, desmoronamiento *m.*
landwards, hacia tierra.
language, idioma *m.*
lanolin (chem.), colesterol *m.*
lantern, linterna *f.*, farol *m.*
lantern-wheel (gear), engranaje linterna *m.*, linterna *f.*
lanthanium (chem.), lantanio *m.*
lap *adj.*, sobrepuesto, solapado.
lap (st. eng.), recubrimiento *m.*
lap joint, junta de extremidades sobrepuestas *f.*
lap machine (text.), batán *m.*
lap-riveting, soldadura solapada *f.*
lap winding (el.), arrollamiento imbricado *m.*
to lap (one thing on another), sobreponer.

lapideous, lapídeo, lapidoso.
lapis-lazuli, lapizlázuli *m.*, azulita *f.*
lapping *n.*, recubrimiento *m.*, solapa, solapadura *f.*
lapping machine (text.), máquina de sobrejuntar *f.*
lapping of slates on top of a roof, solapado de las pizarras en la techumbre.
lapping of the steam engine, recubrimiento del cilindro de un motor de vapor.
lapwelded *adj.*, soldado por los topes.
lapwelded boiler tubes, tubos de caldera soldados por topes.
larboard, babor *m.*
large *adj.*, grande, grueso.
large-scale experiments, pruebas sobre modelos gran escala.
large-scale map, mapa en gran escala *m.*
large-scale model, reproducción gran escala *f.*
large size, de gran tamaño.
last *adj.*, último.
last quarter (moon), cuarto menguante *m.*
to last, durar.
lasting, durable, duradero.
latch (of door), pestillo *m.*
latent heat of steam, calor latente del vapor *m.*
lateral cone (geol.), cono parasitario, cono adventivo *m.*
lateral play (mach.), juego lateral *m.*
latest, novísimo.
latest model, último modelo, tipo novísimo *m.*
lath, lata *f.*, listón *m.*, tablilla *f.*
ceiling lath, tejamaní *m.*
to lath, cubrir con listones, enlatar, enlistonar.
lathed ceiling, cielo raso enlatado (o enlistonado) *m.*
lathe, torno *m.*
lathe-bed, bancada de torno *f.*
lathe-centre, punta de torno *f.*
lathe-dog, perno de arrastre *m.*
lathe head, cabezal de torno *m.*
automatic lathe, torno automático.
axle-ending and centring lathe, torno para terminar y centrar ejes.
axle-turning lathe, torno para ejes.
backing-off lathe, torno para destalonar.
bench lathe, torno para banco.
boring lathe, torno de ahuecar, torno-barreno.
capstan lathe, torno con avance por rueda de timón.
centre lathe, torno de puntas.
chuck lathe, torno al aire.
crankpin lathe, torno para botones de manivelas.
crankshaft lathe, torno para cigüeñales.
cylinder boring and turning lathe, torno de taladrar cilindros.
engine lathe, torno paralelo.
facing lathe, torno de refrentar.
forming lathe, torno de repetición.
hand lathe, torno manual.
high-speed lathe, torno rápido.
high-speed lathe with stepless spindle drive, torno de gran velocidad impulsado por cono.
nut lathe, torno para tuercas.
optical lathe, torno para ópticos.
piston-ring lathe, torno para segmentos de émbolo.
railway-wheel lathe, torno para ruedas de ferrocarril.
relieving lathe, torno para destalonar.
repetition lathe, torno de copiar.
screw-cutting lathe, torno de filetear.
shafting lathe, torno para árboles de transmisión.
slicing lathe, torno de cercenar.
stud-turning lathe, torno para muñones.
surfacing and boring lathe, torno de refrentar y barrenar.
treadle lathe, torno de pedal.
turret lathe, torno revólver.
universal lathe, torno de todo uso.
watchmaker's lathe, torno de precisión (o para relojero).
wheel lathe, torno rodero.
wood-turning lathe, torno para madera.
lathwork (const.), enlistonado *m.*
latitude, latitud *f.*
lattice, celosía *f.*, enrejado *m.*
lattice-frame (or truss), cercha de celosía *f.*
lattice girder : see under girder.
lattice-tower, torre de enrejado *f.*, pilón enrejado *m.*
lattice-web (const.), alma de celosía *f.*
launch, canoa, lancha *f.*
electric launch, canoa eléctrica.
motor launch, lancha automóvil, gasolinera *f.*
steam launch, lancha a vapor.
to launch (ship), botar.
launching (of a scheme, etc.), incepción, fundación *f.*
launching (ship), botadura *f.*
launching a seaplane from a ship, lanzamiento de un hidroplano desde un buque.
launching broadside on (shpbdg.), botadura por la banda.
launching-cradle (naut.), cuna de botadura *f.*
launching of a new company, fundación de una compañía nueva.
laundry, lavadero *m.*
laundry machinery, maquinaria para lavaderos *f.*
lavatory, excusado, retrete, W.C. *m.*
law, ley *f.*
law (jur.), derecho *m.*
laws of motion (mec.), leyes del movimiento *f.pl.*
law of Nations, derecho internacional.
common law, derecho común.
civil law, derecho civil.
international law, derecho internacional.
Kirchoff's law (el.), ley de Kirchoff.
maritime law, derecho marítimo.
mercantile law, código de comercio *m.*
Ohm's law, ley de Ohm.
lawn, pradera pequeña *f.*
lawn-mower, segadora de césped *f.*
lawsuit, pleito *m.*
lawyer, abogado *m.*
to lay, poner, posar, colocar.
to lay (a cable), posar, tender.
to lay a railway line, asentar una vía ferroviaria.
to lay a scheme, proyectar.
to lay down plant (ind.), instalar (o colocar o emplazar) la maquinaria.
to lay in asphalt, asfaltar, cubrir con asfalto.
to lay out a canal, trazar un canal.
to lay out a railway, trazar una linea férrea.
to lay stress upon (gram.), insistir.
too great stress cannot be laid upon the necessity of keeping milling cutters sharp, no se insistirá jamás demasiado sobre la conveniencia de conservar las fresas bien afiladas.
to lay the fire (boil., eng.), preparar el fuego.
to lay the foundations (const.), echar los cimientos.
to lay the rails (rly.), asentar los rieles (o carriles).
layer, capa, camada *f.*, lecho *m.*
layer (mas.), carrera *f.*
insulating layer, capa aislante.

laying, colocación, pose *f.*, tendido *m.*
laying of a cable (el.), tendido de un cable *m.*
laying of the rails (rly.), asiento de la vía.
laying-out of a line (surv.), piquetaja de una visual *m.*
layout, disposición *f.*, trazado *m.*
layout (c.e.), arreglo *m.*, disposición *f.*
layout of new works, disposición de nuevos talleres.
lead (el., mec.), avance, adelanto *m.*
lead (met.), plomo *m.*
lead (naut.), escandallo *m.*
lead acetate, acetato de plomo *m.*
lead chamber (chem.), cámara de plomo *f.*
lead chromate, cromato de plomo *m.*
lead ballast (naut.), lastre de plomo en barras.
lead-deposit, criadero de plomo *m.*
lead-glance (min.), alquifol, sulfuro virgen de plomo *m.*
lead-in (el., wir.), entrada, llegada *f.*
lead-in wire, hilo de llegada *m.*
lead measures (min.), formación plúmbica *f.*
lead nitrate, nitrato de plomo *m.*
lead of the eccentric (st. eng.), adelanto de la excéntrica *m.*
lead-spar (chem.), carbonato de plomo *m.*
first lead, plomo virgen.
merchant lead, plomo comercial.
mock lead (min.), blenda *f.*
pig lead, plomo en panes.
red lead (met.), minio *m.*
refined lead, plomo refinado.
sheet lead, plomo en hojas (o en chapas) *m.*, chapa de plomo *f.*
to lead (to cover with lead), emplomar.
to lead (el., mec.), adelantar, avanzar.
to lead a wire from . . . (el.), extender un hilo desde . . .
white lead, albayalde *m.*
to leadburn, soldar con plomo.
leadburning, soldadura al plomo *f.*
leaden, emplomado.
leader, Jefe *m.*
leading current (el.), corriente avanzada *f.*
leading edge (av.), borde de entrada *m.*
leading voltage, tensión avanzada *f.*
leaf, hoja *f.*
leaf of a door, hoja de puerta *f.*
leaf of a spring, ballesta de muelle *f.*
gold leaf, pan de oro, oro batido *m.*
leak, gotera, fuga *f.*, escape *m.*
to leak, gotear, escaparse.
to leak (naut.), hacer agua.
leakage (naut.), vía de agua *f.*
leakproof, libre de goteo.
leaky, inestanco.
leaky joint, junta con fuga *f.*
lean (poor) *adj.*, pobre, necesitado.
lean coal, hulla magra *f.*
lean-to (const.), colgadizo, media agua (S.A.) *m.*
to lean, apoyar.
leaning upon, apoyado sobre, reclinado.
leap (geol., min.), salto *m.*, falla *f.*
to learn, aprender.
learned, instruido, sabio.
learned society, sociedad científica *f.*
learner, aprendiz, estudiante *m.*
learning, saber *m.*
lease, arriendo *m.*, contrata de arriendo *f.*
to lease, arrendar.
leasehold, arrendamiento *m.*
least common multiple (mat.), menor común múltiplo *m.*
least resistance, menor resistencia *f.*
leather, cuero *m.*
leather belting, correaje de cuero *m.*
leather clutch lining (aut.), forro de cuero del embrague *m.*
dressed leather, cuero adobado.
mechanical leather, cuero para juntas.
morocco leather, tafilete *m.*
sheep leather, badana *f.*
lecture, conferencia *f.*
lecture chair, cátedra *f.*
lecture room, aula *f.*
lecturer, conferenciante *m.*
ledger (book), libro mayor *m.*
lee (naut.), sotavento *m.*
lee-side, a sotavento.
lees (sediment), hez *f.*
leeward (naut.), a sotavento.
left, izquierda *f.*
left-drive (aut.), conducción a izquierda *f.*
left-handed (of a person), zurdo.
left-handed (of a movement), hacia la izquierda.
leg (of animal), pata *f.*
leg (of compass), rama *f.*
leg (of person), pierna *f.*
leg (of mach., etc.), jamba, pata *f.*, pilar *m.*
the legs of a crane, las jambas de una grúa.
legal, legal.
legal tender (fin.), moneda de curso legal *f*
legalisation, legalización *f.*
to legalise, legalizar.
legality, legalidad *f.*
legation, legación *f.*
to legislate, legislar.
legislation, legislación *f.*
legislator, legislador, legista *m.*
lemon, limón *m.*
lemon-tree, limonero *m.*
length, largor *m.*, largura, longitud *f.*
length between perpendiculars (shpbdg.), eslora total *f.*
length between buffers (rly.), longitud entre topes, longitud entre paragolpes (S.A.) *f.*
length B.P.: abreviación de length between perpendiculars, q.v.
length-margin, tolerancia de longitud *f.*
length of route (rly., tr.), distancia recorrida *f.*, recorrido *m.*
length of stroke (eng.), carrera *f.*, recorrido (de émbolo) *m.*
length of stroke (mach.), recorrido útil (o de trabajo) *m.*
to lengthen, alargar, extender.
lengthwise, longitudinalmente.
lens (geol.), cristal lenticular *m.*
lens (opt.), lente *m.* or *f.*
achromatic lens, lente acromático.
aplanatic lens, lente aplanático(a).
concave-convex lens, menisco *m.*, lente cóncavo convexo (o cóncava convexa).
condensing lens, condensador *m.*
convergent lens, lente convergente.
dispersing lens, lente divergente.
magnifying lens, vidrio de aumento *m.*
plano-convex lens, lente plano convexo.
spectacle lens, lente de gafas (o de anteojos).
telescopic lens, lente de telescopio.
Lentz poppet valve gear (loco., st. eng.), distribuidor de obturadores sistema Lentz *m.*
less, menos.

lessee, arrendatario *m.*
to lessen, aminorar, minorar, disminuir.
lessening, minoración, disminución *f.*
let go !, suelta !, afloja !, aflojá (S.A.).
to let (notice), se alquila !
to let (to hire), alquilar.
to let steam, descargar vapor.
letter, letra *f.*
letter (message), carta *f.*
letter-box, buzón *m.*
letting (houses, etc.), alquiler, arriendo *m.*
letting-office, oficina de alquiler *f.*
leucopyrite, leucopirita *f.*
level *adj.*, allanado, llano, nivelado, a nivel.
level (inst.), nivel *m.*
level crossing (rly.), paso a nivel *m.*
level ground, terreno llano *m.*
level line (rly.), línea a nivel, línea horizontal *f.*
level line (surv.), curva de nivel, línea de nivelado *f.*
level-pole (surv.), jalón nivelador *m.*
level shaft (min.), galería al nivel de tierra *f.*
level with the ground, al nivel del suelo, a ras del suelo.
builder's level, nivel de albañil.
circular spirit level (inst.), nivel esférico de alcohol.
field level (inst.), nivel de agrimensor.
ground level (const.), piso al nivel de la calle *m.*
shafting level, nivel para ejes de transmisión.
spirit level, nivel de burbuja.
to level (ground), allanar, aplanar, igualar, nivelar, poner a nivel.
to level (surv.), nivelar.
to level the ballast (rly.), aplanar el balasto.
to level up : same as to level.
to level the ground, allanar (o aplanar) el terreno.
levelled (surv.), nivelado, allanado.
levelling (making flat), allanamiento *m.*, explanación, nivelación *f.*
levelling (surv.), nivelación *f.*
levelling-compass, brújula niveladora *f.*
levelling-course (const.), enrase *m.*
levelling-screw (inst.), tornillo de nivelado *m.*
lever, palanca *f.*
lever-arm, brazo de palanca *m.*, vara de palanca *f.*
lever motion, movimiento de palanca *m.*
lever of the 1st kind, palanca del 1er. género (o intermóvil).
lever of the 2nd kind, palanca del segundo género (o interresistente).
lever of the 3rd kind, palanca del tercer género (o interpotente).
lever shearing machine, cizalla de palanca *f*
balancing lever, palanca de contrapeso.
bell-crank lever, palanca acodillada.
braking lever, palanca de frenar *f.*
controlling lever, palanca de mando (o de control).
crank lever, manivela *f.*
detent lever, lengüeta del trinquete *f.*
disengaging lever, palanca de desembrague.
engaging lever (of gears), palanca de engrane (o de toma).
foot lever, palanca de pedal.
forked lever, palanca ahorquillada.
ratchet lever, palanca de trinquete.
spring lever, palanca de resorte.
starting lever, palanca de arranque.
toggle lever, palanca acodillada, palanca de efecto brusco.
leverage, poder de una palanca *m.*
to levigate, levigar.
levigation, levigación *f.*
Leyden jar, botella de Leiden *f.*
liabilities (com.), pasivo *m.*
liability, responsabilidad *f.*
liable, responsable.
liable (subject to), con tendencias, propenso.
the web is liable to buckling (mec.), el alma es propensa a doblegarse.
liassic (geol.), liásico.
license, licencia, concesión *f.*, permiso *m.*
licensee, concesionario *m.*
lid, tapa, tapadera *f.*
lie (form), configuración *f.*
lie (situation), lugar *m.*, posición *f.*, sitio *m.*, ubicación *f.*
the lie of the land, la configuración del terreno.
to lie (to be situated), encontrarse, yacer, estar ubicado.
the mines lie to the North of Córdoba, las minas están ubicadas hacia el norte de Córdoba.
lieutenant (mil.), teniente *m.*
lieutenant (nav.), alférez *m.*
life, vida *f.*
life (duration of ap. or mach., etc.), duración, validez, serviciabilidad *f.*
life-belt, cintura salvavidas *f.*
life-boat, bote salvavidas *m.*
life-buoy, boya salvavidas *f.*
life-guard (tram.), salvavidas *m.*
the life of any boiler depends naturally upon the degree of care with which it is handled, la duración de una caldera está naturalmente subordinada al cuidado con el cual se la trata.
the standard X electric lamp has an average life of 1,000 hours, la lámpara X normal posee una serviciabilidad media de 1.000 horas.
lift, ascensor *m.*
lift (av.), empuje *m.*
lift (of an airship), fuerza ascensional, sustentación *f.*
lift (of pump), altura de aspiración *f.*
lift counterweight, contrapeso de ascensor *m.*
lift of a cam, juego de una leva *m.*
lift sheave, polea ranurada de ascensor *f.*
lift with micrometric drive, ascensor con acercamiento microelemental.
ammunition lift (mil.), ascensor de municiones.
gearless traction lift, ascensor de impulso directo.
goods lift, montacargas *m.*
herringbone gear lift, ascensor de engranaje doble helicoide.
hydraulic lift, ascensor hidráulico.
passenger lift, ascensor *m.*
to lift, alzar, elevar, izar, levantar.
truck lift (rly.), ascensor de vagones.
works lift, montacargas industrial.
worm and spur gear lift, ascensor de tornillo sin fin.
lifting-device, aparato de alzamiento *m.*
lifting-power (aer.), fuerza ascensional *f.*
lifting power of an electromagnet, fuerza portante de un electroimán *f.*
lifting speed (hoists), velocidad de alza *f.*
light *adj.*, ligero, liviano.
light *n.*, luz *f.*
light-buoy (mar.), boya luminosa *f.*
light railway, ferrocarril de entrevía estrecha, ferrocarril de trocha angosta (S.A.) *m.*, Decauville (S.A.) *m.*
light-year (ast.), año-luz *m.*
light-wave (phys.), onda de la luz *f.*
electric light, luz eléctrica.

gas light, luz de gas.
to light, alumbrar, encender.
to light (light), alumbrar.
to light the fire, encender el fuego.
ultra-violet light, luz ultraviolácea.
wave light: Véase light-wave, pág. 228.
lighter *adj.*, más ligero, más liviano.
hydrogen is lighter than air, el hidrógeno es más liviano que el aire.
lighter (naut.), alijador *m.*
lighting, alumbrado *m.*
lighting station, central de alumbrado, usina de luz eléctrica (S.A.) *f.*
arc lighting, alumbrado por lámparas de arco.
electric lighting, alumbrado eléctrico.
gas lighting, alumbrado a gas.
indirect lighting, alumbrado reflejado.
mine lighting, alumbrado de mina.
motor-car lighting, alumbrado de automóvil.
neon lighting, alumbrado al vapor de neo.
stage lighting, batería escénica *f.*
street lighting, alumbrado municipal.
train lighting (rly.), alumbrado de trenes.
lighthouse, faro *m.*
lightning, rayo, relampagueo *m.*
lightning-arrester, pararrayos *m.*
lightning-discharge, descarga atmosférica *f.*
lightning-flash, relámpago *m.*
lightning-rod, asta de pararrayos *f.*
lightship, buque faro *m.*
lignite, lignito *m.*
lime (chem.), cal *f.*
lime (tree), tilo *m.*
lime-kiln, horno para cal *m.*
lime-pit, calera *f.*
lime nitrogen, cianamida cálcica *f.*
lime water, agua de cal *f.*
lime-white, lechada *f.*
caustic lime, cal viva.
fat lime, cal grasa.
hard lime, cal agria.
quick lime, cal viva.
slaked lime, cal apagada.
limestone, caliza *f.*
limit, límite *m.*
limit of adhesion (c.e., rly.), rampa máxima de adherencia *f.*
limit of curvature (c.e., rly.), curva mínima permisible *f.*
limit of elasticity, límite de elasticidad.
limit of stability, límite de estabilidad.
limit of useful expansion (eng.), límite de expansión aprovechable.
to limit, limitar.
limited, limitado.
limited express (rly.), rápido de asientos reservados *m.*
limited liability, de responsabilidad limitada.
limited liability company, compañía anónima *f.*
limiting gradient (c.e., rly.), declividad límite *f.*
limonite (min.), hematites parda *f.*
limousine (aut.), limusina *f.*
line, línea *f.*
line (of business), ramo *m.*
line blocked (rly.), línea cortada.
line clear (rly.), vía libre *f.*
line-drop (el.), caída de tensión de línea *f.*
line of collimation (opt.), eje óptico *m.*, línea de colimación *f.*
line of dip (geol., min.), dirección del buzamiento *f.*
line of fire (art.), línea de tiro.
line of flotation (naut.), línea de flotación.
line of least resistance (geol., min.), eje de menor resistencia *m.*
line of level, línea al nivel.
line of nodes (ast.), línea nodular.
line of outcrop (min.), dirección del afloramiento *f.*
line of route, itinerario *m.*
line of shafting (mec.), eje de poleas, árbol *m.*
line of sight (surv.), línea de colimación.
line of steeper descent (geom.), línea de mayor pendiente.
line of strike (min.), alineamiento de la dirección *m.*
line of upheaval (geol.), eje de convulsión *m.*
line of vision (inst.), visual *f.*
line test (el., tel.), ensayo de los conductores *m.*
line voltage (three-phase system), tensión entre conductores *f.*
adhesion line (rly.), línea de adherencia propia.
boundary line, frontera *f.*
broken line (geom.), línea quebrada.
catenary line (el., rly. & tram.), línea catenaria *f.*, hilo de trole catenario *m.*
crown line (arch.), vértice *m.*
direct line (geom.), línea recta.
dotted line (draw.), línea de puntos.
full line (draw.), línea continua.
ground line (geom.), línea de tierra.
high-tension line (el.), línea de alta tensión.
in line, alineado.
incoming line (el.), línea de regreso.
load line (naut.), línea de flotación.
magnetic line, línea de fuerza.
main line (rly.), línea principal.
neutral line (phys.), línea neutra.
nodular line (ast.), línea de los nodos.
out of line, desalineado.
outgoing line (el. distribution), línea de partida.
overhead line (el.), línea aérea.
Plimsoll line (naut.): see load line.
railway line, vía férrea.
South American line (mar.), línea a Sud América.
spring line (arch.), línea de arranque, recaída *f.*
suburban line (rly.), línea de arrabal, línea secundaria.
telegraph line, línea telegráfica.
telephone line, línea telefónica.
to line (draw.), rayar.
to line (to cover), forrar, guarnecer.
to line (to put in line), alinear.
to line a bearing (with antifriction metal), guarnecer el cojinete de metal antifricción.
to line the bearings (to align them), alinear los cojinetes.
to line up the columns (arch.), alinear las columnas.
to line with concrete, encachar.
tow line (naut.), sirga *f.*
tramway line, línea de tranvía.
zero line (geom.), eje neutro *m.*
linear, lineal, linear.
liner (mar.), buque de pasageros, trasatlántico *m.*
liner (of cylinder, eng.), camisa *f.*
liner-sailings (mar.), lista de salidas *f.*
lining (reinforcing), entibación *f.*
lining (tunnel or vault-building), tablón de sostén *m.*
link (loco., st. eng.), corredera *f.*
link (of chain), eslabón *m.*
link motion (loco., st. eng.), mecanismo de la distribución *m.*, corredera *f.*

link polygon (mec.), polígono funicular *m.*
link tooth-saw, sierra de cadena articulada *f.*
expansion link (loco.), corredera de la expansión *f.*
linoleum, linóleo *m.*
linotype, máquina linotipista *f.*
linseed, linaza *f.*
linseed cake, torta de linaza comprimida *f.*
linseed oil, aceite de lino *m.*
lintel, dintel *m.*
liquefiable, licuable, liquidable.
liquid *adj. & n.*, líquido *m.*
liquid fuel, combustible flúido *m.*
liquor, licor *m.*
liquor ammonia, álcali volátil *m.*
list, catálogo *m.*, lista *f.*
list (naut.), falsa banda *f.*
list of charges, tarifa *f.*
to listen, escuchar.
to listen in (wir.), escuchar radiotelefónicamente.
listener (wir.), radiooyente *m.*
listening-plug (tel.), clavija de escucha *f.*
litharge, almártaga, almártega *f.*, litargirio *m.*
lithium, litio *m.*
lithographer, litógrafo *m.*
lithography, litografía *f.*
lithosphere (geol.), capa terrestre *f.*
litigation, litigio, pleito *m.*
litre (unit of capacity), litro (o sea 1 decímetro cúbico, equivalente a 1 pinta 76 en medidas inglesas).
little (quantity), poco.
little (size), pequeño, chico (S.A.).
live (el.), con corriente, activo.
live (in general) *adj.*, activo, móvil, motor (motriz fem.)
live (zool.), vivo.
live-axle, eje motor *m.*
live-centre (mach.), punta giratoria *f.*
live coal, brasa *f.*
live-part (mec., eng.), miembro activo (o móvil) *m.*
live part (el.), pieza bajo corriente.
to live, vivir.
to live (in a place), morar, habitar, vivir.
livestock, ganado en pie *m.*
living-room, cuarto de habitación *m.*
to lixiviate, lixiviar.
Lloyd's, oficina de seguros marítimos (en Londres).
Lloyd's Register of Shipping, Anuario de la marina mercante mundial.
load, carga *f.*, peso *m.*
load (demand), carga, demanda, utilización *f.*, consumo *m.*
load (mec.), esfuerzo *m.*
load curve, curva del consumo (o de la utilización) *f.*
load factor, factor de consumo *m.*
the load factor is the ratio of the average power to the peak power, el factor de consumo (o de carga) es igual al cociente de la potencia mediana por el factor de punta.
load per square yard, carga al metro cuadrado.
crippling load (c.e., mec.), carga de aplastamiento.
dead load (c.e.), carga propia.
excentric load, carga descentrada (o excéntrica).
fixed load (c.e.), carga fija.
fixed load (el., mec.), carga constante.
full load, carga plena.
lighting load (el.), carga de lámparas encendidas.
live (or moving) load (c.e.), carga en movimiento.
no load, en vacío, sin carga.
rolling load, carga rodante.
running load (when testing), carga en funcionamiento.
safe load (c.e.), carga admisible, carga de seguridad.
loading (power consumed), carga, potencia consumida *f.*
loading-gauge (rly.), gálibo de carga *m.*
loam, marga *f.*
loam-moulding (found.), moldeo en arcilla *m.*
loamy, margoso.
loan, empréstito, préstamo *m.*
lobby, antecámara *f.*, pasillo, vestíbulo *m.*
localisation, localización, situación *f.*
locality, localidad, situación *f.*
locally, localmente.
to locate, localizar, situar.
location, sitio *m.*, posición *f.*
location of a ground (el., tel.), localización de una fuga a tierra.
location of mineral fields (the act of finding), búsqueda de criaderos minerales *f.*
location of a railway line, trazo de una línea férrea.
lock (door), cerradura *f.*
lock (hyd.), esclusa *f.*
lock-keeper, esclusero *m.*
lock-out (of workmen), huelga patronal *f.*
lock-nut, contratuerca *f.*
air lock (c.e.), cámara bajo presión *f.*
safety lock, cerradura de seguridad.
tail lock (hyd.), esclusa de descarga *f.*
to lock, cerrar.
locker, cofre *m.*
locking *adj.*, cerrador, enclavador.
locking *n.*, cierre *m.*, fijación *f.*, enclavamiento *m.*
locking device, dispositivo de cierre, enclavamiento *m.*
locking lever (rly.), palanca de enclavamiento *f.*
locking relay (el., tel.), relevador enclavador *m.*
locksmith, cerrajero *m.*
locomotion, locomoción, traslación *f.*
locomotive, locomotora *f.*
locomotive axle, eje de locomotora *m.*
locomotive bogie, boga de locomotora *f.*
locomotive coaling plant, instalación de suministrar carbón para locomotoras *f.*
locomotive-crane, grúa locomotriz *f.*
locomotive driving-wheel, rueda motriz de locomotora *f.*
locomotive erecting shop, taller de armar locomotoras *m.*
locomotive framing, bastidor de locomotora *m.*
locomotive link-motion, mecanismo de distribución de locomotora *m.*
locomotive-pit, foso de inspección de locomotoras *m.*
locomotive shed, depósito de locomotoras *m.*
locomotive-testing bed, plataforma de ensayar locomotoras *f.*
locomotive wheel, rueda de locomotora.
locomotive whistle, silbato de locomotora *m.*
locomotive works, fábrica de locomotoras *f.*
adhesion locomotive, locomotora de adhesión propia.
articulated locomotive, locomotora articulada.
banking locomotive, locomotora de empuje.
bogie locomotive, locomotora de bogas.
battery locomotive, locomotora de batería de acumuladores.

compound locomotive, locomotora compound.
compressed-air locomotive, locomotora de aire comprimido para minas.
Diesel locomotive, locomotora Diesel.
Diesel-electric locomotive, locomotora Diesel de impulsión eléctrica.
electric locomotive, locomotora eléctrica.
electric mining locomotive, locomotora eléctrica para minas.
express locomotive, locomotora para rápidos.
four-cylinder compound locomotive, locomotora compound de cuatro cilindros.
freight locomotive: Véase goods locomotive debajo.
goods locomotive, locomotora para trenes de mercancías.
mine locomotive, locomotora para minería.
mineral locomotive, locomotora para acarreo de minerales.
mixed traffic locomotive, locomotora de servicio mixtó.
mountain locomotive, locomotora de cremallera, locomotora para pendientes.
oil-fired locomotive, locomotora alimentada al petróleo crudo.
Pacific locomotive, locomotora de gran potencia, locomotora superpotente.
passenger locomotive, locomotora para trenes de pasajeros.
petrol locomotive, locomotora de motor de explosión.
rack locomotive, locomotora para vía de cremallera.
saddle-tank locomotive, locomotora con depósito superpuesto.
shunting locomotive, locomotora para maniobras.
single-phase locomotive, locomotora monofásica.
tank locomotive, locomotora con tanque.
three cylinder locomotive, locomotora de tres cilindros.
three-phase locomotive, locomotora trifásica.
turbine locomotive, locomotora de turbina.
turbine-condensing locomotive, locomotora de turbina y condensador.

locus (geom.), lugar *m.*
locust (zool.), langosta *f.*
lode (min.), filón *m.*, vena, veta *f.*
lode formation (min.), formación (o constitución) de la vena (o filón).
lodestone, imán natural *m.*
lodging, alojamiento *m.*
loft (arch.), buhardilla *f.*
log (naut.), corredera *f.*
log (wood), leño *m.*
log-book (naut.), diario de navegación, libro de bordo *m.*
log cabin, cabaña rústica *f.*
log-line (naut.), cable de la corredera *m.*
logarithm, logaritmo *m.*
Briggs (or common) logarithm, logaritmo común, logaritmo de base 10.
Napierean (or natural) logarithm, logaritmo natural (o Neperiano).
logarithmic, logarítmico.
logarithmic decrement, decremento logarítmico *m.*
logic, lógica *f.*
logical, lógico.
logman, leñador *m.*
logwood, campeche *m.*
London, Londres *m.*
Londoner, Londinense *m. & f.*
long, largo.
long-distance flight (av.), vuelo de gran distancia *m.*
long-distance record (av.), record de vuelo en distancia *m.*
long-distance station (wir.), emisora de gran alcance *f.*
longeron (av.), larguero *m.*
longitude, longitud *f.*
longitudinal section (c.e., top.), perfil longitudinal *m.*
longitudinal section (draw.), corte *m.*
look-out house (naut.), garita de la vigía *f.*
to look, mirar.
to look for a fault in a receiver (wir.), buscar el defecto en un receptor.
loom, telar *m.*
automatic loom, telar automático.
barrel loom, telar de tambor (o de cilindro).
braiding loom, telar para galones.
carpet loom, telar para tapices (o alfombras).
cotton loom, telar para géneros de algodón.
dobby loom, telar de maquinilla.
embroidery loom, telar para espolines.
handkerchief loom, telar para pañuelos.
horsehair loom, telar para crin.
Jacquard loom, telar Jacquard.
linen loom, telar linero.
overpick loom, telar de expulsión por arriba.
plain loom, telar de lanzadera única.
power loom, telar mecánico.
ribbon loom, telar para cintas.
rocking-shaft loom, telar de balancín.
single shuttle loom, same as plain loom, q.v.
tape loom, telar para cinchas (o fajas).
loop, ojal, lazo *m.*
loop-line (rly.), línea de circunvalación *f.*
to loop the loop (av.), hacer rizos.
loose, flojo, suelto, desunido.
loose coupling (wir.), sintonización floja *f.*
loose on the axle, loco (loca) sobre el eje.
loose parts, piezas sueltas *f.pl.*
loose screw, tornillo desapretado.
to become loose, desaflojarse.
to loosen, aflojar, soltar, desunir.
to loosen a screw, destornillar, desapretar un tornillo.
to lop, podar.
lorry, camión *m.*
motor lorry, autocamión, camión automóvil *m.*
to lose, perder.
to lose one's way, extraviarse.
loss, pérdida *f.*
loss of energy, pérdida de energía.
loss of head (hyd.), pérdida de carga (o piezométrica).
loss of head due to bends, elbows, etc. (hyd.), disminución del potencial hidráulico por recodos y vueltas, etc.
loss of pressure, caída de presión.
to loosen the brakes, ablandar el freno, aflojar los frenos, desfrenar.
C^2R loss, pérdida por efecto júlico, pérdida por RI^2, pérdida óhmica.
copper losses (el.), same as C^2R losses, q.v.
iron losses (mag.), pérdidas en el hierro, pérdidas por efecto Foucault e histéresis.
heat losses, pérdidas termicas.
small losses at all loads, reducidas pérdidas bajo cualquier carga.
windage loss (mach.), pérdida por resistencia del aire.

loudspeaker, altavoz *m.*
moving-coil loudspeaker, altavoz dinámico.
louvre (const.), tronera *f.*
louvre-window, persiana *f.*
low, bajo.
low-frequency (el.), baja frecuencia *f.*
low-frequency choke (el., wir.), self de baja frecuencia *f.*
low-grade *adj.*, de baja calidad, de título bajo, pobre.
low-pressure supply (el.), distribución a baja tensión *f.*
low-price, de precio módico.
low speed, velocidad reducida, velocidad moderada *f.*
low speed *adj.*, de velocidad moderada.
low tension, baja tensión *f.*
banks of generators supply the low-tension current and grid bias voltage, filas de generatrices proveen la corriente baja tensión y la tensión de las rejillas.
low-water (mar.), bajamar *f.*
low water (on river), estiaje *m.*
to lower, bajar, disminuir, reducir.
to lower speed, reducir la velocidad.
lowering, descenso *m.*
L.P., abreviación de low-pressure.
lozenge (geom.), rombo *m.*
lubricant, lubricante, lubrificante *m.*
to lubricate, aceitar, lubricar, engrasar.
lubrication, lubricación, lubrificación *f.*, engrase *m.*
lubrication-ring, anillo de engrase *m.*
lubrication to all bearings, engrase en todos los cojinetes.
lubricator *adj. & n.*, lubricador, engrasador *m.*
lubricator cap, tapa de engrasador *f.*
automatic lubricator, engrasador automático.
drop lubricator, engrasador de gotera.
needle lubricator, engrasador de aguja.
ring lubricator, engrasador de anillas.
sight-feed lubricator, engrasador de goteo visible.
lucern (ag.), alfalfa *f.*
to luff (naut.), orzar.
lug, agarradera, asa, oreja *f.*
luggage, equipaje *m.*
luggage-rack (rly.), portaequipajes *m.*
luggage-van (rly.), furgón de equipajes *m.*
lugger, lugre *m.*
lukewarm, tibio.
lukewarmness, tibieza *f.*
lull (weather), calmazo *m.*, calma chicha *f.*
luminosity, brillo, resplandor *m.*
luminous, luminoso.
lump (of earth), terrón *m.*
lunar caustic, piedra infernal *f.*, nitrato de plata *m.*
lunation, lunación *f.*
lune (geom.), lúnula *f.*
to lute (const.), taponar.
luxurious, lujoso, suntuoso.
luxury, lujo *m.*
lycopodium, licopodio *m.*
lydian stone, basanita *f.*, jaspe negro *m.*
lyddite (exp.), ácido pícrico *m.*
lye, lejía *f.*
lye-ash, cernada *f.*
lying-shaft (eng., techn.), arbol (de transmisión) horizontal *m.*
lying-wall (min.), paredón de filón *m.*

M

M.A., abbreviation of Master of Arts, q.v.
macadam, macadám *m.*
tar macadam, macadám de alquitrán.
to macadamise, macadamizar.
to macerate, macerar.
maceration, maceración *f.*
machine, máquina *f.*
Note.—Most machines will be found under the beginning letter. Here are a few more.
machine casting, pieza de fundición para maquinaria *f.*
machine-cut, cortado (tallado) a máquina (o con máquina).
machine drawing (draw.), dibujo mecánico (o de máquinas) *m.*
machine grinding, amolado mecánico, afilado mecánico *m.*
machine-gun, ametralladora *f.*
machine-gunner, ametrallador *m.*
machine-hall, sala de máquinas *f.*
machine-made, hecho a máquina, obrado (o labrado) mecánicamente.
machine moulding, moldado mecánico *m.*
machine out of order, máquina descompuesta (o que no funciona).
machine ringing (tel.), llamado intermitente (o mecánico) *m.*
machine running light, máquina en vacío (o sin carga).
machine shop, taller de maquinaria *m.*
machine-tool, máquina-herramienta *f.*
machine-winding (el.), bobinado (o arrollado) mecánico *m.*
machine-work, trabajo a máquina, mecanizado *m.*
asphalting machine, asfaltadora mecánica *f.*
baling machine, empaquetadora *f.*
bolt screwing and nut tapping machine, terrajadora fresadora de pernos y tuercas *f.*
cement testing machine, máquina de ensayar cemento *f.*
charging machine (found.), cargadora mecánica, enhornadora *f.*
flying machine, máquina voladora *f.*
goffering machine (text.), estampadora *f.*
milling and boring machine, fresadora taladro *m.*
nut-tapping machine, terrajadora para tuercas *f.*
pile-drawing machine (c.e.), máquina arrancapilotes *m.*
plate edge-planing machine, biseladora de chapas *f.*
rifling machine (for small arms), estriadora de armas *f.*
shaping and slotting machine, mortajadora-cepillo.

shearing machine (sheep), esquiladora mecánica *f.*
thread-milling machine, fresadora de roscas *f.*
winnowing machine (ag.), abaleadora, aventadora *f.*
to machine, trabajar a máquina, mecanizar.
machinery, maquinaria *f.*, máquinas *f.pl.*
Note.—Only a few are given underneath, others will be found under the respective beginning letters.
cane-sugar machinery, maquinaria para caña dulce.
flour-milling machinery, maquinaria de molturar.
hydraulic-operated machinery, maquinaria hidráulica.
textile machinery, maquinaria de textiles.
machining work, trabajo a máquina *m.*
machinist, maquinista, mecánico *m.*
made *adj.*, fabricado, hecho.
made in all sizes from ½ H.P. upwards, fabricados de cualquier tamaño a partir de ½ H.P.
made in England, fabricado en Inglaterra.
made in sections, desmontable.
made in six standard sizes, hecho en seis tamaños normales.
made up, artificial, confeccionado.
magazine (nav.), santabárbara *f.*
magnesia, magnesia *f.*
magnesite, magnetita *f.*
magnesium, magnesio *m.*
magnesium carbonate, carbonato de magnesio *m.*
magnesium chloride, cloruro magnésico *m.*
magnesium nitrate, nitrato de magnesia *m.*
magnesium oxide, magnesia *f.*
magnet, imán *m.*
magnet spool, carrete de electroimán *m.*
bar magnet, imán en barra *m.*, barra imanada *f.*
horse-shoe magnet, imán en herradura.
interpole magnet (el. motors and generators), polo auxiliar, polo de conmutación *m.*
laminated magnet, imán de hojas.
lifting magnet, electroimán de alzar.
movable magnet (inst.), hierro móvil *m.*
permanent magnet, imán natural.
plunger magnet, electroimán aspirador *m.*
magnetic, magnético.
magnetic blow-out, extintor magnético de chispas, apagachispas magnético *m.*
magnetic circuit, circuito magnético *m.*
magnetic conductivity, permeabilidad magnética *f.*
magnetic field, campo magnético *m.*
magnetic flux, flujo magnético *m.*
magnetic induction, densidad de flujo, inducción magnética *f.*
magnetic leakage, dispersión magnética *f.*
magnetic lines of force, líneas de fuerza magnética *f.pl.*
magnetic location of mineral fields, búsqueda magnética de criaderos *f.*
magnetic moment, momento magnético *m.*
magnetic permeability, permeabilidad magnética *f.*
magnetic pole, polo magnético *m.*
magnetic reluctance, reluctancia magnética, resistencia magnética *f.*
magnetic reversal, inversión del magnetismo *f.*
magnetic separator, extractor magnético *m.*
magnetic spectrum, líneas de fuerza *f.pl.*, espectro magnético *m.*
magnetic storm, tormenta magnética *f.*
magnetic susceptance, susceptibilidad magnética *f.*

magnetisation, magnetización *f.*
to magnetise, magnetizar, imanar.
magneto, magneto *f.*
magneto-drive (aut.), impulsión de la magneto *f.*
magneto-ignition, encendido por magneto *m.*
magneto-timing, puesta al punto de la magneto *f.*
magneto winding (or armature), inducido de magneto *m.*
high-tension magneto, magneto de alta tensión.
moving-armature magneto, magneto de inducido rotatorio.
magnetograph, magnetógrafo *m.*
magnetometer, magnetómetro *m.*
magnetomotive *adj.*, magnetomotor *m.*, magnetomotriz *f.*
magnetomotive force, fuerza magnetomotriz *f.*
magnetoscope, magnetoscopio *m.*
magnifier *adj.*, agrandador, magnificador.
magnifier (opt.), lente de aumento *m.* & *f.*
to magnify, agrandar, magnificar, aumentar.
magnifying-glass, lente de aumento *m.* & *f.*
magnifying power (opt.), poder amplificador, aumento *m.*
magnifying power 100 (opt.), aumento 100 veces, poder amplificador 100.
magnitude, magnitud, importancia *f.*
magnitude of a force, intensidad de una fuerza *f.*
mahogany, caoba *f.*
mail, correo *m.*
mail (text.), malla *f.*, mallón *m.*
mail-bag, bolsa para correspondencia *f.*
mail-bag catcher (rly.), agarra-bolsas para correspondencia *m.*
mail-boat, buque correo *m.*
mail heald, lizo de malla *m.*
mail-van (rly.), coche correo *m.*
to mail, enviar por correo.
main *adj.*, mayor, principal.
main (el.), canalización, línea *f.*
main beam (shpbdg.), bao mayor *m.*
main breadth (naut.), manga *f.*
main mast (naut.), palo mayor *m.*
main-wall, pared maestra *f.*
mainland (geog.), continente *m.*
mains (el.), canalización eléctrica, red de consumo *f.*
mains (gas, etc.), canalización, cañería *f.*, conducto *m.*
mains eliminator (wir.), reductor de potencial de la red *m.*
mains-operated, alimentado por la red.
compressed-air mains, conducto de aire bajo presión.
gas mains, cañería de gas.
hydraulic mains, canalización de fuerza hidráulica.
lighting mains, canalización de alumbrado.
live mains, canalización con corriente *f.*
overhead mains, canalización aérea.
power mains (el.), canalización de fuerza *f.*
steam mains, tubería de vapor *f.*
underground mains, canalización subterránea.
water mains, canalización de agua.
maintenance, conservación *f.*
maintenance costs are reduced to a minimum, el gasto de conservación se reduce al mínimo.
maintenance of roads, conservación de las carreteras (o de los caminos).
maintenance of telegraph lines, mantenimiento de líneas telegráficas.
maize, maíz *m.*
major axis (geom.), eje principa l*m.*
major axis of the ellipse, eje principal de la elipse.

make *s.*, fabricación, manufactura *f.*
make-and-break (interrupter), temblador *m.*
to make, hacer.
to make a mistake, equivocarse.
to make a profit, realizar beneficio, g ιar.
to make an attempt, probar, tentar.
to make and break a circuit (el.), cerrar y abrir un circuito.
to make contact (el.), poner en contacto.
to make fast, amarrar.
to make hay (ag.), segar heno.
to make incandescent, calentar hasta la incandescencia.
to make land (naut.), recalar.
to make merchantable, explotar comercialmente.
to make mortar (const.), argamasar.
to make oneself thoroughly conversant with a machine (country, etc.), familiarizarse a fondo con una máquina (o país, etc.).
to make port (naut.), arribar, llegar a puerto.
to make true (mec.), ajustar.
to make up lost time, recobrar el tiempo perdido.
to make war on, guerrear, pelear contra.
maker, constructor, fabricante *m.*
making *n.*, fabricación *f.*
malachite, malaquita *f.*
malleability, maleabilidad *f.*
malleable, maleable.
mallet, mallete, mazo *m.*
malt sugar, maltosa *f.*
man, hombre *m.*
man-and-supply shaft (min.), pozo para hombres y pertrechos *m.*
man-of-war, nave de guerra *f.*
man overboard ! (naut.), un hombre al agua !
to man (naut.), tripular.
to manage, dirigir.
to manage a firm, dirigir una casa.
manageable, manejable.
management, dirección, gestión *f.*
manager, director, gerente *m.*
manager's office, oficina directorial *f.*
works manager (c.e.), jefe de obras *m.*
managing director, administrador gerente *m.*
mandrel (mach.), mandril *m.*
manganate, manganato *m.*
manganese, manganeso *m.*
manganese borate, borato manganésico *m.*
manganese sesquioxide, sesquióxido de manganeso, óxido mangánico *m.*
manganese spar, rodonita *f.*, carbonato de manganeso *m.*
manganese sulphate, sulfato de manganeso.
manganic, mangánico.
manger (cattle), pesebre *m.*
mangle (domestic), torcedor de ropa *m.*
mangle (text.), calandria *f.*
manhole (boil. & mach.), agujero de hombre *m.*
manhole (for sewers, etc.), pozo de inspección *m.*
manhole of a boiler, agujero de inspección de caldera.
brick manhole, pozo de inspección de ladrillos *m.*
telephone manhole (to inspect cables), pozo de inspección de cables (telefónicos).
manifold (aut., eng.), colector de tubos *m.*
manner, manera *f.*, modo *m.*
manœuvre, maniobra *f.*
mantle (for lighting), manguito incandescente, manchón incandescente (S.A.) *m.*
manual *adj.*, de brazo, de mano, a mano, manual.
manual labour, trabajo manual *m.*
manual ringing (tel.), llamado a mano *m.*
manual telephone system, sistema telefónico a mano *m.*
to manufacture, fabricar, manufacturar.
manufacturer, fabricante *m.*
manufacturing, fabril.
manufacturing costs, coste de fabricación *m.*
manufacturing country, país fabril *m.*, región fabril *f.*
manure (fertiliser), abono *m.*
to manure, abonar, fecundizar, fertilizar.
map, carta *f.*, mapa *m.*
map-maker, cartógrafo *m.*
map-making, cartografía *f.*
map of the world, mapamundi *m.*
ordnance map (mil.), mapa del estado mayor.
small-scale map, mapa en escala reducida.
to map, trazar mapas.
maple, arce *m.*
common maple, arce común (o campestre).
plane maple, plátano *m.*
silver maple, arce plateado (o blanco).
sugar maple, arce de azúcar.
mapping, cartografía *f.*
marble, mármol *m.*
marble column, columna de mármol *f.*
small marble column, marmolejo *m.*
marble-cutter, marmolista *m.*
marble-dealer, marmolista *m.*
marble-works, marmolería *f.*
marbling, marmoración *f.*
marblework, marmolería *f.*
marcasite (min.), marcasita *f.*
marconigram, telegrama inalámbrico *m.*
mare (zool.), yegua *f.*
margin, margen *m.* & *f.*, tolerancia *f.*
margin of safety, margen de seguridad.
margin over (mec.), tolerancia en más.
margin under, tolerancia en menos.
marine *adj.*, marino, de mar.
marine *n.*, marinero de desembarco *m.*
marine-bed (geol.), yacimiento submarino *m.*, tierras marinas *f.pl.*
marine-insurance, seguro marítimo *m.*
marine station (rly.), estación marítima *f.*
maritime, marítimo.
maritime nation, país marítimo *m.*
maritime power, potencia naval *f.*
mark (sign), marca *f.*
mark (target), blanco *m.*
trade mark, marca de fábrica *f.*
market, mercado *m.*
market-garden, huerta *f.*
market-gardener, hortelano, horticultor *m.*
market-gardening, horticultura *f.*
market price, precio corriente *m.*
market-town, ciudad comercial *f.*
cattle market, mercado de ganado *m.*
fish market, pescadería *f.*
to market, poner en (o a la) venta, comercializar.
marketable, vendible.
marl, marga *f.*
marling-spike (mar.), ayustadera *f.*
marly, margoso.
marquee (const.), marquesina *f.*
marquetry (const.), marquetería *f.*, taraceado *m.*
mars (ast.), marte *m.*
marsh, pantano *m.*
marsh-gas, metano *m.*
to marshal (trucks) (rly.), clasificar, desenganchar y formar.
marshalling-yard (rly.), playa de formación (de ramas) *f.*

marshy, pantanoso.
mason, albañil *m.*
masonry, albañilería, mampostería *f.*
bound masonry, mampostería aparejada.
free stone (or rubble) masonry, mampostería de cantería.
mass (body), masa *f.*
mass production, fabricación en serie.
mass resistivity (el.), resistividad másica *f.*
massicot, monóxido de plomo (PbO) *m.*
mast (naut.), mástil, palo *m.*
aerial mast (wir.), torre de antena *f.*
collapsible mast, mástil telescópico (o de enchufe).
fore mast (naut.), palo de trinquete *m.*
main mast (naut.), palo mayor.
telescopic mast, mástil de enchufe.
to mast (naut.), arbolar.
wireless mast, torre emisora *f.*
master (ed.), maestro *m.*
master (mar.), capitán, patrón *m.*
master (proprietor), dueño *m.*
master-builder, aparejador *m.*
master-controller (el.), combinador principal *m.*
master-mason, maestro albañil *m.*
Master of Arts, título académico que equivale más o menos al de Doctor en los países de lengua española.
masthead (naut.), calcés, tope de mástil *m.*
masting, arboladura *f.*
mat, estera *f.*
door-mat, felpudo, ruedo *m.*
match, cerilla *f.*, fósforo *m.*
match-boarding (carp.), tablillas de mamparar *f.pl.*
match-distributing machine, máquina de empaquetar cerillas (o fósforos) *f.*
match-maker, fabricante de fósforos *m.*
match-making machine, máquina de cortar cerillas *f.*
match-packing machine, empaquetadora de cerillas (o de fósforos) *f.*
to match (to tally), aparejar.
matchless (in quality), incomparable.
material *adj. & n.*, material *m.*
material point (phys.), punto fijo material *m.*
materials, materiales *m.pl.*
building materials, materiales de construcción.
fire-resisting materials, materiales incombustibles.
heat-insulating materials, materiales antitérmicos.
refractory materials, materiales refractarios.
mathematical, matemático.
mathematical arts, ciencias matemáticas *f.pl.*
mathematical instrument, instrumento para la técnica *m.*
mathematician, matemático *m.*
mathematics, matemáticas *f.pl.*
matrix (found.), matriz *f.*, molde *m.*
matrix gem (geol.), piedra engangada *f.*
to matrix (found.), colar en molde.
matter, materia *f.*
matter (subject), asunto *m.*
mattock (ag.), azadón *m.*, piqueta *f.*
maturity (of a debt), vencimiento *m.*
maximum *adj.*, mayor, máximo.
maximum *n.*, máximo *m.*
maximum demand, consumo máximo *m.*
maximum load (el.), demanda máxima *f.*
maximum load (mec.), carga máxima *f.*
maximum output (eng.), potencia máxima *f.*
maximum speed, velocidad máxima *f.*
maximum speed on level, velocidad máxima en recorrido horizontal.
maximum tractive effort of a locomotive, esfuerzo máximo de tracción de una locomotora.
may we quote you?, permítanos de enviarle(s) precios.
meadow, pradera *f.*
meadow-land, campo pastoril *m.*
mean (mat.), medio, promedio *m.*
mean *n.*, manera *f.*, modo, medio *m.*
mean effective pressure, presión eficaz media *f.*
mean error per mile not exceeding ·035 in., error promedio inferior a 0 mm., 91 por kilómetro.
mean flow (hyd.), caudal medio *m.*
mean speed, velocidad media *f.*
mean spherical candle-power, intensidad luminosa esférica *f.*
mean tractive effort (rly.), esfuerzo de tracción medio *m.*
mean tractive effort of 65,000 lbs., esfuerzo de tracción de 30.000 kos promedio.
mean value (mat., phys.), valor medio *m.*
mean value of a current (or voltage), valor medio de la intensidad (o de la tensión).
measurable, mensurable.
measure, medida *f.*
measure (chem.), dosis *f.*
measure (the act of), medición *f.*
liquid measure, medida para líquidos (o flúidos).
square measure, medida de superficie.
standard measure, medida patrón *f.*
tape measure (surv.), cinta de agrimensor, cinta de medir *f.*
to measure, medir.
to measure a ship's hold, cubicar un buque.
to measure about axis of x, medir la abscisa.
to measure exactly, medir con precisión.
to measure flow of water over a weir (hyd.), aforar el gasto de un vertedero.
to measure the amperage of a current (el.), medir la intensidad de una corriente.
to measure the bore of a gun (art.), calibrar un cañón.
to measure water flowing in a stream, aforar el caudal de una corriente de agua.
to measure with the planimeter, planimetrar.
to measure wood, cubicar madera.
measurement, medida, medición *f.*
measurement (of solids or hollows), cubicación *f.*
measurement by tacheometer (surv.), medición con taquímetro.
measurement by thermometer, medida termométrica.
measurement of a length out of reach, medida de una distancia inaccesible.
measurement of ship's tonnage, arqueo de un buque.
measurement of torque (mec.), medida del par.
quantity measurement (c.e.), medición del cubaje *f.*
standard of measurement, patrón de medidas *m.*, norma de medidas *f.*
measuring, medición, medida *f.*
measuring instrument, instrumento de medida, medidor *m.*
measuring machine, máquina medidora *f.*
measuring-rule, escala *f.*
measuring scale, escala de medida *f.*
meat, carne *f.*
meat-preserving factory, saladero (S.A.) *m.*
mechanic *adj. & n.*, mecánico *m.*
mechanical, mecánico.
mechanical action, impulsión mecánica *f.*
mechanical arts, ciencia mecánica *f.*

mechanical contrivance, mecanismo *m.*
mechanical drive, impulso mecánico *m.*
mechanical efficiency, rendimiento mecánico *m.*
mechanical energy, fuerza (o energía) mecánica *f.*
mechanical engineering, artes mecánicas *f.pl.*, ingeniería mecánica *f.*
mechanical equivalent of heat, equivalente mecánico del calor *m.*
mechanical output at the shaft in KW., potencia mecánica utilizable en KW.
mechanical power, fuerza mecánica *f.*
mechanical-stoking (boil.), carga mecánica *f.*
mechanical strength, robustez mecánica *f.*
mechanical traction, tracción mecánica *f.*
mechanical unit, unidad mecánica *f.*
mechanical work, trabajo mecánico *m.*
mechanically, mecánicamente.
mechanically-driven, impulsado (o movido) mecánicamente.
mechanically-operated, actuado mecánicamente.
mechanically-operated sluice, compuerta actuada mecánicamente.
mechanics, mecánica, mecánica pura *f.*
mechanism, mecanismo *m.*
medical, medicinal.
medical officer, oficial de sanidad *m.*
medicine, medicina *f.*
medicine-chest, botiquín *m.*
medium *adj.*, mediano, regular.
medium (mean), medio, intermedio *m.*
medium (space), ambiente *m.*
medium-grained *adj.*, de grano semifino.
medium ground, molido semifino.
medium size, de tamaño regular.
to meet a bill (fin.), pagar una letra.
to meet the demand for, satisfacer el pedido de. . . .
meeting (com., fin.), asamblea *f.*
meeting (sporting), concurso *m.*, reunión *f.*
megadyne, megadina *f.*
megafarad, megafaradio *m.*
megaphone, portavoz *m.*
megavolt, megavoltio *m.*
megerg, megergio *m.*
megger, aparato especial para medir resistencias de aislamiento.
megohm, megohmio *m.*
melinite, melinita *f.*
to melt, fundir.
to melt down, same as to melt.
melting *n.*, fusión *f.*
melting down *n.*, fusión *f.*
melting temperature (or point), temperatura de fusión *f.*
mentha (bot.), menta *f.*
to mercerise (text.), abrillantar, dar lustre (o brillo), mercerizar.
mercerising rolls, rodillos de abrillantar *m.pl.*
merchandise, mercancía *f.*
merchant, comerciante *m.*
merchant bar (met.), hierro comercial en barras *m.*
merchant-iron, hierro comercial *m.*
merchant navy (or service), marina mercantil *f.*
merchantman, buque mercantil *m.*
mercuric, mercúrico.
mercuric chloride, cloruro mercúrico *m.*
mercuric nitrate, nitrato mercúrico.
mercuric oxide, óxido mercúrico.
mercurous, mercurioso.
mercury, mercurio *m.*
mercury boiler, caldera de vaporizar mercurio *f.*
mercury-breaker (el.), interruptor en mercurio *m.*
mercury pump (phys.), bomba de agotamiento al mercurio *f.*
mercury sulphate, sulfato mercurioso *m.*
mercury turbine, turbina al vapor de mercurio *f.*
mercury-vacuum, vacío por mercurio *m.*
mercury vessel (met.), hervidor de mercurio *m.*
to merge (com., fin.), absorber, amalgamar.
merger, amalgamación comercial *f.*
meridian (ast., geog.), meridiano *m.*
meridian (time), mediodía *m.*
mesh (el.), see delta.
mesh (of net), malla *f.*
mesh-coupling (el.), acoplamiento en delta *m.*
fine mesh, malla estrecha.
in mesh (i.e., two gears in contact), en toma, engranados.
open mesh, malla ancha.
to be well in mesh, engranar bien.
mesozoic (geol.), secundario.
message, mensaje *m.*, comunicación *f.*
messenger, mandadero, mensajero *m.*
metacentre (shpbdg.), metacentro *m.*
metal, metal *m.*
metal bath (met.), baño metálico *m.*
metal-lined, blindado, forrado de metal.
metal-lined shaft (min.), pozo blindado *m.*
metal preservative, pintura antiherrumbre para metales *f.*
metal recovery, recuperación del metal *f.*
metal-road, camino reforzado con metal *m.*
metal-worker, metalario *m.*
metal-working machinery, maquinaria para labrar metales *f.*
base metal, metal común.
bell metal, bronce de campanas *m.*
crude metal, metal bruto.
fusible metal, metal fusible (o fundible).
gun metal, bronce de cañón *m.*
rich metal, metal noble.
soft metal, metal plástico, metal dúctil.
the metals (rly.), la vía *f.*
metallic, metálico.
metallic-arc process (welding), procedimiento al arco metálico *m.*
metallic filament (el.), filamento grafitado *m.*
metallic net, alambrera *f.*
metallic packing, guarnición metaloplástica *f.*
metallic wire, alambre *m.*
metalliferous, metalífero.
to metallise, metalizar.
metallised *adj.*, metalizado.
metallographic *adj.*, metalográfico.
metallographic test, prueba metalográfica *f.*
metallography, metalografía *f.*
metalloid, metaloide *m.*
metallurgical, metalúrgico.
metallurgical pyrometry, pirometría metalúrgica, medición de las temperaturas elevadas en metalurgia *f.*
metallurgist, metalúrgico *m.*
metallurgy, metalurgia, siderurgia *f.*
metallurgy standards, normas para metalurgia *f.pl.*
metamorphic *adj.*, metamórfico.
metamorphic system (geol.), sistema esquistoso cristalino *m.*
metamorphose, metamorfosis *f.*
meteor, metéoro *m.*
meteoric, meteórico.
meteoric stone, aerolito, meteorito *m.*

meteorological, meteorológico.
meteorological Bureau, oficina meteorológica *f.*
meteorology, meteorología *f.*
meter (meas.), contador, medidor *m.*
meter-shunt, shunt para contador *m.*
meter-testing, verificación de los contadores (o medidores) *f.*
air meter, aerómetro *m.*
ammonia meter, medidor de amoníaco.
ampère-hour meter, contador de cantidad.
electrochemical ampère-hour meter, contador electroquímico de cantidad.
CO_2 meter (boil.), indicador de anhídrido carbónico.
electric meter, contador de electricidad.
flow meter, medidor de chorro.
gas meter, medidor de gas.
house meter, contador de abonado (el.), medidor de abonado (gas) *m.*
prepayment meter, medidor de pago previo.
slip meter (A.C. motors), medidor del deslizamiento *m.*
steam meter, medidor de vapor.
water meter, medidor del agua.
watt meter : Véase wattmeter.
watt-hour meter, contador de energía.
metering (by the meter itself), apunte *m.*, registración *f.*
method, método *m.*
methyl, metilo *m.*
methyl acetate, acetato metílico *m.*
methyl ether, éter metílico *m.*
methyl iodide, ioduro metílico *m.*
methyl salycilate, salicilato metílico *m.*
methylated spirit, alcohol desnaturalizado *m.*
methylene, metileno *m.*
methylic, metílico.
metre, metro *m.*
metric (or metrical), metríco.
metric unit, unidad del sistema métrico *f.*
metrical screw-thread, filete métrico internacional *m.*
metrical system, sistema métrico *m.*
Mexican, Mejicano *m.*
Mexico, Méjico.
mezzanine (arch.), entresuelo *m.*
mica insulation, aislamiento de mica *m.*
micaceous, micáceo.
microhm, microhmio *m.*
microhm-centimetre, microhmio-centímetro *m.*
microhmmeter, microhmmetro *m.*
micrometer, micrómetro *m.*
microphone, micrófono *m.*
granular microphone, micrófono de granalla.
microscope, microscopio *m.*
mid-position, posición intermedia *f.*
middle, medio *m.*
middle third (c.e., mat.), tercio mediano *m.*
midship (naut.), medio de un buque *m.*
midshipman, aspirante de marina *m.*
midships, al través, por el medio (del buque).
midsummer, solsticio estival *m.*
migration, emigración *f.*
mil, unidad de medida de los alambres igual a $\frac{1}{1000}$ de pulgada.
mildew, filoxera *f.*
microstructure, microestructura *f.*
mile, milla *f.* (medida de longitud inglesa equivalente a 1.609 metros).
measured mile (naut.), milla patrón de velocidad.
miles per hour, (equivalente) kilómetros por hora.
60 miles per hour : 96 kilómetros por hora.
mileage, kilometraje *m.*

military, militar.
military law, código militar *m.*
milk, leche *f.*
milk-food, alimento lácteo *m.*
milk-glass, porcelana fusible *f.*
milk product, derivado de la leche *m.*
milk-quartz (min.), cuarzo lechoso *m.*
milk-skimmer (dairy), desnatadora *f.*
milk-sugar (chem.), lactina *f.*
milk-white *adj.*, blanco lechoso.
to milk, ordeñar.
milking-booster (el.), reforzador de fin de batería *m.*
milking-cell (el.), acumulador suplementario *m.*
milking machine (ag.), máquina de ordeñar.
milky, lácteo, lechoso.
milky way (ast.), vía láctea *f.*
mill, molino *m.*
mill (general), fábrica, factoría *f.*
mill (iron or steel), fábricas *f.pl.*, talleres *m.pl.*
mill (such as for mineral working), taller de preparado *m.*
mill (text.), hilandería *f.*
mill (to flatten metals with), laminador (véase rolling mill).
mill-board, cartón doble *m.*
mill-dam, represa de molino *f.*
mill-pond, alcubilla, alberca *f.*
cement-mill, fábrica de cemento *f.*
ball mill (min.), molino de bolas *m.*
corn mill, molino harinero.
drawing mill (met.), hilera, máquina de hilerar *f.*
flour mill, molino harinero *m.*
grinding mill (mach.), moledora, molturadora, trituradora *f.*
ore mill, bocarte, triturador de mineral *m.*
plate mill (met.), laminador de chapas.
rolling mill (met.), laminador *m.*
saw mill, aserradero *m.*
to mill (techn.), fresar.
to mill (to grind), moler.
to mill (to knurl), moletear, ranurar.
tube mill, molino de tubos.
water mill, molino hidráulico.
milled (ground), molido.
milled (techn.), fresado.
miller (man), molinero *m.*
miller (tool), fresa *f.*
millesimal, milésimo.
milli-ammeter, miliamperímetro *m.*
milli-voltmeter, milivoltímetro *m.*
milliampere, miliamperio *m.*
millibar (meteor.), milibarra *f.*
milligramme, miligramo *m.*
millihenry, milihenrio *m.*
millimeter, milímetro *m.*
milling (crushing), molienda *f.*
milling (techn.), fresado *m.*
milling attachment (mach.), porta herramienta para fresadora *m.*
milling machine, fresadora *f.*
milling shop (techn.), taller de fresado *m.*
milling-work (mach. tool), fresado *m.*
copy milling machine, fresadora copiadora.
double-headed milling machine, fresadora de dos cabezales.
horizontal milling machine, fresadora horizontal.
Lincoln-type milling machine, fresadora paralela.
pillar milling machine, fresadora de columna.
universal milling machine, fresadora para trabajos generales.
worm-gear milling machine, fresadota para tallar engranajes helicoides.

million, millón *m.*
millionth, millonésimo *m.*
millivolt, milivoltio *m.*
millivolt-ammeter, milivoltamperímetro *m.*
milliwatt, milivatio *m.*
millstone, muela *f.*
millwright, fabricante de molinos *m.*
mine, mina *f.*
mine-dial, brújula de minero *f.*
mine face, fondo de laboreo *f.*
mine-layer (nav.), posador de minas *m.*
mine-returns (fin.), utilidades de la mina *f.pl.*
mine-sweeper (nav.), draga de minas *f.*, rastreador *m.*
mine-working (min.), explotación minera *f.*, laboreo, mineraje *m.*
to mine (exp.), minar.
to mine (min.), beneficiar (o explotar) una mina, extraer.
miner, minero *m.*
mineral, mineral *m.*
mineral-blue (min.), azurita molida *f.*
mineral deposit, yacimiento metalífero *m.*
mineral-shows, trazas de mineral *f.pl.*
mineral water, agua mineral *f.*
to mineralise, mineralizar.
mineralogy, mineralogía *f.*
miner's friend, lámpara de seguridad Davy *f.*
miners' school, escuela de peritos mineros *f.*
minimum, mínimo *m.*
minimum speed, velocidad mínima *f.*
mining, minería *f.*
mining (actual work of mines), laboreo *m.*
mining centre, distrito minero *m.*
mining lease, concesión minera *f.*
mining school (superior), escuela de minas, escuela de minería *f.*
mining undertaking, empresa minera *f.*
minister, ministro *m.*
ministry, ministerio *m.*
ministry of health, ministerio de higiene.
minium, minio *m.*
mint (bot.), menta *f.*
mint (coining house), casa de la moneda *f.*
to mint, acuñar moneda.
minter, acuñador *m.*
minute (time), minuto *m.*
minute (small) *adj.*, menudo.
minute-gun (naut.), cañón de alarma minutero *m.*
minute-hand (watch), minutero *m.*
miocene, mioceno.
mirage, espejismo *m.*
mirror, espejo *m.*
mirror scale, escala de proyección *f.*
parabolic mirror, espejo parabólico.
to miscalculate, calcular errado.
miscalculation, cálculo erróneo (o errado), error en el cálculo *m.*
misconstruction, interpretación falsa *f.*
to misfire (eng.), errar el encendido.
misfiring (eng.), encendido errado *m.*
mishap, contratiempo *m.*
mispickel (min.), pirita arsenical *f.*
misprint, error de imprenta *m.*
to misprint, imprimir falso.
to miss, errar.
mission, misión *f.*
mist, neblina *f.*
mistake, error, yerro *m.*
to mistake, equivocar, confundir.
mistranslation, traducción errónea *f.*
misty, neblinoso.
mitre, inglete *m.*
mitre-cutting machine, máquina de cortar ingletes *f.*
mitre-wheel, engranaje cónico *m.*
to mix, mezclar.
to mix with water, aguar.
mixer, mezclador *m.*
mixer (sugar ind.), mascador *m.*
mixing, mezcla, mezcladura *f.*
mixtilinear, mixtilíneo.
mixture, mezcla *f.*
mixture (pharm.), poción *f.*
mizzle, llovizna *f.*
to mizzle, lloviznar.
mnemonic, mnemónico.
mnemonics, mnemónica *f.*
model, modelo *m.*
to model, modelar.
modelling, modelado *m.*
moderate, moderado.
to moderate, moderar.
modern, moderno.
to modernise, modernizar.
to modernise (arch.), restaurar.
modification, modificación *f.*
to modify, modificar.
modillion (arch.), modillón *m.*
to modulate, modular.
modulated, modulado.
modulated current (tel., wir.), corriente modulada *f.*
modulation, modulación *f.*
module (arch.), módulo *m.*
modulus, módulo, coeficiente *m.*
modulus of elasticity, coeficiente de elasticidad.
modulus of resistance (mec.), módulo de resistencia.
moist, húmedo.
moisture, humedad *f.*
mole (c.e.), muelle *m.*
molecular attraction, atracción molecular *f.*
molecular bombardment (phys.), bombardeo molecular *m.*
molecular energy, energía del movimiento molecular *f.*
molecular formula, fórmula molecular *f.*
molecular weight, peso molecular *m.*
molecule, molécula *f.*
mollifier (chem.), emoliente *m.*
molten, fundido.
molybdena, molibdena *f.*
molybdenum, molibdeno *m.*
moment, instante, momento *m.*
moment (mec., phys.), momento *m.*
moment about a point (mec.), momento con relación a un punto.
moment of inertia, momento de inercia *m.*
moment of inertia about axis XY, momento de inercia con relación al eje XY.
moment of inertia of a rectangle, momento de inercia de un rectángulo.
moment of torsion, momento torsional.
momentarily, momentáneamente.
momentary, momentáneo.
momentum (mec.), fuerza viva *f.*, ímpetu *m.*
momentum-gathering body (mec.), cuerpo acumulando fuerza viva.
money (coin), moneda *f.*
money (currency), dinero *m.*
money-broker (fin.), corredor de disponibilidades *m.*

money-changer, cambista *m.*
money-order, bono postal *m.*
monkey (of pile-driver), maza de hincar *f.*
monkey-wrench, llave Inglesa *f.*
monolith, monolito *m.*
monome, monomio *m.*
monoplane, monoplano *m.*
commercial low-wing monoplane fitted with two 500 H.P. X engines, designed to carry a crew of two and eight passengers, or alternatively, freight or mail at a cruising speed of 220 m.p.h. for distances up to 1,000 miles non-stop, monoplano de transportes, de alas bajas, provisto de dos motores X de 500 HP c/u, calculado para una tripulación de dos personas y ocho pasajeros, u opcionalmente carga y correo, a la velocidad de 353 km/h. sobre distancias hasta de 1.609 km. sin parar.
high-wing monoplane, nonoplano de alas elevadas.
low-wing monoplane, monoplano de alas bajas.
monopolar (el.), monopolar, unipolar.
monopolar co-ordinates (mat.), coordenadas monopolares *f.pl.*
monopoly, monopolio *m.*
monorail *adj.*, de carril único.
monoxide (or monoxyde), monóxido *m.*
monsoon, monzón *m.*
month, mes *m.*
monthly, mensual.
moon, luna *f.*
full moon, luna llena *f.*, plenilunio *m.*
half moon, media luna *f.*
moonlight, luz de luna *f.*
moor (geog.), páramo *m*, puna (S.A.) *f.*
to moor (aer., naut.), amarrar.
mooring, amarradura *f.*
mooring (place), amarradero *m.*
mooring-ground (naut.), anclaje *m.*
mooring-mast (aer.), torre de amarre *f.*
moot point, cuestión discutible *f.*
mop, lampazo *m.*
moraine (geol.), morena *f.*
morainic, morénico.
mordant (paint.), agua fuerte *f.*
morning, mañana *f.*
morphia, morfina *f.*
Morse code, código telegráfico Morse *m.*
mortar (const.), argamasa *f.*, mortero *m.*
mortar (mil.), mortero *m.*
mortar life-saver (naut.), mortero portaamarra de salvamento *m.*
mortgage, hipoteca *f.*
to mortgage, hipotecar.
mortgagee, acreedor hipotecario *m.*
mortgager, deudor hipotecario *m.*
mortise, mortaja *f.*
mortise-chisel, escopleador *m.*
to mortise, mortajar, escoplear.
mortising *n.*, escopleado, mortajado *m.*
mortising-machine, mortajadora *f.*
mosaic gold, oro musivo, súlfido estánico (SnS^2) *m.*
moss, musgo *m.*
mossy, musgoso.
Mother-country, país de origen *m.*
mother-liquor (chem.), aguas madres *f.pl.*
mother-ship (nav.), buque avituallador *m.*
Mother-tongue, lengua materna *f.*
motion, movimiento *m.*
backward motion, movimiento de retroceso.
centrifugal motion, rotación centrífuga *f.*
centripetal motion, rotación centrípeta *f.*
in motion, en movimiento.
nosing motion (loco.), laceado *m.*
reciprocating motion, movimiento de vaivén, movimiento de atrás para adelante, movimiento recíproco, vaivén *m.*
to set in motion, poner en movimiento.
motionless, inmóvil.
motive *adj.*, motor, motriz.
motive *n.*, motivo *m.*
motive cycle (el., mec.), período motor *m.*
motive power, fuerza motriz *f.*
motor *n.*, motor *m.*
motor-boat, lancha automóvil *f.*
motor-bus, autobús *m.*
motor-car (rly.), automotriz *f.*, coche automotor *m.*
motor-car (road vehicle), automóvil, coche automóvil *m.*
motor-car components, piezas metálicas para automóviles *f.pl.*
motor-converter (el.), grupo conmutatriz y motor *m.*
motor-cycle, motocicleta *f.*
motor-driven, a motor, de motor, impulsado por motor.
motor-driver, automovilista, conductor *m.*
motor-generator, motogenerador *m.*
motor-generator set, grupo motogenerador *m.*
motor industry, industria del automóvil *f.*
motor-racing, carrera de automóviles *f.*
motor-racing track, autódromo *m.*
motor-road, autopista *f.*
motor-ship, motonave *f.*
alternating current motor, alternomotor, motor de corriente alterna *m.*
bar-wound motor, motor de jaula de ardilla, motor de inducido de barras.
compensated repulsion motor, motor de repulsión compensada.
compound-wound motor, motor compound.
compressed air motor, motor de aire comprimido.
cowl-cooled motor, motor enfriado por aletas.
direct-current (or D.C.) motor, motor de corriente continua.
drip-proof motor, motor protegido contra goteo.
driving motor, motor.
electric motor, motor eléctrico.
enclosed motor, motor cerrado (o protegido).
enclosed ventilated motor, motor cerrado y ventilado.
geared-down motor, motor con engranaje reductor.
induction motor, motor asincrónico.
ironclad motor, motor acorazado (o blindado).
haulage motor (min.), motor de extracción.
marine motor, motor eléctrico para marina.
pipe ventilated motor, motor ventilado por tubos.
polyphase induction motor, motor asincrónico polifásico.
repulsion motor, motor de repulsión.
repulsion-starting induction-type motor, motor asincrónico de arranque por repulsión.
reversible motor, motor de doble sentido de rotación (o invertible).
series (or series-wound) motor, motor en serie.
series-compensated motor, motor en serie compensado.
shunt motor, motor en derivación.
single-phase motor, motor monofásico.
single-phase induction motor, motor asincrónico monofásico.
slip ring motor, motor de anillos.

small motor, motor de baja potencia, motorcito *m.*
squirrel-cage motor, motor de jaula de ardilla.
synchronous motor, motor sincrónico.
synchronous induction motor, motor sincrónico de arranque asincrónico.
three-phase motor, motor trifásico.
totally enclosed motor, motor blindado.
traction motor, motor para tracción.
unity power-factor motor, motor con factor de potencia unidad.
wound-rotor motor, motor de rotor bobinado.
motoring, automovilismo *m.*
motorist, automovilista *m.*
motorman (of tram.), conductor, motorman (S.A.) *m.*
mould, molde *m.*
mould (met.), matriz *f.*
mould (shpbdg.), gálibo *m.*
mould-box (met.), caja de moldeo *f.*
mould-loft (shpbdg.), sala de gálibos *f.*
chill mould, matriz de colada y enfriado *f.*
to mould (met.), amoldar, moldear.
to mould (shpbdg.), plantillar gálibos.
moulded parts (of plastic material), piezas prensadas *f.pl.*
moulder (met.), moldeador *m.*
moulder (shpbdg.), plantillero *m.*
moulding (arch.), moldura, cornisa *f.*
moulding (carp.), moldura *f.*
moulding (met.), moldado, moldeo *m.*
moulding cutter, cuchilla de moldurar *f.*
moulding machine (met.), moldeadora mecánica *f.*
fluted moulding (arch.), media caña *f.*
hand-moulding, moldeadora a (o de) mano.
half-round moulding (carp.), moldura de media caña *f.*
hollow moulding (arch.), caveto *m.*
hydraulic-moulding, moldeadora hidráulica.
mouldy, mohoso.
mount, monte *m.*
mountain, montaña *f.*
mountain division (rly.), sección montañosa *f.*
mountain gorge, quebrada *f.*
mountain top, cúspide *f.*
mountaineer, montañés *m.*
mountainous, montañoso, montuoso.
mouth, boca *f.*
mouth of a furnace (blast furnace), tragante *m.*
mouth of a river, desembocadura *f.*
movable, movible, móvil.
to move, mover.
movement, movimiento *m.*
moving (in motion), en movimiento.
to mow, segar.
mower, segador *m.*
mowing *n.*, siega *f.*
mowing machine, segadora mecánica *f.*
mud, barro, cieno, fango, lodo *m.*
mud accumulation, acumulación de barro *f.*
mud-cart, carretón para barro *m.*
mud-collector (boil.), colector de sedimento *m.*
mud-lighter (mar.), alijador de draga *m.*
mud trap, colector de barro *m.*
muddy, cenagoso.
mudguard, guardabarro *m.*
mudsill (hyd., geol.), suela de gravas *f.*
muffle (of pulley), tambor *m.*
muffle (chem.), mufla *f.*
muffler (aut.), silencioso *m.*
mule (zool.), mula *f.*
mule (text.), hiladora, máquina de hilar *f.*
self-acting mule, hiladora de acción propia.
multi-stage *adj.*, de varios grados.
multicylinder, de varios cilindros, policilíndrico.
multiphase, polifásico.
multiple *adj.*, múltiple.
multiple (mat.) *n.*, múltiplo *m.*
multiple-boring machine, taladradora de brocas múltiples *f.*
multiple-lever testing machine, ensayadora multiplicada *f.*
multiple-spark-gap (wir.), chispero en serie, disruptor múltiple *m.*
multipliable, multiplicable.
multipolar, multipolar.
multitubular boiler, caldera multitubular *f.*
municipal undertaking, servicio municipal *m.*
municipality, municipalidad *f.*
munition, municiones *f.pl.*
muriate, muriato *m.*
muriate of lime, cloruro de calcio *m.*
muriatic, muriático.
mushroom, hongo *m.*
mushroom-bolt, perno de bordón *m.*
music, música *f.*
mutton, carne de carnero *f.*
mutual, mutuo, recíproco.
mutual conductance (wir.), coeficiente de conducción mutua *m.*
mutual inductance, inducción mutua *f.*
muzzle (of tube or gun), boca *f.*
muzzle (a cover), bozal *m.*
muzzle-velocity (firearms), velocidad inicial *f.*
myriametre, miriámetro *m.*
myriawatt, miriavatio *m.*

N

nacelle (aer.), barquilla, nacela *f.*
nacrite (min.), nacrita, talquita *f.*
nadir, nadir *m.*
nail, clavo *m.*
nail-box, caja de clavos *f.*
nail-head, cabeza de clavo *f.*
nail-maker, clavero *m.*
nail-puller, menestrete, botador, sacaclavos *m.*
nail-shank, cuerpo del clavo *m.*
nail-works, fábrica de clavos *f.*
clinker nail, clavo de tinglar.
framing nail, clavo romano.
french nail, punta de París *f.*
headless nail, puntilla *f.*
hook nail, gancho, clavo de gancho (o de colgar) *m.*

plank nail, clavo tablero.
shingling nail, abismal *m.*
slating nail, clavo de pizarrero.
spike nail, alcayata *f.*
to nail, clavar, clavetear, enclavar.
to nail down (or up), clavar, cerrar con clavos.
trunk nail, clavo doble.
wire nail, puntilla, punta de París *f.*
nailed, clavado.
name, nombre *m.*
name (reputation), fama *f.*
name-plate (on mach. or inst.), chapa de identidad, placa del fabricante *f.*
name-plate (professional), chapa de profesional *f.*
naphtha, nafta *f.*
coal naphtha, nafta de hulla (o de destilación).
solvent naphtha, nafta disolvente.
wood naphtha, alcohol metílico, espíritu de madera *m.*
naphthaline, naftalina *f.*
naphthol, naftol *m.*
narrow, angosto, estrecho.
narrow gauge (rly.), vía estrecha, trocha angosta (S.A.) *f.*
to narrow, angostar, enangostar, estrechar.
nascent, naciente, principiante.
nation, nación *f.*
national, nacional.
to nationalise, nacionalizar.
nationality, nacionalidad *f.*
native (indigenous), indígena.
native (of a country), natural.
native labour, mano de obra indígena *f.*
native state (min.), estado natural (o virgen) *m.*
natron, carbonato de soda *m.*
natural philosophy, física *f.*
natural size, tamaño natural *m.*
natural state (geol., min.), estado virgen *m.*
nature, naturaleza *f.*
nature (kind), especie *f.*, género *m.*, laya *f.*
nautic (nautical), náutico.
nautical almanac, efemérides navales *f.pl.*
nautical term, término de marina *m.*
naval air base, base aérea naval *f.*
naval architect, constructor naval *m.*
naval cadet, alumno de la Escuela Naval *m.*
naval College, escuela naval *f.*
naval forces, marina de guerra *f.*
naval officer, oficial de marina *m.*
naval power, potencia marítima *f.*
naval science, ciencia náutica *f.*
naval station, apostadero naval *m.*
naval yard, arsenal *m.*
nave (arch.), nave *f.*
nave (of wheels), cubo *m.*
navigable, navegable.
to navigate, navegar.
to navigate a ship, dirigir un buque, marear.
to navigate on surface (submarine), navegar en superficie.
navigation, navegación *f.*
navigation company, empresa naviera *f.*
navigation lights (aer., naut.), luces de navegación *f.pl.*
navigator, navegador *m.*
navy, armada *f.*
navy-board, consejo de la armada *m.*
navy-contractor, proveedor de la armada *m.*
navy estimates, presupuesto naval *m.*
navy-list, anuario naval *m.*
navvy, terrero *m.*
neap-tide, marea baja *f.*

S.T.D.

near, cerca.
near-by *adv.*, cercano, vecino.
near Madrid, cerca de Madrid.
to near, acercarse.
to near land (naut.), acercarse a la costa.
nearness, cercanía, proximidad *f.*
neck, cuello *m.*, garganta *f.*
neck (of bottle), gollete *m.*
neck of land, istmo *m.*
to neck out (to enlarge), abocinar, ensanchar por la boca.
need, necesidad *f.*
to need, necesitar.
needful, necesario.
needle, aguja *f.*
needle (of balance), fiel *m.*, lengüeta *f.*
needle-maker, fabricante de agujas *m.*
needle-ore, aciculita *f.*
needle-shaped, acicular.
needle-stone, piedra acicular *f.*
needle-valve (eng.), puntero de inyección *m.*
needle-valve (hyd.), válvula de aguja *f.*
compass needle (mag.), aguja imanada *f.*
driver needle (text.), aguja selectriz *f.*
hook needle, agujo de gancho.
leaf needle (techn.), punzón *m.*
magnetic needle, aguja magnética *f.*
selecting needle (text.), aguja selectriz.
sewing needle, aguja de coser.
threading needle, aguja de enhebrar.
negative *adj.*, negativo.
negative bus-bar (el.), barra ómnibus negativa *f.*
to negotiate, negociar, tratar, comerciar.
to negotiate a bill of exchange, descontar una letra de cambio.
to negotiate a curve (tr.), tomar una curva.
to negotiate a gradient (tr.), subir una pendiente.
to negotiate for a contract, tratar un contrato.
neighbour, vecino *m.*
neighbourhood, cercanía, vecindad *f.*
in the neighbourhood of London, en las cercanías de Londres.
neodymium (chem.), neodimio *m.*
neolithic, neolítico.
neon (chem.), neo *m.*
neon light, luz del vapor de neo *f.*
net, red *f.*
net *adj.*, neto.
net tonnage, tonelaje neto *m.*
net weight, peso neto *m.*
fishing net, red de pescar.
neutral, neutro, neutral.
neutral (on a three-phase system), punto neutro *m.*
neutral (pol.), neutral *m.*
neutral axis (mec.), eje neutro *m.*
neutral equilibrium (mec.), equilibrio indiferente *m.*
neutral line (phys.), línea cero, línea neutral *f.*
neutral wire (el.), hilo neutro (o de equilibrio) *m.*
to neutralise, neutralizar.
to neutralise (chem.), debilitar, neutralizar.
neutralised solution, disolución neutra (o débil) *f.*
neutrality, neutralidad *f.*
new, nuevo.
newel (of stairs), alma *f.*
newel-post (const.), núcleo *m.*
newest, novísimo.
news, noticias *f.pl.*
news-agency, agencia periodística *f.*
news-room, gabinete de lectura *m.*
newspaper, diario, periódico *m.*

nibbling machine, cortadora (tijera) de chapas *f.*
nickel, níquel *m.*
nickel ammonium sulphate, sulfato de níquel amónico *m.*
nickel-plated *adj.*, niquelado.
nickel-plating *n.*, niquelado *m.*, niqueladura *f.*
nickel-steel, acero al níquel *m.*
nickeliferous, niquelífero, niqueloso.
night, noche *f.*
night service, servicio nocturno *m.*
night-shift (workmen), turno de noche *m.*
night-watch, ronda de noche *f.*
nightfall, anochecer.
niobium (chem.), niobio *m.*
nippers, alicates *m.pl.*
nitrate, nitrato, azoato *m.*
nitrate works, oficina (S.A.) *f.*
basic nitrate of mercury, nitrato mercúrico básico.
lead nitrate, nitrato de plomo.
mercury nitrate, nitrato de mercurio.
potassium nitrate, nitrato de potasa, nitro, salitre *m.*
silver nitrate, nitrato de plata.
nitrating vessel (met.), horno de nitrurar *m.*
nitre, salitre *m.*
nitro-benzene, nitrobencina *f.*
nitro-cellulose, nitrocelulosa *f.*
nitro-toluene, nitrotoluol *m.*
nitrogen, ázoe, nitrógeno *m.*
nitrogen fixation (chem.), fijación del ázoe atmosférico *f.*
nitrogen compound, compuesto azótico (o nítrico) *m.*
nitroglycerine, nitroglicerina *f.*
nitronaphthalene, nitronaftalina *f.*
nitrous, nitroso.
nitrous oxide, óxido nitroso *m.*
to nitrurate (met.), nitrurar.
nitrurated cylinders of an engine, cilindros nitrurados de un motor.
no admittance !, prohibido la entrada, entrada prohibida.
no-contact (el.), contacto falso *m.*
no-load (el., mec.), en vacío, sin carga.
no-load running (el., mec.), marcha en vacío (o sin carga) *f.*
no-load voltage, tensión en vacío *f.*
no-load work, trabajo en vacío (o sin carga) *m.*
no moving parts to wear, no hay parte móvil alguna que pudiera desgastarse.
no skilled attendance required, no requiere cuidados expertos.
no smell, fumes, smoke, etc., ausencia de olor, gases deletéreos, humo etc.
no smoking (notice), prohibido fumar !
no technical knowledge required, no exige pericia técnica.
no thoroughfare !, prohibido el paso !
no-volt, voltaje nulo (o cero).
no-volt release, disparo de voltaje nulo *m.*
no waste, sin desperdicios.
noise, ruido *m.*
noiseless, sin ruido, silencioso.
noisy, ruidoso.
non-arcing (el.), apaga-arcos, que no forma arco, antiarco.
non-compliance, desatención *f.*
non-condensing (mec.), de escape libre, sin condensación.
non-condensing engine, motor de escape libre.
non-conductor (el.), aislador, inconductible, mal conductor.
non-corrosive, incorroible.
non-delivery, falta de entrega *f.*
non-existent, inexistente.
non-ferrous, sin hierro, no ferroso.
non-ferrous metal, metal no ferroso *m.*
non-hygroscopic, antihigroscópico.
non-impregnated, sin impregnar.
non-inductive (el.), sin inducción.
non-inflammable, ignífugo.
non-magnetic, diamagnético.
non-oscillatory, constante, que no oscila.
non-payment, falta de pago *f.*
non-polarised, sin polarizar.
non-professional, antiprofesional.
non-reversible, ininvertible.
non-reversing, ininvertible, irreversible.
enables non-reversing prime mover to be used, permite emplear motores ininvertibles.
non-skid, antirresbaladizo, antideslizante.
non-skid cover (aut.), cubierta antideslizante *f.*
non-slip, antirresbaladizo.
non-stop, directo, sin parar.
non-stop flight (av.), vuelo continuo (o sin parar) *m.*
this train runs non-stop between A & B stations, este tren corre sin parar entre A y B.
non-uniform movement, movimiento variable *m.*
nonius, nonio *m.*
normal (geom.), normal *f.*
normal load, carga normal *f.*
normal output (el., mec.), capacidad normal *f.*
normal speed, velocidad de régimen *f.*
normal test, ensayo según norma *m.*, prueba normal *f.*
normal working, funcionamiento normal *m.*
north, norte *m.*
north-America, Norte América.
north-east, nordeste *m.*
north Pole, Polo Norte *m.*
north-west, noroeste *m.*
northerly, al norte, del norte, septentrional.
northern, hacia el norte, boreal.
northern lights, aurora boreal *f.*
northernmost, al extremo norte.
northward, hacia el norte.
nose, nariz *f.*
nose of a switch (rly.), punta del corazón *f.*
nose-suspension, suspensión de orejas *f.*
notary public (jur.), escribano *m.*
notch, muesca, ranura, mella *f.*
notch (hyd.), bocacaz *m.*
notch-gauging (hyd.), aforo en vertedero de muesca *m.*
to notch, cortar muescas, ranurar, mellar.
notching, ranurado *m.*
notching machine, ranuradora *f.*
note (fin.), billete de banco *m.*
note (memorandum), nota *f.*
to note, anotar.
noteworthy, notable.
notice, aviso, anuncio *m.*
notice (term), plazo *m.*
notice board, tablero de anuncios, letrero *m.*
noxious, dañoso, nocivo.
nozzle, tobera *f.*, tubo de salida *m.*
nozzle-ring (turb.), corona portatoberas *f.*, estator de toberas *m.*
nozzle-sprayer, pulverizador de tobera *m.*
blast nozzle (loco.), tobera de descarga.
delivery nozzle (st. eng.), cono de inyección *m.*
feed nozzle (boil.), tobera de inyección.
sand-blowing nozzle (rly.), tobera lanzaarena.
spray nozzle (eng.), inyector de combustible *m.*

nugget (min.), pepita *f.*
null method (meas.), método del cero *m.*
number, número *m.*
number plate (mot.), chapa de identidad *f.*
to number, numerar.
numbering, numeración *f.*
numeral *adj.*, numeral.
numeral *n.*, cifra *f.*, guarismo *m.*
numerator, numerador *m.*
nursery (bot.), plantel *m.*
nut (bot.), nuez *f.*
nut (techn.), tuerca *f.*
nut-cutting machine, roscadora para tuercas *f.*
nut-lock (techn.), tuerca indestornillable.
nut-tapping machine, máquina de roscar tuercas *f.*
nut-tree (bot.), nogal *m.*
butterfly nut (techn.), tuerca de orejas.
castle nut, tuerca de castillete.
hexagon nut, tuerca de seis caras (o hexagonal).
knurled nut, tuerca ranurada.
locking nut, contratuerca *f.*
loose nut, tuerca aflojada.
milled nut, tuerca ranurada.
thumb nut, tuerca de orejas.
wing nut, tuerca de aletas (o de orejas).
nutrition, nutrición *f.*
nutritious, alible, nutritivo.

O

oak, encina *f.*, roble *m.*
oak-gall, bugalla, agalla de roble *f.*
oak-grove, robledo *m.*
box oak, boj *m.*
oar, remo *m.*
oarsman, remero *m.*
oat, avena *f.*
object, objeto *m.*
object-cap (opt.), tapón de telescopio *m.*
object-glass, objetivo *m.*
to object, oponerse.
objection, oposición *f.*
oblique, oblicuo, sesgado.
obliquity, oblicuidad *f.*, sesgo *m.*
obliquity of a lode (min.), sesgo de un filón.
oblong, oblongo.
obnoxious, dañoso.
obscure, obscuro, oscuro.
observable temperature, temperatura leída *f.*
observatory, observatorio *m.*
to observe, observar.
observer, observador *m.*
obsidian (geol.), obsidiana *f.*
obsolescence, antigüedad *f.*, desuso *m.*
obsolescence of plant, desuso de una instalación.
obsolete, anticuado, fuera de uso.
obtuse, obtuso.
obtuse (not pointed), embotado.
obtuse angle, ángulo obtuso.
obtuse-angled *adj.*, obtusángulo.
obtuse-angled triangle, triángulo obtusángulo *m.*
to occlude, ocluir, obliterar, cerrar.
occlusion, oclusión, obstrucción *f.*
occupies little space, exije lugar reducido.
to occur (to be met with), aparecer, encontrarse, presentarse.
mineral occur in wide beds, el mineral se presenta en anchos filones.
petroleum might occur in the earth in strata of conglomerate, el petróleo suele encontrarse en capas de conglomerados en la tierra.
ocean, océano *m.*
ocean-going ship, buque de alta mar *m.*
ocean-liner, trasatlántico *m.*
oceanic, oceánico, pelágico.
oceanography, oceanografía *f.*
ochre, ocre *m.*
iron ochre, minio de ocre *m.*
red ochre, almagre *m.*
octagon, octógono *m.*
octagonal, octogonal.
odd (not even), impar, desparejado.
odd number, número impar *m.*
odometer, odómetro *m.*
off *adv.*, fuera, lejos de, en distancia.
off (el., mec.), apagado, cortado, parado.
off (naut.), a la altura de.
off duty, libre de servicio.
off Montevideo, a la altura de Montevideo.
off-position (el.), desconectado, fuera de circuito.
doors cannot be opened unless the isolator is in the " off " position, es imposible abrir las puertas a no ser que el aislador esté fuera de circuito.
off-set : see offset.
off the rails (rly.), descarrilado.
offer, oferta *f.*
to offer, ofrecer.
to offer for sale, poner en venta.
to offer one's services, ofrecerse.
office (function), cargo *m.*, función *f.*
office (house), oficina *f.*, despacho *m.*
office buildings, administración *f.*
office-hours, horas de oficina *f.pl.*
office of works, ministerio de obras públicas *m.*
in office (pol.), en el poder.
to be in office (pol.), estar en el poder.
officer (civil), funcionario *m.*
officer (mil., nav.), oficial *m.*
official *adj.*, oficial.
official *n.*, funcionario *m.*
offset (draw., surv.), proyección *f.*, acercamiento *m.*
setting out curves by offsets, trazado de curvas por medio de proyecciones.
offshore (naut.), de la tierra.
ogee (arch.), cimacio *m.*, gola *f.*
ogive, ojiva *f.*
ohm, ohmio *m.*
standard ohm, ohmio normal, ohmio patrón *m.*
ohmic, óhmico.
ohmic drop, caída de tensión, caída óhmica *f.*
ohmic loss (el.), pérdida térmica, pérdida júlica, pérdida por efecto Joule *f.*

ohmmeter, ohmmetro *m.*
portable ohmmeter, ohmmetro portátil.
slide-wire ohmmeter, ohmmetro de alambre dividido.
oil, aceite *m.*
oil (fuel), petróleo *m.*
oil-bearing field, yacimiento petrolífero *m.*
oil-burner, quemador de petróleo *m.*
oil-cake, torta de borujo *f.*
oil-can, aceitera *f.*
oil-circulation indicator, indicador de la circulación del aceite *m.*
oil-cloth, hule *m.*
oil consumption, gasto (o consumo) de aceite *m.*
oil consumption at rated power 0·025 lb. per H.P. hour, gasto de aceite bajo la potencia de régimen : 11 gr. por caballo hora.
oil-cooler, enfriador de aceite *m.*
oil-cracking plant, instalación para la destilación del petróleo *f.*
oil-electric driving system, sistema de impulsión petróleo eléctrico *m.*
oil engine : véase bajo engine.
oil-extracting plant, instalación extractora de aceite *f.*
oil extractor, extractor del aceite *m.*
oil filter (cleaning), purificador de aceite lubricante *m.*
oil-fired *adj.*, alimentado al petróleo.
oil-fuel, petróleo combustible.
oil-groove (or gutter) (in bearings), pata de araña *f.*
oil-immersed resistance, resistencia en aceite *f.*
oil insulation (el.), aislamiento al aceite *m.*
oil-level indicator, indicador del nivel de aceite *m.*
oil lubrication, lubricación por aceite *f.*
oil-mill, almazara *f.*, molino de aceite, trujal *m.*
oil of vitriol : véase sulphuric acid.
oil of wintergreen, metilsalicilato *m.*
oil-refinery, refinería de aceite (o de petróleo) *f.*
oil-ring (mach.), anillo de lubricación *m.*
oil-seed, grano oleaginoso *m.*
oil separator, filtro-separador de aceite *m.*
oil-sheet (geol.), capa petrolífera.
oil-skin, hule *m.*
oil-storage, almacenaje de petróleo *m.*
oil-storage tank, tanque para almacenar petróleo *m.*
oil-tanker (mar.), buque petrolero *m.*
oil-testing apparatus, aparato para ensayar petróleo *m.*
oil-track (of bearing) : véase oil groove.
oil-trap (eng.), colector de aceite *m.*
oil-well (min.), pozo de petróleo *m.*
almond oil, aceite de almendra
aniline oil, aceite de anilina *m.*
arachis oil, aceite de cacahuete.
castor oil, aceite de ricino.
cedarwood oil, aceite de cedro.
cod liver oil, aceite de higado de bacalao.
crude oil, petróleo bruto *m.*
essential oil, esencia *f.*
fish oil, aceite de pescado.
hardening oil (met.), aceite de templar.
heavy oil (petroleum), petróleo, petróleo bruto, petróleo crudo *m.*
insulating oil, aceite aislante.
linseed oil, aceite de linaza.
lubricating oil, aceite lubricante.
mineral oil, petróleo *m.*
neat's foot oil, aceite de pie de vaca.
non-freezing oil, aceite incongelable.
olive oil, aceite de oliva.
palm oil, aceite de palma.
paraffin oil, aceite de parafina.
peanut oil, aceite de maní.
resin oil, aceite resinoso.
seed oil : véase vegetable oil.
shale oil, aceite esquistoso.
to oil, aceitar.
transformer oil (el.), aceite aislante para transformadores.
vegetable oil, aceite vegetal.
whale oil, espermaceti *m.*
oily, aceitoso, untuoso.
O.K, V.B., visto bueno.
oleine, oleina *f.*
oleometer, oleómetro *m.*
oligocene (geol.), oligoceno.
olive, aceituna, oliva *f.*
olive-tree, olivo *m.*
olive-yard, olivar *m.*
omnibus, ómnibus *m.*
omnibus-bar (el.), barra ómnibus *f.*
on *adv.*, encima.
on *prep.*, sobre, en.
on a level with, nivelado con, al nivel de.
on foot, a pie.
on horseback, a caballo.
on-load (el.), bajo (o en) carga.
on the level (c.e., rly.), en horizontal.
onix, onice, ónique, ónix *m.*
oolite, oolita *f.*
oolitic, oolítico.
to ooze, manar.
opacity, opacidad *f.*
opal, ópalo *m.*
opaque, opaco.
opaqueness, opacidad *f.*
open *adj.*, abierto, descubierto.
open air, aire libre *m.*
open-car (aut.), coche descubierto *m.*
open-car (tram.), tranvía abierto *m.*
open country, campo raso *m.*
open-hearth furnace (met.), horno Siemens-Martin *m.*
open-hearth plant, acería Siemens Martin, acería de solera abierta *f.*
open-hearth process (met.), procedimiento de la solera abierta, procedimiento Siemens *m.*
open loop (on river), recodo de un río *m.*
open type (el., eng.), tipo abierto *m.*
open water, mar libre *m.* & *f.*
to open, abrir.
to open (works or buildings), inaugurar.
to open up (country), descubrir.
opening, abertura *f.*
opening (com.), salida *f.*
to operate, obrar, operar.
to operate (mach.), actuar, impulsar.
operates both on A.C. or D.C., funciona ya con corriente alterna o bien continua.
operating *adj.*, actuante, impulsante.
operating conditions, condiciones de la marcha (o funcionamiento) *f.pl.*
operating expenses, gastos de explotación *m.pl.*
operating voltage, tensión de funcionamiento *f.*
operative *adj.*, operativo.
operative *n.*, operario *m.*
to oppose, contrariar, oponer.
opposite *adj.*, opuesto, contrario.
opposite-cylinders (eng.), de cilindros opuestos.
opposition, oposición *f.*

optical, óptico.
optical signal, señal luminosa (u óptica) *f.*
optical-square (surv.), goniómetro de espejo *m.*
optician, óptico *m.*
optics, óptica *f.*
orange, naranja *f.*
orange-tree, naranjo *m.*
orb, orbe *m.*
orbit, órbita *f.*
orchard, huerta *f.*, huerto, vergel *m.*
orchil (chem.), orchilla *f.*
order, orden *m.* & *f.*
order (purchase), pedido *m.*
order-book (com.), libro de pedidos *m.*
to order, ordenar, mandar.
to order (com.), pedir, pasar pedido.
orderly *adj.*, ordenado, metódico.
orderly (mil., nav.), ordenanza *m.*
ordinance, auto, decreto, estatuto *m.*
ordinary, ordinario, común.
ordinate (mat.), ordenada *f.*
ordnance, artillería *f.*
ordnance department, sección de artillería *f.*
ordnance-map, mapa militar *m.*
ordnance survey, plano del ejército *m.*
heavy ordnance, artillería gruesa.
naval ordnance, artillería naval.
ore, mineral *m.*
ore-apex, cima del criadero, punta del yacimiento *f.*
ore-bearing *adj.*, metalífero.
ore body, criadero de mineral *m.*
ore-crusher, machacador de mineral, bocarte de mineral *m.*
ore-washer, lavador de mineral *m.*
ore winning (or raising), extracción de mineral *f.*
carbonate ore, mineral carbonatado *m.*
dressed ore, mineral desgangado (o preparado).
fibrous iron ore, mineral de hierro fibroso.
iron ore, mineral de hierro *m.*, pirita de hierro *f.*
marsh (or bog) ore, limonita *f.*
oolitic ore, mineral lenticulado (u oolítico) *m.*
porous iron ore, mineral de hierro esponjoso.
raw ore, mineral bruto.
self-fluxing ore, mineral de fusión propia.
organ, órgano *m.*
organic, orgánico.
organic chemistry, química orgánica *f.*
organic matter, materias orgánicas *f.pl.*
organical, orgánico.
organisation, organización *f.*
to organise, organizar.
origin, origen *m.*
orlop (naut.), sollado *m.*
orlop-deck (naut.), entrepuente *m.*
to ornament, adornar.
ornamentation, adorno *m.*, ornamentación *f.*
orography orografía *f.*
orpiment, oropimente, sulfito de arsénico *m.*
orthogonal, ortogonal.
orthogonal projection, proyección ortogonal *f.*
to oscillate, oscilar.
oscillating, oscilante, oscilatorio.
oscillating mechanism, mecanismo oscilante *m.*
oscillating motion, movimiento oscilante *m.*
oscillation, oscilación *f.*
oscillator, oscilador *m.*
oscillatory, oscilatorio.
oscillatory circuit (el., wir.), circuito oscilatorio *m.*
oscillograph, oscilógrafo *m.*
osmium, osmio *m.*
osmose, ósmosis *f.*
ought not exceed . . . , no debe pasar de . . .
ounce, onza *f.*
out *adv.*, afuera, fuera.
out and home, ida y vuelta *f.*
out and home journey, viaje de ida y vuelta *m.*
out of order, desarreglado.
out of level, desnivelado.
out of print, agotado.
out of repair, desarreglado, parado.
out of the way, a trasmano, apartado.
out of tune (sound), discordante.
out of work (workman) *adj.* parado, desocupado.
outboard (naut.), fuera de bordo.
outboard engine, motor fuera de bordo *m.*
outbreak of fire, declaración de incendio *f.*
outbuilding (const.), anexo *m.*
outcrop (min.), afloramiento *m.*
to outcrop (geol., min.), aflorar.
beds outcrop parallel to the contour lines, las capas afloran paralelamente a las líneas de nivel.
mineral outcrop, afloramiento del mineral.
outcropping *n.*, igual a outcrop, q.v.
outdoor *adj.*, al aire libre.
outdoor mounting, instalación al aire libre *f.*
outdoor substation, subcentral al aire libre *f.*
outdoor switchgear, aparejos conectadores al aire libre *m.pl.*
outer, externo.
outer rail (el. rly.), riel (o carril) conductor, riel de toma *m.*
to outflank (mil.), desbordar, flanquear.
outflanking, flanqueo *m.*
outgoing *n.*, partida, salida *f.*
outlet, escape *m.*, salida *f.*
outlet of burnt gases, escape del gas usado.
outline, contorno, bosquejo *m.*
outline (in general), ojeada *f.*
outline drawing, bosquejo, croquis lineal *m.*
to outline, bosquejar, delinear.
to outnumber, exceder (o pasar) en número.
to outpace, dejar atrás, pasar.
outport, antepuerto *m.*
output (mach.), capacidad, producción *f.*
output-choke (wir.), self de potencia *f.*
output of a boiler, producción de una caldera *f.*
output of a machine, capacidad de una máquina.
output of a motor, fuerza de un motor *f.*
output power meter (wir.), medidor de energía radiada *m.*
outrigger (naut.), botante, cazaescota *m.*
to outroot, desarraigar.
outside *adj.*, afuera, al exterior, fuera de.
outside *n.*, exterior *m.*
outside lap (loco., st. eng.), recubrimiento exterior, avance de la admisión *m.*
at the outside, a lo más.
outstanding *adj.*, saledizo, saliente.
outstanding (in com.), corriente, pendiente.
outstanding account, cuenta pendiente *f.*
outward *adj.*, exterior, externo.
outward *adv.*, afuera.
outward-bound (mar.), hacia el extranjero.
outward voyage, viaje de ida *m.*
outwards, hacia afuera, hacia el exterior.
oval *adj.*, ovalado.
oval *n.*, óvalo *m.*
oven, horno *m.*
coking oven, horno de coquizar.
over *adv.*, del otro lado.
over *prep.*, encima, sobre, por encima.

overall *adj.*, extremo, total.
overall average speed, promedio general de velocidad *m.*
overall dimensions, dimensiones extremas *f.pl.*
overall width, anchura total *f.*
overalls, guardapolvo *m.*
overbridge (rly.), paso superior *m.*
to overcome, superar, vencer.
in order to overcome friction, sliding parts must be well oiled, con el fin de vencer la resistencia friccional, es necesario aceitar bien las partes en contacto.
to overcompound (el.), hipercompundar.
overcrowding, esceso de habitantes *m.*
to overflow, rebosar.
overfull, relleno.
to overhang, sobresalir, sobreplomar, estar en voladizo, encimar.
overhanging *adj.*, sobresaliente, en saledizo.
overhanging arm, brazo sobresaliente *m.*
overhanging flywheel (eng.), volante en saledizo *m.*
overhaul (eng.), recondicionamiento *m.*
to overhaul, recondicionar.
to overhaul (to overtake), alcanzar, pasar, rebasar.
overhauling of a motor car, recondicionamiento de un automóvil.
overhead *adj.*, aéreo, en alto, en el aire, voladizo.
overhead charges (com., fin.), gastos generales *m.pl.*
overhead railway, ferrocarril aéreo *m.*
overhead transmission line (el.), línea aérea de transmisión de fuerza *f.*
overhead transmission shaft, árbol de transmisión en el aire *m.*
overhead valve (eng.), válvula sobre la culata *f.*
to overheat, recalentar.
overheating, recalentamiento *m.*
overheating of bearings, recalentamiento de los cojinetes.
overheating of plates (boil.), recalentamiento de las chapas.
to overlap, recubrir, solapar, imbricar, sobreponer.
overlapping *adj.*, imbricado, sobrepuesto, solapado.
overlapping *n.*, solapa, solapadura *f.*, recubrimiento *m.*
overload, sobrecarga *f.*
overload capacity, capacidad (o facultad) de sobrecarga *f.*
overload of 100% during 5 minutes without undue heating, sobrecarga de 100% durante 5 minutos sin calentamiento excesivo.
to overload, sobrecargar.
to overload an engine, sobrecargar un motor.
overloading of wires through ice and snow, sobrecarga de los hilos por hielo y nieve.
overlooker, contramaestre *m.*
oversea, ultramar.
overseas, de ultramar.
overseas air transport, transporte aéreo de ultramar *m.*
overspeed, exceso de velocidad *m.*
overspeed-tripping device, aparato de desenganche por exceso de velocidad *m.*
overtime, tiempo suplementario *m.*
to overturn, volcar, voltear.
overturning *adj.*, de volteo, volcable.
overturning *n.*, volteo *m.*
overturning couple (aut., mec., rly.), par de volteo *m.*
overturning moment (c.e.), momento de volteo *m.*
to own, poseer.
owner, dueño *m.*
ownership, propiedad *f.*
ownership of minerals, derechos de explotación *m.pl.*
ox (zool.), buey *m.*
ox-driver, boyero *m.*
oxide, óxido *m.*
oxide-film arrester (el.), pararrayo de capa de óxido *m.*
oxide of copper, óxido cúprico.
oxide of lead, óxido de plomo.
baric oxide, óxido bárico.
calcium oxide, óxido de cal.
cupric oxide, óxido cúprico (o cobrizo).
ferric oxide, óxido férrico, sesquióxido de hierro *m.*
ferrous oxide, óxido ferroso.
mercuric oxide, óxido mercúrico.
nitric oxide, óxido nítrico.
sodium oxide, óxido sódico.
to oxidise, oxidar.
oxidising *n.*, oxidación *f.*
oxy-acetylene, oxiacetileno *m.*
oxy-acetylene *adj.*, oxiacetilénico.
oxy-acetylene cutting, corte oxiacetilénico *m.*
oxy-acetylene welding, soldadura oxiacetiléncia *f.*
oxy-coal gas, oxigas *m.*
oxy-hydrogen *adj.*, oxhídrico.
oxy-hydrogen *n.*, oxhidrógeno *m.*
oxychloride, oxicloruro *m.*
oxydisation (or oxidation), oxidación *f.*, oxidado *m.*
oxygen, oxígeno *m.*
oxygen cutting-machine, cortadora al oxígeno *f.*
to oxygenate, oxigenar.
oxysalt, sal óxida *f.*
ozokerite, ozoquerita *f.*
ozone, ozono *m.*
to ozonise, ozonizar.
ozoniser, ozonizador *m.*

P

pace, paso *m.*
pack, fardo *m.*
to pack, embalar, enfardar.
package, fardo, paquete *m.*
packer, embalador *m.*
packet, paquete *m.*
packet (ship), paquebote *m.*
packing, embalaje *m.*, empaquetadura *f.*
packing (mec.), empaquetadura, guarnición *f.*
packing-case, cajón de embalaje *m.*

packing charged at cost price, embalaje facturado al costo.
packing free, embalaje gratis.
packing machinery, maquinaria para embalar *f.*
air-tight packing, guarnición impermeable.
cord packing, guarnición de cuerda.
elastic packing, empaquetadura elástica.
gland packing (st. eng.), prensaestopas *m.*
joint packing (for tubing), empaquetadura para uniones de tubos.
labyrinth packing, guarnición espiralóidea.
leather packing, empaquetadura de redondelas de cuero.
metallic packing, guarnición metaloplástica.
rubber packing, guarnición de caucho.
water-tight packing, empaquetadura (o guarnición) estanca.
pad, cojín *m.*, colchoneta *f.*
to pad, acolchar, rellenar.
padded with (seats), acolchado de.
paddle (of wheel, naut.), pala *f.*
paddle-boat, buque de ruedas *m.*
paddle-wheel, rueda de palas *f.*
padlock, candado *m.*
page, página *f.*
pail, balde, cubo *m.*
pailful, baldada *f.*
paint, pintura *f.*
paint-grinder, molino de colores secos *m.*
aluminium paint, pintura alumínica, pintura de platear.
asbestos paint, pintura incombustible.
coaltar paint, pintura al alquitrán.
distemper paint, aguazo, destemple *m.*
heat-indicating paint (for bearings), compuesto señala recalentamientos *m.*
heat-proof paint, pintura anticalórica.
insulating paint, pintura aislante.
mural paint, pintura de paredes.
oil paint, pintura al óleo.
quickly-drying paint, pintura al óleo de secado rápido.
ready-made paint, pintura preparada.
to paint, pintar.
to paint black (or white), pintar de negro (o blanco).
waterproof paint, pintura hidrófuga (o antihumedad).
white lead paint, albayalde *m.*
paintbrush, brocha *f.*, pincel *m.*
painter, pintor *m.*
house painter, pintor de casas.
ship painter, pintor de navíos.
pair, par *m.*
palace, palacio *m.*
palaeozoic, primario.
pale (to fence with), estaca *f.*
paleocene (geol.), paleóceno.
paleography, paleografía *f.*
paleolithic, paleolítico.
paleology, paleología *f.*
paleontology, paleontología *f.*
palladium (chem.), paladio *m.*
palm (bot.), palma *f.*
palm-tree, palmera *f.*
pampean formation (geol.), aluvión pampeano *m.*
pampean wind (S.A.), pampero *m.*
pamphlet, folleto *m.*
pan, caldero, cazo *m.*, cazoleta *f.*, tacho *m.*
pan (min. separator), batea *f.*
blow-up pan (sugar ind.), paila de primera derretida *f.* tacho de primera fusión *m.*
chaffing pan, escalfador *m.*
evaporating pan, evaporador *m.*
scale pan (of scales), platillo de balanza *m.*
soap pan, hervidor de jabón *m.*
sulphurating pan, tacho de azufrar.
vacuum pan, hervidor en vacío, tacho al vacío *m.*
vulcanising pan, tacho de vulcanizar.
warming pan, calentador *m.*
pane (glass), hoja de vidriera *f.*
pane (of roof), agua *f.*
pane of glass, hoja de vidrio *f.*, vidrio para escaparates *m.*
panel, tablero *m.*
panel (of door), painel *m.*
Board of Trade panel (el.), tablero indicador de máximo negativo *m.*
charging panel, tablero de carga.
feeder panel, tablero de partida.
leakage panel (el.), tablero de fuga.
switchboard panel (the panel itself), plancha para cuadro de distribución *f.*
pantechnicon, camión de mudanzas *m.*
pantile, canalón *m.*
pantograph, pantógrafo *m.*
pantograph gate, puerta de celosía plegadiza *f.*
pantometer, pantómetro *m.*
pantry, despensa *f.*
paper, papel *m.*
paper-folding machine, plegadora de papel *f.*
paper-insulated *adj.*, aislado al papel.
paper-making machinery, maquinaria papelera *f.*
paper-mill, fábrica de papel *f.*
paper peso (S.A. currency), peso moneda nacional *m.*
paper-weight, prensapapeles *m.*
blotting paper, papel secante *m.*
brown paper, papel de estraza.
carbon paper, papel de calcar.
cartridge paper, papel cuadriculado.
copying paper (office work), papel de copiar.
copying paper (reproduction of photos), papel de fotocopiar, papel heliográfico.
damp-proof paper, papel hidrófugo.
drawing paper, papel para dibujo.
emery paper, papel de lija.
filtering paper, papel de filtrar.
glass paper, papel de lija.
hanging paper, papel pintado.
insulating paper, papel aislante.
litmus paper, papel de tornasol.
note paper, papel para notas.
oiled paper, papel enaceitado.
paraffined paper, papel de estraza, papel parafinado.
parchment paper, papel pergamino, papel vitela.
sand paper, papel de lija.
squared paper, papel cuadriculado.
stamped paper, papel sellado.
tinned paper, papel de estaño, papel plateado.
tissue paper, papel de seda.
to paper, empapelar.
tracing paper, papel de calcar.
wrapping paper, papel de embalar.
writing paper, papel de escribir.
parabola, parábola *f.*
parabolic, parabólico.
parabolic segment, segmento parabólico *m.*
parachute, paracaídas *m.*
paraffin, parafina *f.*
paraffin-oil, kerosene *m.*
paraffined *adj.*, parafinado.

paragenesis of minerals, cristalización irregular de los minerales.
paragraph, párrafo *m.*
Paraguayan, Paraguayo *m.*
Paraguayan tea, mate *m.*, yerba mate *f*
paraldehyde, paraldehida *f.*
parallax, paralaje *m.*
parallax error, error paraláctico *m.*
parallel, paralelo.
parallel (latitude), paralelo *m.*
parallel circuits (el.), circuitos en paralelo *m.pl.*
parallel-coupling, acoplamiento en paralelo *m.*
parallel cranks (eng.), manivelas paralelas *f.pl.*
parallel-motion (mec.), guía en línea recta *f.*
parallel operation of alternators, marcha en paralelo de los alternadores *f.*
parallel-rod (loc.), biela de acoplamiento *f.*
parallel-working, funcionamiento en paralelo *m.*
in parallel (el.), en cantidad, en paralelo.
to parallel (el.), paralelizar.
three generators working in parallel, tres generatrices (o dínamos) en paralelo.
paralleling busbars, barras de paralelizado (o de sincronizar) *f.pl.*
parallelism, paralelismo *m.*
parallelogram, paralelogramo *m.*
parallelogram of forces (mec.), paralelogramo de fuerzas.
parallelopiped, paralelepípedo *m.*
paramagnetic, paramagnético.
paramagnetism, paramagnetismo *m.*
parameter, parámetro *m.*
parapet, antepecho, pretil *m.*
parasite, parásito *m.*
parcel, encomienda *f.*, paquete *m.*
parching *adj.*, abrasador.
parchment, pergamino *m.*
to pare (techn.), rebajar, adelgazar, sacar de espesor.
parenthesis, paréntesis *m.*
parhelion (meteor.), parhelia *f.*, parhelio *m.*
parish, parroquia *f.*
parish map (surv.), mapa cadastral *m.*
park, parque *m.*
to park (mot.), estacionar.
parking (mot.), estacionamiento *m.*
parliament, parlamento *m.*
part, parte *f.*, miembro *m.*
part (mach.), pieza *f.*
machined part, pieza mecanizada.
spare parts, piezas de recambio (o de repuesto).
to part (to divide), dividir, repartir.
partial, parcial.
partial admission (eng.), admisión parcial *f.*
partially, parcialmente.
particle, partícula *f.*
particulars, datos, informes, detalles *m.pl.*
partition (const.), división, mampara, separación *f.*
partition-wall, tabique *m.*
isolating partition, pared aislante *f.*, tabique aislador *m.*
partner, socio *m.*
partnership, sociedad *f.*
to enter into partnership with, asociarse *a.*
party (pol.), partido *m*
party-line (tel.), línea de varios abonados *f.*
party wall, muro medianero *m.*, pared contigua *f.*
pass, paso, pasillo *m.*
pass (free travelling), permiso de circulación, pase *m.*
pass (the operation of rolling, met.), pase *m.*
pass-book (banking), libreta bancaria *f.*
pass-examination (ed.), examen de admisión *m.*
pass-rope (mar.), andarivel *m.*
pass-ticket, billete gratuito *m.*
blooming pass, pase desbastador.
girder pass, pase de perfiles.
grooved pass, pase acanalado (o ranurado).
mountain pass, desfiladero *m.*, quebrada (S.A.) *f.*
rail pass, pase para carriles.
to pass, pasar.
to pass all tests in front of the Inspector, todas las pruebas efectuadas en presencia del inspector.
to pass judgment (jur.), promulgar sentencia.
passage, pasaje *m.*
passage (mar.), travesía *f.*
passage-money, precio del viaje *m.*
passage-way (rly. coach), pasillo *m.*
passed the acceptance tests, cumplió con las pruebas de recepción.
passenger, pasajero *m.*
passenger-boat, buque de pasajeros *m.*
passenger lift (in buildings), ascensor *m.* (Note: the word pasajeros would be superfluous here.)
passenger traffic, tráfico de pasajeros *m.*
passenger train, tren de pasajeros *m.*
passing over a junction (or dangerous curve) (rly.), tomar un empalme (o curva peligrosa).
passport, pasaporte *m.*
passport-visa, visado de pasaporte *m.*
paste, engrudo *m.*
to paste, engrudar.
to paste (to cover), empastar.
to paste together, juntar con engrudo.
pasted plate (accumulators), placa empastada *f.*
pasteuriser, pasteurizador *m.*
pasturage, campo de pastar *m.*
patch, remiendo *m.*
to patch, remendar.
patent, patente *f.*, privilegio de invención *m.*
patent agent, agente de patentes *m.*
patent fuel, briquetas *f.pl.*
patent-leather, cuero charolado *m.*
patent medicine, específico *m.*
Patent-Office, Oficina de patentes *f.*
patent specification, descripción de patente *f.*
to patent, patentar, tomar privilegio de invención.
patented *adj.*, patentado, garantizado con privilegio.
patentee, poseedor de patente *m.*
path, senda *f.*, sendero *m.*
towing path, camino de sirga, camino de remolque *m.*
patrol, patrulla *f.*
pattern, modelo, patrón *m.*
pattern maker, modelista *m.*
to pave, empedrar, pavimentar.
pavement, afirmado, empedrado, pavimento *m.*
rubber pavement, pavimento de caucho.
stone pavement, adoquinado *m.*
pavilion, pabellón *m.*
paving *n.*, *see* pavement.
paving-stone, adoquín *m.*
block paving (wood), afirmado de madera *m.*
flag paving, enlajado *m.*
pawl (mach.), trinquete *m.*
pawl (of capstan), linguete *m.*
pay-day, día de paga *m.*
pay-dirt (min.), grava provechosa *f.*
pay-roll, hoja de paga *f.*
to pay, pagar, abonar.
to pay (ships with tar), alquitranar, embrear.
to pay off, despedir.
to pay out (to let run as a rope), devanar.

payable, pagadero.
paymaster (nav.), comisario *m.*
payment, pago *m.*, paga *f.*
pea (ag.), guisante *m.*, arveja (S.A.) *f.*
pea-sheller, descascarador de guisantes (o de arvejas) *m.*
peach (bot.), durazno, melocotón *m.*
peach-tree, durazno (S.A.), melocotonero *m.*
peak (geog.), cima, cumbre *f.*, pico *m.*
peak (maximum), máximo, pico *m.*
peak factor (mat., phys.), factor de punta *m.*
the peak factor of a wave is the ratio of the crest or maximum value to the r.m.s. value, el factor de punta de una onda es igual al cociente del valor máximo por el valor eficaz.
peak-load, demanda (o carga) máxima, punta *f.*
the peak of a curve, la cresta de una curva *f.*
peak traffic (tr.), afluencia máxima *f.*, movimiento máximo *m.*
pear (bot.), pera *f.*
pear-shaped, piriforme.
pear-tree (bot.), peral *m.*
peasant, aldeano, campesino *m.*
peat, turba *f.*
peat-moss, turbera *f.*
pebble, guijarro *m.*
pedal-brake, freno de pie *m.*
pedal-case (cycles), envoltura del pedalero *f.*
pedal gear (on cycles), pedalero *m.*
pedal-starter, arrancador a pedal *m.*
back-pedal, contrapedal *m.*
pedestal, pedestal, caballete *m.*
pedestal (of a statue), peana *f.*
pedestal-bearing (mach.), soporte de caballete *m.*
pedestal box (loco.), caja de engrase *f.*
pedestal lamp (small), lámpara de pie *f.*
pedestrian, peatón *m.*
pedometer, cuentapasos *m.*
to peel, descortezar, pelar.
peeling machine, descortezadora *f.*
peg, clavija *f.*
to peg out a curve (surv.), jalonar una curva.
to peg out a curve from the tangent, jalonar una curva por la tangente.
to peg out a straight (surv.), jalonar una línea recta.
pen, pluma *f.*
pen-holder, portaplumas *m.*
fountain pen, estilógrafo *m.*
pence, peniques *m.pl.*
pencil, lápiz *m.*
pendant (arch.), pendiente *m.*
pendant (lighting), araña *f.*
pendant (naut.), corona *f.*
pendant cord (el.), hilo para lámpara eléctrica *m.*
pendulum, péndulo, perpendículo *m.*
pendulum bob, lenteja *f.*, plumete *m.*
peninsula, península, penisla *f.*
penknife, cortaplumas *m.*
penny, penique *m.*
to pension off, jubilar.
penstock (hyd.), tubo en carga *m.*
pentane, pentano *m.*
penthouse, tejaroz *m.*
pentode, péntodo *m.*
percentage, porcentaje *m.*
percentage of contraction in cross-section area of test-piece, porcentaje de encojimiento de la superficie transversal de la probeta.
percentage of gradient (rly.), declive en tanto por-ciento *m.*
percentage of moisture, tenor (o porcentaje) de humedad *m.*
perchlorate (chem.), perclorato *m.*
percolator (chem.), colador *m.*
percussion, percusión *f.*, choque, golpe *m.*
percussion boring, perforación por choques *f.*
percussion-drill, perforadora por choques *f.*
percussive, percuciente.
perfect, perfecto.
to perfect, perfeccionar.
perfection, perfección *f.*
perfectly simple to operate, de manejo sencillísimo.
performance (eng., mach.), funcionamiento *m.*, marcha *f.*
performance (of duties), actuación, ejecución *f.*
performance curve, curva de funcionamiento *f.*
performance test, prueba en marcha *f.*
peridot, crisólito *m.*
perigee, perigeo *m.*
perihelion, perihelio *m.*
peril, peligro *m.*
perimeter, perímetro *m.*
perimorph (min.), endomorfo.
period, período *m.*
period of admission (eng.), tiempo de la admisión *m.*
period of admission (loco., st. eng.), duración de la admisión *f.*
period of expansion, duración de la expansión *f.*
period of oscillation, período de una oscilación.
periodic (periodical), periódico.
periodic function (mat.), función periódica *f.*
periodicity, periodicidad *f.*
periods per second (el.), períodos por segundo *m.pl.*
peripheral, periférico.
peripheral speed, velocidad periférica (o circunferencial) *f.*
periphery, periferia *f.*
periscope, periscopio *m.*
to perish (goods), averiarse.
perishable, averiable.
permanent, permanente.
permanent magnet, imán natural *m.*
permanent set (mec.), deformación permanente *f.*
permanent-way (rly.), vía y obras *f.*
permanent-way department, servicio de vía y obras *m.*
permanent-way engineer, ingeniero de la vía *m.*
permanent works (c.e.), obra de arte *f.*
permanganate, permanganato *m.*
permeability, permeabilidad *f.*
permeability curve, curva de la permeabilidad *f.*
absolute permeability, permeabilidad absoluta.
relative permeability, permeabilidad proporcional a la del aire.
ballistic measurement of permeability, medición balística de la permeabilidad *f.*
permeable, permeable.
to permeate, penetrar.
permissible *adj.*, admisible, permisible, permitible.
permissible load on bearings, carga admisible sobre cojinetes.
permissible stress (mec.), límite de fatiga *m.*
permit, permiso *m.*
permittance (el.), capacidad electroestática.
permittivity (el.), capacidad específica.
peroxide, peróxido *m.*
peroxide of lead, peróxido de plomo, óxido pulga *m.*
perron, escalinata *f.*
personnel (mil., nav.), personal *m.*
Peruvian, Peruano *m.*
Peruvian-bark, quina *f.*
pestle (const.), mano de almirez *f.*, pistadero, pilón *m.*

petition, petitoria *f.*
petrification, petrificación *f.*
petrified, petrificado.
petrogenesis (geol.), petrogénesis *f.*
petrography, petrografía *f.*
petrol, gasolina *f.*
petrol-gauge, indicador del nivel de gasolina *m.*
petrol pump (mot.), surtidor de gasolina *m.*
petrol tank (aut., av.), depósito de gasolina *m.*
petrol vapour, gasolina vaporizada.
petroleum, petróleo *m.*
petroleum ether, éter de petróleo *m.*
petroleum industry, industria petrolífera *f.*
petroleum jelly, vaselina *f.*
petroleum technology, técnica del petróleo *f.*
crude petroleum, petróleo bruto.
petrology, petrología *f.*
petrous, pétreo.
petticoat (of insulator, el.), campana *f.*
petticoat insulator, aislador de campana *m.*
petticoat-pipe (loco.), tubo de escape de la caja de humo *m.*
petty expenses, gastos menudos *m.pl.*
petty-officer (nav.), suboficial *m.*
pewter, peltre *m.*
phantom circuit (tel.), circuito transpositor *m.*
phantom show (exhibition), exposición translúcida *f.*
pharmaceutic, farmacéutico.
pharmacist, farmacéutico *m.*
pharmacy, farmacia *f.*
phase, fase *f.*
phase advancer (el.), adelantador de fases *m.*
phase angle, distancia angular de fase, desfasamiento.
phase-displacement, intervalo entre fases *m.*
phase-voltage, tensión de fase *f.*
balanced phases, fases equilibradas *f.pl.*
in phase (el.), en fases concordantes.
180° out of phase (el., mec.), en oposición, opuestos (u opuestas si fem.) de 180 grados.
out of phase (el.), en fases discordantes, fuera de fase.
phasemeter, fasómetro *m.*
phenol, fenol *m.* (ver también : carbolic acid).
phenomenon, fenómeno *m.*
philosopher, filósofo *m.*
philosophy, filosofía *f.*
philter, filtro *m.*
phonetics, fonética *f.*
phonograph, fonógrafo *m.*
phosphate, fosfato *m.*
phosphate chalk, tiza fosfatada *f.*
phosphate of lime, fosfato de cal.
ammonium-sodium phosphate, fosfato sodiamónico.
phosphatic *adj.*, fosfático.
phosphor (*adj.* in combined words), fosfórico, fosforoso, fosforado.
phosphor-bronze, bronce fosforado *m.*
phosphor-nickel, niquel fosfórico *m.*
phosphorescence, fosforescencia *f.*
phosphoric, fosfórico.
phosphorous, fosforoso.
phosphorus, fósforo *m.*
phosphuret, fosfuro *m.*
photochemical, fotoquímico.
photochemical reaction, reacción fotoquímica *f.*
photochemistry, fotoquímica *f.*
photoelectric, fotoeléctrico.
photoelectricity, fotoelectricidad *f.*
photographer, fotógrafo *m.*
photography, fotografía *f.*
photometer, fotómetro *m.*
photometer-calibrating by means of a standard lamp, calibrado del fotómetro con lámpara patrón.
photometer-scale, cuadrante de fotómetro *m.*
absorbing screen photometer, fotómetro de pantalla de absorción.
Bunsen photometer, fotómetro de Bunsen.
flicker photometer, fotómetro de destellos.
integrating photometer, fotómetro integrador.
to photometer, fotometrar, medir el poder iluminante.
photometric, fotométrico.
photometric quantity (such as brightness, exposure, etc.), característica fotométrica *f.*
photometric unit, unidad fotométrica *f.*
photometry, fotometría *f.*
physical, físico.
physician, médico *m.*
physicist, físico *m.*
physics, física *f.*
physiology, fisiología *f.*
pick (tool), pico *m.*
pick-axe, zapapico *m.*
pick-up (eng.), recobro *m.*
to pick (to choose), elejir, escoger, seleccionar.
picker (text. mach.), sacalanzadera, palanca de tiro (de lanzadera).
picking (text. mach.), impulsión de la lanzadera *f.*
picking-belt (min.), lona de seleccionado *f.*
picking stick (text.), palanca de lanzar *f.*
to pickle (met.), desincrustar por ácido.
piece (component), miembro *m.*, pieza *f.*
eye piece (opt.), ocular *m.*
length piece (to make longer anything), alargador *m.*
stiffening piece, pieza de afianzado (o de refuerzo).
test piece (eng.), probeta *f.*
pier (jetty), muelle *m.*
pier (of bridge), estribo *m.*
pier (support, c.e.), pila *f.*, pilastre *m.*
to pierce, agujerear, horadar, taladrar.
piezo-electric phenomenon, fenómeno piezoeléctrico *m.*
piezo-electricity, piezoelectricidad *f.*
piezometer, piezómetro *m.*
pig (met.), lingote de primera fusión *m.*
pig-breaker, quebrantadora de lingotes *f.*
pile (c.e., const.), estaca, pila *f.*, pilote *m.*
pile-driver, martinete *m.*
pile driver tup, maza de martinete *f.*
pile-shoe, azuche *m.*
reinforced concrete pile, pila de hormigón armado.
pill (chem., pharm.), píldora *f.*
pillar, pilar *m.*
pillar support, soporte de columna *m.*
corner pillar, jamba esquinal *f.*
deck pillar (shpbdg.), puntal de cubierta *m.*
hind pillar (c.e.), machón de puente *m.*
pilot (naut.), piloto, práctico *m.*
pilot (aut.), guiador *m.*
pilot-wire (el.), hilo de equilibrado *m.*
pin, alfiler, clavillo *m.*, clavija *f.*
pin (of crank, eng.), botón *m.*
pin-joint (const.), nudo articulado *m.*
king pin, botón de rotación, gorrón, muñón *m.*
swivel (or swivelling) pin, torniquete, gorrón de gancho *m.*
pincers, pinzas *f.pl.*
pine (bot.), pino *m.*
cluster pine, pino rodezno.

clustian pine, azuacho, pino real.
pitch pine, pino de tea, pino rizado.
spruce pine, abeto *m.*
white pine, pino blanco (o plateado).
pinfold, redil *m.*
pinion, piñón *m.*
bevel pinion, piñón cónico.
raw-hide pinion, piñón de cuero verde.
spur pinion, piñón recto.
pinnace (naut.), pinaza *f.*
pintle (of rudder, shpbdg.), macho de timón, pinzote *m.*
pipe, caño, conducto, tubo *m.*
pipe-cutter, cortatubos *m.*
pipe-cutting and threading machine, máquina de tronzar y filetear tubos *f.*
pipe flange facing machine, máquina de refrentar arandelas de tubos *f.*
pipe hanger, jamba portacaños (o portatubos) *f.*
pipe-ventilated type, modelo con conducto de ventilación *m.*
air pipe, conducto de aire.
branch pipe, tubo derivado.
concrete pipe, caño de hormigón.
connecting pipe, tubo de unión.
cooling pipe, tubo refrigerante.
discharge pipe, caño de descarga.
ejector pipe, tubo eyector (o expulsor).
exhaust pipe, tubo de escape.
expansion pipe, tubo de dilatación.
feed pipe (boil.), tubo alimentador.
gas pipe, tubo para gas.
heating pipe, tubo de calefacción.
hot-air pipe, conducto de aire caliente.
induction pipe (aut., eng.), tubo aspirante.
injection pipe, inyector, canuto inyector *m.*
lead pipe, tubo de plomo.
overflow pipe, caño de reboso.
rain pipe, caño de descarga de lluvia.
sand pipe (loco.), tubo distribuidor de arena.
soil pipe, canalón de desagüe *m.*
sounding pipe (naut.), tubo de sonda.
steam pipe, conducto de vapor.
steel pipe, tubo de acero.
suction pipe, tubo de aspiración.
waste pipe, caño de reboso.
water pipe, cañería de agua *f.*, conducto de agua *m.*
pipeline, tubería *f.*, oleoducto *m.*
pipette (chem.), gotero *m.*, pipeta *f.*
piping, cañería *f.*, conductos *m.pl.*, tubuladura *f.*
pirn (text.), canilla *f.*, carrete, espolín *m.*
pirn-winder, espolinera *f.*
paper pirn, espolín de papel prensado.
papier mâché pirn, carrete de pasta de papel.
piston, émbolo *m.*
piston body, cuerpo del émbolo *m.*
piston displacement, embolada *f.*
piston displacement curve (st. eng.), curva de recorrido del émbolo *f.*
piston load, esfuerzo del émbolo *m.*
piston ring, segmento de émbolo *m.*
piston ring groove, ranura de émbolo *f.*
piston rod, vástago *m.*
piston rod crosshead, cruceta del vástago *f.*
piston speed, velocidad del émbolo *f.*
piston stroke, carrera del émbolo *f.*
piston valve, distribuidor de émbolo *m.*
box piston, émbolo de dos caras.
Diesel engine piston, émbolo de motor Diesel.
hollow piston, émbolo hueco.
indicator piston (of engines), émbolo del indicador *m.*
labyrinth piston (turb.), empaquetadura de laberinto *f.*
plunger piston, macho *m.*
pump piston, émbolo de bomba.
solid piston, émbolo macizo.
pit, hoyo, foso *m.*
pit (min.), pozo, tiro (S.A.) *m.*, fosa *f.*
pit coal, hornaguera *f.*
pit-head (min.), boca de fosa *f.*
pit-kiln, horno de coque *m.*
pit-planer, acepilladora de foso *f.*
pit-prop (min.), ademe *m.*
boarded-up pit, pozo entibado.
foundry pit, hoyo de colada *m.*
gravel pit, cascajal *m.*
lock pit (hyd.), hoya de esclusa *f.*
tan pit (or vat), noque *m.*
working pit (min.), pozo de extracción, tiro de saca (S.A.) *m.*
pitch (chem.), brea, pez *f.*
pitch (el., eng., techn.), paso *m.*
pitch (of a propeller), paso *m.*
pitch (of sound), altura *f.*
pitch-circle (gears), circunferencia primitiva *f.*
pitch of cutter teeth (mach. tool), paso entre dientes de la fresa.
pitch of gears, paso de engranajes *m.*
pitch of impulse blades (st. turb.), paso entre paletas motrices.
pitch of rivets, distancia entre remaches *f.*
pitch of winding (el.), paso del arrollamiento *m.*
pitch-pine, pino rizado *m.*
pitch-radius (gears), radio primitivo *m.*
coal pitch (chem.), brea de carbón *f.*
diametral pitch (mec.), módulo *m.*
pole pitch (el.), distancia interpolar *f.*, paso polar *m.*
to pitch (ship's movement), arfar.
to pitch (to cover with pitch), embrear.
to pitch (to set), fijar, plantar.
tooth pitch (of gears), paso de engranaje.
pitching (ship's), arfada *f.*
pith (bot.), meollo *m.*
pith-helmet, casco de corcho *m.*
pivot, eje de apoyo *m.*
place, lugar, sitio *m.*
plain *adj.*, liso, plano, raso.
plain *n.*, llano *m.*, llanura *f.*
plaintiff (jur.), demandante *m.*
plan, plan, plano, proyecto *m.*
plan of foundations, plano de los cimientos.
to plan, proyectar.
plane *adj.*, plano, llano.
plane (av.), ala *f.*, plano *m.*
plane (geom.), plano *m.*
plane (tool), cepillo *m.*
plane geometry, geometría plana *f.*
plane-iron (techn.), cuchilla de cepillo *f.*
plane-iron grinder, afiladora de cuchillas de cepillar *f.*
plane mirror, espejo llano *m.*
plane of incidence (phys.), plano de incidencia.
plane surface, superficie llana *f.*
plane-table (surv.), plancheta *f.*
plane-tree (bot.), plátano *m.*
balancing plane (av.), plano estabilizador.
fillister plane, avivador, guillame *m.*
long plane, cepillo de hilar.
lower plane (av.), ala inferior *f.*, plano inferior *m.*
main plane (av.), ala *f.*, plano principal, plano sustentador *m.*
mitreing plane (carp.), cepillo de ingletear.

modelling plane, cepillo de boceles.
moulding plane, cepillo de moldurar.
ogee plane, cepillo de moldear toros.
rounding plane, bocel *m.*
side plane, garlopa ladera *f.*
smoothing plane, cepillo de alisar, alisador a mano *m.*
tail plane (av.), estabilizador de cola *m.*
to plane, acepillar, alisar, cepillar.
to plane (av.), planear.
to plane rough (carp.), desbastar con cepillo, acepillar basto.
top plane (av.), plano superior, ala superior.
planer (av.), planeador *m.*
planer (mach.), acepilladora *f.*
planet (ast.), planeta *f.*
planimeter, planímetro *m.*
to planimeter a curve, planimetrar una curva.
planimetry, planimetría *f.*
planing (techn.), acepilladura, cepilladura *f.*
planing-machine, acepilladora, máquina de cepillar *f.*
planing-machine table, mesa de trabajo de la acepilladora *f.*
heavy-duty planing-machine, acepilladora para trabajos pesados.
high-speed planing-machine, acepilladora rápida.
open-side planing-machine, acepilladora de un solo montante.
plane-edge planing-machine, acepilladora para bordes de chapas.
points planing-machine, acepilladora de agujas (de rieles).
quick-return planing-machine, acepilladora de retroceso rápido.
planing shop, taller de cepillado *m.*
plank, tabla *f.*, tablón *m.*
planking (assembled planks), enmaderado, entablonado *m.*
planking (ship's), maderamen de cubierta *m.*, tablazón de buque *m.*
plano-milling machine, fresador-cepillo combinado *m.*
plant (bot.), planta *f.*
plant (fixtures), material *m.*, instalación *f.*
plant (works), instalación *f.*, fábricas *f.pl.*, talleres *m.pl.*
colliery plant, material hullero.
conveying plant, instalación de transporte.
electrical-generating plant, maquinaria electrógena.
fixed plant, material fijo.
gas plant, material para fábricas de gas (para usinas de gas, S.A.).
heavy plant, material pesado, maquinaria encumbrante.
steam plant, material para producir vapor.
to plant (bot.), plantar.
to plant (to settle), establecer.
plantation, plantío *m.*
planter, cultivador, plantador *m.*
plaster, yeso *m.*
plaster of Paris, estuco, sulfato de calcio *m.*
to plaster (const.), enjalbegar, enlucir, enyesar.
plasterer, enjalbegador, yesero *m.*
plastering, enjalbegado, enlucido *m.*
plate, placa, plancha, lámina *f.*
plate (el.), placa *f.*
plate (mar.), plancha *f.*
plate (met.), plancha, pletina, hoja *f.*
plate-bending machine, máquina de encorvar chapas *f.*
plate sulphatation (el.), sulfatado de las placas de acumulador *m.*
accumulator plate, placa de acumlador.
anode plate, placa anódica *f.*
armour plate, placa de blindaje.
back plate (boil.), fondo posterior *m.*
back plate (st. eng.), contradeslizadera *f.*
bent plate, chapa doblada.
boiler plate, chapa de caldera *f.*, palastro para caldera *m.*
bridge plate, chapa para puente.
clothing plate (boil., loco.), chapa de envoltura *f.*
copper plate, chapa de cobre.
deck plate (shpbdg.), plancha de cubierta.
deflector plate (under boil.), tabique de serpenteo *m.*
dome plate (boil.), chapa de domo.
draw plate (met.), hilera *f.*
earth plate (el.), placa de toma de tierra.
face plate (in mach. tools such as lathes, etc.), plato giratorio *m.*
facing plate (techn.), placa de mármol *f.*
firebox plate (boil.), chapa de fogón.
fish plate (rly.), eclisa, cubrejunta de rieles *f.*
flanged plate, palastro rebordeado *m.*
gusset plate (c.e.), cartela *f.*
keel plate (naut.), plancha de quilla.
lead plate, placa de plomo.
negative plate, placa negativa.
Planté plate (accumulators, el.), placa de Planté, placa de plomo.
positive plate, placa positiva.
punched plate, chapa perforada.
rolled plate (met.), chapa laminada.
screw plate (techn.), terraja *f.*
shell plate (boil.), véase boiler plate, arriba.
sole plate (of furnace, met.), solera *f.*
tern plate (met.), plancha emplomada.
thin plate, chapa delgada, lámina.
tie plate (c.e., const.), placa de atirantado.
tin plate, hojalata *f.*
to plate (electrolysis), electrogalvanizar, recubrir.
to plate (cover with), chapear.
plateau (geog.), meseta *f.*, altiplano *m.*
platelayer (rly.), asentador de carriles *m.*
platelaying (rly.), asiento de rieles, posa de carriles.
platform (goods, rly.), muelle *m.*, plataforma *f.*
platform (of a bridge), tablero *m.*
platform (passengers, rly.), andén *m.*
plating (el.), electrogalvanización *f.*
platinum, platino *m.*
platinum foil, hoja de platino *f.*, papel de platino *m.*
platinum sponge, esponja de platino *f.*, platino esponja *m.*
play (mach., techn.), juego *m.*
play-ground, campo de deportes *m.*
please let me (us) have a catalogue (or price list), sírvase mandarme (mandarnos) un catálogo (o lista de precios).
please turn over !, a la vuelta !
pleasure-boat, bote de recreo *m.*
to pleat (text.), plegar, plisar.
pleating machine (text.), plegadora, plisadora *f.*
pleistocene (geol.), pleistoceno.
plentiful, abundante, copioso.
pliable, plegable, plegadizo.
pliers, pinzas *f.pl.*
gas pliers, pinzas de gasista.
insulated pliers, pinzas de electricista.
plinth, plinto, zócalo *m.*
pliocene (geol.), plioceno.

to plot (geom.), trazar, tirar.
to plot a curve (draw.), trazar una curva por puntos.
curve where tractive effort is plotted against speed, curva del esfuerzo de tracción trazada en relación a la velocidad.
plough, arado *m.*
beak plough, arado pocero.
disc plough, arado de discos.
ditch plough, arado de zanjear.
gang plough, arado de reja.
grubber plough, arado de desarraigar.
motor plough, motocultor, arado automotor *m.*
scarifier plough, arado surcador.
skim coulter plough, arado de desmontar.
stubble plough, arado desterronador.
sulky plough, arado de asiento.
to plough, arar.
to plough furrows, surcar.
plug, tarugo *m.*
plug (el., tel.), clave, clavija, toma *f.*
bayonet plug, toma de enchufe, enchufe.
calling plug (tel.), clavija de llamada.
fusible plug (boil.), tapón fusible de alarma *m.*
ignition plug, clavija del encendido.
screwed plug, toma roscada.
testing plug, clavija de pruebas.
to plug (mas.), rellenar, tapar.
to plug in (el.), enchufar.
wall plug (el.), enchufe *m.*
plum (bot.), ciruela *f.*
plum-tree, ciruelo *m.*
plumb *adj.*, a plomo, aplomado, de pie, vertical.
plumb (mas.), plomada *f.*
plumb bob, pesa, plomada *f.*
plumb-line, cuerda de plomada *f.*
out of plumb, inclinado, fuera de aplomo, desaplomado, en desplome.
to plumb (cover with lead), emplomar.
to plumb (e.g. to see whether perpendicularity is reached), verificar el aplomo.
to plumb (mas.), aplomar.
to plumb (naut.), sondar.
plumbing (cover with lead), emplomado *m.*, emplomadura *f.*
plumbing (naut.), sondaje, sondeado, sondeo *m.*
plummet (mas.), perpendículo *m.*, plomada *f.*
plummet-level (const.), nivel de plomada *m.*
plump-gate (found.), canaleta de colada directa *f.*
to plunge, inmergir, sumergir.
plunger, macho de aspiración *m.*
plunger-magnet, electroimán de succión *m.*
plus, más.
plush (text.), felpa *f.*
plyers, alicates *m.pl.*, pinzas *f.pl.*
cutting plyers, alicates cortantes.
gas plyers, pinzas de gasista.
insulated plyers, pinzas de electricista.
plummer plyers, tenallas de plomero *f.pl.*
plywood, madera contrachapada *f.*
pneumatic *adj.*, neumático, por aire comprimido.
pneumatic chisel, escoplo neumático *m.*
pneumatic engineering, técnica neumática *f.*
pneumatic hammer (met.), buril neumático *m.*
pneumatic hammer (roads), same as pneumatic road-breaker.
pneumatic-riveting, remachado neumático *m.*
pneumatic road-breaker, quebrantador neumático de caminos *m.*
pneumatic sash (c.e.), bastidor bajo presión *m.*
pneumatic starter (Diesel eng.), arrancador neumático *m.*
pneumatic tool, herramienta neumática *f.*
pneumatics, neumática *f.*
pocket (as may be found in eng.), bolsa *f.*, bolso, depósito, receso *m.*
pocket in mines, cueva mineralizada *f.*
air pocket (aer.), zonas de depresión *f.pl.*
point, punto *m.*
point (end), punta *f.*
point (geog.), promontorio *m.*
point (of compass), cuarto, rumbo de la aguja *m.*
point-blank *adj.*, a quema ropa, a bocajarro.
to fire point-blank, tirar a bocajarro.
point of a rail, corazón *m.*
point of a tool, pico de una herramienta *m.*
point of admission (loco., st. eng.), punto de la admisión *m.*
point of application of a force, punto de aplicación de una fuerza.
point of cut-off (loco., st. eng.), punto de cierre *m.*
point of distance (perspective), punto distante.
point of inflexion (geom.), nudo de inflexión *m.*
point of melting, temperatura de fusión *f.*
point of support, punto de apoyo.
point of tangency (geom.), punto de tangencia *m.*
point of view, punto de vista.
point-rail (rly.), cruce, punto de cruce *m.*
point-rod (rly.), barra de unión de agujas *f.*
crossing point (rly.), cruce *m.*
melting point, punto de fusión.
neutral point (el.), punto neutro (o nulo).
saturation point (phys.), punto de saturación.
to point (firearms), apuntar.
to point (to show), indicar, mostrar, señalar.
pointed, puntiagudo.
pointed (arch.), ogival.
pointer, puntero *m.*
pointer (switch lever, rly.), palanca de maniobra de agujas *f.*
pointer (inst.), aguja *f.*
points (rly.), agujas *f.pl.*
points of support (const.), puntos de apoyo *m.pl.*
pointsman (rly.), guardaagujas *m.*
poison, veneno, tósigo *m.*
poisoning, envenenamiento, intoxicación.
poisonous, venenoso.
Poisson's ratio (mec.), número de Poisson (o de elasticidad).
poker, hurgón, tizonero *m.*
polar co-ordinates (mat.), coordenadas polares *f.pl.*
polar moment of inertia, momento de inercia polar *m.*
polarimeter, polarímetro *m.*
polarising current, corriente polarizadora *f.*
polarity, polaridad *f.*
polarity indicator, indicador de polaridad *m.*
polarisation, polarización *f.*
polarisation of light, polarización de la luz *f.*
to polarise, polarizar.
pole, piquete, poste *m.*
pole, medida lineal Británica equivalente a 5m03.
pole (el., mat., phys.), polo *m.*
pole (surv.), jalón *m.*
pole-finder (el.), buscapolos *m.*
pole pitch (el.), distancia entre polos *f.*
pole-shoe (el.), pieza polar *f.*, esparcimiento polar *m.*
pole-star (ast.), estrella polar *f.*
cart pole (of vehicle), lanza, pértiga *f.*
commutating pole (el.), polo de conmutación
concrete pole (const.), poste de hormigón.
damping pole (el.), polo de amortiguación.
iron pole, columna de hierro *f.*

lattice pole, columna enrejada *f.*, poste de enrejado *m.*
telegraphic pole, poste telegráfico.
terminal pole (el., tel.), poste de fin de línea.
unlike poles (mag.), polos contrarios.
wooden pole, poste de madera.
police, policía *f.*
police-station, comisaría *f.*
policeman, agente de policía, vigilante (S.A.) *m.*
polish (stuff), cera de pulir *f.*
to polish, pulimentar, pulir.
polished, pulido, pulimentado.
polishing buff, gamuza *f.*
polishing disc, disco para pulir *m.*
polishing machine, pulidora *f.*
polishing powder, polvo para pulir *m.*
polygon, polígono *m.*
polygon of forces, polígono de fuerzas.
polygonal, poligonal.
polyhedral, poliédrico.
polyhedron, poliedro *m.*
polymerism, polimería *f.*
polynome, polinomio *m.*
polyphase, polifásico.
polytechnic, politécnico.
pom-pom (mil., nav.), cañoncito de desembarco *m.*
pond, pantano *m.*
pontoon, pontón *m.*
pool (hyd.), charca *f.*, charco *m.*
poop, popa *f.*
poplar, álamo *m.*
poppet-valve cylinder (loco.), cilindro del distribuidor Lentz *m.*
population, población *f.*
pop-valve (st. eng.), válvula de seguridad de acción directa *f.*
porcelain, porcelana *f.*
porch, portal, pórtico *m.*
porcupine (text., mach.), erizo, tambor de púas *m.*
porcupine opener (cotton), abridora-preparadora de erizos *f.*
pore, poro *m.*
porosity, porosidad *f.*
porous, poroso.
porphyry, pórfido *m.*
port (harbour), puerto *m.*
port (ship's side), babor *m.*
port (st. eng.), lumbrera *f.*
port-dues, derechos portuarios *m.pl.*
port-face (st. eng.), cara de la lumbrera *f.*
port-hole (naut.), portañola *f.*
port of call, escala *f.*
port-opening (st.), abertura de lumbrera *f.*, juego de lumbrera *m.*
port of registry (mar.), puerto de armamento *m.*
port-tackle (naut.), balancín de estribor *m.*
port-town, ciudad portuaria *f.*
admission port (st. eng.), lumbrera de admisión.
ballast port (naut.), pañol de lastre *m.*
cargo port (naut.), portañola de cargar.
exhaust port (st. eng.), lumbrera de escape.
free port, puerto franco.
outer port, antepuerto *m.*
portable, portátil, transportable.
portable engine, motor portátil *m.*
portable field-strength measuring set (wir.), medidor portátil de la intensidad de campo *m.*
portable forge, fragua portátil *f.*
portable rail-grinder, alisadora portátil para rieles *f.*
portable rail-sawing machine, aserradora portátil para rieles *f.*
portage, acarreo *m.*
porter (carrier), mozo de cordel, changador (S.A.) *m.*
porter (door), portero *m.*
porthole : see port-hole.
position, posición *f.*
positive, positivo.
positive motion (mec.), movimiento hacia adelante *m.*
positive pole (el., phys.), polo positivo *m.*
positively, positivamente.
possible, posible.
possibility, posibilidad *f.*
post (const.), montante *m.*
post (mail), correo *m.*
post (pillar), poste *m.*
post (situation), puesto *m.*
post-card, tarjeta postal *f.*
post-free, franco (o libre) de porte.
post-mark, sello *m.*
post-master, Jefe de correos *m.*
post-meridian, posmeridiano.
post-office, correo *m.*, oficina de correos *f.*
post office directory, guía del correo *f.*
post-war *adj.* & *n.*, posguerra *f.*
to post (advertise), fijar carteles.
to post (to mail), enviar por correo.
postage, porte *m.*
postal-bag, saca *f.*
postal box, apartado *m.*, casilla de correo (S.A.) *f.*
postal order, giro postal *m.*
poster, cartel *m.*
to postpone, diferir, posponer.
postscript, posdata *f.*
potash, potasa *f.*
potash feldspar, feldespato potásico *m.*
potash-glass, vidrio potasado *m.*
potash salt, sal potásica *f.*
permanganate of potash, permanganato de potasa *m.*
potassium, potasio *m.*
potassium acetate, acetato potásico.
potassium bichromate, bicromato de potasa *m.*
potassium bromide, bromuro de potasio *m.*
potassium carbonate, carbonato de potasio *m.*
potassium chlorate, clorato de potasa *m.*
potassium chloride, cloruro de potasio *m.*
potassium ferrocyanide, prusiato de potasa *m.*
potassium iodide, yoduro de potasio *m.*
potassium nitrate, nitro, nitrato de potasa *m.*
potassium permanganate, permanganato de potasa *m.*
potassium stannate, potasio estañífero *m.*
potassium sulphate, sulfato de potasio *m.*
potato, patata, papa *f.*
potential *adj.*, eficaz, potente.
potential (phys.), potencial *m.*
potential between electrodes, tensión entre electrodos *f.*
potential difference, diferencia de potencial, d.d.p. *f.*
potential drop (el.), caída de potencial *f.*
potential regulator, regulador de potencial *m.*
constant potential (el.), potencial constante.
electric potential, potencial eléctrico.
zero potential, potencial nulo, tensión nula.
potentiometer, potenciómetro *m.*
potter, alfarero *m.*
pottery, alfarería *f.*
poultry, aves de corral *f.pl.*
pound, libra *f.*
pound (weight), libra (unidad de peso británica, vale 453 gramos).

pound per square inch, unidad de presión Británica correspondiente al kilo por cm².
one pound per square inch = 0,07 kilo por cm².
to pound, machacar.
poundal, unidad Británica de trabajo igual al trabajo necesario para mover una libra de peso sobre un pie de distancia en un segundo.
pounder (mil.), palabra que denota el peso de un proyectil, úsase siempre junta con el número, v.g. : " a 60-pounder gun " : cañón de 60 libras.
to pour, verter.
to pour (met.), colar.
pouring *n.*, colada *f.*, vertimiento *m.*
pouring (met.), *n.*, colada.
pouring basin, bacía de colada *f.*
pouring truck, vagoneta de colada *f.*
powder (exp.), pólvora *f.*
powder (reduced matter), polvo *m.*
powder-magazine, polvorín *m.*
blast powder, pólvora para minar.
emery powder, polvo de lijar *m.*
new powder, pólvora verde.
sporting powder, pólvora para caza.
to powder (to cover with powder), espolvorear.
to powder (to reduce to powder), pulverizar.
powdered, en polvo.
power, potencia, fuerza *f.*
power (mat.), potencia.
power and light, fuerza y luz *f.*
power and light company, compañía de luz y fuerza *f.*
power consumption, consumo de energía *m.*
powder-driven *adj.*, mecánico, de fuerza, mecánicamente.
power-factor (el.), factor de potencia *m.*
power-factor improvement, elevación del factor de potencia *f.*
power-house, central, central de fuerza *f.*
power-loom (text.), telar mecánico *m.*
power of attorney, procuración *f.*, poder *m.*
power-operated, mecánico, mecánicamente.
power-operated brake, freno mecánico *m.*
power output (el., eng.), capacidad, fuerza, potencia *f.*
power plant, central de fuerza, *f.*
power required by machine-tools, potencia necesaria a las máquinas herramientas.
power of a lens (or other opt. inst.), aumento de una lente *m.*
power station, central, central de fuerza *f.*
power supply, suministro de fuerza *m.*
power-transmission, transmisión de fuerza *f.*
power-transmission appliances, implementos para transmisión de fuerza *m.pl.*
power required to work the machine, potencia necesaria al funcionamiento de la máquina.
hydraulic power, fuerza hidráulica *f.*
magnifying power (opt.), aumento *m.*, potencia de aumento *f.*
maximum power, potencia máxima.
multiplying power, fuerza multiplicada.
steam power, fuerza del vapor.
powerful, poderoso.
practical, práctico.
practical unit, unidad práctica *f.*
practice, práctica *f.*
practice (exercise of profession), ejercicio *m.*
to practise, practicar.
to practise (a profession), ejercer.
pre-ignition (eng.), autoencendido, encendido prematuro *m.*
pre-war *adv.*, de antes de la guerra.

precipice, despeñadero *m.*
precipitous, despeñadizo, precipitoso.
precision, exactitud, justedad, precisión *f.*
precision boring machine, taladradora de precisión *f.*
preface, prefacio, prólogo *m.*
preheated *adj.*, calentado previamente.
premier (pol.), Jefe de Gobierno *m.*
premises, local *m.*
premium (insurance), prima *f.*
premium (prize), premio *m.*
preparation, preparación *f.*
preparatory, preparatorio.
to prepare, preparar.
to prepay, pagar adelantado.
prepayment, pago adelantado, pago previo *m.*
to prescribe, ordenar, prescribir.
to prescribe (pharm.), recetar.
preservative, preservativo *m.*
to preserve, conservar.
press (mach.), prensa *f.*
press the button !, oprima el botón !
arbor press, prensa de tornillo.
baling press, prensa embaladora.
fly press, prensa de volante.
forging press, prensa de forjar.
forging press, prensa de forjar.
hand press, prensa de brazo (o a mano).
hydraulic press, prensa hidráulica.
minting press, acuñadora *f.*
moulding press, moldeadora *f.*
oil-extracting press, molino de extraer aceite *m.*
printing press, prensa de imprimir, impresora *f.*
stamping press, prensa de estampar.
straightening press, prensa de enderezar.
to press (to compress), prensar.
welding press, prensa de soldar.
wine press, lagar *m.*
presspahn, cartón prensado parafinado *m.*
pressed *adj.*, compreso, prensado.
pressed steel parts, piezas de acero prensado *f.pl.*
pressed to shape, formado con prensa.
pressure, presión *f.*
pressure against a dam (hyd.), empuje contra una presa *m.*
pressure area, area de presión *f.*
pressure blading (turb.), paletas bajo presión *f.pl.*
pressure casting (found.), moldeo bajo presión *m.*
pressure diagram, diagrama de presiones *m.*
pressure of gas, presión del gas.
pressure of steam, presión del vapor.
pressure on plate, presión sobre la chapa.
pressure variations, variaciones de presión *f.pl.*
air pressure, presión del aire.
air pressure (on moving bodies), resistencia del aire *f.*
atmospheric pressure, presión atmosférica.
back pressure, contrapresión *f.*
critical pressure (phys.), presión crítica.
earth pressure (c.e., const.), empuje de la tierra *m.*
falling pressure, presión decreciente.
head pressure (hyd.), presión piezométrica.
high pressure (el.), alta tensión *f.*
high pressure (mec.), alta presión.
low pressure (el.), baja tensión *f.*
low pressure (mec.), baja presión.
mean pressure, presión media.
mean back pressure, contrapresión media *f.*
terminal pressure (eng.), presión final de expansión.
wind pressure, fuerza del viento *f.*
water pressure, presión hidráulica.
working pressure, presión de funcionamiento.

to prevent, impedir.
to prevent scales formation (boil.), impedir las incrustaciones.
price, precio *m.*
prices subject to alteration without notice, precios variables sin previo aviso *m.pl.*
to prick, pinchar.
to prick a chart (naut., surv.), señalar sobre un mapa.
pricker, lesna, lezna *f.*
primary, primario, original.
primary cell (el.), pila (electroquímica) *f.*
primary current, corriente primaria *f.*
primary voltage, tensión primaria *f.*
primary winding (el.), arrollamiento primario *m.*
prime-mover, motor primario *m.*
to prime (a pump or eng.), cebar.
to prime (paint), imprimar.
priming (boil.), arrastre indebido de agua *m.*
priming (paint), imprimación *f.*
priming (pump or eng.), cebadura *f.*
priming coat (paint), primera mano, mano de apresto *f.*
principal *adj.*, principal.
princiapl (ed.), director *m.*
principle, principio *m.*
print, impreso *m.*
to print, imprimir.
printed matter (notice on envelopes), impresos *m.pl.*
printer, impresor *m.*
printing-house, imprenta *f.*
printing machine, máquina de imprimir *f.*
printing paper, papel de periódicos, papel de diarios (S.A.) *m.*
printing-press (for newspapers), impresora rotativa, rotativa *f.*
printing telegraph, telégrafo impresor *m.*
priority, prioridad *f.*
prism, prisma *m.*
prismatic, prismático.
prismatic colours (phys.), espectro *m.*
prismatical, prismático.
private *adj.*, particular.
private exchange (tel.), central particular *f.*
probationer, novicio *m.*
problem, problema *m.*
proceedings (of learned Society), minutas *f.pl.*
proceedings of the Institute of Civil Engineers, minutas del Instituto de Ingenieros Civiles.
proceeds (fin.), producto *m.*
process, procedimiento *m.*
produce, producto *m.*
to produce, producir.
producer, productor *m.*
product, producto *m.*, producción *f.*
production costs, costo de fabricación *m.*
profession, profesión *f.*
professional, profesional.
professional fees, honorarios *m.pl.*
professor, profesor *m.*
professor (higher education), catedrático *m.*
profile, perfil *m.*
profiling machine, fresadora de perfilar *f.*
profit (com.), beneficio *m.*, ganancia, utilidad *f.*
net profit, beneficio neto.
profitable, provechoso.
progress, progreso, adelanto, perfeccionamiento *m.*
progress in design, perfeccionamiento en el modelo.
to progress, adelantar, progresar.
progression, progresión *f.*
arithmetical progression, progresión aritmética.
geometrical progression, progresión geométrica.

to prohibit, prohibir.
project, proyecto *m.*
to project, proyectar.
projectile, proyectil *m.*
projective geometry, geometría descriptiva *f.*
projector (opt.), proyector *m.*
projector (worker), proyectista *m.*
to prolong, alargar, prolongar.
prolongation, prolongación *f.*
promissory note (com.), pagaré, vale *m.*
to promote (to progress), promover, desarrollar.
promoter (of a scheme), promotor *m.*
promotion (raising in grade or position), ascenso *m.*
prong, diente *m.*, púa *f.*
proof, prueba *f.*
proof against *adj.*, protegido contra, a prueba de.
proofing (protecting paint), compuesto protector *m.*
prop, puntal, tentemozo *m.*
to prop, apuntalar.
propagation, propagación *f.*
propagation of waves (phys.), propagación de las ondas.
to propel, impeler, impulsar.
to propel a ship, impulsar un buque.
propeller (av., naut.), hélice *f.*
propeller-blade, pala de hélice *f.*
propeller efficiency, rendimiento de la hélice *m.*
propeller output, efecto útil de la hélice *m.*
propeller-shaft, árbol portahélice *m.*
propeller slip, resbalamiento de la hélice *m.*
four-bladed propeller, hélice de cuatro palas.
left-hand propeller, hélice de paso a izquierda.
right-hand propeller, hélice de paso a derecha.
propelling *adj.*, impelente, impulsante, propulsor.
propelling machinery, máquina propulsora *f.*
propelling power, fuerza propulsora *f.*
proper motion of a star (ast.), movimiento real de una estrella *m.*
property, propiedad *f.*, bienes *m.pl.*
property (estate), bienes raíces *m.pl.*
proportion, proporción *f.*
proportion (mat.), razón *f.*
in proportion, proporcionado, en proporción.
out of proportion, desproporcionado.
porportional, en proporción, proporcional.
propped up, apuntalado.
proprietor, dueño, propietario *m.*
prosecution (law), demanda *f.*
to prospect (min.), catear.
prospecting (min.), cateo, sondaje *m.*
prospecting-level (min.), galería de exploración (o de cateo) *f.*
prospecting pit, pozo de cateo *m.*
prospecting rights, derechos de exploración *m.pl.*
prospecting tunnel, socavón de cateo *m.*
prospecting work, cateo, trabajos de exploración.
prospector, cateador *m.*
to protect, protejer.
protection, protección *f.*
protective, protector.
protest, protesta *f.*
protest (com.), protesto *m.*
to protest, protestar.
proton (phys.), protón *m.*
protoxide, protóxido *m.*
protractor (draw.), transportador *m.*
to prove, probar, demostrar.
to prove (min.), constatar, explorar, reconocer.
existence of gold proved, la presencia del oro ha sido constatada.
to provide, proveer, abastecer, suministrar.
province, provincia *f.*

provider, proveedor *m.*
provision, provisión *f.*
provision-dealer, avituallador *m.*
provisions, víveres *m.pl.*
prow, proa *f.*
to prune (bot.), escamondar, podar.
prussiate, prusiato *m.*
public utility company, empresa de servicios públicos *f.*
public works, obras públicas *f.pl.*
to publish, publicar.
publisher, editor *m.*
to puddle (met.), pudelar.
pug-mill, mortero de barro *m.*
to pug (const.), adobar, construir con adobe.
pull, arrastre *m.*, tracción *f.*
pull-rod (rly.), varilla de maniobra *f.*
to pull (to haul), arrastrar, tirar.
to pull down, derribar.
to pull out, arrancar, sacar, retirar.
to pull out a nail, arrancar un clavo, desclavar.
to pull up (tr.), detener, detenerse.
pulley, polea *f.*
cast-iron pulley, polea de hierro moldeado.
cone pulley, polea escalonada.
crown pulley, polea de llanta encorvada.
driven pulley, polea impulsada.
driving pulley, polea motriz.
fast pulley, polea fija.
fast and loose pulley, poleas fija y loca *f.pl.*
guide pulley, polea de guía.
jockey pulley, polea tensora.
loose pulley, polea loca.
overhung pulley, polea colgante.
rope pulley, polea ranurada.
solid pulley, polea entera.
straight pulley, polea de llanta recta.
split pulley, polea partida.
wooden pulley, polea de madera.
wrought-iron pulley, polea de hierro forjado.
pulp, pulpa *f.*
pulp-beater, machacadora de pulpa *f.*
pulsatance (el.), pulsación *f.*
pulsation, pulsación *f.*
to pulverise, pulverizar, reducir a polvo.
pulverised-coal firing (boil.), alimentación con carbón pulverizado *f.*
pumice, piedra pómez *f.*
pump, bomba *f.*
pump barrel, caja de la bomba *f.*
pump leather, guarnición de cuero para bombas *f.*
bilge pump (naut.), bomba del pantoque.
boiler-feed pump, bomba alimentadora de caldera.
centrifugal pump, bomba centrífuga.
centrifugal pump (for elevating in mines), bomba elevadora centrífuga.
feed pump, bomba de alimentación.
hydraulic pump, bomba hidráulica.
jet pump, bomba de chorro forzado.
mercury pump (phys.), bomba agotadora al mercurio.
oil pump, bomba del aceite.
rotary pump, bomba giratoria.
sewage pump, bomba de agotar cloacas.
simplex pump, bomba de efecto único.
sludge pump, bomba para residuos.
suds pump (mach.), bomba de circulación del agua jabonosa.
two-stage pump, bomba multicelular.
vacuum dry pump (chem.), bomba de vacío en seco.
pumping set, grupo de bombeo *m.*
punch (mach.), punzonadora *f.*
punch (tool), punzón, sacabocados *m.*
to punch (techn.), punzonar.
punching, punzonamiento *m.*
punching machine, punzonadora *f.*
puncture, pinchazo *m.*, picadura, pinchadura, punzadura *f.*
punt (naut.), batea *f.*
pupil (ed.), alumno, discípulo *m.*
pupinising (tel.), transmisión con bobinas de inductancia sistema Pupin *f.*
purchase, adquisición, compra *f.*
purchase (mec.), maniobra, palanca *f.*
purchase-block, poleame *m.*
purchase-money, precio de compra *m.*
to purchase, comprar.
pure, puro.
pure mathematics, matemáticas teóricas *f.pl.*
pureness, pureza *f.*
purification, depuración, purificación, clarificación *f.*
purifier, purificador *m.*
to purify, depurar, purificar.
purlin (const.), carrera, correa *f.*
purple, purpúreo.
push, empuje *m.*
push-button, botón de contacto *m.*
push-plate conveyor, transportador de paletas *m.*
push-pull amplification (wir.), amplificación de doble media onda *f.*
to push, empujar.
to push home, empujar a fondo.
pusher-locomotive, locomotora de empuje *f.*
pusher-plane (or aeroplane), aeroplano de hélice propulsora *m.*
to put, poner, colocar.
to put a ship in commission, armar un buque.
to put aboard, embarcar.
to put an end to, acabar, terminar.
to put back (clock), atrasar.
to put back (naut.), volver a puerto.
to put bricks in a kiln, enhornar ladrillos.
to put forward (clock), adelantar.
to put in (naut.), recalar.
to put in a furnace (oven or kiln), enhornar.
to put in a rise (min.), realzar (los techos de mina), remontar.
to put in distress (naut.), entrar de arribada.
to put in motion, poner en movimiento.
to put in practice, usar.
to put in service, poner en servicio.
to put into gear (mec.), engranar.
to put into operation (law), aplicar.
to put on board, embarcar.
to put on steam (eng.), forzar el vapor.
to put on the brake, frenar.
to put the steam on, admitir el vapor.
to put to sea (mar.), darse a la vela.
to put up for sale, subastar, rematar (S.A.).
putlog, mechinal *m.*
putty, masilla *f.*
glazier's putty, masilla de vidriero.
rust putty, masilla ferrosa.
to putty, enmasillar.
pyramid, pirámide *f.*
pyrites, pirita *f.*
arsenical pyrites, pirita arseniosa.
copper pyrites, pirita cobrífera.
iron pyrites, pirita de hierro.
magnetic pyrites, leberquisa *f.*
pyritical *adj.*, pirítico.
pyritohedral (geol.), piritoedro.

pyrochemical, piroquímico.
pyrochroite (min.), pirocroita *f.*
pyroelectric, piroeléctrico.
pyroligneous, piroleñoso.
pyrolusite, pirolúsita *f.*
pyrometer (loco.), indicador de la temperatura de los gases de salida *m.*
pyrometer (phys.), pirómetro *m.*
optical pyrometer, pirómetro óptico
recording pyrometer, pirómetro registrador.
pyrometry, pirometría *f.*
pyroscope, piroscopio *m.*
pyrotechnics, pirotecnia *f.*
pyroxene, piroxena *f.*
pyroxenic, piroxénico.
pyrrhotite (min.), pirita magnética *f.*

Q

Q-boat, bote antisubmarino *m.*
quadrangle, cuadrángulo *m.*
quadrangular, cuadrangular.
quadrant, cuadrante, cuarto de circunferencia *m.*
quadrant (ast.), cuadrante de altura *m.*
quadrant-plate (of clock), esfera *f.*
quadrant plate (of lathe), guitarra, lira *f.*
quadratic, cuadrático.
quadratic equation, ecuación del segundo grado *f.*
quadrature (ast., el.), cuadratura *f.*
quadriga (arch.), cuádriga *f.*
quadrilateral, cuadrilátero.
quadrimotor, cuadrimotor.
quadrinomial (mat.), cuadrinomio *m.*
quadruple *adj.*, cuádruple.
quadruple-screw ship, buque de 4 hélices *m.*
to quadruplicate, cuadruplicar.
quagmire, cenagal *m.*
quake, temblor *m.*
to quake, temblar.
qualification (professional), cualidad *f.*, título *m.*
qualified *adj.*, apto, idóneo, cualificado.
to qualify (ed.), habilitar, prepararse.
qualitative, calitativo.
qualitative analysis (chem.), análisis calitativo (o calitativa) *m. & f.*
quality, calidad *f.*
quantitative, cantitativo.
quantitative analysis, análisis cantitativo *m. & f.*
quantity, cantidad *f.*
quantity fuse (exp.), cebo de volumen *m.*
quantity surveyor, metrador *m.*
quantum, cantidad *f.*, tanto *m.*
quantum theory (phys.), teoría del tanto *f.*
quarry, cantera *f.*
slate quarry, pizarral *m.*
stone quarry, pedrera *f.*
to quarry (stone), extraer de una cantera.
quarrying, extracción de piedra, explotación de cantera, cantería *f.*
quarryman, cantero *m.*
quarter, cuarto *m.*
quarter (district in town), barrio *m.*
quarter (of compass), punto *m.*
quarter (of moon), cuarto *m.*
quarter (ship's), puesto *m.*
quarter (weight), arroba *f.*
quarter (year), trimestre *m.*
quarter-elliptic spring, resorte cuarto elíptico *m.*
quarter-phase (el.), bifásico.
quarter-points (naut.), rumbos de la aguja *m.pl.*
quarter-railings (shpbdg.), vagara *f.*
to quarter (mil.), acuartelar.
to quarter (wood), escuadrar.
quartered timber, troncos escuadrados *m.pl.*
quartering machine, taladradora para agujeros de botones de manivelas a ángulos rectos *f.*
quarterly, trimestral.
quartz, cuarzo *m.*
quartz-crystal, cristal cuarzoso (o cuárzico) *m.*
quartz diorite, diorita cuarzisada (o cuarzosa) *f.*
quartz porphyry, pórfido cuarzoso *m.*
quartz sand, arena cuarzosa *f.*
gold quartz, cuarzo aurífero.
quartziferous *adj.*, cuarzífero, cuarzoso, cuarcífero.
quartzite, cuarcita *f.*
quasi-optical wave (phys.), onda ultramicroscópica *f*
quaternary (geol.), cuaternario, cuadrático.
quaternary rocks, rocas cuaternarias *f.pl.*
quay, muelle *m.*
quayage, muellaje *m.*
queen-post (const.), péndula doble *f.*
to quench (fire), apagar, extinguir.
to quench (met.), templar.
to quench in oil, templar en aceite.
quenched-spark (el.), chispa amortiguada *f.*
quenched-spark gap (wir.), disruptor de chispas amortiguadas *m.*
quenched-spark transmitter (wir.), emisor de chispas amortiguadas *m.*
quenching guns in oil, templado de cañones en aceite.
quenching-pit, hoyo de templar *m.*
query, cuestión, pregunta *f.*
to query, inquirir, informarse, preguntar.
to query (to doubt), dudar.
question, cuestión *f.*
questionnaire, cuestionario *m.*
quick, rápido, veloz.
quick-break (el.) *adj.*, de interrupción brusca.
quick-firing (art.), de tiro rápido.
quick-return stroke (mach.), retroceso rápido *m.*
quick to start, de arranque rápido.
quicklime, óxido de cal *m.*, cal viva *f.*
quickness, celeridad, prontitud, rapidez *f.*
quicksand, arena movediza *f.*
quicksilver, mercurio, azogue *m.*
quill-drive (tr.), transmisión tubular (o por vaina) *f.*
quince, membrillo *m.*
quinia (or quinine), quinina *f.*
quinol, hidroquinona *f.*
quire (paper), mano *f.*
quoin (arch., const.), piedra de ángulo *f*
quoin (mec.), cuña *f.*
quotation (price), cotización *f.*
to quote, cotizar.
to quote as low as possible, cotizar tan reducido como sea posible.
quotidian, cotidiano.
quotient, cociente, cuociente *m.*

R

rabbet (naut.), alefriz *m.*
rabbet-plane (carp.), guillame *m.*
rabbit, conejo *m.*
rabbit-warren, conejera *f.*
race (breed), raza *f.*
race (hyd.), canal de traída, caz *m.*
race (run), carrera, corrida *f.*
race-course, campo de carreras, hipódromo *m.*
ball race (in bearings), camino de rodadura *m.*
head race (hyd.), caz de traída *m.*
tail race, caz de descarga.
to race (mach.), dispararse, desbocarse.
to race (run), correr.
to race (to compete for), correr una carrera.
racer (aut.), coche de carreras *m.*
racing (competition), carrera *f.*
racing-craft (naut.), bote de carrera *m.*
racing-cruiser, crucero automóvil de carreras *m.*
racing of a motor (eng.), disparo de un motor *m.*
racing-track, pista *f.*
rack (ag.), rastra *f.*, rastrillo *m.*
rack (techn.), cremallera *f.*
rack and pinion, piñon y cremallera.
rack-cutting machine, fresadora para cremalleras *f.*
rack-compass (draw.), compás de cremallera *m.*
rack-vice (techn.), mordazas de cremallera *f.pl.*
drying rack (ind.), anaquel de secar *m.*
strainer rack (hyd.), reja de protección *f.*
radial flow (eng., hyd.), chorro radial *m.*
radial truing device (for grinders), dispositivo de centrar exacto *m.*
radian, radián *m.*
radiant, irradiante.
radiant heat, calor irradiante *m.*
to radiate (heat), irradiar, radiar.
to radiate (light), brillar, resplandecer.
to radiate (wir.), emitir, radiar.
radiated, radiado.
radiating (heat), irradiante, radiante.
radiating (light), brillante, resplandecente.
radiation (heat), irradiación, radiación *f.*
radiation (light), resplandecimiento, resplandor *m.*
radiation loss (eng., phys.), pérdida por radiación *f.*
radiator, radiador *m.*
radiator (heater), calentador *m.*, estufa *f.*
radiator shutter (av.), persiana de radiador *f.*
electric radiator, estufa eléctrica.
gas radiator, estufa de gas.
honeycomb-type radiator (aut., av.), radiador nido de abeja.
round-bulge tubes radiator, radiador de tubos lobados (o lobulados), radiador de tubos forma trébol de cuatro hojas.
radiferous, radífero.
radio-amateur, radioaficionado *m.*
radio-compass, brújula radiogonométrica *f.*
radio communication, comunicación inalámbrica *f.*
radio-emitter, radiotransmisor *m.*
radio-frequency, radiofrecuencia, frecuencia radioeléctrica *f.*
radio-station, estación radioeléctrica *f.*
radioactive, radioactivo.
radioactive element, elemento radioactivo *m.*
radioactivity, radioactividad *f.*
radiogonometer, radiogonómetro *m.*
radiogram, radiotelegrama *m.*
radiograph, radiograma *m.*
radiographer (med.), radiografista *m.*
radiography, radiografía *f.*
radiolite (min.), radiolita *f.*
radiometer, radiómetro *m.*
radiometry, radiometría *f.*
radiophony, radiotelefonía, telefonía inalámbrica *f.*
radiophotography, radiofotografía *f.*
radioscopy, radioscopia *f.*
to radiotelegraph, radiotelegrafiar.
radiotelegraphic station, estación radiotelegráfica *f.*
radiotelegraphy, radiotelegrafía, telegrafía inalámbrica *f.*
to radiotelephone, radiotelefonar.
radiotelephonic, radiotelefónico.
radiotelephonic modulated current, corr ente radiotelefónica modulada *f.*
radiotelephonic transmitter, transmisor radiotelefónico *m.*
radiotelephony, radiotelefonía *f.*
radiotelephony with ultra-short waves, radiotelefonía de ondas cortísimas.
radiotherapy, radioterapia *f.*
radiovision, transmisión inalámbrica de la visión *f.*
radium (chem.), radio *m.*
radium salts, sales radioactivas *f.pl.*
radius (geom.), radio *m.*
radius (wheel), rayo *m.*
radius of curvature, radio de curvatura *m.*
radius of gyration, radio de giración.
radius vector, vector *m.*
radix (mat.), base *f.*
raft, balsa, jangada *f.*
raft (foundation, arch.), entramado, marco de cimientos, zampeado *m.*
raft (of bridge), tramo separable *m.*
rafter (const.), cabrio, contrapar, par *m.*
rafter timbering, entibación de cabios *f.*
common rafter, cabrio *m.*
counter rafter, contrapar *m.*
hip jack rafter, lima *f.*
valley rafter, cabrio de tenaza *m.*
rag (cleaning), trapo *m.*
rag-grinder (papermaking), deshilachadora de trapos *f.*
ragstone, piedra de amolar *f.*
ragstone (mas.), morrillo *m.*
rail (const.), baranda, barrera *f.*, pasamano *m.*
rail (rly.), carril, riel *m.*
rail-bender : see next entry.
rail-bending machine, máquina de encorvar rieles *f.*
rail-bonding, eclisado de carriles *m.*
rail-chair, cojinete para riel *m.*
rail-contact (rly.), toma de riel *f.*
rail-bond tester, medidor de la resistencia de eclisas eléctricas *m.*
rail fastening, sujeta riel *m.*
rail-gauge, vara de entrevía, vara de trocha (S.A.) *f.*

rail-guard (rly.), aparta-obstáculos *m.*
rail-jack, levanta rieles *m.*
rail-laying, tendido de los carriles *m.*
rail motor-car, coche automotor sobre rieles *m.*
rail-saw, sierra para rieles, máquina de aserrar rieles (o carriles) *f.*
rail spike, alcayata *f.*
rail track, vía *f.*
a 120 lbs. rail, riel de 55 kilos por metro cor riente.
bullhead rail, riel de doble cabeza.
by rail, por ferrocarril.
check rail, contracarril, riel de guía *m.*
cogged rail, cremallera *f.*, riel dentado, carril dentado *m.*
collector rail, riel conductor, riel de toma *m.*
fished rails, rieles embridados (o eclisados) *m.pl.*
flat-bottomed rail, carril de zapata ancha.
girder rail, riel de suela, riel Vignoles.
grooved rail, riel (o carril) de garganta.
third rail, riel conductor.
tramway rail, riel acanalado (o de tranvía).
Vignoles rail, riel Vignoles.
to rail in (const.), cercar.

railing, cercado, empalizado, vallado *m.*, verja *f.*
bridge railing, antepecho de puente, pretil *m.*
park railing, verja de jardines (o paseos).

railless, sin rieles, sin vía.
railless trolley-bus, ómnibus eléctrico de trole sin vía *m.*

railway, caminos de hierro *m.pl.*, ferrocarril *m.*
Note.—The first expression is used only in Spain, ferrocarril is the commonly accepted term in South American countries.
railway bill (pol.), ley de ferrocarriles *f.*
railway carriage, coche de ferrocarril *m.*
railway-construction firm, empresa constructora de ferrocarriles.
railway contractor, contratista de ferrocarril *m.*
railway cutting, desmonte ferroviario *m.*, trinchera de ferrocarril *f.*
railway cutting wall, muro de sostén de trinchera *m.*
railway electrification, electrificación ferroviaria *f.*
railway embankment, terraplén de vía *m.*
railway gauge, entrevía, trocha de ferrocarril (S.A.) *f.*
railway jack, gato alzacarriles *m.*
railway material, material ferroviario *m.*
railway net, red ferroviaria *f.*
railway-plant, material ferroviario *m.*
railway platform, andén *m.*
railway route, rumbo del ferrocarril *m.*
railway scheme, proyecto de vía férrea *m.*
railway-sleeper, traviesa de ferrocarril *f.*, durmiente (S.A.) *m.*
railway station, estación ferroviaria *f.*
railway track, vía férrea *f.*
railway works, talleres ferroviarios *m.pl.*
railway yard, playa de formación *f.*, patio de maniobras *m.*
adhesion railway, ferrocarril de adhesión.
broad gauge railway, ferrocarril de trocha ancha (S.A.), caminos de hierro de via ancha.
city railway, ferrocarril metropolitano o urbano), metropolitano, metro *m.*
double line railway, ferrocarril de doble vía.
electric railway, ferrocarril eléctrico.
feeder railway, línea secundaria *f.*
field railway, vía portátil *f.*
military railway, ferrocarril estratégico.
narrow gauge railway, ferrocarril de trocha angosta (S.A.), caminos de hierro de vía estrecha.
overhead railway, ferrocarril suspendido.
rack railway, ferrocarril de cremallera.
single-line railway, ferrocarril de vía única.
standard gauge railway, ferrocarril de trocha normal (S.A.), caminos de hierro de vía normal.
tube railway : same as underground railway.
underground railway, ferrocarril subterráneo.

railwayman, ferroviario *m.*

rain, lluvia *f.*
rain-chart, mapa pluvímetro *m.*
rain gauge, pluviómetro, udómetro *m.*
rain tank, aljibe *m.*
to rain, llover.

rainbow, arco iris *m.*

rainfall, cantidad llovida, precipitación *f.*

rainless, desprovisto de lluvia, impulvioso.
some tracts in Northern Argentina remain rainless for 6 months or more, hay regiones en el Norte de la Argentina que se quedan desprovistas de lluvia durante seis meses y más.

rainy, lluvioso.

raise, elevación *f.*, aumento *m.*
to raise, alzar, levantar.
to raise (to build), edificar.
to raise (to higher rank), ascender.
to raise a loan, contratar un empréstito.
to raise from a mine, extraer, minerar.
to raise livestock, criar ganado.
to raise plants, cultivar.
to raise steam, generar vapor.
to raise the power-factor (el.), mejorar el factor de potencia.
to raise the power-factor from ·60 to ·95 by static condensers, mejorar el factor de potencia de 0,60 hasta 0,95 por medio de condensadores.
to raise the price, aumentar el precio.
to raise the storage level (hyd.), elevar el nivel estancado.
to raise to a power (mat.), elevar a potencia.
to raise to the cube, cubicar.
to raise water, sacar agua.
to raise with a lever, apalancar.

raisin, pasa *f.*

raising, alza, elevación *f.*, izamiento *m.*
raising-gear, aparejo de izar *m.*

rake (fire), badil *m.*
rake (of mast, naut.), inclinación, oblicuidad *f.*
rake (of stern, naut.), lanzamiento de la roda *m.*
rake (tool), rastrillo *m.*
to rake (ag.), rastrillar.
to rake out (fires), dejar apagar.

raking-stern (naut.), roda forma de clíper *f.*

ram (c.e.), pilón, pisón *m.*
ram (found.), atascador *m.*
ram (hyd. elevator), elevador de agua *m.*
ram (of a press or pump), émbolo macho *m.*
ram (ship's), espolón *m.*
hydraulic ram, elevador de agua por presión hidráulica.
to ram (to drive down), apisonar, pisonar.

rammer, pisón *m.*
frog rammer (c.e.), pison saltarín.

ramming, apisonamiento *m.*

ramp (c.e., mil.), rampa *f.*

rancid, rancio.

range (art.), alcance *m.*
range (choice), especie *f.*, género, surtido *m.*, selección *f.*
range (class), clase *f.*, rango *m.*

range-finder (art.), telémetro *m.*
range of a spring (mec.), juego de un resorte *m.*
range of mountains, cadena de montañas *f.*
range of speed, serie de velocidades *f.*
range of temperature (st. eng.), diferencia entre temperaturas.
all ranges from 2½ to 200 watts, surtido completo desde 2½ hasta 200 vatios.
long range (art.), de gran alcance.
to range (to class), alinear, clasificar, colocar metódicament.
ranging (art.), regulación del tiro *f.*
ranging *n.*, orden *m.*, colocación, clasificación *f.*
ranging a curve, trazar una curva.
ranging-out (surv.), jalonado *m.*, demarcación *f.*
ranging-out curves with a theodolite, jalonado de curvas con el teodolito.
ranging-pole (or rod) (surv.), jalón *m.*
powers ranging from 400 to 5,000 b.h.p., potencias desde 400 a 5,000 H.P. medidos.
rank (mil., nav.), grado, rango *m.*
rank (row), fila *f.*
Rankine cycle (st.), diagrama de Rankine *m.*
rapid, rápido.
rapid combustion, combustión activa *f.*
rapid discharge (el.), descarga rápida *f.*
rapidity, rapidez, celeridad, ligereza (S.A.) *f.*
rare earths, metales alcalinos raros *m.pl.*
rarefied, enrarecido, ralo, rarificado.
rarefied air, aire enrarecido *m.*
to rarefy, enrarecer, rarefacer.
rasp (techn.), escofina *f.*
rat (zool.), rata *f.*
rat-trap, ratonera *f.*
ratchet, disparador, escape *m.*
ratchet-brace : same as ratchet-drill.
ratchet-drill, carraca *f.*
ratchet-drive, movimiento por trinquete.
rate (com.), curso, precio *m.*
rate (of interest), tanto por ciento *m.*
rate (price), precio *m.*
rate (proportion), proporción, razón *f.*
rate (ship's class), clase *f.*
rate (tax), tasa, tasación *f.*
rate of climb (av.), velocidad ascensional *f.*
rate of speed, grados de velocidad *m.pl.*
at the rate of (in general), a razón de, tanto por.
at the rate of (price), al precio de.
at the rate of (speed), a la velocidad de.
high rate (com.), curso (o precio) elevado *m.*
high rate of speed, velocidad elevada *f.*
to rate, avaluar, estimar, tarifar.
rated at . . . (mach.), clasificado bajo . . .
rated H.P. of engine, potencia de régimen del motor *f.*
rating (eng., mach.), clasificación *f.*, régimen *m.*
rating-plate, chapa de clasificación *f.*
continuous rating, régimen continuo.
one hour rating, régimen horario.
short-time rating, régimen discontinuo.
ratio (mat.), razón, relación, proporción *f.*
ratio of expansion (eng.), relación de expansión *f.*
ratio of grate to total heating surface is 1 to 55 (boil.), la proporción de la superficie de la rejilla a la superficie total es como 1 a 55.
ratio of the slope (c.e.), relación del talud *f.*
ratio of transformation (el.), relación de transformación *f.*
in the ratio of, en razón de.
ration, ración *f.*
to ration, racionar.
rational, racional.
ravine, barranca, hondonada *f.*
raw (coarse), bruto, crudo, nativo, virgen.
raw (ag.), verde, en rama.
raw cotton, algodón en rama *m.*
raw-hand (beginner), novicio *m.*
raw-hide, cuero verde *m.*
raw linen, lino en rama *m.*
raw materials, materia prima *f.*
raw-metal, metal crudo *m.*
in the raw state, en bruto.
ray, rayo *m.*
rays, radiación *f.*, rayos *m.pl.*
black rays, radiación opaca.
infra-red rays, radiación infrarroja.
Rontgen rays, rayos X, rayos de Rontgen.
ultra-violet rays, radiación ultraviolácea.
razor, navaja *f.*
safety razor, navaja de seguridad.
to re-adjust, reajustar.
re-entering abutment (c.e.), estribo entrante *m.*
re-export, reexportación *f.*
to re-export, reexportar.
reach, alcance *m.*, extensión *f.*
to reach, extender, llegarse, tender.
to reach (firearms), alcanzar (hasta).
to reach a very high pitch of development, llegar a elevadísimo grado de adelanto.
out of reach, fuera de alcance.
within reach, al alcance de.
reacher (min. timbering), tentador *m.*
to react, reaccionar.
reactance, reactancia *f.*
reactance current limiter : see reactance reactor.
reactance drop (el.), caída de tensión de la reactancia *f.*
reactance reactor, bobina limitadora (por reactancia), bobina limitadora de self.
reactance voltage, voltaje de reactancia *m.*
reaction, reacción *f.*
reactive, reactivo.
oil-immersed reactor, bobina de self en aceite.
to read, leer.
to read a meter, anotar el consumo.
to read off (from a meas. inst.), comprobar.
readable, legible.
reader, lector *m.*
reading, lectura *f.*
reading (surv.), acotación, cota *f.*
reading of the barometer, altura del barómetro *f.*
reading-room, sala de lectura *f.*
direct reading (inst.), lectura directa.
mirror reading (inst.), lectura por reflexión.
ready, listo, pronto.
ready for dispatch, listo para el envío.
ready for use, listo para el consumo.
ready-made, confeccionado, preparado.
ready-money, al contado.
ready-reckoner, tablas de calcular *f.pl.*
ready to be floated (c.e.), listo para ser flotado.
reagent (chem.), reactivo *m.*
realgar (min.), rejalgar *m.*, sandáraca *f.*
ream, resma *f.*
reamer, escariador *m.*
adjustable reamer, escariador graduable.
collapsible reamer, escariador expansivo.
tapered reamer, escariador cónico.
to reap (ag.), segar, cosechar, guadañar.
reaper, segador *m.*
reaping machine, segadora mecánica *f.*
reaping-time, siega *f.*
to reappoint, nombrar de nuevo.

rear *adv.*, detrás, posterior.
rear (last one), último.
rear-admiral, contraalmirante *m.*
to reascend, reascender.
reason, razón *f.*, motivo *m.*
to reason, raciocinar, razonar.
Reaumur's scale, escala de Réaumur *f.*
rebate, rebaja *f.*
to rebate, rebajar.
to rebolt, retornillar.
to rebuild (mach.), recondicionar, reconstruir.
to rebuild (const.), reedificar.
rebuilding, recondicionamiento *m.*, reconstrucción, reedificación *f.*
rebuilt, recondicionado, reconstruido, reedificado.
a rebuilt typewriter, una máquina de escribir recondicionada.
receipt, recibo *m.*
receipt-stamp, sello fiscal *m.*
to receive, recibir.
receiver (chem.), tacho *m.*
receiver (in bankruptcy), síndico *m.*
receiver (tel.), auricular *m.*
receiver (wir.), aparato radio receptor, receptor radiofónico *m.*
air receiver (container), receptáculo de aire (comprimido en general) *m.*
all-wave mains receiver, receptor radiofónico de onda universal alimentado por la red.
D.C. receiver (tel.), teléfono sin bobina de inducción *m.*
head receiver (tel.), auricular de casco *m.*
heterodyne receiver (wir.), receptor heterodino.
portable receiver, receptor radiofónico portátil.
portable self-contained battery receiver, receptor radiofónico autónomo y portátil de batería.
portable self-contained mains receiver, receptor radiofónico autónomo y portátil alimentado por la red.
radio receiver, radiorreceptor, receptor radiofónico *m.*
short-wave receiver, receptor de ondas cortas.
telephone receiver, receptor telefónico, auricular *m.*
receiving-set (wir.) : *see* receiver (wir.).
recess, escotadura, concavidad *f.*, receso, rebajo, seno *m.*
to recharge, recargar.
reciprocal, recíproco.
reciprocating, recíproco.
reciprocating masses (eng.), masas de movimiento alterno *f.pl.*
reciprocating motion (mec.), vaivén *m.*
reciprocating movement, movimiento de vaivén *m.*
to reckon, calcular, computar.
reckoner, calculador *m.*
reckoning, cálculo *m.*, cuenta *f.*
reckoning (naut.), estima *f.*
to reclaim land from the sea, ganar terreno al mar.
reclamation (land), terreno ganado *m.*
recoil, reculada *f.*, retroceso *m.*
to recoil, recular, retroceder.
record (maximum), proeza *f.*, record *m.*
to record, registrar, inscribir.
recorder (eng.), registrador *m.*
recorder (jur.), archivero *m.*
CO_2 recorder (boil.), registrador de anhídrido carbónico *m.*
oscillation recorder, oscilógrafo *m.*
syphon recorder (tel.), registrador de sifón.

recording *n.*, apunte *m.*, registración *f.*, registro *m.*
recording pen (inst.), pluma registradora *f.*
recovery, aprovechamiento *m.*, recuperación *f.*
recovery of by-products, recuperación de subproductos.
recreation-ground (municipal), plaza de ejercicios físicos *f.*
rectangle, rectángulo *m.*
rectangular, rectangular.
rectangular hyperbola, hipérbola equilátera *f.*
rectifier, rectificador *m.*
mercury-vapour rectifier, rectificador al vapor de mercurio.
metal rectifier, rectificador metálico.
to rectify, rectificar.
rectifying plant (chem.), instalación rectificadora *f.*
rectilinear, rectilíneo.
to recuperate, recobrar, recuperar.
recuperation, recuperación *f.*
red, rojo, colorado (S.A.).
red-chalk, creta roja *f.*
red heat, calor del rojo *m.*
red hot, candente, enrojecido al fuego.
red hot iron, hierro candente *m.*
red lead, minio, óxido de plomo *m.*
red oxide of lead, azarcón *m.*
to reduce, reducir, disminuir.
to reduce (carp.), rebajar, sacar de espesor.
to reduce (met.), adelgazar, laminar.
to reduce plates in rolling-mills, laminar chapas en laminaderos.
to reduce the speed, disminuir la velocidad.
reduced wear, desgaste mínimo *m.*
reducer, reductor *m.*
reduction, reducción *f.*
reduction gearing, tren de engranajes reductores *m.*
reduction scale, escala de reducción *f.*
redundant, superfluo.
reed (bot.), caña *f.*
reed (text.), peine *m.*
reef (naut.), rizo *m.*
reef (rock), arrecife *m.*
reel, devanadera *f.*
to reel (text.), aspear, devanar.
reeler, aspeador *m.*
reeling frame, devanadera *f.*
to re-embark, reembarcar.
to re-establish, reestablecer.
referee, árbitro *m.*
reference, mención, referencia *f.*
reference number (on mach. or ap.), número de identificación *m.*
reference number (on orders, etc.), número de orden *m.*
references (testimonials), informes *m.pl.*
to refine, refinar.
to refine (met.), afinar.
refined, afinado, refinado.
refinery, refinería *f.*
oil refinery, refinería de petróleo.
sugar refinery, refinería de azúcar.
refining *n.*, afinación, refinación *f.*
refining process, procedimiento de afinación (o de refinación) *m.*
to reflect, reflejar.
reflected *adj.*, reflejado, reflejido.
reflected light, luz reflejida *f.*
reflector, pantalla *f.*, reflector *m.*
automobile reflector, faro de automóvil *m.*
bowl reflector, pantalla semielíptica.
glass reflector, proyector *m.*

inverted bowl reflector, pantalla de luz invertida.
opal glass reflector, pantalla de vidrio opalino.
opaque reflector, pantalla opaca.
parabolic reflector, reflector parabólico.
sheet-metal reflector, pantalla de palastro.
to reflow, refluir.
reform, reforma *f.*
to refract, refractar, refringir.
refractometer, refractómetro *m.*
refractory, refractario.
refractory materials, materias infusibles *f.pl.*
to refresh, refrescar.
to refrigerate, refrigerar.
refrigerating *adj.*, refrigerante, frigorífico.
refrigerating machine, heladera, máquina frigorífica *f.*
refrigerator plant, instalación frigorífica *f.*
refrigeration, refrigeración *f.*
refrigerator, heladera, nevera *f.*
to refuel, reabastecerse de combustible.
refuelling, reabastecimiento de combustible *m.*
refuse (garbage), basuras *f.pl.*
refuse (ind.), desperdicios, residuos, restos *m.pl.*, sobras *f.pl.*
refuse collection, junta de basuras *f.*
refuse-destructor, incinerador (o crematorio) de basuras *m.*
to refuse, rehusar.
to regenerate, regenerar.
regeneration, regeneración *f.*
regenerative *adj. & n.*, regenerador *m.*
regenerative braking (rly.), frenado regenerador *m.*
regenerative cycle (eng.), período regenerador *m.*
regime (pol.), régimen *m.*
regimen, régimen *m.*
regiment (mil.), regimiento *m.*
register, registro *m.*
register (boil.), respiradero *m.*
register (ship's port), matrícula *f.*
register (ship's tonnage), tonelaje oficial *m.*
to register, inscribir, registrar.
to register (a letter), certificar.
to register (ship's nationality), abanderar.
registered, certificado, inscripto.
registered post, correo certificado *m.*
registered trademark, marca de fábrica registrada *f.*
registering instrument, aparato registrador *m.*
registration, registro *m.*
registry, archivo *m.*
registry (naut.), carta de mar *f.*
registry of seamen, inscripción marítima *f.*
regular attention to lubrication is absolutely essential, el cuidado constante del engrase es imprescindible.
regularity, regularidad *f.*
cyclic regularity, regularidad (o constancia) periódica *f.*
to regulate, regular.
regulation, regulación *f.*
regulation (law), reglamento *m.*
regulator, regulador *m.*
automatic regulator, regulador automático.
balanced regulator (loco.), regulador compensado.
booster regulator, regulador del reforzador.
chimney damper regulator (boil.), registro de humero *m.*
feeder regulator, regulador para canalización eléctrica.
field regulator, reóstato de excitación *m.*
hand regulator, regulador a mano.
induction regulator, regulador por inducción.
locomotive regulator, regulador de locomotora, moderador de locomotora *m.*
pressure regulator (el.), regulador de tensión.
pressure regulator (mec.), regulador de presión
series regulator (el.), reóstato en serie *m.*
shunt regulator (el.), reóstato shunt.
single-phase induction regulator, regulador monofásico por inducción.
to reinforce, reforzar.
reinforced, reforzado.
reinforcement, refuerzo *m.*
reinsurance, reaseguro *m.*
to reinsure, reasegurar.
relative, relativo.
relative velocity, velocidad relativa *f.*
relativity, relatividad *f.*
relativity theory, teoría de la relatividad *f.*
relay (el., tel.), relevador, relevo *m.*
relay coil, solenoide de relevador *m.*
current relay, relevador por intensidad.
cut-off relay, relevador interruptor.
directional relay, relevador por sentido de corriente.
frequency relay, relevador por cambio de frecuencia.
lamp relay, relevador luminoso.
line relay, relevador de línea.
overload relay, relevador de sobrecarga.
phase-rotation relay, relevador por cambio de fase.
pilot relay, relevador indicador.
polar relay (tel.), relevador polarizado.
quick-acting relay, relevador rápido.
slow-acting relay, relevador lento.
sound relay, relevador sonoro.
temperature relay, relevador térmico.
time-lag relay, relevador de acción retardada.
to relay (el., wir.), relevar, reemitir, retransmitir.
to relay a programme (wir.), retransmitir una emisión.
voltage relay, relevador por voltaje.
release, aflojador *m.*
to release, soltar, aflojar.
to release the brakes, aflojar los frenos.
reliability, confianza, seguridad *f.*
reliable, digno de confianza.
reliable results, resultado exacto *m.*
relief (draw.), relieve *m.*
relief (help), socorro *m.*
relief plan, plano en relieve *m.*
relief-valve (st.), válvula de distensión *f.*
to relieve, socorrer.
to relieve a valve, descargar (o distender) una válvula.
to relight, reencender.
reluctance (mag.), reluctancia *f.*
to rely, fiarse.
to remake, rehacer.
remanent *adj.*, remanente, restante.
remanent magnetism, magnetismo remanente (o residual) *m.*
remark, advertencia, observación *f.*
to remark, notar, observar.
remarkable *adj.*, notable.
remittance, remesa *f.*
remote *adj.*, alejado, apartado, distante, remoto.
remote-control, mando a distancia *m.*
remoteness, alejamiento *m.*, lejanía *f.*
removable (from a place), transportable.
removable (from office), amovible.

removal, mudanza *f.*, retiro *m.*, traslación *f.*
removal (dismissal), destitución *f.*
removal (furniture), mudanza *f.*
to remove, alejar, retirar.
to remove (change residence), mudarse.
to remove (to dismiss), destituir.
remunerative, remunerador, remuneratorio.
to rend, desgarrar.
to renew, renovar.
renewable, reemplazable, renovable.
rent (fissure), desgarro *m.*, cisma *f.*
rent (payment), alquiler *m.*
rent-day, día de pago del alquiler *m.*
rent-roll, lista de arrendamientos *f.*
to rent, alquilar, arrendar.
rentable, arrendable.
renter, arrendador *m.*
renter (of a house), inquilino *m.*
to reorganise, reorganizar.
repair-shop (nav.), buque-taller *m.*
repair-shop, taller de reparaciones *m.*
in repair, en buen estado.
to repair, componer, reparar.
repairer, reparador *m.*
repairs, reparaciones *f.pl.*, compostura *f.*
to repeat, repetir.
repeater, repetidor *m.*
repetition work, trabajo en serie *m.*
to replace, reemplazar, reponer.
to replate, rechapear, replacar.
report, informe *m.*, memoria, relación *f.*
reporter (journalist), reportero *m.*
repository, guardamuebles *m.*
to represent, representar.
representative, representante *m.*
representative sample, muestra fidedigna *f.*
repulsion, repulsión *f.*
reputation, renombre *m.*
request, petición *f.*, ruego *m.*
to request, pedir, rogar.
to require, necesitar, requerir.
requirements, necesidades, exigencias *f.pl.*, deseos *m.pl.*
requirements (qualities), condiciones *f.pl.*
does not satisfy customer's requirements, no cumple con los deseos del cliente.
requisite *adj.*, necesario.
rescue, salvamento, socorro *m.*
rescue party, equipo de salvamento *m.*
research (sc.), investigación *f.*
research department, sección de investigaciones *f.*
research laboratory, laboratorio de investigaciones *m.*
research-work, investigación práctica.
to research, investigar.
reservoir, depósito de agua, embalse *m.*
residue, residuo, resto *m.*
resilience (mec.), deformación pasagera *f.*
resin, resina *f.*
resinous, resinoso.
resistance, resistencia *f.*
resistance at starting (aut., eng., rly.), resistencia al arranque.
resistance to compression (eng.), resistencia contra la compresión.
carbon resistance, resistencia de carbón.
field resistance (el.), resistencia del campo inductor.
head-on resistance (rly. & tram.), resistencia frontal *f.*
insulating resistance, resistencia de aislamiento.
liquid resistance, resistencia líquida.
non-inductive resistance, resistencia sin inducción.
starting resistance, resistencia de arranque.
resistivity, resistividad *f.*
resistor (el.), resistencia bobinada, resistencia eléctrica *f.*
brake resistor, resistencia de descarga del freno.
resolution, resolución *f.*
resolution (mat.), solución *f.*
resolution of equations, solución de ecuaciones.
resolution of forces (mec.), composición de fuerzas *f.*
to resolve, resolver.
to resolve a problem, resolver un problema.
to resolve forces (mec.), componer fuerzas.
resonance, resonancia *f.*
responsibility, responsabilidad *f.*
we cannot accept any responsibility for delay in delivery occasioned by strikes, lockouts, civil commotion and other causes beyond our control, nos declaramos irresponsables por retrasos de entrega que pudiesen ocurrir, causados por huelgas, huelgas patronales, motines y cualquier otro caso de fuerza mayor.
responsible, responsable.
responsible position, cargo de confianza *m.*
rest, descanso *m.*
rest (in mach., ap., etc.), apoyo, soporte *m.*, silla *f.*
hand rest, apoyo de manos.
to rest (to stop), detener, parar.
to restart a furnace (met.), reencender un alto horno.
restarting (lighting again), reencendido *m.*
to restore (renew), restaurar.
to restrict, restringir.
result, resultado *m.*
to result, resultar.
resultant (mat., mec.), resultante *f.*
the resultant of several concurring forces, **la** resultante de varias fuerzas concurrentes.
résumé, sumario *m.*
to resume, resumir.
to resume work, volver a trabajar.
to retail, vender al por menor.
retailer, menorista *m.*
to retain (to hold back), contener, retener.
to retain (to keep), guardar.
retaining (c.e.), apoyo *m.*, contención, descarga *f.*
retaining wall, muro de descarga (o de contención) *m.*
retardation, retardación *f.*, retardo *m.*
retardation (mec.), deceleración *f.*
retardation curve, curva de deceleración *f.*
retardation of a ship, deceleración de un buque.
to retire, retirar.
to retire from business, retirarse de los negocios.
to retire on a pension, jubilarse.
retired, retirado.
retired (pensioned off), jubilado.
retired pay, pensión *f.*
retort (chem.), retorta *f.*
retractable, retraíble, retractable, retráctil, escamotable.
retractable landing-gear (av.), tren de aterrizaje retráctil *m.*
return, regreso, retorno, retroceso *m.*
return (mach.), retroceso, movimiento de retroceso *m.*
return (profit), ganancia *f.*
return belt (mach.), correa de retroceso *f.*
return journey, viaje de regreso *m.*
return motion (mach.), mecanismo de regreso *m.*

return of flame in a boiler, retorno de llamas en una caldera.
return stroke (mach.), carrera de regreso *f.*
return ticket, billete de ida y vuelta *m.*
return-wire (el.), conductor de retorno, alambre de vuelta *m.*
to return, regresar, volver.
revenue (income), renta *f.*
revenue (public state), fisco *m.*
reverberant, reverberativo.
to reverberate (flame), reverberar.
to reverberate (sound), repercutir.
reverberation, reverberación *f.*
reverberation (sound), repercusión *f.*
reverberatory, reverberatorio.
reverberatory furnace, horno reverbero *m.*
reversal, cambio de sentido *m.*
reversal of polarity (el.), inversión de polos *f.*
to reverse, invertir, cambiar el sentido.
to reverse (mat.), intervertir.
to reverse the direction (mach.), invertir la marcha.
to reverse the engine, cambiar el sentido de rotación del motor.
to reverse the engine (mar.), hacer máquina atrás.
to reverse the engine (rly.), invertir el sentido de marcha de la locomotora.
reversed running, contramarcha, marcha invertida, marcha atrás *f.*
reversibility, invertibilidad, reversibilidad *f.*
reversibility of electrical machines, reversibilidad de las máquinas eléctricas.
reversible, invertible.
reversible machine, máquina invertible *f.*
reversible motor, motor invertible *m.*
reversible rail, riel de doble zapata *m.*
reversible steering, mando invertible *m.*
reversing *n.*, inversión, inversión de marcha *f.* cambio de marcha *m.*
reversing-bar, palanca de inversión *f.*
reversible-engine (mar.), máquina auxiliar de inversión *f.*
reversing gear, mecanismo de inversión *m.*
reversing lever, palanca de inversión *f.*
reversing rod (loco.), varilla de inversión *f.*
reversing screw (loco.), tornillo de inversión de marcha *m.*
reversing-shaft (loco.), palanca del contrapeso de inversión *f.*
to revert (to go backwards), retroceder.
review (ed.), repaso *m.*
review (mil., nav.), revista *f.*
to review (ed.), repasar.
to review (mil., nav.), revistar.
revolution (eng.), rotación, vuelta *f.*
revolution counter, contador de vueltas *m.*
to revolve, girar, dar vueltas.
revolver (arm), revólver *m.*, pistola de barrilete *f.*
revolving, giratorio, rotatorio.
revolving diehead (techn.), luneta giratoria *f.*
rheostat, reóstato *m.*
grid rheostat, reóstato de rejilla.
starting rheostat, reóstato de arranque.
rheostatic *adj.*, reostático, de (o por) resistencia.
rheostatic control, mando por resistencias *m.*
rhodium, rodio *m.*
rhomb (geom.), rombo *m.*
rhombic, rómbico.
rhombohedron, romboedro *m.*
rhomboid, romboide *m.*
rhomboidal, romboidal.

rib (arch.), arista, moldura, nervura *f.*
rib (of wing, av.), costilla *f.*
rib (reinforcing), costilla *f.*, nervio *m.*, aleta, ballena *f.*
to rib (to reinforce), nervar, acostillar.
ribband (shpbdg.), vagara maestra *f.*
ribbon, cinta, tira *f.*
ribbon-iron, fleje *m.*, banda (o cinta) de hierro *f.*
rich (land), feraz, fértil, rico.
rich colours, colores vivos *m.pl.*
rich ore (min.), mineral graso *m.*
rich soil, tierra fértil *f.*
rich strike (min.), bonanza *f.*
to ride (on vehicle), viajar.
to ride (on horseback), cabalgar.
to ride (at anchor, naut.), estar fondeado.
rider (of balance), jinete *m.*
ridge (geog.), cima, cresta, cumbre *f.*
ridge (of roof), caballete *m.*, cumbrera *f.*
low-lying ridge, cresta poco elevada.
rifle (arm), rifle *m.*, escopeta rayada *f.*
rift, grieta *f.*
rig (naut.), aparejo, avío *m.*
rig (outfit), aparejado *m.*, enseres *m.pl.*
to rig, aparejar.
to rig out a ship, aparejar un buque.
rigging, aparejo *m.*
right *adj.*, derecho, recto, correcto.
right *adv.*, a la derecha, derecho, en línea recta.
right (correct), correcto, exacto, justo, preciso.
right angle, ángulo recto *m.*
right bank (river), margen derecha *f.*
right-hand rotation, rotación hacia derecha *f.*
to right the helm (naut.), enderezar la barra.
to (or on) the right, a derecha, hacia derecha.
rigid, rígido, tieso.
rigidity, rigidez, tesura, tiesura *f.*
rill, riachuelo *m.*
rim (edge), borde, canto *m.*
rim (hoop), aro, cerco *m.*
rim (of pulley), llanta *f.*
rim (of well), brocal *m.*
rime, escarcha *f.*
rimer (techn.), fresa cónica *f.*
ring, anilla *f.*, anillo *m.*, argolla *f.*, aro *m.*
ring (sound), sonido, timbre *m.*
ring-bolt (mar.), cáncamo *m.*
ring-burner, calentador anular *m.*
ring frame (text.), hiladora continua de anillos *f.*
ring lubrication, engrase por anillos *m.*
ring-mains (el.), canalización en circuito cerrado *f.*
ring oiler (eng., mach.), engrasador de anillos *m.*
ring packing (eng., turb.), empaquetadura en anillo *f.*
ring winding (el.), arrollamiento en anillo *m.*
bush ring, manguito *m.*
check ring, anillo de parada *m.*, corona de retén *f.*
collecting ring (el.), anillo colector.
fastening ring, argolla de sujeción *f.*, zuncho *m.*
gas ring (cooker), cocinilla de gas *f.*
piston ring, aro de frotamiento, segmento de émbolo *m.*
slip ring (el.), anillo de frotamiento *m.*
stiffening ring, anillo reforzante *m.*, corona de refuerzo *f.*
to ring, rodear.
to ring (to provide with rings), anillar, envirolar.
to ring (the bell), sonar.
to ring (tel.), telefonar.
ringing (tel.), llamado *m.*
to rinse, enjuagar.
to rip, lacerar, rasgar.

rip-rap (eng., geol.), rocalla *f.*
ripe, maduro.
to ripen, madurar.
ripeness, madurez *f.*
rise (hyd.), creciente *f.*
rise (of an arch), flecha *f.*, peralte *m.*
rise (of temperature), elevación *f.*
rise (of the barometer), alza *f.*
rise (of the sun), salida *f.*
rise (of wages), aumento *m.*
rise of potential (el.), elevación del potencial *f.*
rise of roof, elevación del techo.
to rise, aumentar, elevar, subir.
to rise (in the air, aer.), ascender, elevarse.
to rise (oneself), alzarse, levantarse, subir.
to rise (price), aumentar.
to rise (river), nacer.
riser (of stairs), tabica *f.*
rising (aer.), ascensión, alza, elevación *f.*
rising (hyd.), creciente *f.*
rising tide, aguaje *m.*
risk, riesgo, peligro *m.*
to risk, arriesgar.
risks of explosion, riesgo de explosión *m.*
river, río *m.*
river-basin, cuenca de un río *f.*
river bed, lecho de río, álveo *m.*
river-craft, embarcaciones fluviales *f.pl.*
river-digging (min.), plácer aluvial *m.*
river-drift (hyd.), sedimentación fluvial *f.*
river navigation, navegación fluvial *f.*
river sand, arenilla *f.*
river-steamer, vapor fluvial *m.*
rivet, remache, roblón *m.*
rivet diameter, diámetro del reanche (o del roblón) *m.*
rivet forge, fragua de calentar remaches *f.*
rivet-heater, calentador para remaches *m.*
rivet hole, agujero para remache *m.*
rivet-making machine, máquina de fabricar remaches *f.*
rivet-seam, remachado *m.*
rivet-set, resaltador de remaches *m.*
countersunk rivet, remache fresado.
flush-head rivet, remache de cabeza rasa.
snap-head rivet, remache de cabeza hemisférica.
to rivet, remachar, roblonar.
riveted *adj.*, remachado, roblonado.
riveted joint, junta remachada (o roblonada) *f.*
riveter (mach.), remachadora, roblonadora *f.*
riveter (workman), remachador *m.*
riveting *n.*, remachadura *f.*, remachado, roblonado *m.*
riveting-hammer, martillo de remachar, roblonador *m.*
riveting-machine, remachadora mecánica, roblonadora mecánica *f.*
riveting-set, buterola *f.*
lap riveting, roblonado superpuesto.
leaky riveting, remachado (o roblonado) inestanco.
machine riveting, remachado (o roblonado) mecánico.
staggered riveting, roblonado (o remachado) escalonado.
road, camino *m.*, carretera *f.*
road (mar.), rada *f.*
road-bed (rly.), plataforma de la vía, subestructura *f.*
road-bed (road-making), asiento de camino *m.*
road-breaker, pico quebrantador *m.*
road metal, balastado, empedrado, macadam *m.*
road-scarifier, arado de surcar calzadas *m.*
high road, camino real.
macadamised road, camino macadamizado.
macadamised and tarred road, carretera macadamizada y alquitranada.
paved road, carretera empedrada *f.*, camino adoquinado *m.*
roadmaking, construcción de caminos *f.*
roadman, caminero *m.*
roadstead (mar.), rada *f.*
roadster (aut.), automóvil de todo andar *m.*
roadway, calzada *f.*
to roast, asar, tostar.
to roast (met.), calcinar.
roasting (ind.), torrefacción, tostadura *f.*
roasting (met.), calcinación *f.*
roche-alum, alumbre de roca *m.*
Rochelle salt : see sodium potassium tartrate.
rock, peña *f.*, peñasco *m.*, roca *f.*
rock-bound *adj.*, rodeado de rocas.
rock-cork, corcho fosilizado *m.*
rock-crystal, cristal de roca *m.*
rock-drill, taladro-sonda *m.*
rock fall, desmoronamiento de rocas, alud de rocas *m.*
rock filling (c.e.), terraplenado de ripios *m.*
rock intrusion (geol.), intromisión rocosa *f.*
rock-salt, pedrés *m.*, sal gema *f.*
rock-work (gardening), rocalla, roca artificial *f.*
igneous rock, roca volcánica (o ígnea).
lime rock, piedra caliza *f.*
plutonic rock, rocas de profundidad *f.pl.*
solid rock, roca viva.
sub-aqueous rock, rocas subacuáticas *f.pl.*
rocker (aut.), basculador *m.*
rocker-valve (aut., av.), válvula de balancín *f.*
rocket, cohete *m.*
rocket-apparatus (mar.), cohete portaamarra *m.*
rocking lever (aut., eng.), balancín *m.*
rocking lever selector (aut.), cambio de velocidad por balancín *m.*
rocky, rocalloso.
rod, vara, varilla *f.*
rod-shears, cizalladora para varillas *f.*
carbon rod (arc lighting), electrodo de grafito *m.*
clearing rod (small arms), baquetón *m.*
guide rod (eng., mach.), guía, varilla de guía *f.*
iron rod, vara de hierro.
piston rod, vástago (de émbolo) *m.*
push rod, brazo *m.*, varilla de empuje *f.*
stair rod, barra sujeta alfombrillas *f.*
tappet rod, golpete *m.*, varilla percusora (o de golpeo) *f.*
tie rod, tirante *m.*
zinc rod, varilla de cinc.
rodding (all the rods together), envarillado *m.*
roll, rodillo, rollo *m.*
roll (met.), cilindro de laminar *m.*
roll-film (phot.), películas en rollo *f.pl.*
roll fluting machine, estriadora de cilindros *f.*
roll winder (text.), devanadora de rollos *f.*
bending roll, rodillo de encorvar.
blooming roll, cilindro de desbastar, cilindro para tochos *m.*
cane roll (sugar ind.), rodillo machucador *m.*
cogging roll : see blooming roll.
finishing roll, cilindro de terminar.
girder roll, cilindro para vigas.
grooved roll, cilindro de canaletas.
guide roll (mach.), roldana guiadora *f.*
reversing roll (in rolling mills), cilindro de movimiento alterno.

to roll, rodar, hacer rodar.
to roll (met.), laminar.
to roll (text.), enrollar.
to roll (to press or smooth), apisonar.
rolled (met.), laminado.
rolled section (met.), perfil laminado *m.*
roller, rodillo, cilindro *m.*
roller (to press), apisonador *m.*, apisonadora *f.*
roller chain, cadena de rodillos *f.*
roller support, soporte de rodillos *m.*
doffing roller (text.), cilindro descargador *m.*
garden roller, rodillo de jardín *m.*
printing roller, cilindro impresor *m.*
road roller, apisonadora de calzadas *f.*
steam roller, apisonadora a vapor *f.*, rodillo de allanar, rodillo pisonador, rodillo pisón a vapor *m.*
toothed roller, rodillo dentado.
straightening rolls, rodillos de enderezar *m.pl.*
rolling, arrollado, laminado *m.*
rolling *adj.*, rodadizo, rodante.
rolling (met.), laminación *f.*, laminado *m.*
rolling (naut.), balanceo *m.*
rolling friction (aut., rly.), fricción de rodamiento *f.*
rolling-mill, laminador *m.*
rolling-mill train, tren laminador *m.*
rolling resistance (rly.), resistencia al rodamiento *f.*
rolling shutter, persiana enrollable *f.*
rolling-stock (rly.), material móvil *m.*
rood, medida de superficie inglesa equivalente a 10 áreas, 11.
roof, techo *m.*
roof (of furnace), cielo *m.*
roof (top flat part), azotea *f.*
roof-batten (const.), lata de techo *f.*
roof-gutter, gotera de techo *f.*
roof-light (aut., rly.), luz de techo *f.*
arched roof, techo abovedado.
barrel roof, techo cilíndrico.
cantilever roof, techo de ménsula.
crib roof, techo de enrejado.
cupola roof, cúpula *f.*
flat roof, techo horizontal.
furnace roof (boil.), cielo de hornalla *m.*
glazed roof, techo translúcido, techo vidriado *m.*
hip (or hipped) roof, techo de copete (o de cuatro aguas).
king-post roof, techo de pendolón.
lantern roof, techo de linternón.
mansard roof, techo a la francesa.
pantiled roof, techo de tejas chatas.
pent roof, cubierta de dos aguas *f.*
queen-post roof, techo de doble pendolón.
ridged roof, techo de copete.
shed roof, cubierta de agua simple.
slate roof, techo empizarrado.
tile roof, tejado *m.*
vaulted roof, techo abovedado.
zinc roof, techo de cinc.
to roof (const.), techar.
to roof with slates, empizarrar.
roofing, techado *m.*, cubierta *f.*
roofing-felt, fieltro de techar *m.*, pana de techadura *f.*
roofing material, materiales de techar *m.pl.*
roofing-slate, pizarra de techar *f.*
room (space), espacio, lugar, sitio *m.*
room (of house), aposento, cuarto *m.*, habitación, pieza (S.A.) *f.*
engine room, sala de máquinas *f.*
engine room accessories, implementos para salas de máquinas *m.pl.*
test room, laboratorio de ensayos *m.*
tool room (of workshop), cuarto de herramientas *m.*
root, raíz *f.*
root mean square (mat.), valor eficaz *m.*
root mean square function (mat.), valor eficaz medio de una función.
root mean square voltage, tensión eficaz *f.*
root of a gear, pie de un engranaje *m.*, raíz de engranaje *f.*
to root out, desarraigar.
rope, cuerda *f.*, cordaje, cable *m.*
rope (naut.), cabo, cordaje *m.*, jarcia *f.*
rope-driven, impulsado por cable.
rope-ladder, escala de cuerdas *f.*
rope-railway, funicular de cable *m.*
rope-transmission, transmisión de fuerza por cables *f.*
rope yard, cordelería *f.*
rope-yarn, filástica *f.*
hemp rope, cuerda de cáñamo *f.*
mooring rope, barloa *f.*
steel rope, cable de acero trenzado *m.*
towing rope, cable de sirgar *m.*, sirga *f.*
wire rope, cable de alambre.
ropemaker, cordelero *m.*
ropewalk, cordelería *f.*
ropeway, cable carril *m.*
jig-back ropeway, cable carril de vaivén.
rose bit (techn.), avellanador *m.*
rosewood, palo de rosa *m.*
to rot, podrir, podrirse.
rotary, rotatorio, giratorio.
rotary boring, perforación giratoria *f.*
rotary condenser (el.), condensador sincrónico *m.*
rotary-converter (el.), conmutatriz *f.*
Note: See also converter.
rotary-drill, perforadora giratoria *f.*
rotary field (el.), campo giratorio *m.*
rotary spark-gap (el., wir.), chispero giratorio *m.*
rotary-table sand-blast machine (found.), máquina de desarenar de mesa giratoria *f.*
to rotate, dar vueltas, girar.
rotated by remote electrical control, girando por intermedio de mando eléctrico alejado.
rotating, giratorio, rotatorio.
rotation, rotación, vuelta *f.*
rotor current (el.), corriente producida en el rotor *f.*
rotor slot (el.), ranura de rotor *f.*
rotor winding (el.), arrollamiento del rotor *m.*
squirrel-cage rotor, rotor en jaula de ardilla.
wound rotor, rotor bobinado.
rough, áspero, tosco.
rough (state), bruto, crudo, virgen.
rough-cast, boceto *m.*
rough-drawn, bosquejado.
rough-hewn, desbastado.
rough model, bosquejo *m.*
rough-side (of a belt), lado cuero *m.*
to rough cast (found.), colar de grueso (o en basto).
rough-casting (found.), fundición burda *f.*
rough-cut *adj.*, de talle burdo (o basto).
to rough drill (techn.), taladrar basto.
to rough grind, desbastar con muela.
to rough plane, acepillar basto.
roughing, desbastado *m.*
roughing-tool, herramienta de desbastar *f.*
round *adj.*, redondo.
to round, arredondear, redondear.
to round off (techn.), terminar redondo.
roundhouse (rly.), rotunda para locomotoras *f.*

rounding, redondeo *m.*
rounding-off curve, curva de transición (o de enlace) *f.*
rounding tool, estampa de redondear *f.*
roundness, redondez *f.*
route, rumbo *m.*
to rove (text.), torcer el hilo, hilar de apresto.
roving (text.), mecha *f.*
roving *v.*, hiladura de mechas.
roving-frame, mechera de fino *f.*
roving-waste opener, abridora de desperdicios *f.*
row, fila, hilera *f.*
row-boat, bote de remar *m.*
to row (naut.), remar.
rower, remero *m.*
rowing *n.*, remo *m.*
rowing-club, club de remo *m.*
rowlock, chumacera *f.*
royalty (min.), derechos de mineraje *m.pl.*
royalty (payment), derecho de autor (o de inventor) *m.*
r.p.m., v.p.m.
to rub, fretar.
rubber, caucho *m.*, goma elástica *f.*
rubber insulation, aislamiento de caucho *m.*
rubber-kneading, amasado del caucho *m.*
rubber-packing (eng.), empaquetadura de caucho *f.*
rubber-rolling, calandrado del caucho *m.*
rubber-sheathed *adj.*, encauchado, protegido con caucho, revestido de caucho.
rubber tubing, tubería de caucho *f.*
rubber-vulcanising, vulcanizado con caucho *m.*
hard rubber, caucho endurecido.
india rubber, goma *f.*
oil-resisting rubber, caucho anti-aceite *m.*, goma antilicuable por aceite *f.*
Para rubber, goma de Pará.
sheet rubber, caucho en hojas.
synthetic rubber, caucho artificial (o químico).
vulcanised rubber, caucho vulcanizado.
rubbered *adj.*, encauchado, recubierto de caucho, engomado.
rubbish (const.), cascajo, ripio *m.*, escombros, cascotes *m.pl.*
rubble (const.), ripio *m.*, cascotes *m.pl.*
rubidium, rubidio *m.*
ruby (min.), rubí *m.*
rudder, timón *m.*
rudder-hole (naut.), limera *f.*
rudder-pintle, macho de timón *m.*, pinzote *m.*
rudder-post, cabeza del timón *f.*
rudder-tiller, caña del timón *f.*
balanced rudder (av.), timón equilibrado.
jury rudder, timón provisorio.
lift rudder (aer.), timón de profundidad.
rug, tapete *m.*
rugged, áspero, tosco.
rule (method), método *m.*, regla *f.*
rule (ruler) (inst.), regla *f.*
rule (mat.), regla *f.*
rule (pol.), autoridad *f.*, reglamento *m.*
rule of three (mat.), regla de oro, regla de tres *f.*
rule of thumb, regla empírica.
dividing rule, regla divisora.
folding pocket rule, regla plegadiza de bolsillo.
semi-rigid riband rule, cinta de medir semirígida *f.*
spring rule, cinta de medir de vuelta automática.
steel rule, cinta de medir de acero.
rules, ordenanzas, órdenes, reglas *f.pl.*, reglamento *m.*
rules of the road (mot.), ordenanzas del tráfico *f.pl.*
rules of the road (naut.), reglamentos de abordaje *m.pl.*
ruling gradient (c.e., rly.), inclinación máxima permisible *f.*
ruling machine, máquina de rayar *f.*
run, corrida, marcha *f.*, recorrido, trayecto *m.*
run-down (state) *adj.*, agotado, vacío.
run down cell (el.), pila descargada.
do not let the battery in a run-down state, no dejar que la batería permanezca agotada.
run of a lode (min.), rumbo de un criadero (o yacimiento) *m.*
to run, correr.
to run (mec.), marchar, funcionar.
to run (to pour), colar.
to run a line (i.e. to lay wires, el., tel.), tender una línea.
to run a line (surv.), trazar un alineamiento.
to run aground (naut.), encallar.
to run awash (submarine), navegar en superficie.
to run between A & B (service), efectuar el servicio entre A y B.
to run down (el., accumulators), descargarse.
to run idle (eng., mach.), marchar en vacío.
to run out (to exhaust), acabarse, vaciarse.
to run out of the vertical, desviarse de la vertical.
to run over (accident), atropellar.
to run over (to overflow), rebosar.
to run over a switch (rly.), desviar.
to run past the signal (rly.), forzar una señal.
to run round, girar, dar vueltas.
to run short, faltar.
to run through, pasar al través de, pasar por.
to run true (eng.), girar redondo.
to run untrue, girar oscilándose
runaway-switch (rly.), aguja de descarrilamiento *f.*
rung (of ladder), peldaño *m.*
runner (of overhead crane), carro transversal *m.*
runner (small gear between two large ones), engranaje intermediario, satélite *m.*
runner (turb.), rotor *m.*
running (service), servicio *m.*
running (eng., mach.), funcionamiento *m.*, marcha *f.*
running-down (decrease of tension), aflojamiento, afloje, desafloje *m.*
running-down of a spring, desafloje de un resorte.
running expenses, gastos operativos *m.pl.*
running light *adj.*, funcionando con poca carga.
running position, posición de marcha *f.*
running shed (rly.), taller de reparaciones *m.*
running speed, marcha de régimen, velocidad normal (o de régimen) *f.*
runway, cable carril, riel de rodamiento *m.*
runway transporter, monocarril aéreo *m.*
overhead runway carrying coke skips for gasworks, cable carril aéreo para el transporte de tolvas de coque en fábricas de gas.
rupture, rotura *f.*
rural *adj.*, rural, rústico.
rust, herrumbre *f.*, orín *m.*, oxidación *f.*
rust preventing composition, pintura antiherrumbre *f.*
rust prevention, protección contra la herrumbre *f.*
rustless, inoxidable.
rusty, herrumbroso, oxidado.
rusty iron, hierro oxidado *m.*
ruthenium (chem.), rutenio *m.*
rye, centeno *m.*
rye-field, centenal *m.*
rymer : see rimer.

S

S-hook, garfio en S *m.*
S wrench, llave de doble curva *f.*
saccharimeter, sacarímetro *m.*
saccharine, sacarina *f.*
saccharoidal (geol.), sacaroide.
sack, bolsa *f.*, saco *m.*
sack-conveyor, transportador de bolsas *m.*
sack-filler, ensaculador, rellenador de bolsas *m.*
sack-filling machine, máquina de ensacular *f.*
sack-hoist, montabolsas *m.*
sacking, tela para sacos, arpillera, harpillera *f.*
saddle (cycle), sillín *m.*
saddle (horse riding), silla de montar *f.*
saddle (mach.), carro soporte *m.*
saddle-horse, caballo de silla *m.*
to saddle (a horse), ensillar.
saddler, sillero *m.*
safe *adj.*, seguro.
safe *n.*, caja fuerte *f.*
safe flying (av.), vuelo seguro *m.*
safe working, funcionamiento seguro *m.*
safe working stress (c.e.), carga práctica de seguridad *f.*
safety, seguridad *f.*
safety arch (arch., const.), arco de descarga *m.*
safety-belt, cintura salvavidas *f.*
safety-buoy, salvavidas *m.*
safety catch (mec.), fiador, linguete de seguridad *m.*
safety catch (min.), trabador de seguridad (de ascensor) *m.*
safety device, dispositivo de seguridad *m.*
safety first ! (slogan), la seguridad antes que todo !
safety-fuse (exp.), espoleta de seguridad *f.*
safety guard (mach.), cubierta de protección *f.*
safety in flying, seguridad en la aviación *f.*
safety keg (min. cage), trinquete de jaula *m.*
safety-lamp, lámpara de seguridad *f.*
safety margin (eng., techn.), tolerancia de seguridad *f.*
safety measures, medidas de seguridad, precauciones contra accidentes *f.pl.*
safety-plug (boil.), tapón fusible de seguridad *m.*
safflower, alazor *m.*
saffron, azafrán *m.*
sag (deflection), flecha *f.*
to sag, doblegarse, tomar flecha.
sail (naut.), vela *f.*
sail-boat, buque de vela, velero *m.*
sail-cloth, lona *f.*
sail-loft, velería *f.*
to sail, darse a la vela.
to sail about, cruzar delante de.
to sail before the wind, navegar viento en popa.
to sail round the world, dar la vuelta al mundo.
to sail 10 knots, correr a 10 nudos por hora.
sailable, navegable.
sailer, velero *m.*
sailing, navegación a vela *f.*
sailing-ship, navío de vela, velero *m.*
sailing-signal (naut.), señal de partida *f.*
sailmaker, fabricante de velas *m.*
sailor, marinero *m.*
sal-ammoniac, cloruro amónico *m.*, sal amónica *f.*
salary, salario, sueldo *m.*
sale, venta *f.*
sale price, precio comercial (o de venta) *m.*
saleable, vendible.
salesman, vendedor *m.*
salesmanship, arte (o ciencia) de la venta.
salicylate, salicilato *m.*
salicylic, salicílico.
salient *adj.*, proyectante, resaltado, saliente.
salient poles (el.), polos salientes *m.pl.*
salient poles rotor, rotor de polos salientes *m.*
salient poles synchronous induction motor, motor sincrónico de polos salientes y arranque asincrónico.
saliferous, salífero.
saline *adj.*, salino.
saline-spring, manantial salado *m.*
salinometer, salinómetro *m.*
salt, sal *f.*
salt-field, salar *m.*
salt-marsh, salina *f.*
salt-meat, tasajo (S.A.) *m.*
salt-mine, mina salífera *f.*
salt-mud, lodo salino *m.*
salt of vitriol, sulfato de cinc *m.*
bay salt, sal gris.
common salt, sal común (o de cocina).
salted, salado.
saltpetre, salitre, nitrato de potasa, caliche (S.A.) *m.*
salubrious, saludable.
salvage, salvamento *m.*
salvage (compensation, mar.), derechos de salvamento *m.pl.*
sample, muestra *f.*
sample of no value, muestra sin valor.
sample-core (geol., min.), núcleo de muestra *m.*
sample-shovel (c.e.), pala de tentar *f.*
sampling (taking of samples), muestrario *m.*, selección de probetas *f.*
sanatorium, sanatorio *m.*
sand, arena *f.*
sand-bank, banco de arena *m.*
sand-blasting (cleaning), rebarbado por chorro de arena *m.*
sand casting (found.), colada en arena *f.*
sand-dredger, draga de arena *f.*
sand-mixer (c.e.), mezclador de arena *m.*
sand-mixing machine (met.), mezcladora de arena *f.*
sand-moulding (found.), moldeado en arena *m.*
sand paper, papel de lija *m.*
sand-papering, lijado *m.*
sand-papering machine, lijadora mecánica *f.*
sand test (av.), ensayo estático *m.*, prueba de rotura (con bolsas de arena) *f.*
coarse sand, grava *f.*, sablón, sabulón *m.*
facing sand (found.), arena de moldear.
moulding sand (found.), arena de moldear.
pit sand, arena de cantera.
river sand, arenilla *f.*
sea sand, arena de mar.
to sand over, enarenar, recubrir de arena.
to sand paper, lijar.
sandal-wood, madera de sándalo *f.*
sander (mach.), lijadora mecánica *f.*

sanding *n.*, enarenado, recubrimiento de arena *m.*
sanding over the rails to avoid slipping wheels, enarenado de los rieles para evitar el resbalamiento de las ruedas.
sanding over the roads, recubrimiento de carreteras con arena.
sandstone, piedra arenisca *f.*
sandy, arenoso.
sanitary, sanitario, salubre.
sanitary appliances, aparatos de higiene *m.pl.*
sanitary engineering, técnica del saneamiento *f.*
sanitary works, obras de salubridad *f.pl.*
sanitation, higiene, salubridad, sanidad *f.*, saneamiento *m.*
sanitation laws, leyes de higiene pública *f.pl.*
sapwood, albura *f.*
sash (of door), marco de puerta *m.*
sash door, puerta vidriada.
sash frame, marco de ventana.
sash gate (c.e.), esclusa de corredera *f.*
sash window, ventana corrediza *f.*
sassolin (or sassoline) (min.), ácido bórico *m.*
satellite, satélite *m.*
satisfactory, satisfactorio.
to satisfy, satisfacer.
to saturate, saturar.
saturated, saturado.
saturated solution, disolución saturada *f.*
saturated steam, vapor saturado *m.*
saturation, saturación *f.*
saturation point (phys.), punto de saturación *m.*
saturn (ast.), saturno *m.*
to save, salvar.
to save (to economise), ahorrar, economizar.
to save coal, economizar carbón.
to save labour, economizar mano de obra.
to save life at sea, salvar náufragos.
saving (economy), economía *f.*
saving of coal, economía de carbón.
life saving operations in flooded mines, salvamento de vidas en minas anegadas.
savings, ahorros *m.pl.*
savings bank, caja de ahorros *f.*
savour, sabor *m.*
saw, sierra *f.*
saw-band, cinta de sierra *f.*
saw-blade, hoja de sierra *f.*
saw-frame, marco de sierra *m.*
saw-setting machine, triscadora mecánica *f.*
band saw, sierra de cinta, sierra sin fin.
circular saw, sierra giratoria.
cold saw, sierra de cortar en frío.
fret saw, serrucho de calar *m.*
hack saw, sierra oscilante para metales.
hand saw, serrucho *m.*
high-speed saw, sierra de gran velocidad.
link-tooth saw, sierra de eslabones dentados.
metal saw, sierra para metales.
small saw, serruela *f.*
stone saw, sierra de cantería.
to saw, aserrar, serrar.
to saw cold (met.), aserrar en frío.
to saw off, descabezar con sierra.
tree-felling saw, sierra de talar.
veneering saw, sierra de listonar.
sawdust, aserrín *m.*
sawing *n.*, aserrado *m.*
sawing machine, sierra mecánica *f.*
sawmill, aserradero *m.*, serrería mecánica *f.*
sawyer, aserrador, serrador *m.*
scaffold (const.), andamio *m.*
scaffolding, andamiada *f.*
centre scaffolding (arch.), cimbra *f.*
tube scaffolding, andamiada tubular.
wooden poles scaffolding, andamiada de postes de madera.
scale (inst.), escala *f.*
scale (meas.), regla graduada *f.*
scale (sediment), incrustación *f.*, sedimento *m.*
scale (weighing), balanza *f.*
scale-beam, romana *f.*
scale of lengths, escala de longitudes.
scale solvent (boil.), desincrustante *m.*
centigrade scale, escala centígrada, escala de 100 *f.*
Reaumur scale, escala de Réaumur, escala de 80.
to scale (boil.), desincrustar.
to scale (to climb), escaladar.
to scale down (draw.), reducir.
scalene (geom.), escaleno.
scalene triangle, triángulo escaleno *m.*
scales, balanza de platos *f.*
scaling apparatus (boil.), desincrustador *m.*
scaling-down (draw.), escalado *m.*, reducción *f.*
scaling hammer, buril desincrustador *m.*
scaly, escalloso, escamoso.
scandium (chem.), escandio *m.*
scanning, escudriñado *m.*
scant *adj.*, escaso.
scantling, retazo *m.*
scantling-pattern (techn.), escantillón *m.*
scarce, escaso.
scarcity, carestía, escasez *f.*
scarf (carp.), empalme, ayuste *m.*
scarf welding, soldadura amilanada *f.*
dovetailed scarf (carp.), empalme amilanado.
saw-tooth scarf, empalme dentado.
skew scarf, empalme oblicuo.
to scarf, empalmar, ensamblar.
scarfing machine, biseladora *f.*
to scatter, desparramar, esparcir.
scattered, desparramado, disperso.
scavenger (Diesel eng.), soplón *m.*
scavenger (man), barrendero *m.*
scene-shifter (theatre), tramoyista *m.*
scenery (nature), paisaje *m.*
schedule, plan previo, programa *m.*
schedule (rly.), horario *m.*
scheduled time, hora fijada *f.*
scheme, proyecto *m.*
schist, esquisto *m.*
schist-rock, roca esquistosa *f.*
schistic (schistose), esquistoso.
scholar (learned), docto, instruido, letrado, sabio.
scholar (student), discípulo, escolar *m.*
scholarship, beca *f.*
school, escuela *f.*
school of mines, escuela de minería.
commercial school, escuela de comercio.
elementary school, escuela primaria.
grammar school, escuela secundaria.
law school, escuela de derecho.
naval medical school, escuela de sanidad naval.
technical school, escuela industrial.
schoolmaster, maestro de escuela *m.*
schooner, goleta *f.*
sciagraph (arch.), esciógrafo *m.*
sciagraphy, esciografía *f.*
science, ciencia *f.*
scientific, científico.
scientifically, científicamente.
scientist, sabio, hombre de ciencia *m.*
to scintillate, centellar.

scintillation, centelleo *m.*
scissors, tijeras *f.pl.*
scissors (rly. crossing), doble desvío en sentido opuesto *m.*
sclerometer (mec.), esclerómetro *m.*
scoop (ladle), cucharón *m.*
scope (aim), fin, objeto *m.*
scope (space), espacio, lugar *m.*
score (mark), raya, señal *f.*
score (notch), entalladura, muesca *f.*
score (twenty), veintena *f.*
scorl (min.), turmalina *f.*
to scotch a wheel, calzar una rueda.
Scott system (el.), sistema Scott (transformación bifásica en trifásica o viceversa).
to scour (to clean), estregar, fregar.
scourer, quitamanchas *m.*
scourer (ag.), aventador de cilindros *m.*
scout (nav.), explorador *m.*
scrap, desecho, resto, retazo *m.*
scrap heap (met.), montón de desecho *m.*
scrap iron, hierro viejo, fierro viejo (S.A.) *m.*
to scrap (to reject), desahuciar, desechar, tirar.
to scrape, raspar.
scraper, rascador *m.*, raspa *f.*, raspador *m.*
boiler scraper, raspacaldera *m.*
scraping, raspadura *f.*
screen (light), pantalla *f.*
screen (mas.), zaranda *f.*
screen (partition), biombo *m.*, mampara *f.*
screen-holder (opt.), portapantalla *m.*
coarse screen (mas.), zaranda gruesa *f.*
fire screen, pantalla matafuegos *f.*
jigging screen (min.), sacudidor *m.*, zaranda de vaivén *f.*
screened, protegido, resguardado.
screened-grid (wir.), rejilla pantalla *f.*
screening chamber (hyd.), alberca de deposición *f.*
screening of coal, clasificación (o cribadura) del carbón *f.*
screw, tornillo *m.*
screw (propeller), hélice *f.*
screw-auger, terraja torsa, terraja de doble filete *f.*
screw-bolt, perno fileteado *m.*
screw-brake, freno de tornillo *m.*
screw-cap (el.), casquillo roscado *m.*
screw-cap (stopper), tapón roscado *m.*
screw diameter measuring machine, medidora de diámetros de tornillos *f.*
screw-die, terraja *f.*
screw-driver, tornillador *m.*
screw-gauge, calibre para tornillos *m.*
screw-head, cabeza de tornillo *f.*
screw machine, máquina de fabricar tornillos *f.*
screw-nut, tuerca *f.*
screw-plate (meas.), calibre de filetear *m.*
screw shaft (naut.), eje portahélice *m.*
screw-shank, cuerpo de tornillo *m.*
screw-stock, terraja de cojinetes *f.*
screw-stopper, tapón atornillado *m.*
screw-tap, macho de terrajar *m.*
screw-terminal (el.), borne atornillado *m.*
screw-thread (or worm), filete de tornillo *m.*
adjusting screw, tornillo regulador (o de ajuste).
breech screw (art.), tornillo de rabera.
clamping screw, tornillo de agarre.
grub screw, tornillo prisionero.
regulating screw, tornillo de presión.
scot-head screw, tornillo ranurado.
stop screw, tornillo de tope.
thumb screw, tornillo de orejas.
to screw, atornillar, tornillar.
to screw down, apretar con tornillo, atornillar.
to screw in, hacer penetrar atornillando.
to screw out, destornillar.
to loosen a screw, aflojar un tornillo, destornillar.
wood screw, tornillo para madera.
worm screw, tornillo sin fin.
screwed, atornillado, tornillado.
screwing machine (to cut threads), máquina de roscar *f.*
screwing-machine (to screw in), máquina de atornillar, atornilladora mecánica *f.*
power screwing machine, atornilladora con motor.
scriber (techn.), gramil *m.*
scroll, espiral, voluta *f.*
scroll casing (hyd. turb.), cámara involuta *f.*
to scrub, estregar.
scrubber, estregadera *f.*
scrubber (gas), lavador de gases *m.*
scull, remo de par *m.*
to scull, remar en par.
sculler, remero *m.*
sculling-boat, canoa de doble remo *f.*
scum, espuma *f.*
scum (met.), escorias *f.pl.*
scupper (or scupper-hole) (naut.), embornal, imbornal *m.*
scutcher (or scutcheon) (text.), batán *m.*
scythe (ag.), dalle *m.*, guadaña *f.*
sea, mar *m.* & *f.*
sea-air, aire de mar *m.*
sea-bathing, baños de mar *m.pl.*
sea-beach, playa *f.*
sea-board, litoral marítimo *m.*
sea-borne *adj.*, transportado por mar.
sea-bound, rodeado por el mar.
sea-breach, invasión del mar *f.*
sea-coast, costa del mar *f.*
sea-forces (nav.), armada *f.*
sea-going *adj.*, de alta mar.
sea-journey, travesía *f.*
sea-letter (naut.), certificado de nacionalidad *m.*
sea-level, nivel del mar *m.*
sea-mark, baliza *f.*
sea mile, milla marina *f.*
sea-risks, riesgos marítimos *m.pl.*
sea-term, término de marina, vocablo náutico *m*
sea-town, ciudad marítima *f.*
sea-trade, comercio marítimo *m.*
sea-travelling, viaje por mar *m.*
sea-wall, escollera *f.*
sea-water, agua de mar *f.*
sea-worn, desgastado por el mar.
at sea, en el mar, sobre el mar.
deep sea, mar profundo.
heavy sea, mar gruesa.
open sea, alta mar.
out at sea, en plena mar.
to go to sea (ship's), darse al mar.
to go to sea (man), hacerse marinero.
seafarer, hombre de mar *m.*
seafaring *adj.*, marino, de mar.
seafaring nation, país marítimo *m.*
seal, sello *m.*
seal (on packages), precinto *m.*
seal (zool.), foca *f.*
to seal, precintar, sellar.
sealing wax, lacre *m.*
seam, costura *f.*
seaman, marinero *m.*
seamanship, habilidad de marinero *f.*
seamless, sin costura.

seaplane, hidroavión *m.*
seaplane station, apostadero hidroaéreo *m.*
twin-float seaplane, hidroavión de dos flotadores *m.*
seaport, puerto de mar *m.*
to search, buscar, inquirir, investigar.
searchlight, proyector *m.*
anti-aircraft searchlight, proyector antiaéreo.
electric searchlight, proyector eléctrico.
seaside, orilla del mar *f.*
seaside resort, playa de recreo *f.*
season (maturity), sazón *f.*
season (meteor.), estación *f.*
season-ticket, abono *m.*
to season, sazonar.
seasonable, de estación, oportuno.
seasoned, sazonado.
seat, asiento *m.*, silla *f.*
seaward, hacia el mar.
seaworthiness, navegabilidad *f.*
seaworthy (naut.), en estado (de navegabilidad).
sebaceous, sebáceo.
sebasic, seboso.
secant, secante *f.*
secohmmeter (el.), segóhmmetro *m.*
second, segundo *m.*
second-class *adj.*, de segunda clase, secundario.
second-class (tr.), segunda clase *f.*
second-cut file, lima semidulce *f.*
second-hand, de ocasión.
secondary, secundario.
secondary battery (el.), batería de acumuladores *f.*, transformador diferido *m.*
secondary rocks (geol.), rocas jóvenes *f.pl.*
secondary voltage, tensión secundaria *f.*
secondary winding, arrollamiento secundario *m.*, bobina secundaria *f.*
secretariate, secretaría *f.*
secretary, secretario *m.*
secretaryship, secretariado *m.*
section, sección *f.*
section (draw.), corte *m.*
section (meas.), área, sección *f.*
section (met.), hierro perfilado, perfil *m.*
section block (rly.), bloque seccional *m.*
section modulus (mec.), módulo de resistencia *m.*
section view, vista en corte *f.*
sectional, seccional, en partes.
sectional (of separable parts), en secciones.
sectional boiler, caldera en secciones *f.*
secure, seguro, en seguridad.
to secure, asegurar, poner en seguro.
to secure (to make fast), amarrar.
security, seguridad, protección *f.*
security (fin.), fianza *f.*
sediment (geol., min.), asiento, sedimento *m.*
sedimentary, sedimentario.
sedimentary rocks, roca sedimentaria *f.*
sedimentary stratum, estrato (o lecho) sedimentario *m.*
to see, ver.
seed, semilla *f.*
seed-corn, semilla para cereales.
seed merchant, negociante en semillas *m.*
seed-plat, almáciga *f.*, semillero *m.*
canary seed, alpiste *m.*
to seed, sembrar.
seesaw (motion), vaivén *m.*
segment, segmento *m.*
segment of a circle, segmento de círculo *m.*
seism, sismo *m.*
seismograph, sismógrafo *m.*
seismography, sismografía *f.*
selective, selectivo, selector.
selective free-wheel (aut.), rueda libre seleccionadora *f.*
selectivity, selectividad *f.*
selector (aut.), cambio de velocidades *m.*
selector fork (aut.), horquilla del selector *f.*
selenium, selenio *m.*
selenium cell, célula de selenio *f.*
self *adj.*, idéntico, mismo, propio.
self-acting, automático.
self-acting boring machine, taladradora automática *f.*
self-adjusting, de ajuste propio.
self-aligning, de alineación propia.
self-centring, de centraje propio.
self-closing *adj.*, de cierre automático, autoclausurante.
self-contained, independiente, autónomo.
self-contained flat (const.), departamento independiente *m.*
self-excitation (el.), autoexcitación *f.*
self-exciting (el., phys.), autoexcitable.
self-fluxing gangue (min.), ganga fusible *f.*
self-induction (el.), self inducción, inducción propia *f.*
self-oiling, de engrase automático.
self-propelling, automotor, automotriz (fem.).
self-regulating, autorregulador.
self-starter (aut., etc.), arrancador automático *m.*
self-starting *adj.*, de arranque propio.
self-tipping *adj.*, de volqueo propio, autovolcante.
self-tipping truck, vagoneta autovolcante *f.*
to sell, vender.
to sell by auction, vender en pública subasta. rematar (S.A.), subastar.
to sell retail, vender al por menor.
to sell wholesale, vender al por mayor.
seller, vendedor *m.*
Sellers thread (techn.), filete Sellers (o Americano) *m.*
selling *n.*, venta *f.*
selling price, precio de venta *m.*
semaphore, semáforo *m.*
semi-colon, punto y coma *m.*
semi-diameter, semidiámetro *m.*
semi-fixed (fixed at one end only), empotrado al aire.
semi-portable, semifijo.
semi-portable engine, motor semifijo *m.*
semicalcareous, semicalcáreo.
semicircle, semicírculo *m.*
semiconical drum (min.), tambor de arrastre semicónico *m.*
to send, enviar, mandar, remitir.
to send (goods), expedir.
to send out (wir.), emitir.
sender (com.), expedidor, remitente *m.*
sender (or sending-key) (tel.), transmisor *m.*, llave de transmisión *f.*, manipulador *m.*
sender's name and address, nombre y señas del remitente.
senior, mayor, superior.
senior officer, oficial mayor *m.*
sense, sentido *m.*
sense of a force, dirección de una fuerza *f.*
sentence (law), sentencia *f.*
separate excitation (el.), excitación independiente (o separada) *f.*
a separate-exciter is provided for each main generator, cada generador principal lleva su excitatriz independiente.
to separate, separar.

separated, separado, independiente.
separately-excited (el.), excitado separadamente.
separation, separación *f.*
separator, separador *m.*
magnetic separator, separador magnético.
serially, por series.
series connection (el.), acoplamiento en serie *m.*
series connection of cells, acoplamiento en serie (o en tensión) de las pilas (o acumuladores).
series field, excitación serie *f.*
series-parallel (el.), serie-paralelo.
series-parallel coupling, acoplamiento en serie-paralelo, acoplamiento mixto *m.*
series (mat.), serie *f.*
converging series, serie convergente.
diverging series, serie divergente.
in series (el.), en serie.
serpentine cooler, enfriador serpentín *m.*
service, servicio *m.*
service ceiling (av.), techo de vuelo normal *m.*
service-position, posición de marcha *f.*
service-station (mot.), taller de repuestos y reparaciones *m.*
in service, en funcionamiento.
out of service, parado.
the services (mil.), el ejército.
sesquioxyde, sesquióxido *m.*
set *adj.*, fijo, inmóvil.
set (a collection), juego *m.*
set (two machines together), grupo *m.*
set (wir.), aparato, receptor *m.*
set of spares, juego de recambio *m.*
set off (com., fin.), compensación *f.*
set-screw, tornillo de retén *m.*
set-square (draw.), cartabón *m.*
a set of packing joints, un juego de empaquetaduras.
to set, colocar, fijar, poner.
to set (to sharpen), repasar.
to set (mas.), fraguar.
to set a machine working, hacer empezar a producir una máquina.
to set a pointer (in meas., inst.), colocar el puntero (o aguja).
to set a price, fijar un precio.
to set a rivet, hacer resaltar un remache.
to set a saw, triscar una sierra.
to set going (mach.), poner en marcha.
to set in motion, poner en movimiento, hacer arrancar, poner en marcha.
to set in order, ordenar.
to set out curves (on ground), jalonar curvas.
to set up (in business), establecerse.
the sun sets, el sol se pone.
setting (mas.), fraguado *m.*
setting (of the sun), puesta *f.*
setting-in, comienzo *m.*
setting of the mortar (const.), fraguado del mortero *m.*
to settle (an account), finiquitar.
to settle (by agreement), arreglar.
to settle (chem.), reposar.
to settle (colonise), colonizar, poblar.
to settle (const.), asentarse.
to settle (to establish), establecer.
settlement (arrangement), arreglo, ajuste, convenio *m.*
settlement (colony), colonia *f.*
settlement (final payment), finiquito *m.*
settlement (planting as a colony), colonización *f.*, establecimiento *m.*
settler, colono *m.*

settling (accidental), hundimiento *m.*
settling (const.), asiento *m.*
settling-day (com.), día de pago *m.*
settling of masonry, asiento de la mampostería *m.*
settling tank, estanque de deposición *m.*
sevenfold, séptuplo.
to sew, coser.
sewage, aguas servidas *f.pl.*
sewage outfall works, obras de descarga de cloacas *f.pl.*
sewage pumping-station, estación de bombeo de cloacas *f.*
sewer, cloaca *f.*, vertedor *m.*
egg oval sewer, cloaca ovoide.
sewerage, sistema de cloacas *f.*
sewing machine, máquina de coser *f.*
sexagesimal, sexagésimo.
sexagesimal fraction (ast.), fracción astronómica *f.*
sextant, sextante *m.*
shade, sombra *f.*
shade (lamp screen), pantalla *f.*, reflector *m.*
enamelled shade, pantalla esmaltada.
glass shade, pantalla de vidrio.
lamp shade, pantalla *f.*
opal shade, reflector de vidrio opalino.
sheet-iron shade, reflector de palastro.
shady *adj.*, sombrado.
shaft (arch.), cañón, fuste *m.*
shaft (eng.), árbol, eje *m.*
shaft (min.), pozo, pique, tiro (S.A.) *m.*
shaft of a column (arch.), fuste de columna *m.*
shaft pillar (min.), macizo protector *m.*
shaft sinking (c.e., min.), excavación de pozo *f.*
shaft timbering, maderamen para entibar *m.*
air shaft (const.), pozo de aereación *m.*
air shaft (min.), pozo de ventilación, tiro de ventilación (S.A.) *m.*
gas-engine shaft, árbol de motor a gas.
hollow shaft, árbol hueco.
horizontal shaft, árbol horizontal.
propeller shaft (aer.), eje de hélice *m.*
propeller shaft (naut.), árbol de hélice.
quill-drive shaft (rly. & tram.), eje motor hueco *m.*
rocking shaft, eje oscilante *m.*
turbine shaft, árbol de turbina.
vertical shaft (eng.), árbol vertical.
winding shaft (min.), pozo de extracción.
shafting, árboles de transmisión.
to shake, sacudir.
shaking table (min.), mesa tembleque (o separadora) *f.*
shale, arcilla esquistosa *f.*
shallop, chalupa *f.*
shallow (not deep), poco profundo.
shallow-draft (naut.) *adj.*, de poco calado.
shallow nut (techn.), tuerca chata *f.*
shank (hollow), tallo *m.*
shank (inst. or ap.), asta *f.*, astil *m.*
shank (of cutting or boring tool), espiga *f.*
shape, forma *f.*
to shape, formar, modelar.
to shape (eng.), formar, modelar, perfilar, contornear, dar forma.
to shape (mach., tools), limar.
to shape (naut.), ordenar (ruta).
shaped *adj.*, formado, en forma de.
shapeless, disforme.
shaper (mach.), limadora *f.*
shaper (tool), matriz *f.*
shaping machine, máquina limadora *f.*
share (fin.), acción *f.*
share (in a business), participación *f.*

share (portion), parte, porción *f.*
debenture share, acción hipotecaria.
preference share, acción preferida.
to share, participar.
to share (to distribute), dividir, distribuir, repartir.
transferable share, acción al portador.
shareholder, accionista *m.*
sharp, agudo, afilado, puntiagudo.
sharp curve, curva cerrada (o pronunciada) *f.*
sharp image (opt.), imagen nítida *f.*
sharp-edged, afilado, aguzado.
to sharpen, afilar, aguzar.
sharpening-stone, piedra de afilar *f.*
sharpness (of a hill), empinadura *f.*
sharpness (of cutting), agudeza *f.*, filo, corte *m.*
shatter belt (geol.), zona detrítica *f.*
shavings (wood), virutas *f.pl.*
sheaf (ag.), gavilla, garba, haz *f.*
sheafer (ag.), atadora, enhacinadora, máquina atadora *f.*
shear, cizallamiento *m.*
shear (effort), esfuerzo cortante *m.*
shear blade, lámina de cizalla *f.*
shear legs, trípode de alzar *m.*
to shear, cizallar, cortar.
to shear (sheep), esquilar.
shearing-machine (met.), cizalla *f.*
guillotine shearing-machine, cizalla de guillotina.
joist shearing-machine, cizalla para viguetas.
shearing strength (mec.), resistencia al cizallamiento.
shearing stress, esfuerzo cortante *m.*
shears, cizalla *f.*, tijeras *f.pl.*
alligator shears, cizalla de mandíbulas.
bloom shears (met.), cizalla para tochos.
circular shears (met.), cuchillas circulares *f.pl.*
gang shears, cizalla de cuchillas ensambladas.
hand shears, cizalla de mano.
hand-lever shears, cizalla de palanca.
tinman's shears, tijeras de hojalatero *f.pl.*
sheath, estuche *m.*, vaina *f.*
sheave, roldana *f.*
eccentric sheave (eng.), disco de excéntrica *m.*
shed, cobertizo, tinglado, galpón (S.A.) *m.*
shed (hut), cabaña *f.*
aeroplane shed, cobertizo de aeroplanos, hangar de aeroplanos (S.A.) *m.*
locomotive shed, depósito (o resguardo) de locomotoras, galpón de locomotoras (S.A.) *m.*
running shed (rly.), taller de reparaciones, taller de refacciones (S.A.) *m.*
sheep (female), oveja *f.*
sheep (male), carnero *m.*
sheep (plural), ganado menor *m.*
sheep dip, antisárnico *m.*
sheer (of ship's lines), arrufadura *f.*, arrufo *m.*
sheer legs, cabria *f.*, trípode de arbolar *m.*
sheet (glass or paper), hoja *f.*
sheet (met.), hoja, lámina, chapa, plancha *f.*
sheet-brass, hoja de latón *f.*
sheet-copper, cobre en hojas *m.*
sheet-gauge, calibre para chapas *m.*
sheet-iron, chapa de hierro *f.*, palastro *m.*
corrugated sheet-iron, chapa ondulada.
sheet-metal, hoja metálica, chapa metálica *f.*, metal en hojas *m.*
sheet-metal working-machine, máquina de labrar hojas metálicas *f.*
sheet-piling, ataguía *f.*
sheet pillar (min.), pila abrigo *m.*
sheet-rubber, hoja de caucho, lámina de goma *f.*
sheet tin, hoja de estaño.
sheet of water, lago *m.*, laguna *f.*
galvanised sheet, chapa de cinc galvanizada *f.*
sheeting (c.e.), blindado *m.*, entibadura *f.*
shelf (board), anaquel, estante *m.*
shelf (shoal), banco rocoso, escollo *m.*
shell (art.), obús *m.*
shell (boil.), cilindro, cuerpo, casco *m.*
shell (bot.), cáscara, corteza *f.*
shell (ship's), casco *m.*
shell (zool.), concha *f.*
shell-plate (boil.), chapa de caldera *f.*
shell-plate (mar.), placa de casco *f.*
shell-transformer, transformador acorazado *m.*
to shell (ag.), descascarar, descortezar.
to shell (mil.), bombardear.
shellac, goma laca *f.*
shelter, abrigo, refugio *m.*
mountain shelter, refugio de montaña.
to shelter, abrigar, guarecer.
to take shelter, refugiarse.
sheltered industry, industria libre de competencia extranjera.
shelvy (naut.), escolloso.
shield, escudo *m.*, guarda, chapa de guarda *f.*
to shield, abrigar, guardar, proteger, resguardar.
shielded from weathering, resguardado contra la intemperie.
shift, cambio *m.*
shift (change of workmen), turno *m.*
shift (gang), equipo *m.*, tanda *f.*
to shift, alterar, cambiar, mudar.
to shift the brushes (el.), descalar las escobillas.
shingle (carp.), barda *f.*
shingle (mas.), cascajo *m.*
shingle (pebbles), pedregullo *m.*
ship, barco, buque, navío *m.*, nave *f.*
ship (merchant), buque mercante *m.*
ship (war), buque de guerra.
ship's boat, chalupa *f.*
ship's book, libro de bordo *m.*
ship-breaker, demoledor de buques *m.*
ship-broker, corredor marítimo *m.*
ship-canal, canal navegable *m.*
ship-carpenter, carpintero de buques *m.*
ship's carpenter, carpintero de a bordo *m.*
ship-chandler, proveedor de buques *m.*
ship-driving turbine, turbina motriz marina *f.*
ship's dynamo, dínamo para buques *f.*
ship-joiner, ebanista naval *m.*
ship's log-book, diario de bordo *m.*
ship momentum, fuerza viva del buque.
ship resistance, fuerza antagonista al avance del buque.
ship's steward, despensero *m.*
His Majesty's Ship, buque de la Marina Real.
tanker ship, buque cisterna.
to ship, embarcar.
shipbuilder, constructor de buques *m.*
shipbuilding, construcción naval *f.*
shipbuilding concern, empresa de construcción naval *f.*
shipholder, armador *m.*
shipload, cargamento *m.*
shipmaster, capitán de buque mercante *m.*
shipment (act of shipping), embarque *m.*
shipment (consignment), cargamento *m.*
shipowner, armador, naviero *m.*
shipper, cargador *m.*
shipping *adj.*, marino, marítimo, naval, de la marina.
shipping *n.*, buques *m.pl.*, la marina *f.*, naves *f.pl.*
shipping agency, agencia marítima *f.*

shipping agent, agente marítimo *m.*
shipping intelligence, movimiento de los buques *m.*
shipping office, oficina marítima *f.*
shipping specification, pormenores para el embarque *m.pl.*
shipwreck, naufragio *m.*
shipwright, carpintero de ribera *m.*
shipyard, astillero *m.*
shoal (mar.), bajío *m.*
shock, choque, golpe *m.*
shock (el.), conmoción *f.*
shock (shaking), barquinazo *m.*
shock-absorber (aut., rly.), amortiguador de barquinazos *m.*
shock-proof (el.), anticonmociones eléctricas.
shoemaker, zapatero *m.*
to shoot (firearms), descargar, disparar.
to shoot (to discharge), lanzar.
to shoot the rapids, salvar los rápidos.
shop, tienda, casa de comercio (S.A.) *f.*
shop (workshop), taller *m.*
constructional shop, taller de armar.
erecting shop, taller de montaje.
fitting shop (mec.), taller de montaje *m.*
fitting-out shop (naut.), taller de armamento.
machine shop, taller de construcción de máquinas.
mechanical shop, taller mecánico.
pattern shop, taller de modelos.
repair shop, taller de reparaciones.
winding shop (el.), taller de bobinado.
to shop, ir de compras.
shopfitting, instalación de tiendas *f.*
shore, borde *m.*, costa, orilla, ribera *f.*
on shore, en tierra.
shoring, apuntalamiento *m.*
short, corto.
short-circuit (el.), cortocircuito *m.*
short-circuit test, prueba en cortocircuito *f.*
short-circuiting, puesta en cortocircuito.
short-circuiting device, aparato de puesta en cortocircuito.
short-handed, falto de personal.
short-notice *adj.*, de pronto.
short-time rating, régimen discontinuo *m.*
short-wave broadcaster, emisora de onda corta *f.*
shortage, escasez, falta, insuficiencia, penuria *f.*
shortage of labour, mano de obra insuficiente, falta de obreros *f.*
shortage of water, escasez de agua *f.*
to shorten, acortar.
shorthand, estenografía, taquigrafía *f.*
shorthand-typist, estenógrafo mecanógrato *m.*
shorthand-writer, estenógrafo, taquígrafo *m.*
shot (act of shooting), tiro *m.*
shot (pellet), perdigón *m.*, munición *f.*
shot-proof, protegido contra balas.
shot-tower, torre para municiones *f.*
shovel, pala *f.*
coal shovel, pala para carbón.
scoop shovel (large machine), excavadora de pala dentada *f.*
steam shovel (c.e.), excavadora a vapor.
shovelful, palada *f.*
show (exhibition), exposición *f.*
show-case, vidriera de muestras *f.*
shower (heavy one), chaparrón *m.*
shower (light one), aguacero *m.*, llovizna *f.*
shower-bath, ducha *f.*
showery, lluvioso.
showroom, salón de muestras *m.*
shrapnel, obús de metralla, shrapnel *m.*
shred (strip), tira *f.*
to shrink, encogerse, contraerse.
to shrink on (met.), encajar en caliente.
shrinkage, encogimiento *m.*, contracción *f.*
shrub, arbusto *m.*
shrubbery, repajo *m.*
shunt (el.), shunt *m.*, derivación *f.*
shunt current (el.), corriente derivada *f.*
shunt field, excitación derivada *f.*
to shunt (el.), derivar.
to shunt (rly.), desviar, apartar.
shunter (rly.), maniobrista, enganchador *m.*
shunting (el.), derivación *f.*
shunting (rly.), desviación *f.*, apartamiento *m.*
shunting by a resistance, derivado sobre una resistencia.
shunting line (rly.), vía de maniobras *f.*, apartadero *m.*
shunting of trains, maniobras de trenes *f.pl.*
shunting signal (rly.), señal de maniobras *f.*
shunting-station (rly.), same as shunting-yard.
shunting-switch (rly.), agujas de maniobras.
shunting-yard, playa de maniobras *f.*
shunting the wagons (rly.), maniobra de los vagones.
to shut, cerrar.
to shut-down (mach.), parar.
to shut-down (works), cesar el trabajo.
to shut in, encerrar.
to shut off, cerrar, cortar, interceptar, interrumpir.
to shut off steam, cortar el vapor.
to shut off the power (el.), cortar la corriente.
shutter (const.), postigo *m.*, cortina metálica *f.*
shuttle (text.), lanzadera *f.*
sick, enfermo.
sick-berth (nav.), enfermería *m.*
sick-room, cuarto de enfermos *m.*
sick-ward, sala de enfermos *f.*
sickle, guadaña, hoz *f.*
sickness, enfermedad *f.*
side, lado, costado *m.*
side (of a hill or mountain), ladera *f.*
side-arm, arma blanca *f.*
side benching (c.e.), desmonte en ladera *m.*
side by side, adyacentes.
side by side valves, válvulas adyacentes *f.pl.*
side-clearance (mach.), juego lateral *m.*
side elevation (draw.), alza lateral *f.*
side-gearing, engranaje lateral *m.*
side-line (rly.), vía secundaria *f.*
side play (eng.), juego lateral *m.*
side-rail (rly.), contracarril *m.*
side-slope, talud lateral *m.*
side-valve, válvula lateral *f.*
side view (draw.), vista lateral *f.*
side-walk, acera *f.*
side-wall (min.), respaldo *m.*
side-wing (const.), ala lateral *f.*
sideboard, aparador *m.*
sidelong, lateralmente.
sideral (or sidereal), sidéreo.
sideral day, día sidéreo *m.*
sideral year, año sidéreo *m.*
sideroscope, sideroscopio *m.*
sidewalk, acera, vereda *f.*
siding (rly.), apartadero, desvío lateral *m.*
siding signal, señal de apartamiento *f.*
Siemens process (met.), procedimiento Siemens, procedimiento de la solera abierta *m.*
Siemens regenerating furnace (met.), horno regenerante de Siemens *m.*

sieve, criba *f.*, harnero, tamiz *m.*
to sift, cerner, cribar, tamizar.
sifting, cribadura *f.*, tamizado *m.*
sifting machine, tamiz mecánico *m.*
sight, visión, vista *f.*
sight (inst.), mira *f.*, retículo *m.*
sight (of quadrant), luz *f.*
sight (to point), pínula *f.*
sight-bill (com.), letra a vista *f.*
sight-vane (inst.), pínula *f.*
at sight, a primera vista.
at sight (com.), a la vista.
cross-wire sight, retículo de hilos en cruz.
elevation sight (art.), alza *f.*
in sight of, en las cercanías de.
out of sight, fuera de la vista.
to sight, avistar, ver.
to pay at sight, pagar a la vista.
sign, seña, señal, marca, nota *f.*
sign (advertising), anuncio *m.*
sign (indication), signo *m.*
sign (mat.), símbolo *m.*
sign-painter, pintor de anuncios *m.*
sign-post, poste señalador *m.*
to sign, firmar.
signal, señal *f.*
signal against (rly.), vía cerrada *f.*
signal-box (rly.), casilla de maniobras *f.*
signal-code, código de señales *m.*
signal-flag, bandera de señales *f.*
signal-mast, semáforo *m.*
signal post, poste de señales *m.*
arm signal (rly.), señal de brazo.
block-signal, señal de bloqueo.
caution signal (tr.), señal de prevención.
drop signal (rly.), señal de brazo caedizo.
fog signal, señal de niebla.
optical signal, señal de colores.
rocket signal (naut.), cohete de señal *m.*
sound signal, señal audible.
starting signal (rly.), señal de salida.
signalman (naut.), vigía *f.*
signalman (rly.), guardavías *m.*
signatory, signatario, firmante *m.*
signature, firma *f.*
signboard, letrero *m.*
electric signboard, anuncio luminoso *m.*
significance, significancia *f.*
significant, significante.
to signify, significar, denotar.
to signify (to make known), notificar.
signor, firmante *m.*
silence, silencio *m.*
silencer, silencioso *m.*
silex, pedernal *m.*
silica, sílice *f.*, óxido silíceo *m.*
silicalcareous, silicalcáreo.
silicate, silicato *m.*
silicate of alumina, silicato alumínico.
silicate of soda, silicato de soda.
siliceous, silícico, silíceo.
to silicify, silicar.
silicon (or silicium), silicio *m.*
silicon-bronze, bronce silíceo *m.*
silk, seda *f.*
artificial silk, seda vegetal.
thrown silk, seda retorcida.
silky, sedoso.
silt, cieno, limo *m.*
silt (geol.), aluvión *m.*
to silt, encenagar.
to silt (to obstruct), enarenar.
silting, enarenado *m.*
silver, plata *f.*
silver-beater, batihoja *m.*
silver foil, plata batida *f.*
silver-poplar (bot.), álamo blanco *m.*
silver-ore, metal argentífero *m.*
silver-plated *adj.*, plateado.
silver-plating *n.*, plateado *m.*
German silver, plata Alemana.
to silver, enchapar de plata, platear.
silvering, plateadura *f.*
silversmith, platero *m.*
silvery, argentino.
similar, semejante, similar.
similarity, semejanza, similitud *f.*
simple (easy), simple, sencillo.
simple (one only), simple, único.
simple and neat in appearance, sencillo y de aspecto agradable.
simple equation, ecuación del primer grado *f.*
simplicity, sencillez *f.*
to simplify, simplificar.
sine (mat.), seno *m.*
sine current (el.), corriente senoidal *f.*
sine-function (mat.), función senoidal *f.*
sine law (mat., phys.), ley senoidal *f.*
sine-shaped, senoidal.
singing arc (el.), arco voltáico sonoro *m.*
single *adj.*, sólo, único.
single-acting (eng.) *adj.*, de efecto único.
single-class, de clase única.
single-cycle *adj.*, monocíclico.
single-line working (rly.), circulación por vía única *f.*
single-phase, monofásico.
single-pitch roof, techo de vertiente única.
single-pole (el.), unipolar.
single-pulley machine, máquina de polea única *f.*
single-rail *adj.*, monorriel, de carril único.
single-riveted, de remachadura simple.
single-seater (av.), monoplaza *m.*
single-seater fighter (av.), avión monoplaza de combate *m.*
single-throw crank manivela simple *f.*
sink (const.), pileta *f.*
to sink, hundir.
to sink (a pit or well), cavar.
to sink (accidentally), hundirse.
to sink (naut.), naufragar, zozobrar.
to sink a pile (const.), hincar un pilote.
sinking, hundimiento *m.*
sinking (naut.), naufragio *m.*
sinking (pile, etc.), hincadura *f.*
sinking-fund (fin.), fondo de amortización *m.*
she is sinking ! (naut.), el buque naufraga !, se va a pique !
the sinking of a ship, el naufragio de un buque.
sinter (geol., min.), toba *f.*
auriferous sinter, toba aurífera.
calcareous sinter, toba calcárea.
siliceous sinter, estalactita silícica *f.*
sintering machine, prensa de aglomerar *f.*
sinuosity, sinuosidad *f.*
sinuous, sinuoso.
sinusoide, senoide *f.*
siphon, sifón *m.*
siphon-gauge (phys.), indicador de rarefacción *m*
sire (zool.), padrillo *m.*
siren (signal), sirena *f.*
to sit (to settle), asentar, sentar.
site, sitio, lugar *m.*
site (const.), solar *m.*

sitting (law), sesión *f.*
to situate, situar, colocar.
situated, situado, colocado.
situation, situación *f.*, lugar m.
six-phase *adj.*, hexafásico.
six-wheeled-drive *adj.*, de seis ruedas motrices.
six-wheeled-coupled, de seis ruedas acopladas.
six-wheeled-coupled outside cylinders bogie passenger locomotive, locomotora para tren de pasageros, de seis ruedas acopladas de boga y cilindros externos.
six-wheeler, vehículo de seis ruedas *m.*
size, tamaño *m.*, dimensión *f.*
size (paint), sisa *f.*
size-paint, pintura al temple *f.*
bone size, cola de huesos *f.*
standard size, tamaño normal *m.*
to size coals, graduar el carbón.
sizing machine, engomadora mecánica *f.*
skein (text.), madeja *f.*, ovillo *m.*
skeleton (const.), armazón, esqueleto *m.*, osatura *f.*
sketch, bosquejo, croquis, trazo *m.*
to sketch, bosquejar, delinear.
skew *adj.*, oblicuo, sesgado.
skewback (const.), albardilla *f.*, sotabanco *m.*
skid (av.), patín de aterrizado *m.*, zapata de aterrizaje *f.*
tail skid, patín de cola *m.*
to skid, escurrirse, patinar.
skiff, esquife *m.*
skilful, diestro, hábil, idóneo.
skill, destreza, habilidad, idoneidad *f.*
skilled *adj.*, capaz, diestro, hábil.
skilled-labour, mano de obra especializada *f.*, obreros especialistas *m.pl.*
skilled workman, obrero diestro *m.*
skimmer (found.), espumadera *f.*
skin, cutis *m.*, piel *f.*
skin (zool.), cuero *m.*, piel *f.*
skin-effect (el.), efecto de Kelvin *m.*
skinner, peletero *m.*
skip (met.), cubilote de carga *m.*
skipper, patrón, capitán *m.*
sky, cielo *m.*
skylight (const.), claraboya *f.*, tragaluz *m.*
skyscraper, rascacielo *m.*
slab (arch.), losa, baldosa *f.*
slab (met.), zamarra *f.*
slab-charging machine (found.), enhornadora de zamarras *f.*
chaff slab, baldosa de yeso y bodoque *f.*
marble slab, losa de mármol *f.*
monumental slab, lápida funeraria *f.*
slack, flojo.
slack (coals), carbón menudo *m.*
a slack rope, una cuerda floja.
slack-water (mar.), agua muerta *f.*
to slacken, aflojar.
to slacken a nut, aflojar una tuerca.
to slacken speed, disminuir la velocidad.
to slacken the fires, moderar el fuego.
the wind slackens, el viento amaina.
slackness, flojedad.
slackness in trade, calma en los negocios *f.*
slag, escoria *f.*
slag-breaker, trituradora de escorias *f.*
slag wool, escoria lanosa.
to slag out (met.), dejar correr la escoria.
to slake lime, apagar cal.
slant *adj.*, inclinado, sesgado.
slant *n.*, declive, sesgo *m.*
slanting, al soslayo, sesgado.
slate, pizarra *f.*
slate-coal, carbón pizarroso *m.*
chalk-slate, pizarra gredosa.
clay slate, esquisto arcilloso *m.*
flinty slate, basanita *f.*
gentle slate, pizarra aluminosa.
greenstone slate, diorita esquistosa *f.*
roofing slate, pizarra de techar *f.*
slater, pizarrero *m.*
slaughter-house, matadero *m.*
sleeper (rly.), traviesa *f.*, durmiente (S.A.) *m.*
creosoted sleeper, traviesa creosotada *f.*, durmiente creosotado *m.*
steel sleeper, traviesa (o durmiente) de acero.
wooden sleeper, traviesa (o durmiente) de madera.
sleeping-car (rly.), coche camas *m.*
sleeve, manga *f.*, manguito *m.*
sleigh, trineo *m.*
slice, rebanada, tajadura *f.*
to slice, rebanar, tajar.
slide (inst.), cursor *m.*
slide (mach.), deslizadera, guía *f.*
slide (min.), falla, dislocación de una veta *f.*
slide (of earth), desmoronamiento *m.*
slide-bar (mach.), riel de deslizamiento *m.*
slide facing tool, herramienta deslizante de refrentar *f.*
slide-rail (rly.), aguja móvil *f.*
slide-rule (inst.), regla deslizante (o de cálculo) *f.*
slide-valve (st. eng.), distribuidor *m.*
balanced slide-valve, distribuidor compensado.
cross slide (mach.), corredera deslizante.
D cross slide, distribuidor en D.
Trick cross slide (loco.), distribuidor sistema Trick.
to slide, deslizarse.
to slide (falling earth), desmoronarse.
vee slide (mach.), corredera en V.
sliding *adj.*, deslizante, resbalador.
sliding *n.*, deslizamiento *m.*
sliding-keel, falsa quilla *f.*
sliding movement, movimiento deslizante *m.*
sliding-rails (mach.), deslizaderas tensoras *f.pl.*
sliding-seat (in vehicles), asiento escurridizo *m.*
slightly acid, acídulo.
slime, cieno, fango, lodo *m.*
slime-classifier (min.), seleccionador de lodo *m.*
slime concentrator, batea de concentrar *f.*
sling (naut.), eslinga *f.*
sling (techn.), grapa *f.*, lazo *m.*
slip, deslizamiento, resbalamiento *m.*
slip (el.), deslizamiento *m.*
slip (mas.), tablilla, hoja de madera *f.*
slip-meter (el.), indicador de deslizamiento *m.*
slip-ring (el.), anillo de frotamiento *m.*
to slip, deslizarse, resbalar.
slippery, resbaladizo, resbaloso.
slipping, patinado, resbalamiento *m.*
slipping of the belt (techn.), resbalamiento de la correa.
slipping of the wheels (tr.), patinado de las ruedas.
slipway (shpbdg.), grada de halaje.
slitting machine, máquina de hender.
sliver (text.), cinta, banda *f.*
sliver lap machine, unidora de bandas *f.*
sloop, balandro *m.*
sloop of war, corbeta *f.*
slope (c.e.), escarpa, ladera, pendiente *f.*, talud *m.*
slope of 3 in 1, talud de 3 por 1.
sloped *adj.*, ataluzado, escarpado.
sloping *n.*, escarpado *m.*, inclinación *f.*
slot, muesca, ranura *f.*

slot-meter (gas & el.), medidor de moneda, medidor de pago previo, medidor alcancía (S.A.) *m.*
to slot (mach. tool), mortajar, ranurar.
slotter, mortajadora *f.*
slotting machine, máquina de mortajar *f.*
slotting and shaping machine, mortajadora y cepillo combinados.
slough, lodazal *m.*
slow, lento, tardío.
slow (watch), atrasado.
slow process, procedimiento tardío *m.*
slow-speed *adj.*, lento, de baja velocidad, reducido en velocidad.
slow speed *n.*, velocidad reducida *f.*
slow speed man-lift (min.), ascensor de mineros *m.*
slow steamer, vapor de marcha lenta *m.*
slow train, tren lento *m.*
to slow down, disminuir la velocidad.
slowly, despacio, lentamente.
slubbing frame (text.), mechera para gruesos *f.*
sluice, esclusa *f.*
sluice (min.), templadera *f.*
sluiceway, boca de esclusa *f.*
slug (min.), tamiz rotatorio *m.*
slung, colgado.
small, pequeño.
small arms, armas menores *f.pl.*
small craft, embarcaciones menores *f.pl.*
small-end (eng.), taco (de biela) *m.*
small floor-space, lugar reducido *m.*
small size, de tamaño pequeño.
small tools, herramientas de mano *f.pl.*
to smear, ungir.
smell, olor *m.*
to smell, oler.
to smelt, fundir mineral.
smelter, fundidor de mineral *m.*
smith, herrero *m.*
smithy, herrería *f.*
smoke, humo *m.*
smoke-bomb (mil.), bomba fumígena *f.*
smoke box (boil., loco.), caja de humo *f.*
smoke box door, puerta de caja de humo *f.*
smoke-consumer (ap.), aparato fumívoro *m.*
smoke-consuming *adj.*, fumívoro.
smoke-formation, producción de humo *f.*
smoke-helmet, casco respiratorio *m.*
smoke-screen (nav.), cortina de humo *f.*
to smoke (to emit smoke), ahumar, humear.
smokeless, fumívoro.
smokeless combustion, combustión fumívora *f.*
smokeless powder, pólvora fumívora *f.*
smoking *adj.*, humeante.
smoking-room, salón de fumar *m.*
smoking-room (on board ship), fumadero *m.*
smoky *adj.*, humoso.
smooth, liso, allanado, alisado.
smooth (walls), enrasado.
smooth-bored, calibrado liso.
smooth-cut rasp, escofina dulce *f.*
smooth surface, superficie lisa *f.*
to smooth, alisar, allanar.
to smooth (walls), enrasar.
to smooth (with plane), acepillar, alisar, cepillar.
to smooth a plank with a plane, acepillar (o alisar con cepillo) un tablón.
smoothing-plane, cepillo de alisar *m.*
smoothness, lisura *f.*
snap (break), quebradura *f.*
snap (noise), estallido *m.*
to snap, quebrarse.
to snap (noise), estallar.
snare (trap), trampa *f.*
snatchblock (naut.), pasteca *f.*
snow, nieve *f.*
snow-capped, coronado de nieve.
snow-drift, ventisca *f.*, ventisco *m.*
snow-flake, copo de nieve *m.*
snow-plough, quitanieve *m.*, barredora de nieve *f.*
to snow, nevar.
snowy, nevoso.
to soak, remojar.
soaking-pit (found.), hoyo de recalentar.
soap, jabón *m.*
soap-powder, jabón en polvo.
soap-works, jabonería *f.*
socket (el.), toma de corriente *f.*
wall socket, toma de corriente mural.
socle (arch.), zócalo *m.*
sod, terrón de tierra *m.*
to sod (to cover with grass), encespedar, enyerbar.
soda, soda, sosa *f.*
soda ash, sosa calcinada.
bichromate of soda, bicromato de sosa *m.*
caustic soda, sosa cáustica.
sodium, sodio *m.*
sodium acetate, acetato sódico *m.*
sodium bicarbonate, bicarbonato de soda *m.*
sodium bichromate, bicromato de soda *m.*
sodium borate, bórax *m.*
sodium carbonate, carbonato de soda *m.*
sodium chloride, cloruro de sodio *m.*, sal de cocina *f.*
sodium cyanide, cianuro sódico *m.*
sodium ferrocyanide, ferrocianuro sódico *m.*
sodium fluosilicate, silicato flúorico de soda *m.*
sodium hydroxide : see caustic soda.
sodium hyposulphite, hiposulfito de soda *m.*
sodium iodide, yoduro de sodio *m.*
sodium nitrate, nitrato de sosa *m.*
sodium permanganate, permanganato de soda *m.*
sodium phosphate, fosfato sódico *m.*
sodium potassium tartrate, tártaro doble sódico potásico *m.*
sodium sulphate, sulfato de soda *m.*
sodium sulphite, súlfido sódico *m.*
sodwork (mil.), tepe *m.*
soffit (of arch. or vault), intradós *m.*
soffit (under floor, arch.), sófito *m.*
soft, blando.
to soften, ablandar.
to soften water, endulzar agua.
soil *n.*, suelo, terreno *m.*
solder, soldadura *f.*
hard solder, soldadura fuerte.
lead solder, soldadura de plomo.
tin solder, soldadura estanífera.
soldering *n.*, soldadura *f.*
soldering bit, soldador *m.*
soldering iron, hierro de soldar *m.*
sole (base), suela *f.*
sole (min.), piso *m.*
sole (of rudder, shpbdg.), talón *m.*
sole-plate (mach.), placa de fundación *f.*
solenoid, solenoide *m.*
solicitor (law), procurador *m.*
solid sólido.
solid (not hollow), macizo.
solid body, sólido, cuerpo sólido *m.*
solid-drawn (met.) *adj.*, estirado macizo.
solid-drawn tube, tubo estirado macizo *m.*
solid flywheel, volante macizo *m.*
solid gold *adj.*, de oro macizo.

solid geometry, geometría en el espacio, geometría tridimensional *f.*
solstice, solsticio *m.*
solubility, solubilidad *f.*
soluble, soluble, disoluble.
solution (chem.), disolución *f.*
solution (mat.), solución *f.*
to solve (mat.), resolver.
to solve an equation, resolver una ecuación.
to solve for x, despejar la incógnita.
solvency, solvencia *f.*
solvent (able to pay), solvente.
solvent (chem.), disolvente *m.*
soniferous, sonoro.
soot, hollín *m.*
soot-collector, receptor de hollín *m.*
sound *adj.*, sano, perfecto.
sound (geog.) *n.*, estrecho *m.*
sound (naut.), sonda *f.*
sound (phys.), son, sonido *m.*
sound (well done) *adj.*, bien ejecutado, de buena factura.
sound-proof *adj.*, libre de ruidos.
sound wave (phys.), onda sonora, onda acústica *f.*
a sound job, un trabajo bien ejecutado.
sounding (naut.), sondeo *m.*
sounding (phys.), sonido *m.*
sounding apparatus, aparato para sondar *m.*
sounding-balloon, globo-sonda *m.*
sounding-lead, escandallo *m.*
sounding line, sondaleza *f.*
sounding-machine, máquina para sondar *f.*
to take soundings (naut.), sondar.
source (in general), origen *m.*
source (hyd.), fuente *f.*, manantial *m.*
south, sud, sur *m.*
south *adj.*, austral, del sud, meridional.
South America, América del Sud *f.*
South American, sudamericano.
south pole, polo sur *m.*
southerly, del sur, meridional.
southern, del sur, hacia el sur.
southernmost, lo más al sud.
southward, al sud, hacia el sud.
to sow, sembrar.
sowing machine, sembradora *f.*
space, espacio, lugar *m.*
space charge (wir.), carga interespacial *f.*
space geometry, geometría en el espacio *f.*
space required, lugar necesario *m.*
to space, espaciar, dejar lugar entre.
spacious, espacioso, vasto.
spade, azada *f.*
Spain, España.
span (arch.), luz *f.*
span (av.), envergadura *f.*
span (between poles), vano *m.*
span (mar.), eslinga *f.*
span (of bridge), luz *f.*, vano *m.*
span-wire, alambre tensor *m.*
length of span : see the different spans above.
single span, vano único.
to span (a river), salvar, atravesar.
bridge spanning the river X at . . . , puente que atraviesa el río X en . . .
spandrel (arch.), embecadura, enjuta *f.*
Spaniard (or Spanish), Español.
the Spanish language, el idioma español, el castellano *m.*
spanner, llave de arcabuz, llave para tuercas *f.*
box spanner, llave tubular.
double-ended spanner, llave doble.
monkey spanner, llave inglesa.
spar (av., shpbdg.), berlinga *f.*
spar (min.), espato *m.*
spare, reserva *f.*, recambio *m.*
spare accumulator, acumulador de reserva *m.*
spare boiler, caldera auxiliar.
spare motor, motor de reserva *m.*
spare parts, piezas de recambio *f.pl.*, recambios *m.pl.*
spare tyre, neumático de recambio *m.*
spare wheel, rueda de repuesto (o recambio) *f.*
spares : Véase: spare parts.
spark, chispa *f.*
spark at break (el.), chispa de extra corriente de apertura *f.*
spark at make (el.), chispa de extra corriente de contacto.
spark blow-out (el.), soplador de chispas *m.*
spark-catcher (eng. rly.), arresta-chispas *m.*
spark-damper, amortiguador de chispas *m.*
spark discharge (el.), chispa de descarga *f.*
spark discharge (through a chimney), descarga de chispas *f.*
spark-gap (el.), distancia disruptiva *f.*
spark-gap (wir.), disruptor de chispas *m.*
spark quencher, apagachispas *m.*
musical spark, chispa sonora.
to spark, chispear.
sparking (eng., boil.), producción de chispas *f.*
sparking (el.), chispeo, chisporroteo *m.*
sparking at the commutator (el.), chisporroteo del colector *m.*
sparking badly (el.), chispeo excesivo *m.*
sparking-plug, bujía de encendido *f.*
sparking-voltage, tensión de chispeo *f.*
sparkless, sin chispas.
sparkless commutation, conmutación sin chispas *f.*
sparse, esparcido.
sparsely-populated country, país poco poblado *m.*
spattle, espátula *f.*
to speak, hablar.
speaking-tube, tubo acústico *m.*
special, especial.
specialist, especialista *m.*
to specialize, dedicarse especialmente.
specific, específico.
specific capacity, capacidad específica *f.*
specific conductivity, conductividad específica *f.*
specific gravity, peso específico *m.*, densidad específica *f.*
specific of the electrolyte, peso específico del electrólito.
specific heat (phys.), calor específico *m.*
specific inductive capacity (el.), poder específico inductor *m.*
specific light, densidad de luz *f.*
specific mass (phys.), masa específica *f.*
specification, especificación, descripción *f.*
specification (eng., mach., etc.), detalles *m.pl.*, especificación *f.*
according to specification, conforme a la descripción (o a los detalles).
standard specification, especificación normalizada.
to specify, especificar, estipular.
specimen, muestra *f.*
spectral, espectral.
spectral (or spectrum) analysis, análisis espectra *m.* & *f.*

spectrum (phys.), espectro *m.*
spectrum analysis, análisis espectral *m.* & *f.*, descomposición espectral *f.*
specular *adj.*, especulado, moteado.
specular iron ore, oligisto, mineral de hierro especulado *m.*, pirita oligista *f.*
to speculate, especular.
speculative, especulativo.
speech (harangue), discurso *m.*
speech (sound), palabra, voz *f.*
speech-transmission, transmisión de la voz *f.*
speech-transmission system, sistema de transmisión de la voz *m.*
speed, velocidad *f.*
speed-boat, lancha de carrera *f.*
speed change without declutching from prime mover, cambio de velocidad sin desembragar el motor.
speed-cone (mec.), cono de velocidades *m.*, polea escalonada *f.*
speed fluctuations, variaciones en la velocidad *f.pl.*
speed fluctuations of a flywheel, variaciones en la velocidad de un volante.
speed-gauge, taquímetro *m.*
speed-indicator, indicador de velocidad *m.*
speed of circulation, velocidad de circulación.
speed of communication (tel.), velocidad de comunicación.
speed of transmission, velocidad en la transmisión.
speed-reduction gear (ap.), aparato reductor de velocidad, cambio de velocidad *m.*
speed slackened, velocidad disminuida (o aflojada).
speed slightly above synchronism, velocidad levemente superior a la del sincronismo.
speed trial, ensayo de velocidad *m.*
speed variations, cambios de velocidad *m.pl.*
at a speed of 60 m.p.h., a la velocidad de 96 km./h.
cruising speed (naut.), velocidad de crucero.
full speed, velocidad máxima.
full range of speed between 1,000 and 2,000 r.p.m., cualquier velocidad entre 1.000 y 2.000 v.p.m.
lifting speed (hoisting ap.), velocidad de izamiento.
range of speed, límite de velocidades *m.*
rated speed, velocidad de régimen.
synchronous speed, velocidad de sincronismo.
variable speed gear: same as speed-reduction gear, above.
speedometer, indicador de velocidad, velocímetro *m.*
speedy, rápido, pronto, veloz,
spelter, cinc sin refinar *m.*
to spend (money), gastar.
sphere, esfera *f.*, globo *m.*
spheric (or spherical), esférico.
spherical aberration (opt.), aberración esférica *f.*
spherical harmonics (mat.), armónicas esféricas *f.pl.*
sphericity, esfericidad *f.*
spheroid, esferoide *m.*
spheroidic, esferoidal.
spherometer, esferómetro *m.*
spick and span *adj.*, flamante.
spider-line (inst.), hilo reticular *m.*
spider-lines (inst.), retículo *m.*
spike, clavo grande *m.*, punta, puya, escarpia *f.*
spike nail, arpón *m.*, escarpia *f.*
spillway (hyd.), vertedero lateral *m.*
to spin (text.), hilar.
to spin (to whirl rapidly), peonzar.
spindle, eje, husillo *m.*
spindle (large one), árbol, eje *m.*
spindle-moulding machine (or spindle moulder) (carp.), moldurадora fresadora *f.*
spindle tree (bot.), bonetero *m.*
arbor spindle (mach. tool), eje portaherramienta *m.*
copy spindle (mach. tool), varilla de reproducir *f.*
governor spindle (eng.), eje del regulador *m.*
lathe spindle, husillo de torno *m.*
reversing spindle (mach.), husillo invertible *m.*
telescopic spindle, husillo (o eje) de enchufe *m.*
turbine spindle, eje de turbina *m.*
valve spindle (eng.), vástago de válvula *m.*
spinel, espinela *f.*
spinning (text.), hiladura *f.*
spinning machine, hiladora mecánica *f.*
cop spinning, hiladura en canillas.
spiral, espiral, hélico, helicoidal.
spiral conveyor, transportador helicoide, tornillo de Arquímedes *m.*
spiral stairs, escalera de caracol *f.*
spiral tubing, tubería serpentín *f.*
spire (arch.), aguja *f.*, campanario *m.*
spire (of coil), espira, vuelta *f.*
spirit (chem.), alcohol, espíritu *m.*
spirit (fuel), gasolina *f.*
killed spirit, espíritu de sales descompuesto *m.*
spirits of salt, ácido muriático *m.*
to spirt, brotar.
splash, salpicadura *f.*
splash-oiling system, lubricación por salpicaduras *f.*
to splash, salpicar.
splasher (loco.), cubrerrueda *m.*
splashing, salpicón *m.*
splay (arch.), alfeiza *f.*, alféizar *m.*
splayed, alfeizado.
splice (of cable), ayuste, empalme *m.*, unión *f.*
to splice, ayustar, empalmar.
spline-shaft, árbol de extremidad ranurada *m.*
spline-shaft grinding machine, fresadora para árboles ranurados *f.*
splint (or splinter), astilla *f.*
to splinter, astillar.
split, dividido, hendido.
split *n.*, rajadura *f.*
split frame, armazón dividido *m.*
split-phase starting system, sistema de arranque de fase dividida *m.*
to split, rajar, hender.
spoke (ladder), escalón *m.*
spoke (of wheel), rayo *m.*
spoke driving machine, máquina de calar rayos de ruedas *f.*
spoke-lathe, torno para rayos *m.*
spoke-shave (carp.), bastrén, cepillo para rayos *m.*
spoke-tenon, espiga de rayo *f.*
sponge, esponja *f.*
spongious (or spongy), esponjoso.
spongy lead, plomo esponjoso *m.*
spontaneous, espontáneo.
spontaneous combustion, autoinflamación *f.*
spool, bobina *f.*, carrete *m.*
sport, deporte *m.*
sports-field, campo de deportes *m.*
sports-type (aut., naut.), modelo de carrera *m.*
spot, mancha *f.*, punto *m.*
spot-welding machine, máquina de soldar por puntos *f.*

spotter (nav.), oficial de tiro *m.*
spotting the dip (min.), visualización del buzamiento (o declive) *f.*
spout, canalón de desagüe, tubo de descarga (o de desagüe) *m.*, chorrera *f.*
gutter spout, gárgola *f.*
spray, pulverizador, vaporizador *m.*
spray-nozzle (aut., eng.), canuto inyector *m.*
paint spray, pulverizador de pintura.
to spray, pulverizar, rociar.
sprayer (eng.), pulverizador *m.*
to spread, desplegar, extender.
to spread out, desparramarse.
to spread the coal on the grate (boil.), desparramar el carbón sobre la parrilla.
spring (elastic), muelle, resorte *m.*
spring (hyd.), fuente *f.*, manantial *m.*
spring (season), primavera *f.*
spring-balanced *adj.*, equilibrado por resorte.
spring-board, trampolín *m.*
spring bow (or dividers) (draw.), compás de resorte *m.*
spring catch (mach., techn.), fiador de resorte *m.*
spring-clamp, pinza de resorte *f.*
spring contact, contacto de resorte, contacto elástico *m.*
spring-loaded *adj.*, de resorte.
spring-making machine, máquina de torcer resortes *f.*
spring of a curve (geom.), origen de una curva *m.*
adjusting spring, resorte regulador.
balancing spring, muelle equilibrador, resorte compensador *m.*
bow spring, muelle de arco.
check spring, resorte de reacción.
drawback spring, resorte de llamada.
front spring, resorte delantero.
helical spring, muelle (o resorte) hélico (o helizoide o helicoidal).
hot springs (hyd.), termas, caldas *f.pl.*
laminated spring, muelle de hojas *m.*, ballesta *f.*
mineral spring (fountain), fuente de agua mineral *f.*
plate spring, muelle de hojas.
rear spring, resorte posterior.
semi-elliptic spring, resorte semielíptico.
spiral spring, resorte hélico.
stop spring, resorte de parada.
to spring a leak (naut.), declararse una vía de agua.
volute spring, resorte espiral cónico.
springer (lowest stone of arch), imposta *f.*
to sprinkle, rociar.
sprinkler (fire), extintor automático de incendios *m.*
sprocket-wheel, erizo *m.*
spruce (bot.), abeto rojo *m.*
spur (carp.), arbotante *m.*
spur (for horses), espuela *f.*
spur (geog.), contrafuerte *m.*
spur (of gear), diente *m.*
spur wheel, engranaje recto *m.*
squadron (av.), escuadrilla *f.*
squadron (nav.), escuadra *f.*
square (draw.), escuadra *f.*
square (geom.), cuadrado *m.*
square (in a town), plaza *f.*
square file, lima de 4/4 (o de cuatro cuartos) *f.*
square foot, pie cuadrado, medida de superficie inglesa equivalente a 0,0928 metro cuadrado.
square inch, medida de superficie inglesa, equivale a 6,451367 centímetros cuadrados.
square measure, medida de superficie (o superficial) *f.*
square-rigged ship, buque de cruz.
square root (mat.), raíz cuadrada *f.*
square sets (min.), entibadura cuadricular *f.*
square-thread tap, terraja de filetear cuadrado *f.*
square yard, yarda cuadrada *f.*, medida de superficie inglesa, equivale a 0,83 metro cuadrado.
to square, cuadrar, escuadrear.
to square (mat.), elevar al cuadrado.
to square an ashlar (mas.), escuadrear un sillar.
to square timber, escuadrar madera.
squirrel cage (el.), rotor de jaula de ardilla (o en corto circuito), *m.*
stabiliser (av.), estabilizador *m.*
stability, estabilidad *f.*
stability of a governor (st. eng.), constancia de un regulador.
stable *adj.*, estable, en equilibrio.
stable (horses), establo, pesebre *m.*
stable position, posición de equilibrio *f.*
stack, pila *f.*
stack (ag.), parva *f.*
stack (smoke), chimenea *f.*, fuste de chimenea *m.*
to stack (ag.), emparvar.
to stack wood, apilar madera.
stacking machine, apiladora mecánica *f.*
stacking machine (ag.), emparvadora mecánica *f.*
stadium, estadio *m.*
staff (mil., nav.), estado mayor *m.*, plana mayor *f.*
staff (personnel), personal *m.*
staff (surv.), jalón *m.*
staff-officer, oficial del estado mayor *m.*
levelling staff, mira *f.*
measuring staff, jalón de agrimensor.
offset staff, piquete de agrimensor *m.*
stage (const.), andamio, tablado *m.*
stage (eng.), estado, grado, paso, piso *m.*
stage (storey), plataforma *f.*, tablado *m.*
stage (theatre), escenario *m.*
stage-lights (theatre), batería *f.*
stage of a compressor, paso de compresión *m.*
stage of a pump, grado de aspiración *m.*
stage of amplification (wir.), grado de amplificación *m.*
in stage of construction, en vías de construcción.
in stages (i.e. : staggered), escalonado, de gradería.
stagger (of wings, av.), descalado *m.*
staggered aircraft, aeroplano de alas descaladas *m.*
stagnant, estancado.
stain, mancha *f.*
stain (paint), color *m.*
stainless, sin manchas.
stairs (or staircase), escalera *f.*
circular stairs, escalera cilíndrica.
flight of stairs, tramo de escalera *m.*
overhanging stairs, escalera voladiza.
spiral stairs, escalera de caracol.
stake, estaca *f.*
stalk (bot.), tallo *m.*
stall (cattle), establo *m.*
stall (selling place), puesto *m.*
to stall a machine (av.), volar con velocidad inferior a la del sostén.
stalling speed (av.), velocidad inferior al sostén *f.*
stamp, sello de correo *m.*, estampilla (S.A.) *f.*
stamp (met.), cuña, matriz *f.*, punzón *m.*
stamp-duty, sello fiscal *m.*
stamp-milling (min.), bocardeado *m.*
to stamp, sellar.
to stamp (coin), acuñar.
to stamp (met.), punzonar, estampar.
to stamp (to crush), machacar.

to stamp (to mark), estampar, estampillar, sellar.
to stamp out (met.), matrizar.
stamped (document), estampillado.
stamped (letter), franqueada.
stamped steel-sheet work, obra de hoja de acero embutida *f.*
girder stamped by the Inspector, viga sellada por el Inspector.
stamping (met.), estampado, matrizado *m.*
stamping machine (crusher), bocarte *m.*
stamping machine (forming machine), embutidora *f.*
stamping machine (met.), matrizadora, punzonadora *f.*
stamping-mill (met.), taller de machacar *m.*
stanchion (c.e.), puntal *m.*
stanchion (const.), lanza *f.*, montante *m.*
stanchion (shpbdg.), candelero *m.*
compound stanchion, montante compuesto.
stand (building to view from), tribuna *f.*
stand (for inst.), trípode, pie, caballete *m.*
stand (mach.), pie, sostén, soporte *m.*
stand (place), sitio *m.*, posición *f.*
stand-by *adj.*, de emergencia, de reserva.
stand-by ! (announcement to be on the alert, wir.), esté alerta !, manténgase a la escucha !
stand-by (tel., wir.), posición de escucha *f.*
stand-by lighting, alumbrado de socorro *m.*
stand-by turbine, turbina de reserva *f.*
to stand (be erect), alzarse.
to stand (place), estar situado.
standard (carp.), pie, montante *m.*
standard (meas.), ley, norma *f.*, patrón, tipo *m.*
standard for railways (or anything else), normas para ferrocarriles, etc.
standard formula, fórmula normal (o clásica) *f.*
standard gauge (rly.), vía normal, trocha normal (S.A.) *f.*
standard gold, oro de ley *m.*
standard measure, medida patrón *f.*
standard ohm, ohmio normal *m.*
standard-resistance (el.), resistencia normal *f.*
standard-size, tamaño normal *m.*
standard-type, modelo normal *m.*
standard unit, unidad normal *f.*
standardisation (mach.), unificación, normalización *f.*
standardisation rules, reglas de unificación (o normalización).
stannary, mina de estaño *f.*
stannate, estanato *m.*
stannic *adj.*, estánico.
stannous, estañoso.
staple (hook), grapón, picolete *m.*
staple (text.), hebra *f.*
staple of cotton, hebra de algodón *f.*
star, estrella *f.*
star-connection (el.), acoplamiento en estrella *m.*
star-delta connection, conexión en estrella y triángulo *f.*
star-delta switch (starter), reóstato de arranque estrella y triángulo *m.*
star of the first (second, etc.) magnitude (ast.), estrella de primera (segunda, etc.) importancia.
star-shaped, estrellado.
star-system (el.), sistema en estrella *m.*
star voltage (between phases), tensión entre fases *f.*
starboard, estribor *m.*
starboard-side, lado de estribor *m.*
starch, almidón *m.*
starch-gum, dextrina *f.*
starry, estrellado.
to start (mach.), empezar a funcionar.
to start (to put in motion), arrancar, hacer arrancar, poner en marcha (o en movimiento).
to start (tr.), salir.
to start (to leave), partir, salir.
to start against heavy torque, arrancar en carga fuerte.
to start up in gear, arrancar en toma.
the train starts at 8 sharp, el tren sale a las 8 en punto.
starter, arrancador *m.*
automatic starter, arrancador automático.
direct-to-line starter, arrancador de conexión immediata.
drum starter, arrancador forma tambor.
electric starter, arrancador eléctrico.
kick starter, arrancador a pedal.
liquid starter, arrancador de líquido.
multi-step rotor starter, arrancador de resistencia de varias tomas sobre rotor.
single-phase starter, arrancador monofásico.
star-delta starter, arrancador en estrella y triángulo.
three-phase starter, arrancador trifásico.
starting *n.*, partida, salida *f.*
starting (of mach.), arranque *m.*, puesta en marcha *f.*
starting-box : same as starting rheostat, q.v.
starting characteristics of a salient pole synchronous motor correspond with those of a standard squirrel cage induction motor, the machine finally pulling into step and running in synchronism with the supply, las características de arranque de un motor sincrónico de polos salientes son semejantes a las del motor normal de jaula de ardilla, es decir que al cabo de un instante, automáticamente el motor se sincroniza con la red.
starting cold against all loads, arranque en frío con cualquier carga.
starting-connection, conexión de arranque *m.*
starting-current (el.), corriente al arranque *f.*
starting from cold without preheating, arranque en frío sin calentamiento previo.
starting-gear, mecanismo de arranque *m.*
starting moment, par de arranque *m.*
starting of a boiler, puesta en marcha de una caldera *f.*
starting of an engine, arranque de un motor.
starting position, posición de arranque *f.*
starting resistance (el.), resistencia para el arranque *f.*
starting resistance (tr.), resistencia contra el arranque.
starting signal (rly.), señal de salida *f.*
starting switch, interruptor de arranque *m.*
starting test (el., eng.), ensayo del arranque *m.*
starting-time, duración del arranque *f.*
starting torque, par de arranque *m.*
starting under load, arranque bajo carga.
starting winding (el.), arrollamiento de arranque *m.*
automatic starting, arranque automático.
cold starting, arranque en frío.
state, estado *m.*, condición *f.*
state-room (mar.), camarote de lujo *m.*
to state, manifestar, anunciar.
statesman, estadista *m.*
statesmanship, gobierno, arte de gobernar *m.*
statement, relación *f.*, informe *m.*
statement (com.), estado (de cuentas) *m.*

static, estático.
statics, estática *f.*
station, estación *f.*
station hall (rly.), nave de estación *f.*
station master (rly.), Jefe de estación *m.*
central station (power), central, central de fuerza *f.*
in station (c.e., surv.), en posición.
railway station, estación ferroviaria.
terminal station (rly.), término *m.*, estación terminal *f.*
stationary, estacionario, fijo.
stationary (*adj.* as opposed to dynamic), estacionario, estático.
stationary transformer, transformador estático *m.*
stationer, papelero.
stationery, papelería *f.*
statistics, estadística *f.*
stator, estator *m.*
stator winding, arrollamiento del estator *m.*
statue, estatua *f.*
stave (cask), duela *f.*
stave-bending machine, máquina de arquear duelas *f.*
stave-jointing machine, machihembradora para duelas *f.*
stave-planer, cepilladora de duelas *f.*
stay (at a place), estada, estadía *f.*
stay (eng.), puntal *m.*, riostra *f.*
stay (of mach. tool), luneta *f.*
stay (piece in tension), tirante *m.*
stay (rope, naut.), estay *m.*
stay (support), atirantamiento, puntal *m.*
stay (supporting member in compression), riostra *f.*
stay-pile, pilote de anclaje *m.*
stay-rod, tirante *m.*
stay-tube (boil.), tubo arriostrado *m.*
stay-wire, alambre de atirantado, viento *m.*
to stay, apuntalar, arriostrar, atirantar.
to stay (const., eng., mach.), atirantar.
to stay (min.), ademar, entibar.
to stay (to guy), atirantar con viento.
to stay (to remain in a place), residir.
to stay a pole, apuntalar un poste.
staybolt, cabilla de unión *f.*
steadiness, firmeza, constancia *f.*
steady, fijo, firme, uniforme.
steady (of running), regular, constante.
steady (wind), continuo.
steady flow (air), corriente constante *f.*
steady flow (water), chorro constante *m.*
steady-pin, pasador de sujeción *m.*
steady progress, progreso continuo *m.*
steady-running, marcha uniforme *f.*
to steady (to make firm), afirmar, asegurar, sujetar.
to steady (to regulate motion), calmar, regularizar, suavizar.
steam, vapor *m.*
steam-accumulator, depósito de vapor vivo *m.*
steam-boat : Véase steamship.
steam-boiler, caldera de vapor *f.*
steam-capstan, cabrestante de vapor *m.*
steam-car, coche a vapor *m.*
steam-chest (st. eng.), caja de distribución *f.*
steam-collector (boil.), depósito de vapor *m.*
steam-cone, inyector a vapor *m.*
steam consumption, gasto de vapor *m.*
steam-driven *adj.*, a vapor, de vapor, impulsado por vapor.
steam-dryer (to dry steam), separador del vapor *m.*
steam-dryer (to dry *with* steam), secador a vapor *m.*
steam engine : Véase bajo engine.
steam expansion, dilatación del vapor *f.*
steam formation in boiler, generación del vapor en la caldera *f.*
steam-gauge, manómetro del vapor *m.*
steam heater, calorífero a vapor *m.*
steam-hooter, sirena a vapor *f.*
steam is kept up, se mantiene la presión.
steam-jacket, camisa de vapor *f.*
steam-jet, chorro de vapor *m.*
steam-navigation, navegación a vapor *f.*
steam-packet : Véase steamship.
steam-plant, instalación productora de vapor *f.*
steam-port (st. eng.), lumbrera de admisión *f.*
steam power, fuerza de vapor *f.*
steam power-house, central a vapor *f.*
steam power-plant, central de fuerza a vapor *f.*
steam sand-blower (rly.), arenero a vapor *m.*
steam-supply, suministro de vapor *m.*
steam-supply (in engine), llegada del vapor *f.*
steam-trap, separador del vapor *m.*
steam-trial (eng., naut., etc.), ensayo bajo presión *m.*, prueba de marcha *f.*
steam-turbine, turbina a vapor *f.*
steam turbo-alternator, turboalternador a vapor *m.*
steam-whistle, silbato a vapor *m.*
steam-winch, grúa a vapor *f.*, guinche a vapor (S.A.) *m.*
dissociated steam, vapor disociado.
dry steam, vapor seco.
exhaust steam, vapor de escape.
full steam ahead !, a todo vapor.
high-pressure steam, vapor de alta presión.
live steam, vapor vivo.
low-pressure steam, vapor de baja presión.
saturated steam, vapor saturado.
superheated steam, vapor recalentado.
the steam is up, hay presión.
to steam (said of a ship's speed), hacer, navegar a, correr a.
to steam (text. drying), tratar al vapor, deslustrar, vaporizar.
to steam away (naut.), alejarse.
to steam 25 knots per hour, navegar a 25 nudos por hora.
waste steam, vapor de escape.
wet steam, vapor húmedo.
steamer, vapor, buque a vapor *m.*
armed steamer, vapor armado en guerra.
steaming machine, máquina de secar al vapor *f.*
steamship, vapor, buque a vapor *m.*
stearine, estearina *f.*
steel *adj.* (in compound words), de acero, acerado.
steel *n.*, acero *m.*
steel-armoured, acorazado de acero.
steel casting, pieza de acero fundido *f.*
steel ingot, lingote de acero, acero en lingotes *m.*
steel-plate, chapa de acero *f.*
steel roof framing (const.), techado de acero *m.*
steel troughing, artesonado de acero *m.*
steel-works, acería, fábrica de acero *f.*
acid steel, acero Bessemer ácido.
alloy steel, acero de aleación.
basic steel, acero básico.
Bessemer steel, acero ácido, acero Bessemer.
blister steel, acero de cementación.
boron steel, acero al boro.
bright steel, acero pulido.
carbon steel, acero carbonatado.

casehardening steel, acero al temple superficial.
cast steel, acero colado.
charcoal steel, acero al carbón de leña, acero finísimo.
cold-drawn steel, acero estirado en frío.
crucible steel, acero de crisol.
diamond steel, acero extra duro.
drawn steel, acero estirado.
electric steel, acero de horno eléctrico.
hardened steel, acero templado.
high-speed steel, acero para trabajos rápidos.
high-tensile steel, acero de gran elasticidad.
ingot steel, acero fundido.
magnet steel, acero de alta retentividad.
manganese steel, acero al manganeso.
Martin steel, acero Martín.
mild steel, acero dulce, hierro fundido *m.*
open-hearth steel, acero Siemens-Martín.
perished steel, acero agrio.
puddled steel, acero pudelado.
refined steel, acero afinado.
rolled steel, acero laminado.
shear steel, acero soldado.
sheet steel, chapa de acero *f.*, palastro de acero *m.*
Siemens Martin steel, acero Siemens-Martín, acero de la solera abierta.
silicon steel, acero al silicio.
silver steel, acero abrillantado.
soft steel, hierro homogéneo *m.*
spring steel, acero para resortes.
stainless steel, acero inoxidable.
Thomas steel, acero Thomas.
to steel (to harden), cementar, templar de superficie.
to steel (to recover with steel), acerar.
tool steel, acero para herramientas.
tungsten steel, acero al tungsteno.
valve steel, acero para válvulas.
vanadium steel, acero vanádico.
welded steel, acero soldado.
wrought steel, acero batido.

steelwork (const.), armazón de acero *f.*
steelyard, romana *f.*
steep (precipitous), a pique, despeñadizo, escarpado.
steep mountain, montaña a pique *f.*
to steep, macerar, mojar.
steeped, macerado.
to steepen, empinar, empinarse, acentuarse.
the gradient steepens, la pendiente se acentúa (o se empina).
steeper *n.*, macerador *m.*
steeping, maceración *f.*
steeple, campanario *m.*
steepness, escarpa *f.*
steepy (precipitous), empinado.
steer (zool.), novillo *m.*
to steer (naut.), gobernar.
steerage (lower rates place in ship), proa, tercera *f.*
steerage (steering-place), timonería *f.*
steerage passenger, pasajero de proa *m.*
to travel steerage, viajar de tercera.
steering column (aut.), columna del volante *f.*
steering-engine (mar.), servo motor del timón *m.*
steering-gear (mar.), aparato de gobierno *m.*
steering mechanism, mecanismo de dirección *m.*
steering-quadrant (mar.), sector del timón *m.*
steering-wheel (aut.), volante de dirección *m.*
steering-wheel (naut.), rueda del timón *f.*
steersman, timonel *m.*
stellar distribution (ast.), posición estelar *f.*
stellar magnitude, magnitud estelar *f.*
stem (fore piece of ship), roda *f.*
stem (ship's), proa *f.*
step, grado, paso *m.*
step (of vehicle), estribo *m.*
step (stairs), escalón, peldaño *m.*
step by step, paso a paso.
step-up and step-down transformers : see transformer.
in step (el. when synchronised), en acuerdo de fases, sincronizados.
out of step (el., out of synchronism), desfaseado, fuera de fase, desincronizados.
to step, andar, adelantar.
to step a mast (naut.), plantar un mástil.
to step down (el.), rebajar.
to step down by transformer, reducir la tensión por medio de transformador.
to step up (el.), alzar, elevar.
to step up from 500 to 30,000 V. (el.), elevar la tensión de 500 a 30.000 V.
stepped, escalonado.
steps (ladder), escalera de mano *f.*
stere (meas. for wood = 35.31 English cubic feet), estéreo *m.*
stereographic, estereográfico.
stereography, estereografía *f.*
stereometry, estereometría *f.*
stereotype, estereótipo *m.*
sterile, estéril.
sterling *adj.*, aquilatado, de buena ley.
stern (naut.), popa *f.*
stern-port (naut.), porta a popa *f.*
stern-post, codaste *m.*
sternmost, más a popa.
stevedore, estibador *m.*
steward (ship's), despensero *m.*
to stick (with glue), pegar.
to stick (with pin or clip), juntar, sujetar.
sticky (gluey), pegajoso.
stiff, firme, tieso, rígido.
to stiffen (to consolidate), atesar, consolidar, reforzar.
to stiffen (to grow hard), endurecer.
stiffener *adj.*, reforzante.
stiffening (const., eng.), consolidación *f.*, reforzamiento *m.*
stiffening-angle, cantonera de refuerzo *f.*
stiffness, rigidez *f.*
still *adj.*, tranquilo.
still *n.*, alambique *m.*
still water, agua tranquila *f.*
essential oil still, alambique para esencias.
vacuum still, alambique al vacío.
to stir, remover.
stirrup, estribo *m.*
stock, mango *m.*, manija *f.*, tronco *m.*
stock (com.), acopio *m.*, existencia, provisión *f.*
stock (fin.), fondos, valores *m.pl.*
stock (of an anchor, naut.), cepo *m.*
stock-exchange, bolsa de valores *f.*
stock-jobber (fin.), agiotista *m.*
stock-taking (com.), inventario *m.*
stock-yard, depósito de materiales, corralón de materiales (S.A.) *m.*
die stock (techn.), terraja de manija *f.*
in stock (com.), en existencia.
large stocks always at hand (warehouse), grandes existencias siempre disponibles.
to stock (to keep goods in stock), almacenar, acopiar.
stockbroker, corredor de bolsa *m.*
stockholder, accionista *m.*

to stoke (eng.), atizar, cargar.
to stoke automatically (boil.), cargar automáticamente.
to stoke by hand, cargar a mano.
stokehold, cámara de máquinas *f.*
stoke-hole (or stoke-room) (mar.), cámara de los fuegos *f.*
stoker (mach.), cargador *m.*
stoker (workman), fogonero *m.*
automatic stoker, cargador automático.
chain-grate stoker, cargador de cadena sin fin, emparrillado de cadena sin fin *m.*, parrilla continua *f.*
mechanical stoker, cargador mecánico.
sprinkler stoker (liq. fuel), rociador, cargador de rocío *m.*
underfeed stoker, cargador por debajo.
stoking (boil.), alimentación, carga *f.*
stone, piedra *f.*
stone-bedding, asiento de piedra *m.*
stone-breaker, triturador de piedras *m.*
stone-cutter, cantero, picapedrero *m.*
stone-filling, relleno de piedras *m.*
stone floor, piso de piedra *m.*
stone-mason, picapedrero, cantero *m.*
stone pillar, pilastre de piedra *m.*
stone pit, cantera de piedra *f.*
burnt stone, ladrillo *m.*
coping stone (arch.), caperuza *f.*
curb stone, paramento *m.*
facing stone, piedra de alisar.
foundation stone (const.), piedra fundamental.
hewn stone, piedra labrada.
lode stone (mag.), imán natural *m.*
oil stone, piedra de asentar (o de endulzar), asentadera *f.*
quarry stone, morrillo, sillar *m.*
stoneware, grés *m.*, loza *f.*
stool, taburete *m.*
stool (const.), ménsula *f.*
stop, parada *f.*
stop (mach., techn.), tope *m.*
stop (tr.), vía cerrada *f.*, alto !
stop-collar, corona de retén *f.*
stop-lever, palanca de parada *f.*
stop-light (aut.), farol de parada *m.*
stop-motion (mec.), desembrague *m.*
stop-signal (rly.), señal de parada *f.*
stop-watch, cronómetro *m.*
to stop, detener, parar.
to stop a leak (naut.), cegar una vía de agua.
to stop a train, detener a un tren.
to stop up (to close), cegar, cerrar, tapar.
stope (min.), derribo en escalones, laboreo de gradería (o escalonado) *m.*
stoppage, parada, interrupción *f.*
stopper, tapón *m.*
stopper (mar.), boza *f.*
to stopper, tapar.
to stopper (mar.), abozar.
stopping-lever, palanca de parada *f.*
stopping-place (tr.), punto de parada *m.*
storage, acopio, almacenaje *m.*
storage of electricity, acumulación de electricidad *f.*
storage of water, acopio de agua.
store, depósito *m.*
to store, acopiar, almacenar.
to store (el.), acumular.
stores, (grandes) almacenes *m.pl.*
storm, borrasca, tempestad, tormenta *f.*
stormy, borrascoso, tempestuoso, tormentoso.
story (floor), piso.

stove, estufa *f.*
anthracite stove, estufa hermética (para antracita) *f.*
drying stove, estufa para secar.
enamelling stove, hornillo de charolar *m.*
kitchen stove, horno de cocina *m.*
spirit stove, estufa al alcohol.
to stow (cargo), estibar.
straight, recto.
straight angle, ángulo recto *m.*
straight edge (draw.), regla *f.*
straight fluted drill, broca de aristas paralelas *f.*
straight line transmission, transmisión rectilínea *f.*
straight spanner, llave recta *f.*
straight turning (on lathes), cilindrado *m.*
to straighten, enderezar.
straightening, enderezamiento *m.*
strain (exertion), deformación pasagera, fatiga *f.*, esfuerzo *m.*
strain (force), esfuerzo *m.*, tensión *f.*
strain energy (mec.), trabajo de deformación *m.*
to strain (to force), esforzar, forzar.
to strain (to make tense), tender.
to strain (to purify), colar, filtrar.
strainer (filter), colador, filtro *m.*
strainer (to make tense as a wire), tensor *m.*
strait (or straits) (geog.), estrecho *m.*
strand, cordón *m.*
strand (geog.), costa, ribera *f.*
to strand (naut.), encallar.
to strand (text.), retorcer.
stranded wire, alambre retorcido *m.*
strap, correa *f.*
stratified, estratificado.
stratigraphy, estratigrafía *f.*
stratum, estrato *m.*, capa subterrenal *f.*, lecho *m.*, tonga *f.*
straw, paja *f.*
strawberry, fresa, frutilla (S.A.) *f.*
stray *adj.* (deviated), disperso, desviado, vagabundo.
stray field (el.), líneas de fuerzas dispersas *f.pl.*
stray flux (mag.), flujo disperso *m.*
stream (hyd.), corriente *f.*
stream (rivulet), arroyo *m.*
stream-cable, cable de halar *m.*
stream-tin (min.), estaño aluvial *m.*
to stream (to flow), brotar, manar.
streamer (mar.), gallardete *m.*
streamlet, arroyuelo *m.*
streamline (aer.), hilero de aire *m.*
streamline (eng., hyd.), vena fluída *f.*
streamline strut (av.), montante fusiforme *m.*
streamlined *adj.*, fuselado, fusiforme, aerodinámico.
streamlined body, cuerpo fuselado *m.*
streamlined wing (av.), ala de perfil fuselado *f.*
street, calle *f.*
street-sprinkler, regadora de calles *f.*
street-sweeper (mach.), barrendera mecánica *f.*, carro-barredor *m.*
street surface-box, pozo de inspección *m.*
strength, fuerza *f.*
strength of materials, resistencia de materiales *f.*
to strengthen, fortificar, reforzar.
strengthening, refuerzo *m.*
stress, esfuerzo *m.*
stress (mec.), carga, fatiga *f.*, tensión *f.*
stretch-modulus (mec.), módulo de elasticidad *m.*
to stretch, alargar, desplegar, estirar.
to stretch a sail (naut.), forzar las velas.
to stretch metal, estirar metal.
to stretch the wings (av.), desplegar las alas.

stretcher *adj.*, alargador, estirador.
stretcher (const.), perpiaño *m.*
stretcher (hand-barrow), camilla *f.*
stretcher (tie, const.), tirante *m.*
strike (line of, min.), arrumbamiento *m.*
strike (stoppage of work), huelga *f.*
strike valley (geol.), valle paralelo al curso *m.*
to strike (to cease work), declararse en huelga.
to strike (to hit), golpear.
to strike (to lower, naut.), arriar.
to strike an arc (el.), inducir un arco.
to strike oil, encontrar petróleo.
striker (found.), martillo de quebrantar *m.*
striker (workman stopped), huelguista *m.*
string (of bridge), cable *m.*
string (or stringer) (of stairs), zanca *f.*
string (to tie with), bramante *m.*, piola (S.A.) *f.*
stringer (c.e.), larguero *m.*, viga longa *f.*
stringer (geol.), filete *m.*, venula *f.*, cordón *m.*
stringer (longitudinal bearer in bridge), viga de lado (de afuera) *f.*
strip, tira *f.*, fleje *m.*
copper strip, fleje de cobre *m.*, cobre en cinta *m.*
to strip, desnudar, desollar.
to strip (met.), desamoldar, desmoldar, deslingotar.
to strip off the insulation (el.), desollar la capa aislante.
to strip the engine (aut., av.), desmontar el motor.
to strip the ingot (met.), desamoldar, deslingotar.
stripe, banda, raya *f.*
stripper (found.), tenallas, deslingotera *f.*
stroboscope, estroboscopio *m.*
stroboscopic, estroboscópico.
stroboscopic method, método estroboscópico *m.*
stroke (mach.), recorrido *m.*
stroke (of piston), carrera *f.*, tiempo *m.*
stroke-bore ratio, razón del diámetro interno a la carrera *f.*
stroke of a machine-tool, recorrido de una máquina herramienta *m.*
down stroke (vertical engine), carrera descendente.
idle stroke (eng.), carrera pasiva.
idle stroke (of mach. tools), regreso, retorno (sin trabajar) *m.*
quick-return stroke (mach.), retroceso rápido *m.*
scavenging stroke (Diesel eng.), carrera del soplón.
working stroke (eng.), carrera motriz.
working stroke (mach.), recorrido útil (o de trabajo) *m.*
strong, fuerte.
strongly, fuertemente, enérgicamente.
strontia, estronciana *f.*
strontium (chem.), estroncio *m.*
structural *adj.*, construccional.
structural alterations, refacciones construccionales *f.pl.*
structural-iron, hierro para edificar *m.*
structural steelwork, obraje de acero de construcción *m.*
structure (const.), construcción *f.*, edificio *m.*
structure (of matter or stuff), constitución, estructura *f.*
strut jabalcón *m.*, riostra, tornapunta *f.*
to strut, apuntalar, arriostrar.
strutting *n.*, jabalconado, apuntalado *m.*
strychnine, estricnina *f.*
stucco, escayola *f.*, estuco *m.*
stud (mach.), botón *m.*
student, estudiante *m.*
study, estudio *m.*
to study, estudiar.
stuff, materia *f.*
stuff (text.), tela *f.*
stuffing (eng.), estopa *f.*
stuffing-box, caja de empaquetadura *f.*
stunt (av.), acrobacia, prueba *f.*
style, estilo *m.*
sub-committee, subcomité *m.*
sub-contractor, subcontratista *m.*
sub-lease, subarriendo *m.*
sub-leasee, subarrendatario *m.*
to sub-let, subarrendar.
subaerial (geol.), epigeno, subaéreo.
subaerial erosion, erosión subaérea *f.*
subaltern (mil., nav.), suboficial.
subaqueous, subacuático.
to subcontract, subarrendar el contrato.
to subdivide, subdividir.
subglacial, subglaciario.
subject (object), objeto *m.*
subject (of a country), súbdito *m.*
subject (theme), tema, sujeto *m.*
subject being unsold, salvo venta previa.
subject to market quotations, según fluctuaciones del mercado.
sublieutenant, subteniente *m.*
sublimate, sublimado *m.*
to sublime (chem.), sublimar.
submarine *adj. & n.*, submarino *m.*
submarine-chaser (nav.), cazador de submarinos, destructor de submarinos *m.*
submarine-mine (nav.), mina submarina *f.*
to submerge (or to submerse), sumergir.
to submerge (nav.), zambullir.
submerged (submarine), sumergido, zambullido.
submersible, sumergible.
submersion, sumersión *f.*
to submit, someter.
subscriber, abonado, suscriptor *m.*
to subside, bajar, desplomarse, hundirse.
subsidence (of the earth), hundimiento *m.*
subsidiary, subsidiario, afiliado.
subsidiary company, compañía afiliada *f.*
subsidy, subsidio *m.*
substance, substancia, sustancia *f.*
substation (el.), subcentral *m.*
lighting substation, subcentral de luz eléctrica.
power substation, subcentral de energía.
radio substation, subcentral para T.S.H.
telephone substation, subcentral telefónica.
traction substation, subcentral para tracción.
subsoil, subsuelo *m.*
substitute, substituto, sustituto *m.*
to substitute, substituir, sustituir.
substratum (geol.), subsuelo *m.*
subtangent, subtangente *f.*
subterranean, subterráneo.
to subtract, substraer, sustraer.
to subtract (mat.), restar.
subtraction, substracción, sustracción *f.*
subtraction (mat.), resta *f.*
suburb, arrabal, suburbio *m.*
subway, pasaje subterráneo *m.*
to succeed (to follow), suceder.
to succeed (to obtain desired end), tener éxito.
success, éxito *m.*
successful, con éxito, afortunado.
succession, sucesión *f.*
successor, sucesor *m.*
to suck, aspirar, extraer aspirando.

sucre: Unidad monetaria de Ecuador (vale 100 centavos).
suction, aspiración, succión *f.*
suction-chamber (of pump), cámara de aspiración *f.*
suction stroke, carrera de aspiración *f.*
suction-valve, válvula de aspiración *f.*
to sue (law), demandar, entablar demanda.
suet, sebo en rama *m.*
to suffice, bastar.
sufficient, bastante, suficiente.
sugar, azúcar *m.* & *f.*
sugar-candy, azúcar cande.
sugar cane, caña de azúcar, caña dulce *f.*
sugar defecator, defecador, tacho al vacío *m.*
sugar-industry, industria azucarera *f.*
sugar machinery, maquinaria azucarera *f.*
sugar-melter, paila de derretir *f.*
sugar-melting, derretido del azúcar *m.*
sugar-mill (mach.), trapiche *m.*
sugar of lead: Véase lead acetate.
sugar-pan, hervidor de azúcar *m.*
sugar-plant (the machines and fixtures), batey *m.*
sugar-plantation, ingenio *m.*
sugar-refiner, refinador de azúcar *m.*
sugar-refining machinery, maquinaria de refinar azúcar *f.*
sugar-tester, glucómetro *m.*
beet sugar, azúcar de remolacha.
cane sugar, azúcar de caña.
centrifugal sugar-machine, centrifugadora de azúcar *f.*
refined sugar, azúcar de lustre.
to sugar, azucarar, endulzar, edulcorar.
suitability (suitableness), conveniencia *f.*
suitable, conveniente, apto a, cómodo, apropiado.
suitable (of a person), apto, idóneo.
suitable location of the works, ubicación conveniente de los talleres *f.*
sulphatation, sulfatación *f.*, sulfatado *m.*
sulphate, sulfato *m.*
sulphate of ammonium, sulfato amónico.
sulphate of barium, sulfato de bario.
sulphate of lime, sulfato de cal.
sulphate of magnesium, sulfato magnésico *m.*, sal de Epsom *f.*
sulphate of sodium, sulfato de sodio *m.*, sal de Glauber *f.*
to sulphate, sulfatar.
sulphatic, sulfático.
sulphide horizon (min.), horizonte del súlfito *m.*
sulphite, súlfido *m.*
sulphonal, sulfonal *m.*
sulphur, azufre *m.*
sulphur chloride, sulfocloruro *m.*
sulphur-pit, mina de azufre *f.*
bar sulphur, azufre en barras.
native sulphur, azufre vivo.
sublimed sulphur, sublimato de azufre *m.*
to sulphurate, azufrar.
sulphuration, azuframiento *m.*
sulphuret, sulfuro *m.*
sulphuric, sulfúrico.
sulphurous, sulfúreo, sulfuroso.
to sum, sumar.
summary, resumen, sumario *m.*
summation (mat.), suma integral *f.*
summation (total), suma *f.*
summer, estío, verano *m.*
summery, veraniego.
summit, ápice *m.*, cima, cumbre *f.*
summit of the line (rly.), cumbre de la línea *f.*
to summon (law), citar.
summons (law), citación, demanda *f.*
sump (aut., eng.), vaso colector de aceite *m.*
sump (const.), pozo de desagüe *m.*
sump (min.), caldera *f.*
sun, sol *m.*
to sun, asolear.
sundown, puesta (del sol) *f.*
sunless, sin sol.
sunlight, luz del sol *f.*
sunny, asoleado.
sunrise, salida (del sol) *f.*
sunset, puesta (del sol) *f.*
sunshine, resplandor del sol *m.*
to supercharge (eng.), sobrealimentar.
supercharger (aut., av., eng.), compresor *m.*
to superelevate, peraltar.
superelevation of outer rail (rly.), peraltado del riel exterior *m.*
superheat, recalentamiento *m.*
superheat of 100° F., recalentamiento de 38° C.
to superheat, recalentar.
superheated *adj.*, recalentado.
superheated steam at 350 lbs. per sq. in., vapor recalentado a la presión de 24 kilos por centímetro cuadrado.
superheater, recalentador *m.*
superheater designed to raise the temperature of the steam to 716° F., recalentador calculado para elevar la temperatura del vapor a 380° C.
superheater element (boil.), tubo de recalentador *m.*
superheterodyne, superheterodina *f.*
superheterodyne receiver, radiorreceptor superheterodino *m.*
to superintend, dirigir.
superintendent, superintendente *m.*
superphosphate, superfosfato *m.*
superstratum (geol.), estrato superior *m.*
superstructure (const.), construcción sobre tierra *f.*
superstructure (of bridge), tablero de puente *m.*
to supervise, vigilar.
supervision, dirección *f.*, control *m.*, fiscalización (S.A.), inspección *f.*
supervisor, sobrestante, inspector *m.*
supple, flexible.
supplement, suplemento *m.*
to supplement, suplementar.
suppleness, flexibilidad *f.*
supply, abastecimiento, suministro *m.*
supply-ship (nav.), buque proveedor *m.*
to supply, abastecer, suminstrar.
electricity supply, suministro de electricidad *m.*
support, apoyo, soporte, sostén *m.*
to support, apoyar, sostener, soportar.
surcharge (extra fee), recargo *m.*
surd, irracional.
surd number (mat.), número irracional *m.*
sure, seguro.
surf, resaca *f.*
surface, superficie *f.*
surface (as such), cara, faz *f.*
surface (meas.), área, superficie *f.*
surface-craft (nav.), navíos de superficie *m.pl.*
grate surface (boil.), superficie de emparrillado.
ground surface (machined), faz (o cara) alisada.
inner surface, superficie interna.
lifting surface (av.), superficie de sustentación *f.*
outer surface, superficie exterior.
surge (el.), sobretensión *f.*
surge (sea), marejada *f.*
surge-tank (hyd.), columna de oscilaciones hidráulicas *f.*

surgeon, cirujano *m.*
surgery, consultorio médico *m.*
surging (el.), sobretensión *f.*
surging test (el.), ensayo bajo sobretensión *m.*
surname, apellido *m.*
surplus, exceso *m.*
to surround, rodear.
survey (coast), hidrografía *f.*, plano hidrográfico *m.*
survey (geol.), examen *m.*
survey (meas.), medición *f.*
survey (surv.), apeo, deslinde *m.*
to survey (a site or building), inspeccionar.
to survey (ship's), arquear.
to survey (surv.), deslindar, medir.
to survey (to draw a plan), levantar (el) plano.
to survey (to examine), examinar, inspeccionar.
to survey (value), avaluar.
to survey a coast (mar.), hidrografiar una costa.
to survey aerially, deslindar desde el aire.
surveying (meas.), agrimensura *f.*, apeo *m.*
land surveying, agrimensura *f.*, deslinde, levantamiento de plano *m.*
surveyor (land), agrimensor, geómetra *m.*
surveyor's table, plancheta *f.*
nautical surveyor (coast), hidrógrafo.
nautical surveyor (ship's), arqueador *m.*
to suspend, suspender.
suspension, suspensión *f.*
suspension device, aparato de suspensión *m.*
bifilar suspension, suspensión de hilo doble.
cardan suspension, suspensión sistema Cardán.
point of suspension, punto de suspensión *m.*
wire suspension, suspensión de alambre.
sustained *adj.*, persistente, subsistente.
sustained overload, sobrecarga persistente *f.*
to swag, ceder.
to swage (met.), estampar, recalcar.
swaging machine, máquina de estampar (o de recalcar) *f.*
swamp, pantano *m.*
swampy, pantanoso.
sweep of a river, recodo de un río *m.*
to sweep, barrer.
to sweep (a chimney), deshollinar.
sweepback (of aeroplane wings), escalonado hacia atrás.
sweeper (mach.), barrendera mecánica *f.*
sweeper (man), barrendero *m.*
sweet, dulce.
swell (mar.), oleaje *m.*
to swell, hincharse.
S.W.G., abreviación de standard wire gauge, q.v.
swift, rápido, veloz.
swiftness, rapidez, velocidad *f.*
swiftness of current (hyd.), correntada *f.*
to swim, nadar.
to swim (to float), flotar.
swimming, natación *f.*
to swing, balancear, oscilar.
to swing (change position, naut.), evitar.
swinging *adj.*, oscilante, vibrante.
swinging *n.*, balanceo *m.*, oscilación *f.*
swinging (naut.), evitado *m.*
swirl, remolino *m.*
switch (el.), interruptor *m.*
switch (rly.), agujas *f.pl.*, desvío *m.*
switch-lever (el.), brazo de interruptor *m.*
switch-lever (rly.), palanca de maniobra *f.*
switch-lever with counterweight (rly.), palanca de maniobra de contrapeso.
switch off the ignition when leaving the engine unattended !, corte el encendido al dejar el motor solo !
switch off the light on leaving the room !, apague la luz al salir del cuarto !
switch-point (rly.), aguja *f.*
switch room, cuarto de interruptores *m.*
aerial switch (wir.), interruptor de antena.
anti-capacity switch (wir.), interruptor antifarádico.
battery switch (el.), interruptor de batería.
bipolar switch, interruptor bipolar.
change-over switch, conmutador *m.*
disconnecting switch, cortacircuito *m.*
double switch, interruptor de dos direcciones.
double switch (rly.), desvío doble.
double-pole switch, interruptor bipolar.
double-pole double-throw switch, conmutador bipolar.
double-throw switch, conmutador *m.*
earth switch, conmutador de puesta a tierra.
field-discharge switch, interruptor compensador de la excitación.
flush switch, interruptor a ras de pared.
hand switch, interruptor a mano.
high-tension switch, interruptor de alta tensión.
knife switch, interruptor de cuchilla.
left-hand switch (rly.), desvío a izquierda *m*
link switch, interruptor de varillas.
liquid-break switch, interruptor en líquido.
main switch, interruptor principal.
mercury switch, interruptor en mercurio.
oil switch, interruptor en aceite.
outlying switch (rly.), desvío independiente.
pear switch, interruptor de perilla, interruptor colgante piriforme.
pole-changing switch, conmutador del número de polos.
push-button switch, interruptor de botón.
remote-control switch, interruptor de efecto alejado, teleinterruptor *m.*
reversing switch, inversor *m.*
right-hand switch (rly.), desvío hacia la derecha.
single-pole switch, interruptor unipolar.
snap switch, interruptor de resorte.
spring-point switch (rly.), desvío con agujas de resorte.
starting switch, conmutador de arranque *m.*
three-phase switch, interruptor trifásico.
three-way switch, conmutador de tres direcciones.
time-limit switch, interruptor de acción retardada.
to switch (el.), conmutar.
to switch into circuit, intercalar en el circuito.
to switch off (the current), cortar, interrumpir, desconectar.
to switch off (the light), apagar.
to switch on (el.), conectar.
to switch on the branch line (rly.), desviar.
to switch on the light, encender la luz.
to switch on the straight (rly.), hacer pasar sobre la vía recta.
toggle switch, interruptor de ruptura brusca.
tramway switch (permanent way), desvío para tranvías.
triple-pole switch, interruptor tripolar.
two-way switch, conmutador de dos direcciones.
wave-changing switch, conmutador de ondas.
switchback (rly.), pendiente de vaivén *f.*
switchboard, cuadro de distribución, cuadro de control *m.*
switchboard attendant, encargado del cuadro de distribución *m.*

switchboard panel, tablero de distribución *m.*
double-polarity switchboard, cuadro de distribución de polaridad doble.
dynamo switchboard, cuadro de control de dínamos.
feeder switchboard, cuadro de alimentación.
high-tension switchboard, cuadro de alta tensión.
lighting switchboard, cuadro del alumbrado.
low-tension switchboard, cuadro de baja tensión.
marine switchboard, cuadro de distribución para marina.
power-plant switchboard, cuadro de distribución de central.
single-polarity switchboard, cuadro de distribución de polaridad única.
substation switchboard, cuadro de distribución de subcentral.
telephone switchboard, cuadro de control telefónico.
traction switchboard, cuadro de distribución para tracción.
switchgear, aparejos de conexión *m.pl.*
switchgear lay-out, disposición de los aparejos de control *f.*
metal-clad switchgear, aparejos de conexión blindados.
switching (act of switching, el.), acoplado, conectado *m.*, conexión *f.*
switching (ap.), aparejos (de electricidad) *m.pl.*
swivel torniquete *m.*
swivelling arm, brazo giratorio *m.*
sword, espada *f.*
sycamore (bot.), sicomoro *m.*
syllable, sílaba *f.*
symbol, símbolo *m.*
symbolic, simbólico.
symmetrical, simétrico.
symmetry, simetría *f.*
symphitic (geol.), sinfítico.
to synchronise, sincronizar.
synchronism, sincronismo *m.*
synchronoscope, sincronoscopio *m.*
synchronous (or synchronal), sincrónico.
synchronous speed, velocidad sincrónica *f.*
synchronously, sincrónicamente.
synclinal *adj*, sinclínico.
synclinal fold (geol.), pliegue sinclínico *m.*
syndicate, sindicato *m.*
synopsis, compendio *m.*
synthesis, síntesis *f.*
synthetic (or synthetical), sintético.
syntonic (el.), sintónico.
syntony (el.), sintonía, resonancia *f.*
syphon, sifón *m.*
syringe, jeringa *f.*
syrup, jarabe *m.*
system, sistema, método *m.*
railway system, sistema ferroviario.
systematical, sistemático.
systematically, sistemáticamente.

T

T-hinge, bisagra en T *f.*
T-iron, hierro T, perfil en T *m.*
T-square (draw.), doble escuadra *f.*, T *m.*
T-union (of tubes), enchufe en T, empalme T *m.*
table (furniture), mesa *f.*
table (of machinery or the like), mesa, plataforma *f.*, plato, plano *m.*
table (of numbers or results), tabla *f.*
tabloid (chem.), pastilla *f.*
tabular, tabular.
tabular (geol.), tabulario.
tabular (shape), en forma de tabla, tabulario.
to tabulate, poner en tablas.
tabulation, tableado *m.*
tacheometer, taqueómetro *m.*
direct-reading tacheometer, taqueómetro de lectura directa.
tachograph, registrador de vueltas, taquígrafo *m.*
tachometer (or tachymeter), taquímetro *m.*
tackle, aparejo, polipasto *m.*
tackle (naut.), maniobra *f.*
gin tackle, motón de poleas, poleame *m.*
lifting tackle, aparejo de izar *m.*
tackling (naut.), cordaje *m.*
tacknote (min.), licencia de cateo *f.*
tail, cola, extremidad *f.*
tail-block (naut.), motón de rabiza *m.*
tail-dive (av.), caída por la cola *f.*, resbalón de rabera *m.*
tail-drain (c.e.), canal colector *m.*
tail-gate (hyd.), compuerta de descarga *f.*
tail-heaviness (av.), pesadez de la cola *f.*
tail heavy *adj.*, pesante por la cola.
tail-light (rly.), farol de cola *m.*
tail-pipe (of condenser), caño de evacuación *m.*
tail-race (hyd.), socaz *m.*, canal de evacuación *m.*
tail-rod (eng., loco.), contravástago *m.*
tail-rod casing, cilindro del contravástago *m.*
tail-skid (av.), patín de cola *m.*
tail water (hyd.), aguas de descarga *f.pl.*
tailings (min.), materia sin mineral, ganga estéril *f.*
tailplane (av.), estabilizador de cola *m.*
take-off (av.), despegue *m.*
take-off run (av.), recorrido de despegue *m.*
take-off speed (av.), velocidad de despegue *f.*
to take, asir, tomar, agarrar (S.A.).
to take a card (graph), trazar un diagrama.
to take a section (draw.), mostrar en corte.
to take aboard, embarcar.
to take aim, apuntar.
to take an interest in, interesarse en.
to take effect, producir efecto.
to take fire, inflamarse.
to take in the sails (naut.), apretar las velas.
to take in water (naut., rly.), tomar agua.
to take more people, aumentar la mano de obra.
to take off (av.), despegar.
to take out a patent, patentar.
to take out of the oven, desenhornar, deshornar.
to take shelter, ponerse al abrigo, refugiarse.
to take stock (com.), inventariar.
to take the reading (of meters), relevar el consumo.

to take the thrust (mec.), soportar el empuje.
to take to pieces, desarmar.
to take up, levantar, recoger.
to take up the bearing (eng.), compensar el juego de un cojinete.
to take up the play (mec.), compensar el juego.
takings (com.), ingresos *m.pl.*
talc, talco *m.*
to talk, hablar.
talking pictures, cinema hablado *m.*
tallow, sebo *m.*
to tally, apuntar.
to tally with, adaptarse, corresponder.
tallyman, puntero *m.*
talus (geol.), cono de desmoronamiento *m.*
to tamp, atascar.
tamping, atascadura *f.*
tamping-iron (min.), atascadera *f.*
tan (bark), casca *f.*
tan (colour), tostado.
tan-pit, curtidera *f.*
tan-yard, tenería *f.*
to tan, curtir.
to tan (colour), tostar.
tandem, tándem *m.*
tangent, tangente *f.*
tangential, tangencial.
tangential force, fuerza tangencial *f.*
tangential wheel (hyd.), turbina tangencial, rueda Pelton *f.*
tank, depósito, estanque, tanque (S.A.) *m.*
tank (mil.), carro blindado, tanque de guerra *m.*
tank-engine : see locomotive, tank.
feed tank (boil.), estanque de alimentación, tanque de agua (S.A.) *m.*
gravity-feed tank, estanque alimentador por peso propio.
pressure tank (compressed air), depósito de aire comprimido *m.*
water tank, cisterna *f.*
tanker (naut.), buque petrolero *m.*
tanner, curtidor *m.*
tannin extract, extracto tánico, tanino *m.*
tanning (leather), *n.*, curtidura *f.*
tantalum, tantalio *m.*
tap (techn.), macho de roscar *m.*, terraja *f.*
tap (to draw liq.), canilla, espita *f.*
tap (to stop liq.), espiche *m.*
to tap (external threads), terrajar.
to tap (in order to draw liq.), espitar.
to tap (internal threads), roscar.
to tap off (el.), derivar, tomar una derivación.
to tap off (found.), sangrar, hacer correr.
tape, cinta *f.*
tape measure, cinta de medir *f.*
adhesive tape, cinta adhesiva.
asbestos tape, cinta de amianto.
insulating tape, cinta aislante.
mica tape, cinta de mica.
paper tape, cinta de papel.
rubber tape, cinta de caucho.
steel tape (meas.), cinta métrica de acero.
tarred tape, cinta alquitranada.
to tape, cubrir con cinta, aislar con cinta.
varnish-treated tape, cinta impregnada de barniz.
taper, *adj.*, cónico.
taper-bore, escariador cónico *m.*
taper-bored (*adj.*), escariado cónico.
taper turning and chasing tool, herramienta de roscar y filetear.
to taper, afilar, terminar en cono.

tapered, cónico, coniforme.
tapered cab.e (min.), cabo de sección mermante *m.*
tapered-end, extremidad cónica *f.*
tapestry, tapicería *f.*
taping, recubrimiento con cinta *m.*
taping machine, máquina de hacer cinta *f.*
tappet (mach.), tope de empuje, taco *m.*
tappet (text. mach.), excéntrica *f.*
tapping (el.), derivación *f.*, toma derivada *f.*
tapping (techn.), roscado, terrajado *m.*
tapping machine, roscadora mecánica, terrajadora mecánica *f.*
tappings provided on the winding for 500/550/600 Volts, el bobinado lleva derivaciones de voltajes 500, 550 y 600.
tar, alquitrán *m.*
tar barrel, barril de alquitrán *m.*
tar covering, capa de alquitrán *f.*
coal tar, alquitrán mineral.
gas tar, alquitrán de destilación.
to tar, alquitranar.
wood tar, alquitrán vegetal.
tare, tara *f.*
to tare, calcular la tara.
target, blanco *m.*
tariff, tarifa *f.*
tariff (duty), derecho de aduana *m.*
day tariff, tarifa diurna.
night tariff, tarifa nocturna.
to tariff, tarifar.
trunk tariff (tel.), tarifa para grandes distancias.
tarpaulin, toldo *m.*
tarred, alquitranado.
tarred road, camino alquitranado.
tarring *n.*, alquitranaje *m.*
tarring machine (c.e.), alquitranadora *f.*
tartar (chem.), tártaro *m.*
tartareous, tartaroso.
tartaric, tártrico.
task, faena, tarea, labor *f.*
task-work, trabajo a destajo *m.*
to taste, probar.
to taste (to have a particular flavour), tener gusto de.
tasteless, insípido.
tastelessness, insipidez *f.*
taut (stiff), tendido, tieso.
tax, impuesto *m.*, contribución *f.*
tax collector, recaudador de impuestos *m.*
to tax, tasar.
taxicab (or taxi), automóvil de plaza *m.*
taximeter, taxímetro *m.*
t.d.c., abreviatura de top dead centre, q.v.
tea, te *m.*
teach (sugar making), paila *f.*
to teach, enseñar.
to teach flying, enseñar aviación, enseñar a volar.
teacher, maestro *m.*
teaching *n.*, enseñanza *f.*
teak, teca *f.*
teak wood, madera de teca *f.*
tear (or rent), desgarradura *f.*
to tear, desgarrar, lacerar, rasgar.
technical, técnico.
technical data, informes técnicos *m.pl.*
technical knowledge, pericia técnica *f.*
technical press, prensa técnica *f.*
technicality, tecnicalismo *m.*
technically, técnicamente.
technician, técnico *m.*
technics, técnica *f.*

technological, tecnológico.
technologist, tecnólogo *m.*
technology, tecnología *f.*
tee-iron, hierro T *m.*
teeming (met.), colada en molde *f.*
telegram, telegrama *m.*
deferred telegram, telegrama diferido.
foreign telegram, telegrama al extranjero.
inland telegram, telegrama al interior.
reply-paid telegram, telegrama con contestación paga.
telegraph, telégrafo *m.*
telegraph sender, manipulador de emisión, transmisor *m.*
telegraph sounding key, manipulador sonoro *m.*
telegraph station, estación telegráfica (o de comunicaciones telegráficas) *f.*
duplex telegraph, telégrafo doble.
engine-room telegraph (mar.), transmisor telegráfico de órdenes *m.*
field telegraph, telégrafo de campaña.
high-speed telegraph, telégrafo de gran capacidad.
Hughes telegraph, telégrafo de Hughes.
Morse telegraph, telégrafo sistema Morse.
multiplex telegraph, telégrafo múltiple.
needle telegraph, telégrafo de aguja indicadora.
printing telegraph, telégrafo impresor.
quadruplex telegraph, telégrafo cuádruple.
railway telegraph, telégrafo de ferrocarril.
ship's telegraph, telégrafo de buque.
submarine telegraph, telégrafo submarino.
to telegraph, telegrafiar.
telegraphic (or telegraphical), telegráfico.
telegraphic code, clave telegráfica *f.*
telegraphically, telegráficamente.
telegraphist, telegrafista *m.*
military telegraphist, soldado telegrafista *m.*
naval telegraphist, marinero telegrafista *m.*
telegraphy, telegrafía *f.*
beam telegraphy, telegrafía inalámbrica dirigida *f.*
simultaneous telegraphy, telegrafía simultánea.
wireless telegraphy, telegrafía inalámbrica, T.S.H. *f.*
telemechanical *adj.*, telemecánico.
telemeter, telémetro *m.*
telemetry, telemetría *f.*
telemotor, telemotor *m.*
telephone, teléfono *m.*
telephone-box, casilla de teléfono *f.*
telephone cable, cable para teléfonos *m.*
telephone (or telephone line) dead, teléfono cortado (o inactivo).
telephone directory, guía telefónica *f.*
telephone exchange, central de conexión telefónica *f.*
telephone exchange area, distrito telefónico *m.*
telephone hook, horquilla cuelga-receptor *f.*
telephone inductive disturbances, trastornos inductivos en líneas telefónicas *m.pl.*
telephone network, red telefónica *f.*
telephone operator, telefonista *m.* & *f.*
telephone receiver, auricular telefónico *m.*
telephone station, estación telefónica *f.*
telephone subscriber, abonado al teléfono *m.*
telephone system, same as telephone network, q.v.
telephone translator, trasladador telefónico *m.*
telephone transmitter, micrófono transmisor *m.*
telephone trunk, línea telefónica interurbana, línea telefónica de gran distancia *f.*
automatic telephone, teléfono automático.
desk telephone, teléfono para mesa.
long-distance telephone, teléfono a gran distancia.
loud-speaking telephone, teléfono altoparlante.
manual telephone, teléfono manual.
office telephone, teléfono interno de oficina.
pedestal telephone, teléfono de pie.
to telephone, telefonar.
wall telephone, teléfono mural.
telephonic, telefónico.
telephony, telefonía *f.*
telephotography, telefotografía *f.*
telescope, telescopio *m.*
to telescope, enchufar.
telluric (or tellural), telúrico.
tellurium, telurio *m.*
temper (degree of), grado de temple (o de recocho), punto de recocido *m.*
to temper (met.), templar.
temperature, temperatura *f.*
temperature limits, límites de temperatura *m.pl.*
temperature of circulating water (aut., eng.), temperatura del agua refrigerante.
temperature of combustion, temperatura de combustión.
temperature of cooling water, temperatura del agua refrigerante.
temperature of exhaust steam (or gases), temperatura del vapor (o de los gases) de escape.
temperature recorder, registrador de temperaturas *m.*
temperature rise, elevación de temperatura *f.*, incremento de temperatura *m.*
temperature rise not more than 72° F. above the surrounding atmosphere after six hours' run at full load, incremento de temperatura menor que 22° C. por encima de la temperatura ambiente después de haber funcionado continualmente 6 horas a plena carga.
absolute temperature, temperatura absoluta (o sea la temperatura medida más 273°).
air temperature, temperatura ambiente.
casting temperature (met.), temperatura de colada.
critical temperature, temperatura crítica.
dangerous temperature, temperatura peligrosa.
maximum temperature, temperatura máxima.
minimum temperature, temperatura mínima.
tempering (met.), templado *m.*
tempering-forge, fragua de templar *f.*
tempest, tempestad *f.*
template, plantilla *f.*, calibre, escantillón *m.*
template (arch., mas.), escantillón *m.*
templet : see template.
temporary, provisional, temporal, momentáneo.
temporary break (el.), interrupción momentánea *f.*
temporary construction, construcción provisional *f.*
tenancy, arrendamiento *m.*
tenant, arrendatario *m.*
tenant (of a house), inquilino *m.*
tenantry (of a state), inquilinato *m.*
tender *adj.*, tierno.
tender (for a contract), propuesta, sumisión *f.*
tender (naut.), trasbordador *m.*
tender (rly.), ténder *m.*
tender (to supply goods), oferta *f.*, presupuesto *m.*
highest tender, propuesta más cara.
lowest tender, propuesta más barata.
to tender, ofrecer, sumitir.

to tender for the repair of . . . , presentar una propuesta para la reparación de . . .
tenderer (for goods or work), proponente, sumisionista *m.*
tennis-court, cancha de tennis *f.*
tenon, espiga *f.*
tenon-saw, sierra de espigar *f.*
to tenon, cortar espigas.
tenoning machine, cortadora de espigas *f.*
tense *adj.*, tieso, tenso, tirante.
tensile, extensible, tractible.
tensile breaking strength, resistencia de rotura a la tracción *f.*
the metal shall show a tensile breaking strength of not less than 35 nor more than 40 tons per sq. in., el metal deberá presentar una resistencia límite a la tracción comprendida entre 55 y 63 kg./mm^2.
tensile force, fuerza de tracción *f.*
tensile load, carga tensil *f.*
tensile strength, resistencia a la tracción *f.*
tensile stress, esfuerzo de tracción *m.*
tensile test (met.), ensayo de tracción *m.*
tension (el.), tensión *f.*
tension (mec.), extensión, tracción *f.*
tension spring, resorte de tracción *m.*
tension weight, peso tensor *m.*
in tension (mec.), a la tracción.
working in tension (mec.), trabajando a la tracción.
tent, tienda *f.*
tepid, tibio.
tepidness, tibieza *f.*
terbium (chem.), terbio *m.*
terebinth (bot.), terebinto *m.*
teredo, broma *f.*
term (boundary), confín *m.*
term (clause), cláusula, condición *f.*
term (jur.), sesión *f.*
term (limit), límite *m.*
term (word), vocablo, término *m.*
terms of payment, condiciones de pago *f.pl.*
to term, designar, llamar.
terminal *adj.*, último, terminal.
terminal (el.), borne *m.*
terminal-box (el.), caja de bornes *f.*
terminal-station (rly.), término *m.*
terminal voltage, tensión entre bornes *f.*
battery terminal, borne de batería.
brass terminal, borne de latón.
copper terminal, borne de cobre.
earth terminal, borne a la tierra.
insulated terminal, borne aislado.
negative terminal, borne negativo.
positive terminal, borne positivo.
to terminate, terminar, acabar.
termination *n.*, fin, límite, término *m.*, terminación *f.*
terminology, terminología *f.*
ternary, ternario.
terrace, terrado *m.*, terraza *f.*
terrestrial, terrestre.
terrestrial globe, orbe terrestre *m.*
terrestrial magnetism, magnetismo terrestre *m.*
territory, territorio *m.*
tertiary, terciario.
tertiary rocks, rocas terciarias *f.pl.*
tertiary system (geol.), sistema terciario *m.*
test (cupel, met.), copela *f.*
test (eng.), ensayo *m.*, prueba *f.*
test (to detect, chem.), reactivo, revelador *m.*
test-bed, plataforma de ensayos *f.*
test by shock (met.), ensayo al choque.
test-certificate, certificado de ensayo *m.*
test-glass (chem.), probeta *f.*
test-load (eng.), carga de prueba *f.*
test-paper (chem.), papel de tornasol *m.*
test-paper (ed.), composición *f.*, examen escrito *m.*
test-piece, probeta, muestra de ensayo *f.*
test-piece 9 in. long, 1¼ in. square with $\frac{1}{16}$ in. radius at the edges, probeta cuadrada de 228 mm. de largo y 31 mm. de lado con radios de 1,6 mm. en los bordes.
test-room, sala de ensayos *f.*
test-sample, muestra para ensayar *f.*
test-tube (chem.), tubo de ensayos *m.*
tests at maker's works, las pruebas se efectuarán en fábrica.
bending test, ensayo de flexión.
breakdown test, prueba límite *f.*, ensayo de rotura *m.*
breaking test, ensayo límite.
drop test (met.), ensayo de maza caediza *m.*
elongation test, ensayo de alargamiento.
hammering test, ensayo por martilleo.
impact test, prueba al choque.
insulation test, ensayo del aislamiento.
mechanical test, ensayo mecánico (o de resistencia mecánica) *m.*, prueba mecánica *f.*
rattler test (for bricks), prueba al cilindro y bolas de acero.
running test (rly., tram.), ensayo en marcha.
to test (eng.), ensayar, probar.
to test (met.), copelar.
to test for bending (for shear, etc.), ensayar a la flexión (o al cizallamiento, etc.).
tested to twice the working voltage plus 10,000 volts, ensayado al doble de la tensión de marcha más 10.000 voltios.
tester (person who tests), encargado-ensayador *m.*
testimonial, certificado *m.*
testing *n.*, ensayo *m.*, prueba *f.*
testing bench, banco de pruebas *m.*
testing connections (el.), conexiones de prueba *f.pl.*
testing machine (met.), máquina de probar metales *f.*
testing of fuels, ensayo del combustible.
testing of machines, ensayo de máquinas.
testing of materials, prueba de materiales.
testing of the line (el., tel.), prueba de la línea.
testing of water, ensayo del agua.
testing report, informe de pruebas (o ensayos) *m.*
testing shop, laboratorio de pruebas *m.*
testing standards, normas para pruebas *f.pl.*
high-tension testing (el.), ensayo a alta tensión.
tetrahedral, tetraedral.
tetrahedron, tetraedro *m.*
thallium (chem.), talio *m.*
Thames (geog.), Támesis *m.*
thaw, deshielo *m.*
to thaw, deshelarse, derretirse.
theatre, teatro *m.*
theft, robo *m.*
theodolite, teodolito *m.*
theorem, teorema *m.*
theoretical, teórico.
theoretical experience, práctica teórica *f.*
theoretical (or pure) sciences, ciencias abstractas *f.pl.*
theoretically, teóricamente.
theorist, teorista *m.*
theory, teoría *f.*

thermal, termal.
thermal conductivity, conductividad térmica *f.*
thermal efficiency, rendimiento térmico *m.*
thermal test, prueba de la temperatura *f.*
thermal unit, unidad térmica *f.*
thermic, calórico, térmico.
thermionic, termiónico.
thermionic rectifier (wir.), válvula rectificadora termiónica *f.*
thermo-couple (phys.), par térmico *m.*
thermo-syphon, termosifón *m.*
thermo-syphon cooling, enfriamiento por termosifón *m.*
thermo-syphon water circulation, circulación del agua por termosifón *f.*
thermodynamics, termodinámica *f.*
engineering thermodynamics, termodinámica aplicada.
thermoelectric, termoeléctrico.
thermoelectric couple (phys.), pila termoeléctrica *f.*
thermograph, termómetro registrador *m.*
thermometer, termómetro *m.*
distant-reading thermometer, termómetro de lectura a distancia.
mercury thermometer, termómetro mercúrico.
metallic thermometer, termómetro metálico.
thermometric, termométrico.
thick, espeso, grueso.
thickness (liq.), espesura *f.*
thickness (solids), espesor, grosor *m.*
thickness-gauge (techn.), calibre de espesor *m.*
thickness of a plate, espesor de una chapa (o plancha).
thickness of a vein (min.), espesor de un filón *m.*
to thickness (carp.), sacar de espesor, regruesar.
thicknessing (carp.), adelgazar, sacar de espesor.
thicknessing machine, máquina de sacar de espesor, regruesadora *f.*
thimble (end protecting such as for cables), casquillo, dedal, guardacabos *m.*
thin, delgado, fino.
thin (air), rarefacto, rarificado.
thin (separated, not crowded), ralo.
thin (slender), delgado.
to thin (air), rarefacer.
to thin (by means of a liq.), desleir.
thinly, ligeramente, raro, escaso.
thinly populated, escasamente poblado.
third-rail (el. rly.), riel conductor *m.*
third-rail distribution system, sistema de distribución por riel conductor *m.*
third-wire (el.) *adj.*, trifilar, de tres hilos.
third-wire system (el.), distribución trifilar *f.*
thistle, cardo *m.*
thole (or thowl) (naut.), escálamo *m.*
thorium, torio *m.*
thorn (bot.), espina *f.*
thorny, espinoso.
thrash (residue), bagazo *m.*, paja *f.*
to thrash (ag.), trillar.
thrashing, trilla *f.*
thrashing machine, trilladora *f.*
thread (techn.), filete *m.*
thread (text.), hilo *m.*
thread-counter (text.), cuentahilos *m.*
thread cutting (techn.), fileteado *m.*
thread-cutting machine (techn.), torno de filetear *m.*
thread-grinding machine, rectificadora de filetes *f.*
thread-milling machine, fresadora para roscas (o filetes) *f.*
angular thread, filete triangular.
cotton thread (text.), hilo de algodón.
gas thread, filete de tubo de gas.
metric thread, filete milimétrico.
round thread, filete semicircular.
Seller's thread, filete Seller.
square thread, filete cuadrangular.
to thread (a needle), enhebrar.
to thread (a nut), filetear.
to thread (a screw), terrajar.
Whitworth thread, filete Whitworth.
threaded (techn.), fileteado.
three-bearing balanced crankshaft, cigüeñal de tres soportes equilibrado *m.*
three-cylinder *adj.*, de tres cilindros.
three-cylinder engine, motor de tres cilindros *m.*
three-decker (naut.) *adj.*, de tres cubiertas.
three-dimensional co-ordinates (geom.), coordenades triaxiales *f.pl.*
three fingers rule (el.), regla de los tres dedos *f.*
three-masted (naut.), de tres palos.
three-master (ship), buque de tres palos *m.*
three moment equation (mec.), ecuación de los tres momentos *f.*
three-phase, trifásico.
three-phase four-wire system, sistema trifásico de cuatro conductores *m.*
three-phase six-wire system, sistema trifásico de seis conductores.
three-phase system with grounded neutral, sistema trifásico con neutro a tierra.
three-throw crankshaft, cigüeñal triple *m.*
three-valve set (wir.), receptor de tres válvulas *m.*
three-wire (el.), trifilar.
three-wire distributing system, sistema de distribución trifilar *m.*
threshold (door), umbral *m.*
thrift, economía *f.*
throat, garganta *f.*
throttle (aut., eng.), estrangulador *m.*
to throttle (aut., eng.), estrangular.
to throttle down, cortar el gas.
throttling, estrangulación *f.*
through *adv.*, de un extremo al otro.
through (by means of), por medio de.
through *prep.*, al través de.
through (via), por, vía.
throw (the motion of a machine or eng.), carrera *f.*, curso, movimiento, recorrido, trabajo *m.*
throw of a pump, recorrido de una bomba.
to throw, arrojar, echar, lanzar.
to throw a bridge across a river, tender un puente sobre un río.
to throw into gear, engranar, poner en marcha.
to throw off the load suddenly (el.), anular la carga bruscamente.
to throw out of action (such as stoppage of all work by a short-circuit), desarreglarse repentinamente.
to throw out of centre, descentrar.
to throw out of gear, desengranar.
to throw silk, torcer seda.
thrust (bed, geol.), acarreo (de capas).
thrust (force), empuje *m.*
thrust of earth (c.e.), empuje de la tierra.
thrust rod, varilla de empuje *f.*
end thrust, empuje de punta.
to thrust, empujar.
to thrust into, encajar.
unbalanced thrust, empuje incompensado.
thulium (chem.), tulio *m.*

thunder (discharge), rayo *m.*
thunder (sound), trueno *m.*
thunder-clap, tronido *m.*
thunderbolt, centella *f.*
thyme (bot.), tomillo *m.*
ticker (el., wir.), contacto tembleque (o de temblador) *m.*
ticket, billete, boleto (S.A.) *m.*
ticket-office, taquilla, boletería (S.A.) *f.*
admission ticket, billete de entrada.
to tickle the carburettor (aut., eng.), inundar el carburador.
tidal *adj.*, de marea, de la marea.
tidal basin, dársena *f.*
tidal-harbour, puerto de marea *m.*
tidal-power, fuerza de la marea *f.*
tidal river, río influído por la marea *m.*
tidal-wave, ola de fondo *f.*
tide, marea *f.*
tide-gate, compuerta de marea *f.*
tide-gauge, mareómetro *m.*
tide-way, canal de mareas *m.*
tideless *adj.*, libre de mareas, sin mareas.
tideless deltaic outlet of a river, delta libre de mareas *m.*
tideless river, río libre de mareas *m.*
tie (const.), riostra *f.*, tirante *m.*
tie (union), atadura *f.*, lazo *m.*, ligazón *f.*
tie bar (const.), barra de anclaje *f.*
tie-bar (mach.), travesaño de unión *m.*
tie-bar joint (c.e.), nudo de articulación *m.*
tie-plate (const.), placa de atirantado *f.*
to tie (to avoid divergence), atirantar.
to tie (to join), ligar, atar.
tight, apretado, estirado, estrecho.
tight (not leaky), estanco.
to tighten, apretar, atiesar, estirar.
to tighten (wire or rope), atesar.
to tighten a belt, atesar una correa.
to tighten a bolt (or a screw), apretar el perno (o tornillo), empernar, tornillar, atornillar.
tightness, tensión, tirantez *f.*
tightness (not leaking), impermeabilidad, estanqueidad *f.*
tile, teja *f.*
tile-ore, óxido de cobre rojo *m.*
tile-works, tejar *m.*
glazed tile, azulejo *m.*
to tile, tejar.
to till (ag.), labrar, cultivar.
tillage, labranza *f.*, cultivo *m.*
tiller (naut.), barra de timón *f.*
tilt (canvas), toldo *m.*
tilt-hammer (met.), machaca *f.*
to tilt (to incline), inclinar, ladear.
tilting moment (mec.), momento de volteo *m.*
timber, madera de construcción *f.*
timber merchant, maderero *m.*
timber-truck, vagoneta para madera *f.*
timber-work, maderamen *m.*, obra de madera *f.*
timber yard, depósito de madera, corralón de madera (S.A.) *m.*
brittle timber, madera quebradiza.
constructional timber, madera para construcción.
felled timber, madera talada.
long-tailed timber, troncos de árboles *m.pl.*
squared timber, madera escuadreada.
timbering (tunnel building), entibación *f.*
time, tiempo *m.*
time-exposure (phot.), pose *f.*
time-fuse (exp.), cebo con límite de tiempo *m.*
time-keeper (man), cronometrador *m.*
time-keeper (watch), cronómetro *m.*
time-lag action, acción retardada *f.*, efecto retardado *m.*
time-limit *adj.*, de acción retardada.
time-sheet (workman), hoja de presencia *f.*
time-table, horario *m.*
time-work, trabajo a destajo *m.*
timing the magneto (eng.), regulación de la magneto *f.*
tin, estaño *m.*
tin (container), lata *f.*
tin-foil, papel de estaño *m.*
tin opener, abrelatas *m.*
tin-ore, mineral estañífero *m.*
tin-oxide, óxido estánico *m.*
tin-plate, hojalata *f.*
tin putty, masilla de estaño *f.*
tin-tack, tachuela estañada *f.*
soldering tin, estaño para soldar.
tinman, hojalatero *m.*
tinned (covered), estañado.
tinned (in a tin), en lata.
tinner, estañador *m.*
tinning, estañadura *f.*
tinny, estañífero.
tinsmith (or tinman), hojalatero *m.*
tip (end), punta *f.*, cabo *m.*
pole-tip (el., mach.), cuerno polar *m.*
to tip, guarnecer (la punta).
to tip (to incline), ladear, volcar.
to tip over, bascular, voltear.
tipping-wagon, vagón de volquete *m.*
titanium (chem.), titanio *m.*
title, título *m.*
to customer's specifications, de acuerdo con los deseos del cliente.
to-day, hoy.
tobacco, tabaco *m.*
toggle-joint, junta acodillada *f.*
toggle-lever, palanca acodillada *f.*
tomb, tumba *f.*, sepulcro *m.*
tombstone, lápida *f.*
tome, tomo *m.*
ton (meas.), tonelada *f.*
metric ton, tonelada (1000 kilos) *f.*
Nota : La tonelada británica pesa más que la tonelada española, 1.016 k.
tonalite (min.), tonalita *f.*
tonality, tonalidad *f.*
tone (paint.), matiz *m.*
tone (sound), tono *m.*
tongs, tenazas *f.pl.*
brazing tongs, tenazas para soldar.
lifting tongs (const.), gafas *f.pl.*
tongue, lengua *f.*
tongue-piece, lengüeta *f.*
tonic, tónico *m.*
tonnage (ship's), tonelaje *m.*
gross tonnage, tonelaje bruto.
registered tonnage (naut.), tonelaje oficial (o registrado).
tool, herramienta *f.*, utensilio *m.*
tool-bag, cartera de herramientas *f.*, herramental *m.*
tool-box (mach.), portaherramienta *m.*
tool-box (of a lathe), carro porta herramienta *m.*
tool cabinet, armario de herramientas *m.*
tool-chest, caja de herramientas *f.*
tool-grinder (workman), tallero de herramientas *m.*
tool-holder (mach.), porta herramienta *m.*
tool-rest (mach.), apoyo de herramienta *m.*

boring tool, herramienta de taladrar.
carpenter's tool, herramienta de carpintero.
caulking tool, cincel de calafatear *m.*
cutting tool, herramienta de filo.
diamond tool, taladro de diamantes *m.*
electric tool, herramienta eléctrica.
finishing tool, herramienta de acabar.
forming tool, forma *f.*
gardener's tool, herramienta de jardinería.
hand tool, herramienta manual.
planing tool, cuchilla de cepillar *f.*
pneumatic tool, herramienta neumática.
roughing tool, desbastador *m.*
toolmaker, fabricante de herramientas *m.*
tooth, diente *m.*
tooth-induction (mag.), inducción (o líneas de fuerza) en los dientes.
to tooth (provide with teeth), dentar, dentellear.
toothed, dentado.
toothed-wheel, engranaje *m.*
top (maximum), máximo *m.*
top (naut.), cofa *f.*
top (of hill), cima, cumbre *f.*
top (of house), remate *m.*
top (of tree), cima *f.*
top dead centre (eng.), punto muerto superior *m.*
top dead centre finder, indicador de fin de carrera *m.*
top end, extremidad superior *f.*
top-gear (mot.), velocidad máxima *f.*
top-speed, a toda velocidad.
top timbering (c.e.), entibación superior *f.*
topaz, topacio *m.*
topmost *adj.*, lo más alto, máximo, lo más elevado.
topographer, topógrafo *m.*
topographic, topográfico.
topography, topografía *f.*
torch, antorcha *f.*
torn, desgarrado.
torpedo, torpedo *m.*
torpedo-boat, torpedero *m.*
torpedo-boat destroyer, cazatorpederos, contratorpedero *m.*
torpedo-officer, oficial torpedero *m.*
torpedo-tube, tubo lanzatorpedos *m.*
dummy torpedo, torpedo de maniobras *m.*
to torpedo, torpedear.
torque (mec.), par *m.*
torque-meter : see dynamometer.
starting torque, par de arranque, esfuerzo durante el arranque *m.*
torrent, torrente *m.*
torrential, torrencial, impetuoso.
torrid (geog.), tórrido.
torsion, torsión, torcedura *f.*
torsion angle, ángulo de torsión *m.*
torsion balance (el., phys.), balanza de Coulomb *f.*
torsion-meter (mec.), indicador de torsión *m.*
torsional strain (mec.), deformación torsional *f.*
torsional strength, resistencia a la torsión *f.*
torsional vibration damper (aut.), amortiguador de vibraciones torsionales *m.*
tortoise (zool.), tortuga *f.*
torus (arch.), bocel, toro *m.*
total *adj.* & *n.*, total *m.*
total efficiency, rendimiento general *m.*
total engine wheelbase (loco.), batalla total de la locomotora *f.*
total heat entropy diagram (eng., phys.), curva entrópica del calor total *f.*
total heating surface (boil.), superficie total de caldeo *f.*
totally, totalmente.
totally enclosed type, tipo enteramente cerrado *m.*
to totter, vacilar.
to totter (const.), amenazar ruina.
tottering, vacilante, amenazando ruina.
to touch, tocar.
tough, duro.
tough (met.), tenaz.
toughness, dureza, tenacidad *f.*
toughness indicator (met.), indicador de dureza (o de tenacidad) *m.*
toughness of material, tenacidad del material.
tourer (aut.), automóvil de paseo, coche de turismo *m.*
tow (or tow-line), sirga *f.*
tow-path, camino de sirgar *m.*
tow-rope, cable de remolque *m.*, sirga *f.*
in tow (notice on back of vehicles), a remolque.
to tow, sirgar, remolcar.
to tow (from shore), halar.
towage, remolque, halado *m.*
towage (rate), derechos de remolque *m.pl.*
tower, torre *f.*
towing-boat, remolcador *m.*
towing-hawser, calabrote de remolque *m.*
towing-hole (ship's), escobén de remolque *m.*
towing line (or rope), estacha, maroma de remolque, sirga *f.*
town, ciudad *f.*
Town-Council, Municipalidad *f.*
town-hall, ayuntamiento *m.*, municipalidad (S.A.) *f.*
town-planning, urbanismo *m.*
to trace, trazar.
to trace (draw.), calcar.
to trace faults (el., tel.), descubrir (o revelar) fallas, localizar defectos.
tracer, calcador *m.*
tracing (draw.), calcado *m.*
track (mark), huella *f.*
track (rly.), vía *f.*
track (road or way), sendero *m.*
coaling track (in works), desviadero (o apartadero) de descargar carbón *m.*
electrified track, vía electrificada.
elevated track, vía aérea, vía elevada (sobre calles generalmente).
portable track, vía desmontable.
tracklaying machine (rly.), tendedora de rieles *f.*
trackless, sin rieles.
trackless trolley bus, ómnibus de trole sin rieles *m.*
traction, arrastre *m.*, tracción *f.*
traction station, central para tracción eléctrica *f.*
trade, comercio *m.*
trade-mark, marca de fábrica *f.*
to trade, comerciar, negociar.
trader, comerciante, mercader, negociante *m.*
trader (ship), buque mercantil *m.*
tradesman, artesano, tendero *m.*
trading, comercio *m.*
trading *adj.*, comercial.
traffic, tráfico, tránsito *m.*, circulación *f.*
traffic (rly.), movimiento, tráfico (S.A.) *m.*
traffic (vehicles), circulación *f.*, tránsito *m.*
traffic manager, jefe del movimiento, jefe de tráfico (S.A.) *m.*
traffic regulations, código de circulación *m.*
traffic returns (rly.), ingresos ferroviarios *m pl.*

trailer (road), remolque *m.*
trailer (tram), coche de remolque *m.*, cucaracha (S.A.) *f.*
trailing edge (av.), borde de escape *m.*
train (rly.), tren, convoy *m.*
train acceleration, aceleración del tren *f.*
train graphic, diagrama del movimiento de trenes *m.*
train lighting system, sistema de alumbrado ferroviario *m.*
train off the line, tren descarrilado.
train resistance, resistencia al avance *f.*
cattle train, tren de ganado *m.*
down train, tren de ida.
express train, rápido *m.*
goods train, tren de mercancías.
local train, tren suburbano.
passenger train, tren de pasajeros.
slow-train, tren-tranvía *m.*
through train, tren directo.
up train, tren de vuelta.
to train (ed.), adiestrar, amaestrar, enseñar, instruir.
to train (mil.), ejercitar, disciplinar.
to train (min.), seguir la traza.
to train a gun (to aim), apuntar un cañón.
to train a lode (min.), seguir la traza de un filón.
to train the gun crew (mil., nav.), adiestrar un equipo de cañoneo.
training, amaestramiento, adiestramiento *m.*, enseñanza *f.*
training-point (techn.), gramil *m.*
training-ship, buque-escuela *m.*
traject, trayecto *m.*
tramcar, coche de tranvía *m.*
tramp (mar.), vapor de servicio irregular *m.*
tramway, tranvía *m.*
transfer, transferencia *f.*, traspaso *m.*
transfer (fin.), transferencia *f.*
transfer-board (tel.), cuadro de tránsito *m.*
transfer of heat, transmisión del calor *f.*
to transfer, transferir, trasladar, traspasar.
to transform, transformar.
to transform a reciprocating motion into a rotary one, transformar un movimiento de vaivén en otro circular.
to transform currents (el.), transformar la corriente.
transformer, transformador *m.*
transformer station, subcentral de transformación *f.*
air-blast transformer, transformador enfriado por chorro de aire.
air-cooled transformer, transformador enfriado por aire.
balancing transformer, transformador igualizador de tensión.
booster transformer, transformador aumentador.
closed-core transformer, transformador de núcleo continuo.
constant-current transformer, transformador de intensidad constante.
core transformer, transformador de núcleo.
feeder transformer, transformador alimentador.
feeder-impedance transformer, transformador alimentador de impedancia.
forced-oil cooling transformer, transformador enfriado por aceite bajo presión.
high-frequency transformer, transformador de alta frecuencia.
high-voltage transformer, transformador de alta tensión.
instrument transformer, transformador de medida
lighting transformer, transformador para alumbrado.
loaded transformer, transformador en carga.
oil-cooled transformer, transformador enfriado con aceite.
on-load tap-changing transformer, transformador con tomas variables bajo carga.
phase transformer, permutador de fase *m.*
potential transformer, transformador de tensión.
power transformer, transformador de potencia.
Scott transformer, transformador sistema Scott.
shell-type transformer, transformador acorazado.
single-phase transformer, transformador monofásico.
step-down transformer, transformador reductor.
step-up transformer, transformador elevador.
three-phase transformer, transformador trifásico.
track transformer (rly.), transformador para vía.
transient, transitorio, momentáneo.
transient voltage, tensión momentánea *f.*
transit (ast.), tránsito *m.*
transit (inst.), círculo de alineación *m.*
transit theodolite, teodolito de tránsito.
transition curve (mat.), curva de enlace *f.*
to translate, traducir.
translation, traducción *f.*
translator, traductor *m.*
transmissible, transmisible.
transmission, transmisión *f.*
transmission-gear (mec.), aparato de transmisión, dispositivo transmisor *m.*
transmission losses, pérdidas de energía en la transmisión *f.pl.*
transmission of power, transmisión de fuerza *f.*
transmission speed, velocidad de transmisión *f.*
to transmit, transmitir.
transmitter, transmisor *m.*
transmitter (wir.), radiotransmisor *m.*
spark transmitter, transmisor por chispas *m.*
transom (lintel), dintel de puerta *m.*
transom (naut.), yugo *m.*
transom (window, arch.), dintel de ventana *m.*
to transport, transportar.
to transship, trasbordar.
transshipment, trasbordo *m.*
trap (arch.), escotillón *m.*
trap (door), trampa *f.*
trap door, puerta caediza *f.*
trapeziform, trapezoidal.
trapezium, trapecio *m.*
trapezoidal section, perfil trapezoidal *m.*
to travel, viajar.
traveller, viajero *m.*
travelling expenses, gastos de viaje *m.pl.*
traverser (rly.), plataforma transversal *f.*
trawl (naut.), albanega *f.*
trawler (fishing), bote de pesca con red de flotadores *m.*
tread (of ladder), peldaño *m.*
tread (of stairs), huella *f.*
treadle, pedal *m.*
treasury (pol.), erario, Ministerio de Hacienda, Tesoro *m.*, Tesorería *f.*
to treat, tratar.
treatment, tratamiento *m.*
treatment (chem.), preparación *f.*
tree, árbol *m.*
trench (c.e.), zanja *f.*, zanjón *m.*
trench (mil.), trinchera *f.*
trench excavating machine, zapadora mecánica *f.*
open trench, zanja descubierta (o al aire libre).

trestle, caballete *m.*
trial, ensayo *m.*, experiencia *f.*
trial (jur.), pleito *m.*
trial boring (const., min.), sondaje de exploración *m.*
trial boring (geol.), barreno de exploración *m.*
trial level (rly.), sección de pruebas *f.*
trial-run, marcha de ensayo *f.*
trial-trip (naut.), viaje de ensayo *m.*
triangle, triángulo *m.*
triangle of forces (mec.), triángulo de composición de fuerzas.
triangulation, triangulación *f.*
triassic (geol.), triásico.
triassic formation, terreno triásico *m.*, formación triásica *f.*
tributary (geog.), afluente *m.*
trickle charger (el.), cargador de acumuladores por goteo *m.*
to trickle, gotear.
tried *adj.*, ensayado, probado.
triennial, trienal.
trigger, gatillo, disparador *m.*
trigonometric (or trigonometrical), trigonométrico.
trigonometrical ratio, línea trigonométrica *f.*
trigonometrical survey, medición trigonométrica *f.*
trigonometry, trigonometría *f.*
plane trigonometry, trigonometría plana (o rectilínea).
spherical trigonometry, trigonometría esférica.
trihedral, triedro *m.*
trim (in order) *adj.*, en buen estado.
trim (of cargo, naut.), arrumaje *m.*
trim (of masts, naut.), inclinación *f.*
trim (ship's), calado *m.*
in bad trim, en mal estado, en desorden.
in good trim, en orden.
to trim, arreglar, poner en orden.
to trim (cargo, naut.), arrumar.
to trim (carp.), alisar, desbastar.
to trim (to clip), recortar.
to trim the sails (naut.), orientar las velas.
trimmer (cargo), arrumador *m.*
trimmer (mach.), desbastadora *f.*
trimming (of cargo), arrumazón *f.*
trimming (of sails, naut.), orientación *f.*
trip (short voyage), excursión, vuelta *f.*
to trip (to catch), fiar.
to trip (to let go), disparar, soltar.
triple expansion (eng.), de expansión triple.
triple expansion steam engine, motor de vapor de expansión triple *m.*
to triplicate, triplicar.
tripod, trípode *m.*
tristearin, estearina *f.*
trolley (el.), trole *m.*, roldana colectora *f.*
trolley (truck), diablo *m.*
trolley-bus, ómnibus eléctrico de trole *m.*
trolley collector (el.), captador de roldana *m.*
trolley-pole, pértiga de trole *f.*
trolley-wheel, roldana colectora *f.*
trolley-wire, hilo conductor *m.*
troop (mil.), tropa *f.*
troopship, transporte militar *m.*
trona (min.), trona *f.*, urao *m.* (S.A.).
tropic, trópico *m.*
trouble (eng.), avería *f.*, desorden *m.*, trastornos *m.pl.*
trouble-free *adj.*, sin peligro de averías.
trough, artesa *f.*
trough-shaped section (met.), perfil acanalado *m.*
mortar trough, artesa para mortero.
rocking trough (met.), gotera oscilante *f.*
troughing, artesonado *m.*
trowel (mas.), llana, paleta *f.*
jointing trowel, llana de juntar.
margin trowel, palustre *m.*
smoothing trowel, llana de alisar.
troy-weight, peso de joyería *m.*
truck (small), diablo, carretón *m.*
truck (wagon, rly.), chata, zorra *f.*
truck and hopper weigher, báscula para vagonetas de volquete *f.*
true, exacto, recto, verdadero.
true commutator (el.), colector que gira bien redondo.
true efficiency, rendimiento fidedigno *m.*
truncated (geom.), troncado.
trunk (travelling), baúl *m.*
trunk (tree), tronco *m.*
trunk-call (tel.), llamada a gran distancia *f.*
trunk-line (rly.), línea principal *f.*
trunk line (tel.), línea de gran distancia, línea interurbana *f.*
trunnion, gorrón, muñón *m.*
trunnion-hole, muñonera *f.*
truss (c.e., const.), armadura, cercha *f.*, entramado *m.*
Belgian truss, armadura a la Belga.
English truss, cercha a la Inglesa.
king-post truss, armadura de pendolón.
mansard-roof truss, armadura mansarda.
queen-post truss, cercha de doble pendolón.
roof truss, entramado de techo.
trussed, armado.
trust (com., fin.), consorcio *m.*
trustee (law), fideicomisario *m.*
to try, tentar, probar.
to try (to experiment), experimentar, ensayar.
try-square (draw.), escuadra de reborde *f.*
tub, cuba *f.*, tonel *m.*
tube, tubo, conducto *m.*
tube-drawing, estirado de tubos *m.*
tube expander (techn.), abocinador de tubos *m.*
boiler tube, tubo de caldera.
capillary tube, tubo capilar.
constricted tube, tubo de encogimiento.
copper tube, tubo de cobre.
Crooke's tube (phys.), ampolla de Crooke *f.*
fire tube (boil.), tubo conductor de llamas.
flanged tube, tubo (o conducto) de pestaña (o de reborde).
gilled tube, tubo de nervios (o de aletas), tubo reforzado con nervaduras.
glass tube, tubo de vidrio.
leading-in tube (el.), tubo de entrada.
Roentgen tube, tubo de Roentgen.
seamless tube, tubo sin costura.
smoke tube (boil.), humero *m.*
solid-drawn tube, tubo estirado en frío.
steel tube, tubo de acero.
vacuum tube, tubo vacuo.
vacuum tube (wir. term used mainly in U.S.A.), válvula termiónica *f.*
water tube (in boil.), tubo de vaporización.
welded tube, tubo soldado.
tubing, tubería *f.*
tubulated, tubulado.
tufa (or tuff) (geol.), toba *f.*
tug, remolcador *m.*
Diesel-engined tug, remolcador de motor Diesel.
steam tug, remolcador a vapor.
to tug, remolcar.
tune (sound), acorde *m.*
to tune (sound), acordar, poner acorde.

to tune (or to tune in) (wir.), sintonizar.
to tune up (eng.), poner al punto.
tuned (sound), acordado.
tuned (wir.), sintonizado.
tuning (sound), acorde *m.*
tuning (wir.), sintonización *f.*
tuning adjustment (wir.), graduación para sintonizar *f.*
tuning fork, diapasón *m.*
tuning inductance (wir.), bobina de sintonización *f.*
tunnel, túnel *m.*
tunnel abutment, pie derecho (de túnel) *m.*
tunnel face, paramento de boca de túnel *m.*
tunnel lining, emparedado de túnel *m.*
subaqueous tunnel, túnel subacuático.
to tunnel, perforar un túnel.
tunnelling, tunelado *m.*
tup (met.), almadana *f.*
turbine, turbina *f.*
turbine blading, paletas de turbina *f.pl.*
turbine casing, tambor de turbina *m.*, envoltura de turbina *f.*
turbine cylinder, tambor de turbina *m.*
turbine for medium fall (hyd.), turbina para salto mediano.
turbine-house, casa de las turbinas *f.*
turbine-locomotive, locomotora de turbina *f.*
turbine-plant, instalación de turbinas *f.*
turbine-spindle, árbol de turbina *m.*
turbine testing, ensayo de turbinas *m.*
action turbine, turbina de acción.
American turbine (hyd.), turbina mixta.
axial-flow turbine, turbina axial, turbina paralela.
astern turbine (mar.), turbina de ciar.
bleeder turbine, turbina de derivación (con vapor derivado).
exhaust turbine, turbina de vapor de escape.
Francis turbine, turbina Francis.
geared turbine, turbina engranada.
high fall turbine (hyd.), turbina para salto grande.
high-pressure turbine, turbina de alta presión.
horizontal turbine, turbina horizontal.
hydraulic turbine, turbina hidráulica.
impulse turbine, turbina de impulsión directa.
inward-flow turbine, turbina centrípeta.
marine turbine, turbina para buque.
mercury-steam turbine, turbina al vapor de mercurio.
mixed-admission turbine, turbina de admisión radial y axial.
mixed-pressure turbine, turbina de presión doble.
multi stage turbine, turbina de expansión múltiple.
outward-flow turbine, turbina centrífuga.
Parsons turbine, turbina Parsons.
partial-flow turbine, turbina de admisión parcial.
radial-flow turbine, turbina radial.
Rateau turbine, turbina multicelular.
reaction turbine, turbina de reacción.
single-stage turbine, turbina de expansión simple.
spiral-cased Francis turbine, turbina Francis en envoltura espiral.
steam turbine, turbina a vapor.
three-cylinder turbine, turbina de triple envoltura.
vertical turbine, turbina vertical.
water turbine, turbina hidráulica.
turbo-alternator, turboalternador *m.*
turbo-blower, sopladora de turbina *f.*
turbo-compressor, turbocompresor *m.*
turbo-electric drive, impulsión turboeléctrica *f.*
turbo-electric set, grupo turboelectrógeno *m.*
turbo-generator, turbogeneratriz *f.*
turbo-locomotive, locomotora de turbina(s) *f.*
turf, césped *m.*
to turf, encespedar.
turn, vuelta *f.*, giro *m.*
turn (duty), turno *m.*
to turn, dar vueltas, girar.
to turn (mach. tool), tornear.
to turn (to cause to turn), hacer girar.
to turn adrift (naut.), dejar al garete.
to turn back, hacer retroceder.
to turn off (a tap or current), cerrar.
to turn off (route), desviarse.
to turn off (with lathe), cilindrar.
to turn on (a tap), abrir.
turnbuckle, torniquete, picolete *m.*
turner, tornero *m.*
turning *n.*, vuelta *f.*
turning (with lathe), torneado *m.*
turning force, fuerza giratoria *f.*
turnover (com.), ventas *f.pl.*
turntable (rly.), placa giratoria (de cambio de vía), mesa giratoria *f.*
turpentine, terebentina, trementina *f.*
turpentine spirit, aguarrás *m.*
turret (mach.), revólver *m.*
turret (nav.), torre *f.*
turret battleship, buque de torres *m.*
turret-head boring machine, taladradora de revólver *f.*
tutor, preceptor *m.*
tutty (chem.), atutía *f.*
tweezers, alicates *m.pl.*
twelfth, duodécimo.
twentieth, vigésimo.
twenty, veinte.
twice, dos veces.
twilight, crepúsculo *m.*
twin, doble, gemelo.
twin-engine, motores gemelos *m.pl.*
twin flex (el.), hilo doble trenzado *m.*
twin-screw *adj.*, de dos hélices.
twine, bramante *m.*
to twist, torcer.
to twist together, entrelazar.
twisted, torcido.
twisting machine (general), retorcedora, trenzadora *f.*
two-cycle *adj.*, de dos tiempos.
two-cylinder compound locomotive, locomotora compound de dos cilindros *f.*
two-decker (naut.), buque de dos cubiertas *m.*
two-faced *adj.*, de dos caras.
two-leaved (door), de doble hoja.
two-masted, de dos mástiles.
two-phase *adj.*, bifásico.
two-phase three-wire system, sistema bifásico trifilar *m.*
two-pole *adj.*, bipolar.
two-ply *adj.*, de dos chapas.
two-seater (av., mot.), biplaza.
two-stroke *adj.*, de dos tiempos.
two-wire system (el.), sistema bifilar *m.*
type, tipo *m.*
type (printing), carácter *m.*
typecasting machine, fundidora mecánica de caracteres *f.*
typical *adj.*, característico, típico, prototipo.
typical sample, muestra prototipo *f.*
tyre (aut.), neumático *m.*
tyre (rly.), llanta *f.*

tyre-bending machine (rly.), máquina de encorvar llantas *f.*
tyre press (rubber), prensa de moldear neumáticos *f.*
tyre pump (aut. and cycles), hinchador de neumáticos *m.*
balloon tyre, neumático balón.
deflated (or slack) tyre, neumático desinflado.
pneumatic tyre, neumático *m.*
solid tyre, bandaje macizo *m.*
spare tyre, neumático de repuesto.
twin tyres, bandajes gemelos *m.pl.*
tyring machine (aut.), máquina de enllantar, máquina de calzar neumáticos *f.*

U

U-iron, hierro en U *m.*
U.K., abreviación de United Kingdom, q.v.
ullage, merma *f.*
ultimate, último, extremo.
ultimate bending strength, límite de resistencia al plegado *m.*
ultimate capacity of plant, producción total de la instalación *f.*
ultimate shearing strength, límite de cizallamiento *m.*
ultimate strength (mec.), límite de rotura *m.*
ultra-microscopic, ultramicroscópico.
ultra-violet, ultravioleta.
ultra-violet rays, radiación ultravioleta *f.*
ultramarine (chem.), azul ultramarino *m.*
ultramarine yellow, cromato de bario *m.*
umber, tierra de Nocera *f.*
umpirage, arbitraje *m.*
unbalance (el., mec., etc.), desequilibrio *m.*, falta de equilibrio *f.*
unbalanced (com.), sin saldar.
unbalanced (eng.), desequilibrado.
unbalanced load (el.), circuitos desequilibrados *m.pl.*
unbalanced phases (el.), fases desequilibradas *f.pl.*
unbalanced polyphase circuit, circuito polifásico desequilibrado *m.*
to unballast (naut.), deslastrar.
unballasted, deslastrado.
to unbend (make straight), enderezar.
to unbend (to relax), aflojar.
to unbind, desatar.
unbleached, crudo.
to unbolt, desempernar.
unbounded, ilimitado.
unbreakable, irrompible.
unbuilt, sin construir.
to unburden, aliviar.
unbusinesslike, inmetódico.
uncertain, inseguro.
unchanging, invariable.
to uncoil, desenrollar.
uncompressed, incompreso, sin comprimir.
to uncouple, desacoplar, soltar.
to uncouple (rly.), desenganchar.
to uncouple wagons, desenganchar vagones.
undamped (el., mec., phys.), sin amortiguar, entretenido, inamortiguado.
undamped oscillation, oscilación inamortiguada *f.*
undamped wave, onda entretenida, onda inamortiguada *f.*
undamped wave transmission, radiocomunicación por onda entretenida *f.*
under *adj.*, inferior, subalterno.
under *adv.*, debajo, subordinado.
under *prep.*, bajo, debajo.
under-excitation (el.), poca excitación.
under load (eng., el.), cargado.
under secretary, vicesecretario *m.*
under separate cover, por correo aparte.
under shaft (min.), pozo inclinado *m.*
under water, entre aguas, sumergido.
under water (accidentally), inundado.
underbridge (rly.), paso inferior *m.*
undercarriage (av.), bastidor de aterrizaje *m.*
undercurrent, corriente submarina *f.*
undercut (min.), derrubio *m.*
underfeed (boil.), cargado por debajo.
underfeed stoker, cargador mecánico por debajo *m.*
underframe, bastidor *m.*
underground *adj.*, subterráneo.
underground furnace (min.), tiro de aeración, pozo de ventilación *m.*
underground haulage system (min.), sistema de tracción subterráneo *m.*
underground mains (el.), líneas subterráneas *f.pl.*
underground pump station, puesto de bombeo subterráneo *m.*
underground stream, corriente de agua subterránea *f.*
underground workings (min.), laboreo subterráneo *m.*
undergrowth, matorrales *m.pl.*
to underline, subrayar.
underlined, subrayado.
underlying (geol.), subyacente.
to undermine, socavar.
to undermine (to blow up), zapar.
undermined by the waters, socavado por las aguas.
undermining, socavadura *f.*
underneath, debajo, por debajo.
to underpin, socalzar, apuntalar.
underpinning, calce *m.*
to undersell, vender más barato.
understanding (accord), acuerdo *m.*
to undertake, emprender.
undertaking, empresa *f.*
underworking (const.), excavación subterránea *f.*
to underwrite (an issue of capital or insurance), asegurar, reasegurar.
underwriter, reasegurador *m.*
underwriting, reaseguración *f.*
undeveloped district, región virgen *f.*
undiluted (liq.), puro.
to undulate, ondular, undular, ondear.
undulated, ondulado, undulado.

undulating, onduloso, undulante.
undulating theory (phys.), teoría de las undulaciones *f.*
undulation, ondulación, undulación, onda *f.*, ondeo *m.*
undulatory theory of light (phys.), teoría ondulatoria de la luz *f.*
to unearth, desenterrar.
unemployed, desocupado, parado *m.*
unemployment, paro *m.*
unequal, desigual.
unequality, desigualdad *f.*
unequalled (in quality), sin rival.
unequally, desigualmente.
unequally-loaded *adj.*, de carga repartida desigualmente.
uneven (ground), accidentado.
uneven (numbers), impar.
uneven country, comarca accidentada *f.*
uneven ground, altibajos *m.pl.*
unevenness (disproportion), disparidad *f.*
unevenness (of ground), desnivel *m.*
unexcited (el.), sin excitar.
unexplosive, inexplosible.
unfit (person) *adj.*, incapaz.
unfit (unsuitable), inservible.
unfit for human consumption, inalible.
unhandy (av., naut.), difícil de maniobrar.
unhealthy, insalubre, malsano.
to unhinge, desgoznar.
to unify, unificar.
unification, unificación *f.*
uniform *adj. & n.*, uniforme *m.*
uniform movement, movimiento uniforme *m.*
uniform strength (mec.), resistencia igual *f.*
uniformity, uniformidad *f.*
uniformity of design, uniformidad en el proyecto.
uniformly, uniformemente, igualmente.
uniformly accelerated movement, movimiento uniformemente acelerado *m.*
uniformly distributed load (c.e.), carga repartida igualmente *f.*
unimportant, poco importante.
uninhabited, despoblado, inhabitado.
uninsured, sin asegurar.
uninterrupted, continuo.
union, unión *f.*
union (Trade's), sindicato gremial *m.*
Union Jack, pabellón Británico *m.*
unit, unidad *f.*
unit figure (mat.), cifra unitaria *f.*
unit of force, unidad de fuerza *f.*
unit of power, unidad de potencia.
unit of price, precio unitario *m.*
unit of weight, unidad de peso.
unit of work, unidad de trabajo.
unit strain (mec.), deformación unitaria *f.*
C.G.S. unit, unidad C.G.S.
derived unit, unidad deducida (o derivada).
practical unit, unidad práctica.
to unite, unir, juntar.
united, unido.
United Kingdom, Reino Unido *m.*
unknown, désconocido.
unknown (mat.), desconocida *f.*
unknown country, región desconocida *f.*
unknown lands, comarca desconocida (o inexplorada) *f.*, tierras desconocidas *f.pl.*
to unlace, desenlazar.
unlawful, ilegal, ilícito.
unlevelled, desnivelado.
unlike *adj.*, desigual, vario.

to unload, descargar.
to unload (mar.), desembarcar.
unmachined, en bruto.
unmanageable, indócil, ingobernable.
unmarked, sin marca.
to unmast (naut.), desmastelar.
unmodulated (wir.), sin modulación.
to unmoor, desamarrar.
unnavigable, innavegable.
unnecessary, innecesario.
unnoticed, desapercibido.
to unpack, desembalar, desempaquetar.
unpacked, desembalado, desempaquetado.
unpaved, desempedrado.
unpractised, inexperto, inhábil.
unproductive, improductivo.
unprofessional, antiprofesional.
unprofitable, sin provecho.
unprotected, descubierto, sin protección.
unripe, inmaturo.
unsafe, peligroso, inseguro, poco seguro.
to unscrew, destornillar.
unscrewed, destornillado.
unseasonable, fuera de estación.
unseasoned (bot.), verde.
unseaworthy (naut.), inapropiado al mar.
unsettled, agitado, inasentado.
unsettled (weather), incierto.
to unship (to remove the oars), desarmar.
to unship (to unload), desembarcar.
unsinkable, insumergible.
unsinkable lifeboat, bote salvavidas insumergible *m.*
unskilled supervision, fiscalización inexperimentada *f.*
unsold, no vendido.
unsolved, sin resolver.
unsound, defectuoso, poco factible.
unsound scheme, proyecto poco factible.
unspillable, inderramable.
unstable, inestable, instable.
unstamped, sin sellar.
unsteadiness, instabilidad *f.*
unsteady, vacilante, poco firme.
unsuitable, inapropiado, inaplicable.
unsuited, desproporcionado.
unsymmetrical, asimétrico.
untravelled (country), inexplorado.
untrue, erróneo, falso.
untrue (of rotation), oscilando.
unventilated, sin ventilación (o aeración).
unwieldy, pesado, poco manual.
to unwind, devanar.
unwrought, bruto, sin trabajar.
up *adv.*, arriba, encima.
up and down, de arriba abajo.
up-grade (c.e., rly), rampa, subida *f.*, ascenso *m.*
up the river, aguas arriba, río arriba.
uphill *adj.*, ascendente, cuesta arriba.
to upholster, entapizar, tapizar.
upholstered, tapizado.
upholsterer, tapicero *m.*
upholstery, tapicería *f.*
upkeep, conservación *f.*
upland, meseta *f.*
upper *adj.*, superior, más alto, más elevado.
upper dead centre (vertical eng.), punto muerto superior *m.*
upright *adj.*, erecto, vertical.
upright (arch., c.e.), montante *m.*
upright (carp.), pie derecho *m.*

upright projection (draw.), **elevación *f*.**
upright shaft (eng.), árbol vertical *m*.
to uproot, desarraigar.
to upset (techn.), recalcar.
upsetting machine, máquina de recalcar *f*.
upsetting test (met.), prueba al recalcado (o de martilleo) *f*.
upstairs *adv*., arriba.
upstream, contra la corriente, agua arriba.
upstream face of a dam (hyd.), paramento de presa de agua arriba.
upwards, hacia arriba.
uranite (chem.), uranita *f*.
uranium (met.), uranio *m*.
uranium (ast.), urano *m*.
urgency, urgencia *f*.
urgent, urgente.
urinal, meadero *m*.
use, empleo, uso *m*.
use no hooks !, no emplear garfios !
to use, usar, emplear.
useful, útil, utilizable.
useful compression ratio (eng.), razón de compresión eficaz *f*.
useful load (el., eng.), carga útil *f*.
useful power, fuerza útil *f*.
useful voltage, voltaje útil *m*., tensión utilizable *f*.
useful work, trabajo útil *m*.
useless, inútil.
user, consumidor *m*.
utilisation, utilización *f*.
utility, utilidad *f*.
public utility company, compañía de servicios públicos *f*.
utmost *adj*., extremo, lo más, todo lo posible.
utmost *n*., último grado, último punto *m*.

V

V-belt, correa trapezoidal *f*.
V curve (el.), curva de Mordey *f*.
V-engine, motor con cilindros en V.
V guide (mach.), deslizadera triangular (o en V) *f*.
vacant (empty), vacío, vacante.
vacancy (holiday), vacaciones *f.pl*.
vacancy (situation), vacante *f*.
vaccine, vacuna *f*.
vacuum, vacío *m*.
vacuum brake, freno al vacío (o por vacío) *m*.
vacuum brake hose, manguera de unión del freno al vacío *f*.
vacuum brake pipe (loco.), tubo del freno al vacío *f*.
vacuum cleaning, limpieza por el vacío *f*.
vacuum-gauge, indicador de vacío, vacuómetro *m*.
vacuum governor (aut., eng.), regulador del vacío *m*.
partial vacuum, vacío parcial (o escaso) *m*.
vale (geog.), cañada *f*.
valence (chem.), valencia *f*.
valley (between roofs), hoya *f*.
valley (geog.), valle *m*.
valuable, valioso, de valor.
valuation, avaluación *f*.
value, valor, precio *m*.
to value, avaluar, estimar, valorar.
valve, válvula *f*.
valve-gear (loco., st. eng.), distribución *f*.
valve-guide, guía de válvula *f*.
valve house (hyd.), casilla de las compuertas *f*., pabellón de maniobra de compuertas *m*.
valve-needle (aut.), puntero de válvula *m*.
valve refacer (eng., techn.), amoladora de asientos de válvulas *f*.
valve spindle (loc., st. eng.), biela del distribuidor *f*.
A.C. mains valve (wir.), válvula alimentada por la red alterna.
air valve, válvula atmosférica.
air valve (of balloon), válvula de ascenso.
autodyne valve (wir.), autodina *f*.
balanced valve, válvula compensada.
ball valve, válvula de flotador.
battery valve (wir.), válvula alimentada por batería.
beat valve, válvula de movimiento único, válvula de un asiento.
blow-off valve, válvula de purga.
butterfly valve, válvula de aleta.
by-pass valve, válvula derivada.
check valve, válvula de retén.
cut-off valve, válvula de expansión.
D.C. mains valve (wir.), válvula alimentada por la red continua.
deadweight safety valve, válvula de seguridad de carga directa.
detector valve (wir.), válvula detectriz.
diode valve (wir.), díodo *m*., válvula de dos elementos *f*.
double-diode triode valve (wir.), valvula doble diódica triódica.
double-seated valve, válvula doble.
drop valve (st. eng.), válvula de mariposa de resorte
dull emitter valve (wir.), válvula de filamento débil.
exhaust valve, válvula de escape.
feed valve, válvula de la alimentación.
feed-check valve, válvula reguladora de la alimentación.
four-way valve, válvula de cruz (o de 4 pasos).
gas valve, válvula para gas.
injection valve, inyector regulador *m*.
lever safety valve, válvula de seguridad de palanca.
mushroom valve : see poppet valve.
octode frequency changer valve (wir.), válvula cambiadora de frecuencias de ocho elementos.
output valve (wir.), válvula de potencia.
overhead valve (eng.), válvula al tope.
pentode valve (wir.), péntodo *m*.
poppet valve, válvula de obturador de manguito.
power valve (wir.), válvula amplificadora.
Ramsbottom safety valve, válvula de seguridad Ramsbottom.

rectifying valve (wir.), válvula rectificadora.
relief valve, válvula de alivio (o descarga).
safety valve, válvula de seguridad.
sand valve (loco., tram.), caja distribuidora de arena *f.*
screened-grid valve (wir.), válvula de rejilla pantalla.
single-seat (or single-beat) valve, válvula de asiento único.
sluice valve (hyd.), compuerta hidráulica *f.*
sluice valve (steam), válvula de diafragma.
soft valve (wir.), válvula de vacío incompleto.
spring-loaded valve, válvula de resorte.
stop valve, válvula de parada.
thermionic valve (wir.), válvula termiónica.
three-elements valve (wir.), válvula de tres electrodos.
throttle valve, válvula de estrangulación.
transmitting valve (wir.), válvula emisora.
triod valve (wir.), válvula de tres electrodos.
triple valve (brake, rly.), válvula de tres direcciones.
two-element valve (wir.), válvula de dos electrodos.
tyre valve (aut., cycle), válvula de la cámara de aire.
universal D.C./A.C. mains valve (wir.), válvula alimentada por red de cualquier corriente.
water-cooled valve (wir.), válvula refrigerada por agua.
weighted valve, válvula de contrapeso.
valved *adj.*, de válvula.
valveholder (wir.), portaválvula *m.*
van (for deliveries), camión de entregas *m.*
van (rly.), furgón *m.*
mail van (rly.), furgón postal *m.*
vanadium, vanadio *m.*
vane (const.), veleta *f.*
vane (eng.), registro *m.*
vane (inst.), pínula *f.*
vane (of windmill), aspa *f.*
vanilla, vainilla *f.*
vanner (min.), mesa tembleque *f.*, separador de mineral *m.*
vaporation, ebullición, vaporización *f.*
to vaporise, vaporizar.
variable-mu (wir.), factor amplificador variable *m.*
variation, variación *f.*
variations of speed, variaciones en la velocidad *f.pl.*
variations of temperature, variaciones de temperatura.
variometer, variómetro *m.*
varnish, barniz *m.*
body varnish, barniz para carrocería.
cabinet varnish, barniz de muñeca.
copal varnish, barniz copal.
drying varnish, barniz secante.
insulating varnish (el.), barniz aislante.
Japan varnish, charol japonés *m.*
lacquer varnish, laca *f.*
nitrocellulose varnish, barniz nitrocelulósico.
oil varnish, barniz al óleo.
priming varnish, barniz de aparejo.
to varnish, barnizar.
varnishing, barnizado *m.*
stove varnishing, barnizado antitérmico.
to vary, variar, cambiar.
to vary directly (indirectly) (mat.), variar en razón directa (inversa).
vase, vaso *m.*
vaseline, vaselina *f.*
vat, cuba, tina *f.*
cooling vat, cuba de enfriamiento.
dyeing vat, cuba de tintorero.
mixing vat, cuba de mezclar.
tanning vat, noque *m.*
wine vat, lagar *m.*
vault (arch.), bóveda *f.*
annular barrel vault, bóveda cilíndrica anular.
barrel vault, bóveda en cañón.
cellar vault, sótano abovedado.
cellular vault, bóveda de casetones.
cross vault, crucero *m.*
crown vault, bóveda de copete.
cylindrical vault, esquife *m.*
domical vault, cúpula *f.*
gothic vault, bóveda ojival.
groined vault, bóveda de aristas.
helical vault, bóveda de caracol.
inverted vault, contrabóveda *f.*
lierne vault, bóveda en estrella.
ribbed vault, bóveda con nervaduras.
spherical vault, media naranja *f.*
to vault, abovedar, cubrir con bóveda.
vaulted, abovedado.
vaulting *n.*, construcción de bóvedas *f.*
vector, vector *m.*
vector diagram, diagrama vectorial *m.*
vegetable *adj.* & *n.*, vegetal *m.*
vegetable (greens), legumbre, hortaliza, verdura *f.*
vehicle, vehículo *m.*
vein (min.), filón, criadero *m.*, vena, veta *f.*
vein-matter (min.), ganga, materia estéril *f.*
vein of metal, filón metalífero.
to vein (paint), vetear.
veined, veteado.
veinlet (min.), filoncillo *m.*, venilla *f.*
velocity, celeridad, velocidad *f.*
velocity-head (hyd.), altura dinámica *f.*
velocity of impact, velocidad del choque.
velocity stage (st. turb.), rotor de acción directa *m.*
angular velocity, velocidad angular.
initial velocity (mec.), velocidad de arranque.
linear velocity, velocidad lineal.
muzzle velocity (arms.), velocidad inicial (o de disparo).
velvet, terciopelo *m.*
velveteen, pana *f.*
veneer (carp.), chapeado, taraceado *m.*
to veneer, chapear, taracear.
veneering, chapeado *m.*
veneering press, prensa para chapear *f.*
vent (air hole), respiradero *m.*
to ventilate, ventilar, dar aire.
ventilation, ventilación *f.*
ventilator, ventilador *m.*
Venturi meter, contador hidráulico sistema Venturi *m.*
verdigris, cardenillo *m.*
vermilion, bermellón *m.*
vertex (geom.), cúspide *f.*, vértice *m.*
vertex (summit), cúspide *f.*
vertex of parabola, vértice de la parábola.
vertical component (mec.), componente vertical *f.*
vertically, verticalmente.
very fertile, ubérrimo.
vessel (container), vaso, recipiente *m.*
vessel (naut.), bajel, barco, buque *m.*, nave *f.*, navío *m.*
veterinary surgeon, médico veterinario *m.*
vial, limeta *f.*
to vibrate, vibrar.

vibration, vibración, trepidación *f.*
vibration-free, libre de vibraciones.
vice (fault), defecto *m.*, imperfección *f.*
vice (techn.), tornillo de banco *m.*
bench vice, tornillo de banco.
jaw vice, tornillo paralelo.
machine vice, mordaza *f.*
Vice-admiral, vicealmirante *m.*
vice-chairman, vicepresidente *m.*
vice-consul, vicecónsul *m.*
vice-consular, viceconsular.
vicinity, vecindad *f.*
to victual, avituallar.
victualler, abastecedor.
victualling, abastecimiento *m.*
victualling-ship (nav.), buque avituallador *m.*
victuals, víveres *m.pl.*, vitualla *f.*
view, vista *f.*
view (survey), examen *m.*
bird's eye view, vista a vuelo de pájaro *f.*
to view, mirar, examinar.
to view a house, inspeccionar una casa.
village, aldea *f.*, pueblo, villorio *m.*
small village, caserío, villorio *m.*
vine (bot.), vid, viña *f.*
vinegar, vinagre *m.*
vineyard, viñedo *n.*
virgin *adj.*, virgen, nuevo, puro.
virgin land, tierra virgen *f.*
virgin sand (found.), arena fresca *f.*
virtual, efectivo, eficaz, virtual.
virtual hinge (mec.), punto de inflexión.
virtual voltage, tensión virtual *f.*, valor eficaz de la tensión *m.*
vis viva (mec.), energía cinética, fuerza viva *f.*
viscid, viscoso, pegajoso.
viscosimeter, indicador de viscosidad, viscosímetro *m.*
viscosity, viscosidad *f.*
viscous, viscoso.
visibility, visibilidad *f.*
vision, visión *f.*
visual, visual.
visual angle, ángulo de visión *m.*
vitreous, vidriado, vidrioso, vítreo.
to vitrify, vitrificar.
vitriol, vitriolo, ácido sulfúrico *m.*
blue vitriol, sulfato de cobre *m.*, caparrosa *f.*
green vitriol, sulfato de hierro.
voice, voz *f.*
void, vacío, vacuo.
vol-plane, vuelo planeado *m.*
volatile (chem.), volátil, volatilizable.
volatile matter, materia volatilizable *f.*
volatileness, volatilidad *f.*
to volatilise, volatilizar.
volcanic, avolcanado, volcánico.
volcanic breccia (geol.), brecha volcánica *f.*
volcanic eruption, erupción volcánica *f.*
volcanic range (geol.), cordillera avolcanada *f.*
volcanic vapours, emanaciones volcánicas *f.pl.*
volcano, volcán *m.*
volley (firearms), descarga, salva *f.*
volley (art.), andanada *f.*
volt, voltio *m.*
volt-ampere, voltamperio *m.*
voltage, voltaje *m.*, tensión *f.*
voltage between bars (dynamo), tensión entre láminas.
voltage between brushes, tensión entre escobillas.
voltage control, mando del voltaje *m.*
voltage drop, caída de tensión *f.*
voltage regulation (act of regulating), regulación del voltaje *f.*
voltage regulation (inherent), caída de tensión
voltage regulator, regulador de voltaje (o de tensión) *m.*
voltaic, voltaico.
voltameter, voltámetro *m.*
voltmeter, voltímetro *m.*
aperiodic voltmeter, voltímetro aperiódico.
dead-beat voltmeter, voltímetro aperiódico.
direct-current voltmeter, voltímetro para corriente continua.
dynamometer voltmeter, voltímetro dinamométrico.
edgewise voltmeter, voltímetro de canto.
electrostatic voltmeter, voltímetro de influencia (o electrostático).
hot-wire voltmeter, voltímetro térmico (o de hilo caliente).
marine voltmeter, voltímetro de marina.
moving-coil voltmeter, voltímetro de carrete móvil.
moving-iron voltmeter, voltímetro de hierro móvil.
paralleling voltmeter, voltímetro sincronizador.
portable voltmeter, voltímetro portátil.
recording voltmeter, voltímetro registrador.
soft-iron-vane voltmeter, voltímetro de hierro dulce móvil.
static voltmeter, voltímetro estático.
switchboard voltmeter, voltímetro para cuadro.
synchronising voltmeter, voltímetro sincronizador.
volume, volumen *m.*
volume efficiency, rendimiento volumétrico *m.*
volume of cube (sphere, cylinder, etc.), volumen del cubo (esfera, cilindro, etc.).
volume of cylinder (eng.), cilindrada *f.*
volume of earth in cutting (c.e.), cubicado de (movimiento de) tierra en el corte de zanjas (o trincheras) *m.*
volume of fall (hyd.), volumen de agua caída *m.*
volume resistivity (el.), resistividad volumétrica *f.*
volumetric, volumétrico.
volumetric analysis, análisis volumétrico(a) *m.* & *f.*
voluminous, voluminoso.
volute (arch.), voluta *f.*
volute spring, muelle (o resorte) espiral *m.*
vomic-nut, nuez vómica *f.*
vortex, remolino *m.*, vorágine *f.*
voussoir, dovela *f.*
voyage (mar.), travesía *f.*, viaje *m.*
to vulcanise, vulcanizar.
vulcanised, vulcanizado.
vulcaniser, vulcanizador.
vulcanite, ebonita *f.*

W

wacke (geol.), roca parda terrosa *f.*
wad, borra *f.*
wad (art.), taco *m.*
to wad, acolchar.
wadding, acolchado *m.*
to wade, vadear.
waders, botas de vadear *f.pl.*
wages, salario, sueldo *m.*
daily wages, jornal *m.*
wagon, carreta *f.*, carretón *m.*
wagon (rly.), vagón *m.*
wagon tipper, basculador de vagones, bascula vagones *m.*
wagon works, fábrica de vagones *f.*
cattle wagon, vagón para ganado.
covered wagon, vagón cubierto.
glass-lined wagon, vagón con tanque de vidrio.
goods wagon, vagón para mercancías.
grain wagon, vagón para cereales.
milk wagon, vagón para leche.
petroleum wagon, vagón para petróleo.
railway wagon, vagón de carga.
road wagon (on roads), carromato *m.*
timber wagon, vagón para leña (o para madera).
tipping wagon, vagón de volquete, vagón inclinable.
wainscot (const.), alfarje *m.*
to wainscot, alfarjar, entablar.
wainscotting, alfarje *m.*
waist (shpbdg.), combés *m.*
waist-board, falca *f.*
wake (ship's), estela *f.*
to walk, andar, caminar.
wall, pared, muralla *f.*, muro *m.*
wall-paper, papel pintado *m.*
wall-plate (arch.), carrera *f.*
wall-plate (carp.), solera *f.*
wall-sided *adj.*, a pique, escarpado.
boulder wall, muro de chinas.
brick wall, pared de ladrillos.
breast wall, muro de apoyo.
cooling wall (eng.), placa refrigerante *f.*
fencing wall, muro de recinto.
foot wall (min.), muro de filón *m.*
foundation wall, muro de cimientos.
front wall, pared frontal.
mean wall, pared medianera.
mud wall, tapia *f.*
partition wall, tabique *m.*
quay wall, muro de muelle.
retaining wall, muro de apoyo (o descarga o de sostén).
river wall, murallón de ribera *m.*
sloping wall, pared en escarpa.
sluice wall, muro de esclusa.
spandrel wall, muro al aire.
thick wall, paredón *m.*
to wall, murar.
to wall bound, amurallar.
wharf wall : see quay wall.
wing wall, muro en ala.
walled, amurallado, murado.
walling *n.*, emparedado *m.*, mampostería *f.*
warmer *n.*, calentador *m.*
bath warmer (domestic), estufa de baño *f.*
dish warmer (electric usually), calientaplatos eléctrico *m.*, chofeta eléctrica *f.*
foot warmer, calientapiés *m.*
walnut, nogal *m.*
to wane, menguar, decrecer.
want of accuracy, falta de precisión, inexactitud *f.*
war, guerra *f.*
War-Office, Ministerio de la guerra *m.*
at war with, en guerra con (o contra).
ward (in hospital), sala *f.*
ward (municipal), parroquia *f.*
Ward-Leonard control system, mando por el sistema Ward Leonard *m.*
ward-room (nav.), cuarto de oficiales *m.*
warder, guarda, guardián *m.*
warehouse, almacén, depósito *m.*
bonded warehouse, almacén fiscal.
warehousing, almacenaje *m.*
warm, caliente.
warm (weather), caluroso.
to warm, calentar, caldear.
to warm a room, calentar una habitación.
to warm the coaches (rly.), calentar los coches.
warming *adj.*, calentador.
to warp (av.), alabear.
to warp (text.), urdir.
to warp (to buckle), alabear, combar, doblegarse, encorvarse.
to warp wood, alabear madera.
warped, alabeado, combado, doblegado.
warping machine (text.), urdidora *f.*
warrant-officer (nav.), maestre *m.*
to warrant, garantizar.
warranty, garantía *f.*
warranty of fitness (ap., mach.), garantía de aptitud.
warship, buque de guerra, navío *m.*
wash (draw.), lavado *m.*
wash (geol.), limo de avenidas *m.*
wash-board (carp.), plinto *m.*
wash-bottle (chem.), frasco de lavar *m.*
wash-cylinder (min.), tambor de lavar *m.*
wash-house, lavadero *m.*
wash-in (av.), incremento del ángulo de incidencia (hacia el reborde del ala).
wash-leather, gamuza *f.*
wash-out (av.), decremento del ángulo de incidencia (hacia el reborde del ala).
to wash, lavar.
to wash ore (or coal), lavar mineral (o carbón).
washer (ring), arandela *f.*
washer (who washes), lavador, lavandero *m.*
fibre washer, arandela de fibra.
lead washer, arandela de plomo.
lock washer, arandela de cierre.
spring washer, arandela de presión.
washery (min.), lavadero, taller de lavado *m.*
washing (action of running waters on banks of river), abrasión *f.*, derrubio *m.*
washing *n.*, lavado *m.*
washing-bottle, frasco lavador *m.*

washing machine, lavadora mecánica *f.*
washing machinery, maquinaria para lavar *f.*
washing process (min.), procedimiento de lavado *m.*
waste, desperdicio, gasto inútil, despilfarro *m.*
waste (land), baldío, desierto.
waste channel, zanja de desagüe *f.*
waste gas, gas de desecho *m.*
waste-gate (hyd.), compuerta de descarga *f.*
waste-heat, calor de escape *m.*
waste land, terreno baldío *m.*
waste of money, despilfarro de dinero *m.*
waste of power, pérdida de fuerza *f.*
waste of time, pérdida de tiempo *f.*
waste-pipe, caño de reboso *m.*
waste-products, desperdicios *m.pl.*
waste-shaft (min.), pozo de relleno *m.*
waste-weir (hyd.), rebosadero, vertedor de reboso *m.*
cotton waste, borra de algodón *f.*
to waste, desperdiciar, consumir inútilmente, despilfarrar.
to waste current (el.), desperdiciar corriente.
wasteful, ruinoso, inútil.
wastefulness, desperdicio, gasto inútil.
watch (mil.), centinela, guardia *m.*
watch (nav.), cuarto *m.*, ronda *f.*
watch (timekeeper), reloj *m.*
watch-barrel, caja de reloj *f.*
watch-glass, cristal de reloj *m.*
watch-tower, atalaya *f.*
to watch, custodiar, guardar.
to watch (attentively), observar.
watchmaker, relojero *m.*
watchwork, movimiento (de reloj) *m.*
water, agua *f.*
water *adj.*, hidráulico, por agua.
water-actuated, movido por agua.
water-adit (min.), galería de desagüe *f.*
water-ballast, lastre de agua *m.*
water-bearer (ast.), acuario *m.*
water-bearing *adj.*, acuífero.
water-bed (hyd.), álveo *m.*
water-borne, flotante.
water brake, freno hidráulico *m.*
water can, regadera *f.*
water-carriage, transporte por agua *m.*
water-cart, carro de regar *m.*, regadora *f.*
water-cement, cemento hidráulico *m.*
water-circulator, circulador del agua *m.*
water-closet, excusado *m.*, letrina *f.*, retrete *m.*
water-colour, acuarela *f.*
water consumption, gasto de agua *m.*
water containing impurities, agua cargada de impurezas.
water-cooling, enfriado por agua.
water-course, corriente de agua *f.*
water crane (rly.), brazo de toma de agua *m.*
water-drainage, desagüe, encañizado *m.*
water duct, conducto de agua, caño de agua *m.*
water-gas plant, generador de gas pobre *m.*
water-gauge (boil.), indicador del nivel de agua *m.*
water-gauge (hyd.), vara de aforar *f.*
water-hammer (in pipes), turbión *m.*
water-level, nivel del agua *m.*
water-level (inst.), nivel de agua *m.*
water line, nivel del agua *m.*
water lines (shpbdg.), líneas de flotación *f.pl.*
water-logged, anegado.
water-logged level (min.), galería anegada *f.*
water-mark (limit of rise), nivel de altura *m.*
water-mark (on paper), filigrana *f.*
water-mark (on river), nivel de estiaje *m.*
water-melon, sandía *f.*
water-mill, aceña *f.*, molino hidráulico *m.*
water of hydration (geol.), agua de hidratación *f.*
water-plug (naut.), boca de agua *f.*
water power, fuerza hidráulica, hulla blanca *f.*
water power scheme, proyecto de fuerza hidráulica *m.*
water-proofed *adj.*, impermeabilizado.
water purification, clarificación del agua *f.*
water service, servicio de aguas corrientes *m.*
water-side, borde del agua *m.*
water-softener, generador de agua dulce *m.*
water softening, endulzamiento del agua *m.*
water softening plant, instalación productora de agua dulce *f.*
water-spout, tromba *f.*
water-supply, abastecimiento de agua *m.*
water-table (arch.), alero de desagüe *m.*
water-tank, estanque, depósito de agua *m.*
water-tank (loco., naut.), caja de agua *f.*
water-temper (met.), templado al agua *m.*
water-trough (loco.), canaleta de toma en marcha *f.*
water-way (hyd.), canal (o río) navegable *m.*
water-way (tr.), vía acuática, vía fluvial (o marítima) *f.*
acidulated water, agua acidulada.
distilled water, agua destilada.
downstream water, agua abajo.
fresh water, agua dulce.
hard water, agua salobre.
head water (hyd.), carga de agua *f.*
pressure water, agua bajo presión.
rain water, agua de lluvia, agua llovediza.
river water, agua de río (o fluvial).
running water, agua viva.
soft water, agua dulce.
spring water, agua de manantial.
to water (irrigate), regar.
to water (to take in water), tomar agua.
upstream water, agua arriba
well water, agua de pozo.
waterage, transporte por agua *m.*
watered, regado, mojado.
waterfall, cascada, caída de agua *f.*, salto de agua *m.*
waterglass (chem.), silicato sódico *m.*
watering (irrigation), riego, regadío *m.*, irrigación (S.A.) *f.*
watering (naut.), aguada *f.*
watering can, regadera *f.*
watering-cart, tonel de riego *m.*
watering-place (resort), balneario *m.*, terma *f.*
watering-place (to water), aguadero *m.*
waterless, seco, sin agua.
waterman, barquero *m.*
waterproof, impermeable.
waterproofing, impermeabilización *f.*
watershed (geog.), cuenca *f.*
watertight, estanco.
watertight bulkhead (shpbdg.), mamparo impermeable *m.*
waterworks (c.e.), aguas corrientes *f.pl.*
watery, acuoso.
watt, vatio *m.*
watt-hour, vatio-hora *m.*
watt balance, vatímetro de balanza *m.*
watt-hour content of a battery, capacidad (en vatios horas) de una batería *f.*
watt-hour efficiency, rendimiento de cantidad (de electricidad) *m.*
apparent watts, energía aparente (o ilusoria) *f.*

wattage (i.e. total power in watts), energía vatimétrica *f.*
wattless, desvatiado.
wattless component, componente desvatiada *f.*
wattmeter, vatímetro *m.*
dynamometer wattmeter, vatímetro dinamométrico.
electrodynamometer wattmeter, vatímetro electrodinamométrico.
lamp-testing wattmeter, vatímetro probador de lámparas.
recording wattmeter, vatímetro registrador.
unbalanced-load wattmeter, vatímetro para fases desequilibradas.
wave (el., phys.), onda *f.*
wave (hyd.), ola *f.*
wave amplitude factor, factor de amplitud de una onda *m.*
wave-band (wir.), franja undosa *f.*
wave-length : see wavelength.
wave mechanics (phys.), mecánica ondulatoria *f.*
wave propagation (phys.), propagación de las ondas *f.*
wave-shaped (el., mat., phys.), en forma de onda, undoso.
wave winding (el.), arrollamiento ondulado *m.*
continuous wave, onda inamortiguada.
damped wave, onda amortiguada.
electric wave, onda eléctrica.
electromagnetic wave, onda electromagnética.
fundamental wave (el., wir.), onda fundamental (o natural).
long wave, onda larga.
short wave, onda corta.
sine wave, senoide *f.*
to wave, ondear.
to emit waves, emitir ondas.
wavelength, longitud de onda *f.*
wavemeter, ondámetro *m.*
heterodyne wavemeter, ondámetro heterodínico.
wax, cera *f.*
paraffin wax, cera de parafina.
polishing wax, cera de lustrar.
way, vía *f.*, camino, paso, pasaje *m.*
way (course), ruta, marcha *f.*, rumbo *m.*
way (shpbdg.), grada de construcción *f.*
ways and means, recursos financieros *m.pl.*
weak, débil.
to weaken, debilitar.
wealth, riqueza, prosperidad *f.*
wealthy, rico, opulento.
weapon, arma *f.*
wear, desgaste *m.*
wear and tear, usura normal *f.*
wear of bearing, desgaste del cojinete.
to wear (to use), usar.
to wear (to waste), desgastar, consumir.
to wear out, agotar.
to wear out (or down), desgastarse, usarse.
weather, tiempo *m.*
weather-bound, detenido por el mal tiempo.
weather-bureau, departamento meteorológico *m.*
weather-cock (arch.), veleta *f.*
weather-forecast, pronóstico del tiempo *m.*
weather-glass, barómetro *m.*
weather-proof, protegido contra la intemperie.
weather-side (naut.), a barlovento.
boisterous weather, tiempo tempestuoso.
clear weather, tiempo claro.
dull weather, tiempo cubierto.
fair weather, buen tiempo.
foggy weather, tiempo neblinoso.
foul weather, mal tiempo.
hazy weather, tiempo brumoso.
hot weather, tiempo caluroso.
settled weather, tiempo sereno.
stormy weather, tiempo borrascoso.
sultry weather, bochorno *m.*
unsettled weather, tiempo incierto.
warm weather, tiempo caluroso.
weathering (geol.), desgaste de las rocas (por los agentes atmosféricos) *m.*
weatherproof, al abrigo de la intemperie, resistente a la intemperie.
to weave, tejer.
weaver, tejedor *m.*
web (of section iron), ala *f.*
web (of rail), alma de un riel *f.*
wedge, cuña *f.*
wedge (of arch), dovela *f.*
wedge (to lift), calce, calzo *m.*
wedge-shaped, cuneiforme.
to wedge, calar con cuña.
to wedge (to lift), calzar.
weed, cardo *m.*, mala hierba *f.*
to weed, desherbar, escardar.
weeder (tool), escardillo *m.*
week, semana *f.*
weekly, semanal.
to weigh, pesar.
to weigh behind the tender (rly.), pesar en carga arrastrada.
this train weighs 550 tons behind the tender, este tren pesa 550 toneladas de carga arrastrada.
to weigh the anchor (naut.), levar ancla(s).
weighbridge, báscula automática *f.*
weighing *n.*, pesada *f.*
weighing machine, báscula *f.*
weight, peso *m.*
dead weight, peso muerto (o inactivo).
weight empty, peso vacío (o en vacío), peso descargado.
gross weight, peso bruto.
nett weight, peso neto.
specific weight, peso específico.
weights (to weigh with), pesas *f.pl.*
weir, vertedero, vertedor *m.*
weir-recorder, medidor de gasto de vertedero *m.*
measuring weir, presa de aforar *f.*
rectangular-notch weir, vertedero de escotadura rectangular.
V-notch weir, vertedero de aforo en V *m.*
waste weir, presa de reboso.
weld, soldadura, unión soldada *f.*
to weld, soldar.
weldable, soldable.
welded steel, acero soldado *m.*
welder, soldador *m.*
welding, soldadura *f.*
welding flux, liga para soldar *f.*
welding heat, temperatura de soldadura *f.*
welding machine, máquina de soldar *f.*
welding process, procedimiento de soldar *m.*
welding rod, soldadura en varillas *f.*
welding-wire, alambre para soldar *m.*
arc welding, soldadura por arco eléctrico.
arc welding machine, máquina de soldar por arco eléctrico.
butt welding, soldadura de topes.
butt welding machine, máquina de soldar al tope.
lap welding, soldadura solapada.
scarf welding, soldadura oblicua (o sesgada).
spot welding, soldadura por puntos.

spot welding machine, máquina de soldar por puntos.
weldless (generally drawn tubes) *adj.*, estirado natural, sin soldadura.
well (found.), solera *f.*
well (hyd.), pozo de agua *m.*
well (naut.), sentina *f.*
well (of stairs), caja de escalera *f.*
well-being, bienestar *m.*
well-known, conocido, afamado, renombrado, reputado.
well-known firm, casa renombrada *f.*
well-known manufacturing engineers, Ingenieros constructores reputados.
well-made, bien hecho (construído o manufacturado o fabricado).
well-sinking, excavación (o cavadura) de pozos *f.*
artesian well, pozo artesiano.
hot well (st. eng.), tinaja de condensación *f.*
west *adj.*, del oeste, occidental.
west *n.*, oeste, occidente, poniente *m.*
westerly (from the west), del oeste, occidental.
westerly (towards the west), al oeste, hacia el oeste, occidental.
western, del oeste.
Western Railway, Ferrocarril del Oeste.
westernmost, lo más al oeste.
westing (naut.), rumbo al oeste *m.*
westward, al oeste, hacia el oeste.
wet, húmedo.
wet-dock, dársena de flote *f.*
wet process, procedimiento húmedo *m.*
wether (zool.), carnero *m.*
wetness, humedad *f.*
wetted perimeter (hyd.), perímetro mojado *m.*
whale, ballena *f.*
whale-boat, barco ballenero *m.*
whale-ship, buque ballenero *m.*
whalebone, barba de ballena, ballena *f.*
whaler (ship), ballenero *m.*
whaling, pesca de la ballena *f.*
wharf, muelle, desembarcadero *m.*
wheat, trigo *m.*
wheat-field, trigal *m.*
wheel, rueda *f.*
wheel (a gear), engranaje, piñón *m.*, rueda dentada *f.*
wheel and axle, torno *m.*
wheel-arm, rayo de rueda *m.*
wheel-centre, cubo de rueda *m.*
wheel-centre boring machine, taladradora para cubos de ruedas *f.*
wheel-house (naut.), timonería *f.*
wheel-man (naut.), timonel *m.*
wheel-moulding machine, moldeadora mecánica para ruedas *f.*
wheel-seat, apoyo de rueda, cojinete *m.*
wheel-work, mecanismo *m.*
bevel wheel, engranaje cónico *m.*
cog wheel, rueda dentada *f.*
coupled wheels, ruedas acopladas *f.pl.*
disc wheel, rueda llena.
driving wheel, rueda motriz.
escapement wheel, rueda catalina.
friction wheel, cilindro de fricción *m.*
hydraulic wheel, rueda hidráulica.
inking wheel, rodillo de caracteres *m.*
Pelton wheel, rueda hidráulica Pelton.
ratchet wheel, rueda de trinquete.
spur wheel, engranaje recto *m.*
star wheel, rueda de rayos.
trailing wheel, rueda portante.
water wheel, motor hidráulico *m.*, rueda hidráulica *f.*
wire wheel, rueda de rayos de alambre.
wooden spokes wheel, rueda de rayos de madera.
wheelbarrow, carretilla *f.*
wheelbase, batalla *f.*
wheelwright, carretero *m.*
when ordering spares, please quote part number, al pasar pedido de piezas de recambio, sírvase mencionar el número de la pieza.
to whet, afilar, aguzar.
whetstone, aguzadera *f.*
whey, suero *m.*
whip (lash), látigo, chicote (S.A.) *m.*
whipper, descargador de carbón *m.*
whirling speed of a shaft (mec.), rotación crítica de un árbol *f.*
whirlpool, remolino *m.*
whistle, silbato *m.*
whistle signal, señal de silbato *f.*
whistle valve (loco.), válvula del silbato *f.*
compressed-air whistle, silbato por aire comprimido.
high-pitched whistle, silbato atiplado.
low-pitched whistle, silbato de tono grave.
steam whistle, silbato a vapor.
to whistle, silbar.
white, blanco.
white-copper, cobre blanco *m.*
white-hot (met.), calentado al blanco.
white lead, albayalde *m.*
white-lime, blanco calizo *m.*
white metal, metal antifricción *m.*
white spruce (bot.), abeto blanco.
to whiten, blanquear.
whitening, blanqueamiento *m.*
whitewash (mas.), lechada, leche de cal *f.*
to whitewash, blanquear, enjalbegar.
whitewashing, blanqueado, enjalbegado *m.*
whole, entero, total, completo.
whole number, número entero *m.*
wholesale, venta al por mayor *f.*
wholesale *adj.*, al por mayor.
wholesale price, precio de mayor *m.*
wholesome, saludable.
wick, mecha *f.*
wick lubrication, engrase por mecha *m.*
wicker, mimbre *m.*
wide, ancho.
wide (extensive), vasto, espacioso.
to widen, ensanchar.
wideness, anchura *f.*
widening *n.*, ensanchado, ensanche *m.*
width, anchura *f.*
wild, salvaje, selvático, silvestre.
wild country, región salvaje *f.*
wilderness, desierto, páramo *m.*, soledad *f.*
wildness (of country), selvatiquez *f.*, carácter salvaje *m.*
willow, sauce *m.*
weeping willow, sauce llorón.
wimble, berbiquí *m.*
winch, cabria *f.*, guinche (S.A.), montacargas, torno *m.*
hand winch, cabria de mano.
steam winch, cabria de vapor *f.*, guinche a vapor (S.A.) *m.*
wind, viento *m.*
wind-bound (mar.), detenido por viento contrario.
wind-gauge, anemómetro *m.*
wind resistance, resistencia del viento (al avance) *f.*

wind-rose, rosa de los vientos *f.*
wind-screen, mampara *f.*
wind tight, impenetrable.
wind tunnel (av.), túnel aerodinámico *m.*
baffling wind, ventolina variable *f.*
eddy wind, remolino de viento *m.*
foul wind (mar.), viento contrario.
head-on wind resistance, resistencia frontal del viento.
the wind lulls, el viento cae.
to wind (clock), dar cuerda.
to wind (round), enrollar, arrollar, bobinar.
to wind an armature (el.), bobinar un inducido.
to wind off (rope or cable), devanar.
to wind up (or round), enrollar, arrollar.
to wind a rope round a drum, enrollar una cuerda sobre un tambor.
to wind up (com.), liquidar.
to wind up (clock) : same as to wind (clock).
windage (mach.), pérdida de energía por efecto del viento *f.*
windage resistance (mach.), resistencia del aire en circulación *f.*
winding *adj.*, sinuoso, tortuoso.
winding (el.), arrollamiento *m.*, bobina *f.*, bobinado *m.*
winding (of a road), recodo *m.*
winding-engine (min.), máquina de extracción *f.*
winding former (el.), forma de bobinar *f.*
winding-gear (for hoisting in min.), instalación de extracción *f.*
winding-pitch (el.), paso del arrollamiento *m.*
winding-rope (min.), cable de extracción *m.*
winding shop (el.), taller de bobinado *m.*
bar winding, arrollamiento de barras.
windlass (mar.), molinete *m.*
windmill, molino de viento *m.*
window, ventana *f.*
window (of shop), escaparate *m.*, vidriera *f.*
window-case, bastidor de ventana *m.*
window fastening, cierra de ventana *m.*
window frame, marco de ventana *m.*
window-pane, vidrio de ventana *m.*
window post, jamba *f.*
window-sash, bastidor de ventana corrediza *m.*
dome window, lumbrera *f.*
gable window, ventana de tímpano.
louvre window, lucarna *f.*
ogee window, ventana ojival.
oriel window, ventana voleada.
windscreen, paraviento *m.*
windward *adj.*, a barlovento.
windward *n.*, barlovento *m.*
windy, ventoso.
wine, vino *m.*
wine-cellar, bodega *f.*
wine-grower, vinicultor *m.*
wine-growing *n.*, vinicultura *f.*
wine-merchant, vinero *m.*
wine-press, lagar *m.*
wing, ala *f.*
wing-load (av.), carga alar *f.*
wing-rail (rly.), pata de liebre *f.*
wing-tip, punta de ala *f.*
winged, alado.
to winnow (ag.), abalear.
winter, invierno *m.*
winter season, invernada *f.*
winterly, invernal.
wintry, hibernal, hiemal.
winze (min.), galería de prueba del filón, galería lateral *f.*
to wipe, enjugar.
wiper (aut.), enjugador automático *m.*
wire, alambre, hilo metálico *m.*
wire-drawing, estirado de alambres, hilerado *m.*
wire-gauze, tejido metálico *m.*
wire-worker, obrero alambrero *m.*
wire-works, fábrica de alambre *f.*
aluminium wire, alambre de aluminio.
bare wire, alambre sin aislar.
bracing wire (av., const.), viento de refuerzo *m.*
bronze wire, alambre de bronce.
cold-drawn wire, alambre estirado en frío.
conductor wire, hilo conductor, conductor *m.*
connecting wire, hilo conector *m.*
copper wire, alambre de cobre.
cotton-covered wire, alambre aislado con algodón.
drawn wire, alambre estirado.
electric wire, conductor eléctrico.
galvanised wire, alambre galvanizado.
hard-drawn copper wire, alambre de cobre estirado en frío.
insulated wire, hilo aislado *m.*
iron wire, alambre de hierro.
locking wire, alambre frenador (o de sujeción).
neutral wire (el.), conductor neutro.
phosphor-bronze wire, alambre de bronce fosforoso.
pilot wire (el.), alambre piloto.
platinum wire, alambre de platino.
resistor wire, hilo resistente.
rubber-insulated wire, alambre aislado con caucho.
silk-covered wire, alambre recubierto de seda.
steel wire, alambre de acero.
stranded wire, cable retorcido.
streamlined wire, alambre fuselado.
suspension wire, alambre suspendido.
telephone wire, cable telefónico *m.*
to wire (i.e. : to put the wires for el.), instalar la electricidad.
to wire (to wire round), alambrar.
to wire a house, instalar la electricidad en una casa.
to wire a theatre, proveer a un teatro de instalación eléctrica.
to wire (to bind), atar con alambre.
to wire (to telegraph), telegrafiar.
trolley wire, alambre conductor para tracción eléctrica *m.*
wax-covered wire, alambre encerado.
to wiredraw, estirar.
wiredrawing *n.*, estirado de alambre *m.*
wiredrawing (gradual fall of pressure in st. eng.), estrangulación del vapor *f.*
wiredrawing bench, hilera *f.*, banco de estirar *m.*
wiredrawing machine, hilera mecánica *f.*
wiredrawn *adj.*, estirado.
wireless *adj.*, inalámbrico, sin hilos.
wireless *n.*, comunicación inalámbrica, telefonía (o telegrafía) sin hilos, T.S.H. *f.*
wireless control, mando inalámbrico *m.*
wireless fan, aficionado de radio *m.*
wireless transmission, radiocomunicación, radioemisión *f.*
wireless transmission of pictures, transmisión inalámbrica de las fotografías *f.*
to wireless, radiotelegrafiar, telegrafiar sin hilos.
wiring (el.), conexiones *f.pl.*, instalación de conductores *f.*
wiring diagram, dibujo de las conexiones *m.*

wiring for 28 lights and 6 points (el.), instalación para 28 luces y 6 tomas.
conduit wiring, **instalación de conductores en** tubos *f.*
with respect to x (mat.), con relación a x.
within *prep.*, **en, dentro de, en el interior de.**
within hearing, **al alcance de la voz.**
within the limits of the city, **dentro del término** de la ciudad.
without *adv.*, **fuera.**
witness, testigo *m.*
to witness (to attest), **atestiguar, testificar.**
to witness (to see), presenciar, ser testigo.
Witworth thread (techn.), filete inglés (o de Witworth) *m.*
wolfram, volframio, tungsteno *m.*
wood (cut stuff), madera *f.*
wood (trees together), bosque *m.*, selva *f.*
wood block, bloque de madera *m.*
wood-chopper, merlín *m.*
wood-cutter, leñador *m.*
wood fibre, fibra de madera *f.*
wood moulding, moldura de madera *f.*
wood preservative, preservativo para madera *m.*
wood pulp, pulpa leñosa *f.*
wood strip, listón de madera *m.*
wood wool, pelusa de madera *f.*
wood-working machinery, maquinaria para labrar madera *f.*
wood-yard, depósito de madera *m.*
air-dried wood, madera secada al aire.
decayed wood, madera podrida.
dry wood, madera seca.
grain of the wood, fibra de la madera *m.*
green wood, madera verde.
iron wood, madera de hierro.
pine wood, madera de pino.
quebracho wood, quebracho *m.*
resinous wood, madera resinosa.
satin wood, madera de satén.
seasoned wood, madera sazonada.
tough wood, madera dura.
veined wood, madera veteada.
wooden *adj.*, de madera.
woodwork, obra de carpintería *f.*, maderaje, maderamen *m.*
wool, lana *f.*
wool-combing machine, máquina de peinar lana *f.*
woollen *adj.*, de lana, lanoso.
word, palabra *f.*
by word of mouth, verbalmente.
to word, redactar, exponer.
work, faena *f.*, trabajo *m.*, obra *f.*
work (finished work or product), obra *f.*, producto *m.*
work (important), obra *f.*
work-bench, banco de taller *m.*
work in depth (min.), laboreo de fondo *m.*
work of acceleration, trabajo de aceleración *m.*
work of resilience (mec.), trabajo elástico *m.*
work of resistance, trabajo resistente.
in work, en marcha, en servicio.
schedule work, trabajo de régimen.
to work, trabajar.
to work (mach.), funcionar, marchar.
to work (met.), elaborar.
to work (naut.), maniobrar.
to work (stuffs), labrar.
to work (to cause to), hacer funcionar, poner en marcha.
to work a mine, laborear una mina.
to work against the grain (wood), labrar a contrafibra.
to work graphically, calcular diagramáticamente.
to work into (mach.), engranarse.
to work out (calculus), calcular, resolver.
to work true, trabajar con precisión (o exacto).
to work underground (c.e.), trabajar en subterráneo.
to work underground (min.), trabajar a fondo de mina.
workable, ejecutable, factible, práctico.
worker, trabajador, operario *m.*
workhouse, asilo *m.*
working *adj.*, en marcha, en movimiento, en funcionamiento.
working (mach.) *n.*, funcionamiento *m.*, marcha *f.*
working-day, día hábil *m.*
working-drawing, dibujo de ejecución *m.*
working-drawing (arch., const.), montea *f.*
working costs, gastos de explotación *m.pl.*
working from below (min.), explotación ascendente *f.*
working hours, horas de trabajo *f.pl.*
working-load (el., mec.), carga práctica *f.*
working method (mfg.), método de producción *m.*
working motion (mach.), carrera de trabajo *f.*
working over a considerable speed range, funciona bajo extensa serie de velocidades.
working-party, equipo de obreros *m.*
working position, posición de marcha *f.*
working pressure, presión de funcionamiento *f.*
working pressure of 290 lbs. per sq. in., presión de marcha de 20 kos. por cm^2.
working stress (mec.), carga de seguridad.
in working order, en orden de marcha.
not working, no funciona, parado.
workman, obrero *m.*
workman's dwelling, vivienda de obrero *f.*
workmanship, mano de obra, obra *f.*
workmanship (art or style), factura *f.*
workmanship (skill), habilidad, pericia *f.*
works (buildings), talleres *m.pl.*, fábrica, usina (S.A.) *f.*
works (mechanism), mecanismo, movimiento *m.*
works (mil.), obras de defensa *f.pl.*
works (ship's), obras muertas *f.pl.*
works manager, director de fábrica, director de usina (S.A.) *m.*
electricity works, fábrica de electricidad, usina de electricidad (S.A.) *f.*
workshop, taller *m.*
workwoman, obrera *f.*
world, mundo *m.*
the new World, el nuevo Mundo *m.*
worm (chem.), serpentín *m.*
worm (of screw), filete *m.*
worm (techn.), tornillo sin fin *m.*
worm (zool.), gusano *m.*
worm and wheel, engranaje de tornillo sin fin *m.*
worm-auger, barrena de gusano *f.*
worm-bit (techn.), mecha helicoidal *f.*
worm-drive, impulsión por tornillo sin fin *f.*
worm-eaten, roído por los gusanos.
worm-gear cutting machine, fresadora de engranajes helicoidales *f.*
worm-gear driven, impulsado por tornillo sin fin y engranaje.
worm-hob (mach. tools), fresa helicoidal *f.*
worm-rack, cremallera de tornillo sin fin *f.*
worm-wheel, rueda serpentina *f.*

worm-wheel generating machine, fresadora para ruedas serpentinas *f.*
worn-down by rain and frost (geol.), desagregado por la lluvia y el hielo.
worn hollow, ahuecado por el uso.
worn-out, desgastado.
worth, valor, precio *m.*
wound (el.), *adj.*, arrollado, bobinado.
wound (injury), herida *f.*
to wrap, envolver.
wrapper, tela de embalaje *f.*
wrapping machine, máquina de empaquetar *f.*
wreck (naut.), naufragio, siniestro *m.*
wreck (the wrecked part), despojo *m.*
wrench, llave para tuercas *f.*
double-ended wrench, llave doble.
screw wrench, llave Inglesa.
to wrench, arrancar.
to wring, torcer, retorcer.
to write, escribir.
to write down, anotar.
to write for, hacer venir.
to write off (capital), amortizar.
to write out, copiar, transcribir.
writer *adj.*, escribiente, inscribiente.
writer *n.*, escritor *m.*
wrong, falso, erróneo, incorrecto.
wrong connection (el., tel.), conexión incorrecta *f.*
wrong number (tel.), número errado *m.*
wrought, trabajado, labrado.
wrought (met.), batido, forjado.
wrought-iron scrap, desecho de hierro, hierro de desecho *m.*
W.T., abreviación de wireless telegraphy q.v.

X

X-ray analysis, análisis radiográfico *m.*
to X-ray, pasar a los rayos X, examinar con rayos X, radiografiar.
X-rays, rayos equis, rayos X *m.pl.*
xylene, xileno *m.*
xylol, xilol *m.*
xylite, xilita *f.*
xyloidine, xiloidina *f.*

Y

Y-connected (el.), acoplado en estrella, en estrella.
Y-connection, acoplamiento en estrella *m.*
yacht, yate *m.*
yacht-club, club náutico, club de yates *m.*
motor yacht, yate automóvil.
steam yacht, yate a vapor.
yachting, práctica del yate *f.*
yard (const.), patio *m.*, playa *f.*, corralón (S.A.) *m.*
yard (meas.), yarda = 0m91.
yard (naut.), verga *f.*
yard (shpbdg.), astillero *m.*
yarn (text.), hilo *m.*, hilaza *f.*
yarn-tester, cuentahilos *m.*
yarn-testing machine, ensayadora de hilaza *f.*
yaw (av.), coleo, serpenteo *m.*
to yaw, serpentear, colear.
year, año *m.*
yearling (zool.), animal de un año *m.*
yearly, anual.
yeast, levadura *f.*
yellow, amarillo.
yellow copper, cobre piritoso *m.*
yellow copper ore, calcopirita *f.*
yellow-earth, ocre amarillo *m.*
yellow fever (med.), fiebre amarilla *f.*
yellow flag (mar.), bandera de cuarentena *f.*
yellow metal, latón, metal de Muntz *m.*
yellow phosphorus, fósforo blanco (o amarillento) *m.*
yellow prussiate of potash, ferrocianuro potásico *m.*
yellow prussiate of soda, ferrocianuro sódico *m.*
yellowish, amarillento.
yew (bot.), tejo *m.*
yield, cesión *f.*, límite *m.*
yield (fin.), interés, producto, rédito *m.*, renta, utilidad *f.*
yield (of ore), ley, riqueza *f.*
yield (output), efecto útil *m.*, producción *f.*
yield from an ore, ley de un mineral *f.*
yield of a mine, producción de una mina *f.*
yield of 3 oz. of gold per ton of ore crushed, ley de 93 g. de oro por tonelada de mineral molido.
yield point (mec.), carga límite *f.*
yield point shall be not less than 50 per cent of the ultimate tensile strength, la carga límite (o de rotura) no podrá ser inferior al 50% de la resistencia límite a la tracción.
the yield is 5% per annum (fin.), la renta es 5% anual, produce 5% anualmente.
the yield will barely cover the expenses, el rédito pagará a penas los gastos.
to yield (fin.), producir, rendir.
to yield (give way), ceder.
yielding *adj.*, inseguro, inestable, reblandecido.
yielding ground (const.), terreno movedizo (o inseguro) *m.*
yoke (el., mach.), culata *f.*
yoke (of rudder, naut.), yugo *m.*
Young's modulus (mec.), coeficiente de elasticidad a la tracción, módulo de elasticidad *m.*
yttrium, itrio *m.*

Z

zaffre (min.), zafre *m.*
zeolite (min.), ceolita *f.*
zeolitic, ceolítico.
zeolitiform, ceolitiforme.
zenith, cenit *m.*
zenith *adj.*, cenital.
zenith-distance, distancia cenital *f.*
zenithal, cenital.
zenithal angle, ángulo cenital *m.*
zephyr, céfiro, viento suave *m.*
zero, cero *m.*
zigzag line, ziszás *m.*
zip fastener, broche relámpago *m.*
zinc, cinc *m.*
zinc amalgam, amalgama cincosa *f.*
zinc-blend, galena falsa *f.*
zinc chloride, cloruro de cinc *m.*
zinc chromate, cromato de cinc *m.*
zinc-coating (met.), recubrimiento de cinc *m.*
zinc oxide, óxido de cinc *m.*
zinc-vitriol, sulfato de cinc *m.*
zinc-white, blanco de cinc *m.*
zinc-worker, latonero *m.*
zinc-works, latonería *f.*
zinciferous, cincífero.
zincography, grabación sobre cinc, cincografía *f.*
zinky, cincoso.
zircon, circón, jacinto *m.*
zirconium, circonio *m.*
zodiac, zodíaco *m.*
zone, banda, faja *f.*
zone (geog.), zona *f.*
zone of mineralisation, zona mineralizada.
zone of supply (el., hyd.), zona servida (o de suministro).
fissure zone (min.), zona de agrietamiento *f.*
forest zone, zona (o región) boscosa (o forestal).
frigid zone (meteor.), zona glacial.
temperate zone, zona templada.
tropical zone, zona tórrida.
zoological, zoológico.
zoological gardens, jardín zoológico *m.*
zoologist, zoólogo *m.*
zoology, zoología *f.*

Esta obra se terminó de imprimir en noviembre del 2000
en los talleres de Impresos y Acabados Marbeth, S.A. de C.V.
Privada de Álamo No. 35, Col. Arenal
C.P. 02980, México, D.F.